ATLAS DETAILS IN LANDSCAPE DESIGN

景观细部设计图集 II

◎主编 刘少冲 王博 卢良

铺装 | 种植池 | 采光井 | 亭、塔楼

中国林业出版社

图书在版编目（CIP）数据

景观细部设计图集 . Ⅱ / 刘少冲 , 王博 , 卢良主编 . -- 北京 : 中国林业出版社 , 2016.5
ISBN 978-7-5038-8494-8

Ⅰ . ①景… Ⅱ . ①刘… ②王… ③卢… Ⅲ . ①景观设计—细部设计—图集 Ⅳ . ① TU-856

中国版本图书馆 CIP 数据核字 (2016) 第 083111 号

中国林业出版社 · 建筑家居出版分社
责任编辑：李 顺 唐 杨
出版咨询：（010）83143569

出 版：中国林业出版社（100009 北京西城区德内大街刘海胡同 7 号）
网 站：http://lycb.forestry.gov.cn/
印 刷：北京卡乐富印刷有限公司
发 行：中国林业出版社
电 话：（010）83143500
版 次：2016 年 6 月第 1 版
印 次：2016 年 6 月第 1 次
开 本：889mm × 1194mm 1 / 16
印 张：18.5
字 数：200 千字
定 价：168.00 元

本书编委会

主　　编：刘少冲　王　博　卢　良

副 主 编：张大海　尹立娟　郭　超　杨仁钰　廖　炜

编委人员：郭　金　王　亮　文　侠　王秋红　苏秋艳　孙小勇　王月中　周艳晶　黄　希　朱想玲　谢自新　谭冬容　邱　婷　欧纯云　郑兰萍　林仪平　杜明珠　陈美金　韩　君　李伟华　欧建国　潘　毅

支持单位：北京筑邦园林景观工程有限公司

北京久道景观设计有限责任公司

原朴建筑园林设计工程有限公司

三河市草木生园林养护有限公司

《世界园林》杂志

《新楼盘》杂志

CONTENT 目录

1 铺装

一、概念与定义

园林铺装，是指在园林环境中运用自然或人工的铺地材料，按照一定的方式铺设于地面形成的地表形式。作为园林景观的一个有机组成部分，园林铺装主要通过对园路、空地、广场等进行不同形式的印象组合，贯穿游人游览过程的始终，在营造空间的整体形象上具有极为重要的影响。铺装的园林道路，在园林环境中不仅具有分割空间和组织路线的作用，而且为人们提供了良好的休息和活动场所，同时还直接创造出了优美的地面景观，给人以美的享受，增强了园林艺术的效果。

园林中的道路有别于一般纯交通道路，其交通功能从属于游览的要求，虽然也利于人流疏导，但并不是以取得捷径为准则的。园路与景石、植物、湖岸、建筑相搭配，受环境气氛的感染，“出人意料、入人意中”。现代化的城市中，笔直宽阔的道路上车水马龙，与林立的高楼大厦有机地结合在一起，使人产生紧张的压抑感，而看似随意的园林小道反而使人有贴近自然的感觉，让人们从烦躁、紧张的情绪中解脱出来。因此，园路的设计应该充满生活气息，充满人与自然的和谐关系。基于这样的要求，园路的铺装设计就显得尤为重要。当然，铺地作为园林的一个要素，它的表现形式必然要受到总体设计的影响。

在园林中道路像脉络一样，是贯穿全园的交通网络，是划分和联系各景区、景点的纽带，是组成园林风景的要素，因此在使用功能和美观方面都应有较高的要求。随着建筑材料的日益丰富和发展，园林地面铺装的形式也越来越多样。不管是形式还是颜色的搭配都显得多姿多彩，各类型的铺地给人的心理上和视觉上的感觉也不尽相同。

二、园林铺地的表现要素

园林铺装的形式多样，但是万变不离其宗，主要通过质感、色彩、纹样和尺度的相互组合产生变化。

1. 质感

路面的铺装在很大程度上依靠材料的质地给人们提供感受。在进行铺地设计的时候，我们要充分考虑空间的大小，大空间要做的粗犷些，应该选用质地粗大、厚实，线条较为明显的材料，因为粗糙往往使人感到稳重、沉重、开朗；另外，在烈日下面，粗糙的铺地可以较好的吸收光线，不显得耀眼。而在小空间则应该采用较细小、圆滑、精细的材料，细致感给人轻巧、精致、柔和的感觉。因此，大面积的铺装宜选用粗质感的铺地材料，细微处、重点之处宜选用细质感的材料。

2. 色彩

色彩是心灵表现的一种手段，它能把设计者的情感强烈地贯入人们的心灵。铺装的色彩在园林中一般是衬托景点的背景，除特殊的情况外，其少数情况会成为主景，所以要与周围环境的色调相协调。假如色彩过于鲜亮，可能喧宾夺主，甚至造成园林景观的杂乱无章法。色彩的选择还要充分地考虑到人的心理感受。色彩具有鲜明的个性，暖色调热烈，冷色调优雅，明色调轻快，暗色调宁静。色彩的应用应追求统一中求变化，即铺装的色彩要与整个园林景观相协调，同时园林艺术的基本原理，用视觉上的冷暖节奏变化以及轻重缓急节奏的变化，打破色彩千篇一律的沉闷感，最重要的就是做到稳定而不沉闷，鲜明而不俗气。具体应用中，例如在活动区尤其是儿童游戏场，可使用色彩鲜艳的铺装，造成活泼、明快的气氛；在安静休息区域，可采用色彩柔和素淡的铺装，营造安宁、平静的气氛；在纪念场地等肃穆的场所，宜配合使用沉稳的色调。

3. 纹样

园林铺装地面以其多种多样的形式、纹样来衬托和美化环境，增加园林的景致。纹样起着装饰路面的作用，而纹样有因环境和场所的不同而具有多种变化。不同的纹样给人们的心理感受也是不一样的。一些采用砖铺设成为直线或者平行线的路面具有增强地面设计效果的作用。但是在使用的时候必需要小心，与视线垂直的直线有增强可以增强空间的方向感，在园林中可以起到组织路线引导游人的作用。另外，一些规则的形式会产生静态感，暗示着一个静止空间的出现，如正方形、矩形铺地。三角形和其他一些不规则图案的组合则具有很强的动感。园林中比较常用的还有一种效仿自然的不规则铺装，如乱石纹、冰裂纹等，可以使人联想到乡间、荒野，更具有朴素自然的感觉。

4. 尺度

铺装图案的大小对外部空间能产生一定的影响，形体较大、较开展则会使空间产生一种宽敞的尺度感，而较小、紧缩的形状，则使空间具有压缩感和私密感。由于图案尺寸的大小不同以及采用了与周围不同色彩、质感的材料，还能影响空间的比例关系，可构造出与环境相协调的布局。铺装材料的尺寸也影响到其使用。通常大尺寸的花岗岩、抛光砖等材料适宜大空间，而中、小尺寸的地砖和小尺寸的马赛克，更适用于一些中小型空间。但就形式意义而言，尺寸的大与小在美感上并没有多大的区别，并非越大越好，有时小尺寸材料铺装形成的肌理效果或拼缝图案往往能产生出较好的形式趣味；或者利用小尺寸的铺地材料组合而成大的图案，也可以与大空间取得比例上的协调。

三、 园林铺装的功能

功能性是进行园林景观设计之时一个十分重要的指导原则，尤其是公园这样的公共场所更要注重处以人为本。一个成功的园林设计往往是以满足功能性为主导，做到了功能性与艺术性的完美结合。

1. 空间的分割和变化

园林铺装通过材料或样式的变化体现空间界线，在人的心理上产生不同暗示，达到空间分隔及功能变化的效果。两个不同功能的活动空间往往采用不同的铺装材料，或者即使使用同一种材料，也采用不同的铺装样式。

2. 视线的引导和强化

园林铺装利用其视觉效果，引导游人的视线。在园林设计中，经常采用直线形的线条铺装引导游人前进；在需要游人驻足停留的场所，则采用无方向性或稳定性的铺装；当需要游人关注某一重要的景点之时，则采用聚向景点方向的走向的铺装。另外，通过铺装线条的变化，可以强化空间感，比如用平行于视平线的线条强调铺装面的深度，用垂直于视平线的铺装线条强调宽度，合理利用这一功能可以在视觉上调整空间大小，起到使小空间变大，窄路变宽等效果。

3. 意境与主题的体现

良好的铺装景观对空间往往能起到烘托、补充或诠释主题的增彩作用，利用铺装图案强化意境，这也是中国园林艺术的手法之一。这类铺装使用文字、图形、特殊符号等来传达空间主题，加深意境，在一些纪念型、知识型和导向性空间比较常见。

4. 园林铺装的生态性

随着社会的发展，生态型园林成为园林发展的方向，园林铺装的生态性问题也逐渐受到设计师的重视。传统的铺装材料已经逐渐被多种多样的现代材料所取代。如现在采用较多的木质铺装，体现铺装选择上的生态性和与人的亲和性。采取生态型较好的铺装还能很好的调节地面温度，有效地缓解“热岛效应”。

在园林设计中，铺装景观是不可忽略的重要组成部分，在营造空间的整体形象上具有极为重要的作用。我们在给园林铺装设计足够重视、合理运用各种艺术手法的同时，也要更加注重园林铺装的生态效应，达到功能性、艺术性和生态性的完美结合，实现空间景观资源的最大化利用。

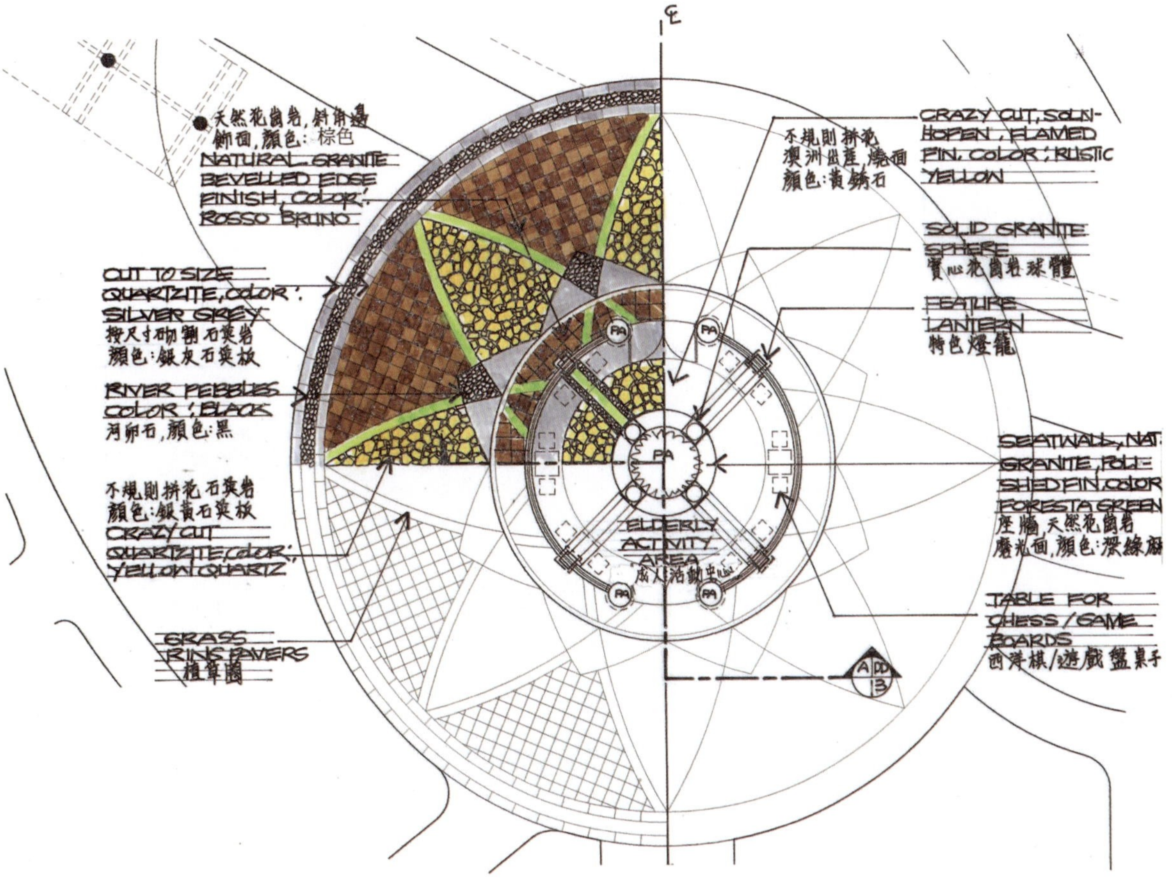

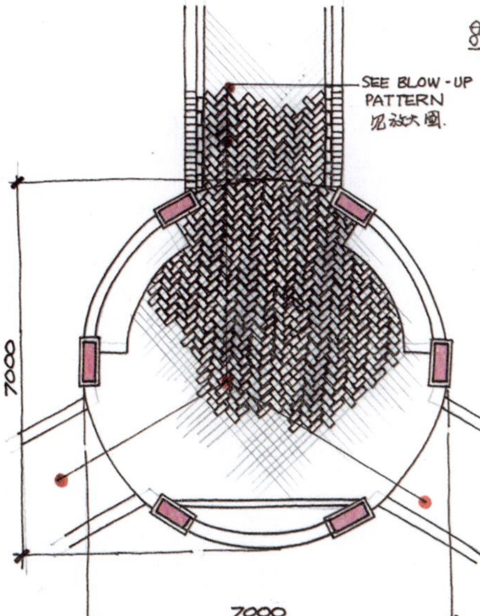

PAVILION PLAN 凉亭
SCALE 1:60

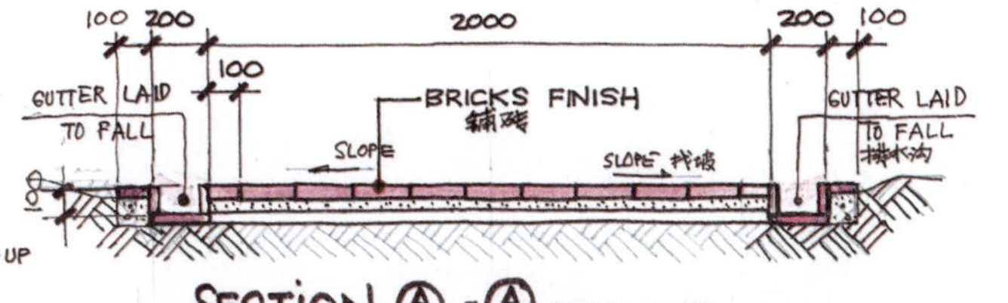

SECTION Ⓐ-Ⓐ SCALE 1:15

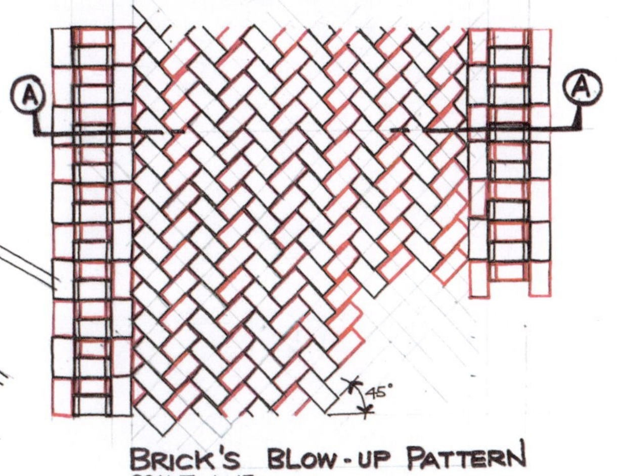

BRICK'S BLOW-UP PATTERN
SCALE 1:15
铺砖放大图.

铺装

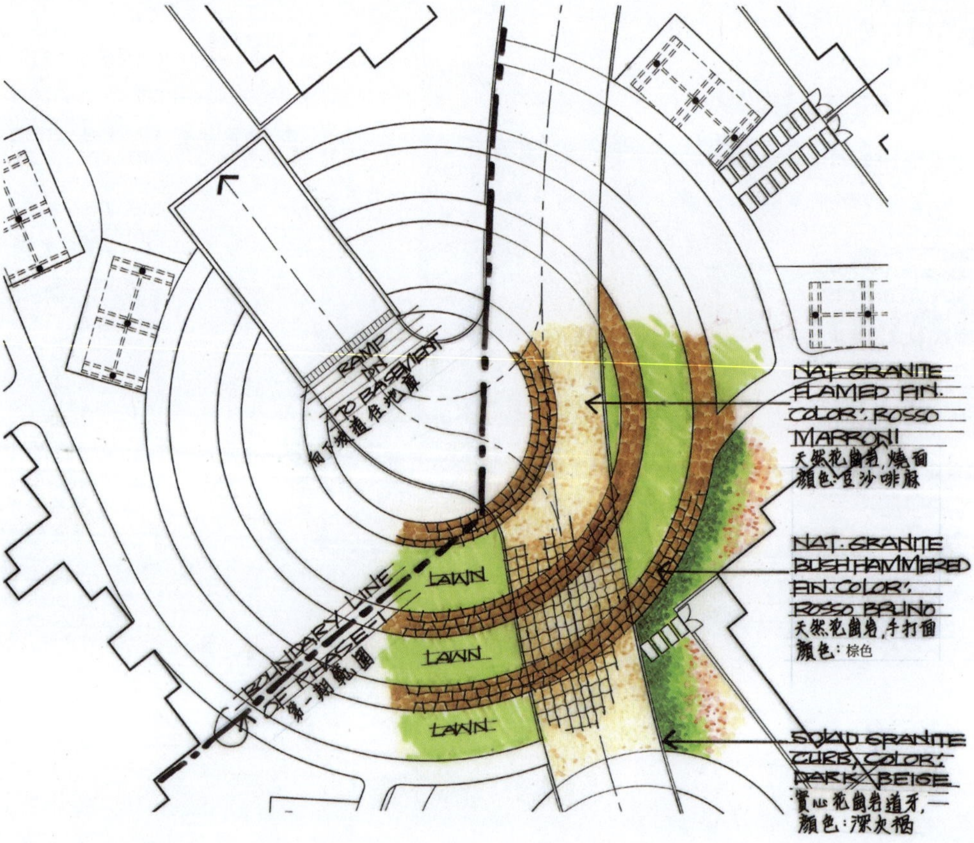

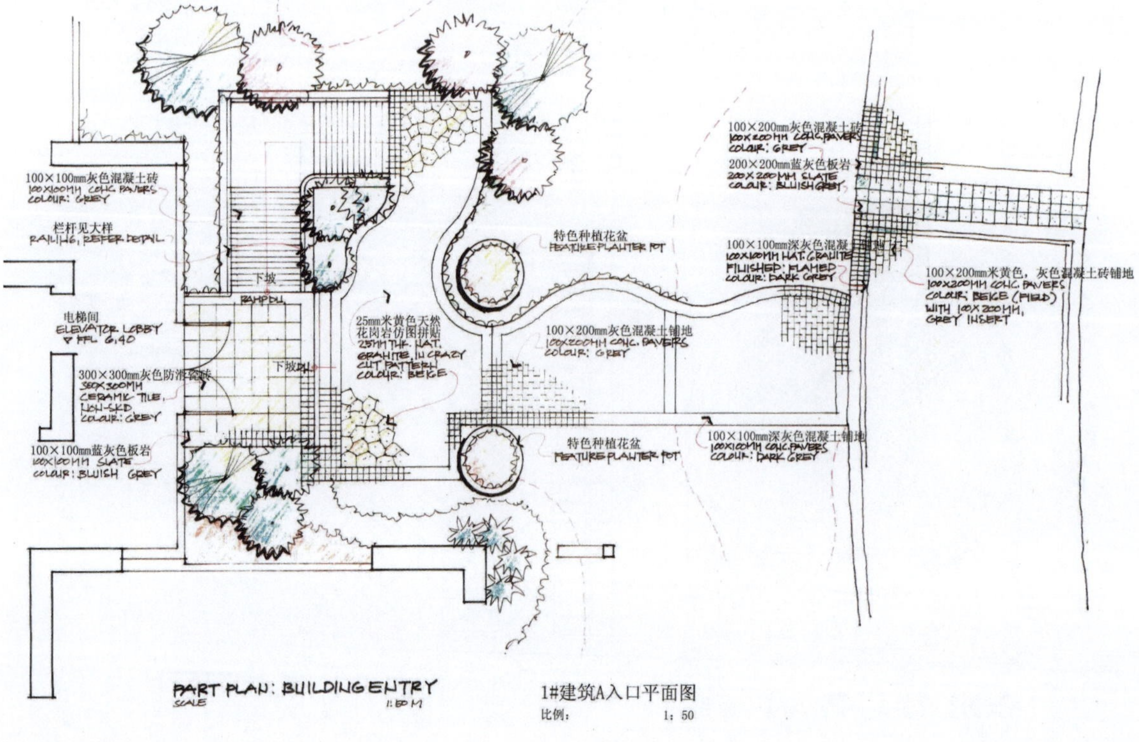

PART PLAN: BUILDING ENTRY
SCALE 1:50 M

1#建筑A入口平面图
比例：　1：50

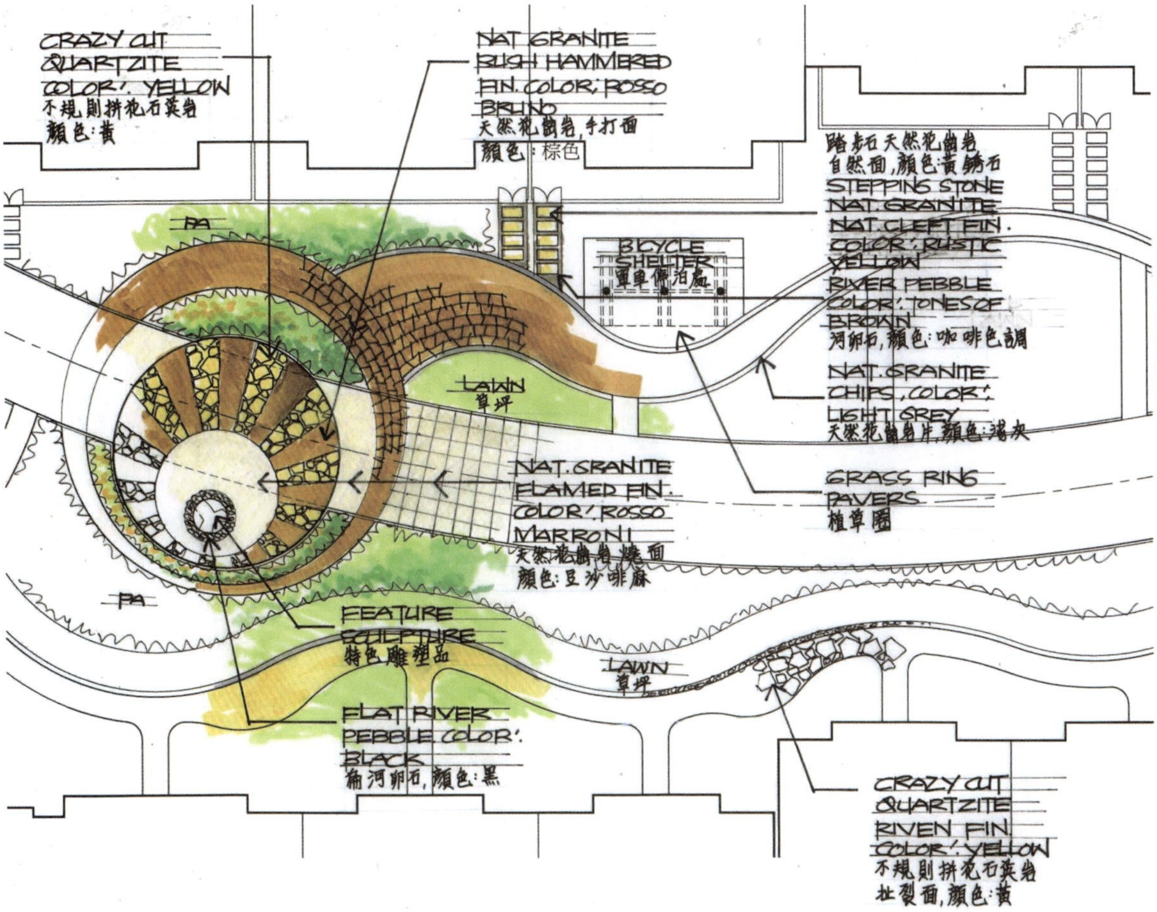

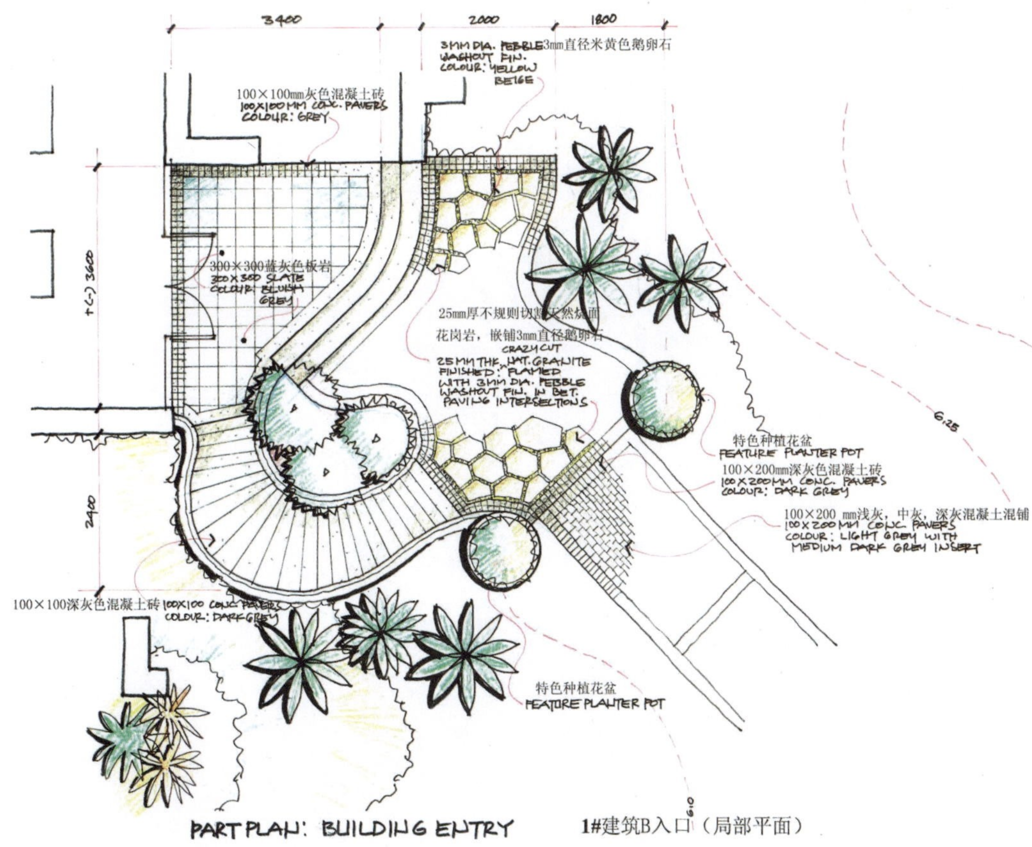

PART PLAN: BUILDING ENTRY　1#建筑B入口（局部平面）

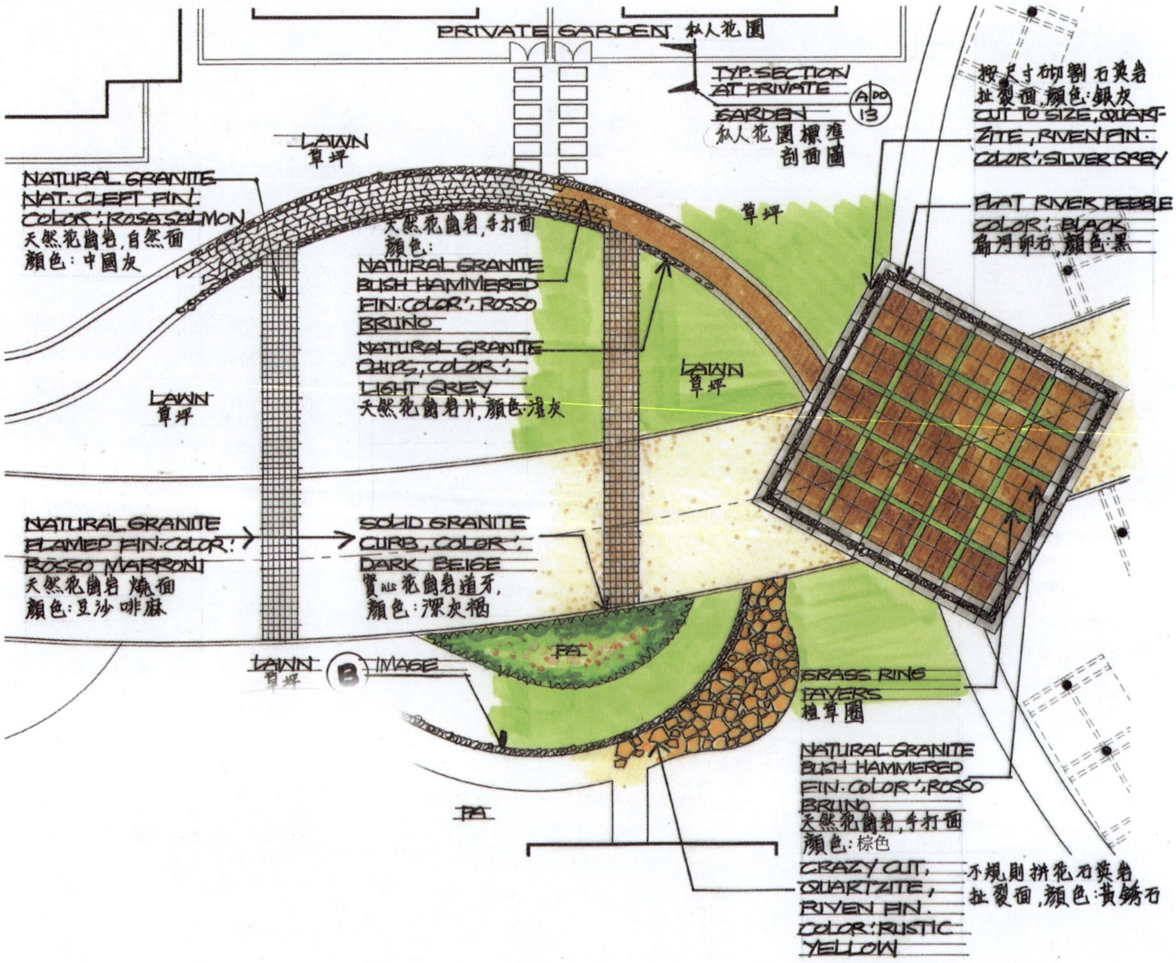

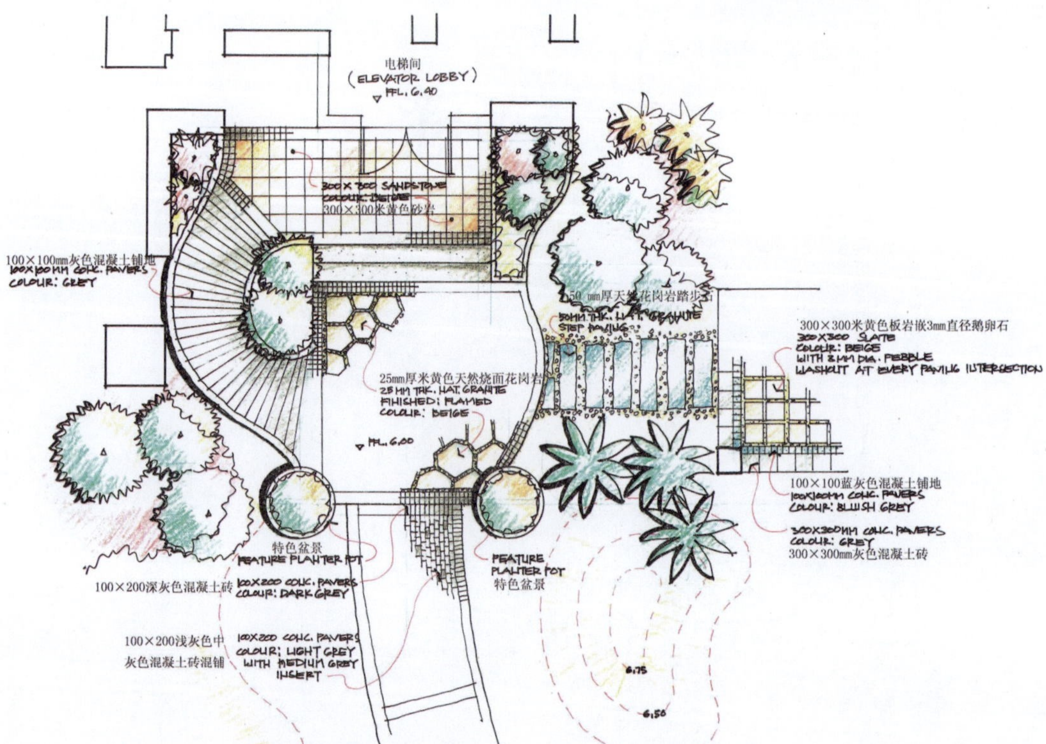

PLAN: BUILDING ENTRY
SCALE 1:50 M

1#建筑C入口平面图
比例： 1：50

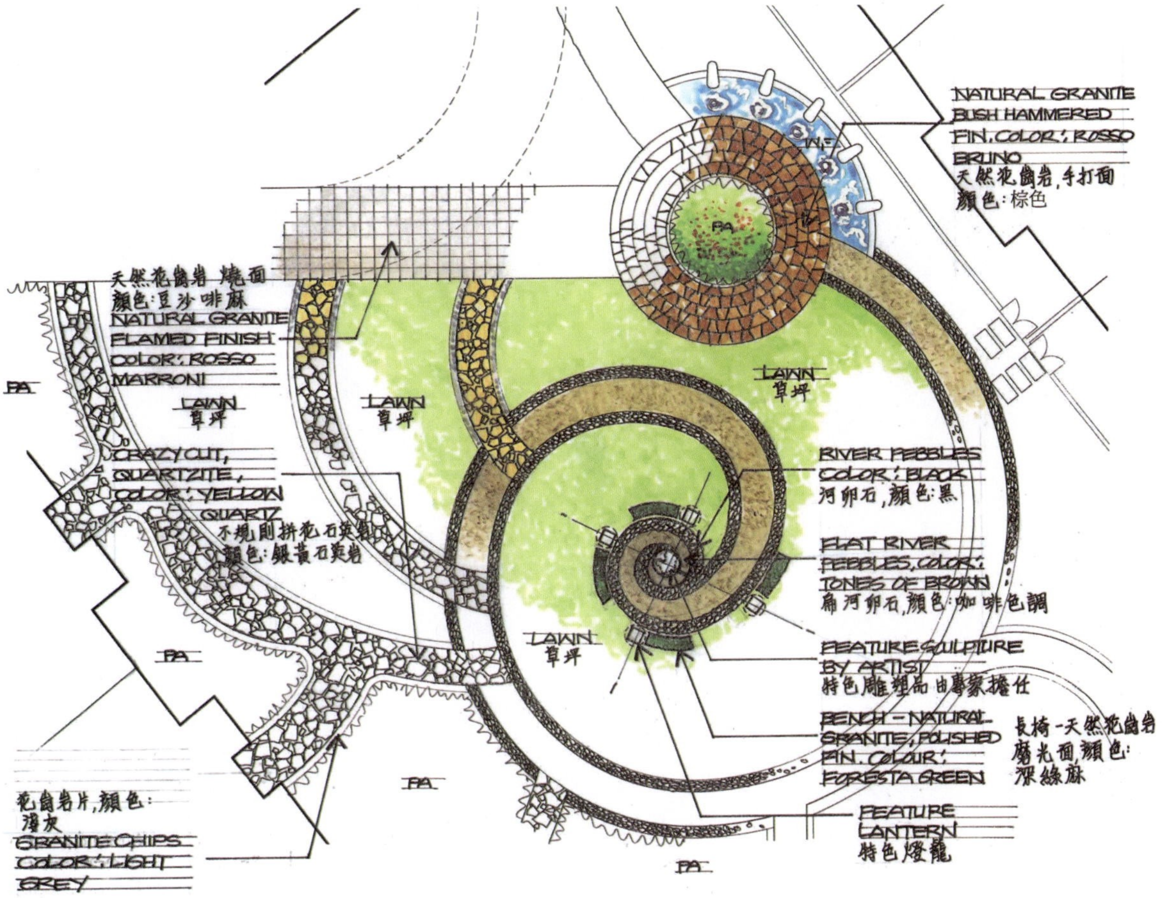

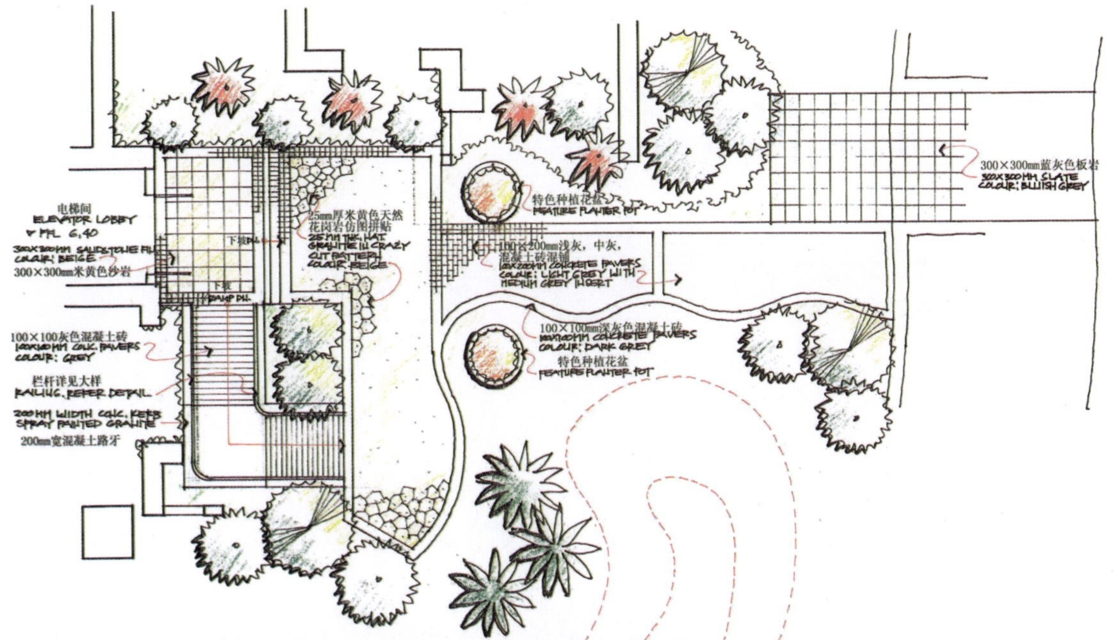

PLAN: ENTRY BUILDING
SCALE 1:50M

2#建筑A入口平面图
比例： 1：50

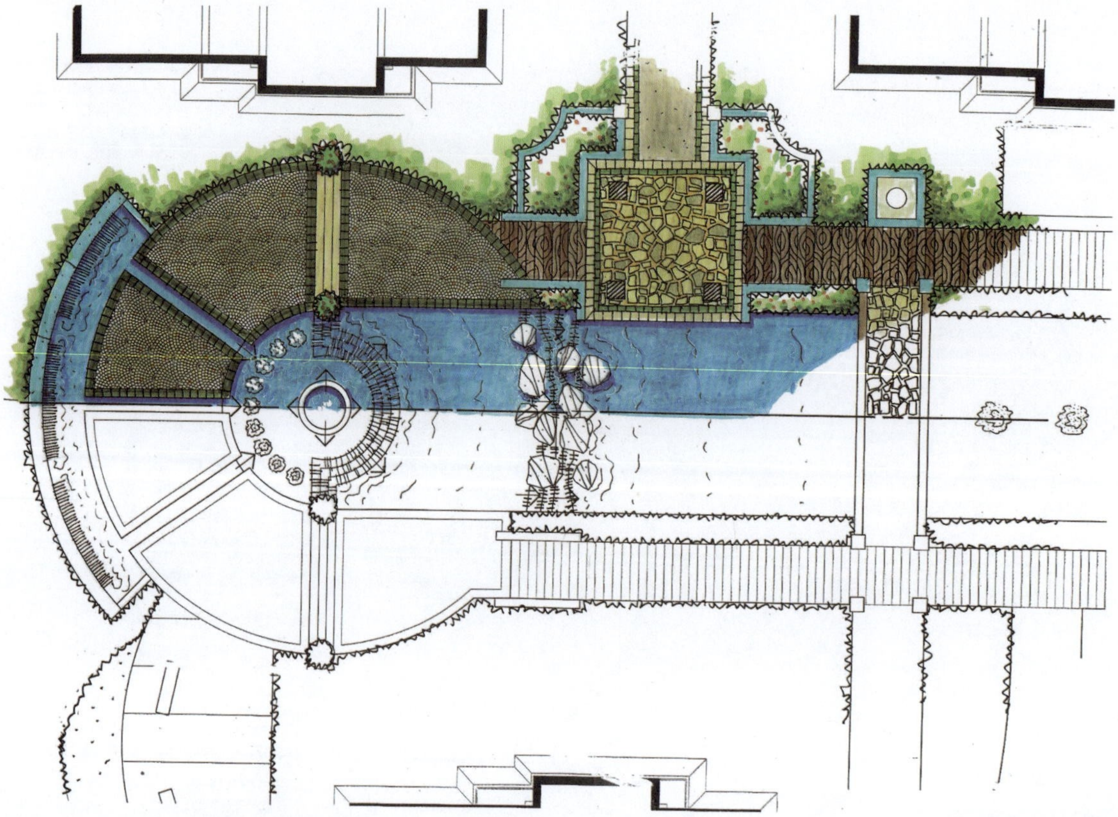

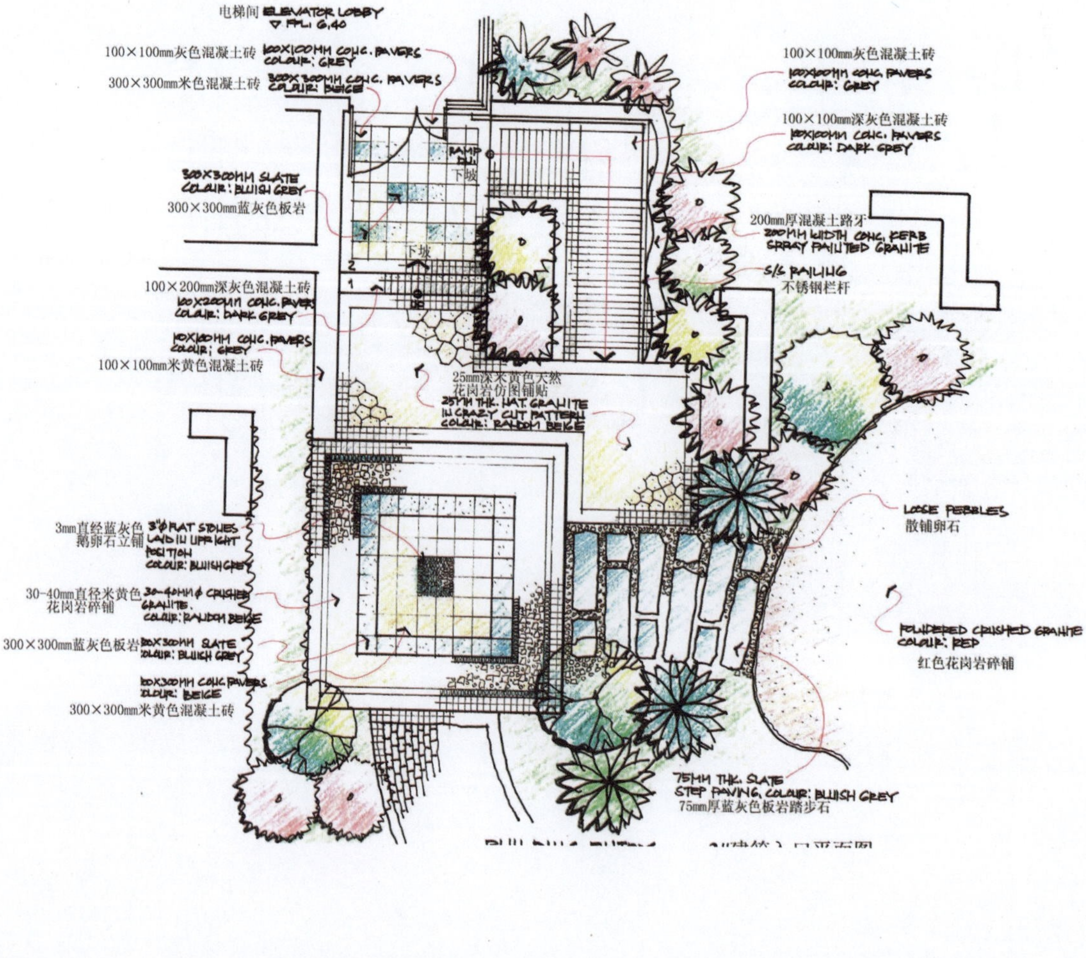
电梯间 ELEVATOR LOBBY
▽ FFL: 6.40
100×100mm灰色混凝土砖 100X100MM CONC. PAVERS COLOUR: GREY
300×300mm米色混凝土砖 300X300MM CONC. PAVERS COLOUR: BEIGE
RAMP DN.
下坡
300X300MM SLATE COLOUR: BLUISH GREY
300×300mm蓝灰色板岩
下坡
100×200mm深灰色混凝土砖 100X200MM CONC. PAVERS COLOUR: DARK GREY
100X100MM CONC. PAVERS COLOUR: GREY
100×100mm米黄色混凝土砖
100×100mm灰色混凝土砖
100X100MM CONC. PAVERS COLOUR: GREY
100×100mm深灰色混凝土砖
100X100MM CONC. PAVERS COLOUR: DARK GREY
200mm厚混凝土路牙
200MM WIDTH CONC. KERB SPRAY PAINTED GRANITE
S/S RAILING
不锈钢栏杆
25mm深米黄色天然花岗岩仿图铺贴
25MM THK. NAT. GRANITE IN CRAZY CUT PATTERN COLOUR: RANDOM BEIGE
LOOSE PEBBLES
散铺卵石
3mm直经蓝灰色鹅卵石立铺 3"Ø FLAT STONES LAID IN UPRIGHT POSITION COLOUR: BLUISH GREY
30-40mm直径米黄色花岗岩碎铺 30-40MMØ CRUSHED GRANITE. COLOUR: RANDOM BEIGE
300×300mm蓝灰色板岩 300X300MM SLATE COLOUR: BLUISH GREY
300X300MM CONC. PAVERS COLOUR: BEIGE
300×300mm米黄色混凝土砖
POWDERED CRUSHED GRANITE COLOUR: RED
红色花岗岩碎铺
75MM THK. SLATE STEP PAVING, COLOUR: BLUISH GREY
75mm厚蓝灰色板岩踏步石

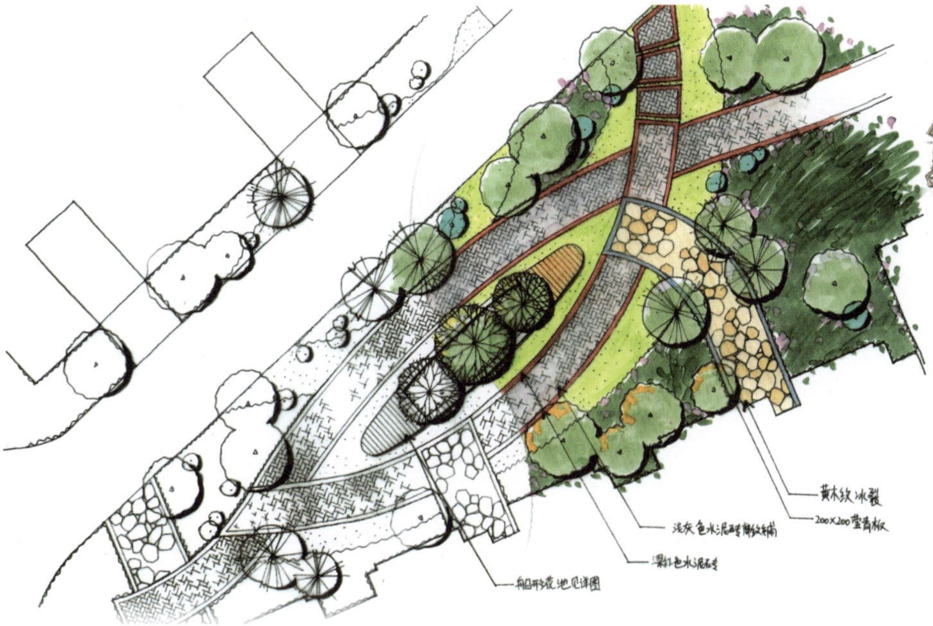

绿色庭院铺装一平面图
SCALE 1:100

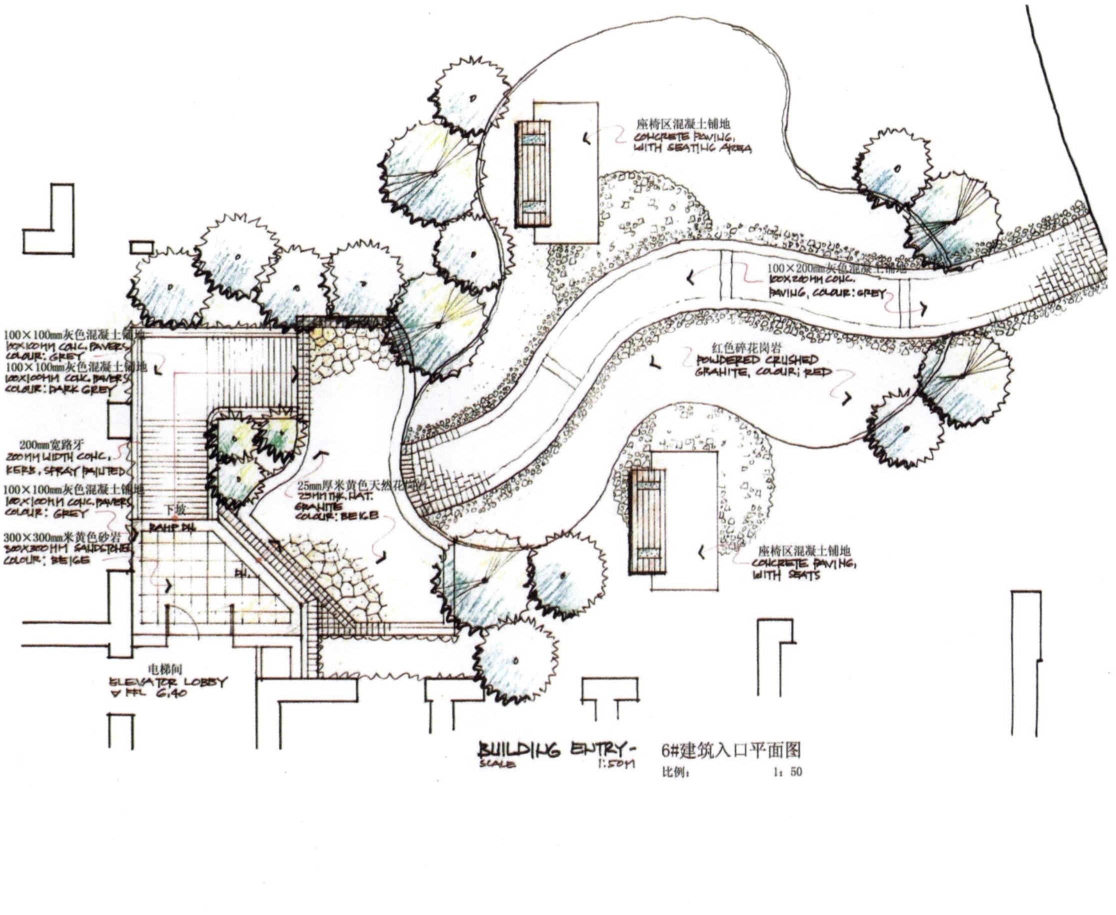

BUILDING ENTRY- SCALE 1:50M 6#建筑入口平面图
比例： 1：50

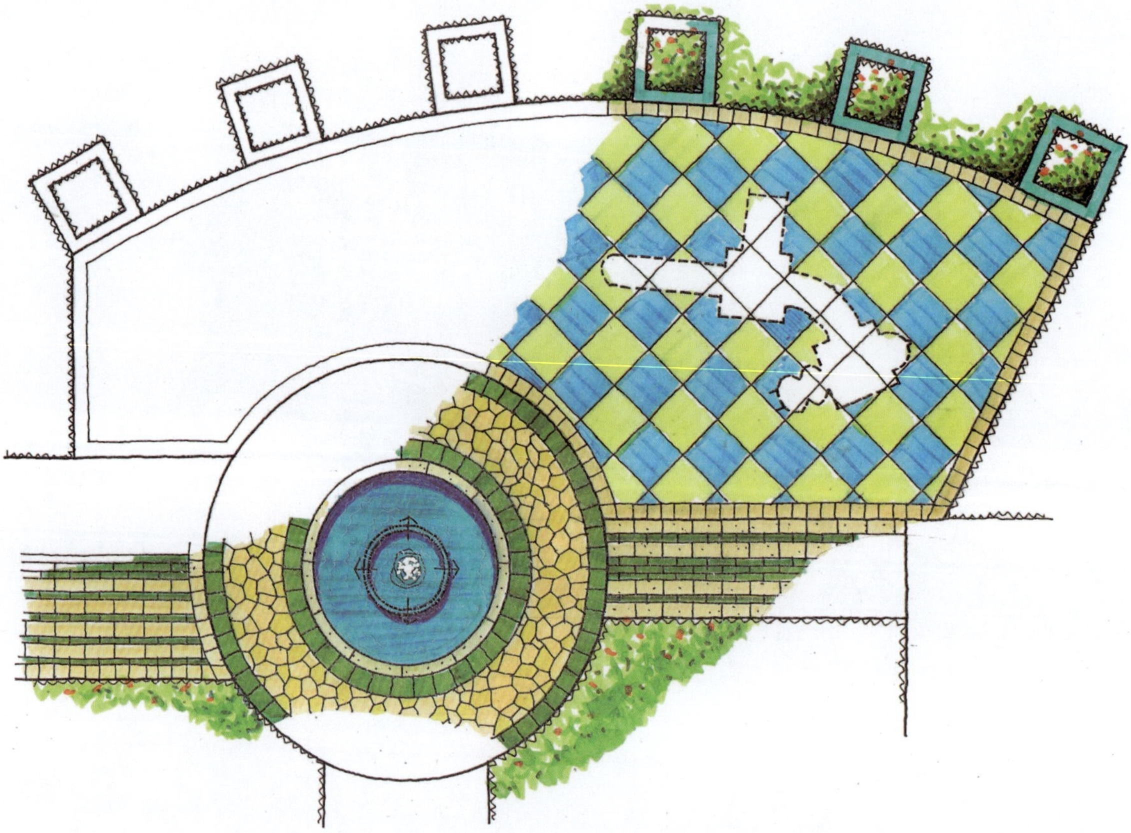

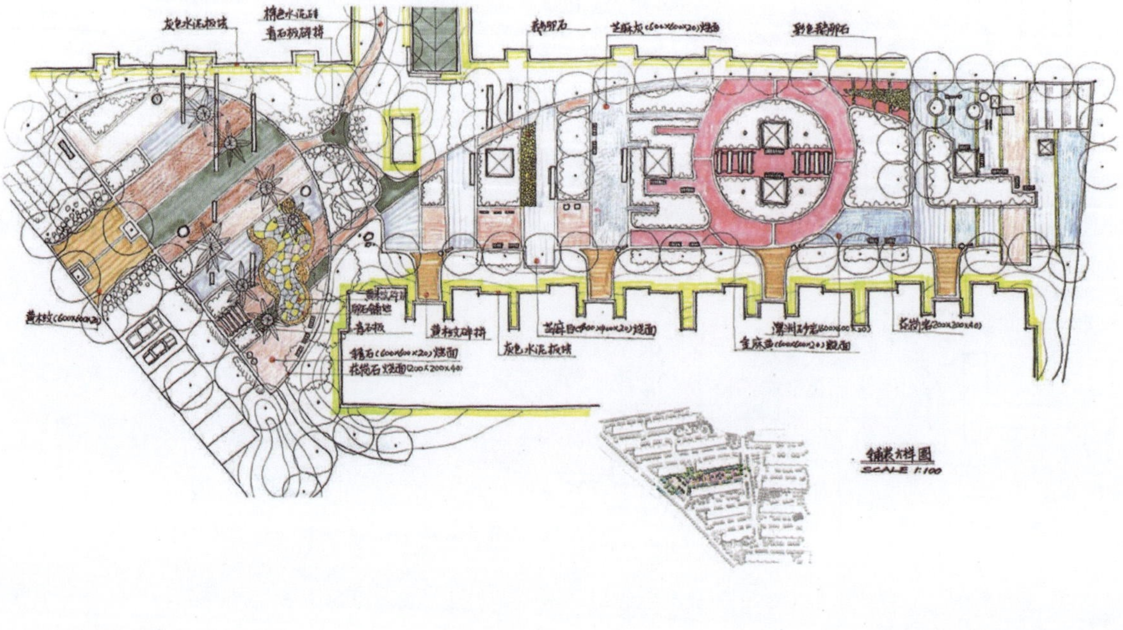
灰色水泥板块
青石板碎拼
鹅卵石
芝麻灰(600×600×20)烧面
彩色鹅卵石
黄木纹(600×600×20)
青石板
黄木纹碎拼
芝麻白(600×600×20)烧面
灰色水泥板块
锈石(600×600×20)烧面
花岗石烧面(200×200×40)
铺装大样图
SCALE 1:100

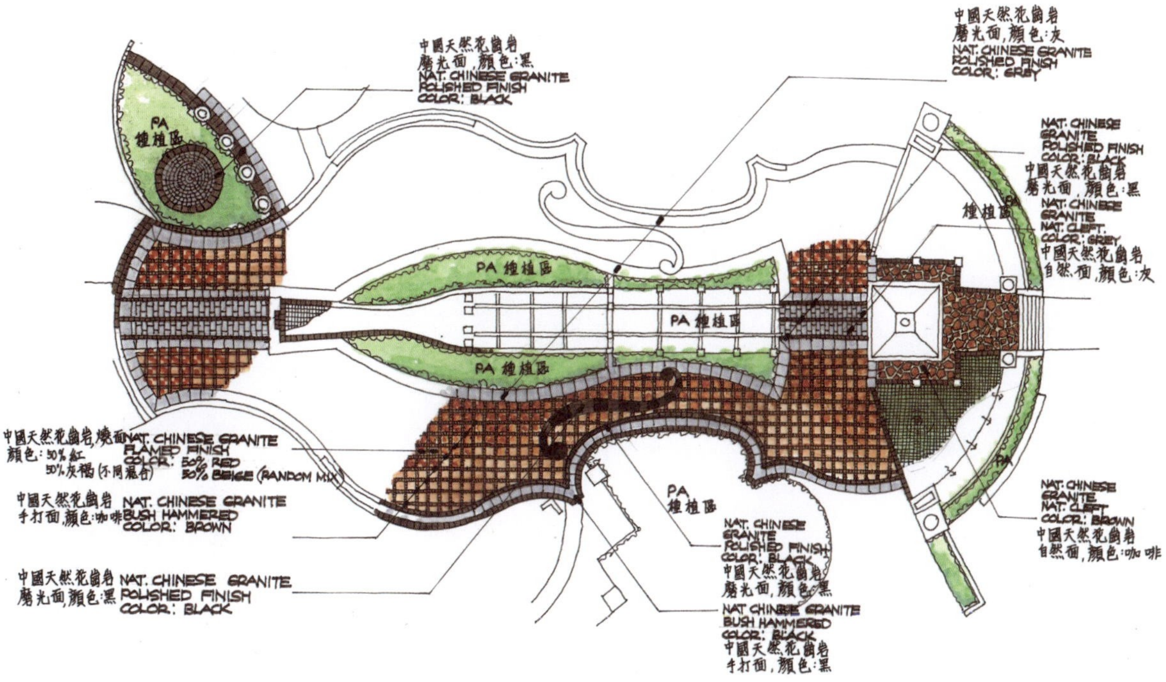
中國天然花崗岩
磨光面，顏色：黑
NAT. CHINESE GRANITE
POLISHED FINISH
COLOR: BLACK
PA
種植區
PA 種植區
PA 種植區
PA 種植區
中國天然花崗岩
磨光面，顏色：灰
NAT. CHINESE GRANITE
POLISHED FINISH
COLOR: GREY
NAT. CHINESE GRANITE
POLISHED FINISH
COLOR: BLACK
中國天然花崗岩
磨光面，顏色：黑
種植區
NAT. CHINESE GRANITE
NAT. CLEFT
COLOR: GREY
中國天然花崗岩
自然面，顏色：灰
中國天然花崗岩，燒面
顏色：50%紅
50%灰褐(不同混合)
NAT. CHINESE GRANITE
FLAMED FINISH
COLOR: 50% RED
50% BEIGE (RANDOM MIX)
中國天然花崗岩
手打面，顏色：咖啡
NAT. CHINESE GRANITE
BUSH HAMMERED
COLOR: BROWN
中國天然花崗岩
磨光面，顏色：黑
NAT. CHINESE GRANITE
POLISHED FINISH
COLOR: BLACK
PA
種植區
NAT. CHINESE GRANITE
POLISHED FINISH
COLOR: BLACK
中國天然花崗岩
磨光面，顏色：黑
NAT CHINESE GRANITE
BUSH HAMMERED
COLOR: BLACK
中國天然花崗岩
手打面，顏色：黑
NAT. CHINESE GRANITE
NAT. CLEFT
COLOR: BROWN
中國天然花崗岩
自然面，顏色：咖啡

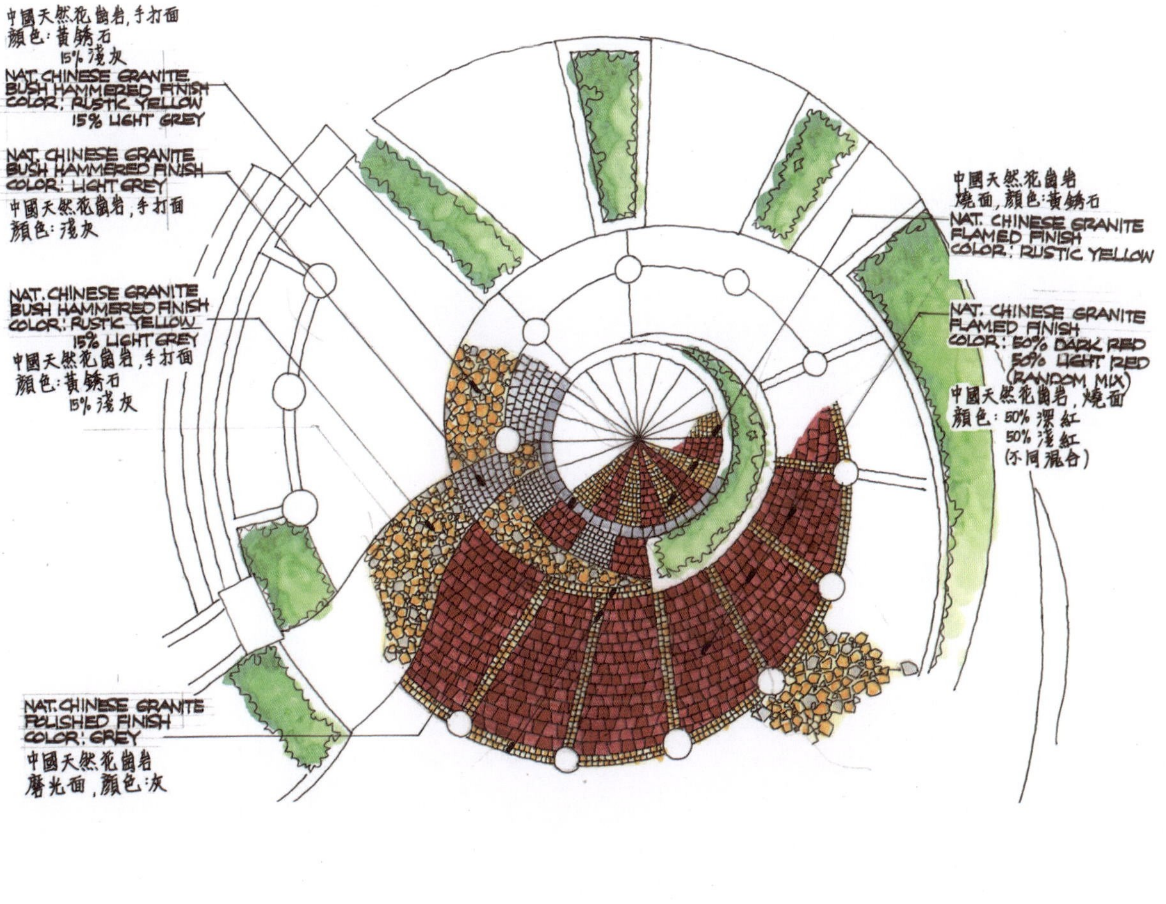
中國天然花崗岩，手打面
顏色：黃銹石
15%淺灰
NAT. CHINESE GRANITE
BUSH HAMMERED FINISH
COLOR: RUSTIC YELLOW
15% LIGHT GREY
NAT. CHINESE GRANITE
BUSH HAMMERED FINISH
COLOR: LIGHT GREY
中國天然花崗岩，手打面
顏色：淺灰
NAT. CHINESE GRANITE
BUSH HAMMERED FINISH
COLOR: RUSTIC YELLOW
15% LIGHT GREY
中國天然花崗岩，手打面
顏色：黃銹石
15%淺灰
中國天然花崗岩
燒面，顏色：黃銹石
NAT. CHINESE GRANITE
FLAMED FINISH
COLOR: RUSTIC YELLOW
NAT. CHINESE GRANITE
FLAMED FINISH
COLOR: 50% DARK RED
50% LIGHT RED
(RANDOM MIX)
中國天然花崗岩，燒面
顏色：50%深紅
50%淺紅
(不同混合)
NAT. CHINESE GRANITE
POLISHED FINISH
COLOR: GREY
中國天然花崗岩
磨光面，顏色：灰

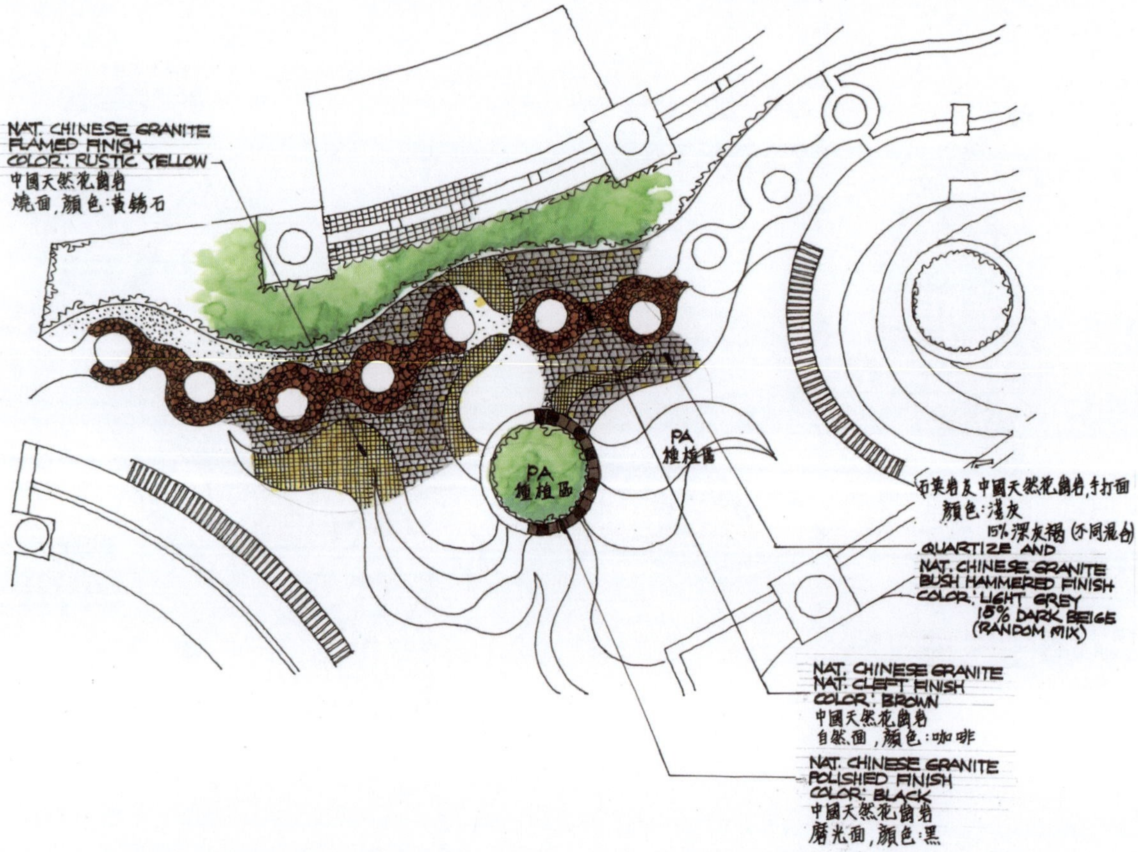

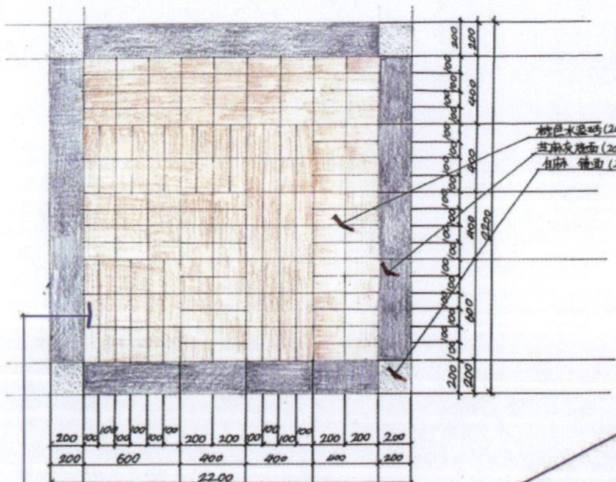

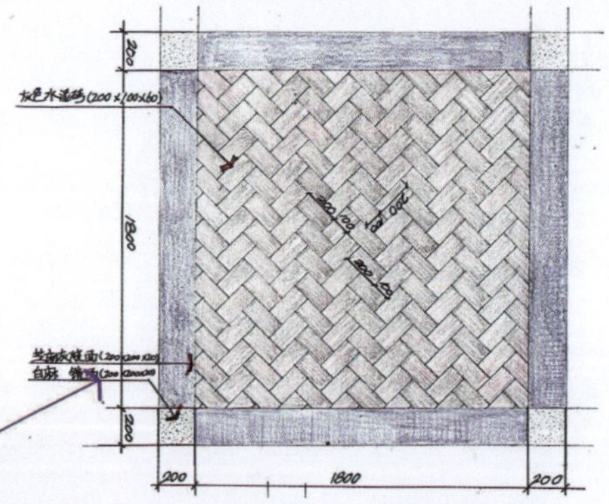

铺装大样<一>
比例　　1:20

铺装大样<二>
比例　　1:20

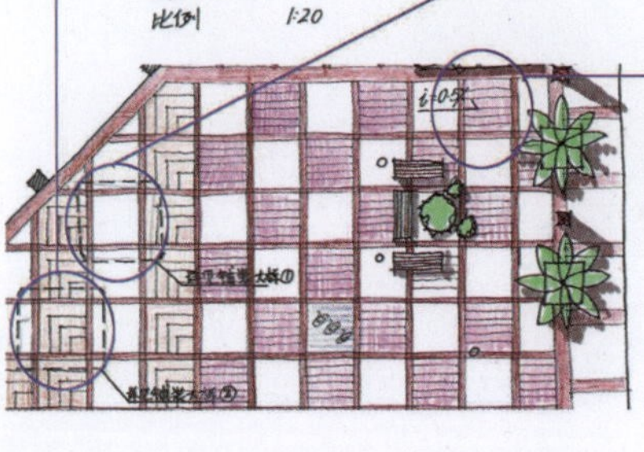

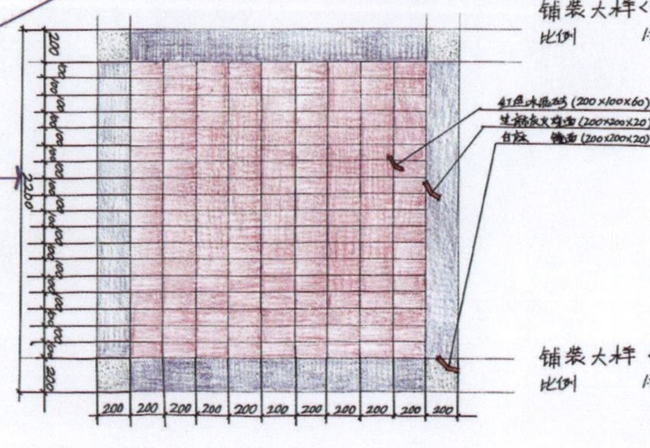

铺装大样<三>
比例　　1:20

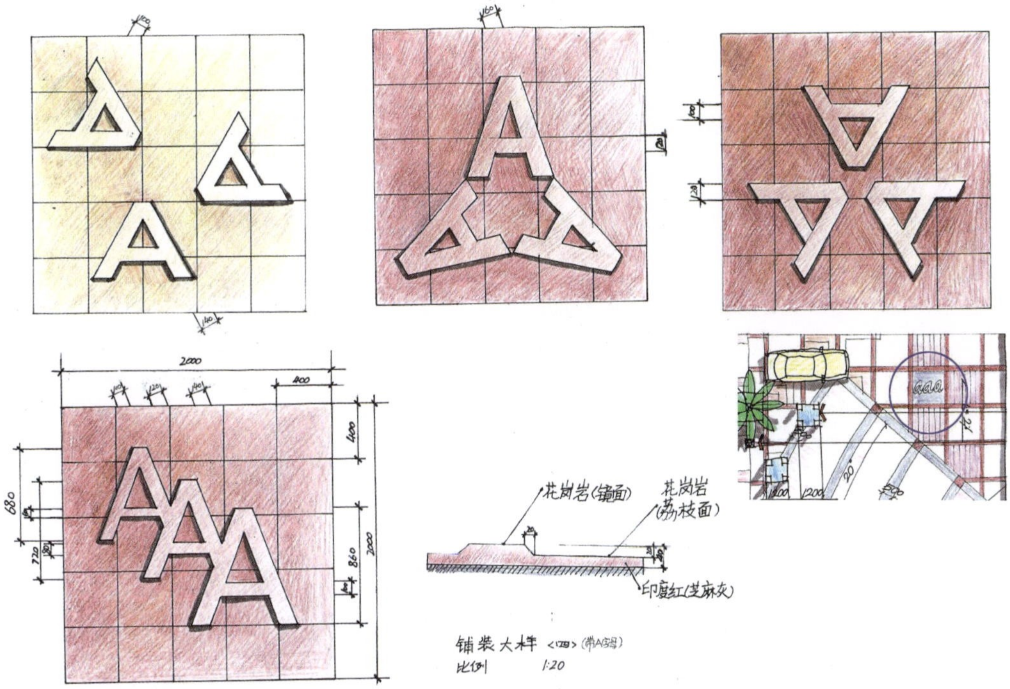

铺装大样 <四> (带A图)
比例 1:20

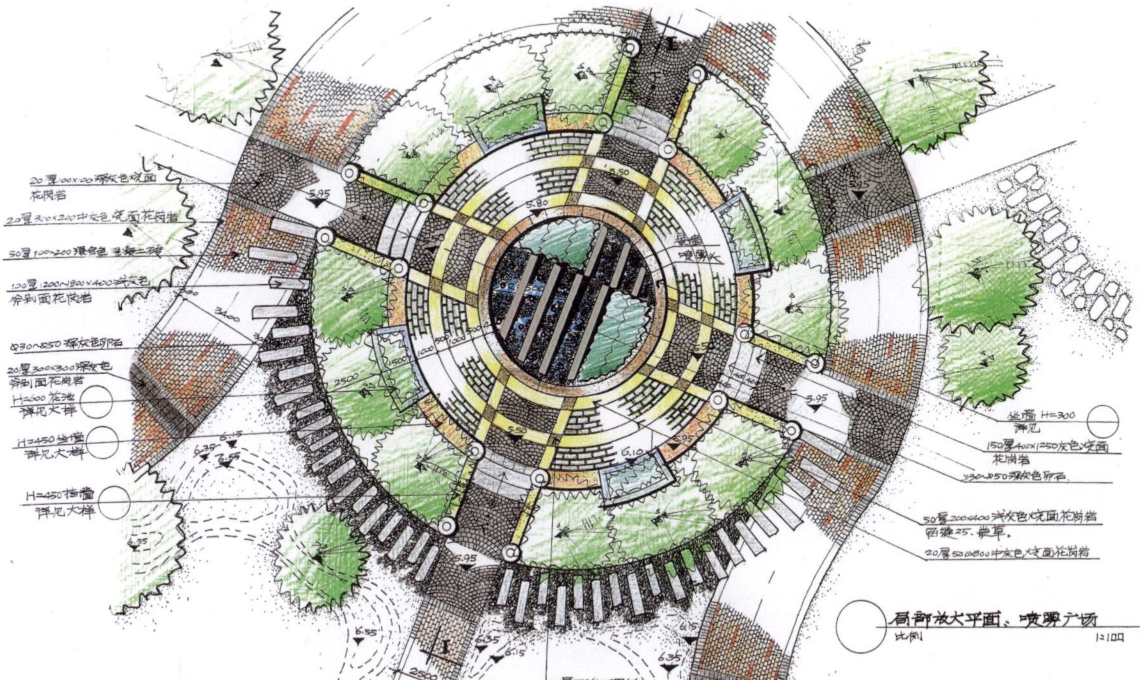

局部放大平面、喷雾广场
比例 1:100

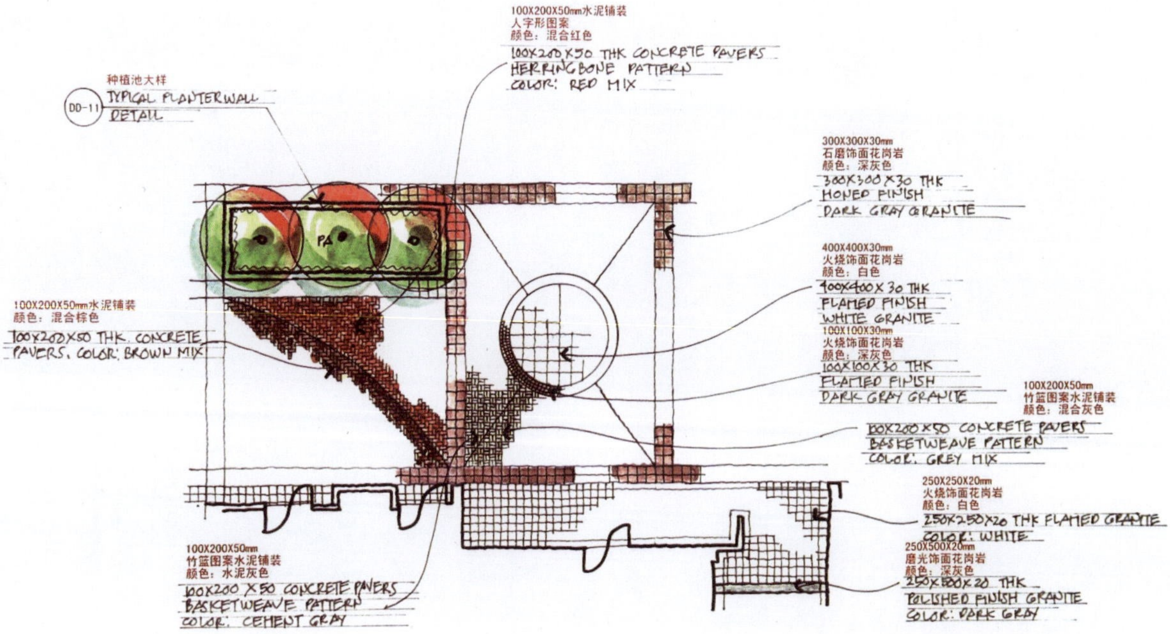
100X200X50mm水泥铺装
人字形图案
颜色：混合红色
100X200X50 THK CONCRETE PAVERS
HERRINGBONE PATTERN
COLOR: RED MIX
种植池大样
DD-11
TYPICAL PLANTERWALL
DETAIL
PA
300X300X30mm
石磨饰面花岗岩
颜色：深灰色
300X300X30 THK
HONED FINISH
DARK GRAY GRANITE
400X400X30mm
火烧饰面花岗岩
颜色：白色
400X400X30 THK
FLAMED FINISH
WHITE GRANITE
100X100X30mm
火烧饰面花岗岩
颜色：深灰色
100X100X30 THK
FLAMED FINISH
DARK GRAY GRANITE
100X200X50mm水泥铺装
颜色：混合棕色
100X200X50 THK. CONCRETE
PAVERS. COLOR: BROWN MIX
100X200X50mm
竹篮图案水泥铺装
颜色：混合灰色
100X200X50 CONCRETE PAVERS
BASKETWEAVE PATTERN
COLOR: GREY MIX
250X250X20mm
火烧饰面花岗岩
颜色：白色
250X250X20 THK FLAMED GRANITE
COLOR: WHITE
100X200X50mm
竹篮图案水泥铺装
颜色：水泥灰色
100X200 X50 CONCRETE PAVERS
BASKETWEAVE PATTERN
COLOR: CEMENT GRAY
250X500X20mm
磨光饰面花岗岩
颜色：深灰色
250X500X20 THK
POLISHED FINISH GRANITE
COLOR: DARK GRAY

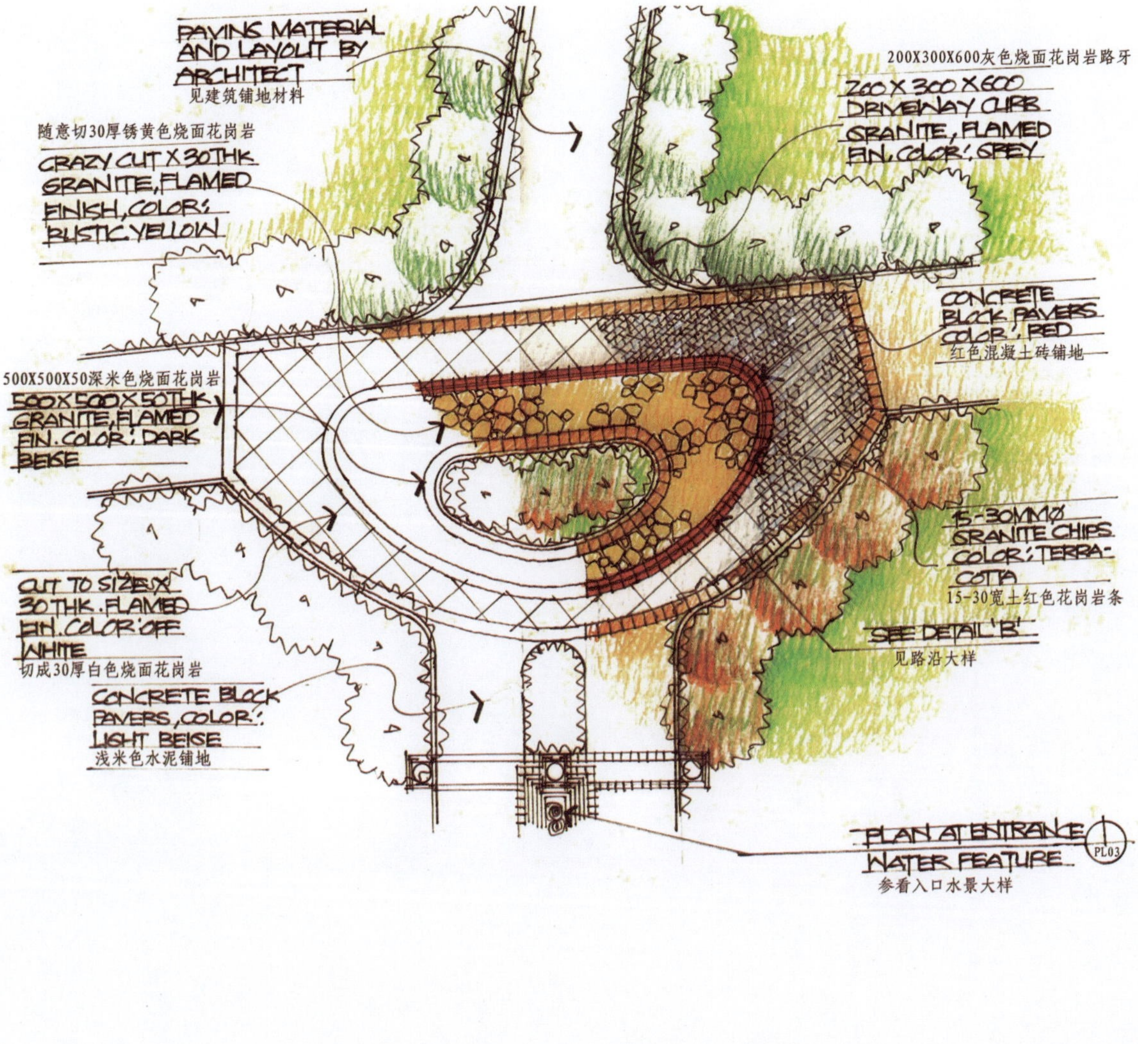
PAVING MATERIAL
AND LAYOUT BY
ARCHITECT
见建筑铺地材料
200X300X600灰色烧面花岗岩路牙
200 X 300 X 600
DRIVEWAY CURB
GRANITE, FLAMED
FIN. COLOR: GREY
随意切30厚锈黄色烧面花岗岩
CRAZY CUT X 30THK
GRANITE, FLAMED
FINISH, COLOR:
RUSTIC YELLOW
CONCRETE
BLOCK PAVERS
COLOR: RED
红色混凝土砖铺地
500X500X50深米色烧面花岗岩
500X500X50THK
GRANITE, FLAMED
FIN. COLOR: DARK
BEIGE
15-30MMØ
GRANITE CHIPS
COLOR: TERRA-
COTTA
15-30宽土红色花岗岩条
CUT TO SIZE X
30THK. FLAMED
FIN. COLOR: OFF
WHITE
切成30厚白色烧面花岗岩
SEE DETAIL 'B'
见路沿大样
CONCRETE BLOCK
PAVERS, COLOR:
LIGHT BEIGE
浅米色水泥铺地
PLAN AT ENTRANCE
WATER FEATURE
PL03
参看入口水景大样

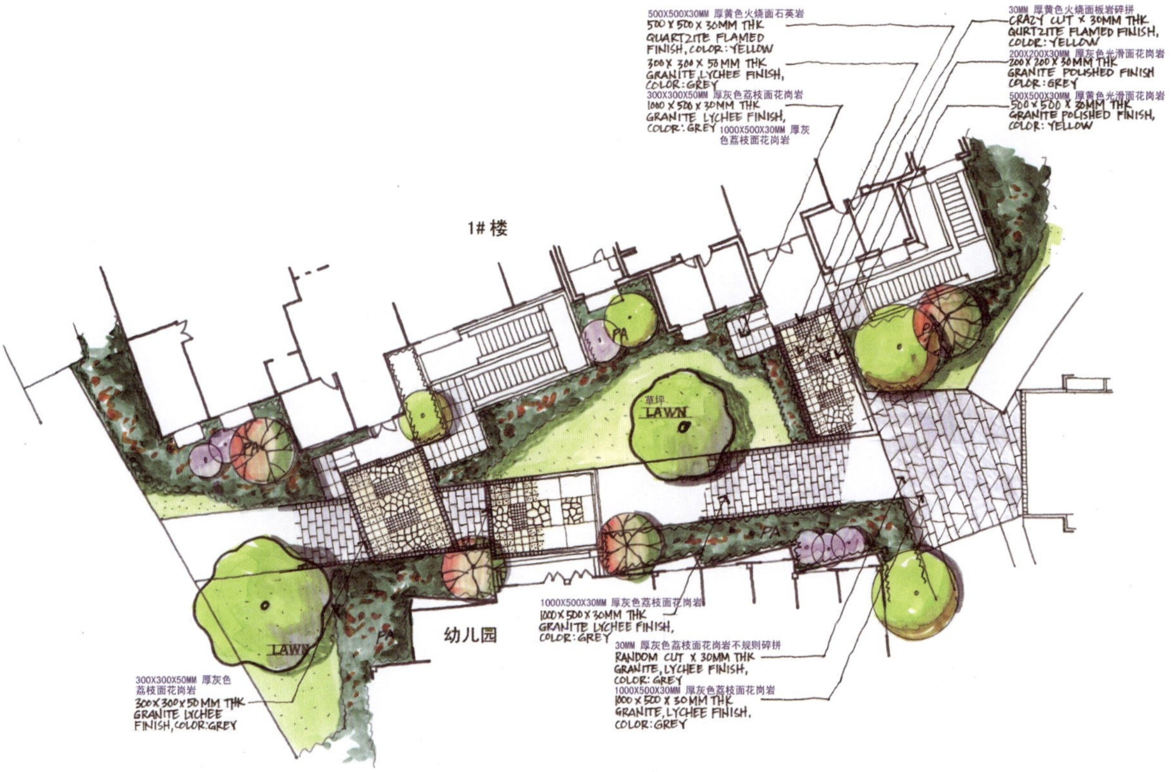

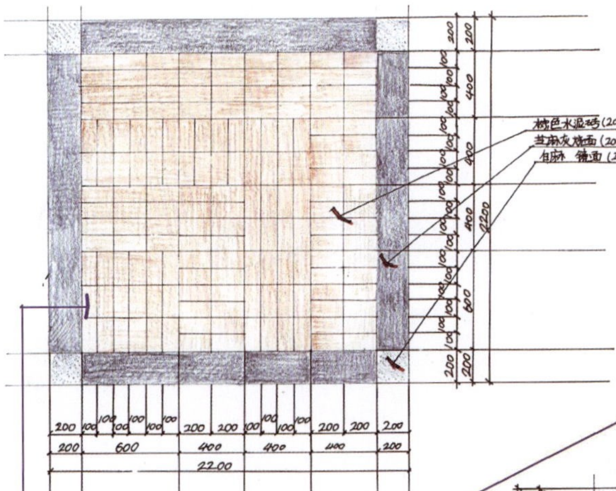

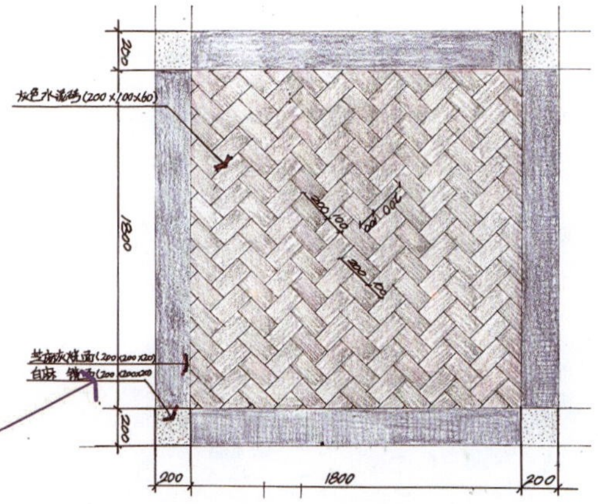

铺装大样<一>
比例 1:20

铺装大样<二>
比例 1:20

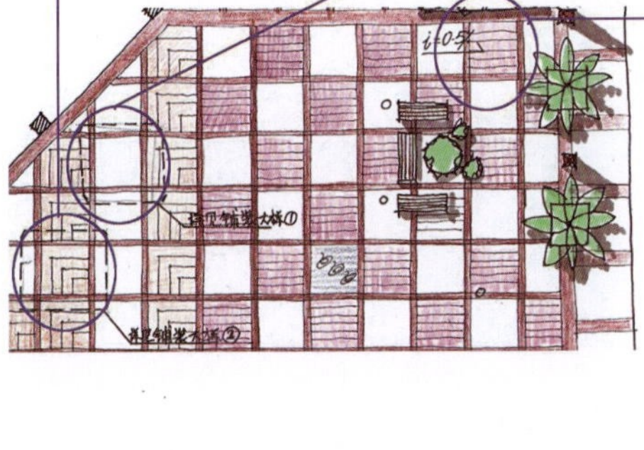

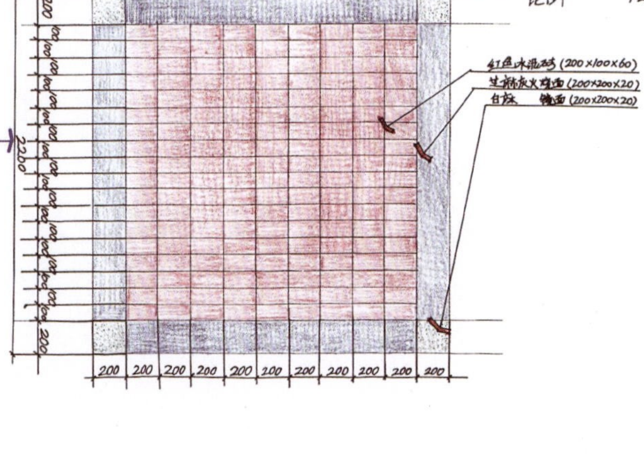

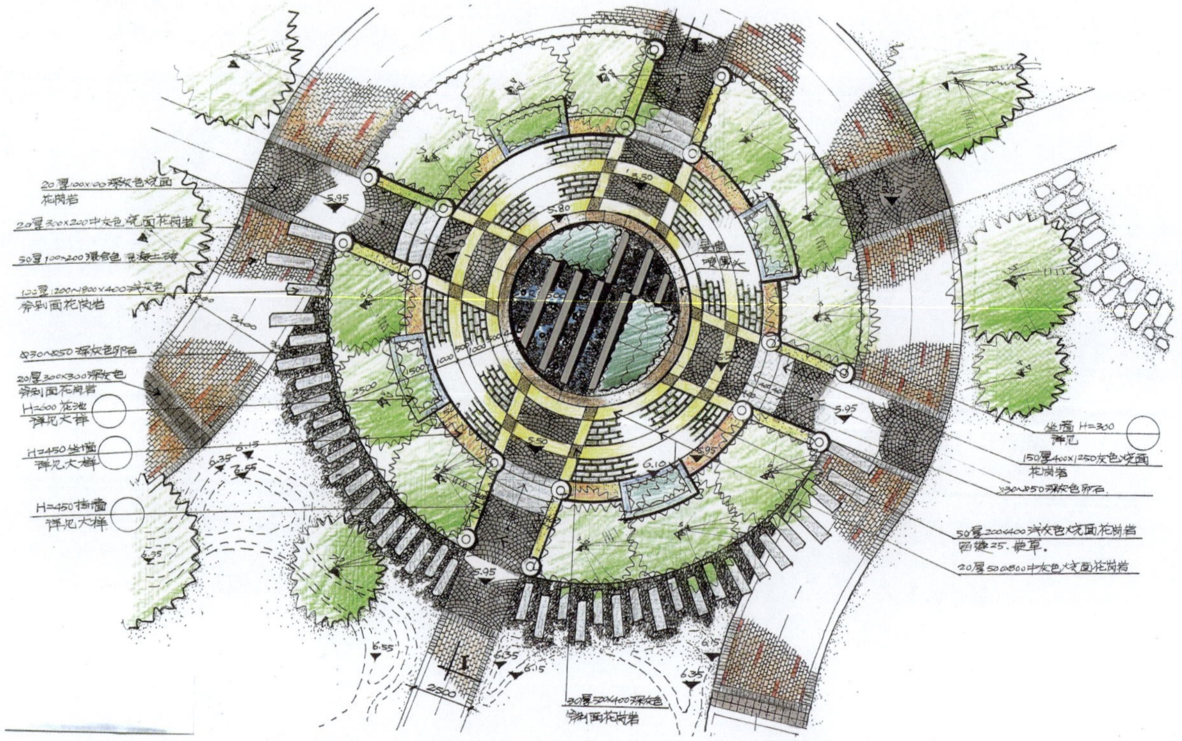

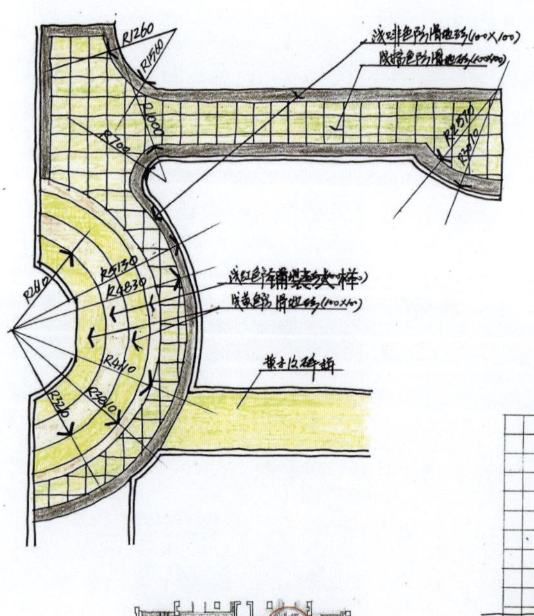

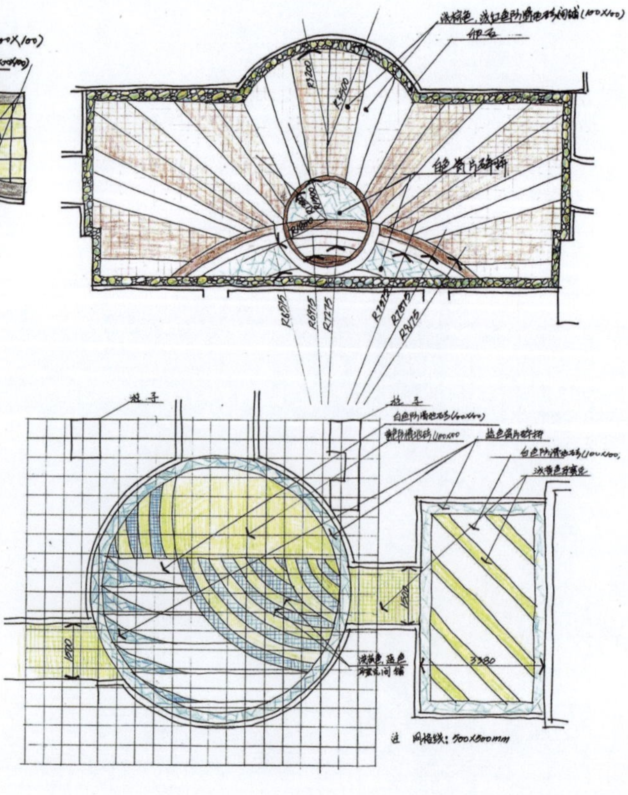

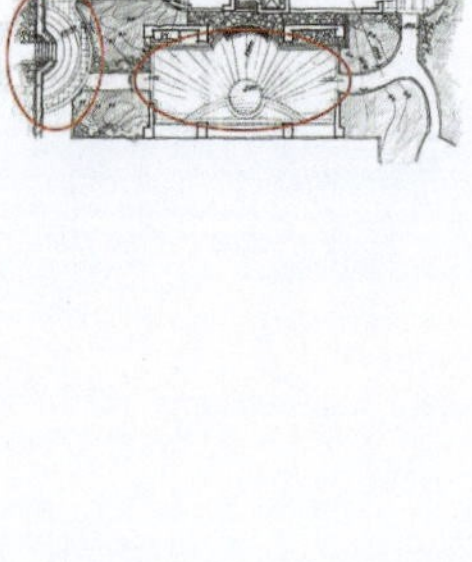

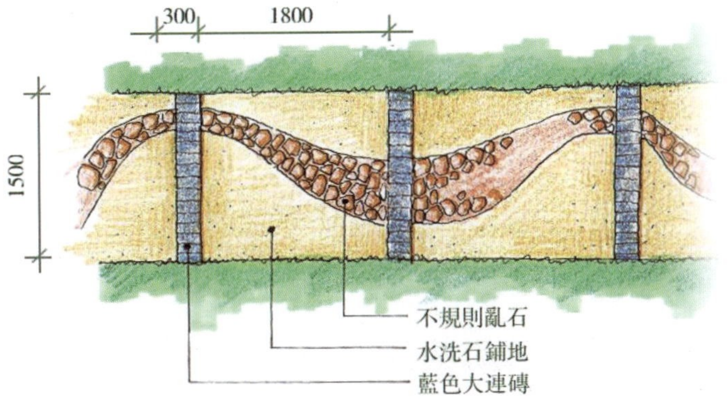

花徑一示意

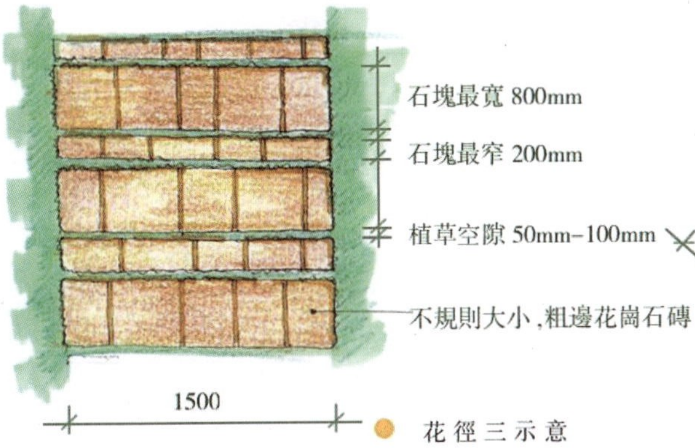

花徑三示意

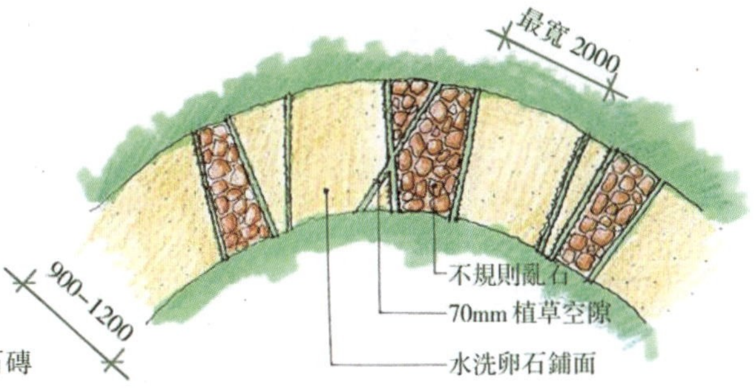

花徑二示意

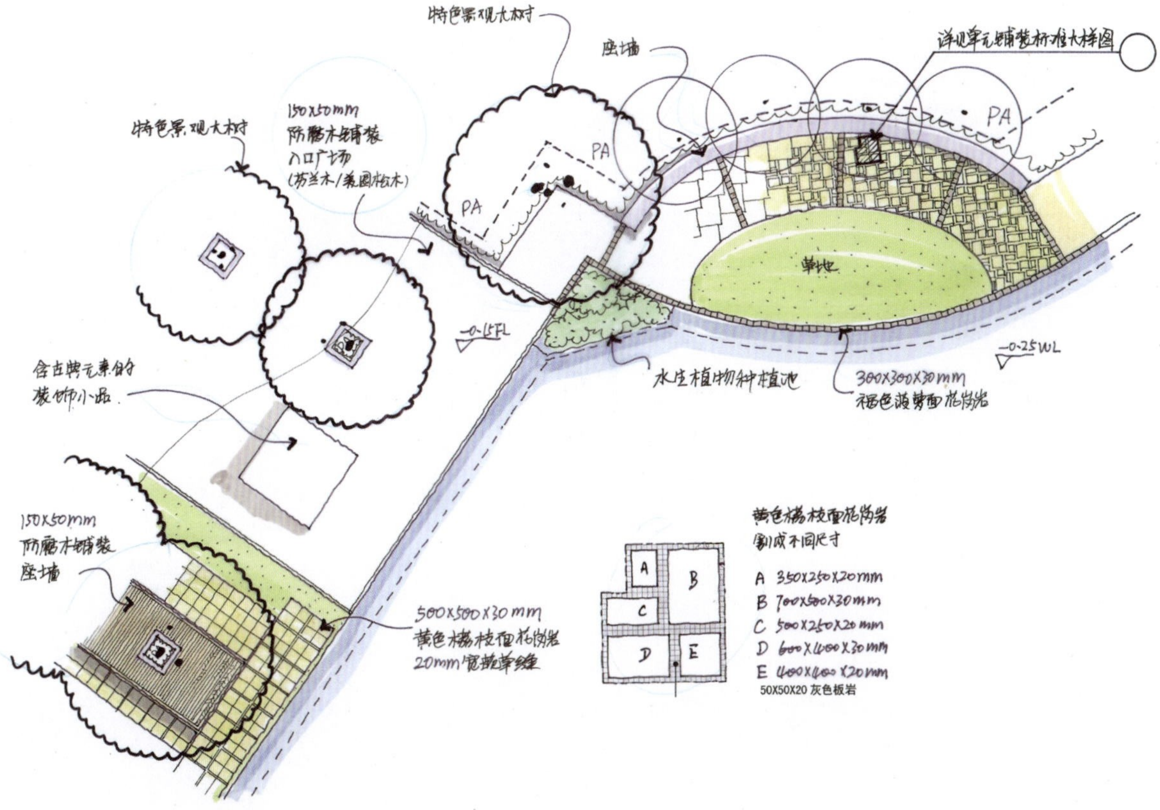

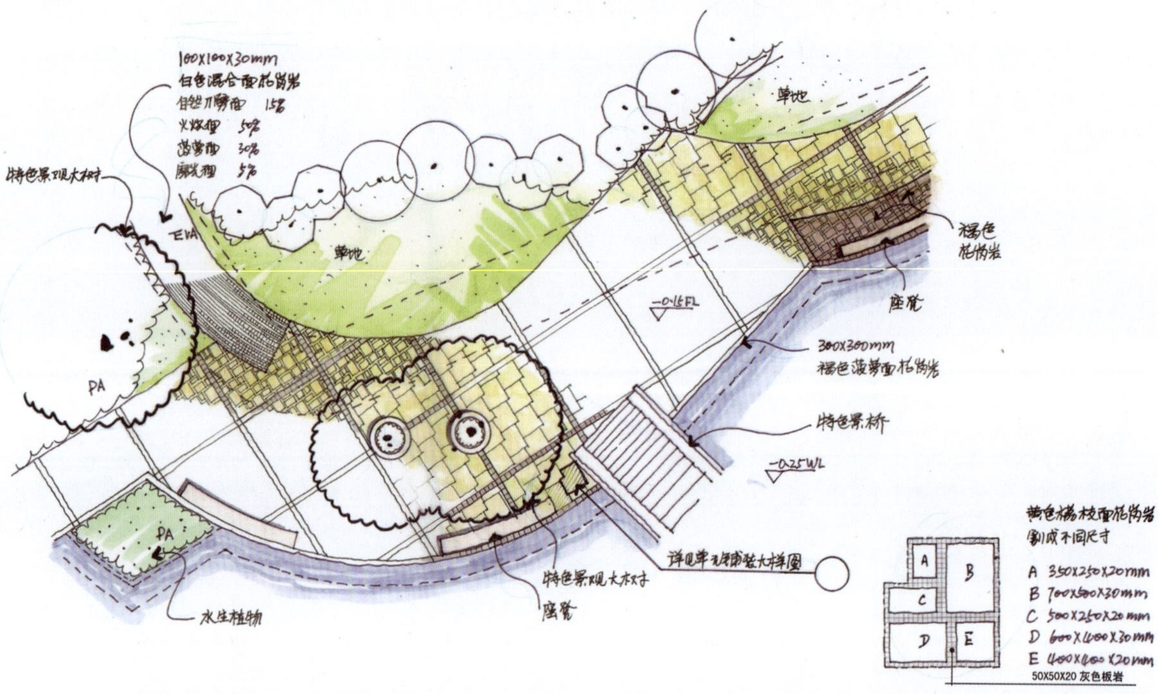
100X100X30mm
白色混合面花岗岩
自然刀劈面 15%
火烧面 50%
荔枝面 30%
磨光面 5%
特色景观大树
EVA
草地
草地
褐色花岗岩
座凳
-0.15FL
300X300mm
褐色荔枝面花岗岩
特色景桥
-0.25WL
PA
PA
水生植物
特色景观大树
座凳
详见单元铺装大样图
黄色荔枝面花岗岩
切成不同尺寸
A
B
C
D
E
A 350X250X20mm
B 700X500X30mm
C 500X250X20mm
D 600X400X30mm
E 400X400X20mm
50X50X20 灰色板岩

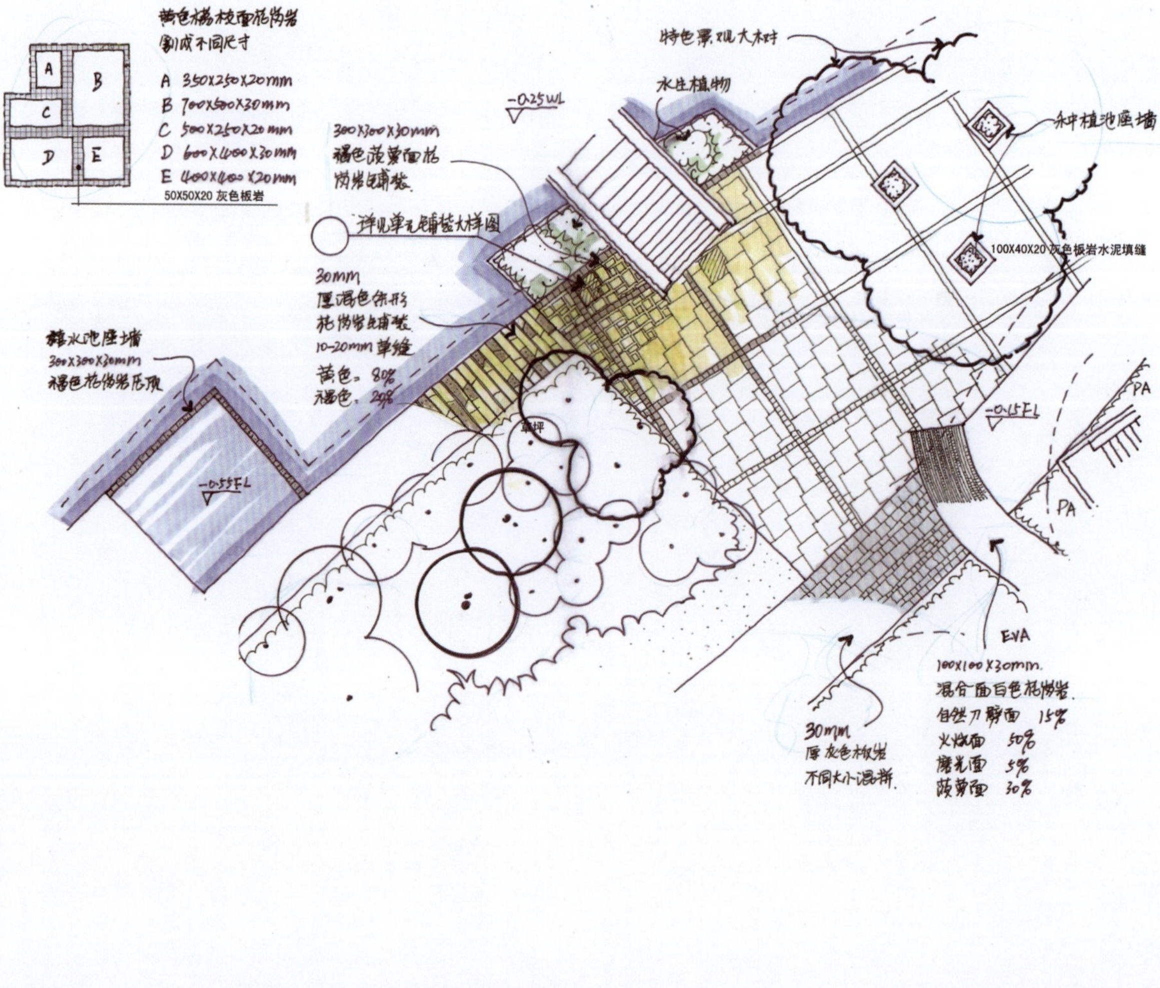
黄色荔枝面花岗岩
切成不同尺寸
A
B
C
D
E
A 350X250X20mm
B 700X500X30mm
C 500X250X20mm
D 600X400X30mm
E 400X400X20mm
50X50X20 灰色板岩
-0.25WL
水生植物
特色景观大树
种植池座墙
300X300X30mm
褐色荔枝面花
岗岩铺装
详见单元铺装大样图
100X40X20 灰色板岩水泥填缝
30mm
厚褐色条形
花岗岩铺装
10-20mm 草缝
黄色 80%
褐色 20%
跌水池座墙
300X300X30mm
褐色花岗岩压顶
-0.55FL
草坪
-0.15FL
PA
PA
EVA
100X100X30mm
混合面白色花岗岩
自然刀劈面 15%
火烧面 50%
磨光面 5%
荔枝面 30%
30mm
厚灰色板岩
不同大小混拼

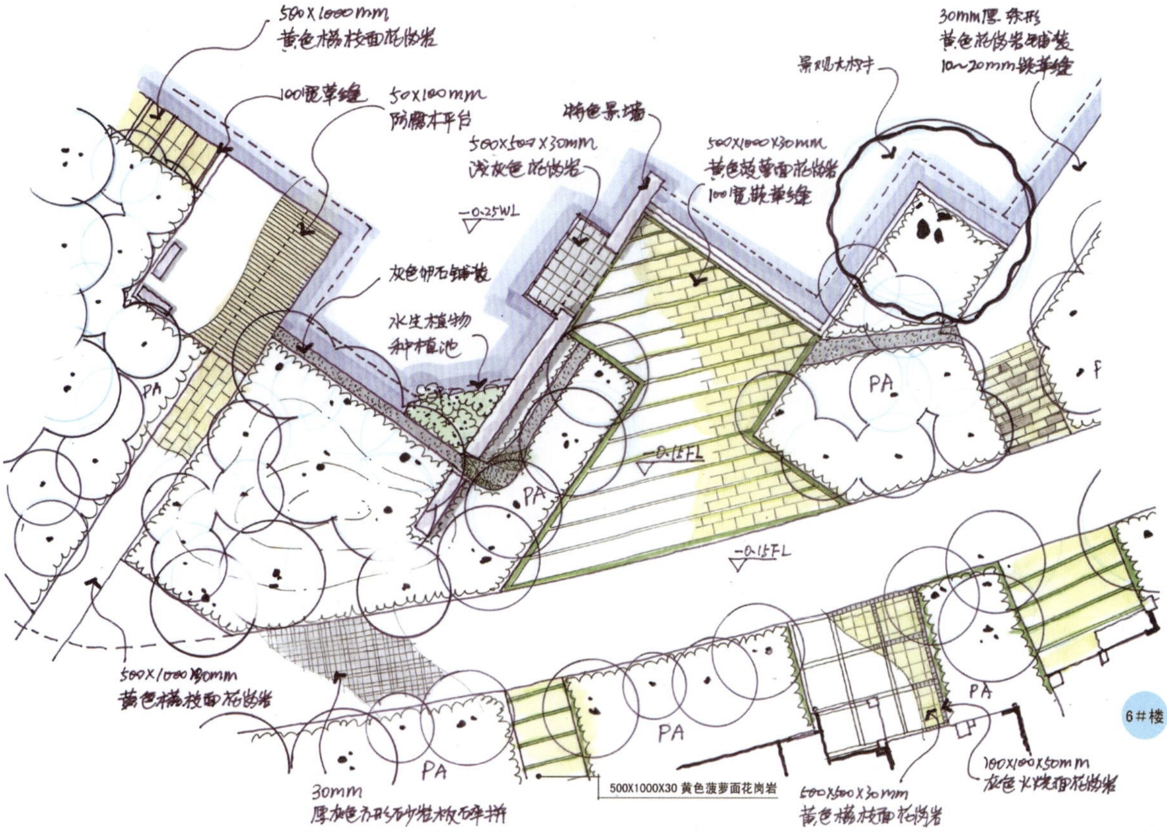
500X1000mm
黄色樱桃面花岗岩
100宽草缝
50x100mm
防腐木平台
特色景墙
500x500x30mm
浅灰色花岗岩
-0.25WL
500X1000X30mm
黄色菠萝面花岗岩
100宽嵌草缝
30mm厚 条形
黄色花岗岩铺装
10~20mm嵌草缝
灰色卵石铺装
水生植物
种植池
PA
-0.15FL
500X1000X30mm
黄色樱桃面花岗岩
30mm
厚灰色方形砂岩板碎拼
500X1000X30 黄色菠萝面花岗岩
500x500x30mm
黄色樱桃面花岗岩
100X100X50mm
灰色火烧面花岗岩
6#楼

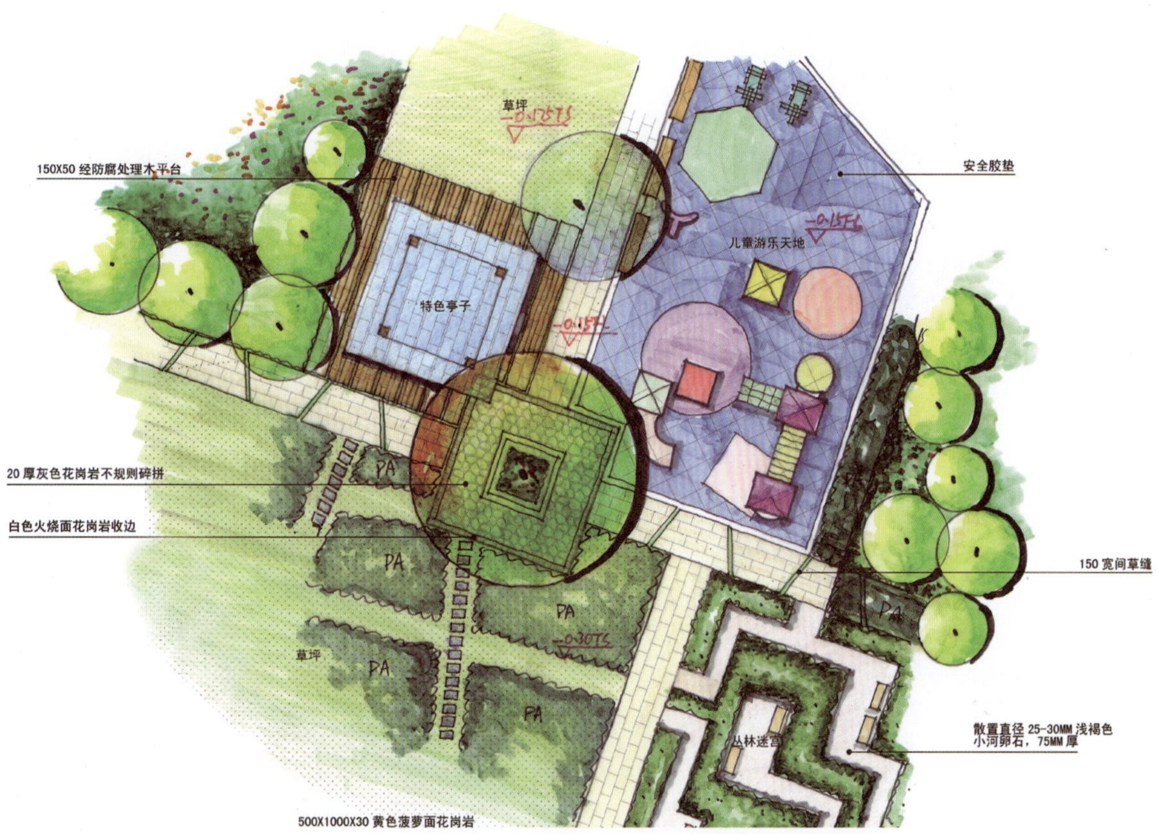
草坪
150X50 经防腐处理木平台
安全胶垫
儿童游乐天地
特色亭子
20厚灰色花岗岩不规则碎拼
白色火烧面花岗岩收边
150 宽间草缝
PA
草坪
-0.30TS
散置直径 25-30MM 浅褐色
小河卵石，75MM 厚
丛林迷宫
500X1000X30 黄色菠萝面花岗岩

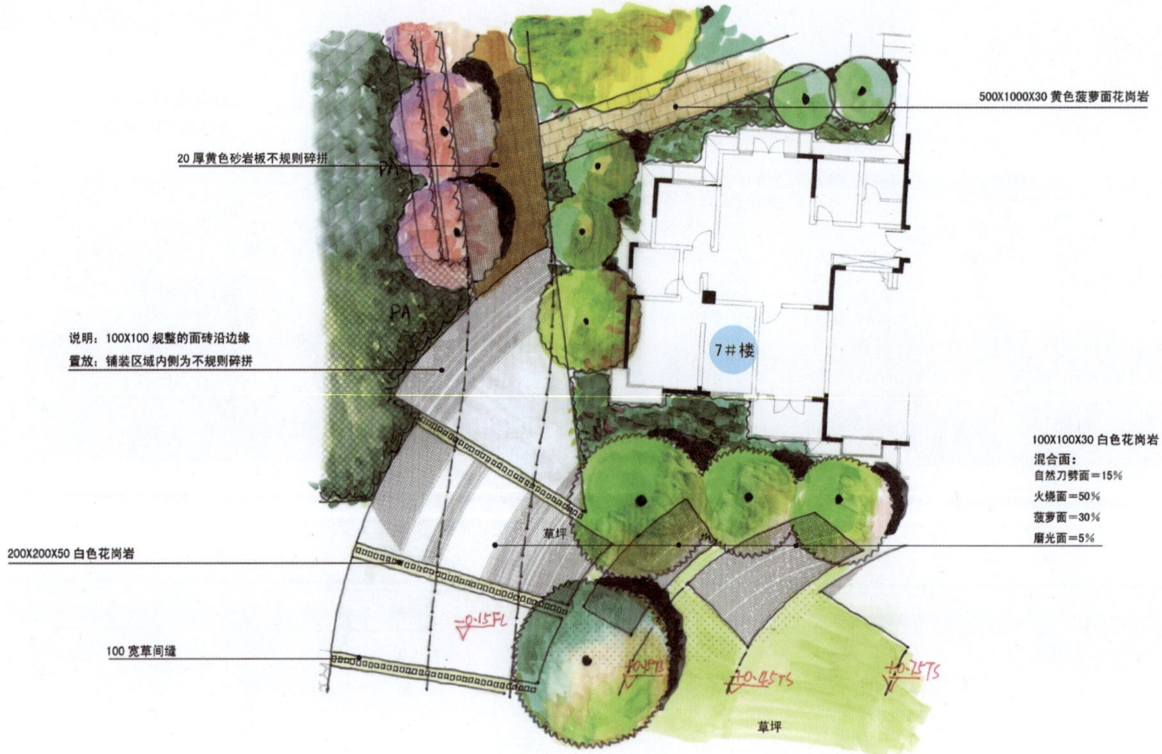
500X1000X30 黄色菠萝面花岗岩
20 厚黄色砂岩板不规则碎拼
说明：100X100 规整的面砖沿边缘
置放：铺装区域内侧为不规则碎拼
7＃楼
100X100X30 白色花岗岩
混合面：
自然刀劈面＝15%
火烧面＝50%
菠萝面＝30%
磨光面＝5%
草坪
200X200X50 白色花岗岩
100 宽草间缝
草坪

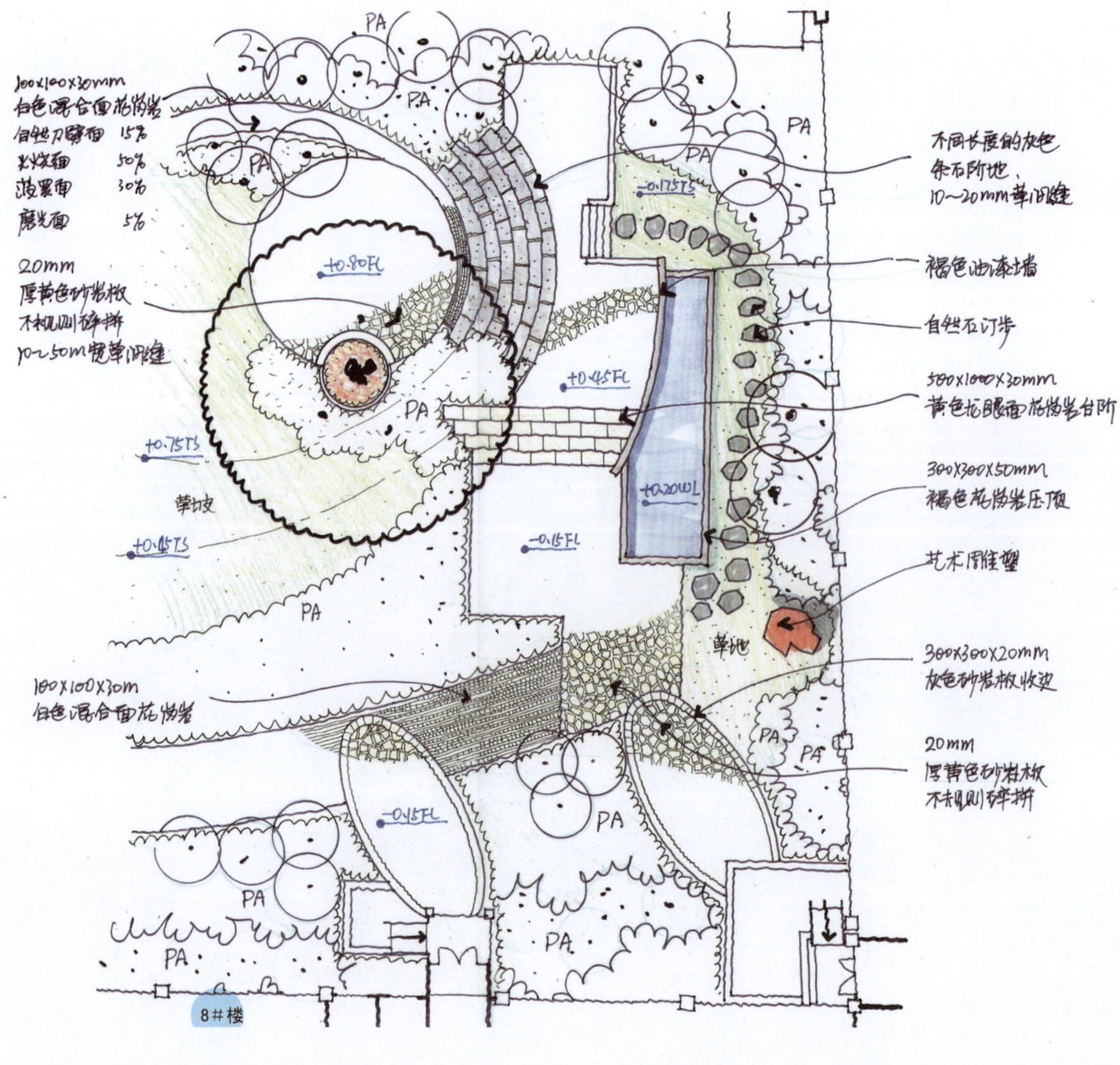
100x100x30mm
白色混合面花岗岩
自然刀劈面 15%
火烧面 50%
菠萝面 30%
磨光面 5%
20mm
厚黄色砂岩板
不规则碎拼
10~50m宽草间缝
草坡
不同长度的灰色
条石阶地、
10~20mm草间缝
褐色油漆墙
自然石汀步
500x1000x30mm
黄色龙眼面花岗岩台阶
300x300x50mm
褐色花岗岩压顶
艺术雕塑
草地
300x300x20mm
灰色砂岩板收边
100x100x30m
白色混合面花岗岩
20mm
厚黄色砂岩板
不规则碎拼
8＃楼

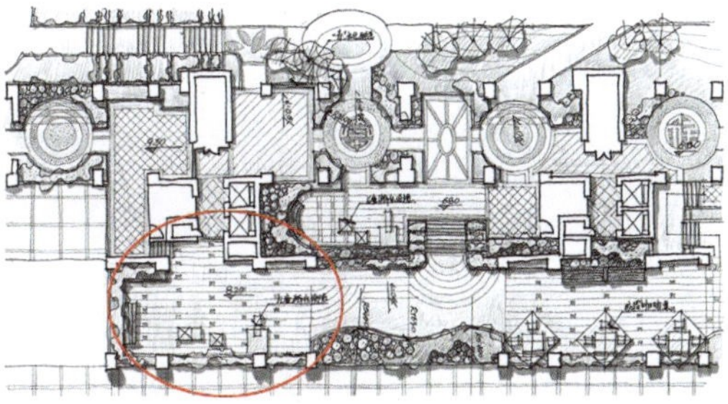

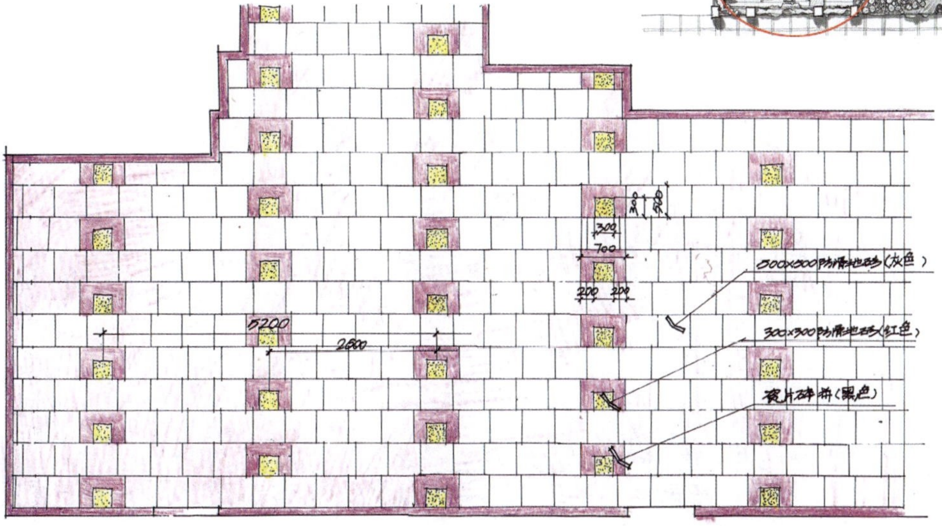
300
500
300
700
500×500防滑地砖（灰色）
200 200
5200
300×300防滑地砖（红色）
2800
瓷片碎拼（黑色）

铺装大样图〈 〉
比例 1:50

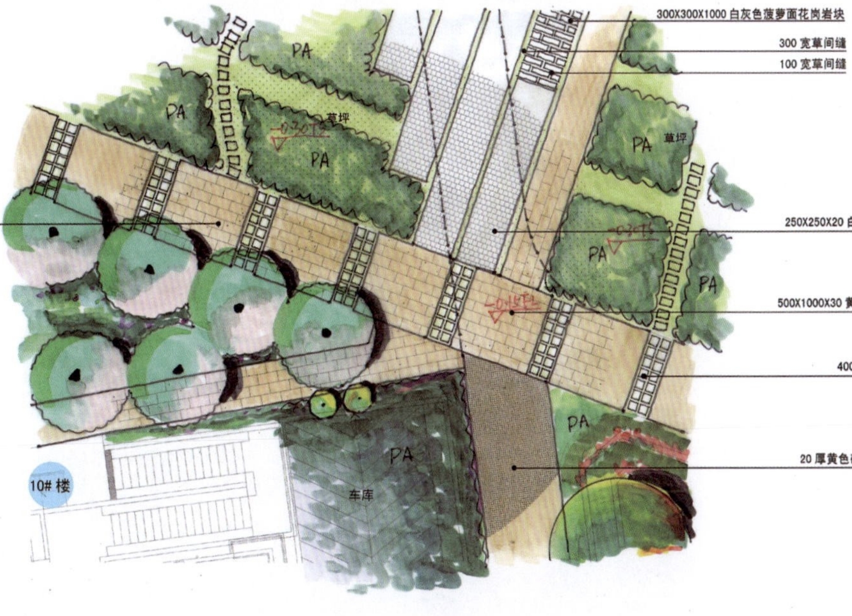
300X300X1000 白灰色菠萝面花岗岩块
300 宽草间缝
100 宽草间缝
500X1000X30 黄色菠萝面花岗岩
PA
草坪
250X250X20 白色火烧面花岗岩
500X1000X30 黄色菠萝面花岗岩
400X400 白色花岗岩
20 厚黄色砂岩板不规则碎拼
10# 楼
车库

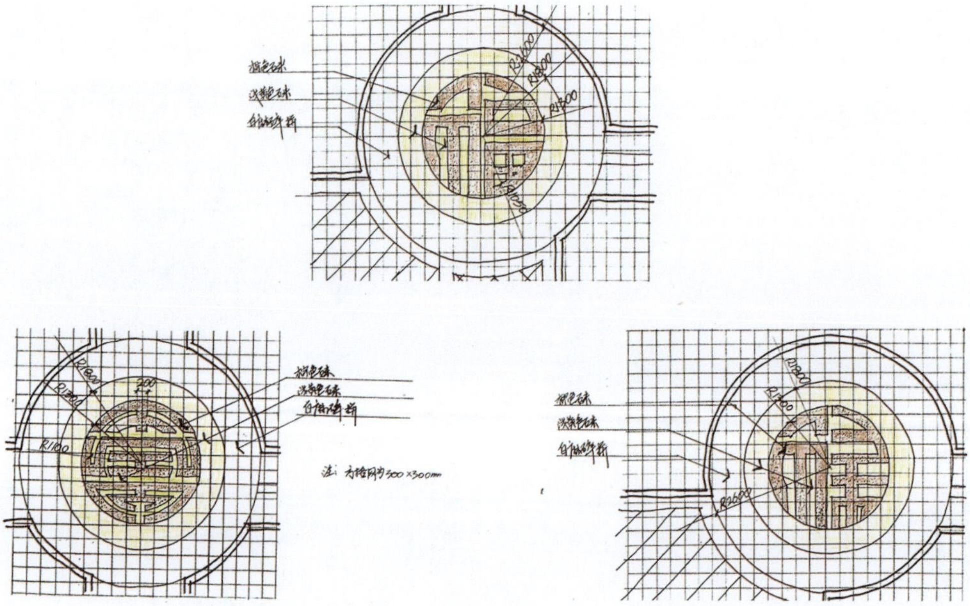

"福"、"禄"、"寿"铺砖大样

比例：1：30

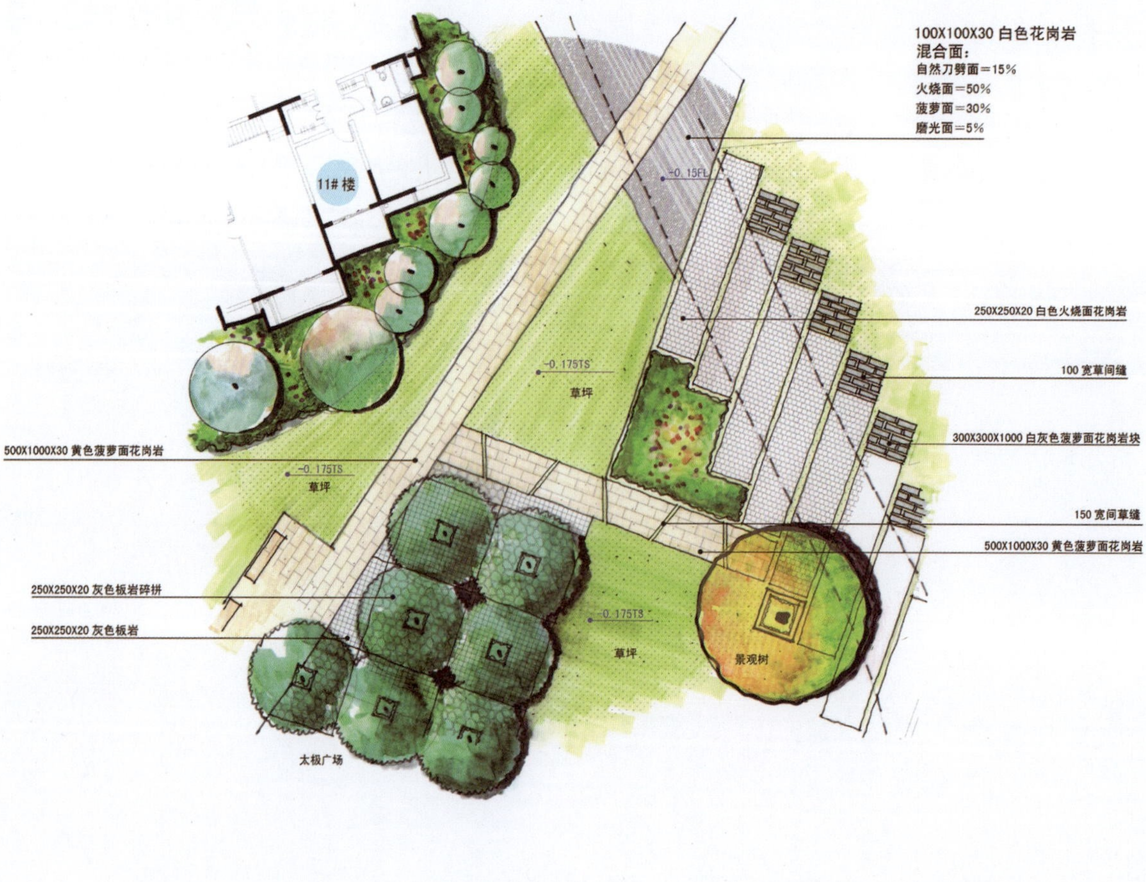

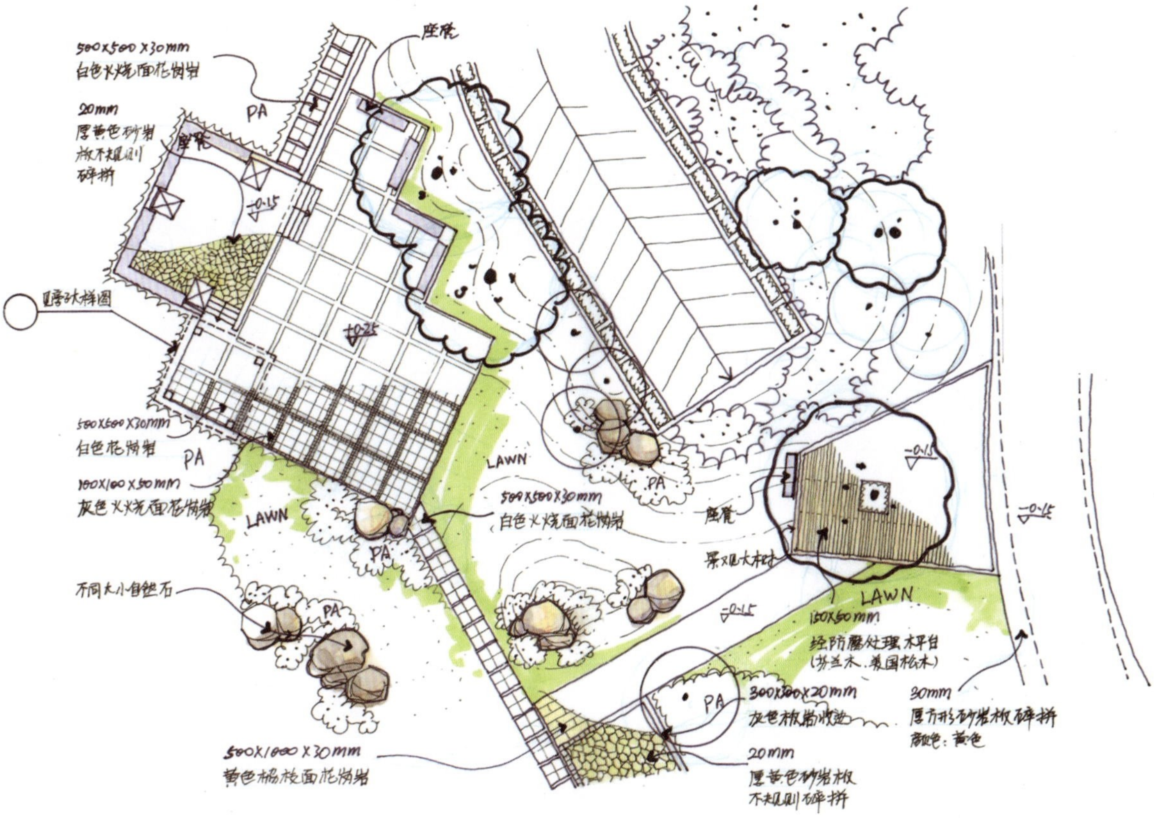
500X500X30mm
白色火烧面花岗岩
20mm
厚黄色砂岩板不规则碎拼
座凳
PA
LAWN
500X500X30mm
白色花岗岩
100X100X50mm
灰色火烧面花岗岩
500X500X30mm
白色火烧面花岗岩
不同大小自然石
景观大树
150X50mm
经防腐处理木平台
(芬兰木、美国松木)
300X300X20mm
灰色板岩收边
30mm
厚方形砂岩板碎拼
颜色：黄色
500X1000X30mm
黄色锈板面花岗岩
20mm
厚黄色砂岩板
不规则碎拼

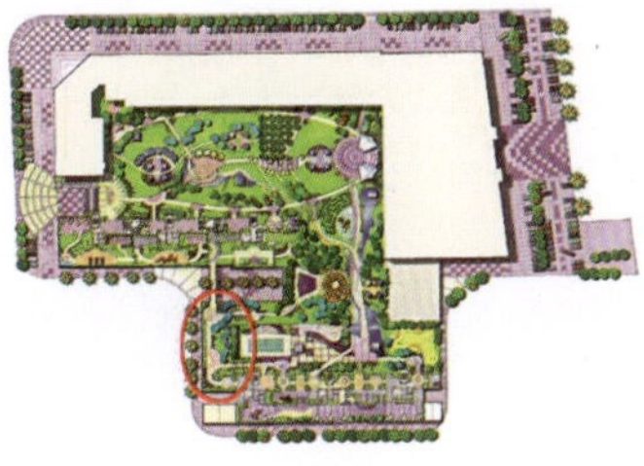

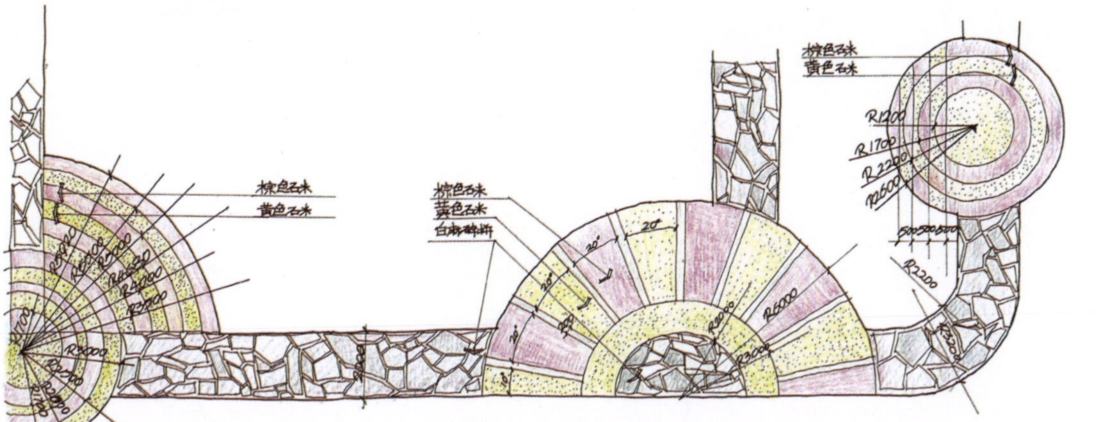
棕色石米
黄色石米
架空层户外广场铺装大样
比例 1:100

铺装

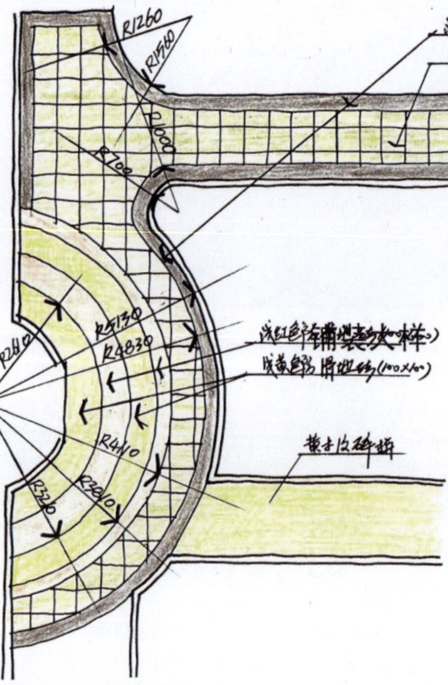

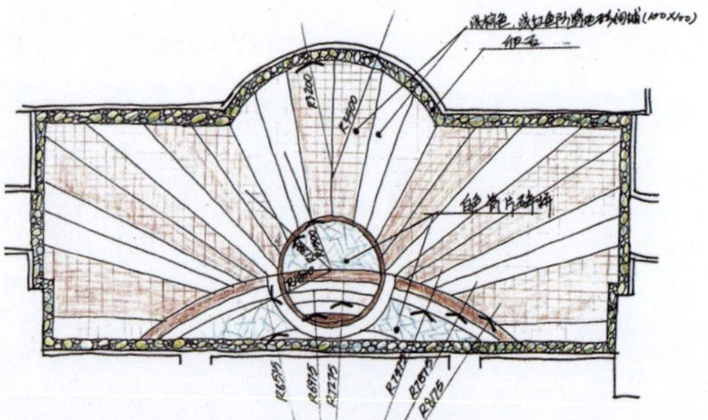

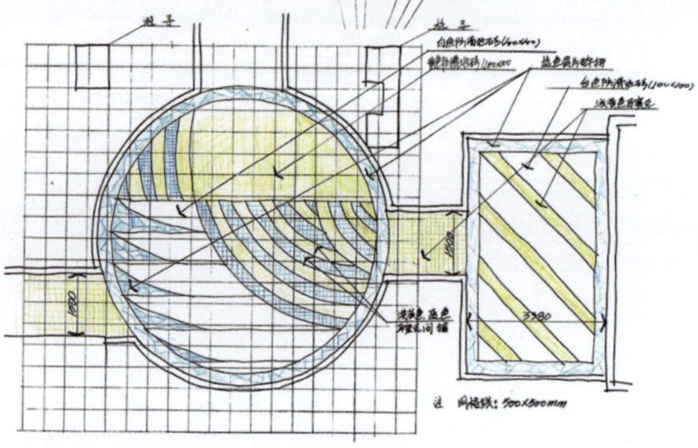

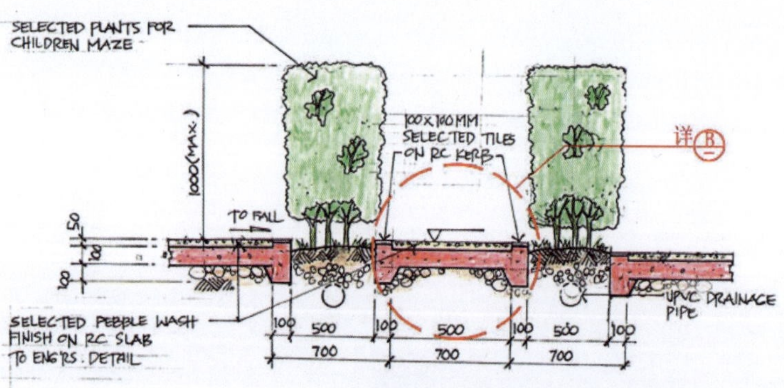

SECTIONA-A (MAZE)
SCALE: 1:20 迷宫剖立面 A-A

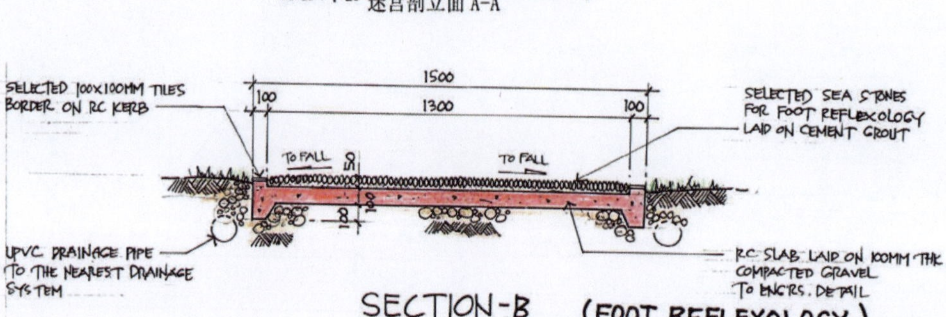

SECTION-B (FOOT REFLEXOLOGY)
SCALE: 1:20

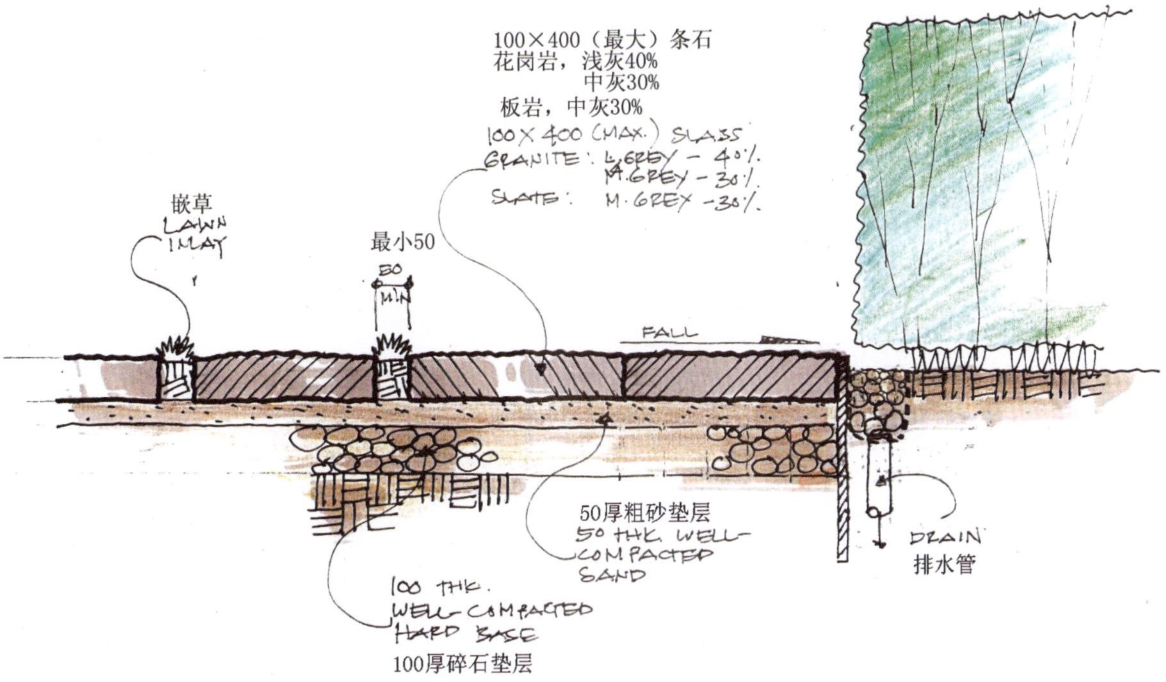
100×400（最大）条石
花岗岩，浅灰40%
中灰30%
板岩，中灰30%
100×400 (MAX.) SLABS
GRANITE: L.GREY - 40%
M.GREY - 30%
SLATE: M.GREY - 30%
嵌草
LAWN INLAY
最小50
50 MIN
FALL
50厚粗砂垫层
50 THK. WELL-COMPACTED SAND
DRAIN
排水管
100 THK. WELL-COMPACTED HARD BASE
100厚碎石垫层

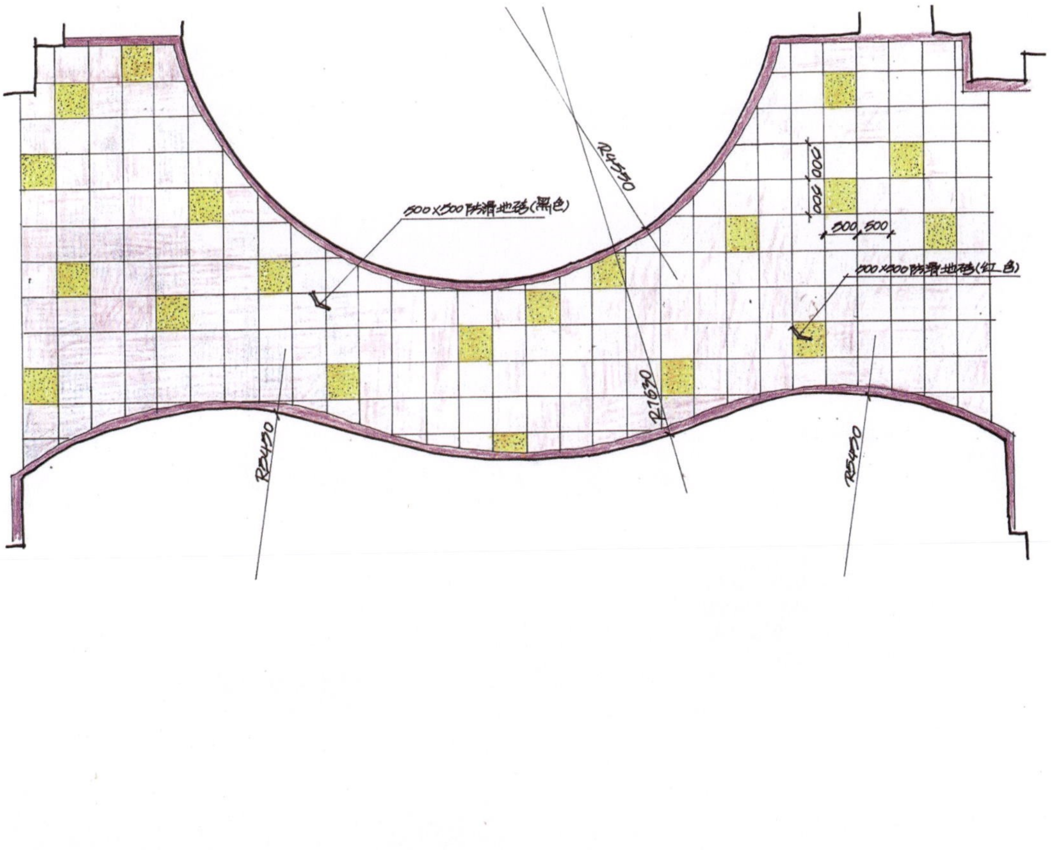
500×500防滑地砖(黑色)
500×500防滑地砖(红色)
R4550
R7630
R5450
500
500

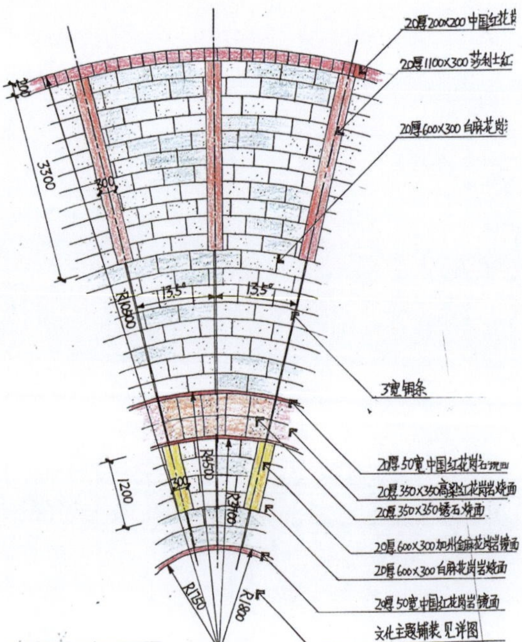

铺装局部大样 1:100

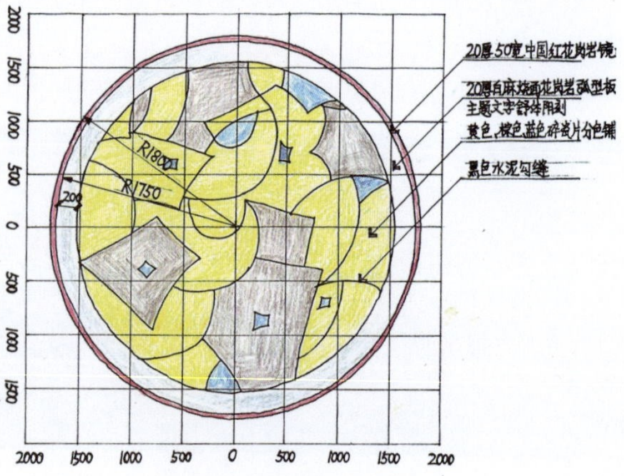

主题铺装大样图 1:30

1. 白麻烧面
2. 锈石烧面
3. 高梁红花岗岩烧面
4. 莎利士红花岗岩镜面
5. 加州金麻花岗岩镜面
6. 中国红花岗岩烧面
7. 莎利士红花岗岩烧面

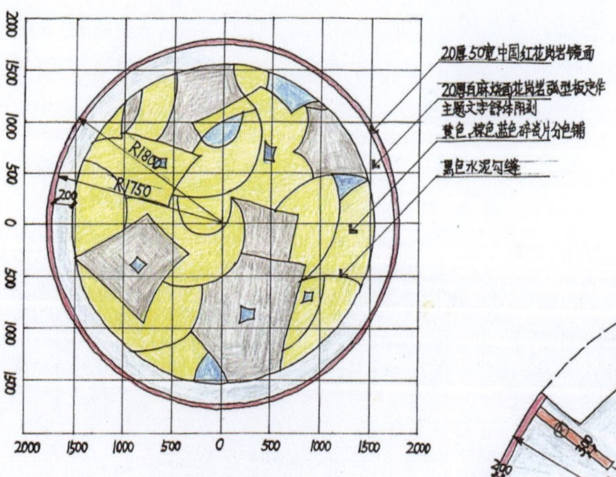

主题铺装大样图 1:30

1. 白麻烧面
2. 锈石烧面
3. 高梁红花岗岩烧面
4. 莎利士红花岗岩镜面
5. 加州金麻花岗岩镜面
6. 中国红花岗岩烧面
7. 莎利士红花岗岩烧面

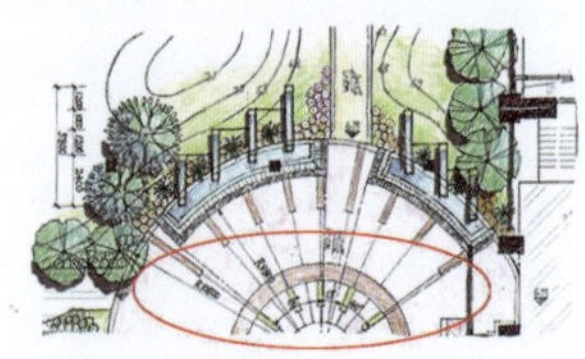

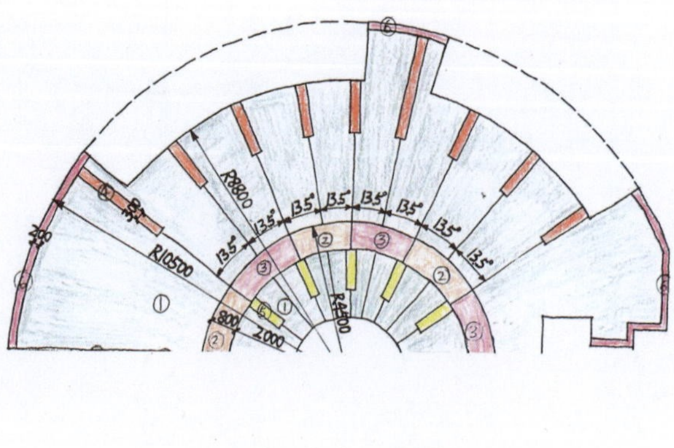

主入口内广场铺装平面图 1:100

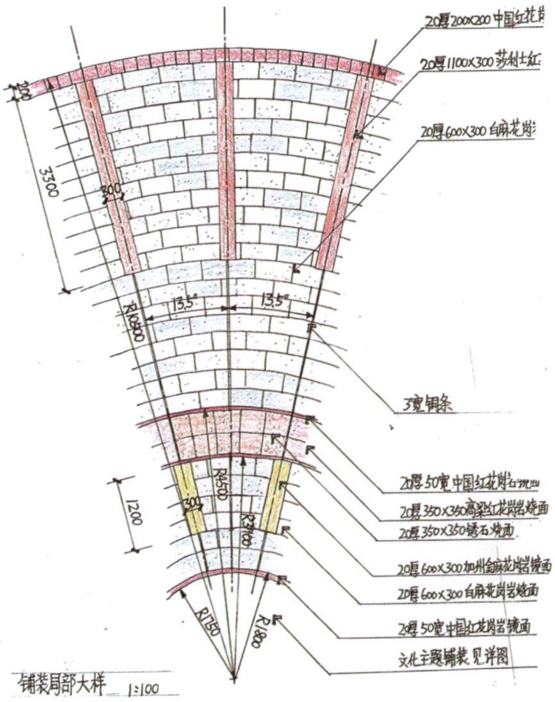

铺装局部大样 1:100

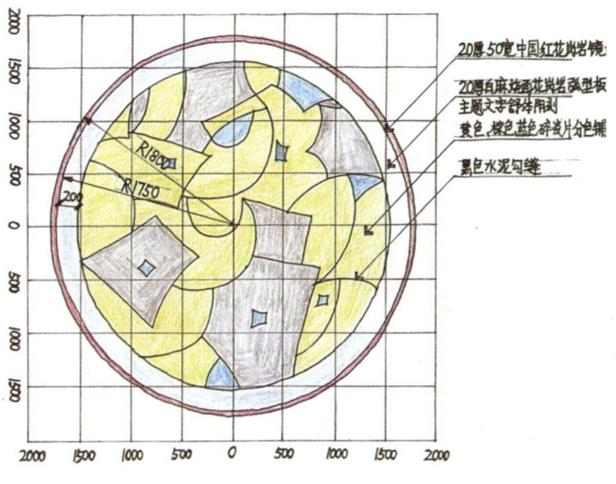

主题铺装大样图 1:30

1. 白麻烧面
2. 锈石烧面
3. 高粱红花岗岩烧面
4. 莎利士红花岗岩镜面
5. 加州金麻花岗岩镜面
6. 中国红花岗岩烧面
7. 莎利士红花岗岩烧面

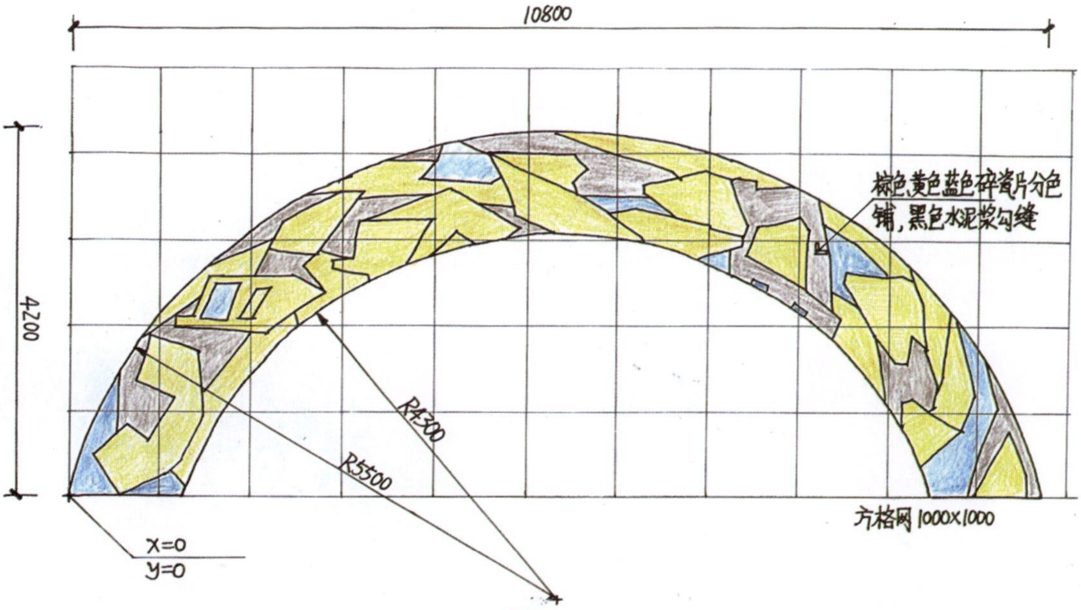

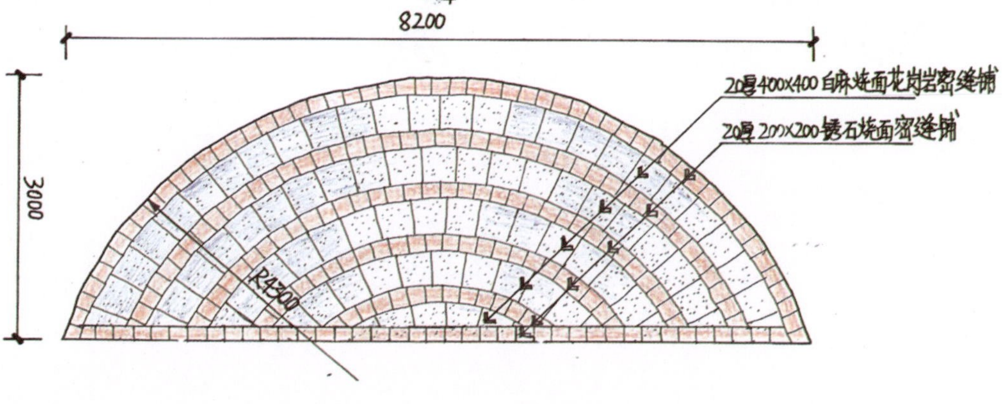

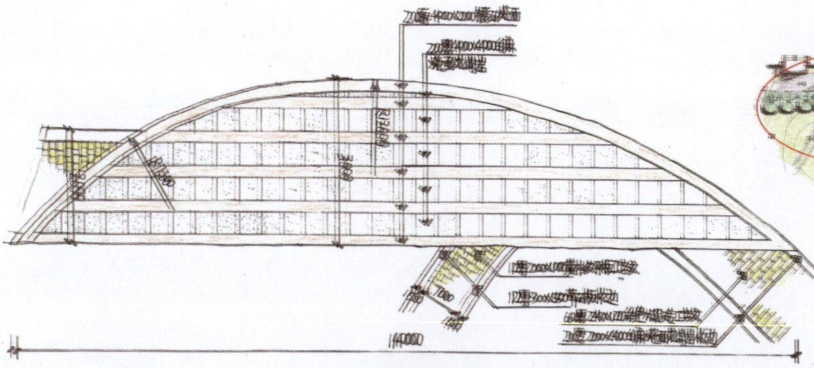

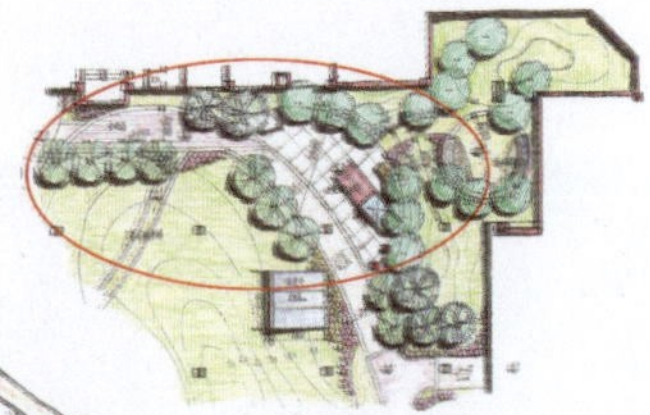

小广场铺装平面大样 1:50

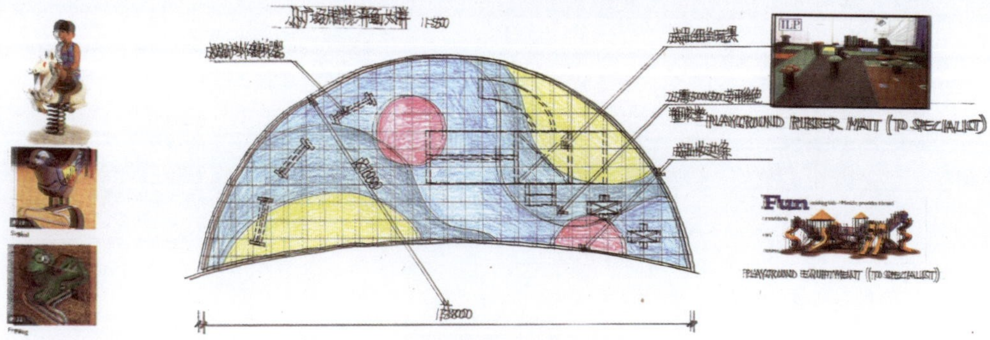

儿童活动场铺装平面大样 1:100

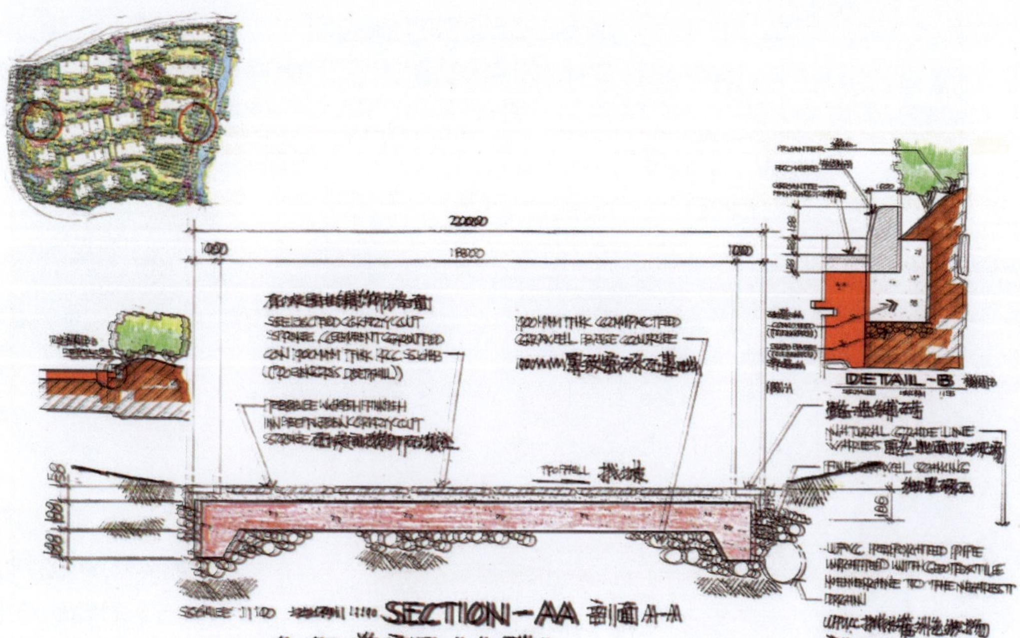

住宅内人行及车行道铺装、侧道剖面立面图

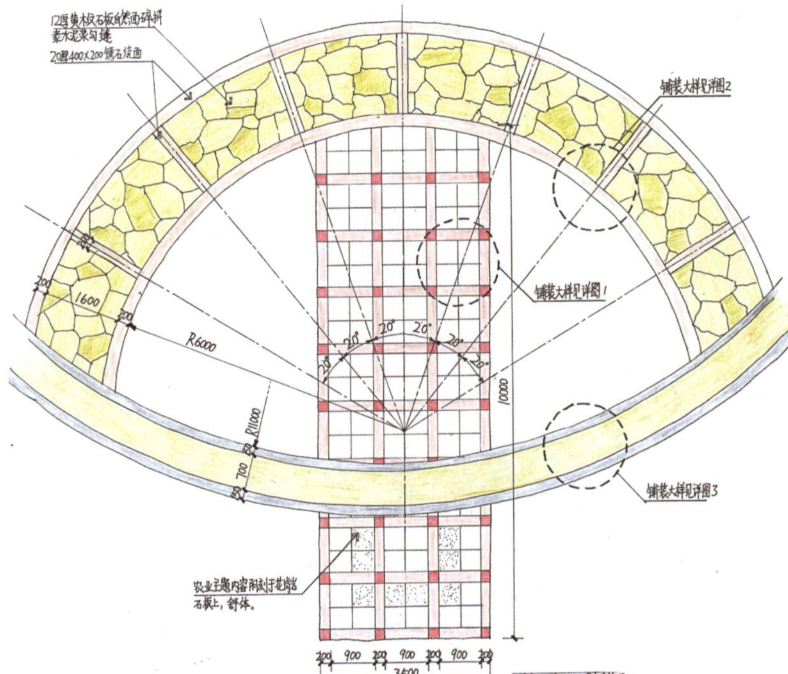

采光井休闲区域铺装平面 1:50

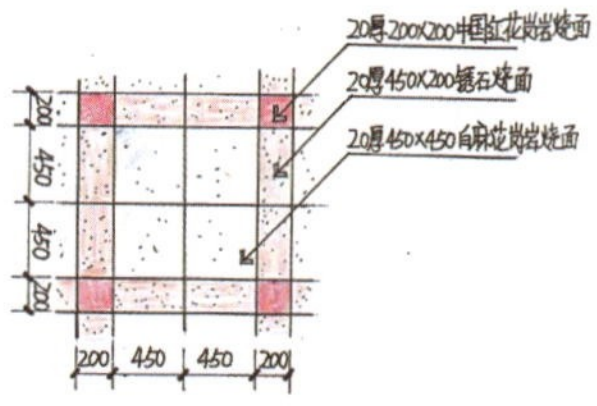

铺装详图1 1:30

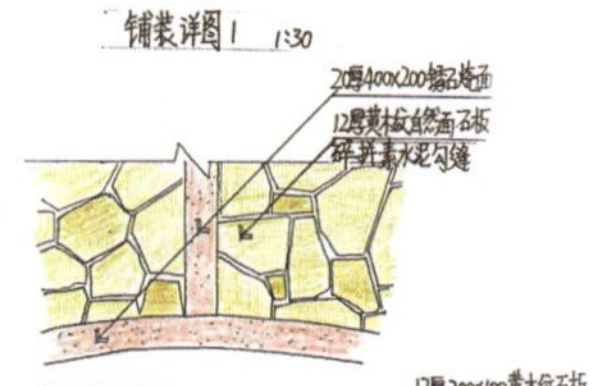

铺装详图2 1:30

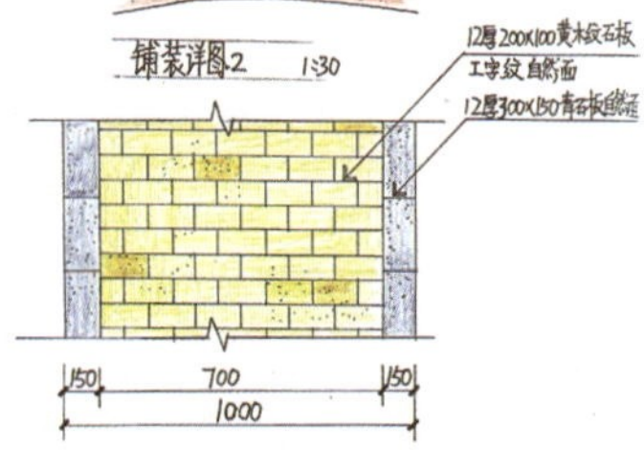

园路铺装平面大样3 1:20

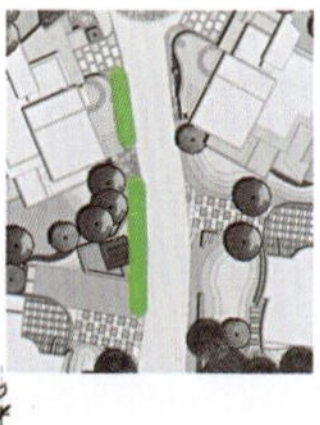

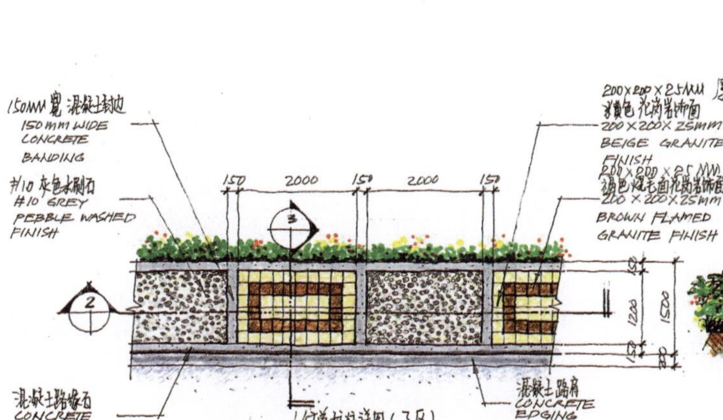

人行道标注详图（3区）
1 TYPICAL DETAIL PLAN OF SIDEWALK (PART-3)
SCALE: 1:50

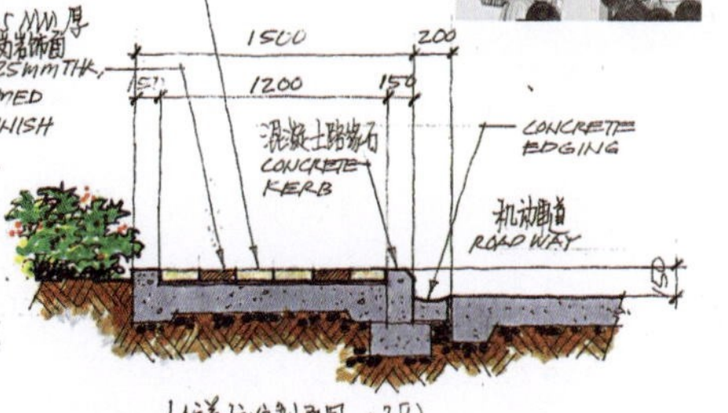

人行道标准剖面图（3区）
3 TYPICAL DETAIL SECTION OF SIDEWALK (PART-3)
SCALE: 1:25

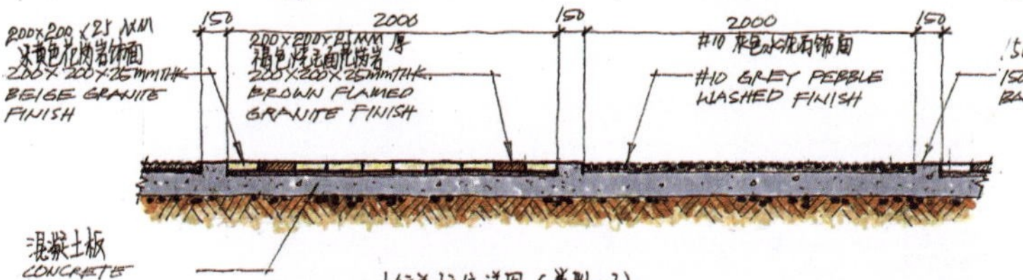

人行道标注详图（类型-3）
2 TYPICAL DETAIL SECTION OF SIDEWALK (TYPE-3)
SCALE: 1:25

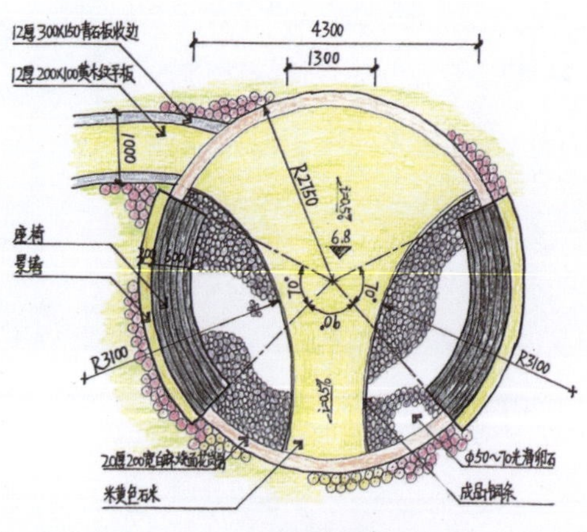

足底按摩场平面大样 1:50

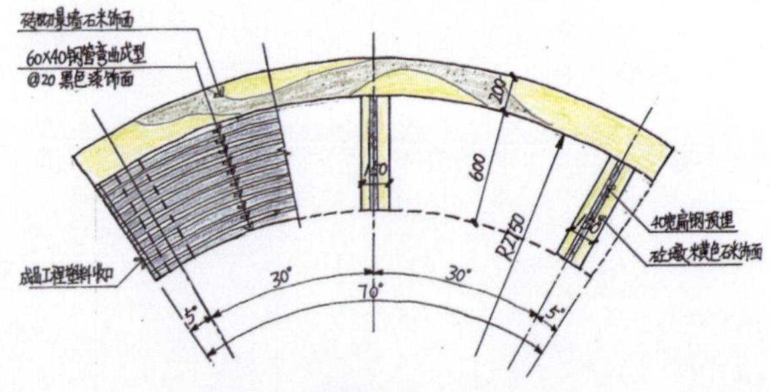

座椅平面大样 1:20

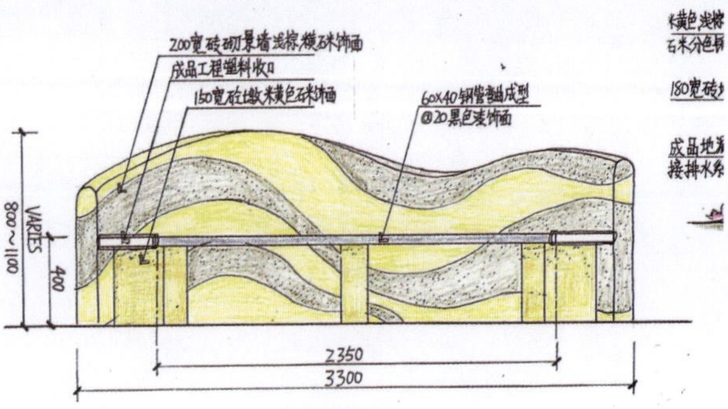

座椅立面大样 1:20

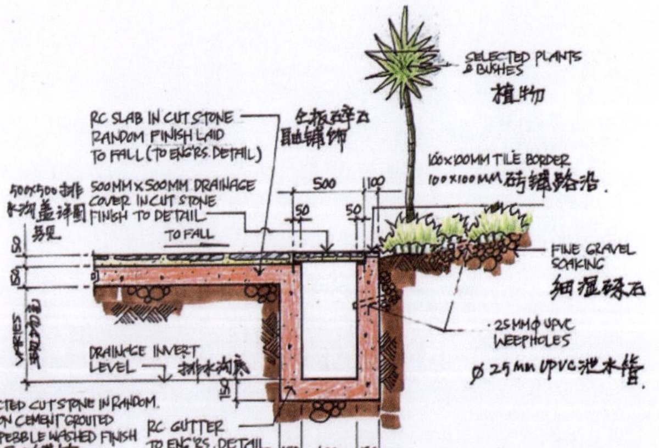

详图 SP1

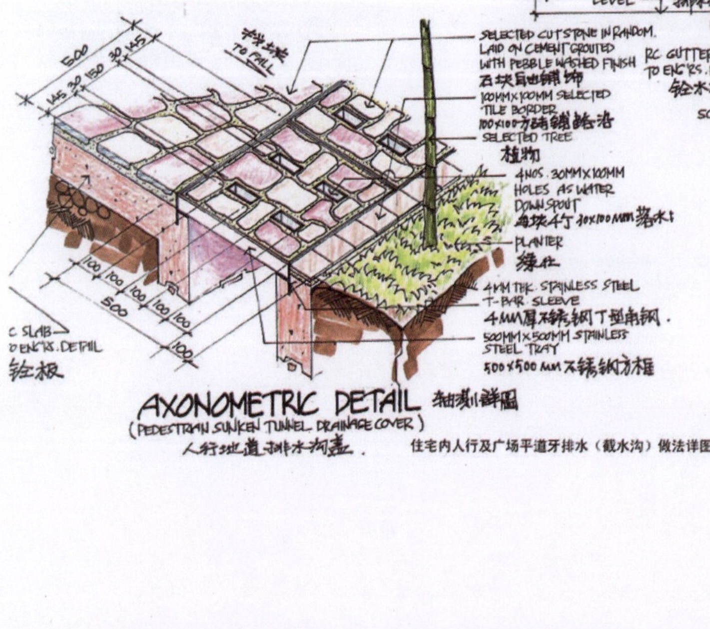

AXONOMETRIC DETAIL 轴测详图
(PEDESTRIAN SUNKEN TUNNEL DRAINAGE COVER)
人行地道排水沟盖.

住宅内人行及广场平道牙排水（截水沟）做法详图

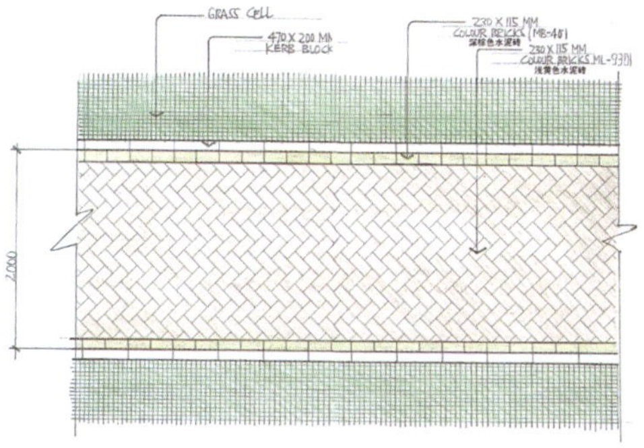

园路铺装大样
比例 1：20

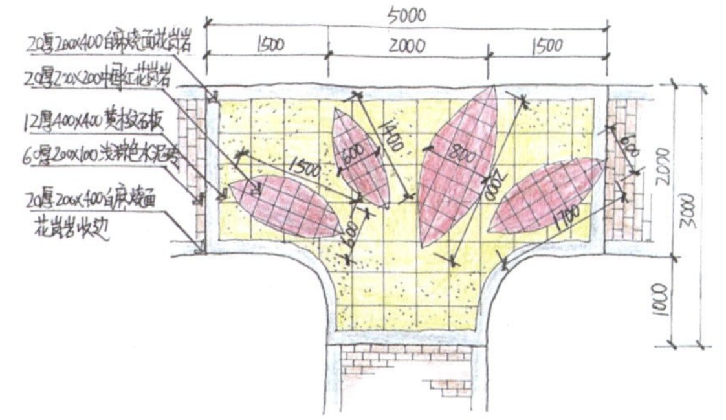

园路交汇处铺装大样
比例 1：50

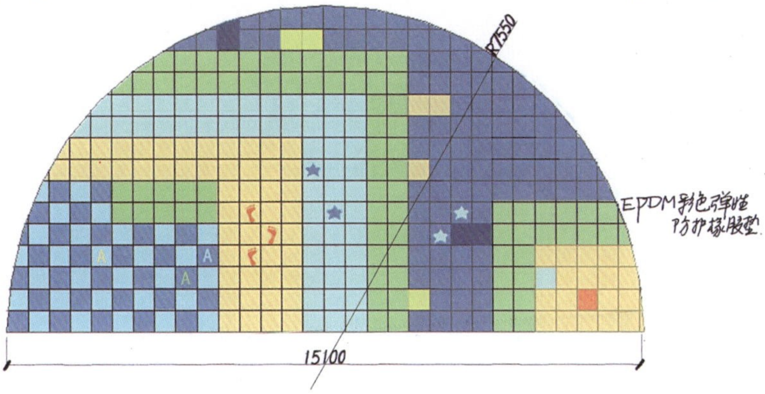

儿童活动保护垫拼花大样
比例 1:70

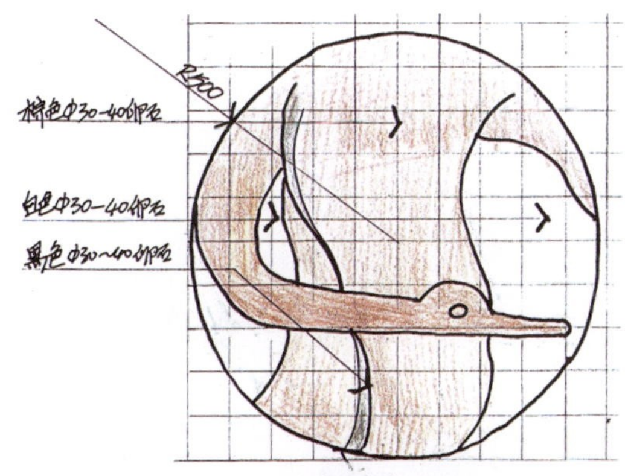

“落雁”平面大样
比例 1:10

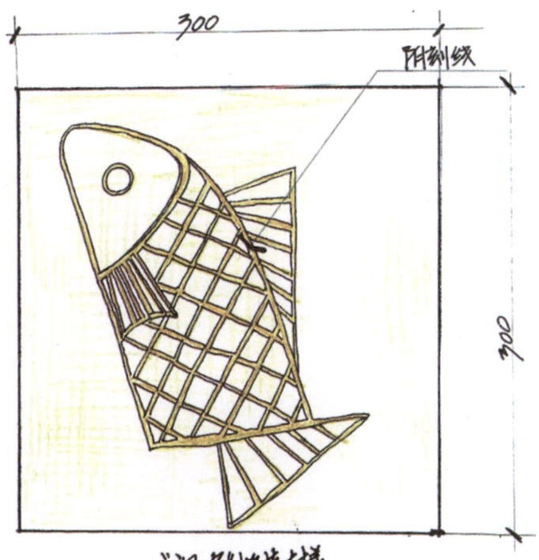

“沉鱼”拼花大样
比例 1:30

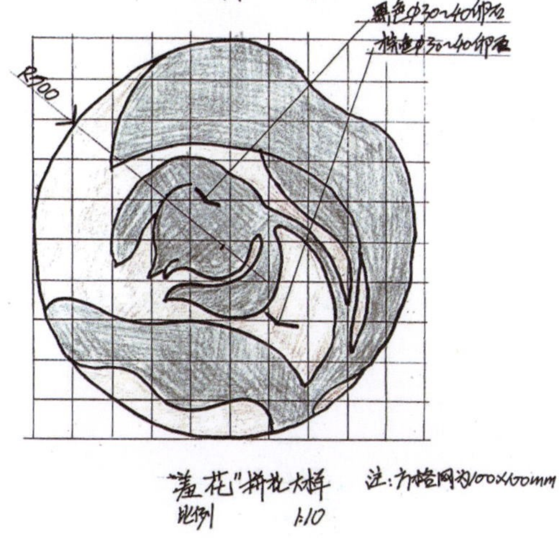

“莲花”拼花大样 注：方格网为100×100mm
比例 1:10

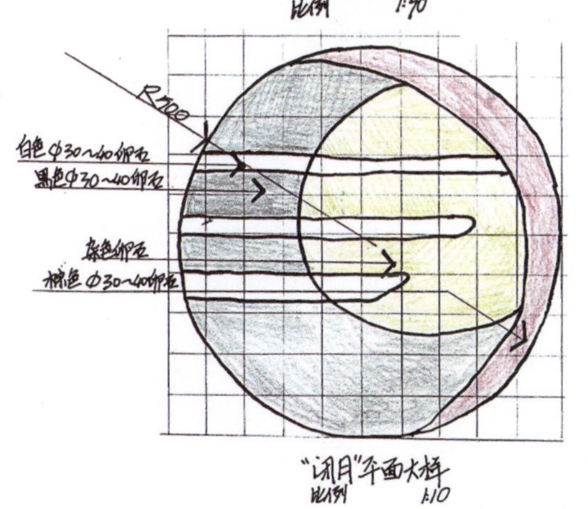

“闭月”平面大样
比例 1:10

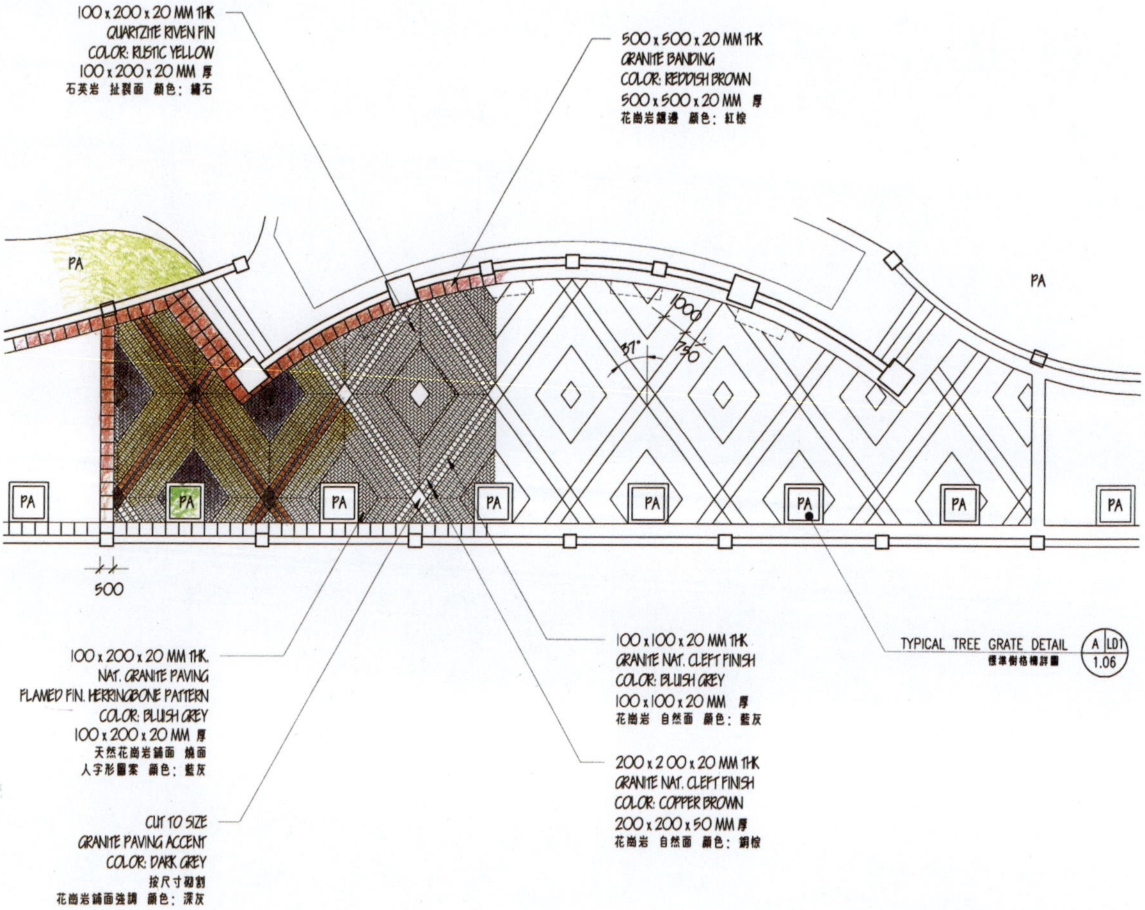

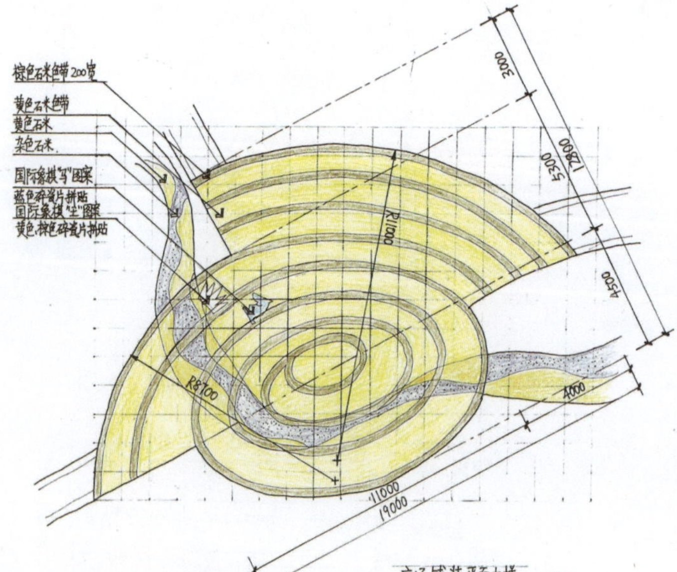

广场铺装平面大样 1:100

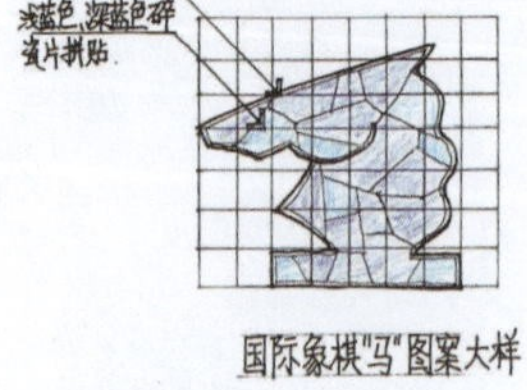

国际象棋"马"图案大样 1:30

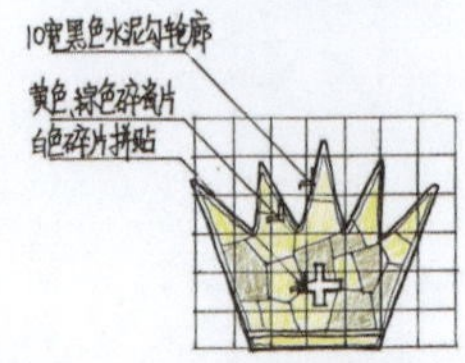

国际象棋"王"图案大样 1:30

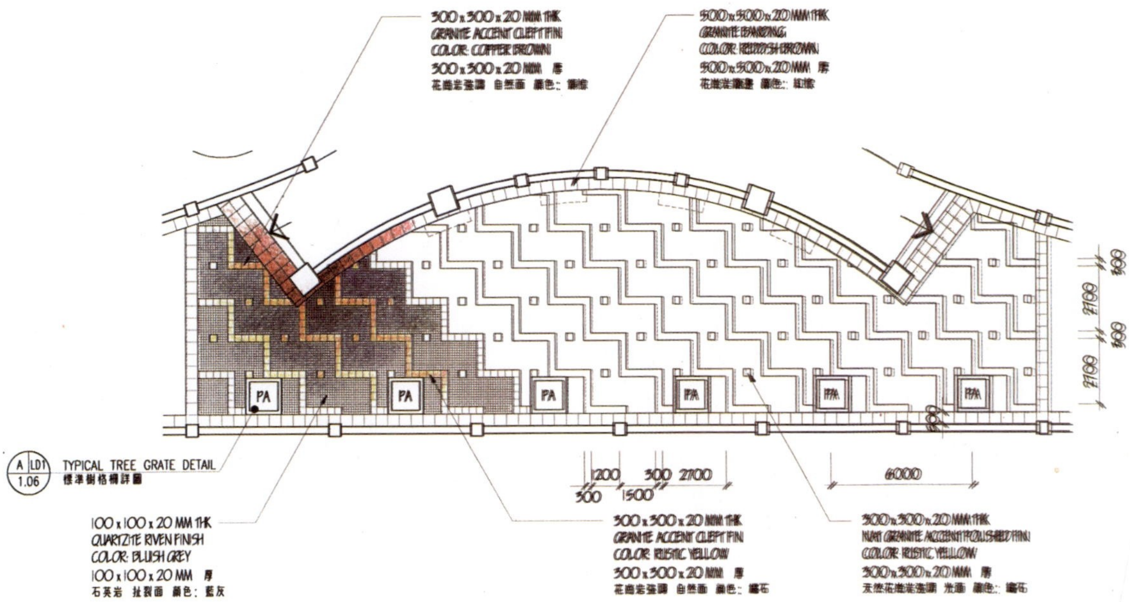

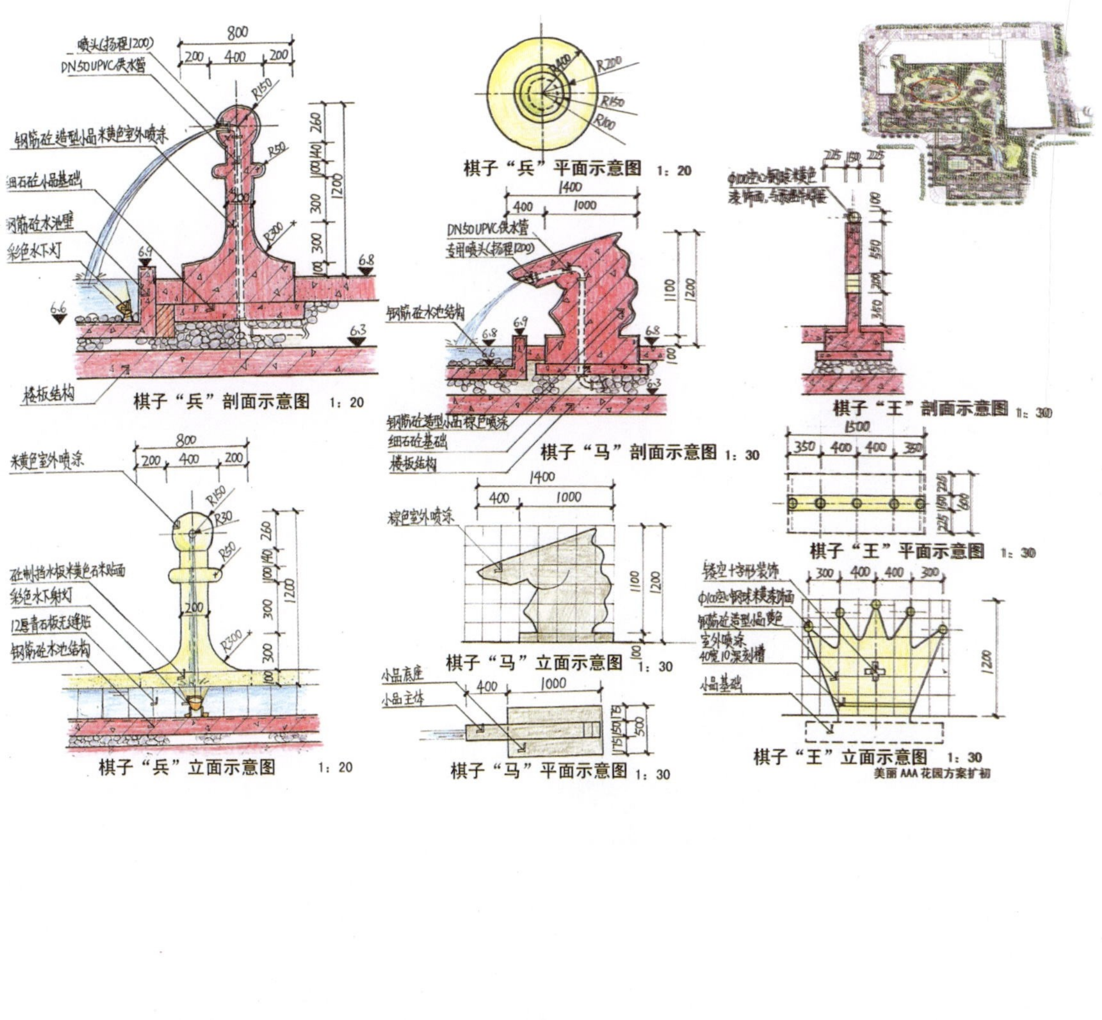

美丽AAA花园方案扩初

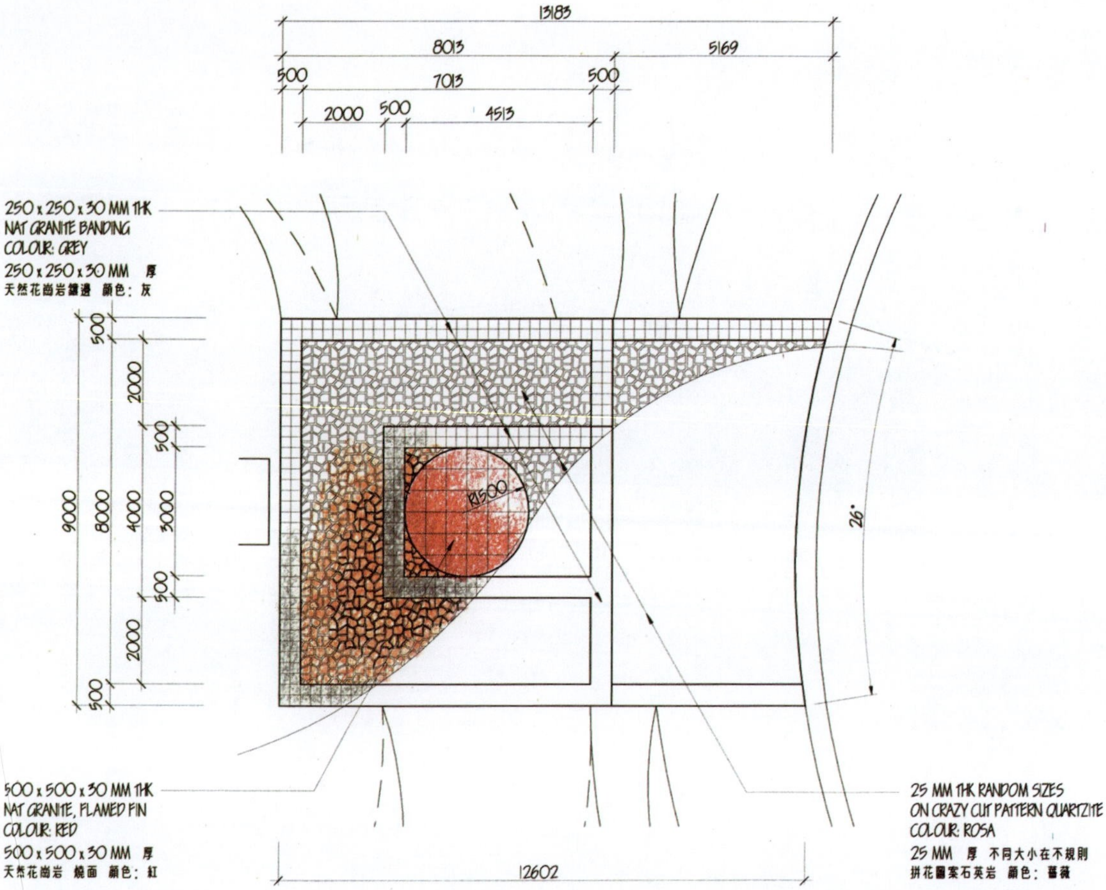
13183
8013
5169
500
7013
500
2000
500
4513
250 x 250 x 30 MM THK
NAT GRANITE BANDING
COLOUR: GREY
250 x 250 x 30 MM 厚
天然花崗岩鑲邊 顏色：灰
500
2000
500
9000
8000
4000
3000
500
2000
500
R1500
26°
500 x 500 x 30 MM THK
NAT GRANITE, FLAMED FIN
COLOUR: RED
500 x 500 x 30 MM 厚
天然花崗岩 燒面 顏色：紅
12602
25 MM THK RANDOM SIZES
ON CRAZY CUT PATTERN QUARTZITE
COLOUR: ROSA
25 MM 厚 不同大小在不規則
拼花圖案石英岩 顏色：薔薇

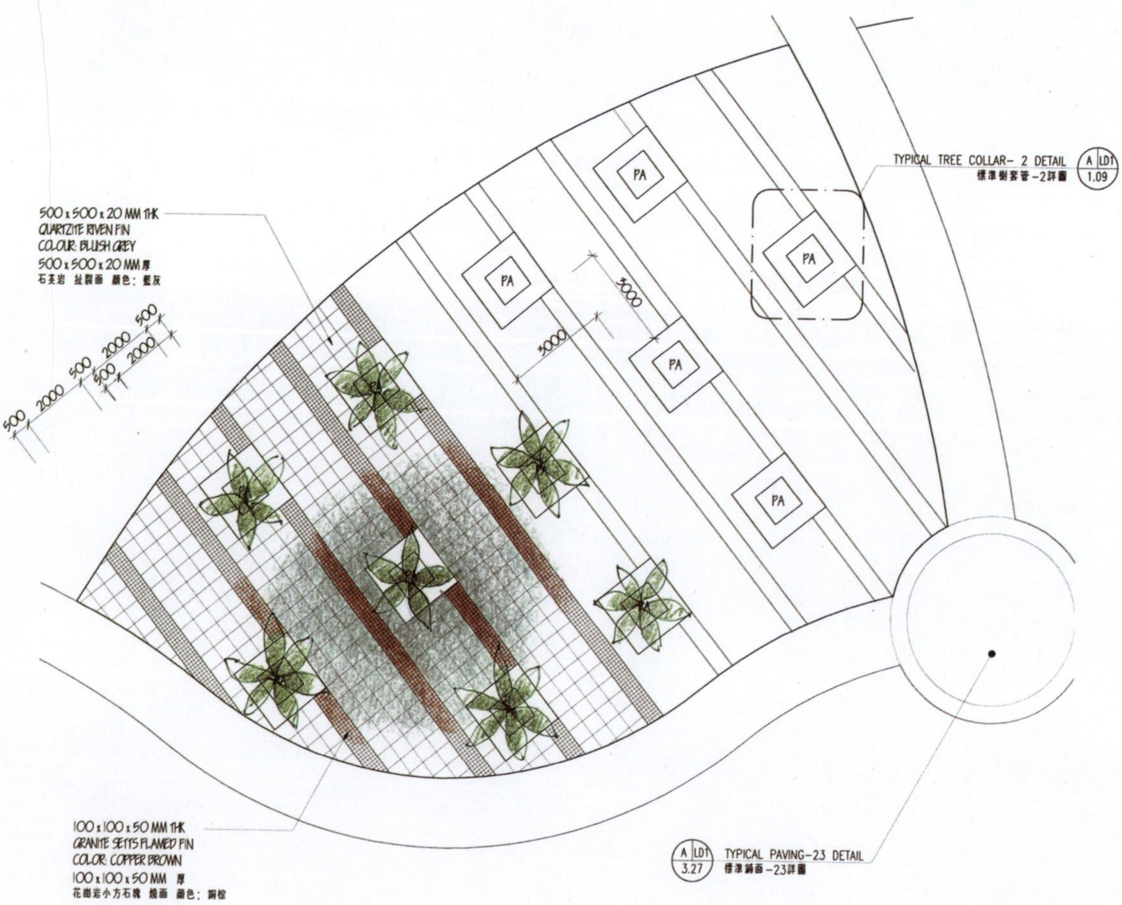
TYPICAL TREE COLLAR- 2 DETAIL
標準樹茎管-2詳圖
A LD1 1.09
500 x 500 x 20 MM THK
QUARTZITE RIVEN FIN
COLOUR: BLUISH GREY
500 x 500 x 20 MM 厚
石英岩 扯裂面 顏色：藍灰
PA
PA
PA
PA
PA
3000
3000
500
2000
500
2000
500
2000
500
100 x 100 x 50 MM THK
GRANITE SETTS FLAMED FIN
COLOR: COPPER BROWN
100 x 100 x 50 MM 厚
花崗岩小方石塊 燒面 顏色：銅棕
A LD1 3.27
TYPICAL PAVING-23 DETAIL
標準鋪面-23詳圖

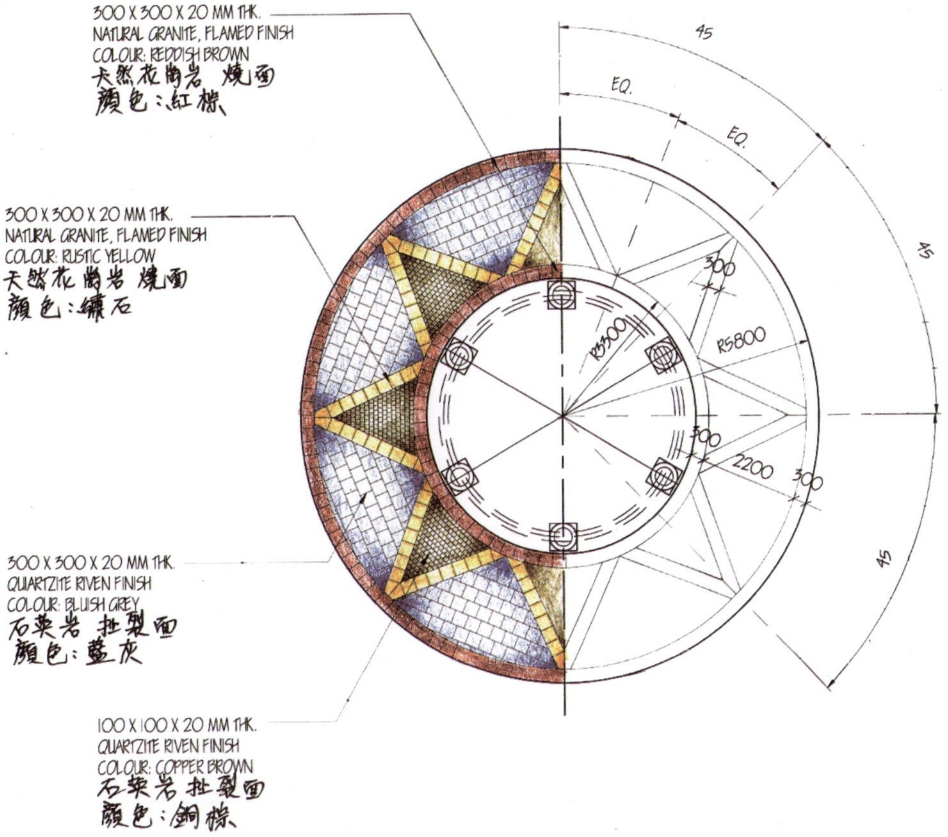
300 X 300 X 20 MM THK.
NATURAL GRANITE, FLAMED FINISH
COLOUR: REDDISH BROWN
天然花崗岩 燒面
顏色：紅棕
300 X 300 X 20 MM THK.
NATURAL GRANITE, FLAMED FINISH
COLOUR: RUSTIC YELLOW
天然花崗岩 燒面
顏色：鏽石
300 X 300 X 20 MM THK.
QUARTZITE RIVEN FINISH
COLOUR: BLUISH GREY
石英岩 扯裂面
顏色：藍灰
100 X 100 X 20 MM THK.
QUARTZITE RIVEN FINISH
COLOUR: COPPER BROWN
石英岩 扯裂面
顏色：銅棕
45
EQ.
EQ.
45
300
R3300
R5800
300
2200
300
45

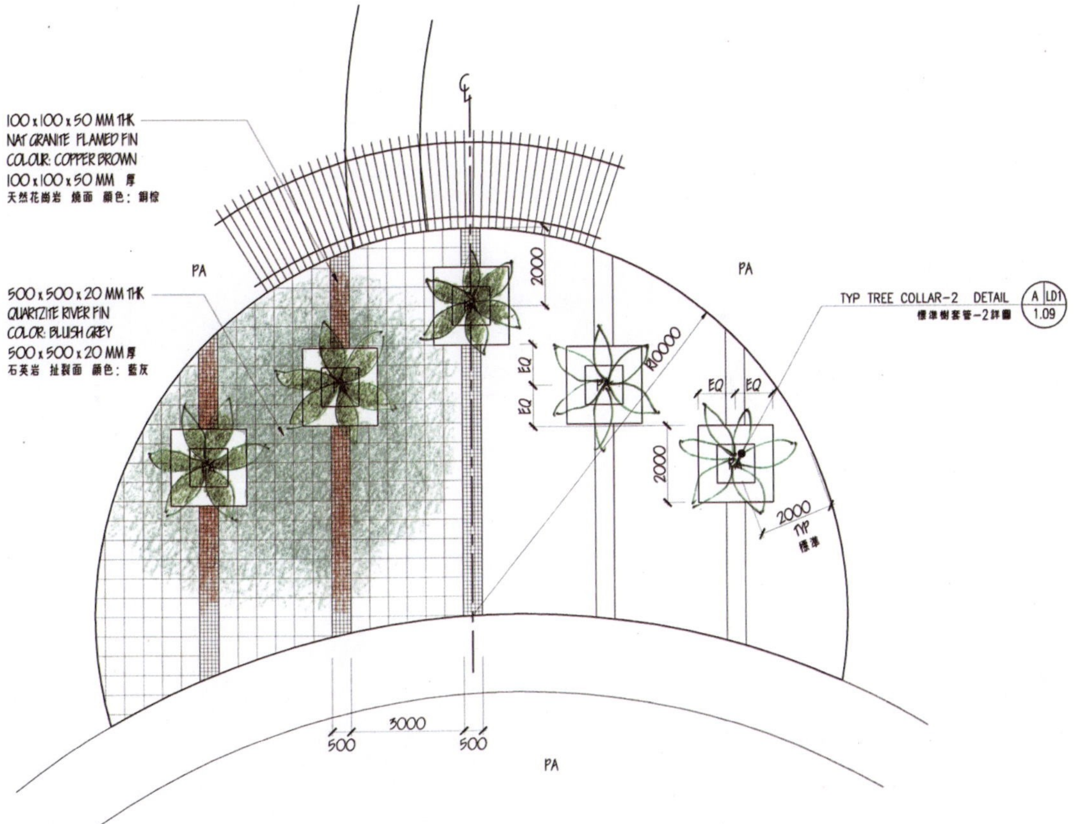
100 x 100 x 50 MM THK
NAT GRANITE FLAMED FIN
COLOUR: COPPER BROWN
100 x 100 x 50 MM 厚
天然花崗岩 燒面 顏色：銅棕
500 x 500 x 20 MM THK
QUARTZITE RIVER FIN
COLOR: BLUISH GREY
500 x 500 x 20 MM 厚
石英岩 扯裂面 顏色：藍灰
PA
PA
2000
TYP TREE COLLAR-2 DETAIL
標準樹套管-2詳圖
A
LD1
1.09
R10000
EQ
EQ
EQ
EQ
EQ
2000
2000
TYP
標準
3000
500
500
PA

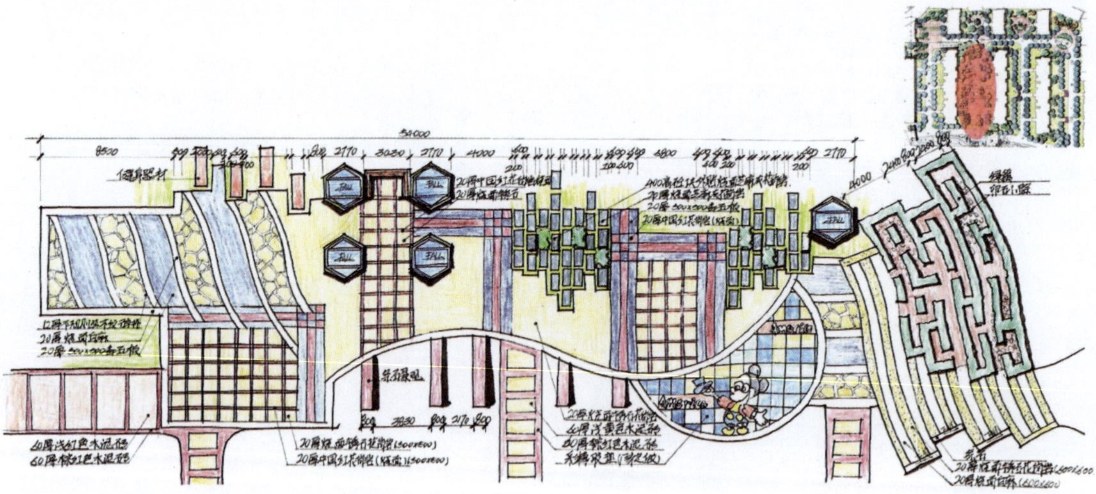

摩登时代中心组团铺装大样 1:150

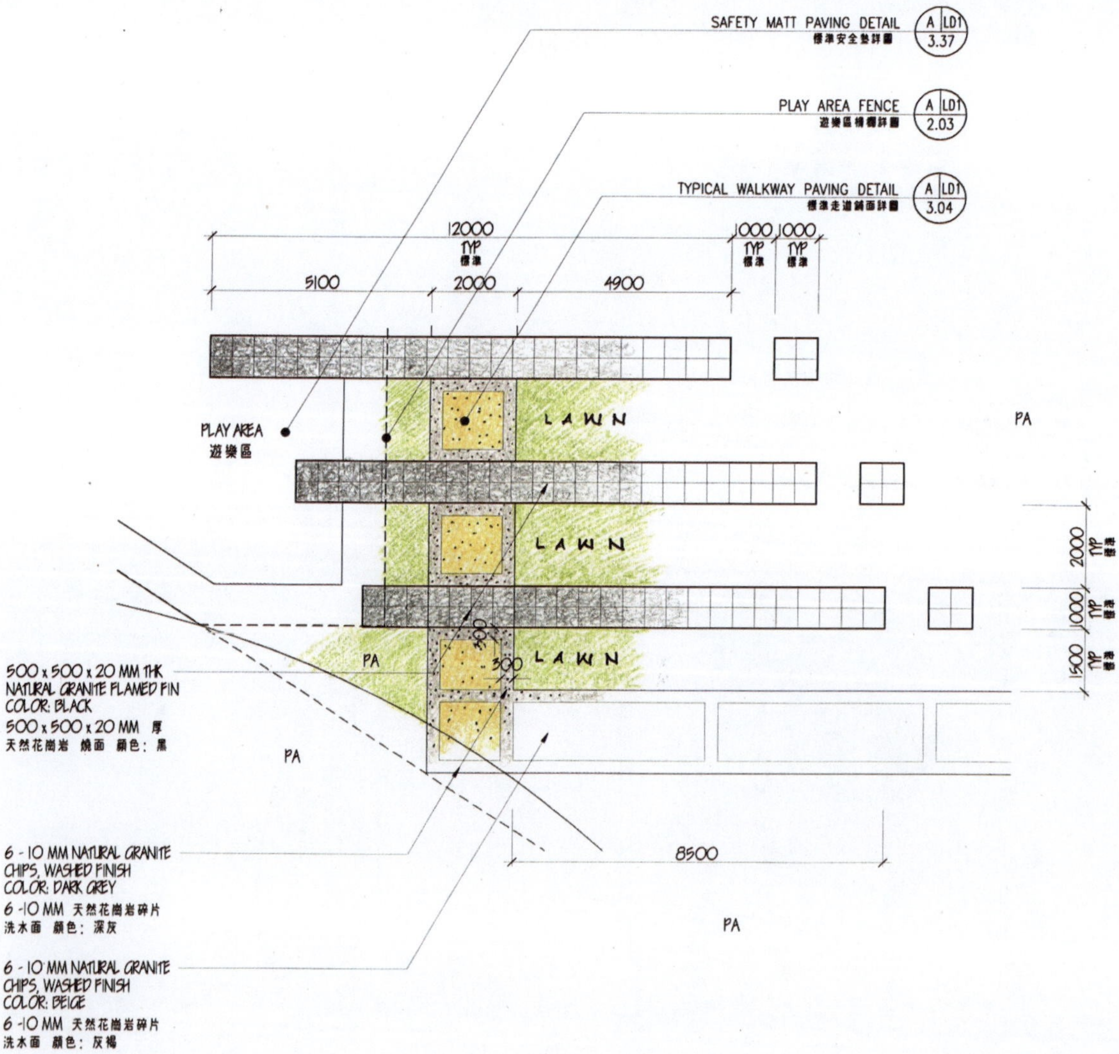

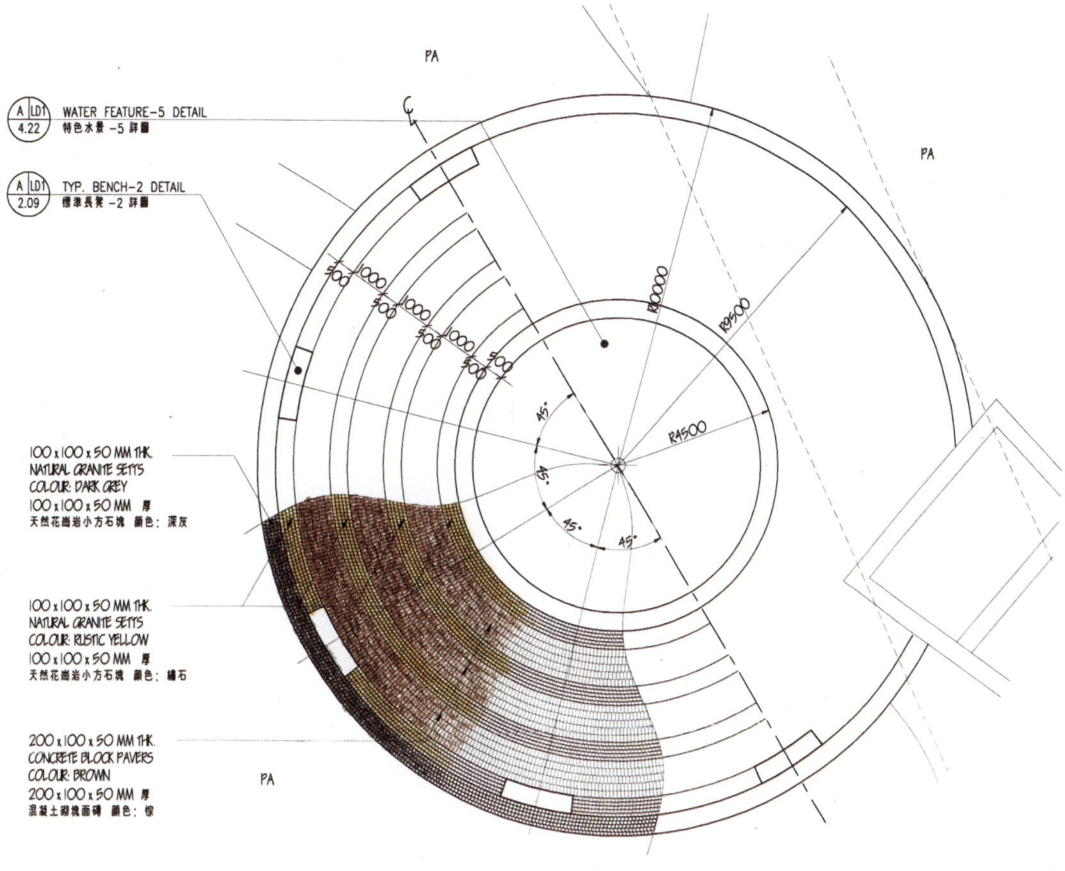
PA
A LD1 4.22 WATER FEATURE-5 DETAIL
特色水景 -5 詳圖
A LD1 2.09 TYP. BENCH-2 DETAIL
標準長凳 -2 詳圖
PA
500
1000
500
1000
500
1000
500
R10000
R9500
R4500
45°
45°
45°
45°
100 x 100 x 50 MM THK.
NATURAL GRANITE SETTS
COLOUR: DARK GREY
100 x 100 x 50 MM 厚
天然花崗岩小方石塊 顏色：深灰
100 x 100 x 50 MM THK.
NATURAL GRANITE SETTS
COLOUR: RUSTIC YELLOW
100 x 100 x 50 MM 厚
天然花崗岩小方石塊 顏色：銹石
200 x 100 x 50 MM THK.
CONCRETE BLOCK PAVERS
COLOUR: BROWN
200 x 100 x 50 MM 厚
混凝土砌塊面磚 顏色：棕
PA

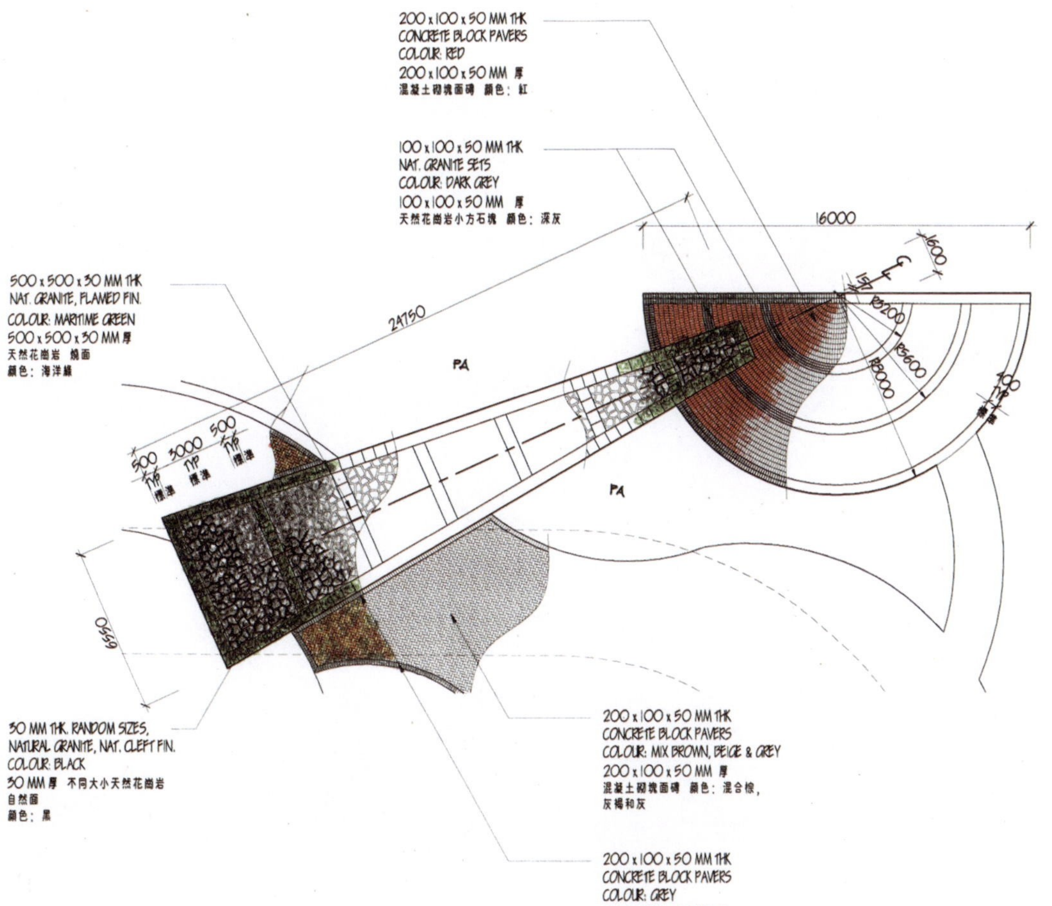
200 x 100 x 50 MM THK
CONCRETE BLOCK PAVERS
COLOUR: RED
200 x 100 x 50 MM 厚
混凝土砌塊面磚 顏色：紅
100 x 100 x 50 MM THK
NAT. GRANITE SETS
COLOUR: DARK GREY
100 x 100 x 50 MM 厚
天然花崗岩小方石塊 顏色：深灰
16000
1600
150
R6200
R5600
R5000
100
24750
PA
500 x 500 x 30 MM THK
NAT. GRANITE, FLAMED FIN.
COLOUR: MARITIME GREEN
500 x 500 x 30 MM 厚
天然花崗岩 燒面
顏色：海洋綠
500 3000 500
TYP
標準 標準 標準
PA
6550
30 MM THK. RANDOM SIZES,
NATURAL GRANITE, NAT. CLEFT FIN.
COLOUR: BLACK
30 MM 厚 不同大小天然花崗岩
自然面
顏色：黑
200 x 100 x 50 MM THK
CONCRETE BLOCK PAVERS
COLOUR: MIX BROWN, BEIGE & GREY
200 x 100 x 50 MM 厚
混凝土砌塊面磚 顏色：混合棕，
灰褐和灰
200 x 100 x 50 MM THK
CONCRETE BLOCK PAVERS
COLOUR: GREY
200 x 100 x 50 MM 厚
混凝土砌塊面磚 顏色：灰

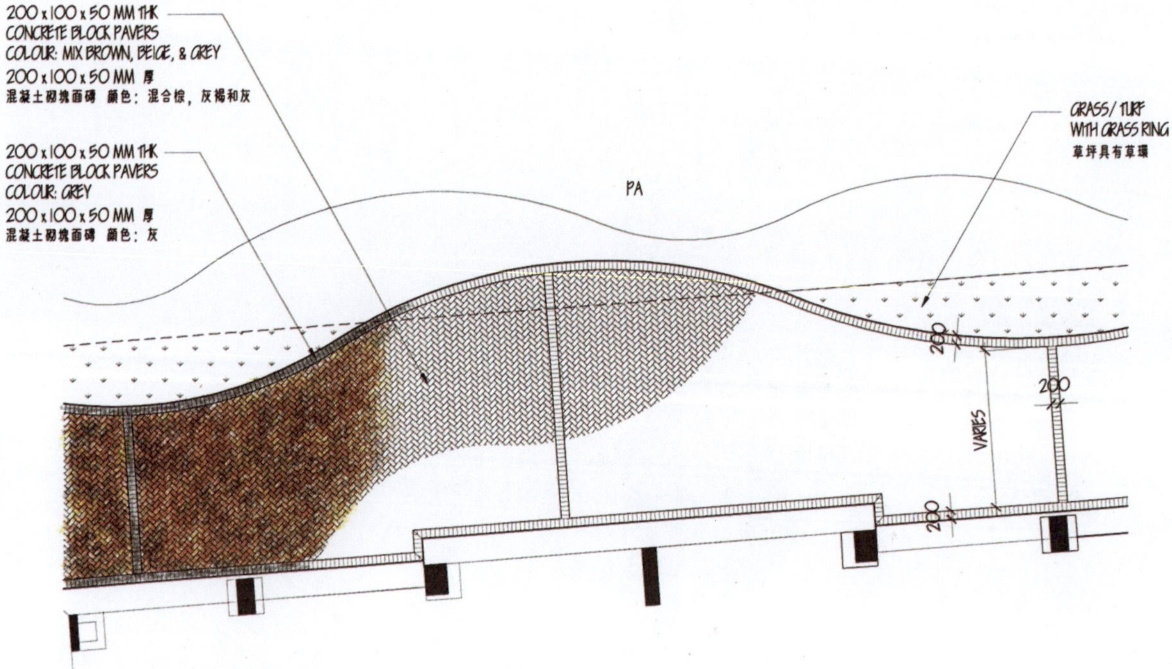
200 x 100 x 50 MM THK
CONCRETE BLOCK PAVERS
COLOUR: MIX BROWN, BEIGE, & GREY
200 x 100 x 50 MM 厚
混凝土砌块面砖 颜色：混合棕，灰褐和灰
200 x 100 x 50 MM THK
CONCRETE BLOCK PAVERS
COLOUR: GREY
200 x 100 x 50 MM 厚
混凝土砌块面砖 颜色：灰
GRASS/ TURF
WITH GRASS RING
草坪具有草環
PA
200
200
VARIES
200

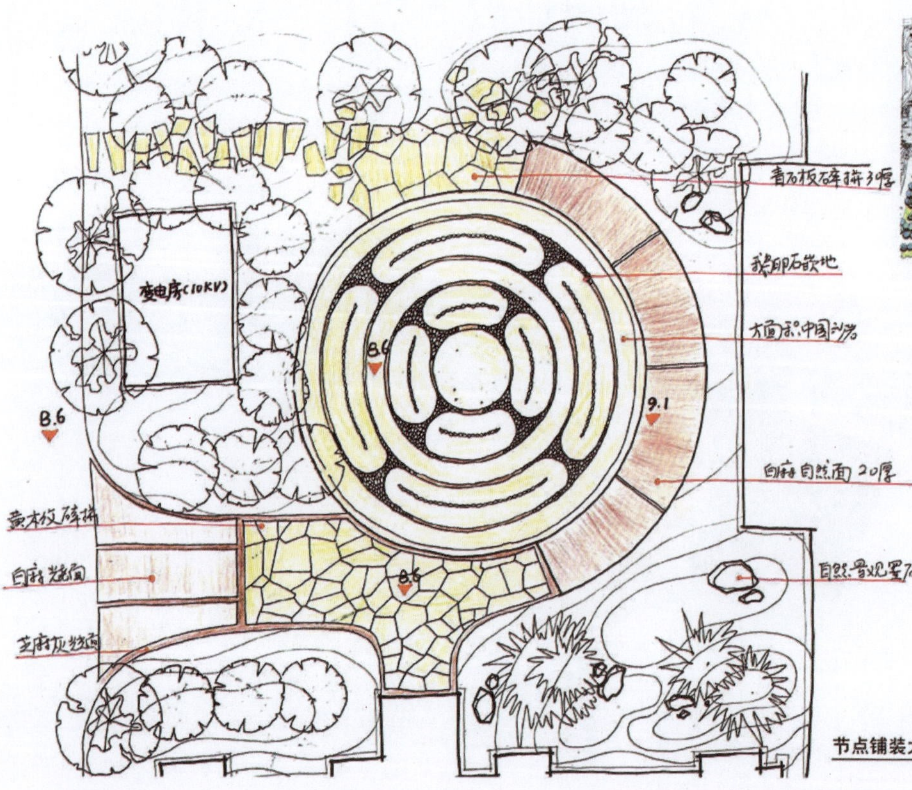
变电房(10KV)
B.6
B.6
B.6
9.1
白麻自然面 20厚
黄木纹碎拼

节点铺装大样 1:100

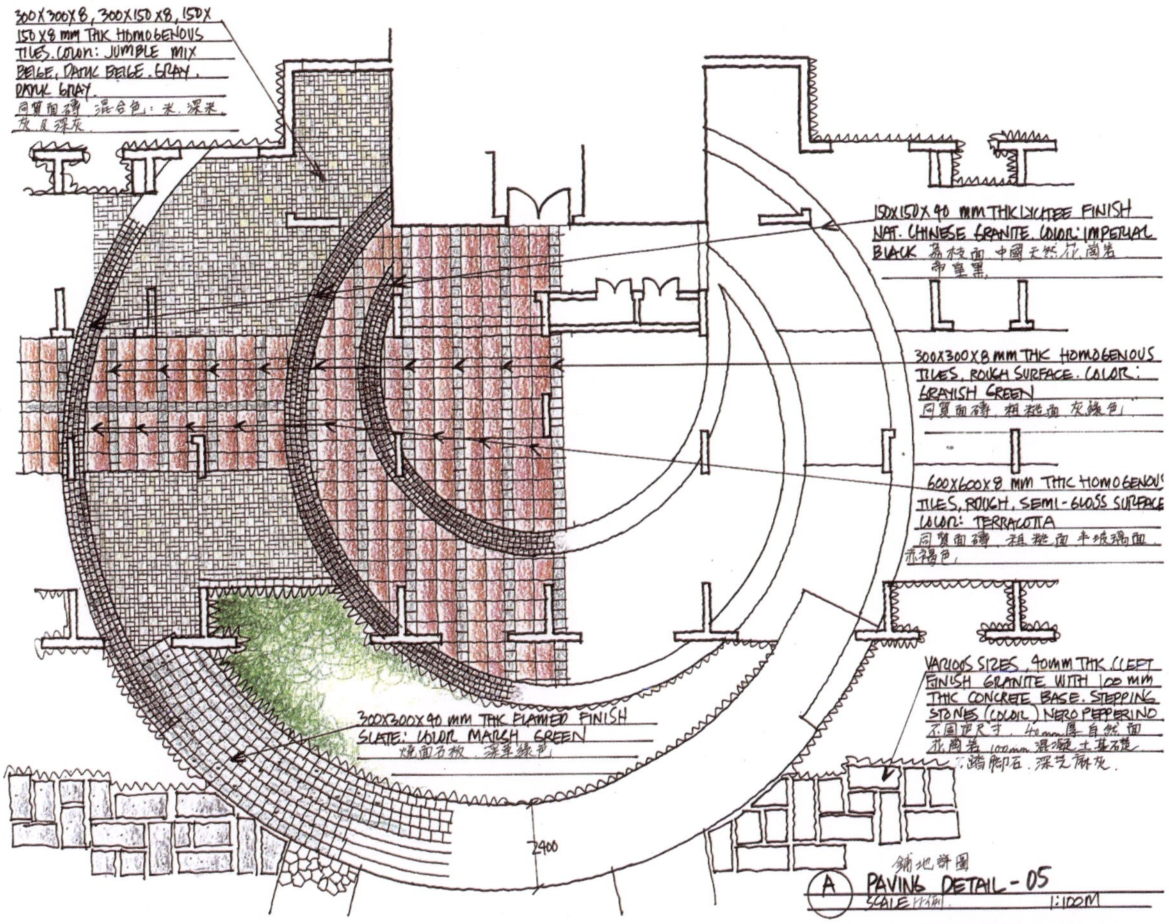

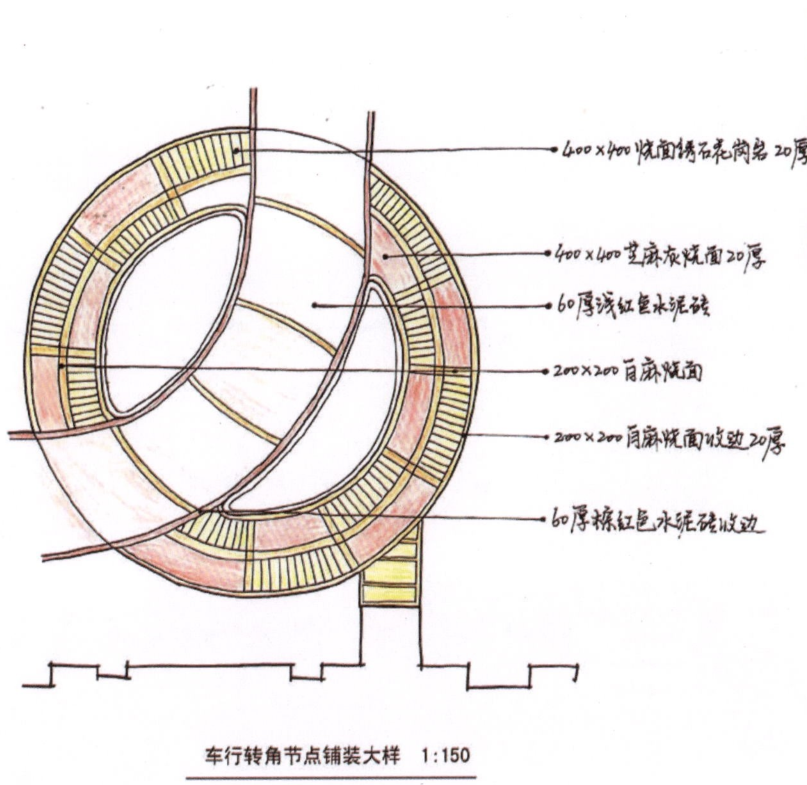

车行转角节点铺装大样 1:150

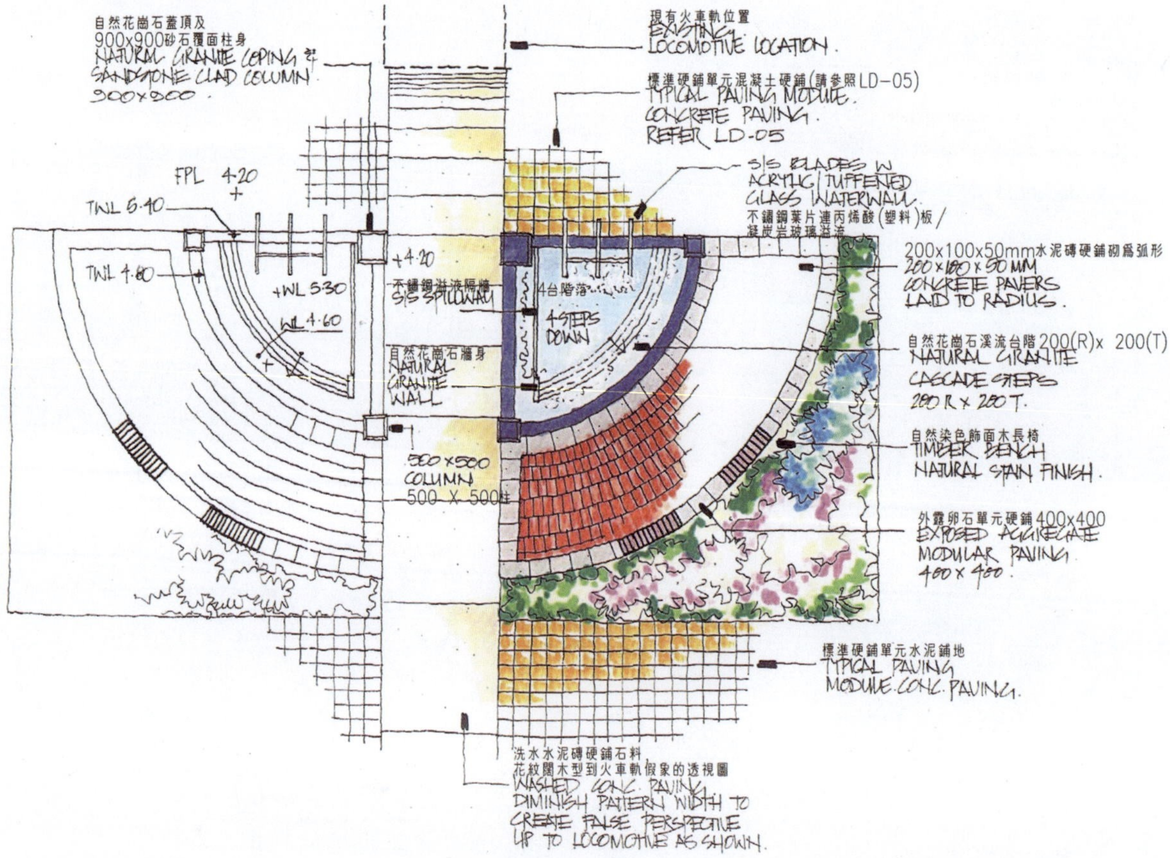
自然花崗石蓋頂及
900x900砂石覆面柱身
NATURAL GRANITE COPING &
SANDSTONE CLAD COLUMN
900x900.
現有火車軌位置
EXISTING
LOCOMOTIVE LOCATION.
標準硬鋪單元混凝土硬鋪(請參照LD-05)
TYPICAL PAVING MODULE.
CONCRETE PAVING.
REFER LD-05
S/S BLADES W
ACRYLIC / TUFFENED
GLASS WATERWALL.
不鏽鋼葉片連丙烯酸(塑料)板/
凝炭岩玻璃泄流
FPL 4.20
TWL 5.40
TWL 4.80
+WL 5.30
WL 4.60
+4.20
不鏽鋼泄流隔牆
S/S SPILLWAY
4台階落
4 STEPS
DOWN
自然花崗石牆身
NATURAL
GRANITE
WALL
500x500
COLUMN
500 X 500柱
200x100x50mm水泥磚硬鋪砌爲弧形
200x100x50 MM
CONCRETE PAVERS
LAID TO RADIUS.
自然花崗石溪流台階200(R)x 200(T)
NATURAL GRANITE
CASCADE STEPS
200 R x 200 T.
自然染色飾面木長椅
TIMBER BENCH
NATURAL STAIN FINISH.
外露卵石單元硬鋪400x400
EXPOSED AGGREGATE
MODULAR PAVING
400 x 400.
標準硬鋪單元水泥鋪地
TYPICAL PAVING
MODULE CONC. PAVING.
洗水水泥磚硬鋪石料
花紋闊木型到火車軌假象的透視圖
WASHED CONC. PAVING
DIMINISH PATTERN WIDTH TO
CREATE FALSE PERSPECTIVE
UP TO LOCOMOTIVE AS SHOWN.

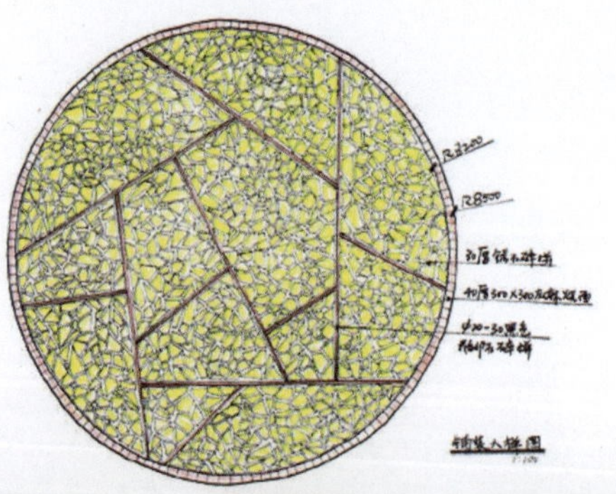

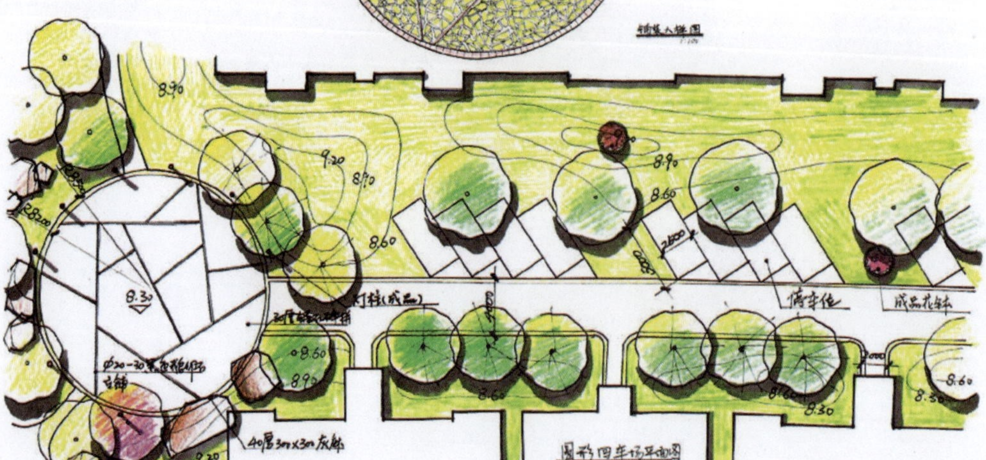

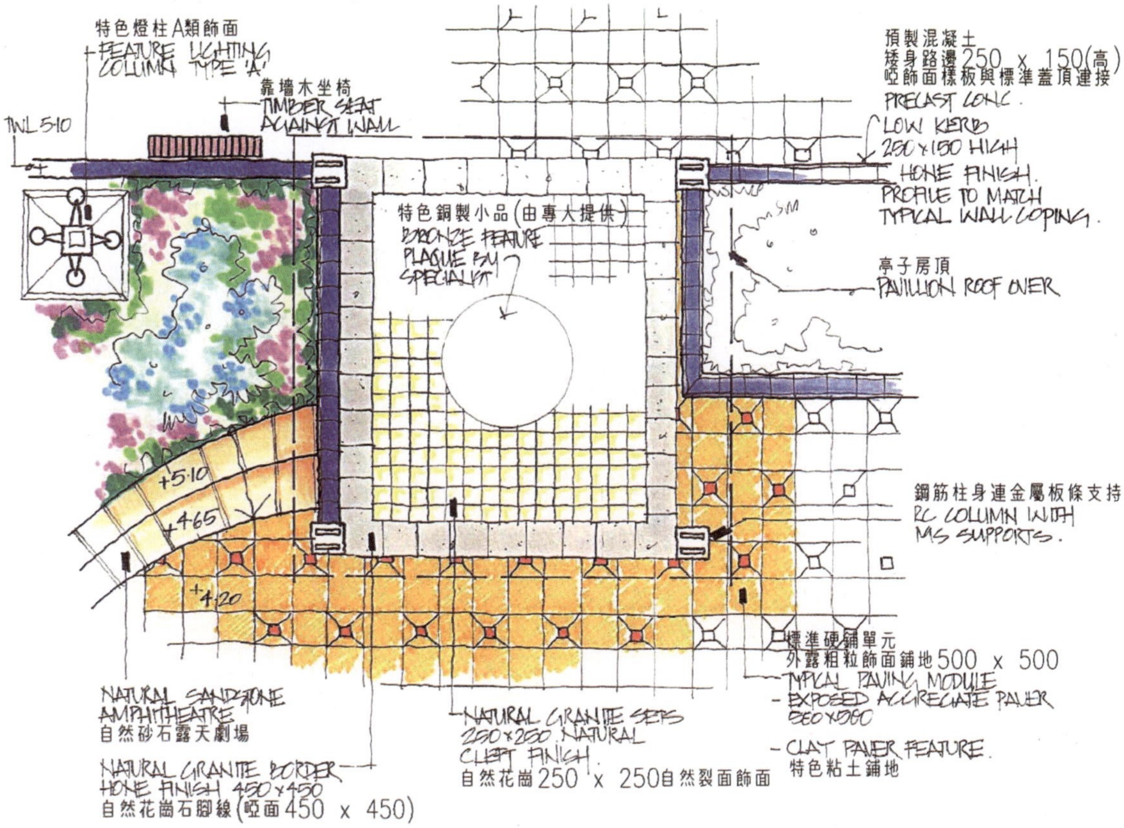
特色燈柱A類飾面
FEATURE LIGHTING COLUMN TYPE 'A'
靠墻木坐椅
TIMBER SEAT AGAINST WALL
TWL 5.10
預製混凝土
矮身路邊250 x 150(高)
啞飾面樣板與標準蓋頂連接
PRECAST CONC.
LOW KERB
250 x 150 HIGH
HONE FINISH.
PROFILE TO MATCH TYPICAL WALL COPING.
特色銅製小品(由專人提供)
BRONZE FEATURE PLAQUE BY SPECIALIST
亭子房頂
PAVILLION ROOF OVER
+5.10
+4.65
+4.20
鋼筋柱身連金屬板條支持
RC COLUMN WITH MS SUPPORTS.
標準硬鋪單元
外露粗粒飾面鋪地500 x 500
TYPICAL PAVING MODULE
- EXPOSED AGGREGATE PAVER 500 x 500
- CLAY PAVER FEATURE.
特色粘土鋪地
NATURAL SANDSTONE AMPHITHEATRE
自然砂石露天劇場
NATURAL GRANITE SETS 250 x 250. NATURAL CLEFT FINISH
自然花崗250 x 250自然裂面飾面
NATURAL GRANITE BORDER HONE FINISH 450 x 450
自然花崗石腳線(啞面450 x 450)

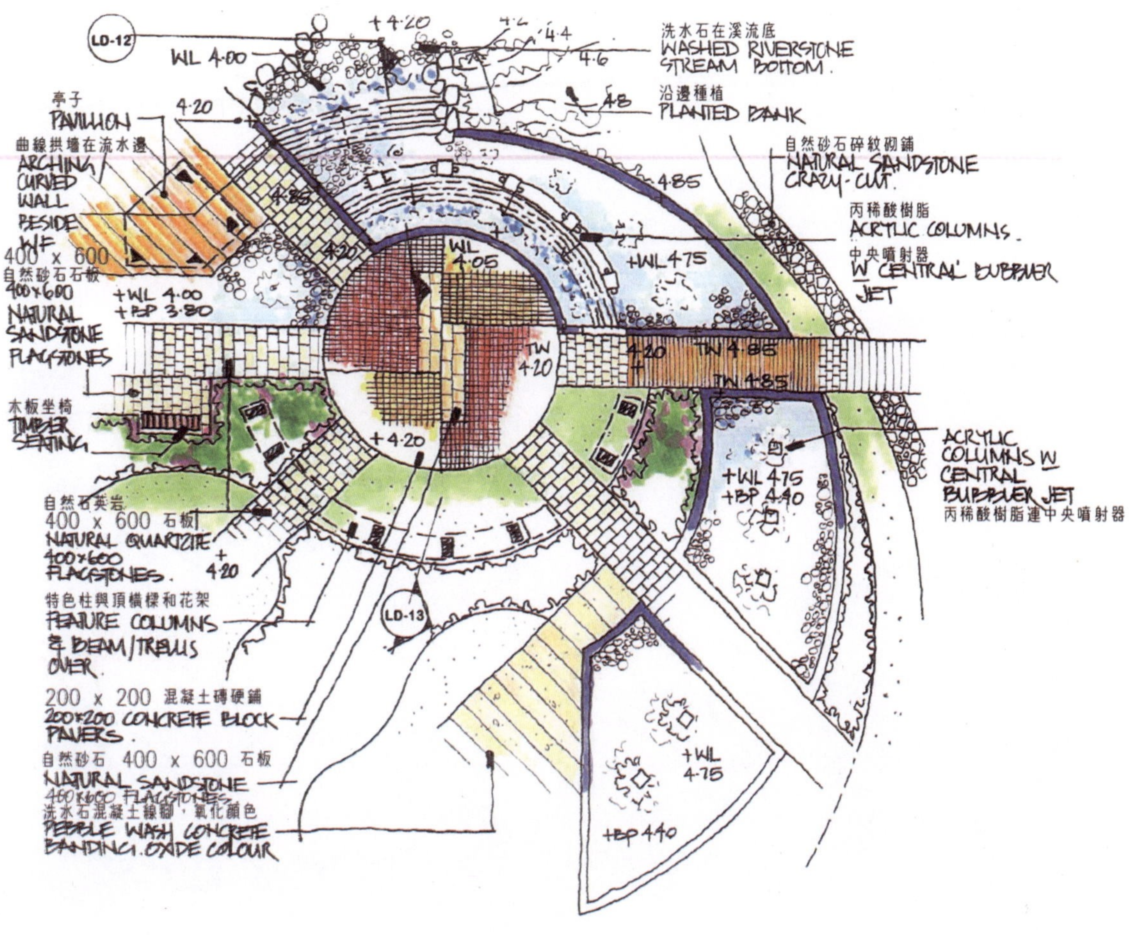
LD-12
WL 4.00
+4.20
4.4
4.6
4.8
洗水石在溪流底
WASHED RIVERSTONE STREAM BOTTOM.
沿邊種植
PLANTED BANK
亭子
PAVILLION
4.20
曲線拱墻在流水邊
ARCHING CURVED WALL BESIDE W.F.
4.85
自然砂石碎紋砌鋪
NATURAL SANDSTONE CRAZY-CUT.
丙稀酸樹脂
ACRYLIC COLUMNS.
中央噴射器
W' CENTRAL BUBBLER JET
400 x 600
自然砂石石板
400 x 600
NATURAL SANDSTONE FLAGSTONES
+WL 4.00
+BP 3.80
4.20
WL 4.05
+WL 4.75
TW 4.20
4.20
TW 4.85
TW 4.85
木板坐椅
TIMBER SEATING
+4.20
ACRYLIC COLUMNS W CENTRAL BUBBLER JET
丙稀酸樹脂連中央噴射器
+WL 4.75
+BP 4.40
自然石英岩
400 x 600 石板
NATURAL QUARTZITE 400 x 600 FLAGSTONES.
+4.20
特色柱與頂橫樑和花架
FEATURE COLUMNS & BEAM/TRELLIS OVER
LD-13
200 x 200 混凝土磚硬鋪
200 x 200 CONCRETE BLOCK PAVERS.
自然砂石 400 x 600 石板
NATURAL SANDSTONE 400 x 600 FLAGSTONES.
洗水石混凝土線腳，氧化顏色
PEBBLE WASH CONCRETE BANDING. OXIDE COLOUR
+WL 4.75
+BP 4.40

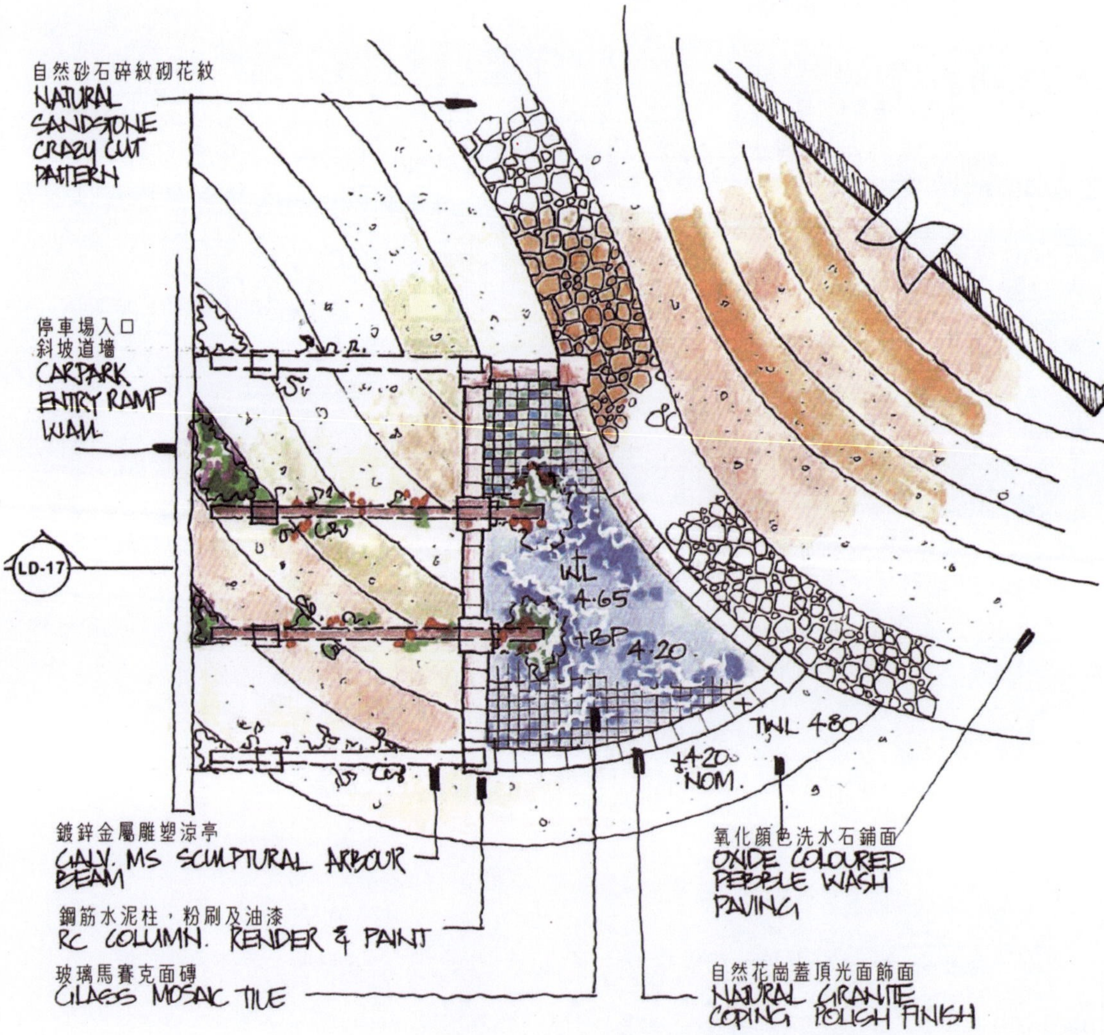
自然砂石碎紋砌花紋
NATURAL SANDSTONE CRAZY CUT PATTERN
停車場入口斜坡道墻
CARPARK ENTRY RAMP WALL
LD-17
WL 4.65
+BP 4.20
TWL 4.80
+4.20 NOM.
鍍鋅金屬雕塑涼亭
GALV. MS SCULPTURAL ARBOUR BEAM
鋼筋水泥柱，粉刷及油漆
RC COLUMN. RENDER & PAINT
玻璃馬賽克面磚
GLASS MOSAIC TILE
氧化顏色洗水石鋪面
OXIDE COLOURED PEBBLE WASH PAVING
自然花崗蓋頂光面飾面
NATURAL GRANITE COPING POLISH FINISH

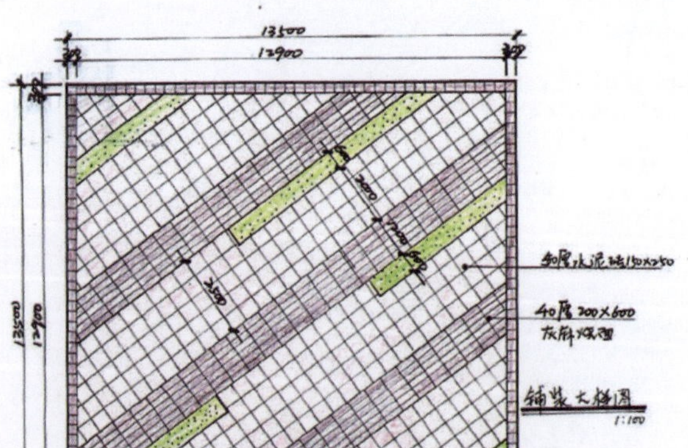
13500
12900
40厚 200×600
铺装大样图
1:100
草皮

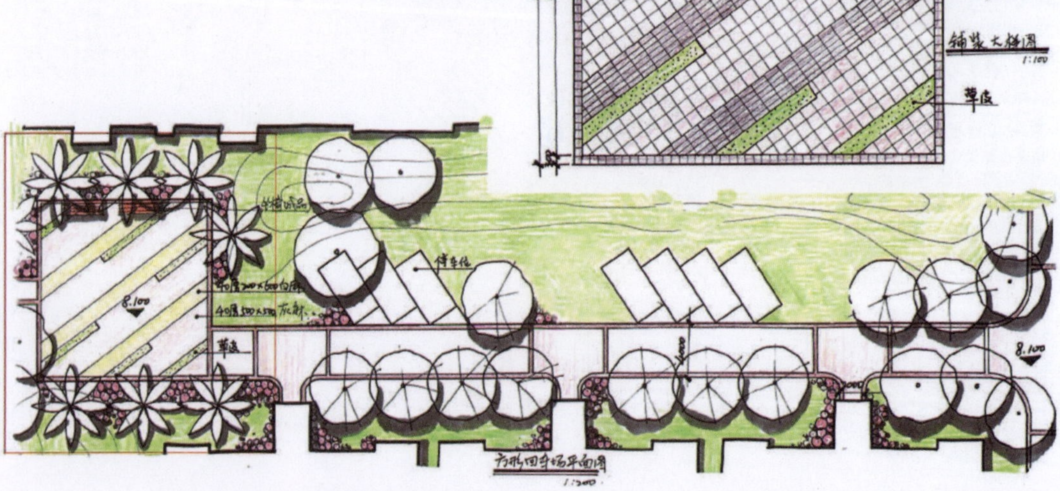
停车位
8.100
草皮

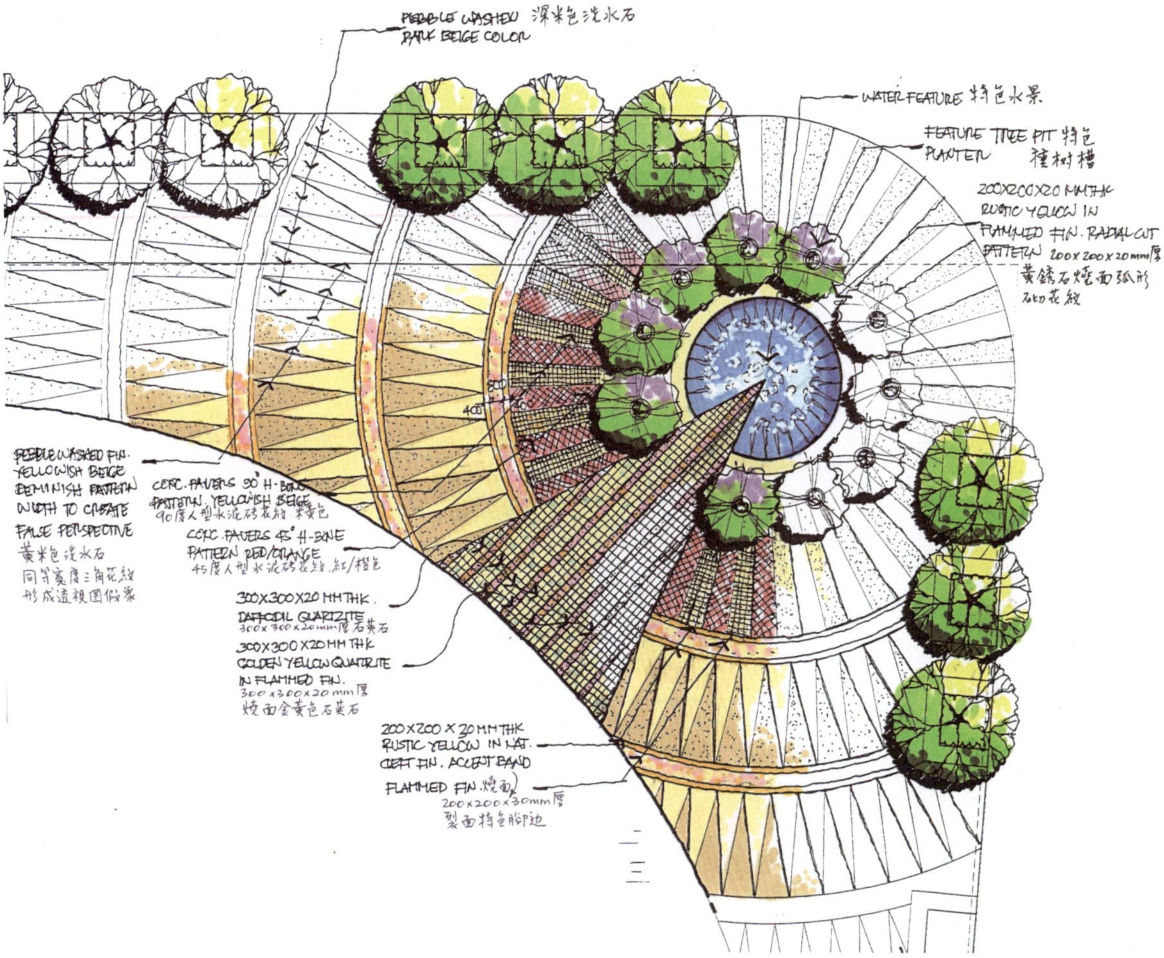

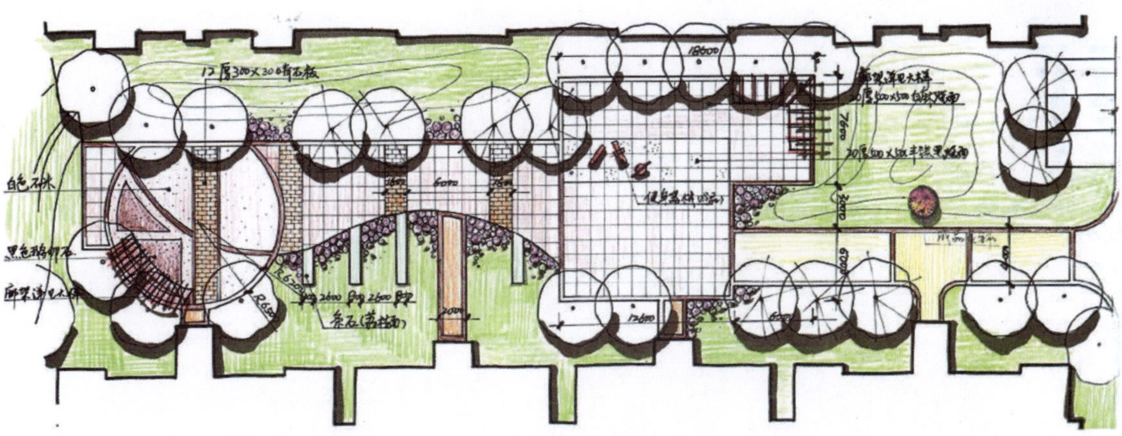

健身广场平面图
1:200

铺装

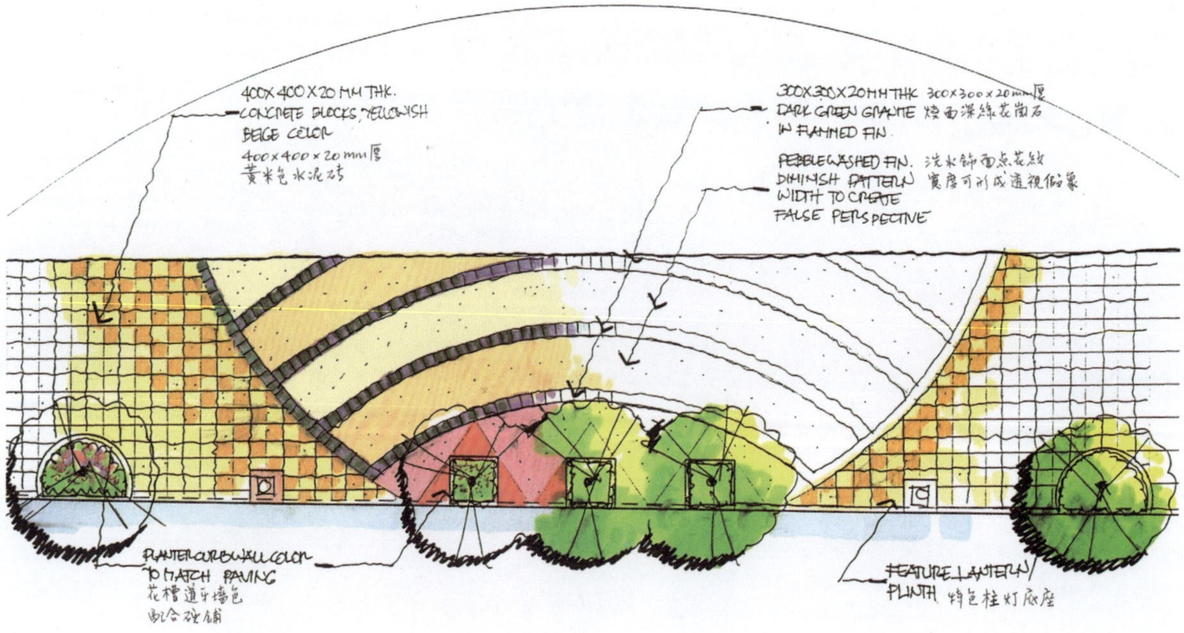
400X400X20 MM THK. CONCRETE BLOCKS, YELLOWISH BEIGE COLOR
400×400×20mm厚 黄米色水泥砖
300X300X20MM THK DARK GREEN GRANITE IN FLAMMED FIN. 300×300×20mm厚 烧面深绿花岗石
PEBBLEWASHED FIN. DIMINISH PATTERN WIDTH TO CREATE FALSE PERSPECTIVE 洗水饰面点花纹 宽度可以成透视假象
PLANTER CURB WALL COLOR TO MATCH PAVING
花槽道牙墙色 配合砖铺
FEATURE LANTERN PLINTH 特色柱灯底座

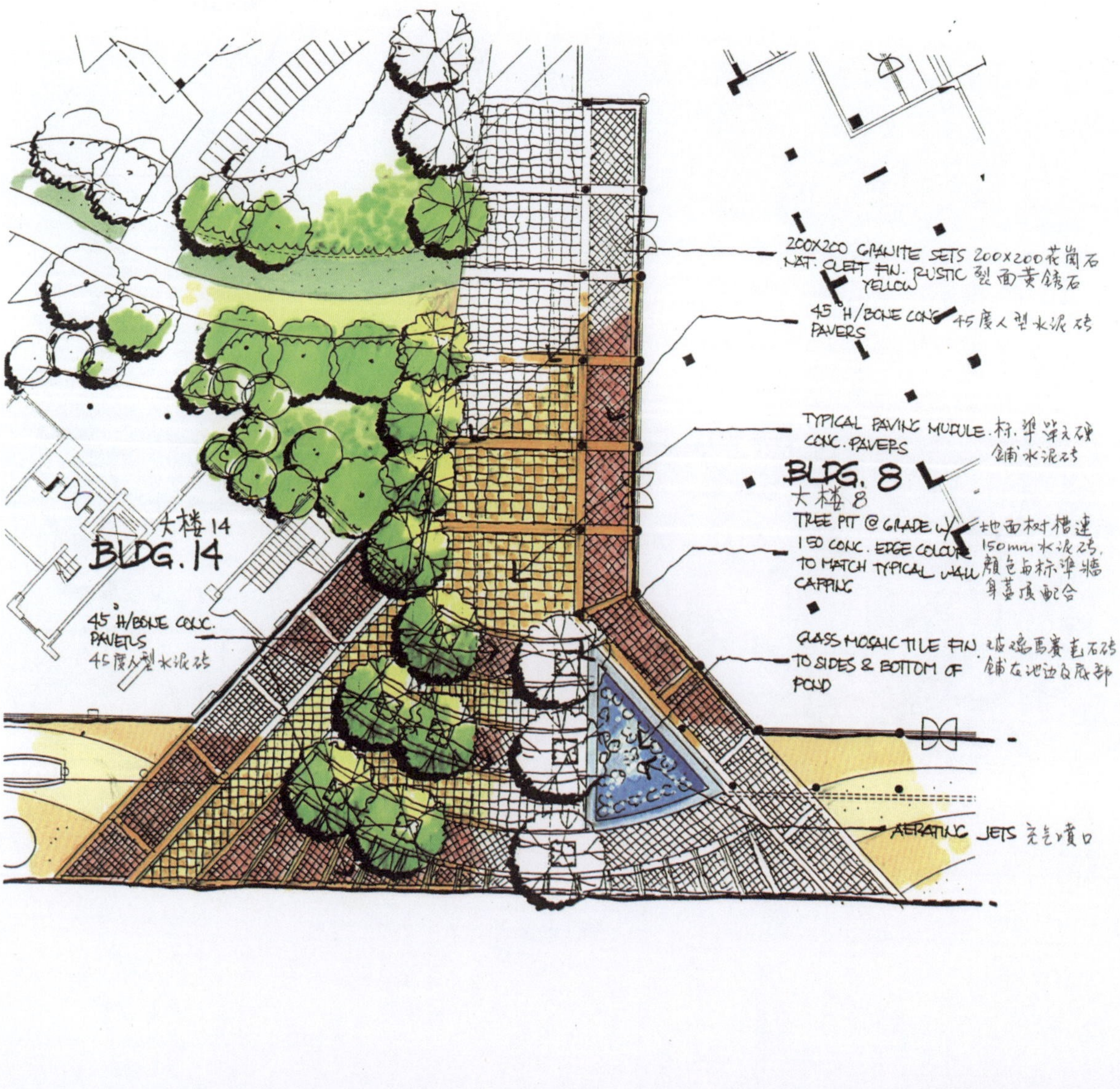
200X200 GRANITE SETS NAT. CLEFT FIN. RUSTIC YELLOW 200×200花岗石 劈面黄锈石
45° H/BONE CONC PAVERS 45度人型水泥砖
TYPICAL PAVING MODULE CONC. PAVERS 标准单元砖铺水泥砖
BLDG. 8
大楼 8
TREE PIT @ GRADE W/ 150 CONC. EDGE COLOUR TO MATCH TYPICAL WALL CAPPING 地面树槽连150mm水泥砖，颜色与标准墙身盖顶配合
大楼 14
BLDG. 14
45° H/BONE CONC. PAVERS
45度人型水泥砖
GLASS MOSAIC TILE FIN TO SIDES & BOTTOM OF POND 玻璃马赛克石砖铺在池边及底部
AERATING JETS 充气喷口

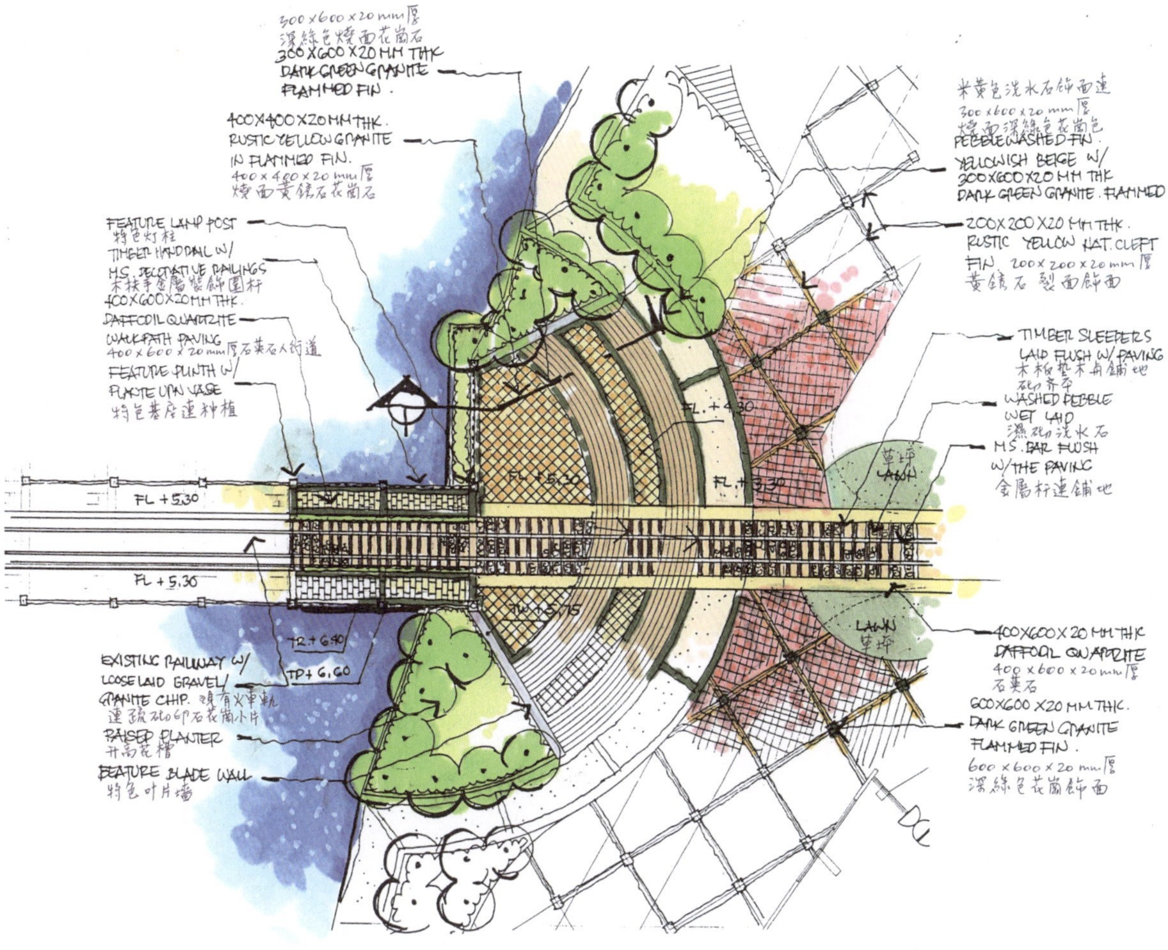
300×600×20 mm厚
深绿色烧面花岗石
300×600×20 MM THK.
DARK GREEN GRANITE
FLAMMED FIN.
400×400×20 MM THK.
RUSTIC YELLOW GRANITE
IN FLAMMED FIN.
400×400×20 mm厚
烧面黄锈石花岗石
FEATURE LAMP POST
特色灯柱
TIMBER HANDRAIL W/
M.S. DECORATIVE RAILINGS
木扶手金属装饰围杆
400×600×20 MM THK.
DAFFODIL QUARTZITE
WALKPATH PAVING
400×600×20 mm厚石英石人行道
FEATURE PLINTH W/
PLANTER URN VASE
特色基座连种植
FL +5.30
FL +5.30
TP +6.40
TP +6.60
EXISTING RAILWAY W/
LOOSE LAID GRAVEL/
GRANITE CHIP.
RAISED PLANTER
升高花槽
FEATURE BLADE WALL
特色叶片墙
米黄色洗水石饰面连
300×600×20 mm厚
烧面深绿色花岗石
PEBBLE WASHED FIN.
YELLOWISH BEIGE W/
300×600×20 MM THK.
DARK GREEN GRANITE. FLAMMED
200×200×20 MM THK.
RUSTIC YELLOW NAT. CLEFT
FIN. 200×200×20 mm厚
黄锈石裂面饰面
TIMBER SLEEPERS
LAID FLUSH W/ PAVING
WASHED PEBBLE
WET LAID
湿砌洗水石
M.S. BAR FLUSH
W/ THE PAVING
金属杆连铺地
草坪
LAWN
LAWN
草坪
400×600×20 MM THK.
DAFFODIL QUARTZITE
400×600×20 mm厚
石英石
600×600×20 MM THK.
DARK GREEN GRANITE
FLAMMED FIN.
600×600×20 mm厚
深绿色花岗饰面

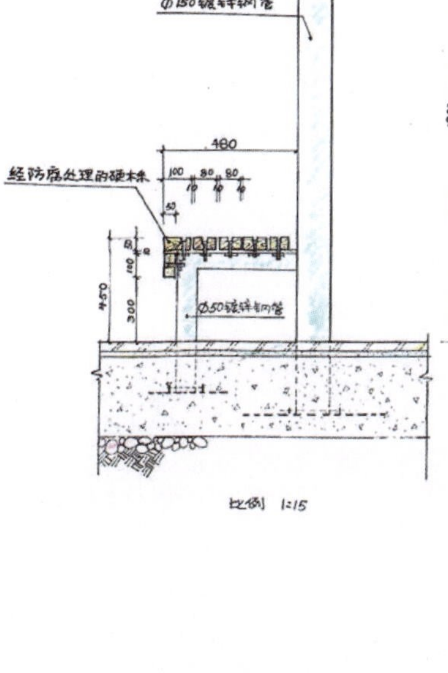
1500
930
600
Ø100镀锌钢管
Ø150镀锌钢管
480
经防腐处理的硬木条
Ø50镀锌钢管
剖面 1:15

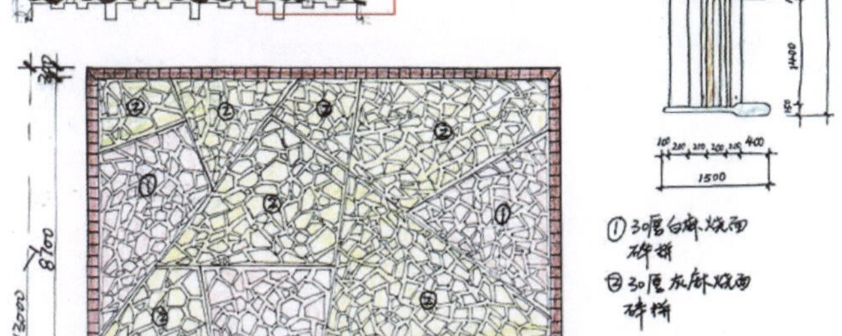
6350
1400
1400
1400
1530
R110
1500

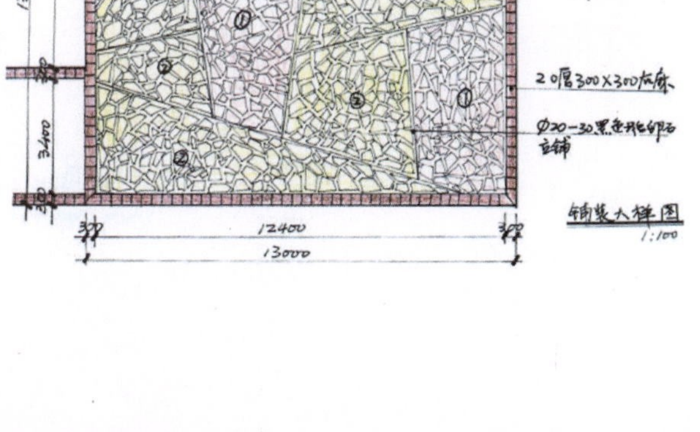
12400
13000
①30厚白麻烧面碎拼
②30厚灰麻烧面碎拼
20厚300×300灰麻
Ø20-30黑色卵石立铺
铺装大样图
1:100

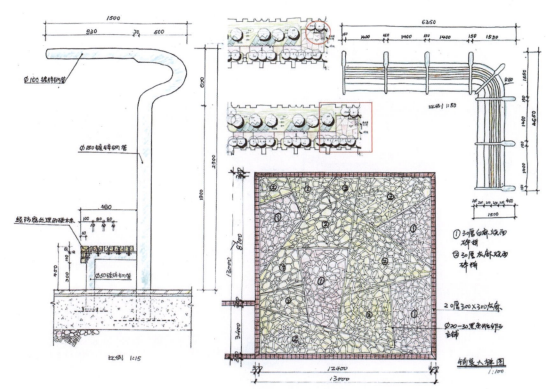

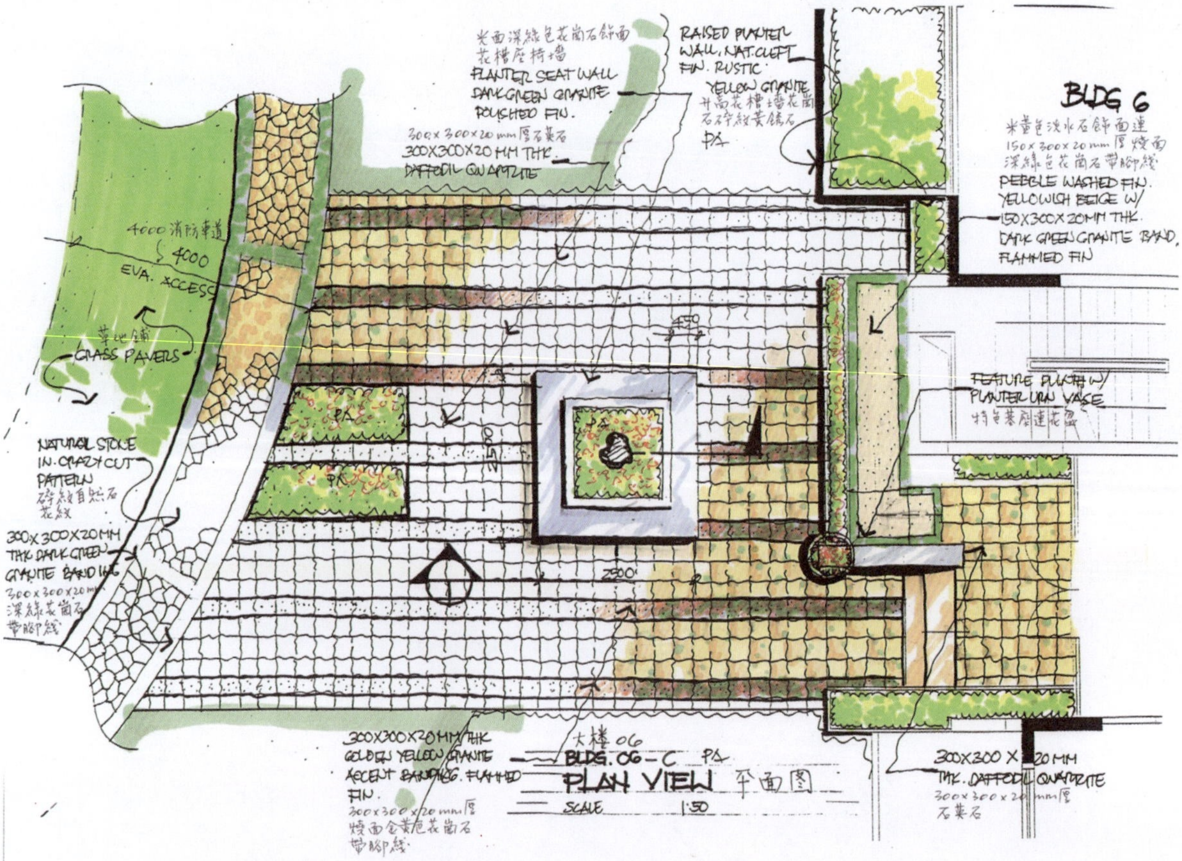
光面深绿色花岗石饰面
花槽座椅墙
PLANTER SEAT WALL
DARK GREEN GRANITE
POLISHED FIN.
300×300×20mm厚石黄石
300X300X20 MM THK.
DAFFODIL QUARTZITE
RAISED PLANTER
WALL, NAT. CLEFT
FIN. RUSTIC
YELLOW GRANITE
升高花槽墙花岗石碎纹黄锈石
PA
BLDG 6
PEBBLE WASHED FIN.
YELLOWISH BEIGE W/
150X300X20MM THK.
DARK GREEN GRANITE BAND,
FLAMMED FIN
4000 消防车道
4000
EVA. ACCESS
草地铺
GRASS PAVERS
NATURAL STONE
IN CRAZY CUT
PATTERN
碎纹自然石花纹
300X300X20MM
THK DARK GREEN
GRANITE BANDING
FEATURE PLANTER W/
PLANTER URN VASE
特色景观花盆
2500
300X300X20MM THK.
GOLDEN YELLOW GRANITE
ACCENT BANDING, FLAMMED
FIN.
大楼 06
BLDG. 06-C PA
PLAN VIEW 平面图
SCALE 1:50
300X300 X 20MM
THK. DAFFODIL QUARTZITE
300×300×20mm厚石英石

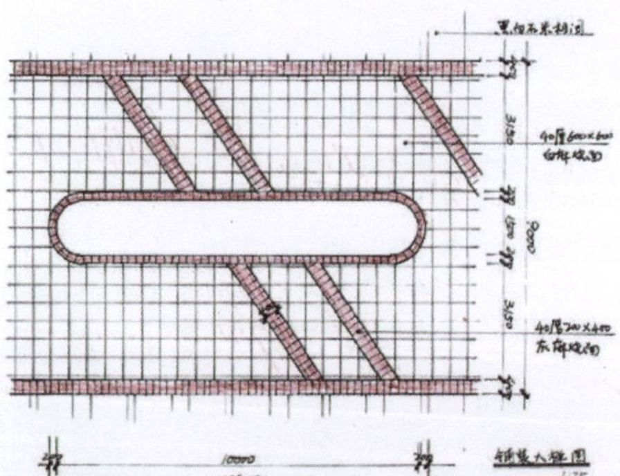
黑白石米相间
10000
10400
铺装大样图
1:75

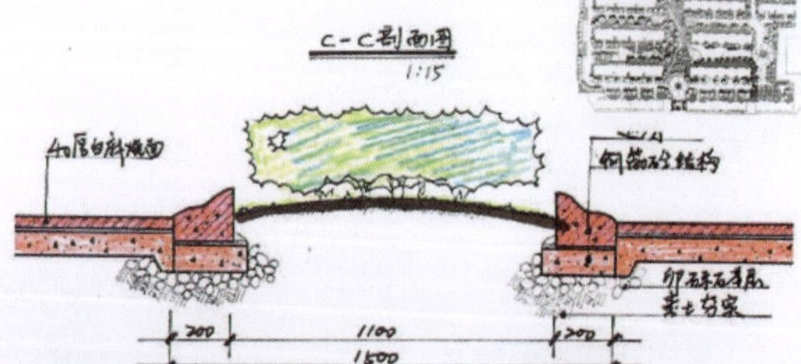
C-C剖面图
1:15
40厚白麻饰面
200
1100
200
1500

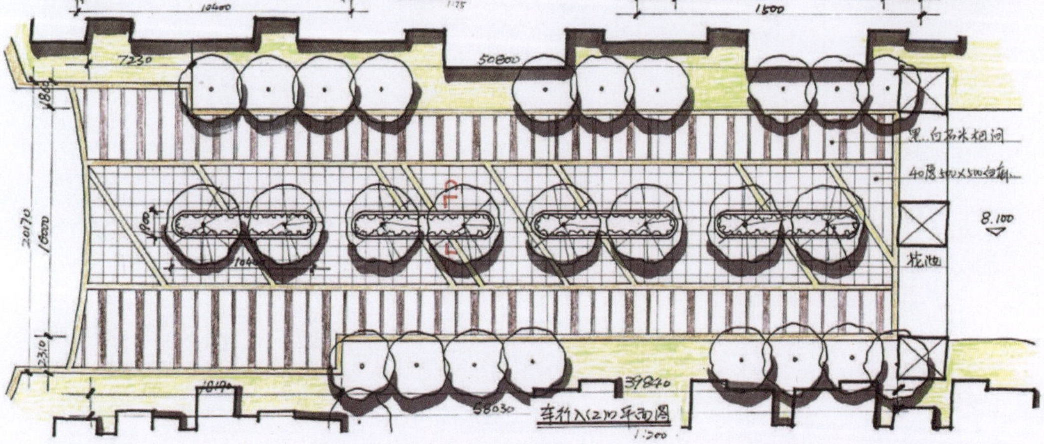
7230
50800
黑白石米相间
8.100
水池
37840
58030
车行入口平面图
1:200

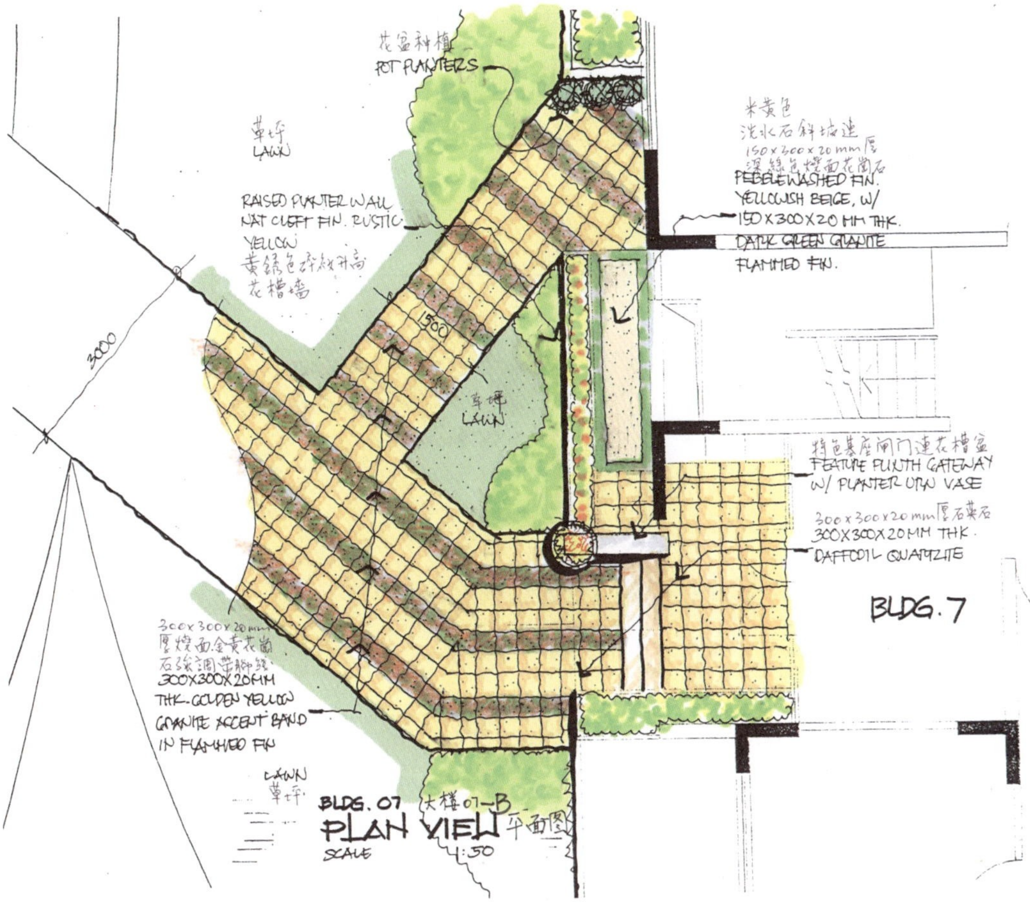

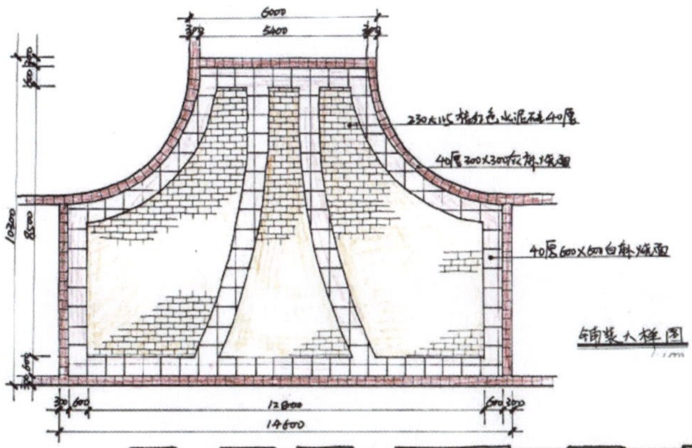

铺装大样图

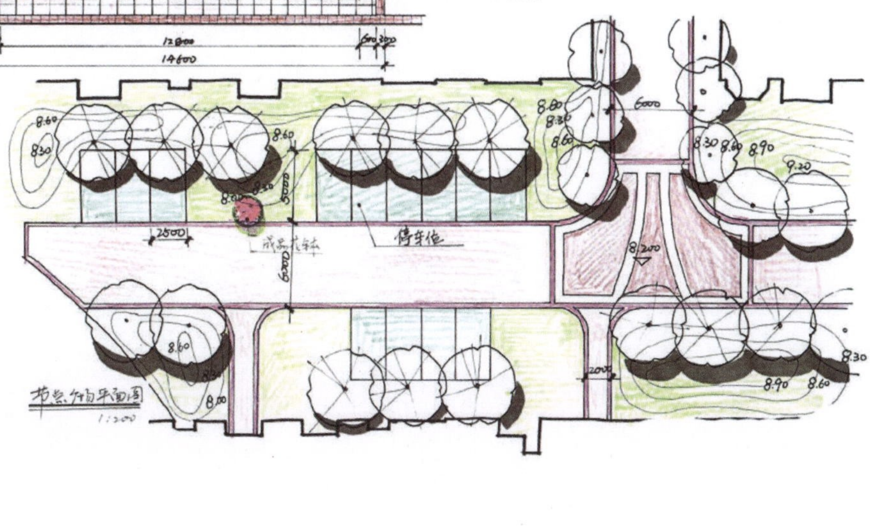

节点分自平面图

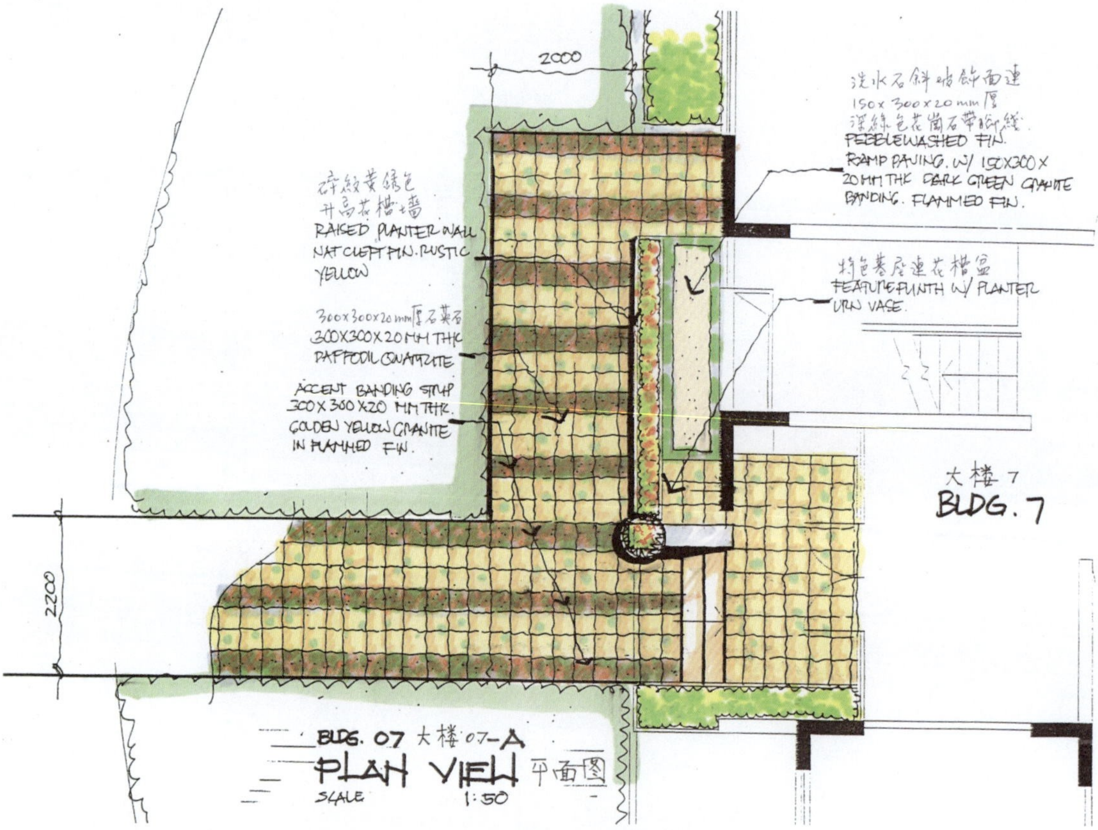
2000
洗水石斜坡饰面连
150x300x20mm厚
深绿色花岗石带脚线
PEBBLEWASHED FIN.
RAMP PAVING. W/ 150X300X
20MM THK DARK GREEN GRANITE
BANDING. FLAMMED FIN.
碎纹黄锈色
升高花槽墙
RAISED PLANTER WALL
NAT CLEFT FIN. RUSTIC
YELLOW
特色基座连花槽盆
FEATURE PLINTH W/ PLANTER
URN VASE.
300x300x20mm厚石英石
300X300X20MM THK
DAFFODIL QUARTZITE
ACCENT BANDING STRIP
300X300X20 MM THK.
GOLDEN YELLOW GRANITE
IN FLAMMED FIN.
大楼7
BLDG. 7
2200
BLDG. 07 大楼07-A
PLAN VIEW 平面图
SCALE 1:50

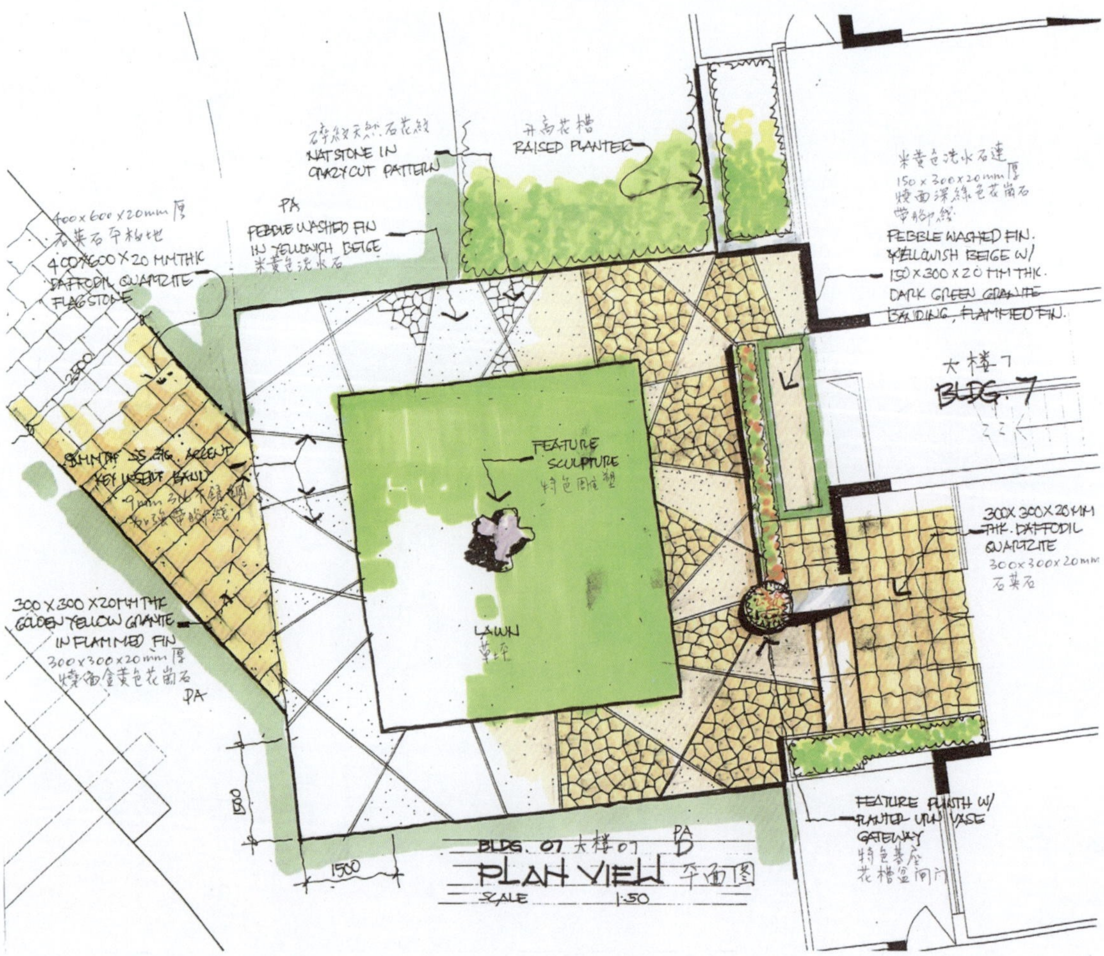
碎纹天然石花纹
NATSTONE IN
CRAZYCUT PATTERN
升高花槽
RAISED PLANTER
米黄色洗水石连
150x300x20mm厚
烧面深绿色花岗石
带脚线
PEBBLE WASHED FIN.
YELLOWISH BEIGE W/
150X300X20 MM THK.
DARK GREEN GRANITE
BANDING, FLAMMED FIN.
400x600x20mm厚
石英石平板地
400X600X20 MM THK
DAFFODIL QUARTZITE
FLAGSTONE
PA
PEBBLE WASHED FIN
IN YELLOWISH BEIGE
米黄色洗水石
大楼7
BLDG. 7
FEATURE
SCULPTURE
特色雕塑
300X300X20MM
THK. DAFFODIL
QUARTZITE
300x300x20mm
石英石
300X300X20MM THK
GOLDEN YELLOW GRANITE
IN FLAMMED FIN
300x300x20mm厚
烧面金黄色花岗石
PA
LAWN
草坪
FEATURE PLINTH W/
PLANTER URN VASE
GATEWAY
特色基座
花槽盆闸门
1500
BLDG. 07 大楼07
PA
D
PLAN VIEW 平面图
SCALE 1:50

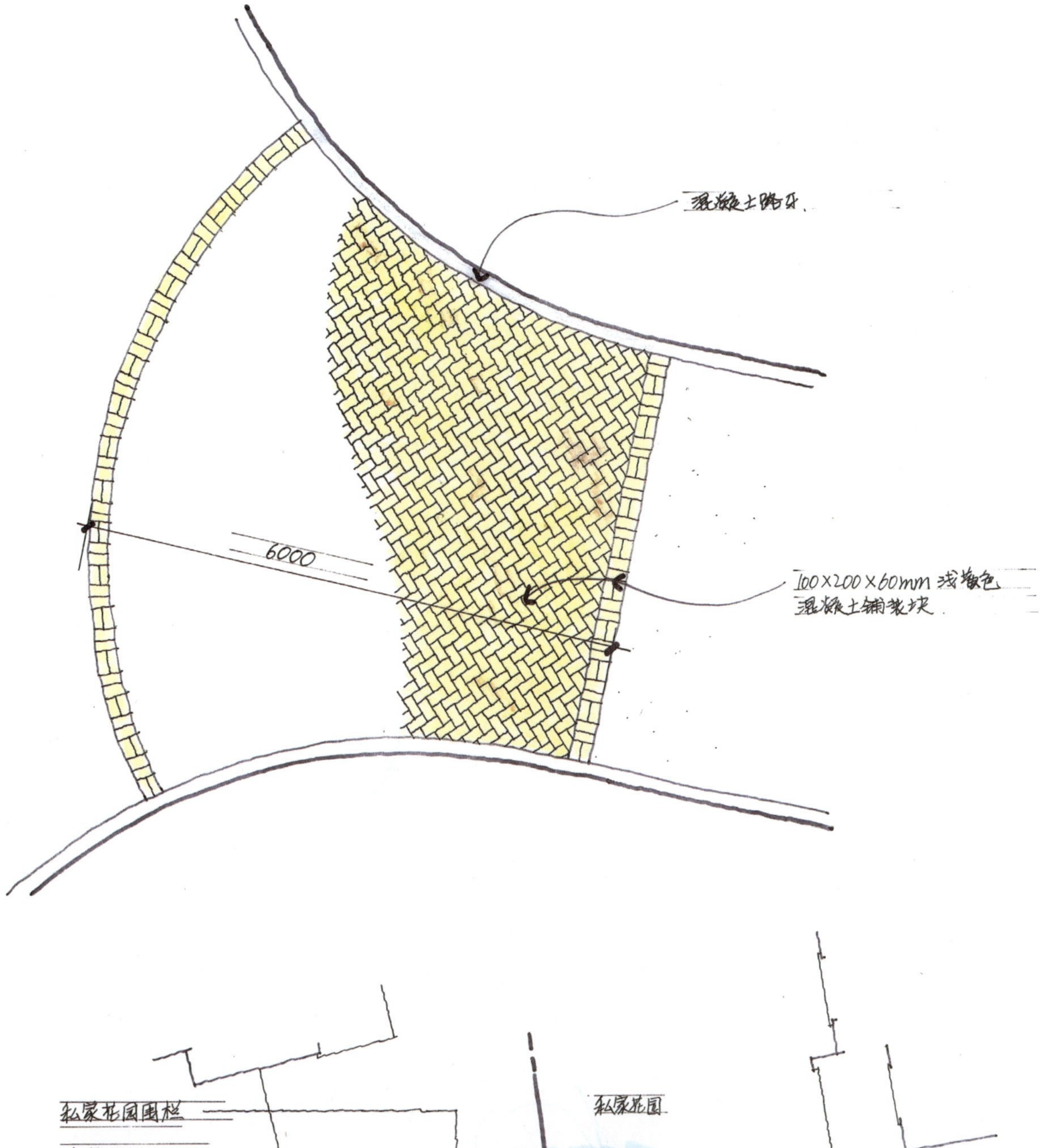
混凝土路牙
6000
100×200×60mm 浅黄色
混凝土铺装块

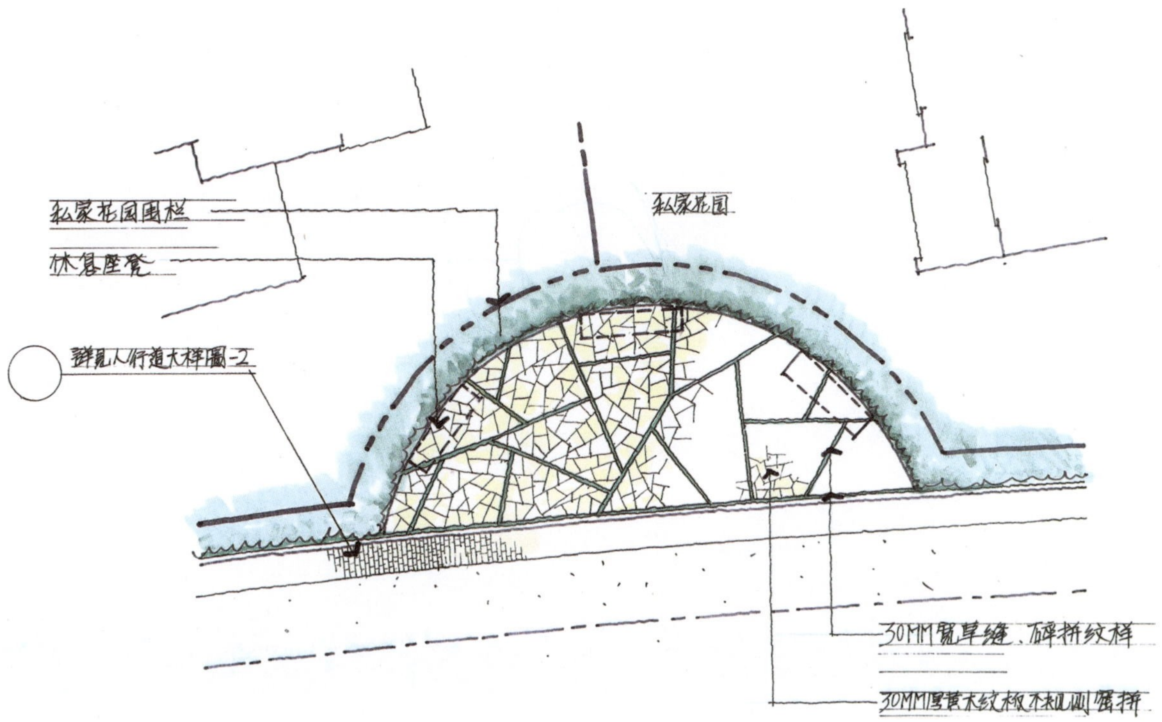
私家花园围栏
休息座凳
详见人行道大样图-2
私家花园
30MM宽草缝、碎拼纹样
30MM厚黄木纹板不规则碎拼

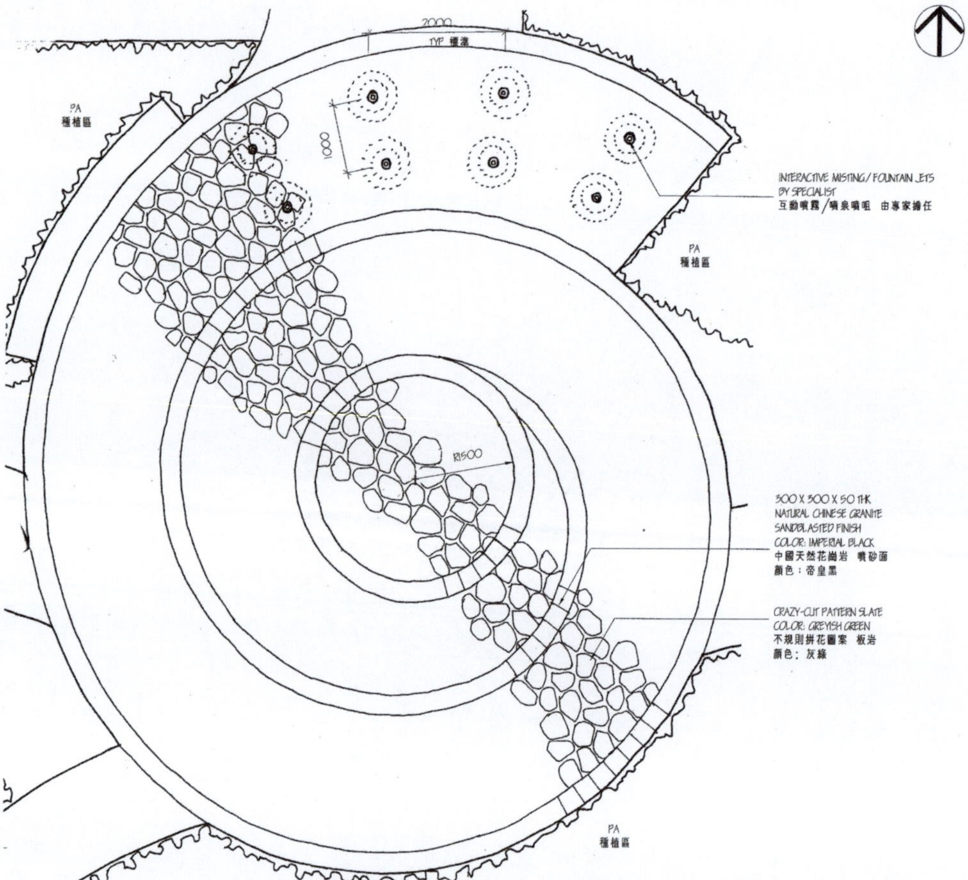

鋪地圖案

A PAVING PATTERN
SCALE 1:50

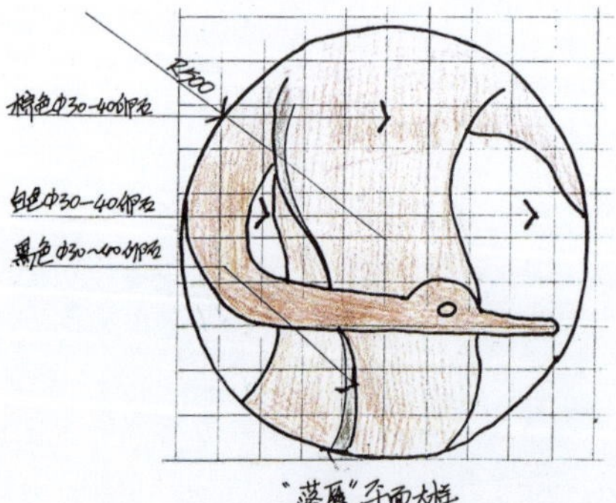

"落雁"平面大样
比例 1:10

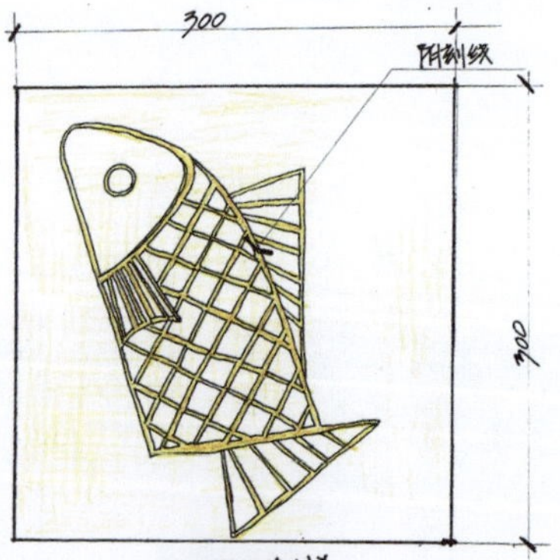

"沉鱼"拼花大样
比例 1:30

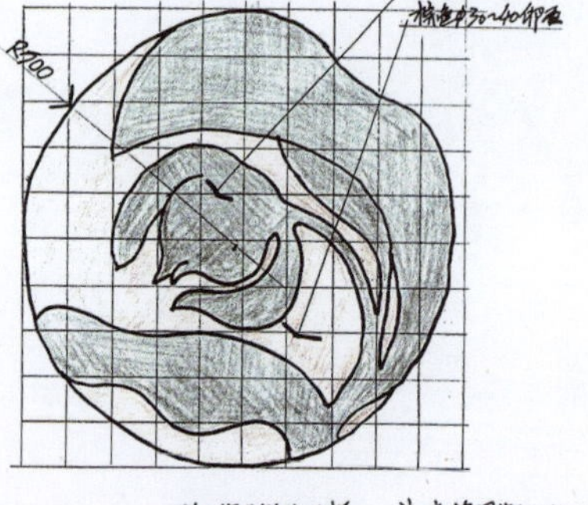

"羞花"拼花大样 注：方格网为100×100mm
比例 1:10

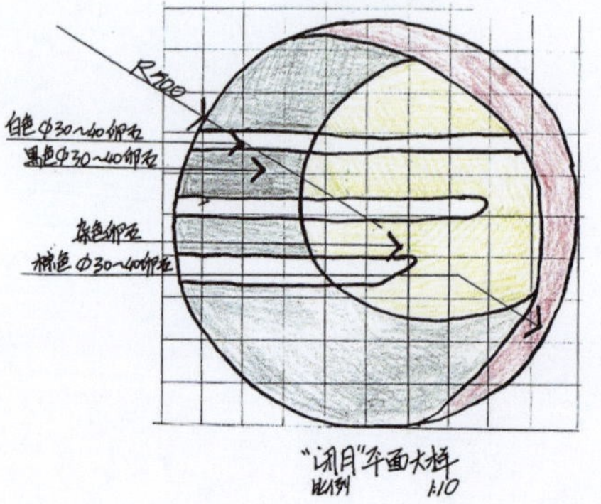

"闭月"平面大样
比例 1:10

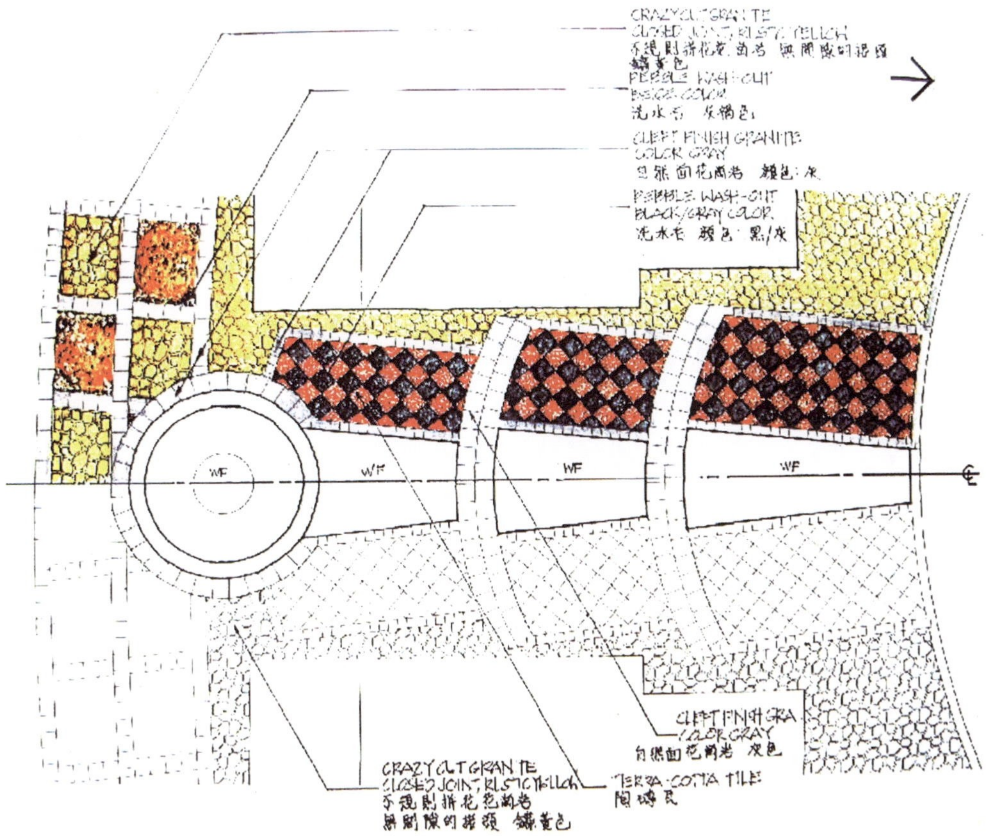
PEBBLE WASH-OUT
BLACK/GRAY COLOR.
洗水石 颜色：黑/灰
WF
TERRA-COTTA TILE
陶砖瓦
CRAZY CUT GRANITE

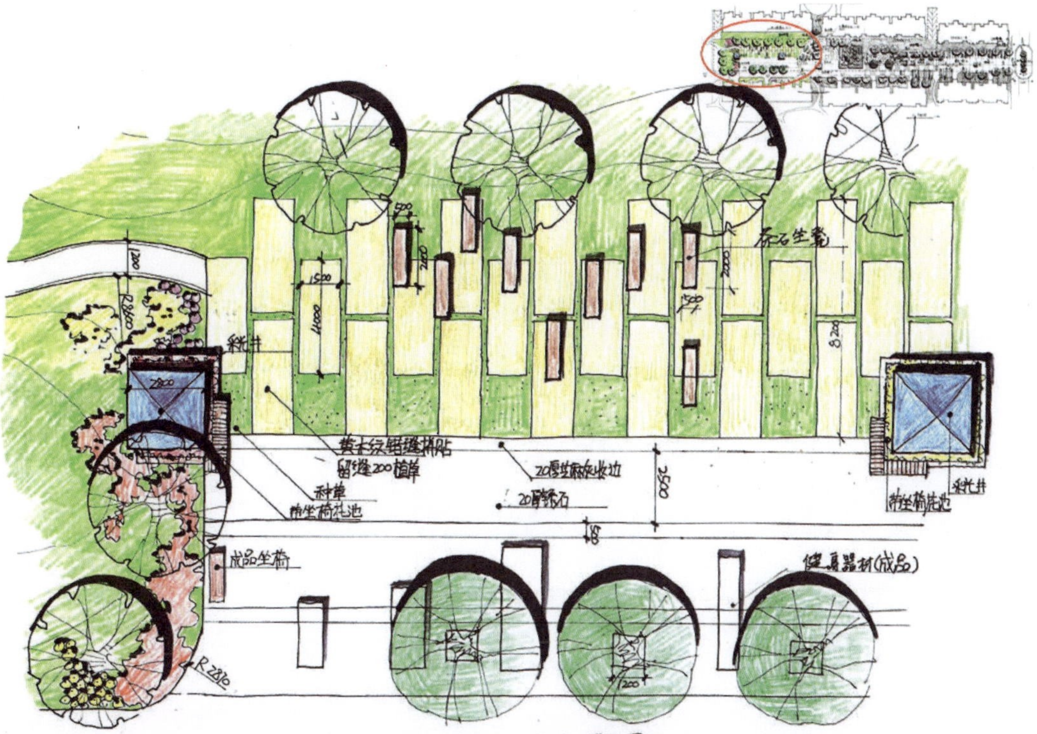
成品坐椅
健身器材(成品)
留缝200植草
种草
20厚碎石
2500
采光井
R 2810

1-1 平面图 1:100

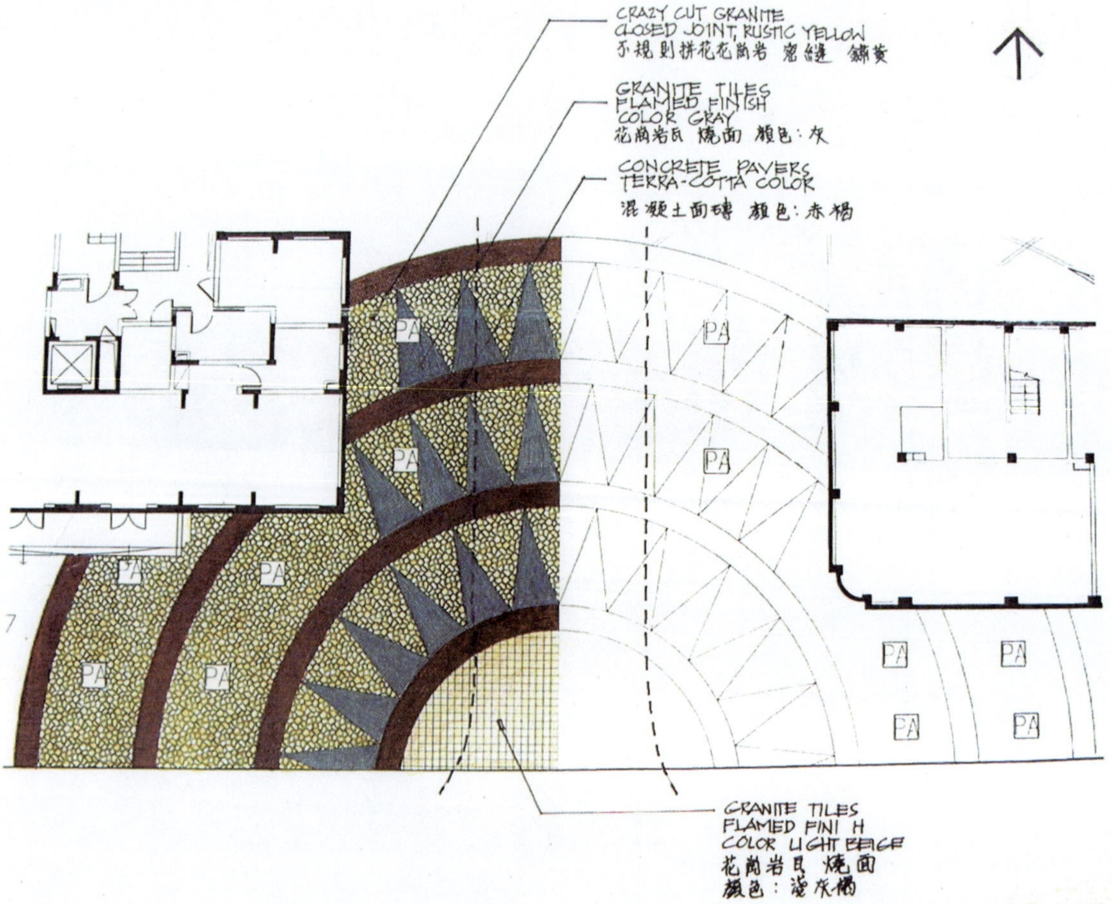
CRAZY CUT GRANITE
CLOSED JOINT, RUSTIC YELLOW
不规则拼花花岗岩 密缝 锈黄
GRANITE TILES
FLAMED FINISH
COLOR GRAY
花岗岩瓦 烧面 颜色：灰
CONCRETE PAVERS
TERRA-COTTA COLOR
混凝土面砖 颜色：赤褐
PA
GRANITE TILES
FLAMED FINI H
COLOR LIGHT BEIGE
花岗岩瓦 烧面
颜色：浅灰褐

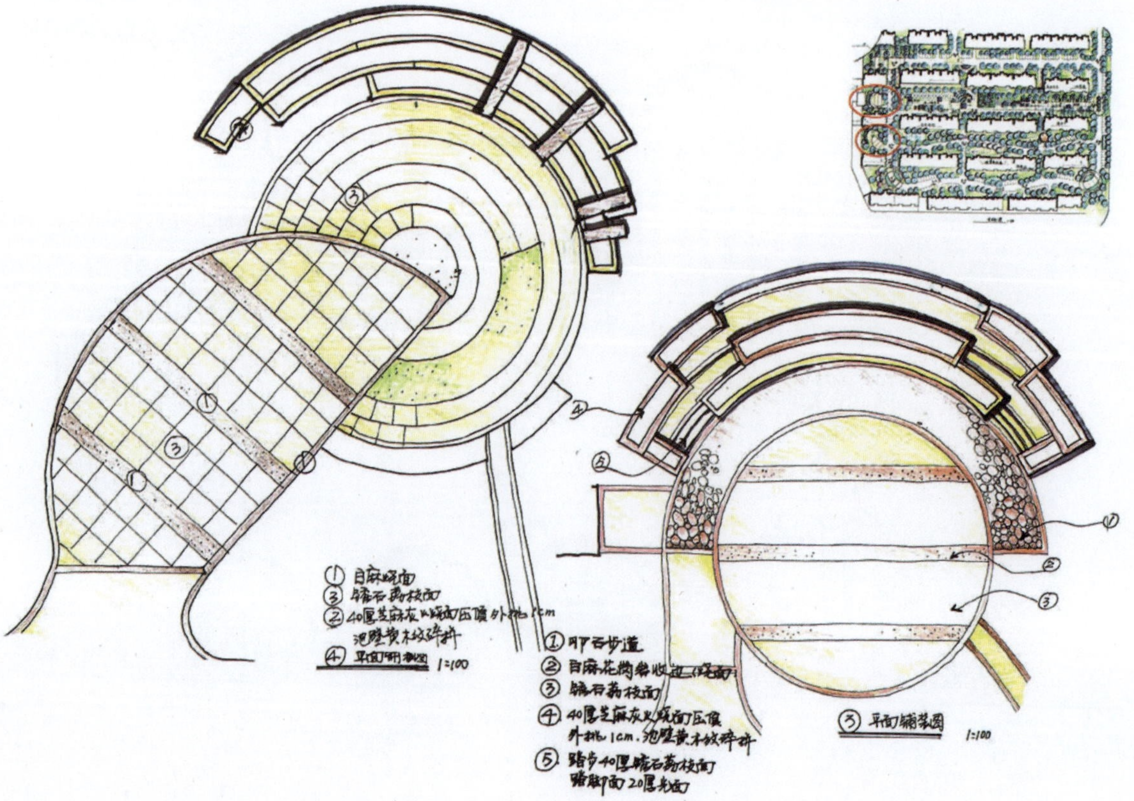
1:100
① 卵石步道
平面铺装图
1:100

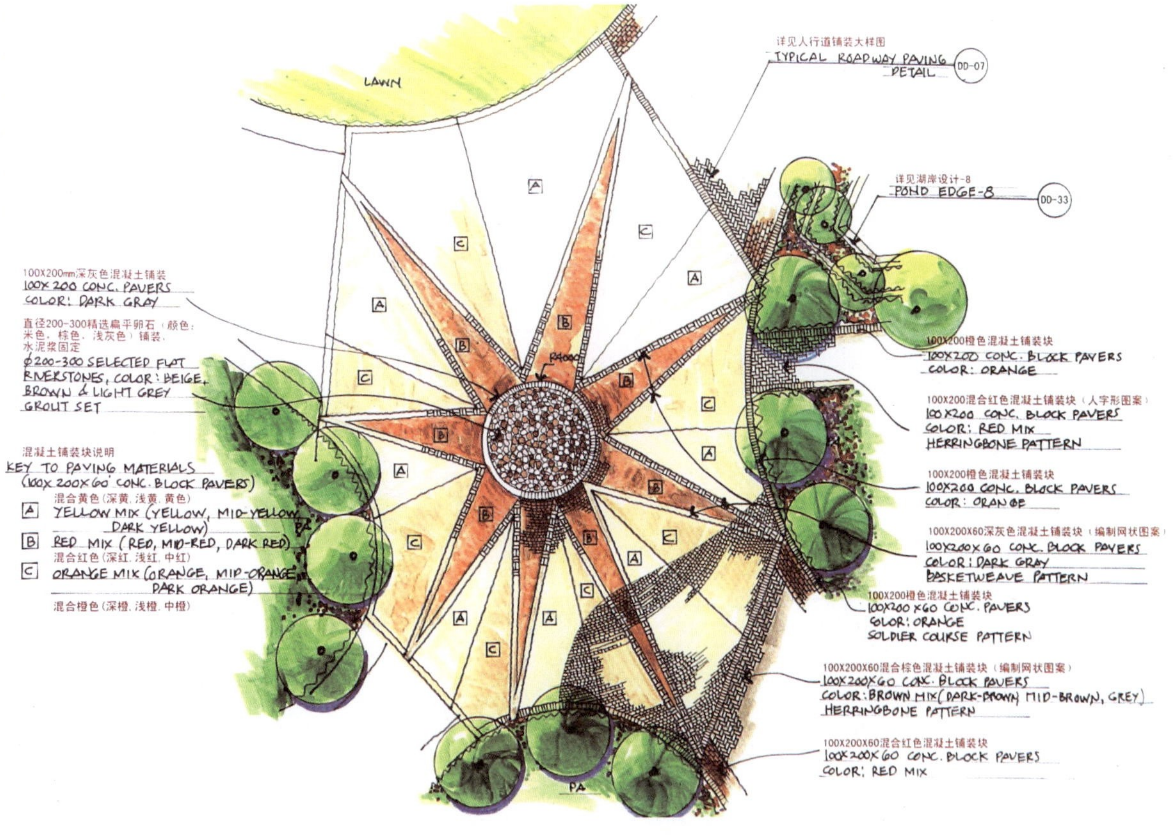
LAWN
详见人行道铺装大样图
TYPICAL ROADWAY PAVING DETAIL
DD-07
详见湖岸设计-8
POND EDGE-8
DD-33
100X200mm深灰色混凝土铺装
100X200 CONC. PAVERS
COLOR: DARK GRAY
直径200-300精选扁平卵石（颜色：米色、棕色、浅灰色）铺装，水泥浆固定
ø200-300 SELECTED FLAT RIVERSTONES, COLOR: BEIGE, BROWN & LIGHT GREY
GROUT SET
混凝土铺装块说明
KEY TO PAVING MATERIALS
(100X200X60 CONC. BLOCK PAVERS)
混合黄色(深黄、浅黄、黄色)
A YELLOW MIX (YELLOW, MID-YELLOW, DARK YELLOW)
B RED MIX (RED, MID-RED, DARK RED)
混合红色(深红、浅红、中红)
C ORANGE MIX (ORANGE, MID-ORANGE, DARK ORANGE)
混合橙色(深橙、浅橙、中橙)
100X200橙色混凝土铺装块
100X200 CONC. BLOCK PAVERS
COLOR: ORANGE
100X200混合红色混凝土铺装块（人字形图案）
100X200 CONC. BLOCK PAVERS
COLOR: RED MIX
HERRINGBONE PATTERN
100X200橙色混凝土铺装块
100X200 CONC. BLOCK PAVERS
COLOR: ORANGE
100X200X60深灰色混凝土铺装块（编制网状图案）
100X200X60 CONC. BLOCK PAVERS
COLOR: DARK GRAY
BASKETWEAVE PATTERN
100X200橙色混凝土铺装块
100X200X60 CONC. PAVERS
COLOR: ORANGE
SOLDIER COURSE PATTERN
100X200X60混合棕色混凝土铺装块（编制网状图案）
100X200X60 CONC. BLOCK PAVERS
COLOR: BROWN MIX (DARK-BROWN, MID-BROWN, GREY)
HERRINGBONE PATTERN
100X200X60混合红色混凝土铺装块
100X200X60 CONC. BLOCK PAVERS
COLOR: RED MIX
PA

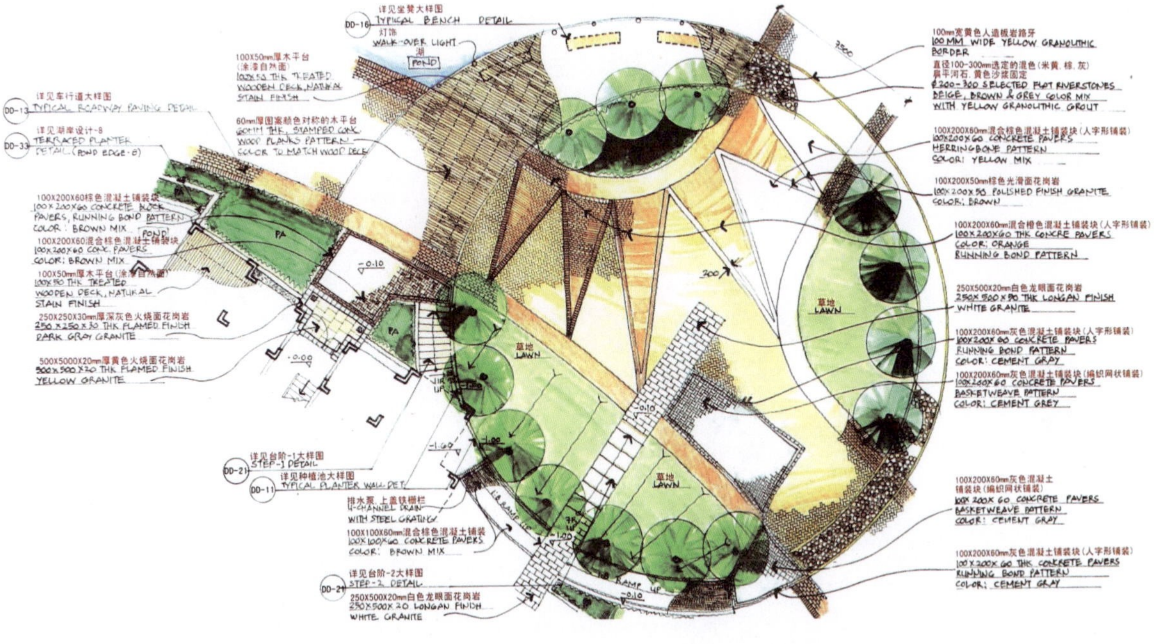
详见坐凳大样图
DD-16 TYPICAL BENCH DETAIL
灯饰
WALK-OVER LIGHT
湖
POND
100X50mm厚木平台
(涂漆自然面)
100X50 THK TREATED WOODEN DECK, NATURAL STAIN FINISH
详见车行道大样图
DD-13 TYPICAL ROADWAY PAVING DETAIL
详见湖岸设计-8
DD-33 TERRACED PLANTER DETAIL (POND EDGE-8)
60mm厚图案颜色对称的木平台
60MM THK. STAMPED CONC. WOOD PLANKS PATTERN COLOR TO MATCH WOOD DECK
100X200X60棕色混凝土铺装块
100X200X60 CONCRETE BLOCK PAVERS, RUNNING BOND PATTERN
COLOR: BROWN MIX
POND
100X200X60混合棕色混凝土铺装块
100X200X60 CONC. PAVERS
COLOR: BROWN MIX
100X50mm厚木平台(涂漆自然面)
100X50 THK TREATED WOODEN DECK, NATURAL STAIN FINISH
250X250X30mm厚深灰色火烧面花岗岩
250X250X30 THK FLAMED FINISH DARK GRAY GRANITE
500X5000X20mm厚黄色火烧面花岗岩
500X500X20 THK FLAMED FINISH YELLOW GRANITE
PA
-0.10
-0.00
草地
LAWN
-1.60
详见台阶-1大样图
DD-21 STEP-1 DETAIL
详见种植池大样图
DD-11 TYPICAL PLANTER WALL DET.
排水泵, 上盖铁栅栏
4-CHANNEL DRAIN WITH STEEL GRATING
100X100X60mm混合棕色混凝土铺装
100X100X60 CONCRETE PAVERS
COLOR: BROWN MIX
详见台阶-2大样图
DD-21 STEP-2 DETAIL
250X500X20mm白色龙眼面花岗岩
250X500X20 LONGAN FINISH WHITE GRANITE
100mm宽黄色人造板岩路牙
100MM WIDE YELLOW GRANOLITHIC BORDER
直径100-300mm选定的混色(米黄、棕、灰)扁平河石, 黄色沙浆固定
ø200-300 SELECTED FLAT RIVERSTONES BEIGE, BROWN & GREY COLOR MIX WITH YELLOW GRANOLITHIC GROUT
100X200X60mm混合棕色混凝土铺装块(人字形铺装)
100X200X60 CONCRETE PAVERS
HERRINGBONE PATTERN
COLOR: YELLOW MIX
100X200X50mm棕色光滑面花岗岩
100X200X50 POLISHED FINISH GRANITE
COLOR: BROWN
100X200X60mm混合橙色混凝土铺装块(人字形铺装)
100X200X60 THK CONCRE PAVERS
COLOR: ORANGE
RUNNING BOND PATTERN
250X500X20mm白色龙眼面花岗岩
250X500X20 THK LONGAN FINISH WHITE GRANITE
100X200X60mm灰色混凝土铺装块(人字形铺装)
100X200X60 CONCRETE PAVERS
RUNNING BOND PATTERN
COLOR: CEMENT GRAY
100X200X60mm灰色混凝土铺装块(编织网状铺装)
100X200X60 CONCRETE PAVERS
BASKETWEAVE PATTERN
COLOR: CEMENT GREY
100X200X60mm灰色混凝土铺装块(编织网状铺装)
100X200X60 CONCRETE PAVERS
BASKETWEAVE PATTERN
COLOR: CEMENT GRAY
100X200X60mm灰色混凝土铺装块(人字形铺装)
100X200X60 THK CONCRETE PAVERS
RUNNING BOND PATTERN
COLOR: CEMENT GRAY

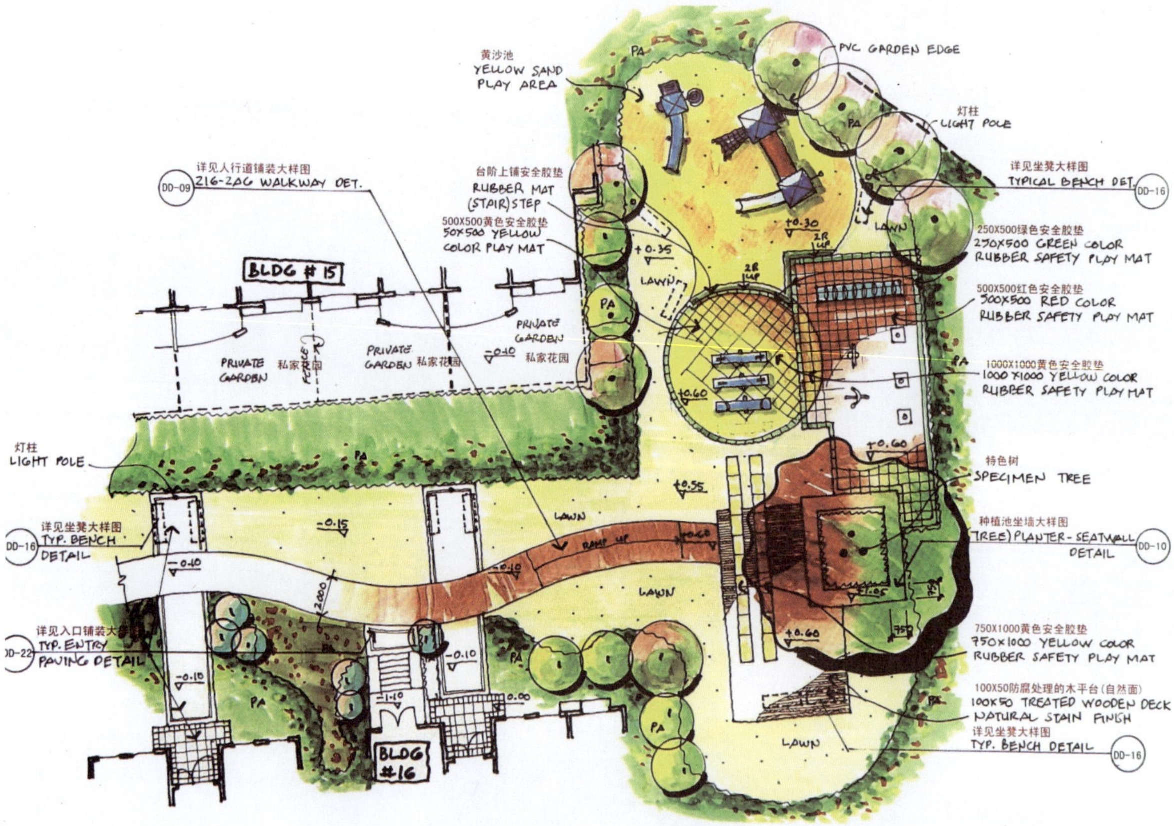
黄沙池
YELLOW SAND PLAY AREA
PVC GARDEN EDGE
灯柱
LIGHT POLE
详见人行道铺装大样图
ZIG-ZAG WALKWAY DET.
DD-09
台阶上铺安全胶垫
RUBBER MAT (STAIR) STEP
500X500黄色安全胶垫
500X500 YELLOW COLOR PLAY MAT
详见坐凳大样图
TYPICAL BENCH DET.
DD-16
250X500绿色安全胶垫
250X500 GREEN COLOR RUBBER SAFETY PLAY MAT
500X500红色安全胶垫
500X500 RED COLOR RUBBER SAFETY PLAY MAT
1000X1000黄色安全胶垫
1000X1000 YELLOW COLOR RUBBER SAFETY PLAY MAT
BLDG # 15
PRIVATE GARDEN 私家花园
PRIVATE GARDEN 私家花园
PRIVATE GARDEN 私家花园
灯柱
LIGHT POLE
特色树
SPECIMEN TREE
种植池坐墙大样图
TREE) PLANTER-SEATWALL DETAIL
DD-10
详见坐凳大样图
TYP. BENCH DETAIL
DD-16
LAWN
RAMP UP
详见入口铺装大样图
TYP. ENTRY PAVING DETAIL
DD-22
750X1000黄色安全胶垫
750X1000 YELLOW COLOR RUBBER SAFETY PLAY MAT
100X50防腐处理的木平台(自然面)
100X50 TREATED WOODEN DECK NATURAL STAIN FINISH
详见坐凳大样图
TYP. BENCH DETAIL
DD-16
BLDG #16

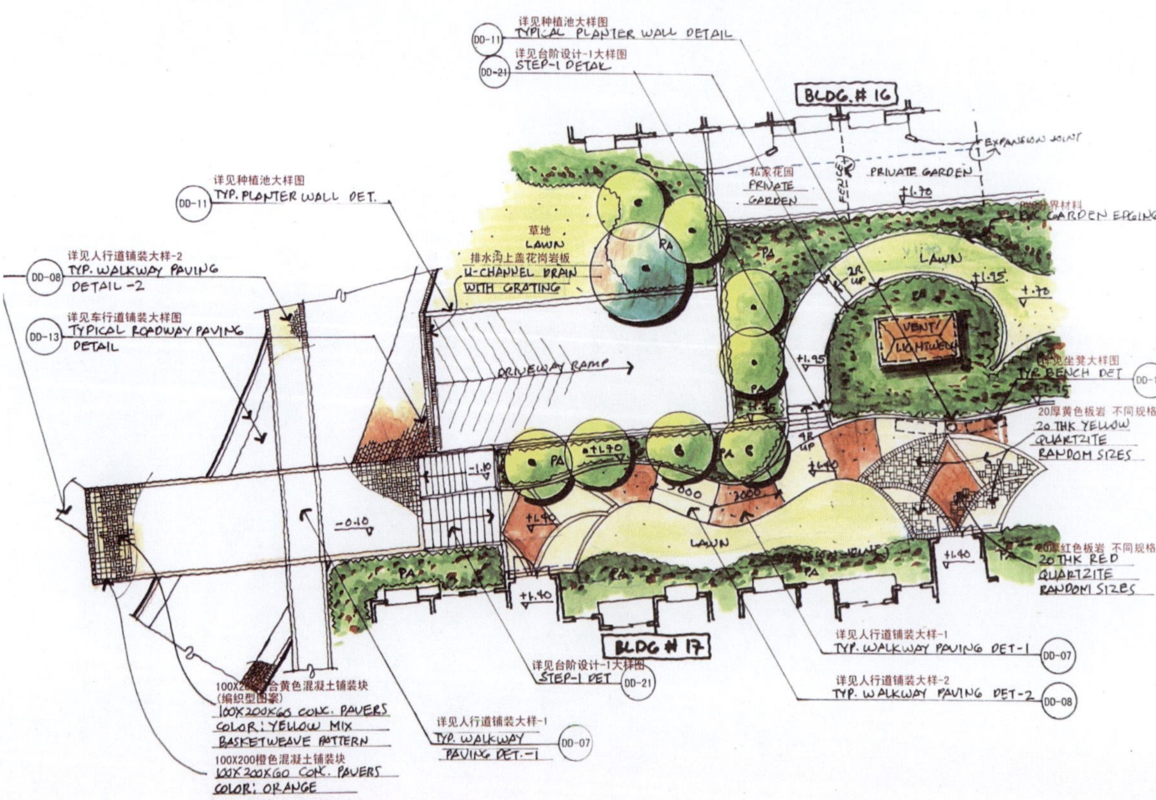
详见种植池大样图
TYPICAL PLANTER WALL DETAIL
DD-11
详见台阶设计-1大样图
STEP-1 DETAIL
DD-21
BLDG. # 16
EXPANSION JOINT
私家花园
PRIVATE GARDEN
PRIVATE GARDEN
GARDEN EDGING
详见种植池大样图
TYP. PLANTER WALL DET.
DD-11
草地
LAWN
排水沟上盖花岗岩板
U-CHANNEL DRAIN WITH GRATING
详见人行道铺装大样-2
TYP. WALKWAY PAVING DETAIL -2
DD-08
详见车行道铺装大样图
TYPICAL ROADWAY PAVING DETAIL
DD-13
DRIVEWAY RAMP
VENT/LIGHTWELL
详见坐凳大样图
TYP. BENCH DET
DD-16
20厚黄色板岩 不同规格
20 THK YELLOW QUARTZITE RANDOM SIZES
20厚红色板岩 不同规格
20 THK RED QUARTZITE RANDOM SIZES
BLDG # 17
详见人行道铺装大样-1
TYP. WALKWAY PAVING DET-1
DD-07
详见人行道铺装大样-2
TYP. WALKWAY PAVING DET-2
DD-08
详见台阶设计-1大样图
STEP-1 DET
DD-21
100X200混合黄色混凝土铺装块
(编织型图案)
100X200X60 CONC. PAVERS
COLOR: YELLOW MIX
BASKETWEAVE PATTERN
100X200橙色混凝土铺装块
100X200X60 CONC. PAVERS
COLOR: ORANGE
详见人行道铺装大样-1
TYP. WALKWAY PAVING DET.-1
DD-07

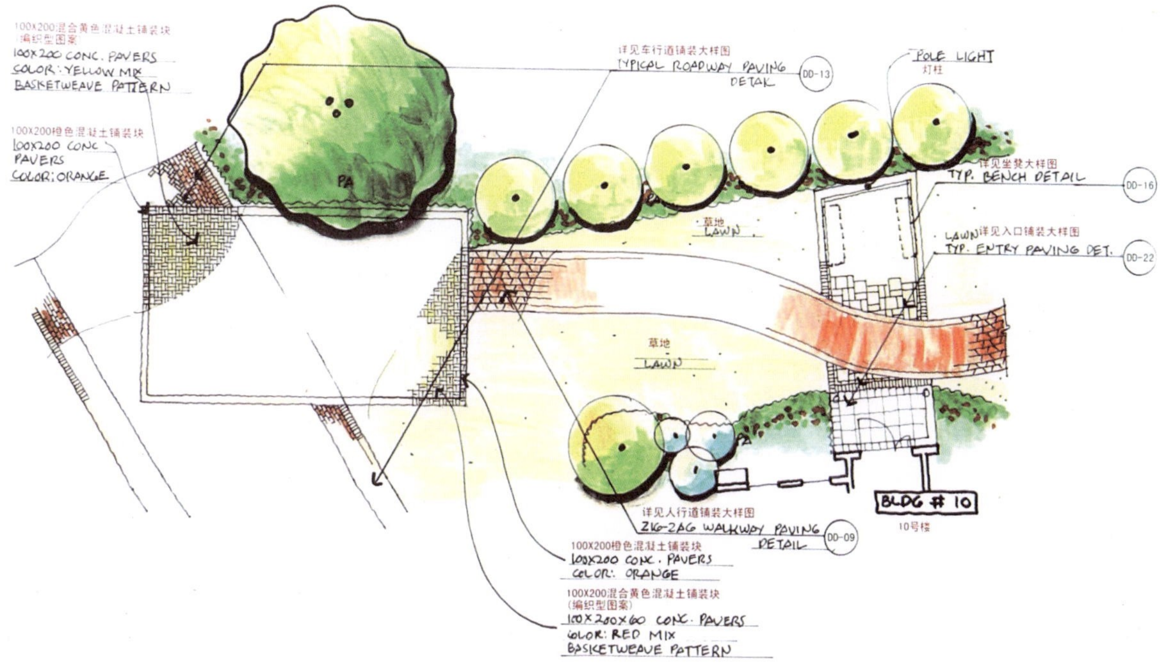
100X200混合黄色混凝土铺装块
(编织型图案)
100X200 CONC. PAVERS
COLOR: YELLOW MIX
BASKETWEAVE PATTERN
100X200橙色混凝土铺装块
100X200 CONC
PAVERS
COLOR: ORANGE
详见车行道铺装大样图
TYPICAL ROADWAY PAVING
DETAIL
DD-13
POLE LIGHT
灯柱
详见坐凳大样图
TYP. BENCH DETAIL
DD-16
草地
LAWN
LAWN
详见入口铺装大样图
TYP. ENTRY PAVING DET.
DD-22
草地
LAWN
BLDG # 10
10号楼
详见人行道铺装大样图
ZIG-ZAG WALKWAY PAVING
DETAIL
DD-09
100X200橙色混凝土铺装块
100X200 CONC. PAVERS
COLOR: ORANGE
100X200混合黄色混凝土铺装块
(编织型图案)
100X200X60 CONC. PAVERS
COLOR: RED MIX
BASKETWEAVE PATTERN

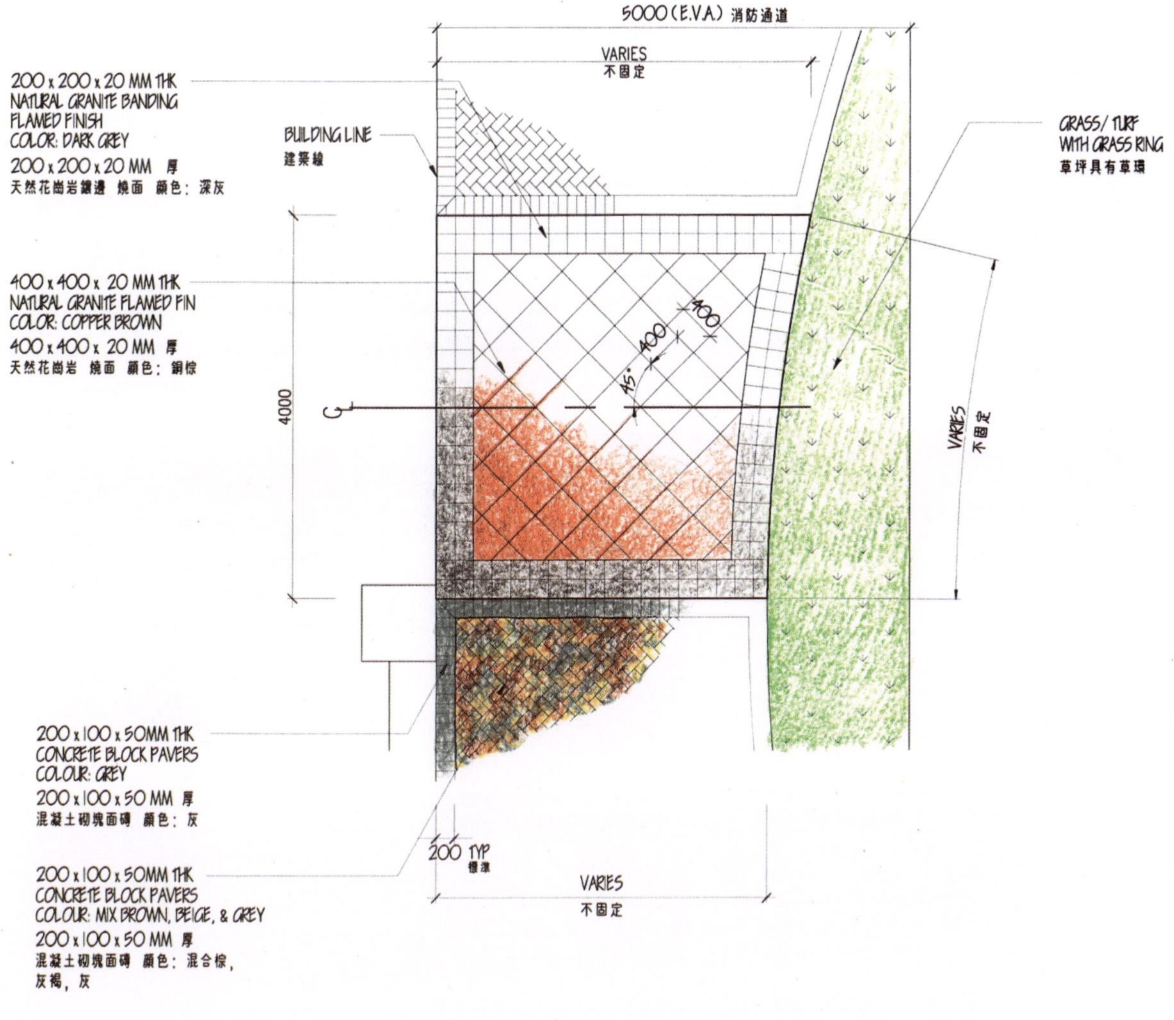
5000 (E.V.A.) 消防通道
VARIES
不固定
200 x 200 x 20 MM THK
NATURAL GRANITE BANDING
FLAMED FINISH
COLOR: DARK GREY
200 x 200 x 20 MM 厚
天然花岗岩镶边 烧面 颜色：深灰
BUILDING LINE
建築線
GRASS/ TURF
WITH GRASS RING
草坪具有草環
400 x 400 x 20 MM THK
NATURAL GRANITE FLAMED FIN
COLOR: COPPER BROWN
400 x 400 x 20 MM 厚
天然花崗岩 燒面 顏色：銅棕
400
400
45°
4000
VARIES
不固定
200 x 100 x 50MM THK
CONCRETE BLOCK PAVERS
COLOUR: GREY
200 x 100 x 50 MM 厚
混凝土砌塊面磚 顏色：灰
200 TYP
標準
200 x 100 x 50MM THK
CONCRETE BLOCK PAVERS
COLOUR: MIX BROWN, BEIGE, & GREY
200 x 100 x 50 MM 厚
混凝土砌塊面磚 顏色：混合棕,
灰褐，灰
VARIES
不固定

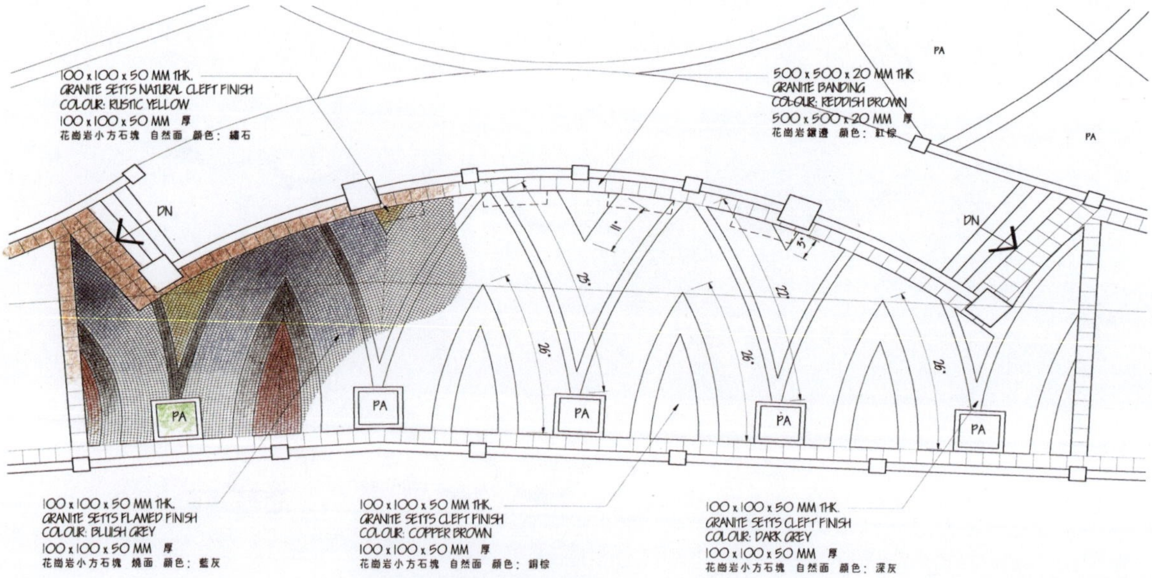
100 x 100 x 50 MM THK.
GRANITE SETTS NATURAL CLEFT FINISH
COLOUR: RUSTIC YELLOW
100 x 100 x 50 MM 厚
花崗岩小方石塊 自然面 顏色：繡石
500 x 500 x 20 MM THK
GRANITE BANDING
COLOUR: REDDISH BROWN
500 x 500 x 20 MM 厚
花崗岩鑲邊 顏色：紅棕
PA
DN
100 x 100 x 50 MM THK.
GRANITE SETTS FLAMED FINISH
COLOUR: BLUISH GREY
100 x 100 x 50 MM 厚
花崗岩小方石塊 燒面 顏色：藍灰
100 x 100 x 50 MM THK.
GRANITE SETTS CLEFT FINISH
COLOUR: COPPER BROWN
100 x 100 x 50 MM 厚
花崗岩小方石塊 自然面 顏色：銅棕
100 x 100 x 50 MM THK.
GRANITE SETTS CLEFT FINISH
COLOUR: DARK GREY
100 x 100 x 50 MM 厚
花崗岩小方石塊 自然面 顏色：深灰

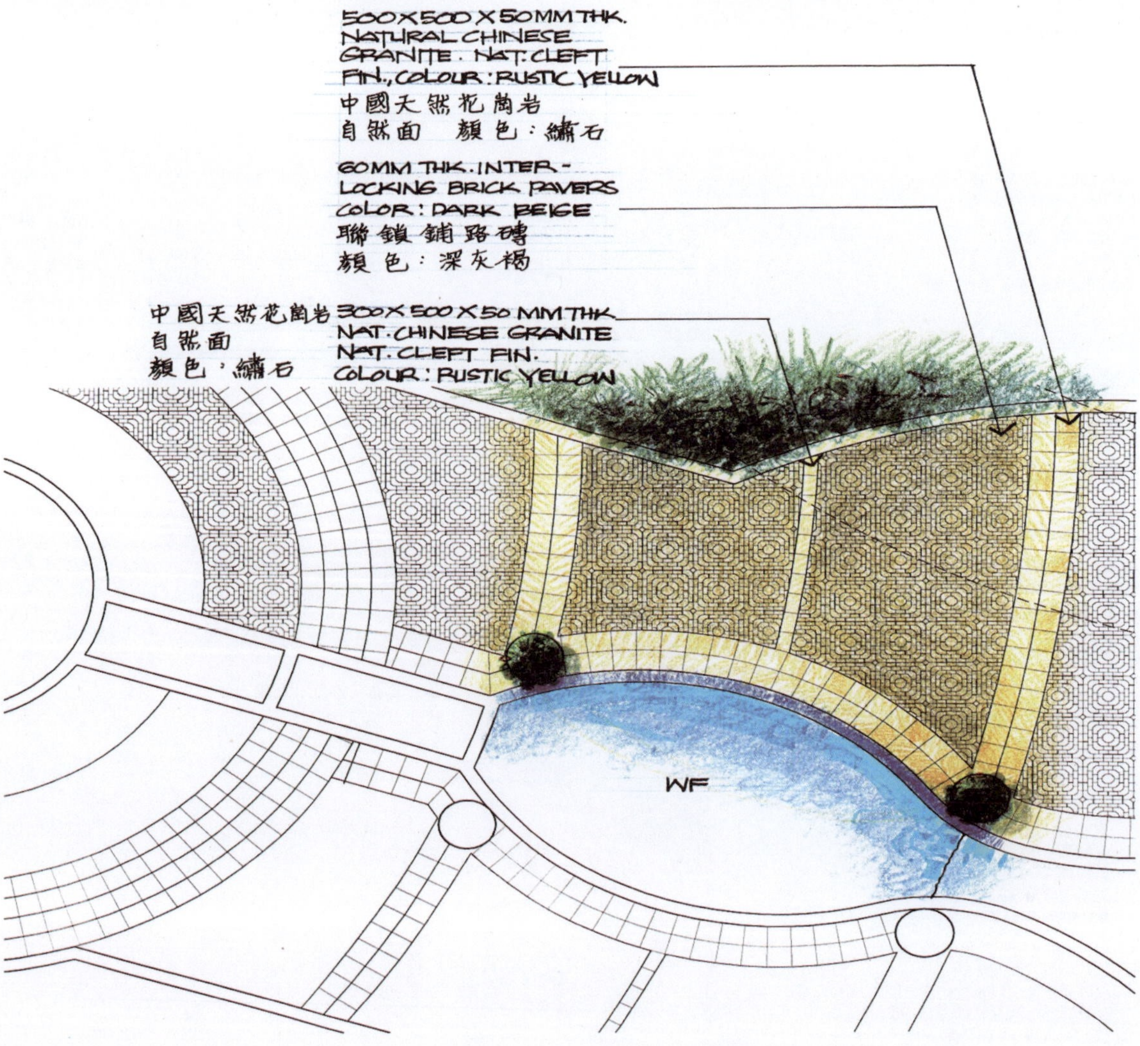
500X500X50MM THK.
NATURAL CHINESE
GRANITE. NAT: CLEFT
FIN., COLOUR: RUSTIC YELLOW
中國天然花崗岩
自然面 顏色：繡石
60MM THK. INTER-
LOCKING BRICK PAVERS
COLOR: DARK BEIGE
聯鎖鋪路磚
顏色：深灰褐
中國天然花崗岩
自然面
顏色：繡石
300X500X50 MM THK.
NAT. CHINESE GRANITE
NAT. CLEFT FIN.
COLOUR: RUSTIC YELLOW
WF

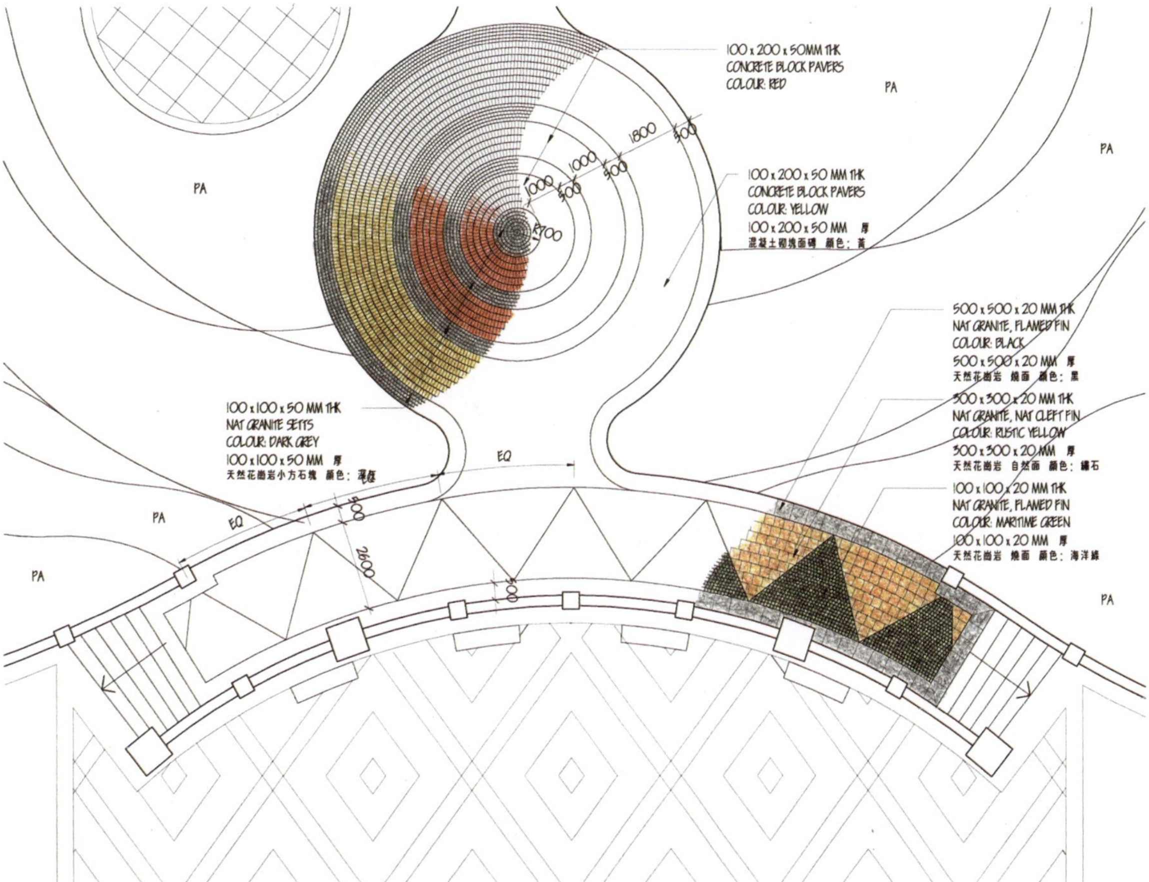
100 x 200 x 50MM THK
CONCRETE BLOCK PAVERS
COLOUR: RED
PA
1800
1000
1000
R700
100 x 200 x 50 MM THK
CONCRETE BLOCK PAVERS
COLOUR: YELLOW
100 x 200 x 50 MM 厚
混凝土砌块面砖 颜色：黄
PA
500 x 500 x 20 MM THK
NAT GRANITE, FLAMED FIN
COLOUR: BLACK
500 x 500 x 20 MM 厚
天然花岗岩 烧面 颜色：黑
300 x 300 x 20 MM THK
NAT GRANITE, NAT CLEFT FIN
COLOUR: RUSTIC YELLOW
300 x 300 x 20 MM 厚
天然花岗岩 自然面 颜色：锈石
100 x 100 x 20 MM THK
NAT GRANITE, FLAMED FIN
COLOUR: MARITIME GREEN
100 x 100 x 20 MM 厚
天然花岗岩 烧面 颜色：海洋绿
100 x 100 x 50 MM THK
NAT GRANITE SETTS
COLOUR: DARK GREY
100 x 100 x 50 MM 厚
EQ
EQ
2600
PA
PA
PA

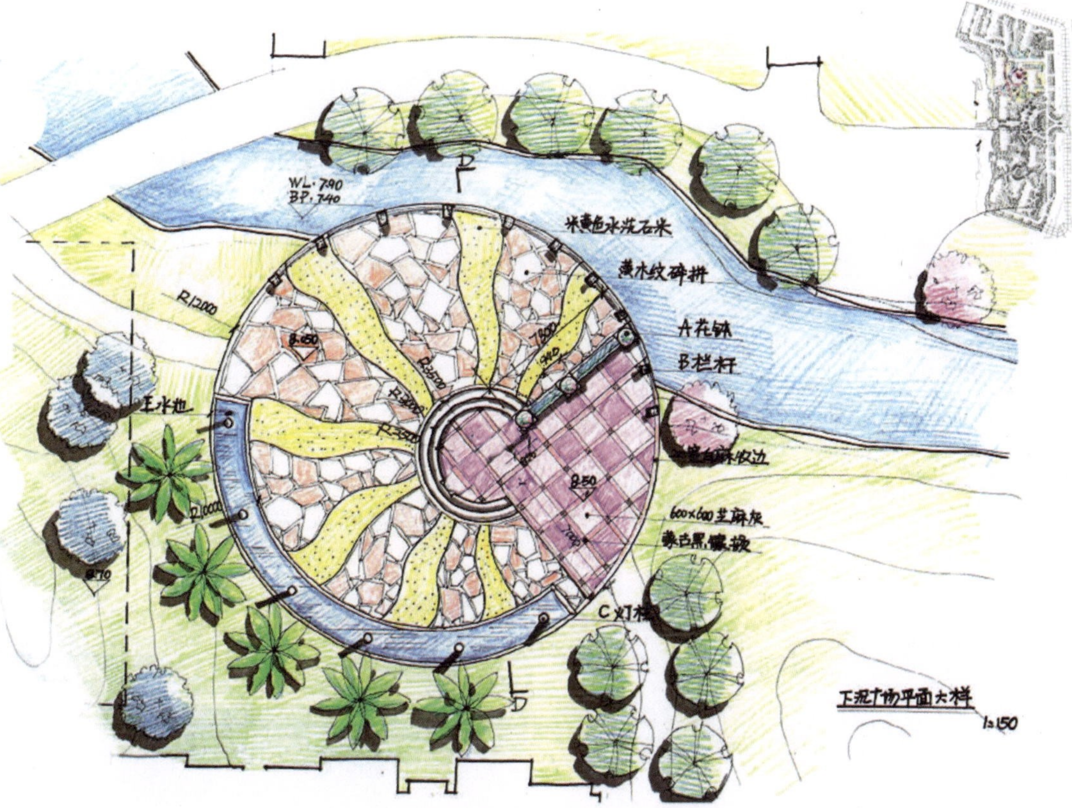
WL: 7.90
B.P: 7.40
米黄色水洗石米
A花钵
B栏杆
R12000
E水池
600x600芝麻灰
C灯柱
下沉广场平面大样
1:150

铺装

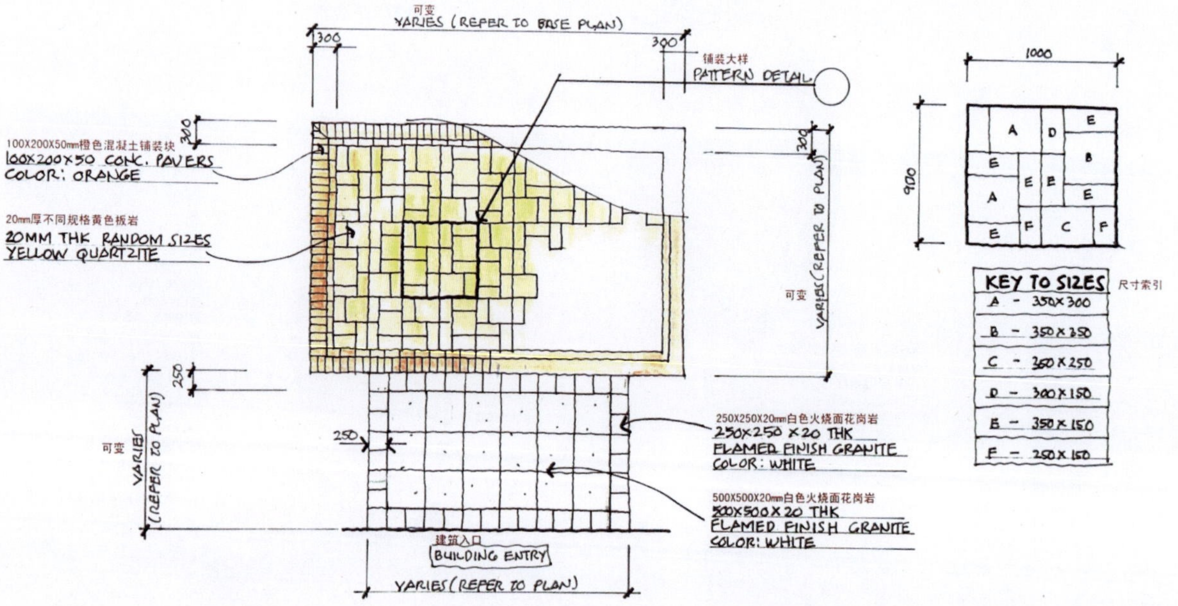

可变
VARIES (REFER TO BASE PLAN)
300
300
铺装大样
PATTERN DETAIL
100X200X50mm橙色混凝土铺装块
100X200X50 CONC. PAVERS
COLOR: ORANGE
20mm厚不同规格黄色板岩
20MM THK RANDOM SIZES
YELLOW QUARTZITE
300
300
可变
VARIES (REFER TO PLAN)
250
250
可变
VARIES (REFER TO PLAN)
250X250X20mm白色火烧面花岗岩
250X250 X20 THK
FLAMED FINISH GRANITE
COLOR: WHITE
500X500X20mm白色火烧面花岗岩
500X500X20 THK
FLAMED FINISH GRANITE
COLOR: WHITE
建筑入口
BUILDING ENTRY
VARIES (REFER TO PLAN)
1000
900
A D E
B
E E E
A E
E F C F
KEY TO SIZES 尺寸索引
A - 350X300
B - 350X350
C - 350X250
D - 300X150
E - 350X150
F - 250X150

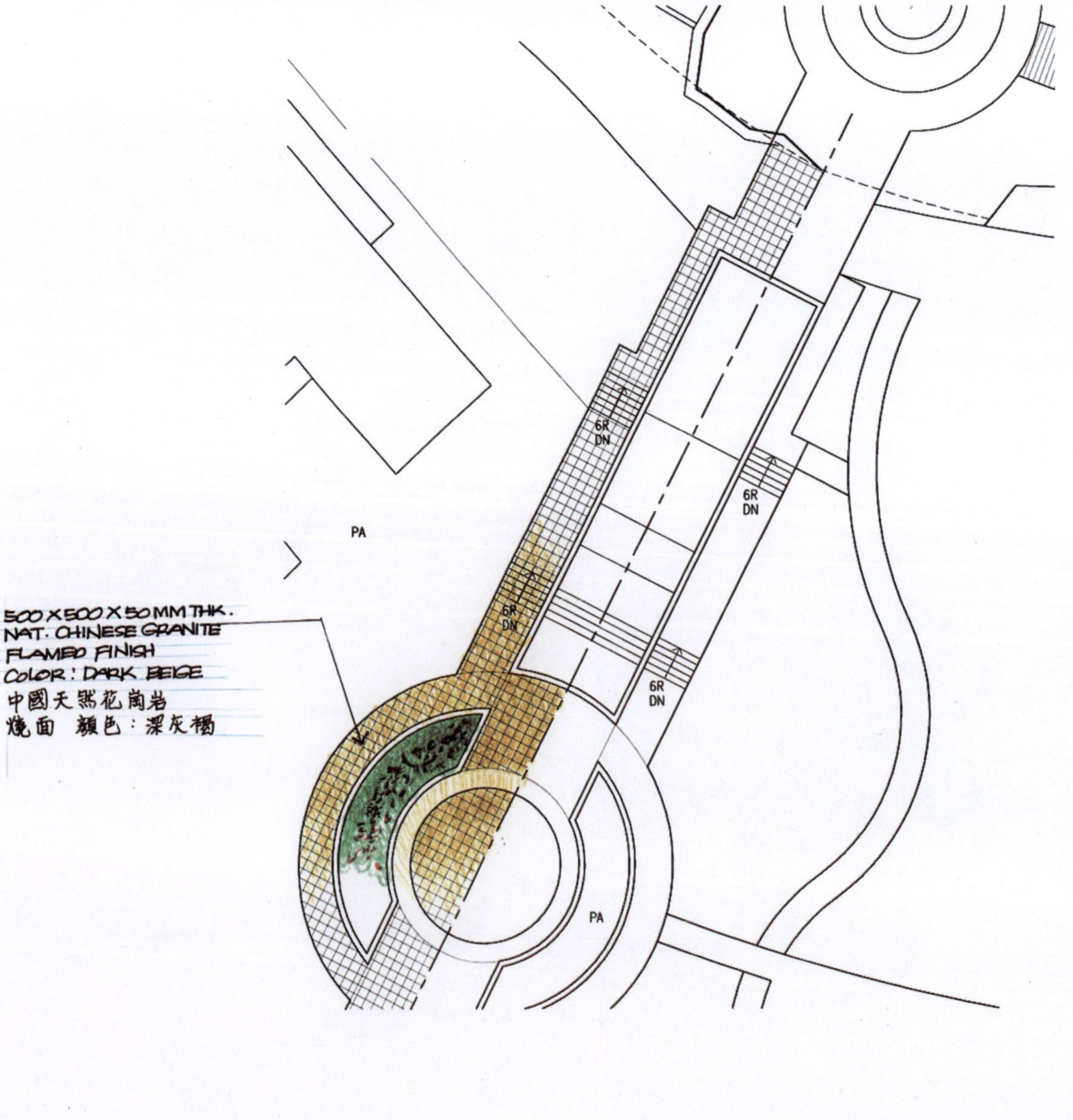

6R DN
6R DN
6R DN
6R DN
PA
PA
500X500X50MM THK.
NAT. CHINESE GRANITE
FLAMED FINISH
COLOR: DARK BEIGE
中國天然花崗岩
燒面 顏色：深灰橘

500 x 500 x 20 MM THK
QUARTZITE RIVEN FIN
COLOUR: BLUISH GREY
500 x 500 x 20 MM 厚
石英岩 扯裂面 顏色：藍灰
500
2000
500
2000
500
500
2000
3000
3000
PA
TYPICAL TREE COLLAR- 2 DETAIL
標準樹套管-2詳圖
A LD1 1.09
100 x 100 x 50 MM THK
GRANITE SETTS FLAMED FIN
COLOR: COPPER BROWN
100 x 100 x 50 MM 厚
花崗岩小方石塊 燒面 顏色：銅棕
A LD1 3.27
TYPICAL PAVING-23 DETAIL
標準鋪面-23詳圖

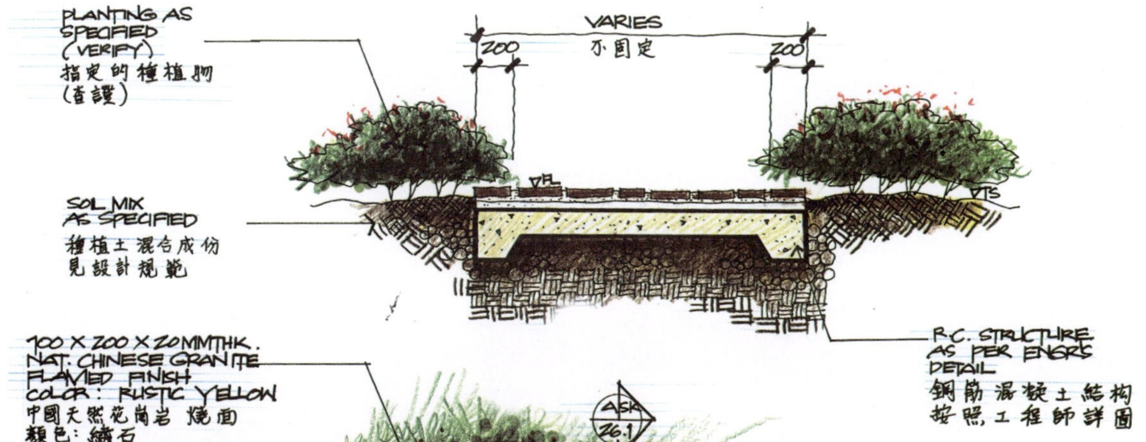
PLANTING AS SPECIFIED (VERIFY)
指定的種植物(查證)
VARIES
不固定
200
200
SOIL MIX AS SPECIFIED
種植土混合成份
見設計規範
R.C. STRUCTURE AS PER ENGRS DETAIL
鋼筋混凝土結构
按照工程師詳圖

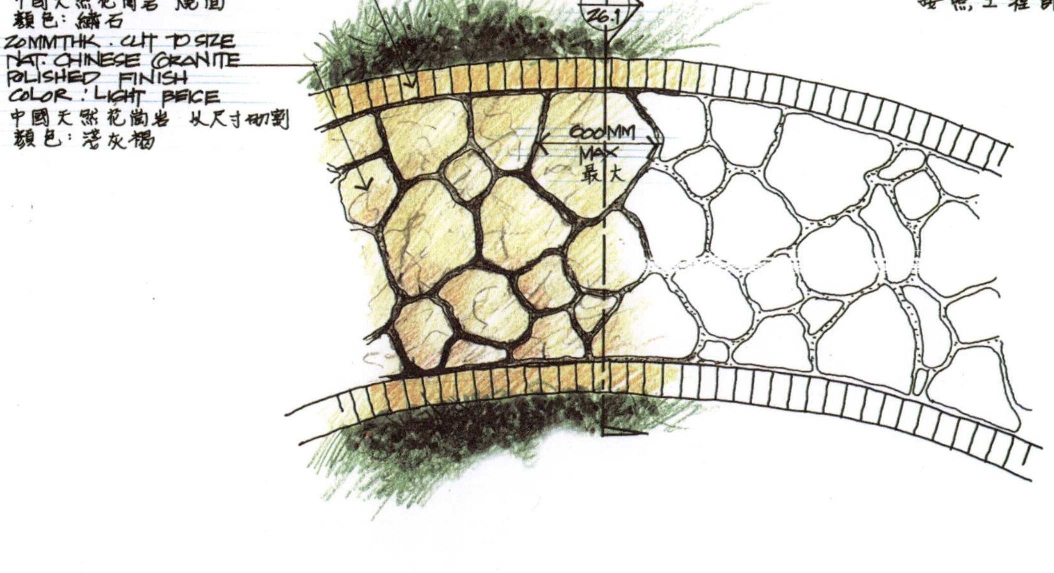
100 X 200 X 20MMTHK.
NAT. CHINESE GRANITE
FLAMED FINISH
COLOR: RUSTIC YELLOW
中國天然花崗岩 燒面
顏色：繡石
20MMTHK. CUT TO SIZE
NAT. CHINESE GRANITE
POLISHED FINISH
COLOR: LIGHT BEIGE
中國天然花崗岩 以尺寸切割
顏色：淺灰褐
ASK 26.1
600MM MAX 最大

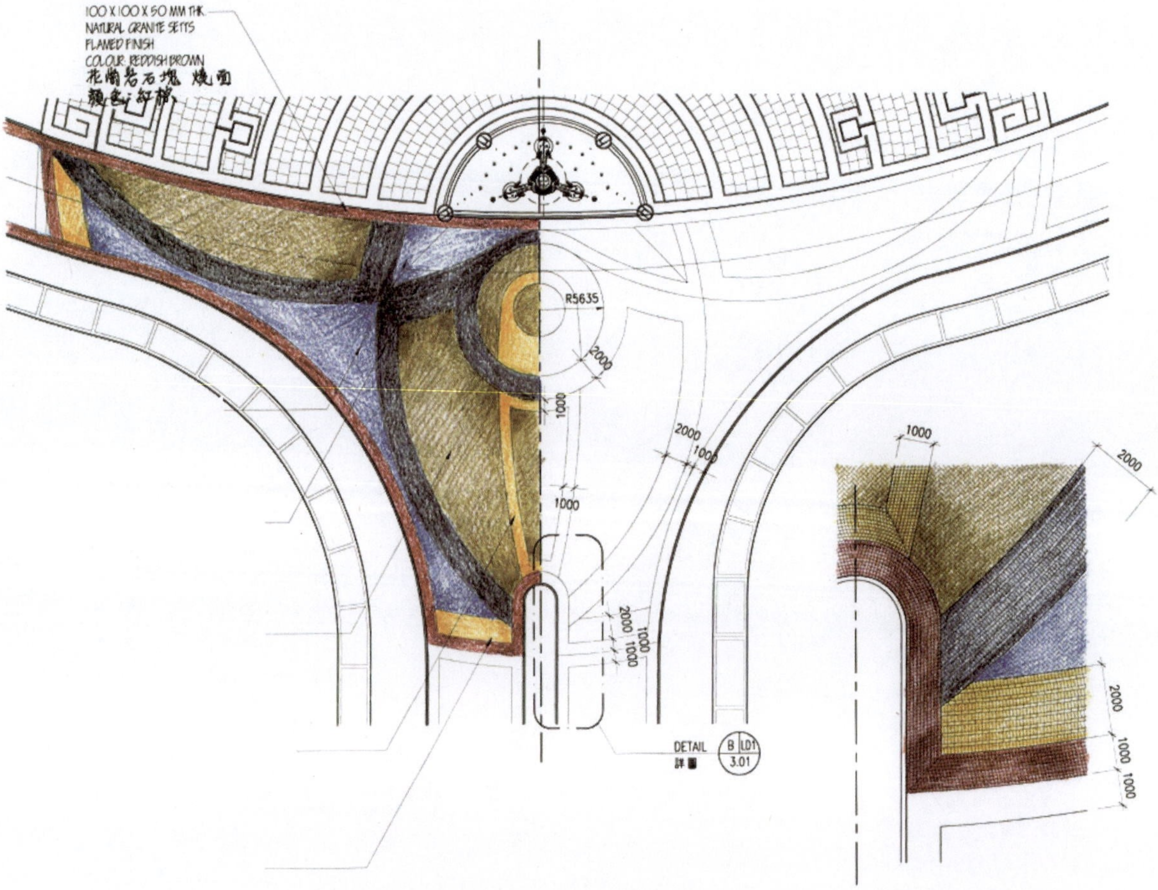
100 X 100 X 50 MM THK
NATURAL GRANITE SETTS
FLAMED FINISH
COLOUR: REDDISH BROWN
花岗岩石块 烧面
颜色：红棕
R5635
2000
1000
1000
2000
1000
2000
1000
1000
2000
1000
DETAIL
詳圖
B
LD1
3.01
1000
2000
2000
1000
1000

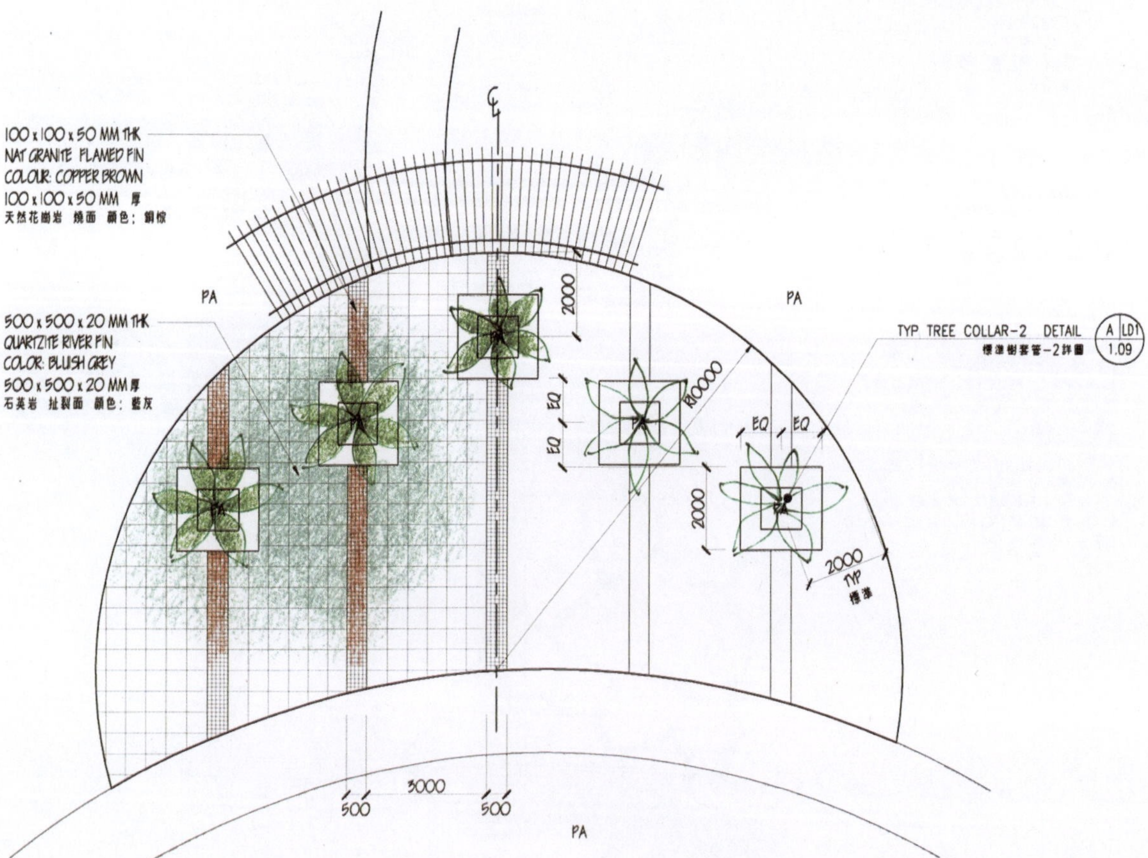
100 x 100 x 50 MM THK
NAT GRANITE FLAMED FIN
COLOUR: COPPER BROWN
100 x 100 x 50 MM 厚
天然花崗岩 燒面 顏色：銅棕
500 x 500 x 20 MM THK
QUARTZITE RIVER FIN
COLOR: BLUISH GREY
500 x 500 x 20 MM 厚
石英岩 扯裂面 顏色：藍灰
PA
PA
TYP TREE COLLAR-2 DETAIL
標準樹套管-2詳圖
A
LD1
1.09
2000
R10000
EQ
EQ
EQ
EQ
EQ
2000
2000
TYP
標準
3000
500
500
PA

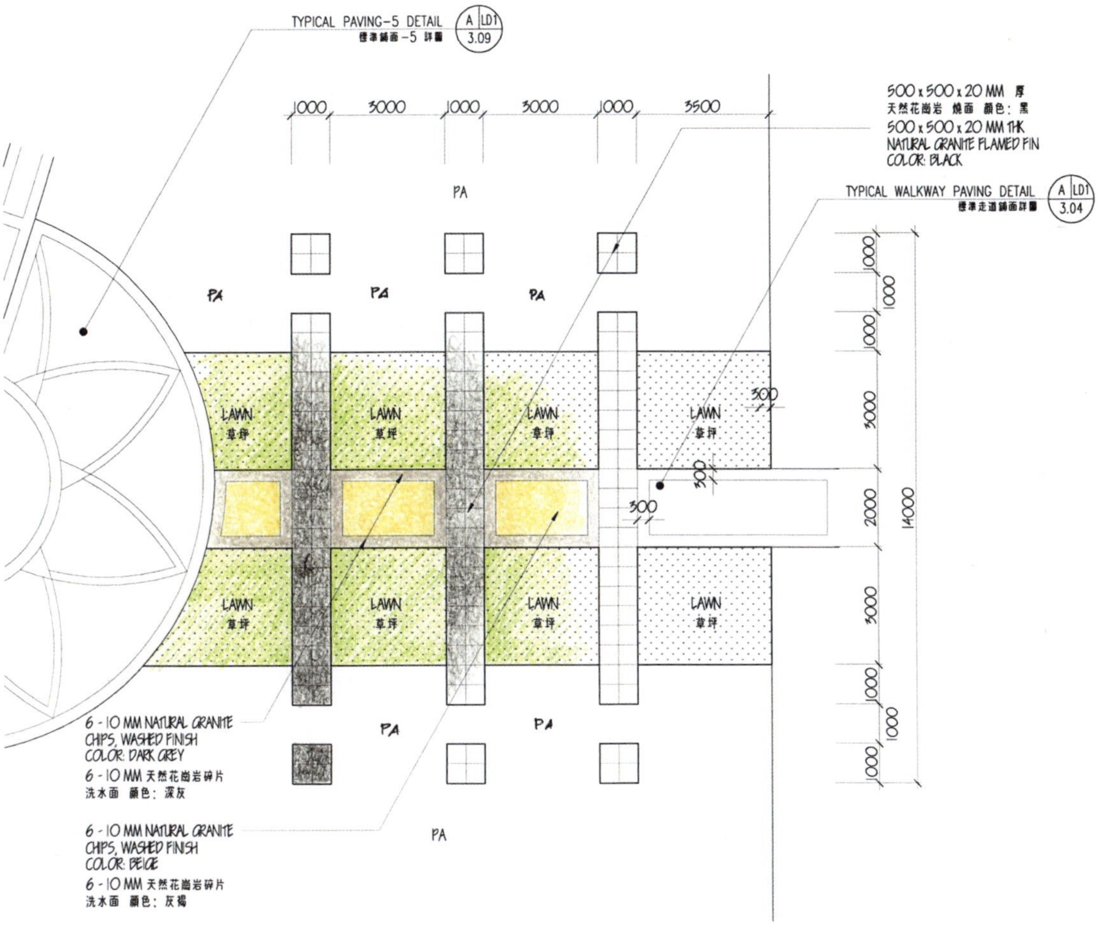

TYPICAL PAVING-5 DETAIL
標準鋪面-5 詳圖
A LD1 3.09
1000 3000 1000 3000 1000 3500
500 x 500 x 20 MM 厚
天然花崗岩 燒面 顏色：黑
500 x 500 x 20 MM THK
NATURAL GRANITE FLAMED FIN
COLOR: BLACK
TYPICAL WALKWAY PAVING DETAIL
標準走道鋪面詳圖
A LD1 3.04
PA
LAWN
草坪
300
2000
3000
14000
6 - 10 MM NATURAL GRANITE
CHIPS, WASHED FINISH
COLOR: DARK GREY
6 - 10 MM 天然花崗岩碎片
洗水面 顏色：深灰
6 - 10 MM NATURAL GRANITE
CHIPS, WASHED FINISH
COLOR: BEIGE
6 - 10 MM 天然花崗岩碎片
洗水面 顏色：灰褐

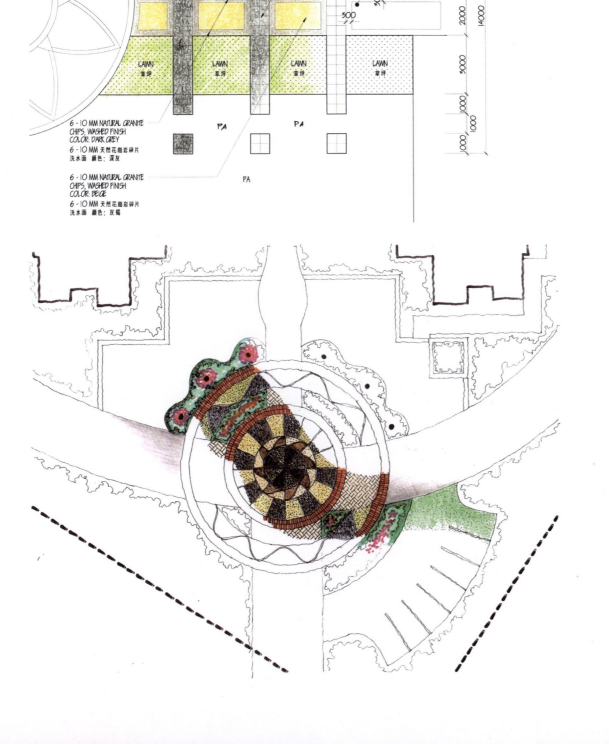

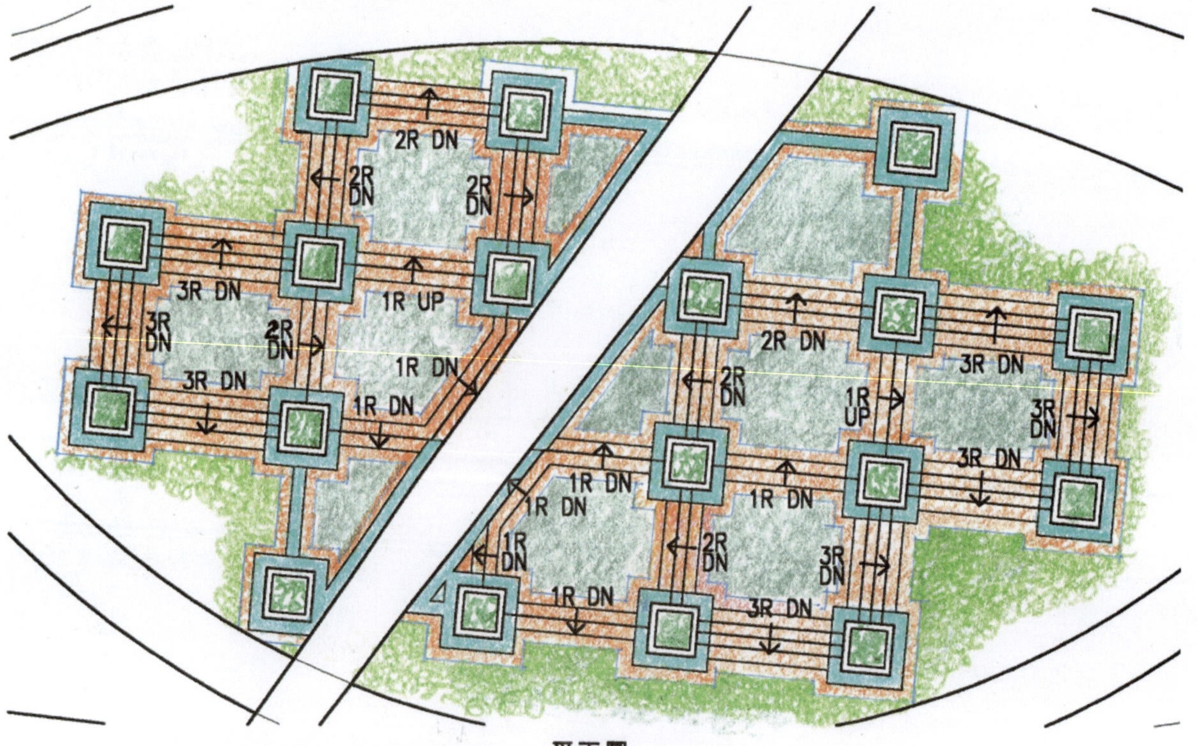

平面圖

A PLAN

SCALE 1:200

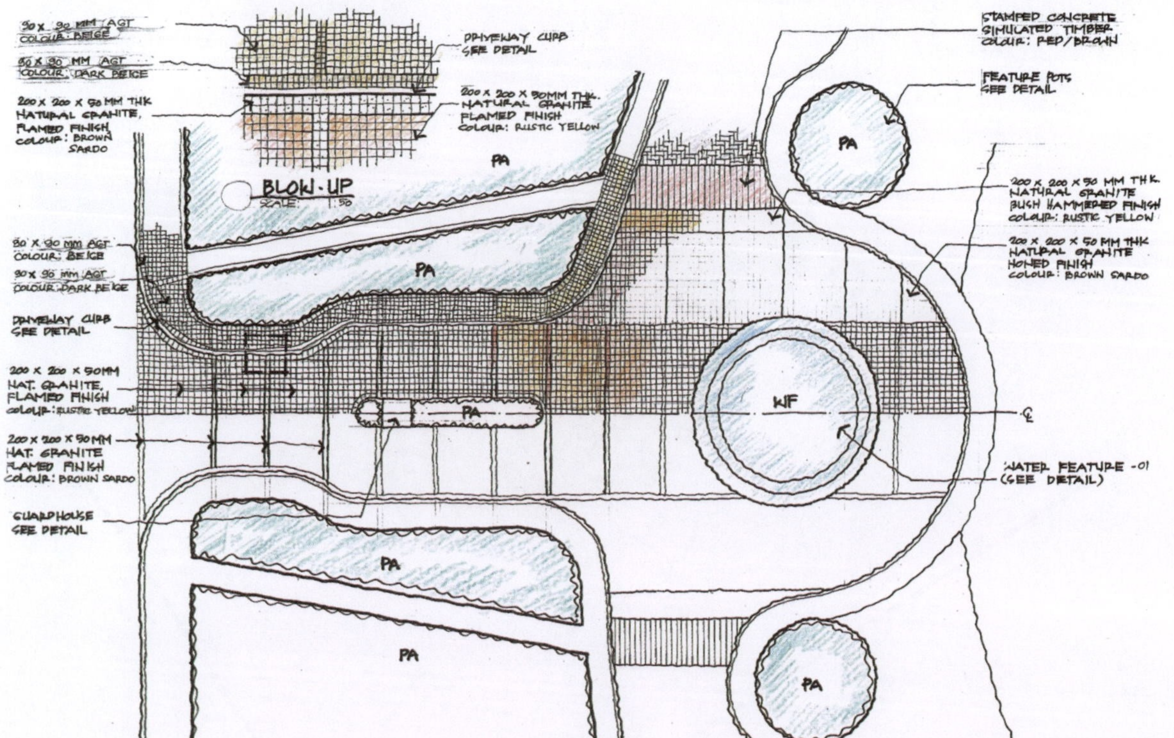

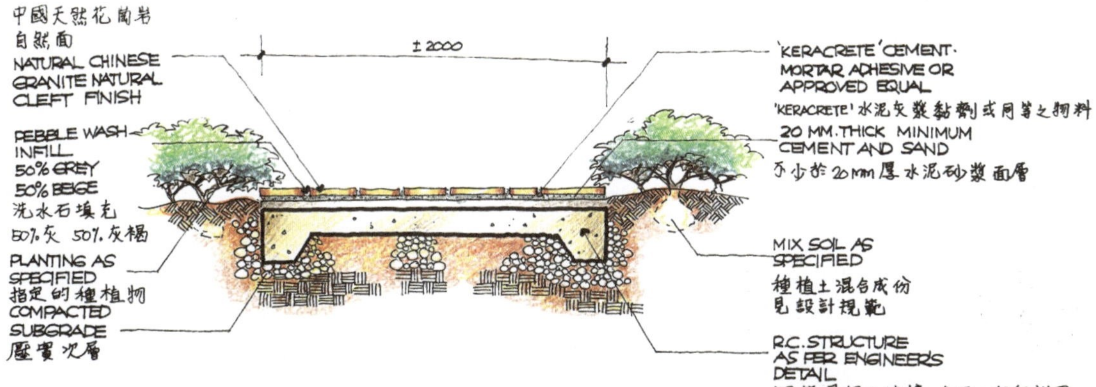
中國天然花崗岩
自然面
NATURAL CHINESE GRANITE NATURAL CLEFT FINISH
±2000
'KERACRETE' CEMENT· MORTAR ADHESIVE OR APPROVED EQUAL
'KERACRETE' 水泥灰漿黏劑或同等之物料
PEBBLE WASH INFILL 50% GREY 50% BEIGE
洗水石填充
50%灰 50%灰褐
20 MM. THICK MINIMUM CEMENT AND SAND
不少於20mm厚水泥砂漿面層
PLANTING AS SPECIFIED
指定的種植物
MIX SOIL AS SPECIFIED
種植土混合成份
見設計規範
COMPACTED SUBGRADE
壓實次層
R.C. STRUCTURE AS PER ENGINEER'S DETAIL
鋼筋混凝土結構 參照工程師詳圖

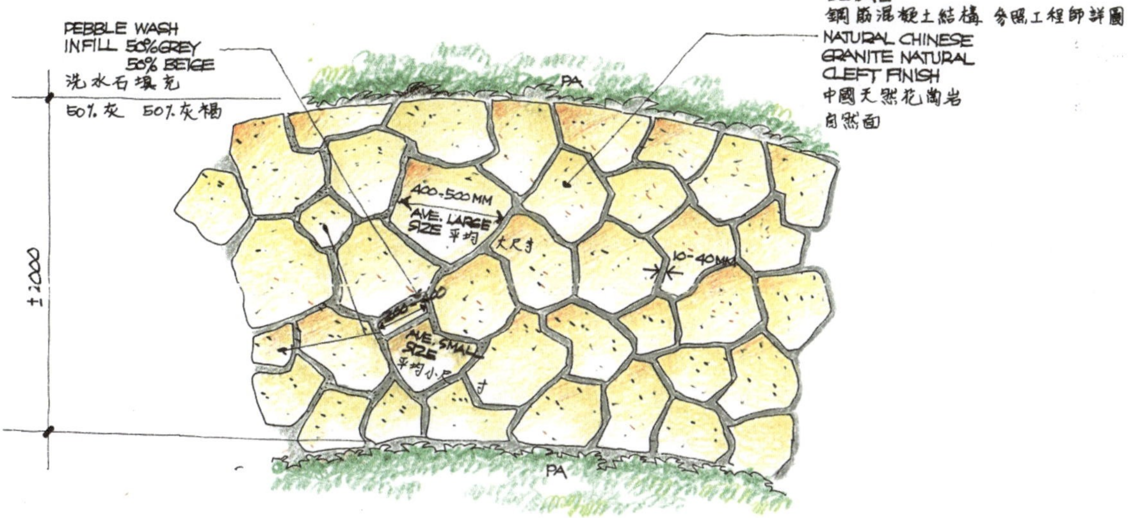
PEBBLE WASH INFILL 50% GREY 50% BEIGE
洗水石填充
50%灰 50%灰褐
NATURAL CHINESE GRANITE NATURAL CLEFT FINISH
中國天然花崗岩
自然面
PA
400-500 MM
AVE. LARGE SIZE 平均大尺寸
10-40 MM
AVE. SMALL SIZE 平均小尺寸
±2000
PA

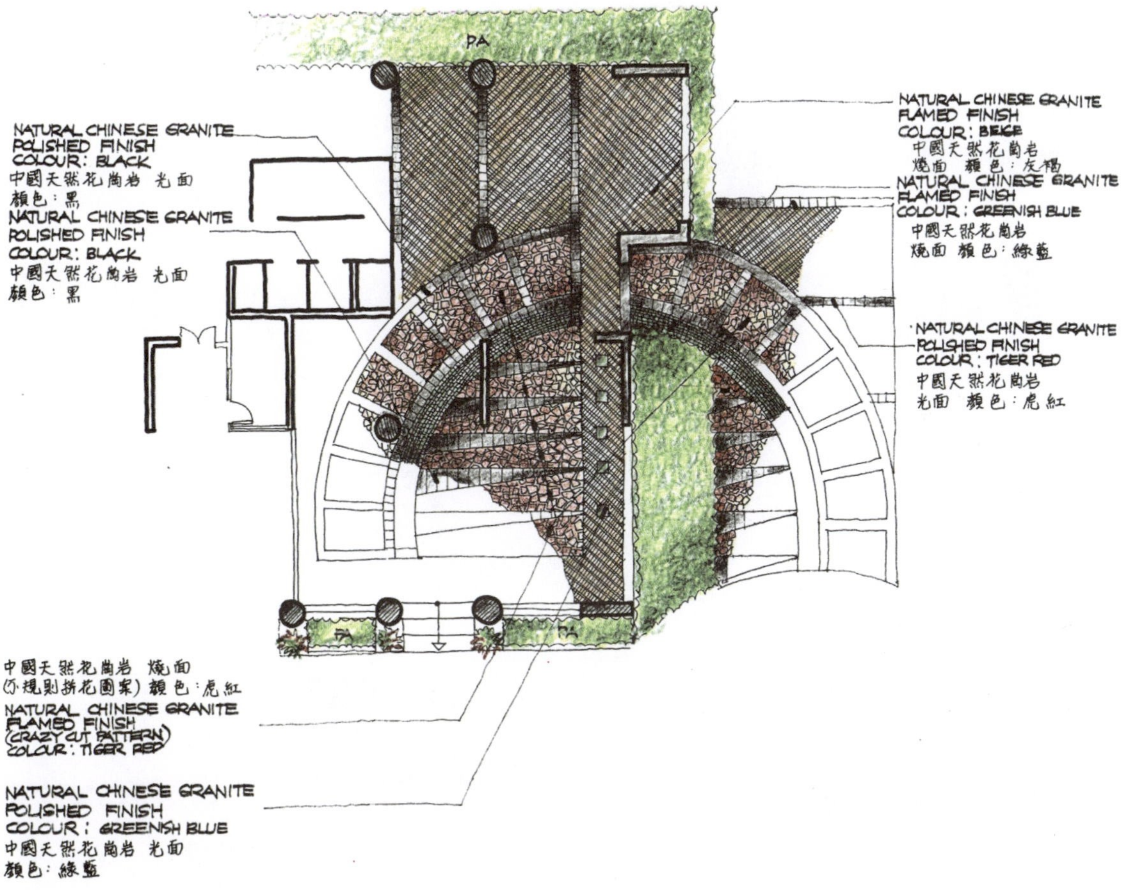
PA
NATURAL CHINESE GRANITE POLISHED FINISH COLOUR: BLACK
中國天然花崗岩 光面
顏色：黑
NATURAL CHINESE GRANITE POLISHED FINISH COLOUR: BLACK
中國天然花崗岩 光面
顏色：黑
NATURAL CHINESE GRANITE FLAMED FINISH COLOUR: BEIGE
中國天然花崗岩
燒面 顏色：灰褐
NATURAL CHINESE GRANITE FLAMED FINISH COLOUR: GREENISH BLUE
中國天然花崗岩
燒面 顏色：綠藍
NATURAL CHINESE GRANITE POLISHED FINISH COLOUR: TIGER RED
中國天然花崗岩
光面 顏色：虎紅
PA
PA
中國天然花崗岩 燒面
(不規則拼花圖案) 顏色：虎紅
NATURAL CHINESE GRANITE FLAMED FINISH (CRAZY CUT PATTERN) COLOUR: TIGER RED
NATURAL CHINESE GRANITE POLISHED FINISH COLOUR: GREENISH BLUE
中國天然花崗岩 光面
顏色：綠藍

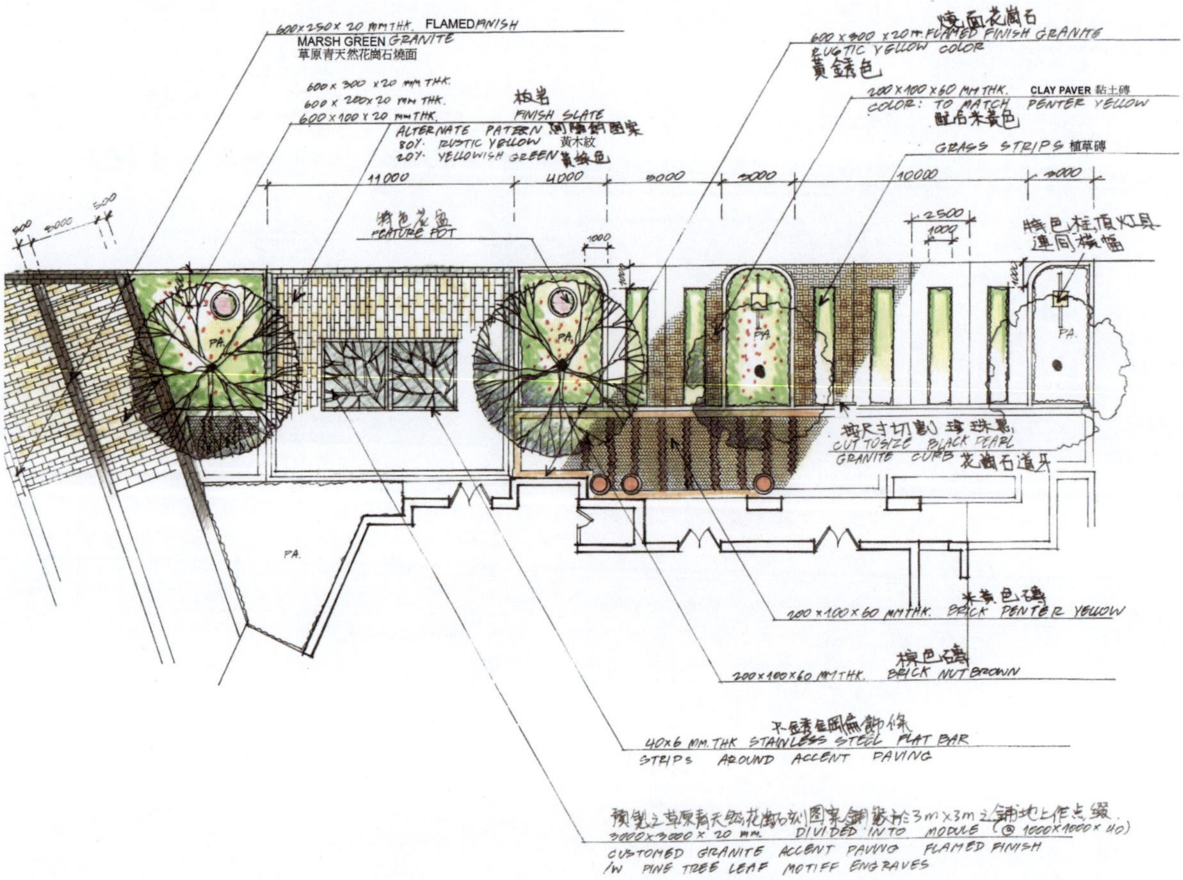

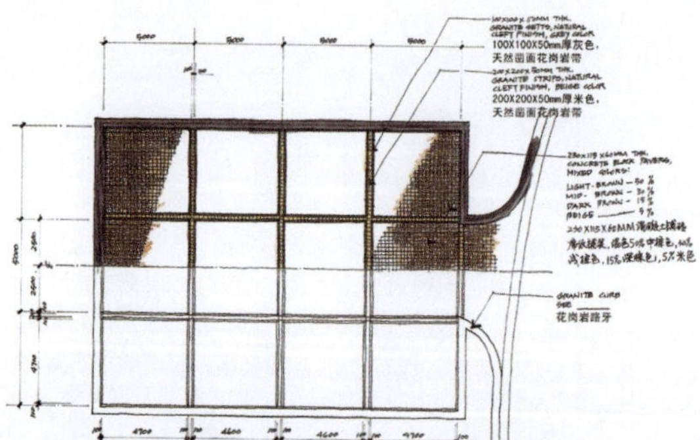

PAVING PATTERN
铺装图案

TYPICAL PARKING BAY PAVING DETAIL
标准停车场位铺装大样

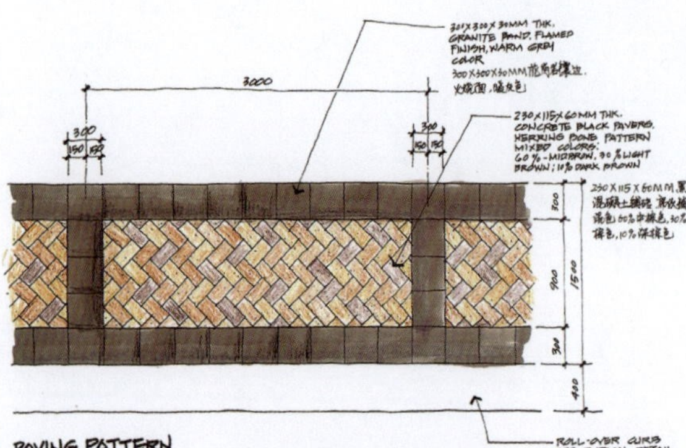

PAVING PATTERN
SCALE 1:20 铺装图案

TYPICAL FOOTPATH PAVING DETAIL
步行道铺装大样

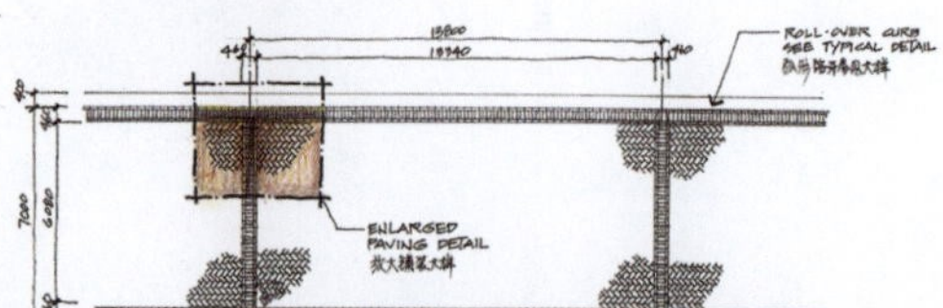

PAVING PATTERN 铺装图案
SCALE 1:100

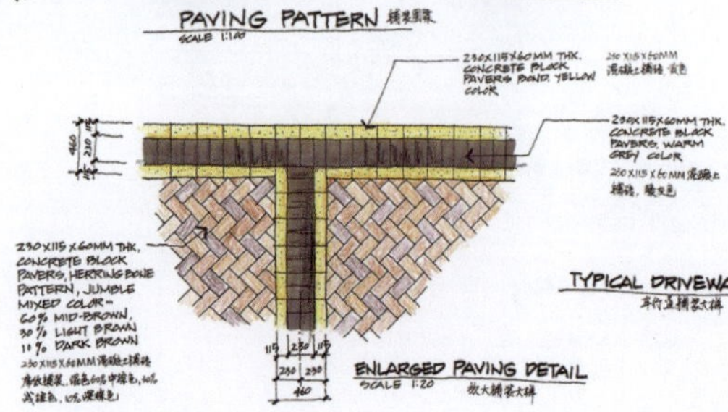

TYPICAL DRIVEWAY PAVING DET.
车行道铺装大样

ENLARGED PAVING DETAIL
SCALE 1:20 放大铺装大样

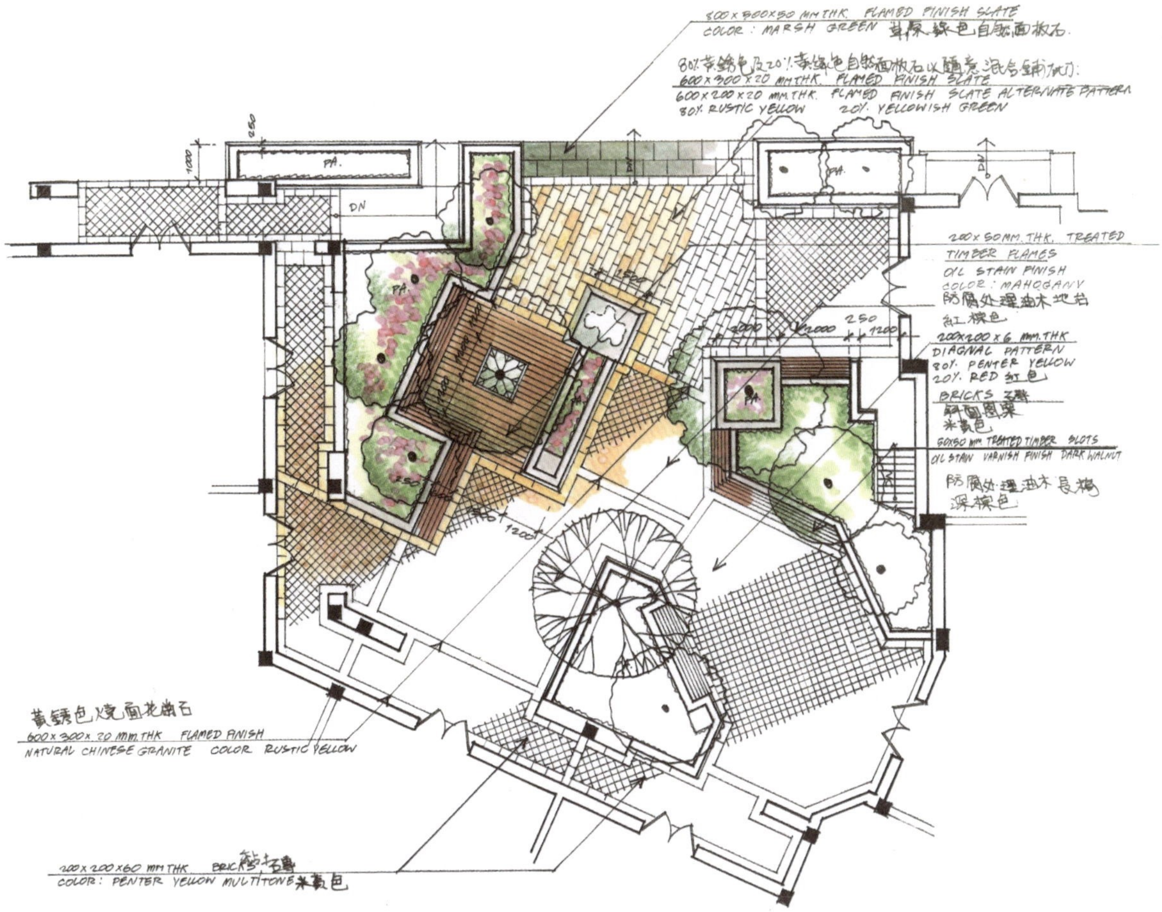
300×300×30 MM THK. FLAMED FINISH SLATE
COLOR: MARSH GREEN 草绿色自然面板石
600×300×20 MM THK. FLAMED FINISH SLATE
600×200×20 MM THK. FLAMED FINISH SLATE ALTERNATE PATTERN
80% RUSTIC YELLOW 20% YELLOWISH GREEN
200×50 MM. THK. TREATED TIMBER FLAMES
OIL STAIN FINISH
COLOR: MAHOGANY
200×200×6 MM. THK
DIAGNAL PATTERN
80% PENTER YELLOW
20% RED 红色
BRICKS
黄锈色烧面花岗石
600×300×20 MM THK. FLAMED FINISH
NATURAL CHINESE GRANITE COLOR RUSTIC YELLOW
200×200×60 MM THK. BRICKS
COLOR: PENTER YELLOW MULTITONE 米黄色

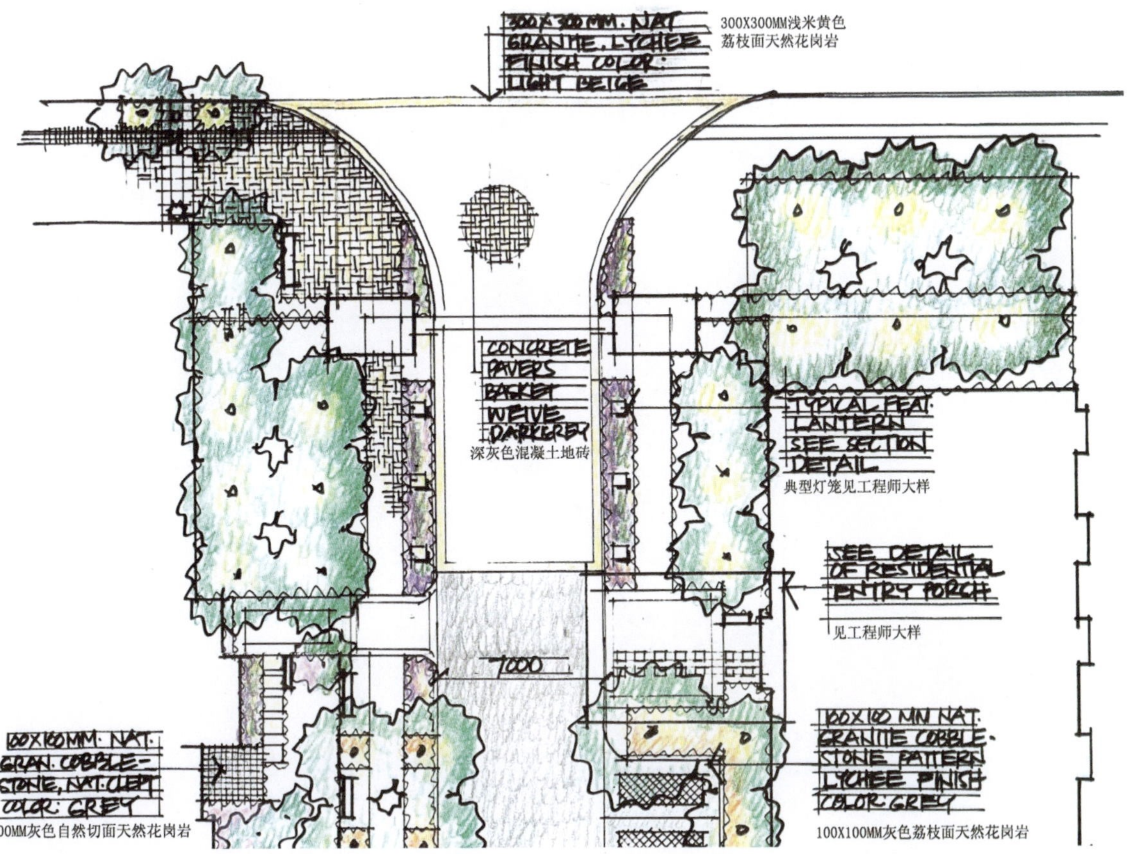
300X300 MM. NAT. GRANITE. LYCHEE FINISH COLOR: LIGHT BEIGE
300X300MM浅米黄色
荔枝面天然花岗岩
CONCRETE PAVERS BASKET WEAVE DARKGREY
深灰色混凝土地砖
TYPICAL FEAT. LANTERN SEE SECTION DETAIL
典型灯笼见工程师大样
SEE DETAIL OF RESIDENTIAL ENTRY PORCH
见工程师大样
7000
100X100 MM. NAT. GRAN. COBBLE-STONE, NAT. CLEFT COLOR: GREY
100X100MM灰色自然切面天然花岗岩
100X100 MM NAT. GRANITE COBBLE-STONE PATTERN LYCHEE FINISH COLOR: GREY
100X100MM灰色荔枝面天然花岗岩

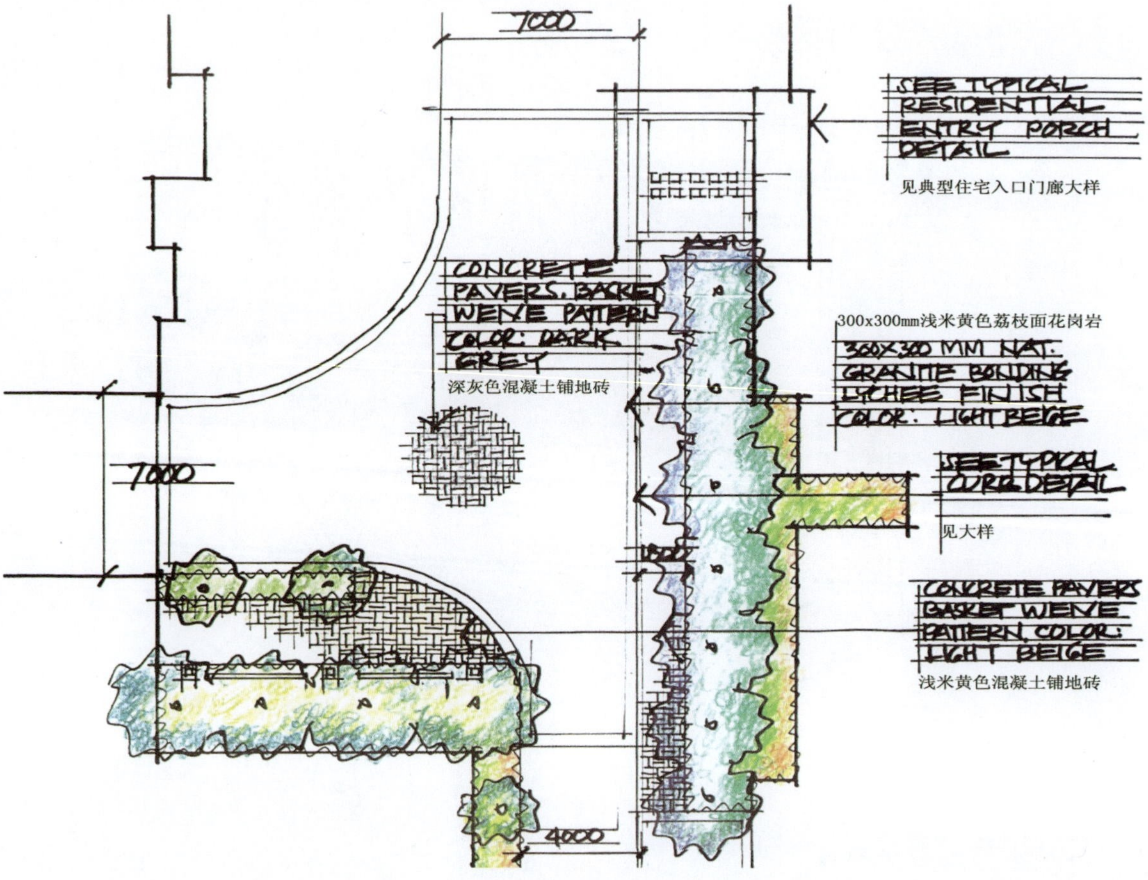
7000
SEE TYPICAL RESIDENTIAL ENTRY PORCH DETAIL
见典型住宅入口门廊大样
CONCRETE PAVERS, BASKET WEVE PATTERN COLOR: DARK GREY
深灰色混凝土铺地砖
300x300mm浅米黄色荔枝面花岗岩
300X300 MM NAT. GRANITE BONDING LYCHEE FINISH COLOR: LIGHT BEIGE
SEE TYPICAL CURB DETAIL
见大样
7000
1500
CONCRETE PAVERS BASKET WEVE PATTERN, COLOR: LIGHT BEIGE
浅米黄色混凝土铺地砖
4000

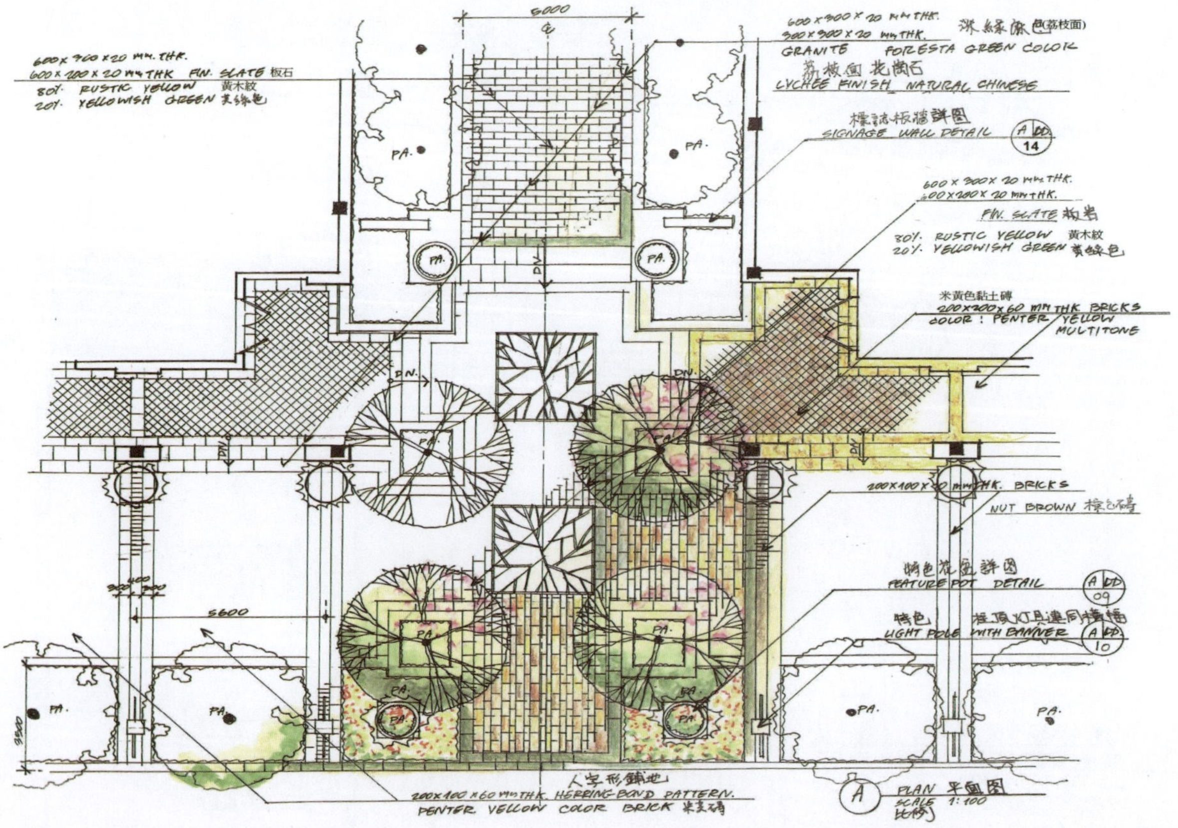
600 X 300 X 20 MM THK.
600 X 300 X 20 MM THK. FIN. SLATE 板石
80% RUSTIC YELLOW 黄木纹
20% YELLOWISH GREEN 黄绿色
600 X 300 X 20 MM THK.
300 X 300 X 20 MM THK.
GRANITE FORESTA GREEN COLOR
LYCHEE FINISH NATURAL CHINESE
SIGNAGE WALL DETAIL
600 X 300 X 20 MM THK.
FIN. SLATE 板岩
80% RUSTIC YELLOW 黄木纹
20% YELLOWISH GREEN 黄绿色
米黄色黏土砖
200 X 100 X 60 MM THK BRICKS
COLOR: PENTER YELLOW MULTITONE
200 X 100 X 60 MM THK. BRICKS
NUT BROWN 棕色砖
FEATURE POT DETAIL
LIGHT POLE WITH BANNER
5600
人字形铺地
200 X 100 X 60 MM THK. HERRING-BOND PATTERN.
PENTER YELLOW COLOR BRICK 米黄砖
PLAN 平面图
SCALE 比例 1:100

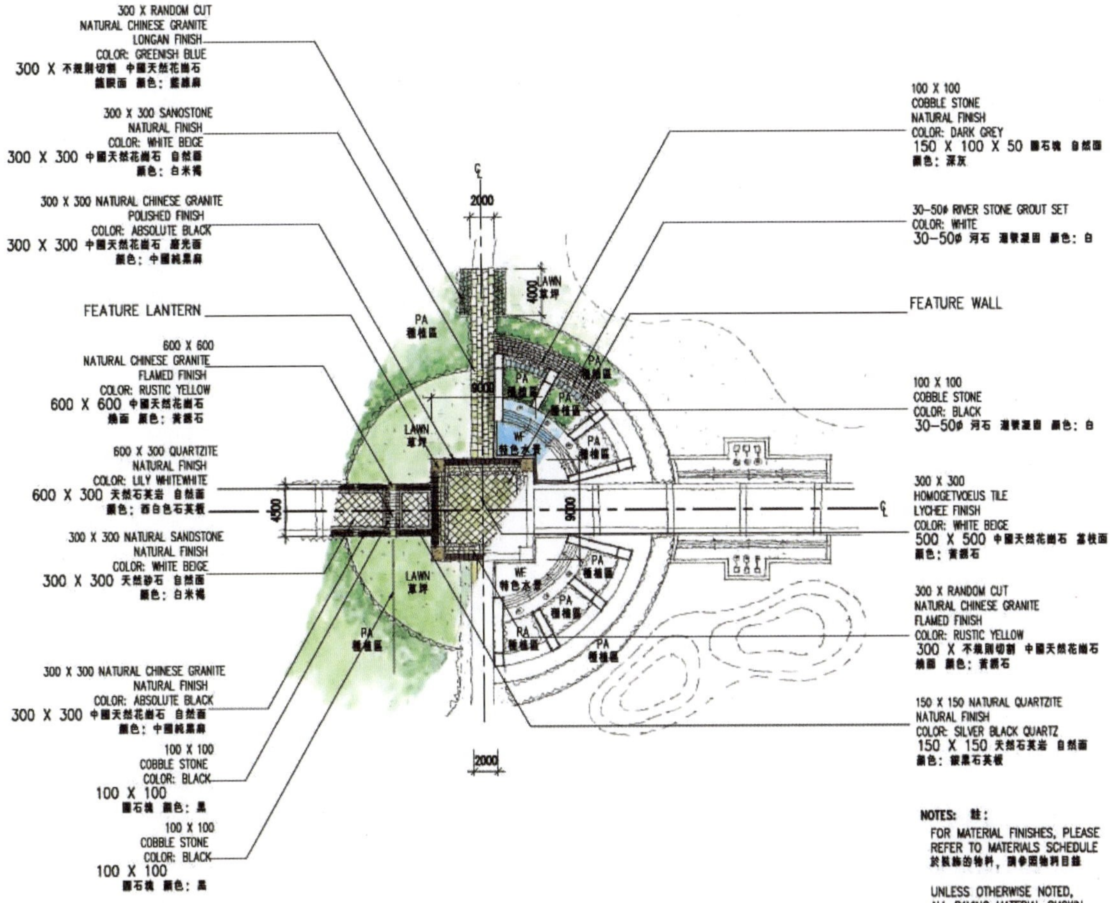

NOTES: 注：

FOR MATERIAL FINISHES, PLEASE REFER TO MATERIALS SCHEDULE

UNLESS OTHERWISE NOTED, ALL PAVING MATERIAL SHOWN SHALL BE 30 MM THK.
全部所铺地物料需 30 MM 厚，除非註解不如此。

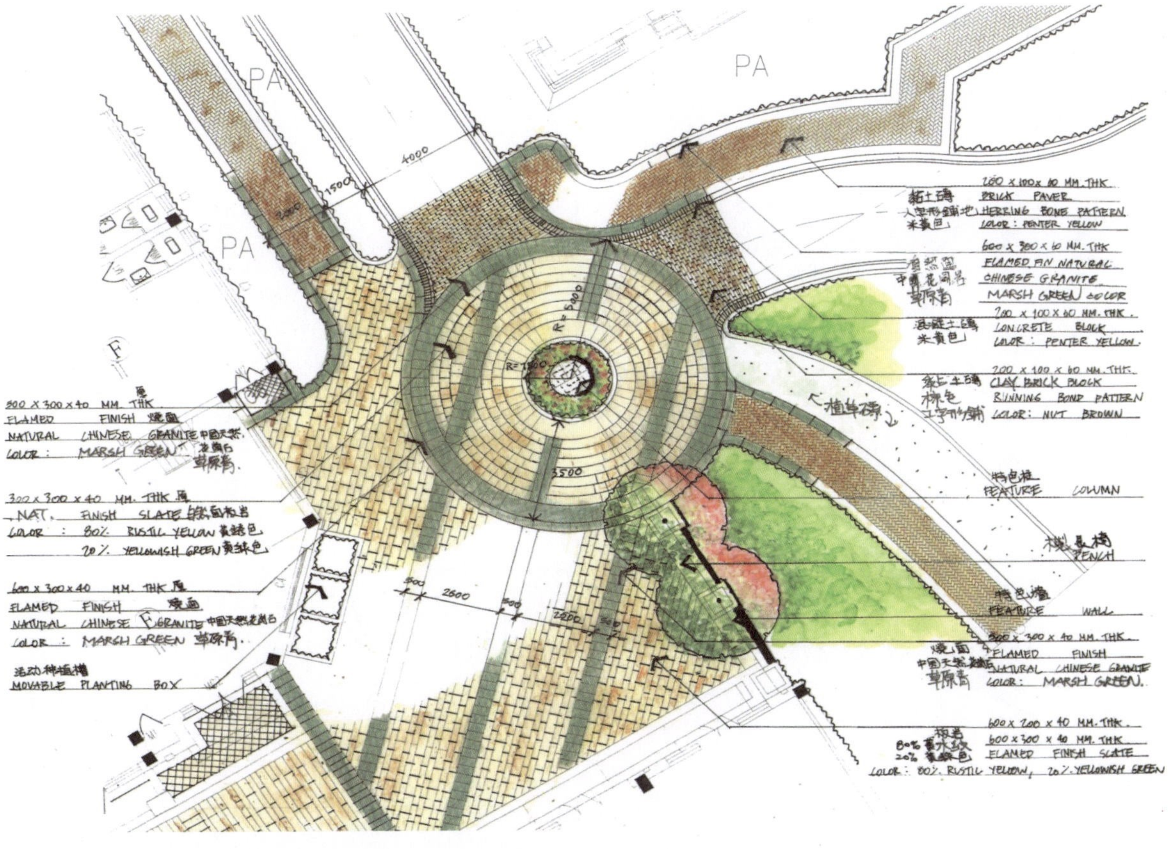

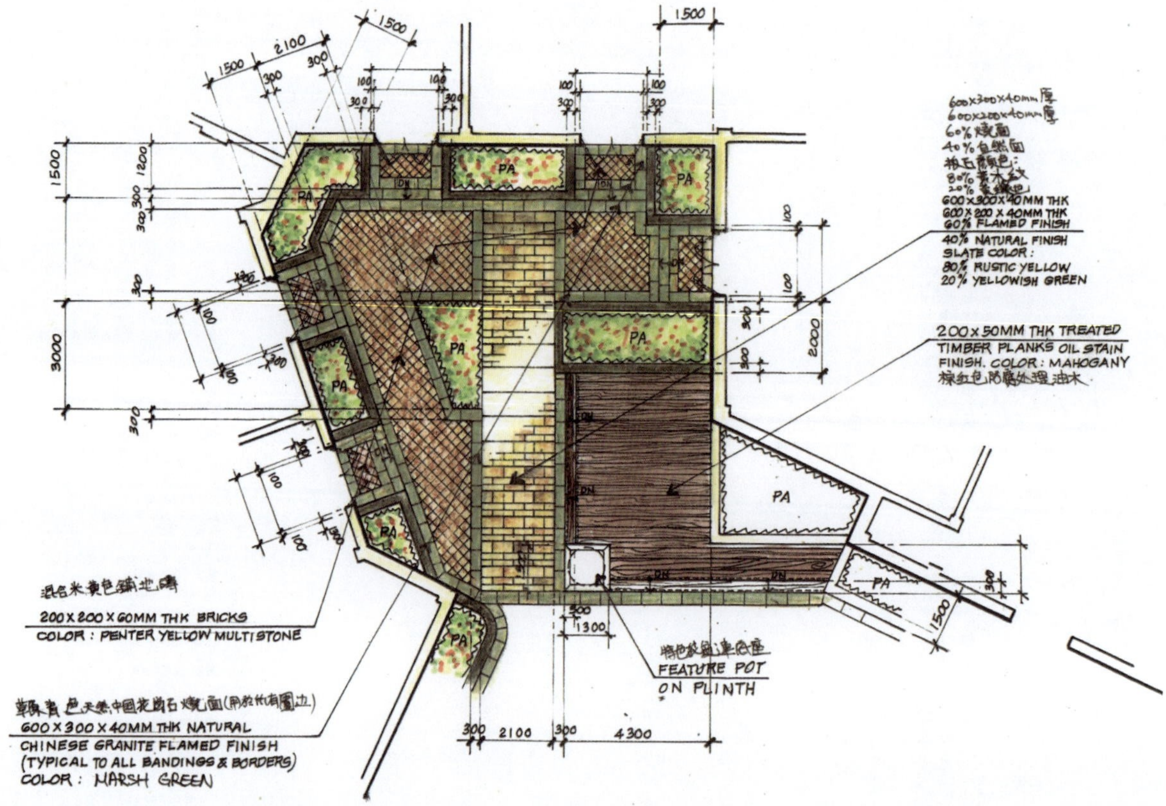
600X300X40MM THK
600X200X40MM THK
60% FLAMED FINISH
40% NATURAL FINISH
SLATE COLOR:
80% RUSTIC YELLOW
20% YELLOWISH GREEN
200X50MM THK TREATED
TIMBER PLANKS OIL STAIN
FINISH. COLOR: MAHOGANY
200X200X60MM THK BRICKS
COLOR: PENTER YELLOW MULTI STONE
600X300X40MM THK NATURAL
CHINESE GRANITE FLAMED FINISH
(TYPICAL TO ALL BANDINGS & BORDERS)
COLOR: MARSH GREEN
FEATURE POT
ON PLINTH
PA
DN
300
2100
300
4300
1300
1500

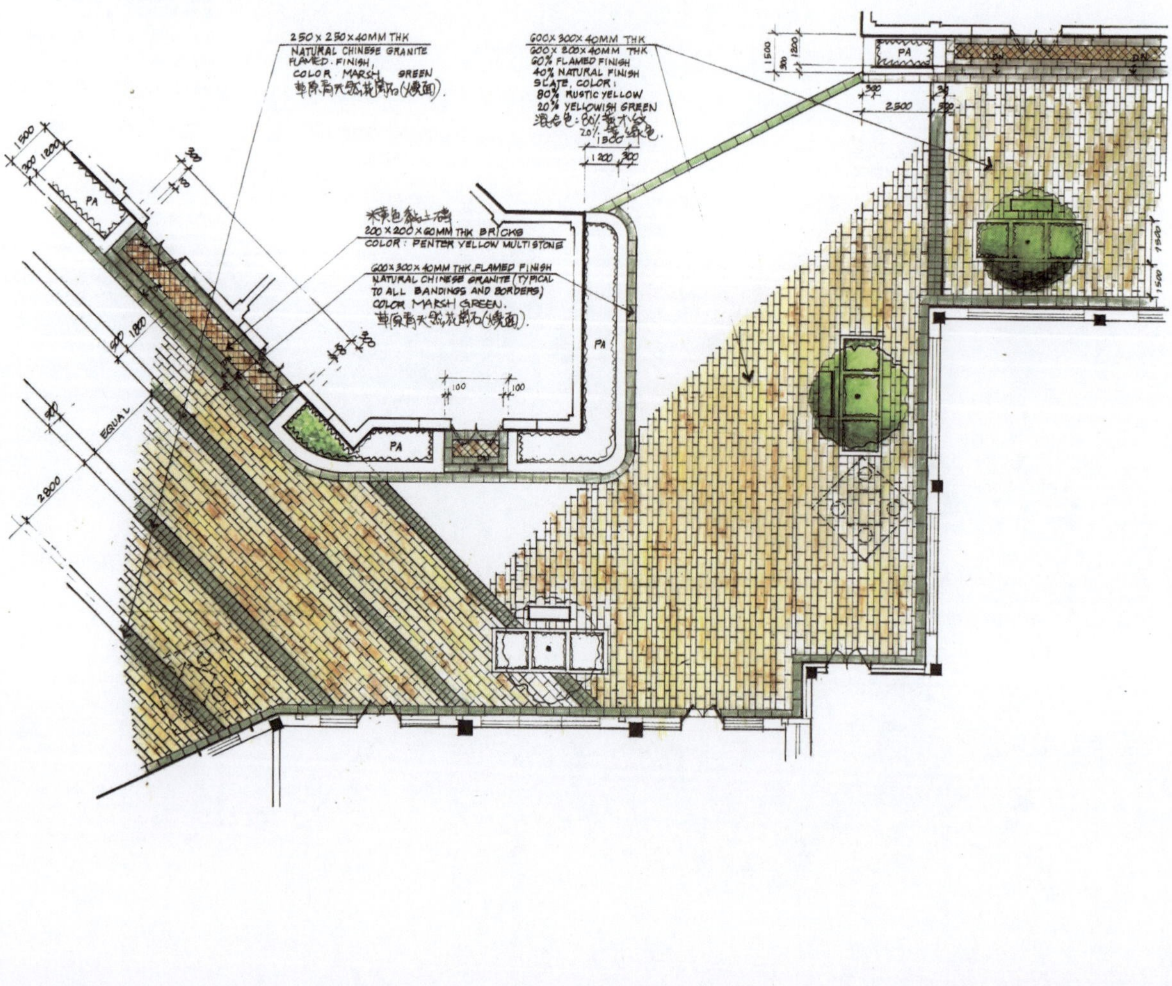
250X250X40MM THK
NATURAL CHINESE GRANITE
FLAMED. FINISH,
COLOR MARSH GREEN
600X300X40MM THK
600X200X40MM THK
60% FLAMED FINISH
40% NATURAL FINISH
SLATE, COLOR:
80% RUSTIC YELLOW
20% YELLOWISH GREEN
200X200X60MM THK BRICKS
COLOR: PENTER YELLOW MULTISTONE
600X300X40MM THK.FLAMED FINISH
NATURAL CHINESE GRANITE (TYPICAL
TO ALL BANDINGS AND BORDERS)
COLOR MARSH GREEN.
PA
DN
EQUAL
2800
1500
1200
300
2300

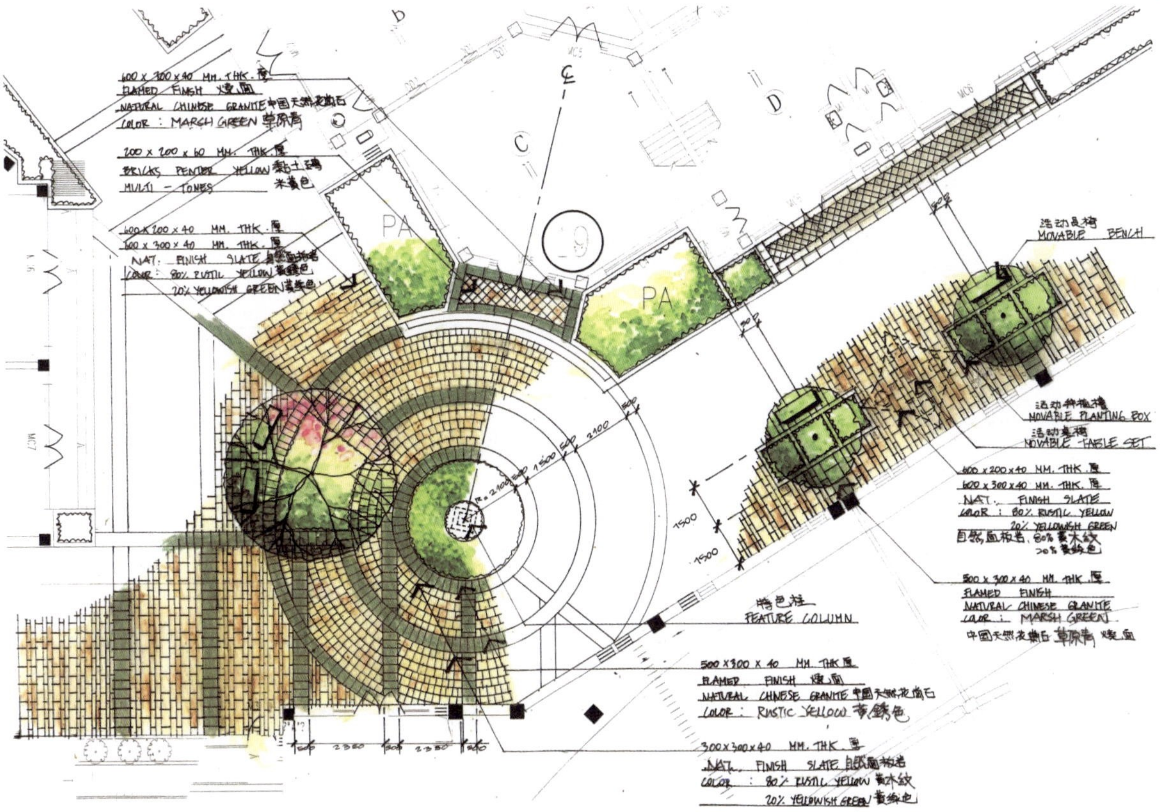

TYPICAL PATTERN

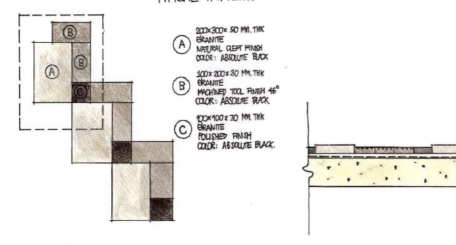

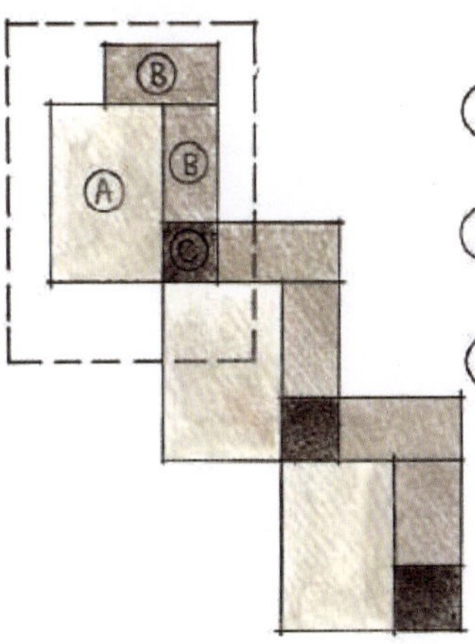

Ⓐ 200 x 300 x 50 MM. THK
GRANITE
NATURAL CLEFT FINISH
COLOR: ABSOLUTE BLACK

Ⓑ 100 x 200 x 30 MM. THK
GRANITE
MACHINED TOOL FINISH 45°
COLOR: ABSOLUTE BLACK

Ⓒ 100 x 100 x 30 MM. THK
GRANITE
POLISHED FINISH
COLOR: ABSOLUTE BLACK.

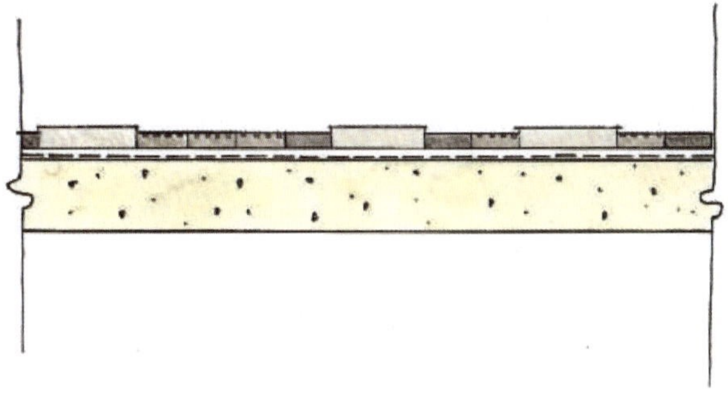

铺装

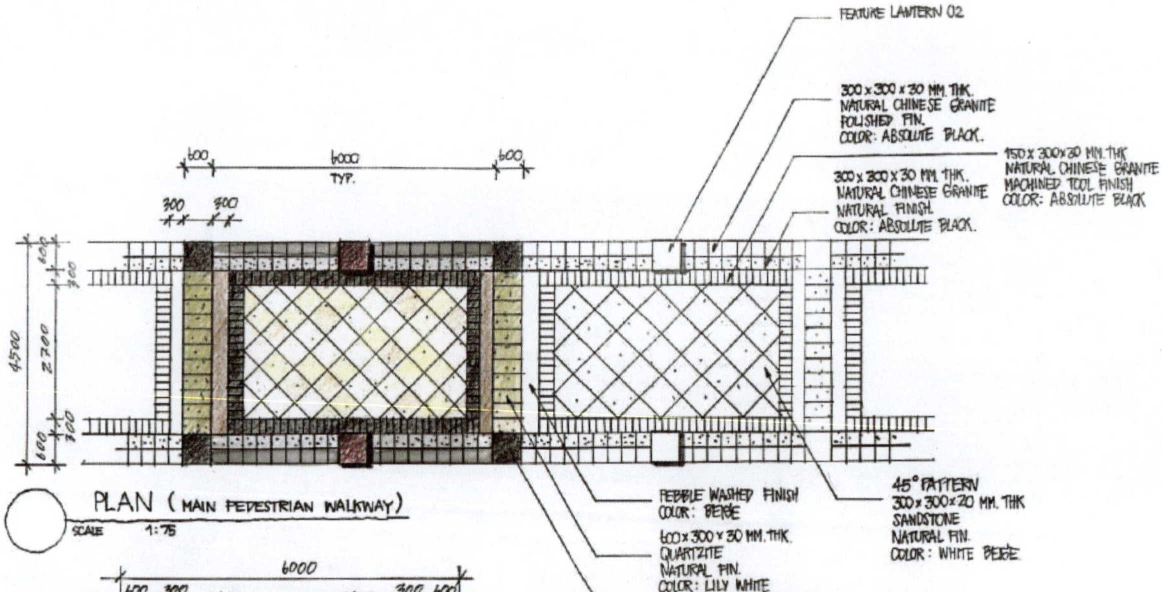
FEATURE LANTERN 02
300 x 300 x 30 MM. THK.
NATURAL CHINESE GRANITE
POLISHED FIN.
COLOR: ABSOLUTE BLACK.
150 x 300 x 30 MM. THK
NATURAL CHINESE GRANITE
MACHINED TOOL FINISH
COLOR: ABSOLUTE BLACK
300 x 300 x 30 MM. THK.
NATURAL CHINESE GRANITE
NATURAL FINISH.
COLOR: ABSOLUTE BLACK.
600
6000
TYP.
600
300
300
4500
600
300
2700
300
600
PEBBLE WASHED FINISH
COLOR: BEIGE
600 x 300 x 30 MM. THK.
QUARTZITE
NATURAL FIN.
COLOR: LILY WHITE
600 x 300 x 30 MM. THK.
NATURAL CHINESE GRANITE
MACHINED TOOL FIN.
COLOR: ABSOLUTE BLACK.
45° PATTERN
300 x 300 x 20 MM. THK
SANDSTONE
NATURAL FIN.
COLOR: WHITE BEIGE
PLAN (MAIN PEDESTRIAN WALKWAY)
SCALE 1:75

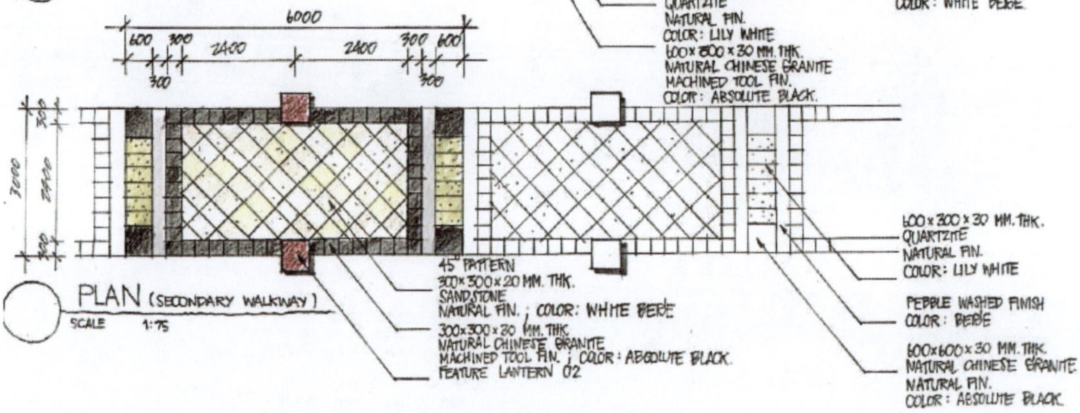
6000
600
300
2400
2400
300
600
300
300
3000
300
2400
300
600 x 300 x 30 MM. THK.
QUARTZITE
NATURAL FIN.
COLOR: LILY WHITE
PEBBLE WASHED FINISH
COLOR: BEIGE
600 x 600 x 30 MM. THK.
NATURAL CHINESE GRANITE
NATURAL FIN.
COLOR: ABSOLUTE BLACK.
45° PATTERN
300 x 300 x 20 MM. THK.
SANDSTONE
NATURAL FIN. ; COLOR: WHITE BEIGE
300 x 300 x 30 MM. THK.
NATURAL CHINESE GRANITE
MACHINED TOOL FIN. ; COLOR: ABSOLUTE BLACK.
FEATURE LANTERN 02
PLAN (SECONDARY WALKWAY)
SCALE 1:75

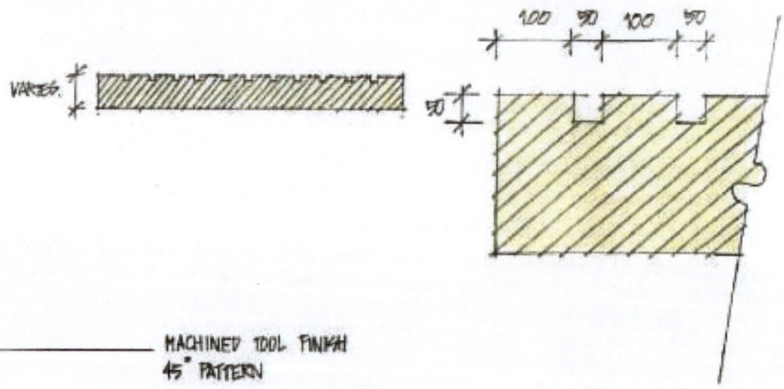
VARIES
100
50
100
50
50

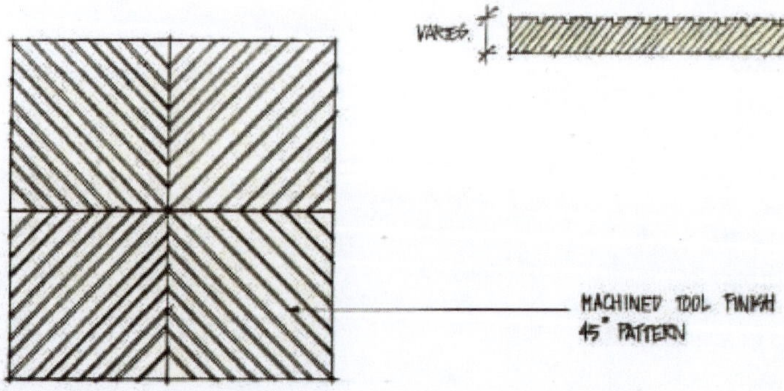
MACHINED TOOL FINISH
45° PATTERN

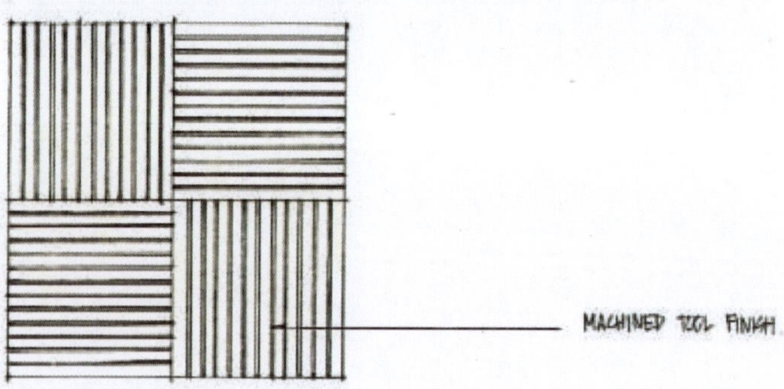
MACHINED TOOL FINISH

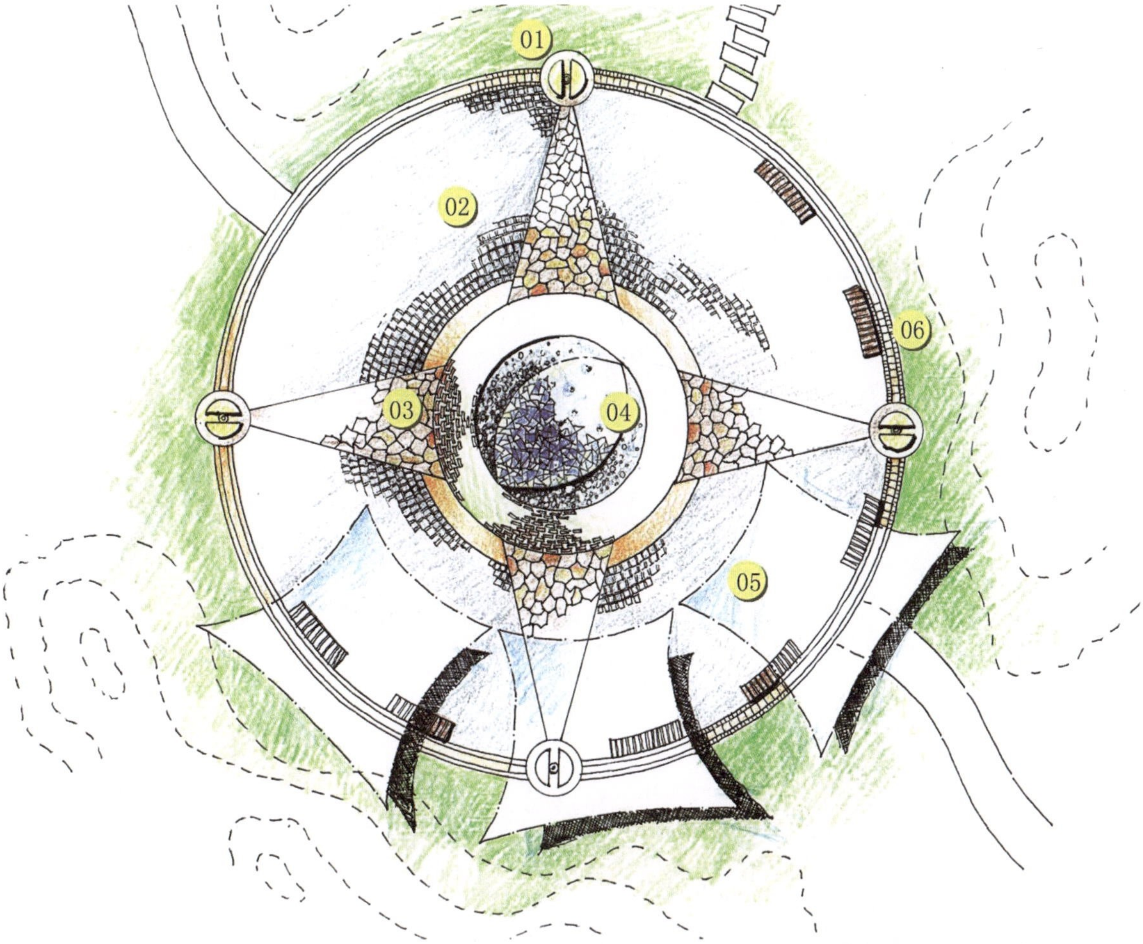

架空層使用物料及盆栽種植
VOID DECK MATERIAL & POTTED PLANT
SCALE 1:60

MATERIAL DIAGRAM
物料分佈圖

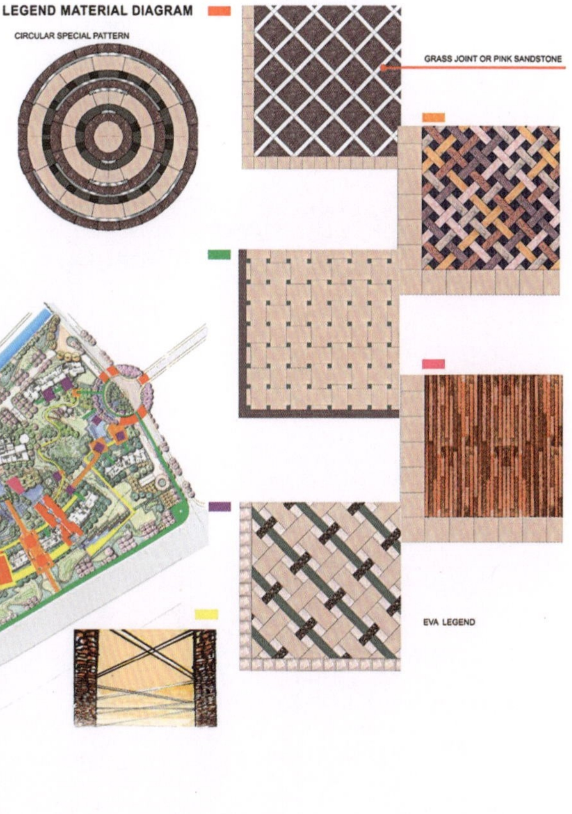

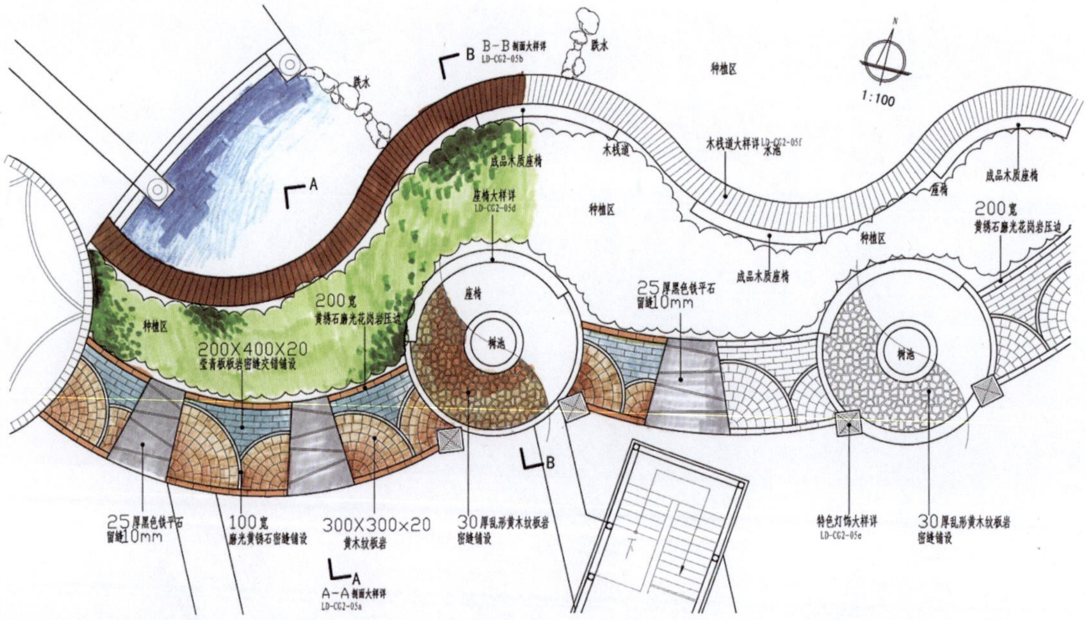
B-B 剖面大样详
跌水
种植区
1:100
木栈道
木栈道大样详
成品木质座椅
座椅大样详
200宽
黄锈石磨光花岗岩压边
座椅
树池
25厚黑色铁平石
留缝10mm
200X400X20
200宽
黄锈石磨光花岗岩压边
100宽
磨光黄锈石密缝铺设
300X300×20
黄木纹板岩
30厚乱形黄木纹板岩
密缝铺设
特色灯饰大样详
A-A 剖面大样详

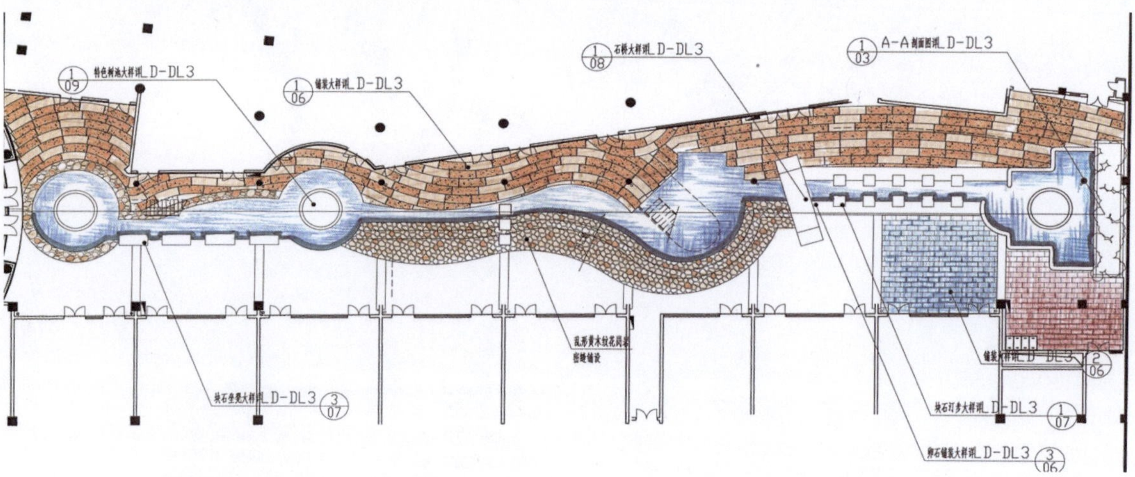
特色树池大样详见_D-DL3
铺装大样详见_D-DL3
石桥大样详见_D-DL3
A-A 剖面图详见_D-DL3
乱形黄木纹花岗岩
密缝铺设
块石坐凳大样详见_D-DL3
块石汀步大样详见_D-DL3
卵石铺装大样详见_D-DL3

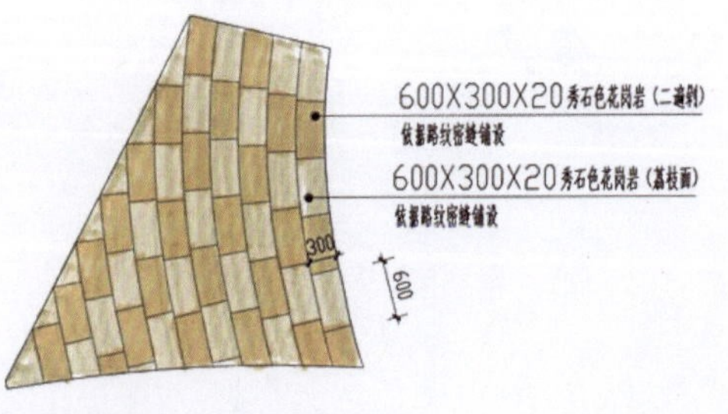
600X300X20 秀石色花岗岩（二遍剁）
依幕陌纹密缝铺设
600X300X20 秀石色花岗岩（荔枝面）
依幕陌纹密缝铺设
300
600

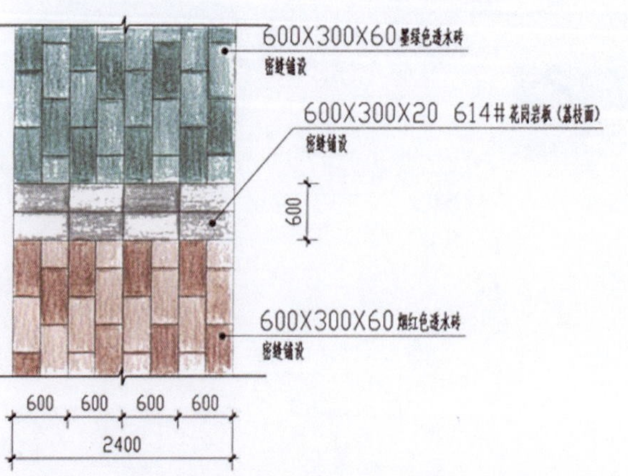
600X300X60 墨绿色透水砖
密缝铺设
600X300X20 614#花岗岩板（荔枝面）
密缝铺设
600
600X300X60 烟红色透水砖
密缝铺设
600 600 600 600
2400

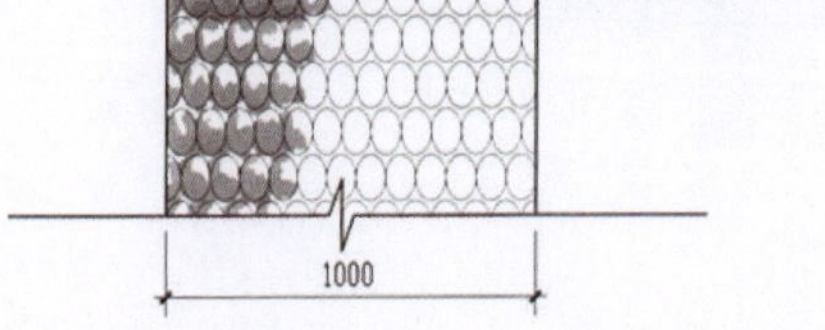
Ø80~120 黑色卵石
竖砌 密度85%
1000

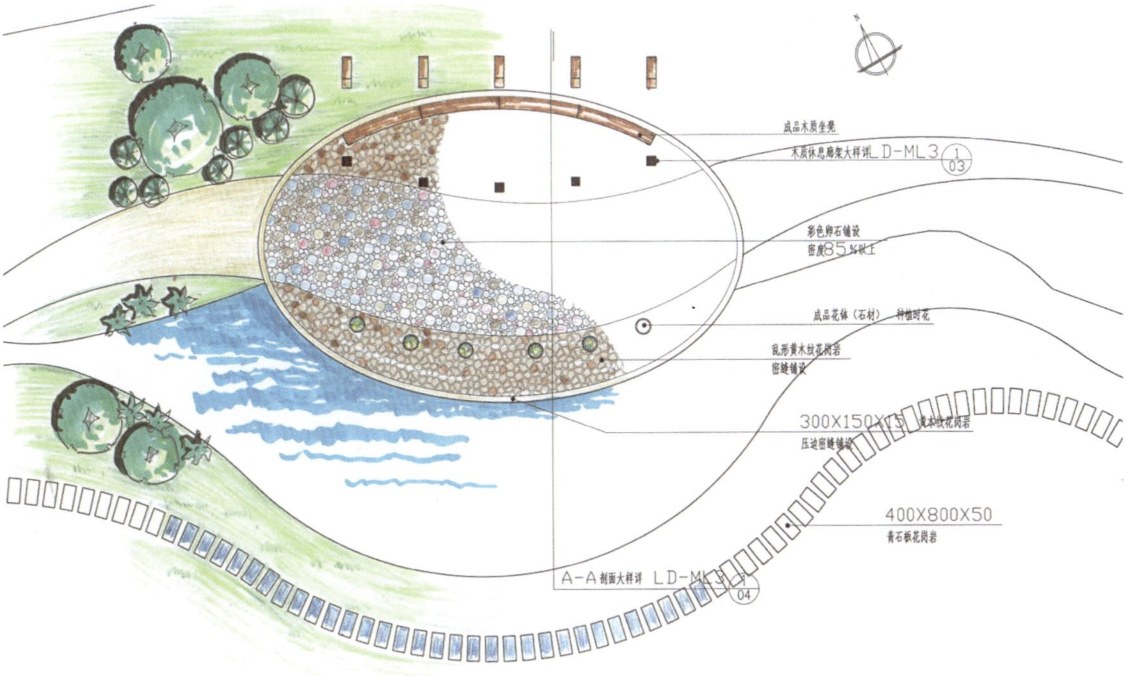
成品木质坐凳
木质休息廊架大样详LD-ML3 1/03
彩色卵石铺设
密度85%以上
成品花钵（石材） 种植时花
乱形黄木纹花岗岩
密缝铺设
300X150X15 黄木纹花岗岩
压边密缝铺设
400X800X50
青石板花岗岩
A-A 剖面大样详 LD-ML3 1/04

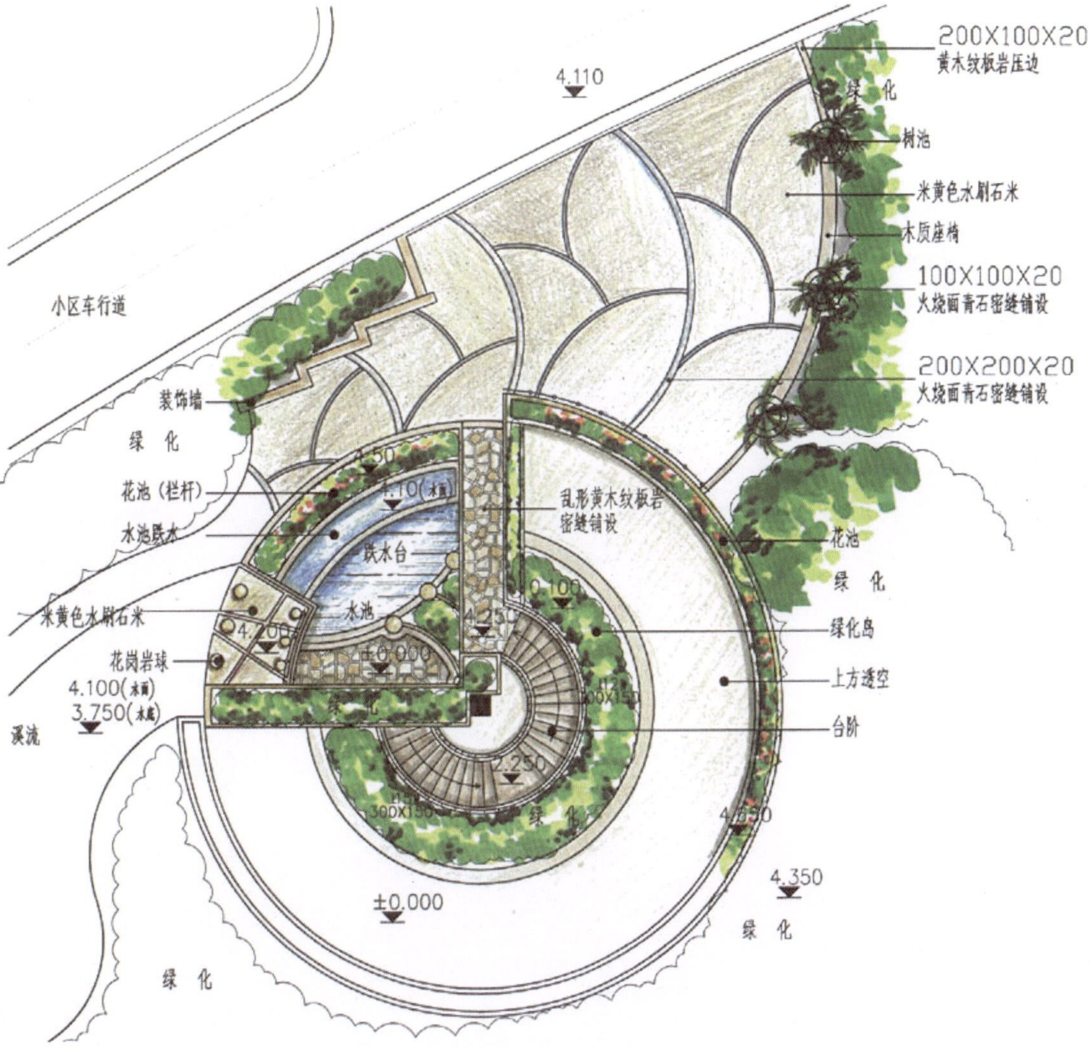
200X100X20
黄木纹板岩压边
4.110
绿化
树池
米黄色水刷石米
木质座椅
100X100X20
火烧面青石密缝铺设
小区车行道
200X200X20
火烧面青石密缝铺设
装饰墙
绿化
4.50
4.10(水面)
花池（栏杆）
乱形黄木纹板岩
密缝铺设
水池跌水
跌水台
花池
绿化
0.100
米黄色水刷石米
4.200
水池
4.250
绿化岛
±0.000
花岗岩球
4.100(水面)
3.750(水底)
上方透空
溪流
台阶
2.250
300X150
4.350
4.350
±0.000
绿化
绿化

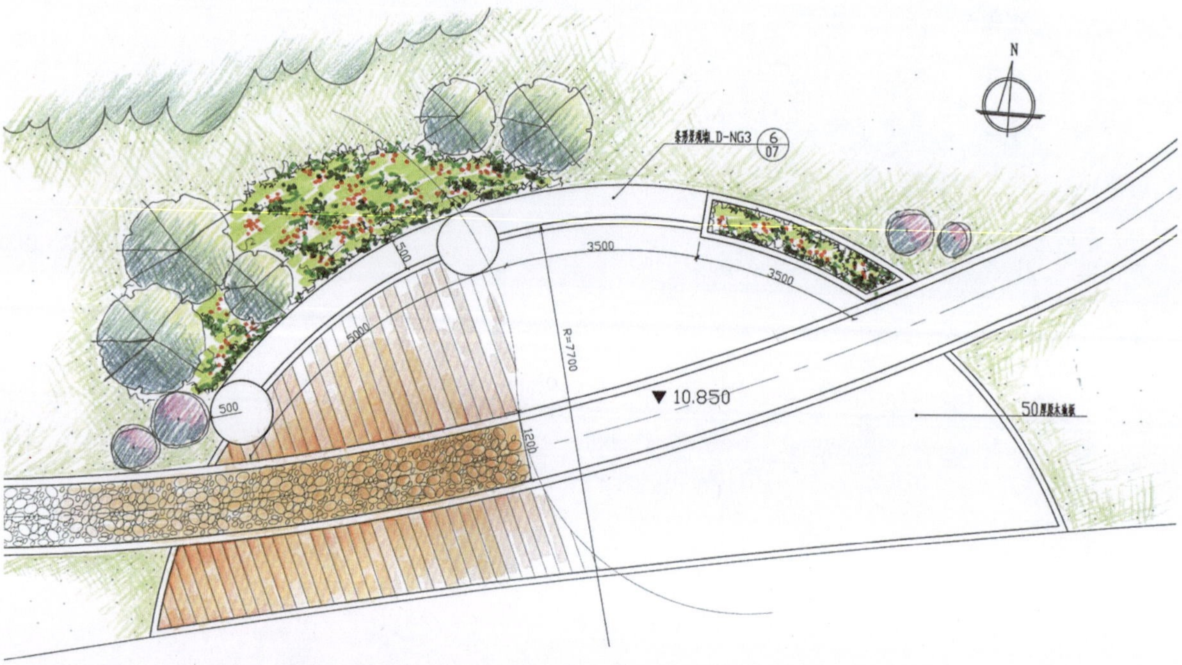
N
条形景观墙 LD-NG3 6/07
3500
3500
500
5000
R=7700
500
1200
▼ 10.850
50厚原木地板

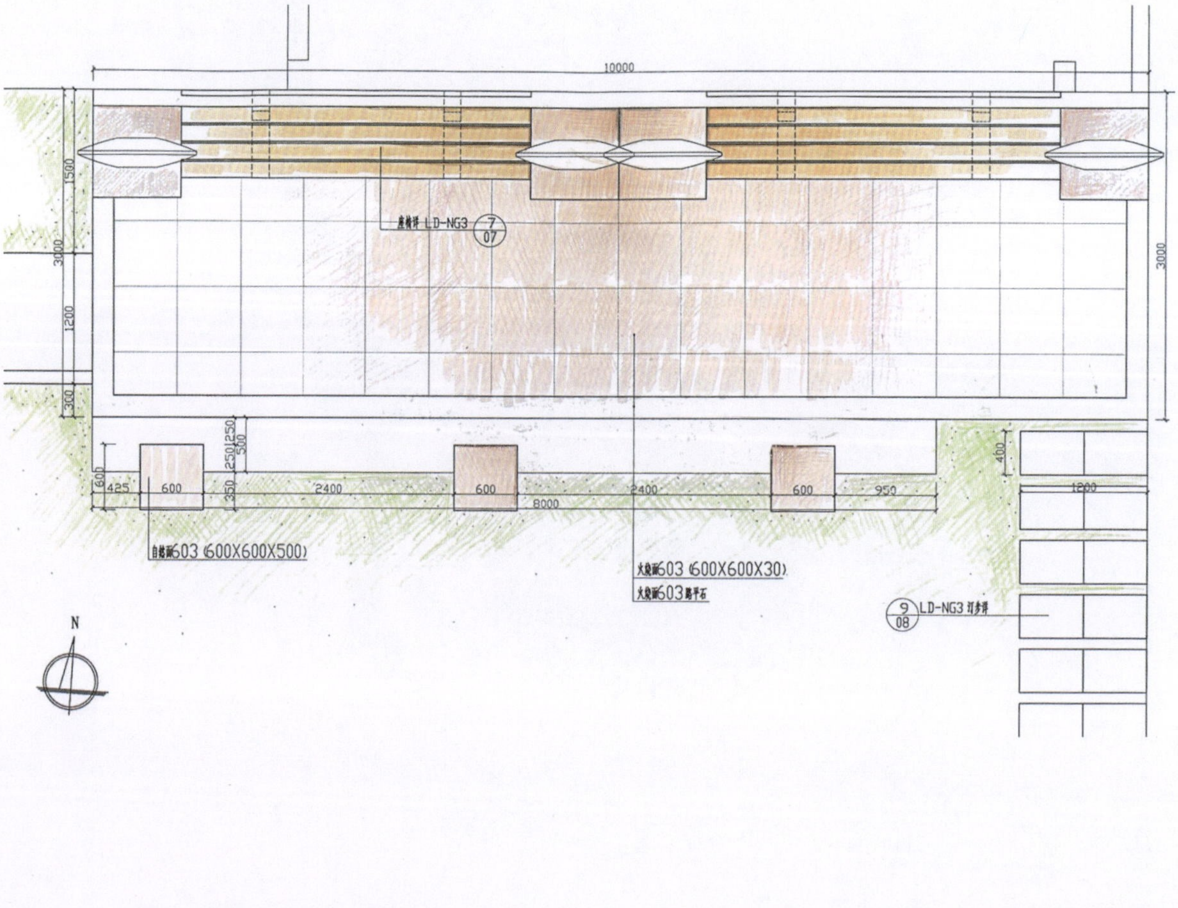
10000
1500
3000
1200
300
3000
座椅详 LD-NG3 7/07
250
250
500
350
600
425
600
2400
600
2400
600
950
8000
400
1200
自然面603 (600X600X500)
火烧面603 (600X600X30)
火烧面603路平石
9/08 LD-NG3 汀步详
N

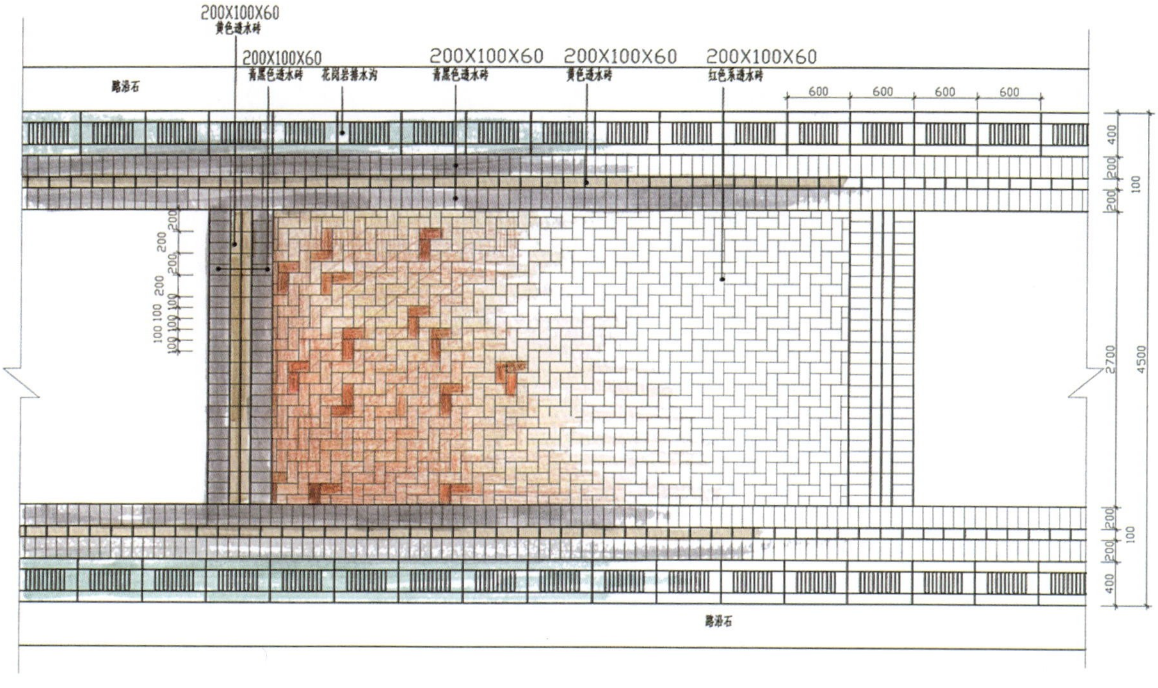
200X100X60
黄色透水砖
200X100X60
青黑色透水砖
花岗岩排水沟
200X100X60
青黑色透水砖
200X100X60
黄色透水砖
200X100X60
红色系透水砖
路沿石
600
600
600
600
400
200
200
100
200
2700
4500
200
200
100
400
200
200
200
100 100 200
100 100 100
路沿石

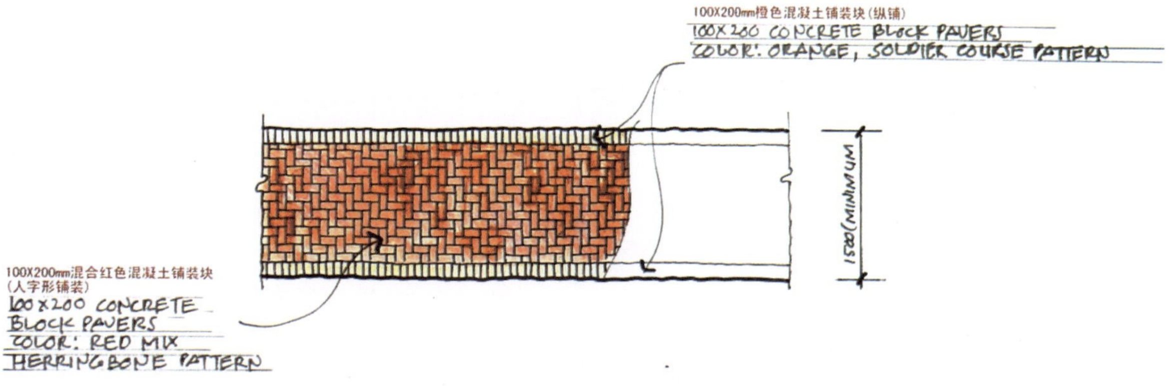
100X200mm橙色混凝土铺装块(纵铺)
100X200 CONCRETE BLOCK PAVERS
COLOR: ORANGE, SOLDIER COURSE PATTERN
1500 (MINIMUM)
100X200mm混合红色混凝土铺装块
(人字形铺装)
100X200 CONCRETE
BLOCK PAVERS
COLOR: RED MIX
HERRINGBONE PATTERN

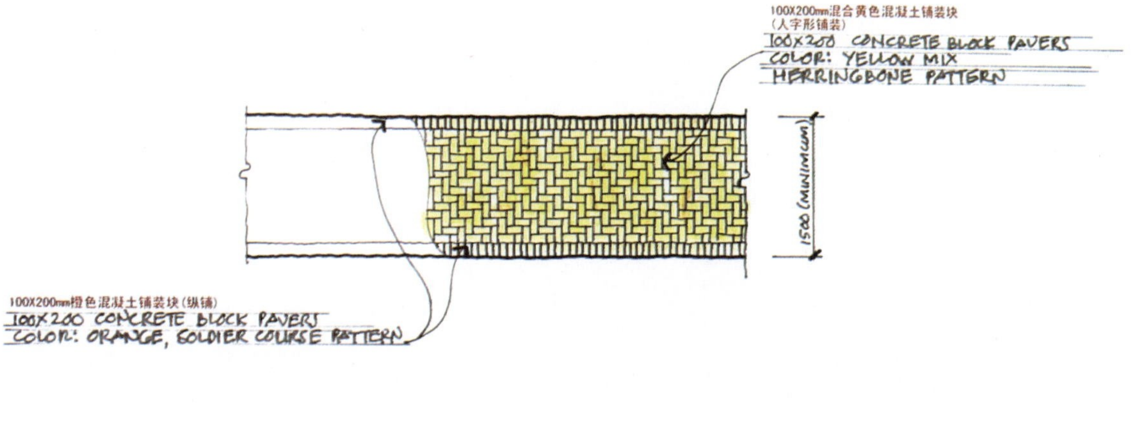
100X200mm混合黄色混凝土铺装块
(人字形铺装)
100X200 CONCRETE BLOCK PAVERS
COLOR: YELLOW MIX
HERRINGBONE PATTERN
1500 (MINIMUM)
100X200mm橙色混凝土铺装块(纵铺)
100X200 CONCRETE BLOCK PAVERS
COLOR: ORANGE, SOLDIER COURSE PATTERN

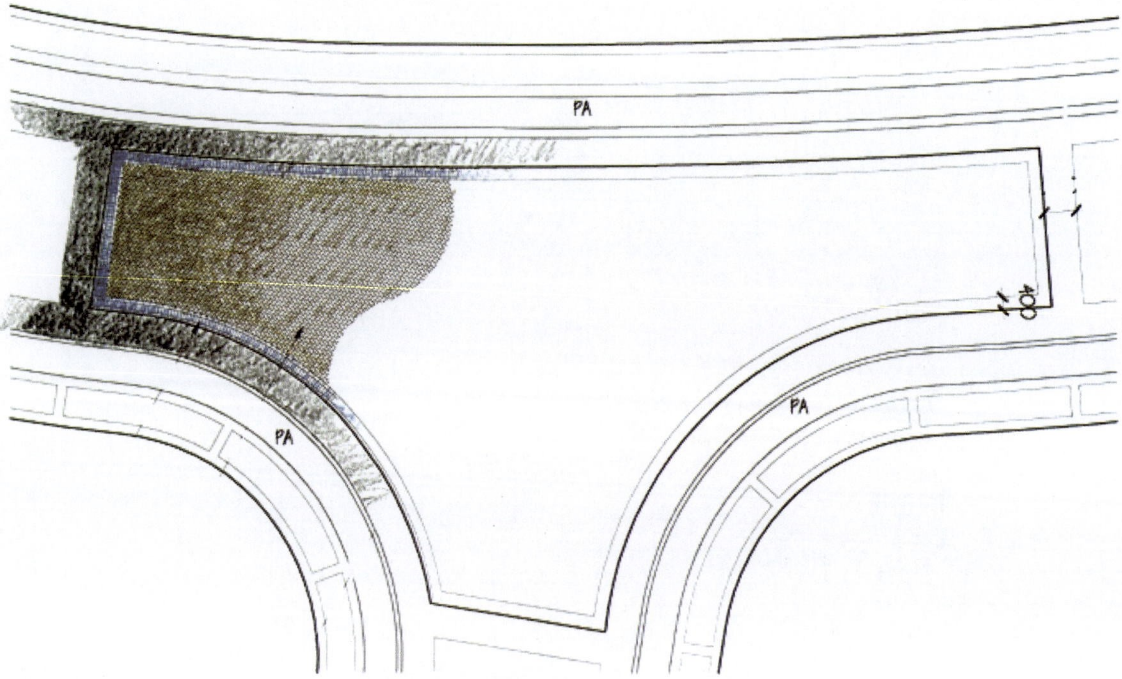
PA
PA
PA
400

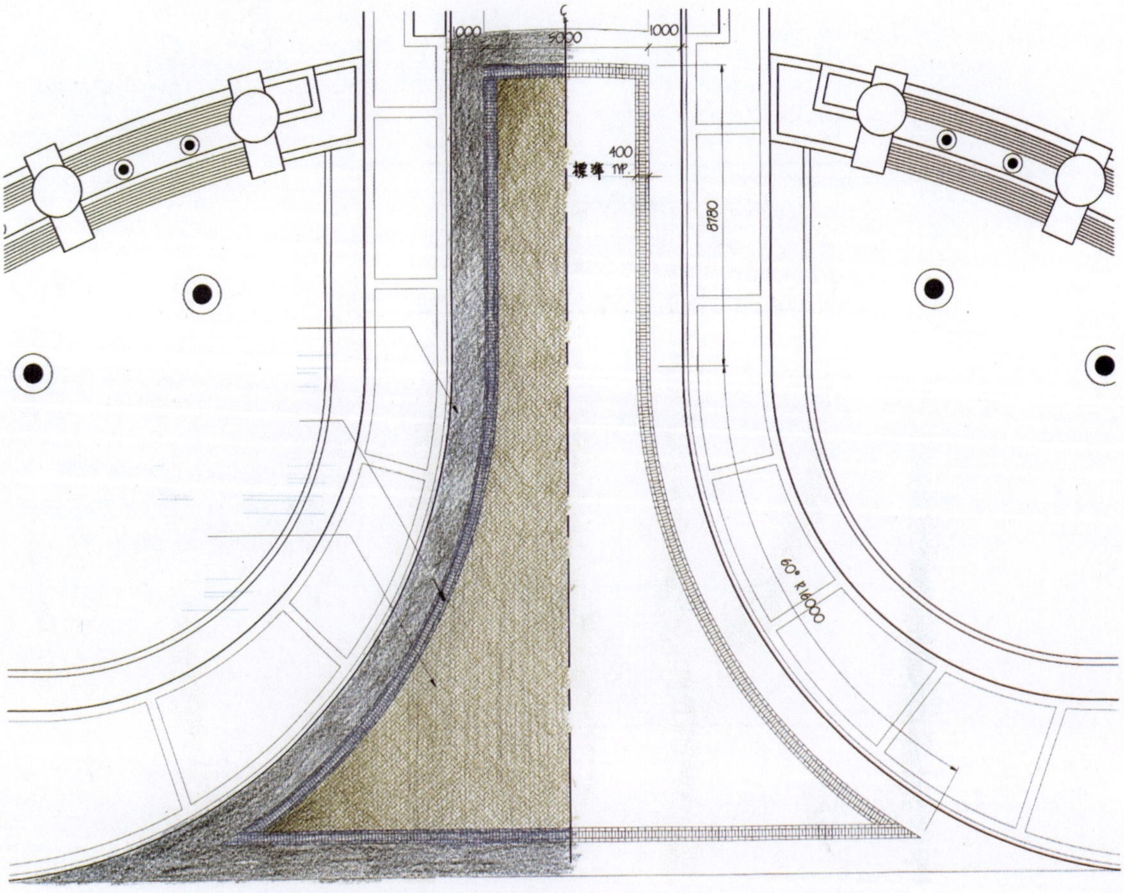
1000
5000
1000
400
標準 TYP.
8180
60° R16000

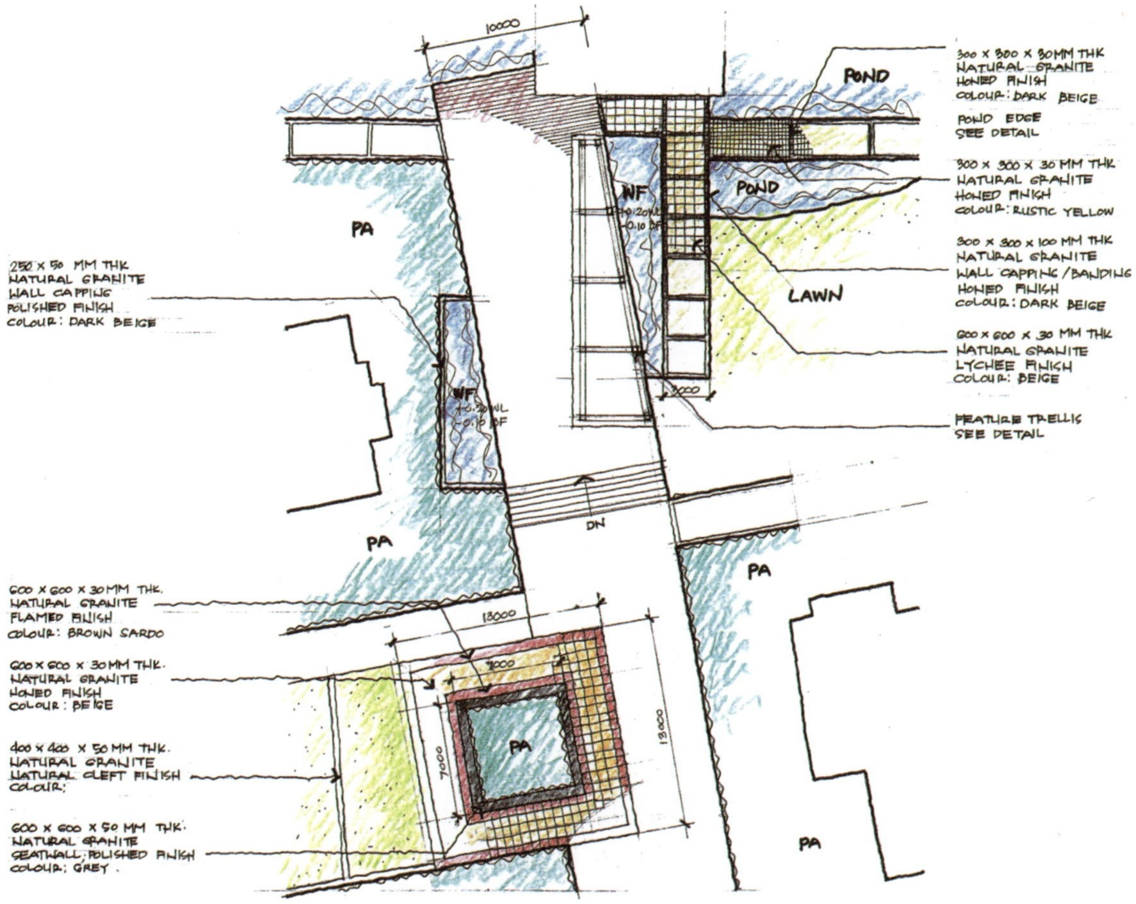
10000
300 x 300 x 30MM THK
NATURAL GRANITE
HONED FINISH
COLOUR: DARK BEIGE
POND
POND EDGE
SEE DETAIL
300 x 300 x 30 MM THK
NATURAL GRANITE
HONED FINISH
COLOUR: RUSTIC YELLOW
POND
WF
300 x 300 x 100 MM THK
NATURAL GRANITE
WALL CAPPING / BANDING
HONED FINISH
COLOUR: DARK BEIGE
LAWN
600 x 600 x 30 MM THK
NATURAL GRANITE
LYCHEE FINISH
COLOUR: BEIGE
FEATURE TRELLIS
SEE DETAIL
PA
250 x 50 MM THK
NATURAL GRANITE
WALL CAPPING
POLISHED FINISH
COLOUR: DARK BEIGE
WF
PA
DN
PA
600 x 600 x 30MM THK.
NATURAL GRANITE
FLAMED FINISH
COLOUR: BROWN SARDO
13000
600 x 600 x 30MM THK.
NATURAL GRANITE
HONED FINISH
COLOUR: BEIGE
7000
400 x 400 x 50 MM THK.
NATURAL GRANITE
NATURAL CLEFT FINISH
COLOUR:
PA
7000
13000
600 x 600 x 50 MM THK.
NATURAL GRANITE
SEATWALL: POLISHED FINISH
COLOUR: GREY.
PA

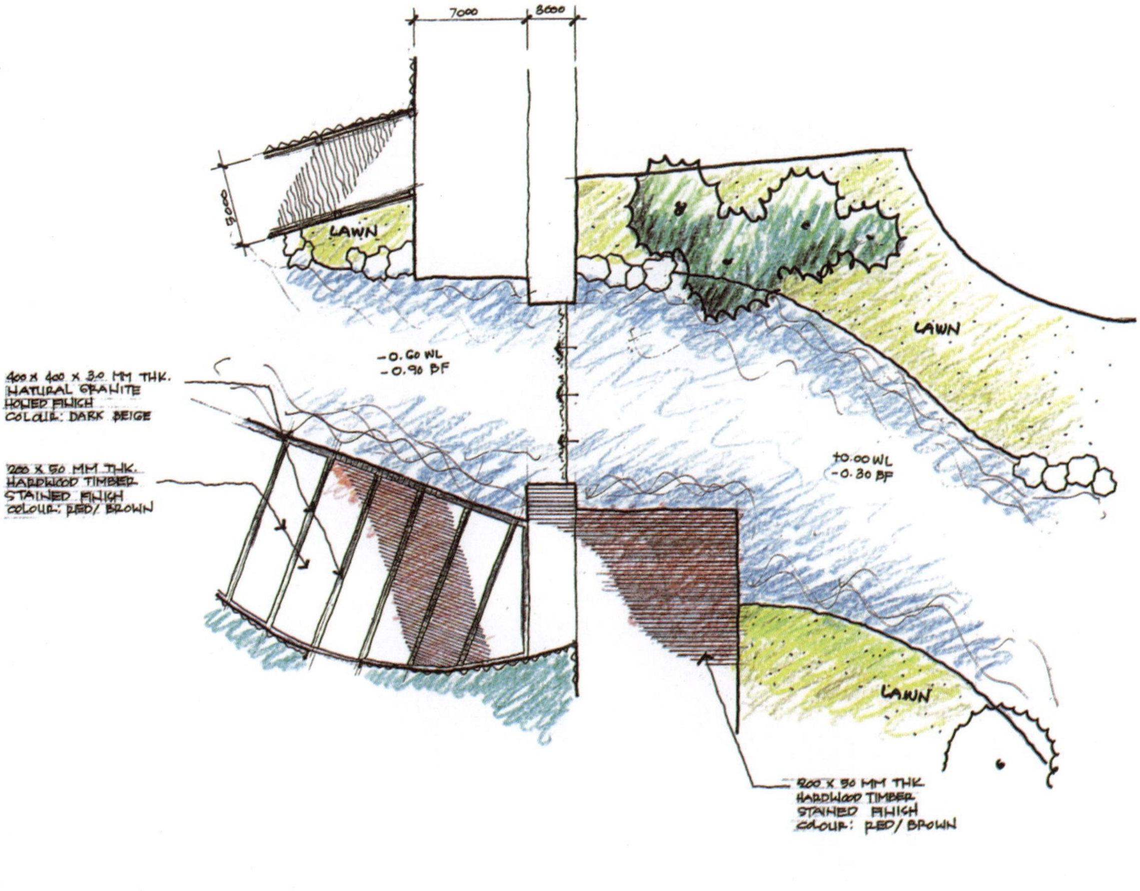
7000
3000
7000
LAWN
LAWN
-0.60 WL
-0.90 BF
400 x 400 x 30 MM THK.
NATURAL GRANITE
HONED FINISH
COLOUR: DARK BEIGE
+0.00 WL
-0.30 BF
200 x 50 MM THK.
HARDWOOD TIMBER
STAINED FINISH
COLOUR: RED / BROWN
LAWN
200 x 30 MM THK.
HARDWOOD TIMBER
STAINED FINISH
COLOUR: RED / BROWN

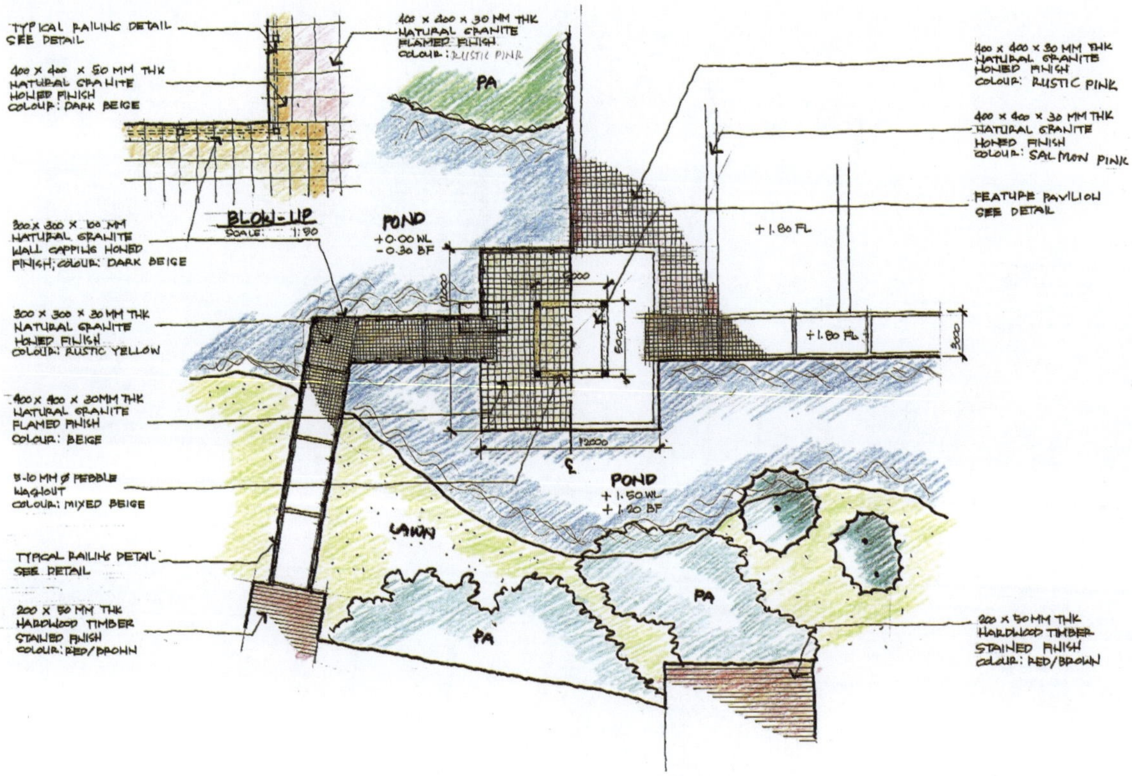
TYPICAL RAILING DETAIL
SEE DETAIL
400 x 400 x 50 MM THK
NATURAL GRANITE
HONED FINISH
COLOUR: DARK BEIGE
400 x 400 x 30 MM THK
NATURAL GRANITE
FLAMED FINISH
COLOUR: RUSTIC PINK
PA
BLOW-UP
SCALE: 1:50
POND
+0.00 WL
-0.30 BF
300 x 300 x 100 MM
NATURAL GRANITE
WALL CAPPING HONED
FINISH; COLOUR: DARK BEIGE
300 x 300 x 30 MM THK
NATURAL GRANITE
HONED FINISH
COLOUR: RUSTIC YELLOW
400 x 400 x 30MM THK
NATURAL GRANITE
FLAMED FINISH
COLOUR: BEIGE
5-10 MM Ø PEBBLE
WASHOUT
COLOUR: MIXED BEIGE
LAWN
TYPICAL RAILING DETAIL
SEE DETAIL
200 x 50 MM THK
HARDWOOD TIMBER
STAINED FINISH
COLOUR: RED/BROWN
400 x 400 x 30 MM THK
NATURAL GRANITE
HONED FINISH
COLOUR: RUSTIC PINK
400 x 400 x 30 MM THK
NATURAL GRANITE
HONED FINISH
COLOUR: SALMON PINK
FEATURE PAVILION
SEE DETAIL
+1.80 FL
+1.80 FL
3000
5000
12000
POND
+1.50 WL
+1.20 BF
PA
PA
200 x 50 MM THK
HARDWOOD TIMBER
STAINED FINISH
COLOUR: RED/BROWN

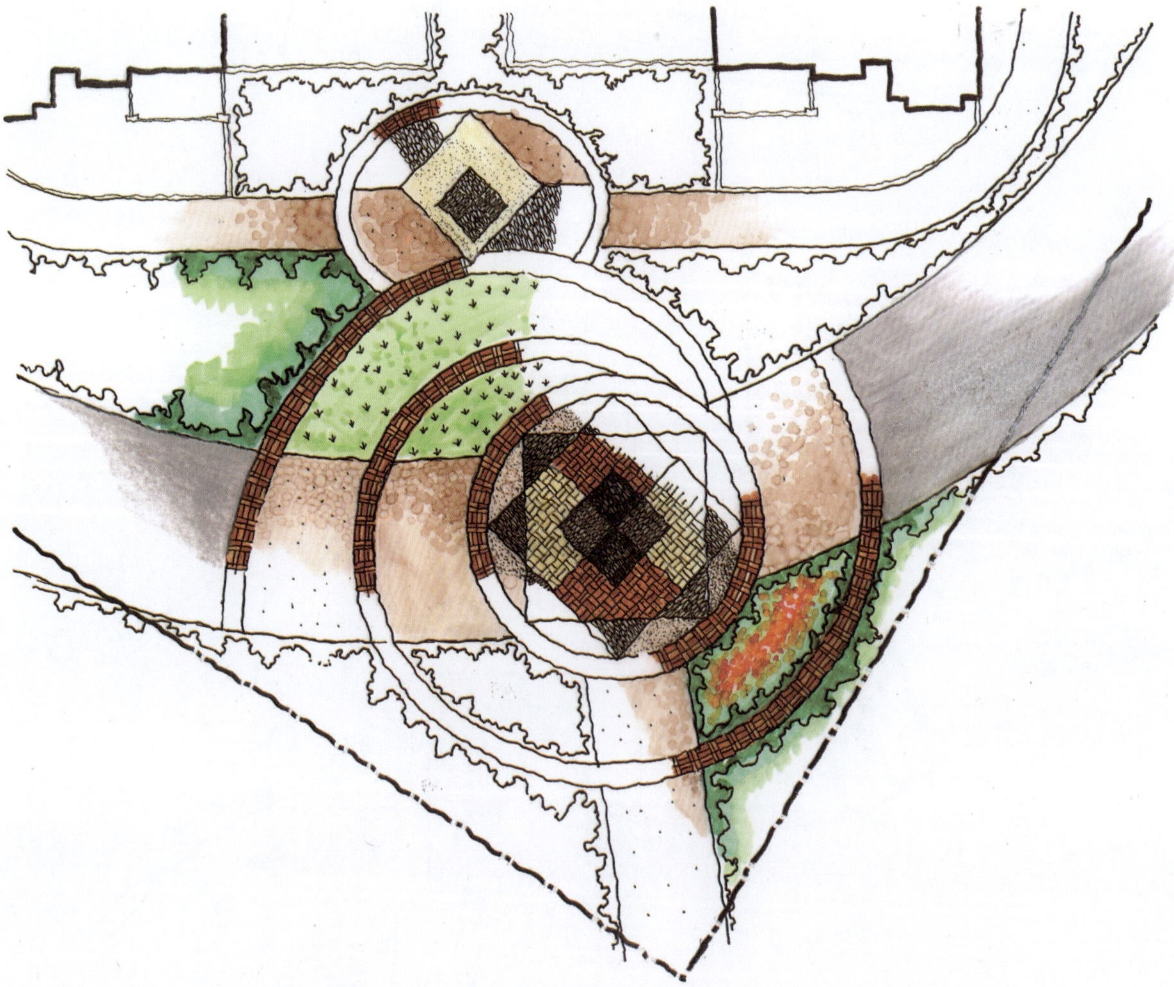

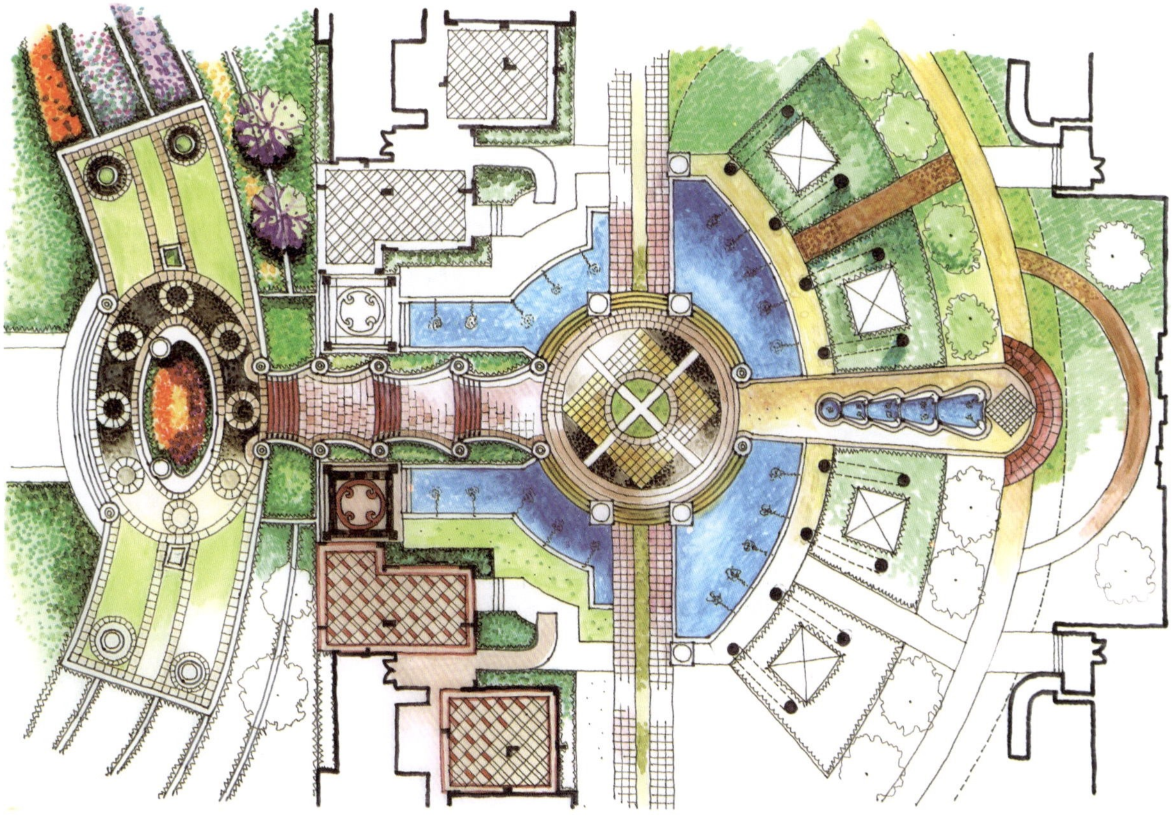

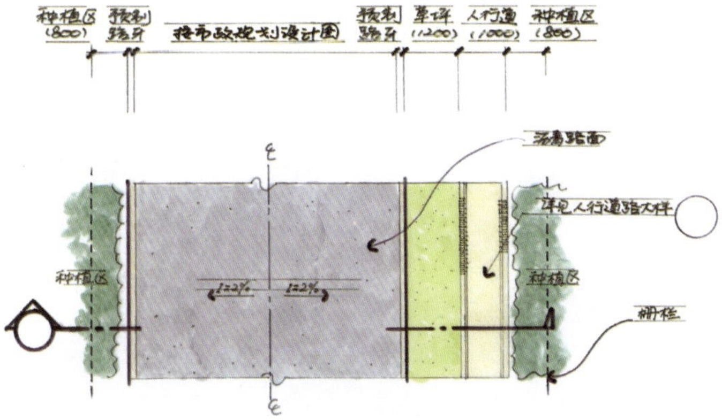
种植区
(800)
预制
路牙
按市政规划设计图
预制
路牙
草坪
(1200)
人行道
(1000)
种植区
(800)
沥青路面
详见人行道路大样
种植区
i=2%
i=2%
种植区
栅栏

通往私家花园
种植区
车行道
草坪
人行道/种植区
通往私家花园
预制混凝土路牙
沥青面层
i=2%
i=2%
150mm厚
素土夯实
150mm厚
碎石垫层

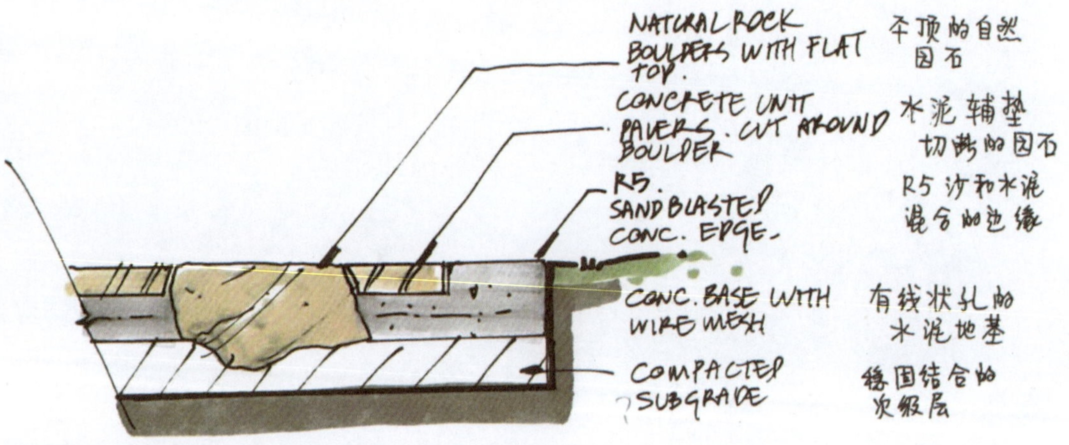

15

TYPICAL 2m WIDE PEDESTRIAN PATH SECTION JJ. 1:10

典型2米宽人行道路

JJ断面 1:10

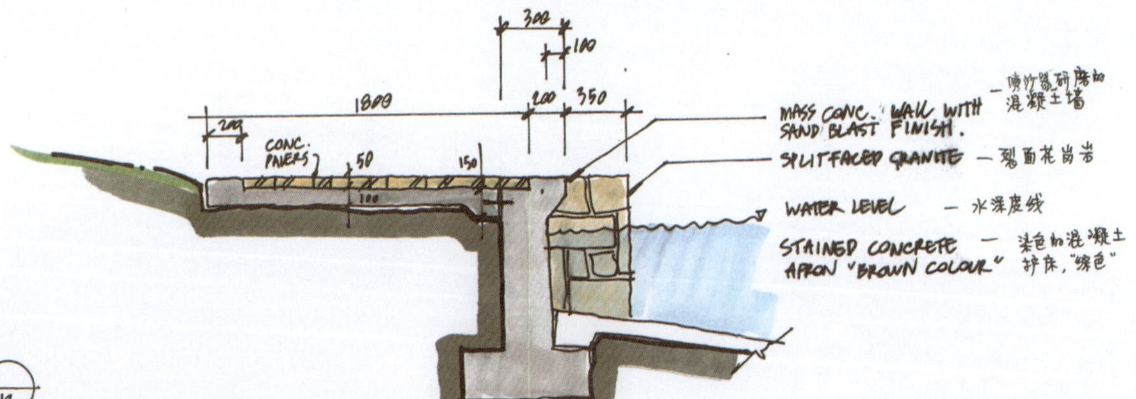

12

PATH WAY LAKE EDGE TRANSITION SECTION MM 1:20 TYPE A2.

人行道湖边界变化

MM断面 1:20

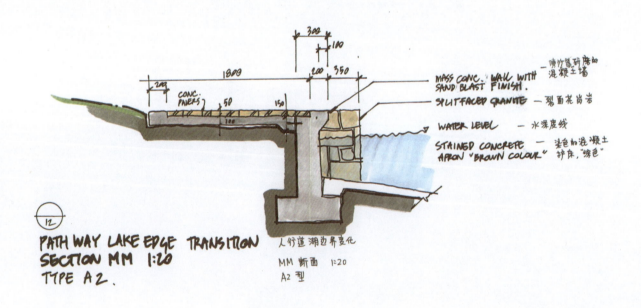

A2型

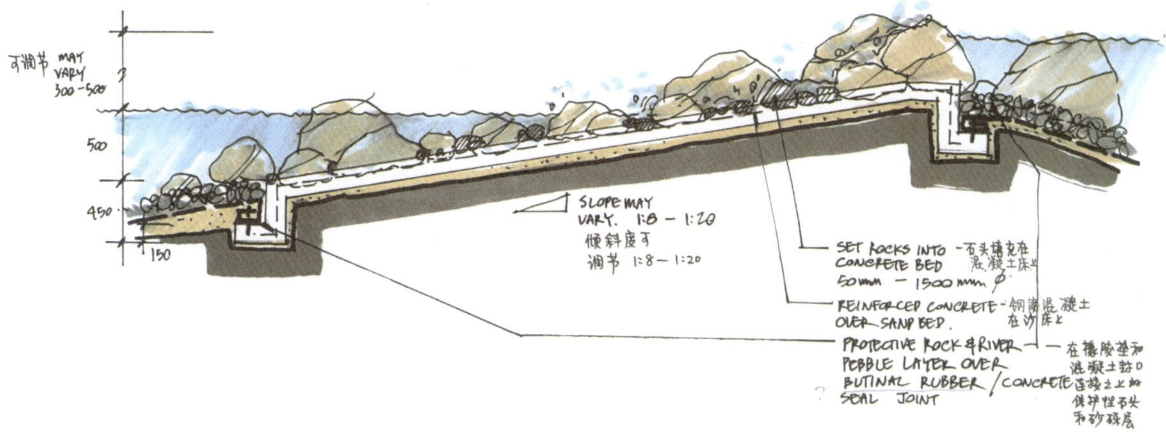

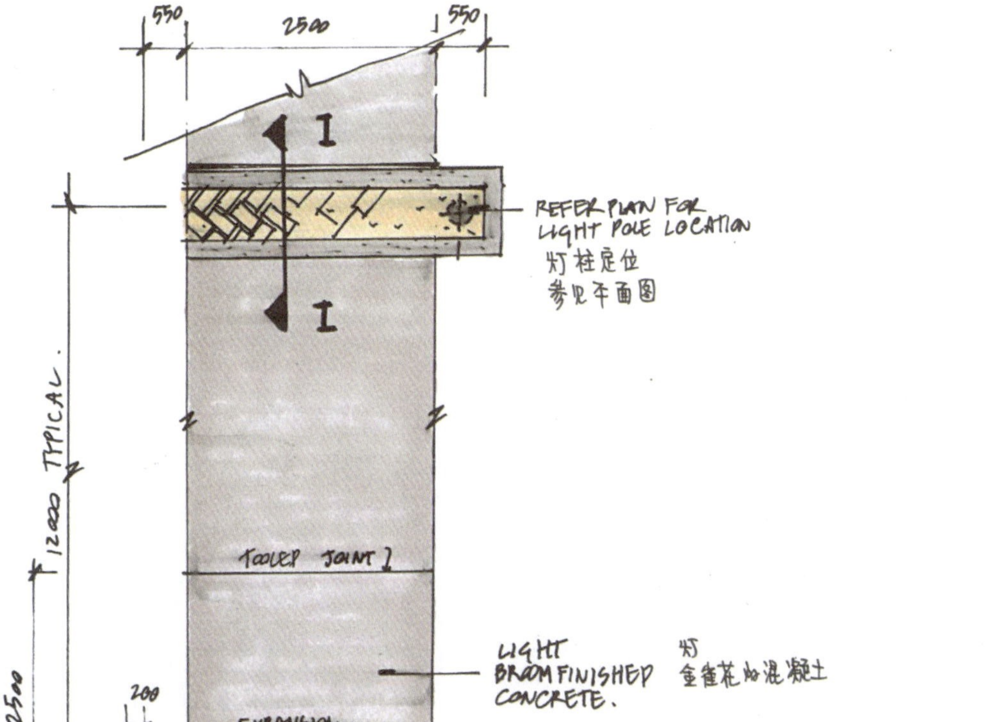

PLAN 1:50
平面 1:50

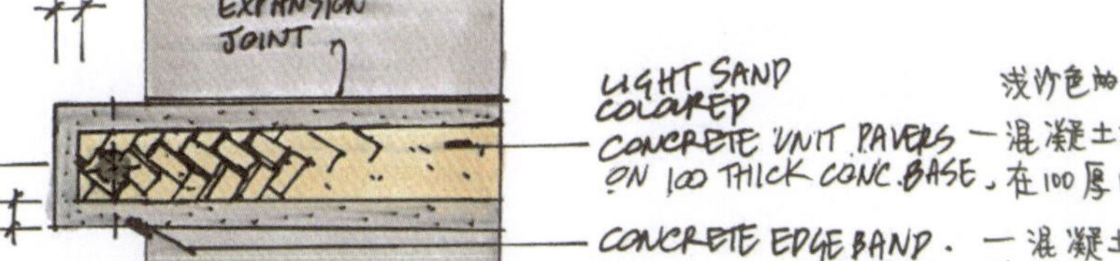

16 2.5 M WIDE BICYCLE LANE SECTION 1:50 . 2.5 m宽自行车道断面图 1:50

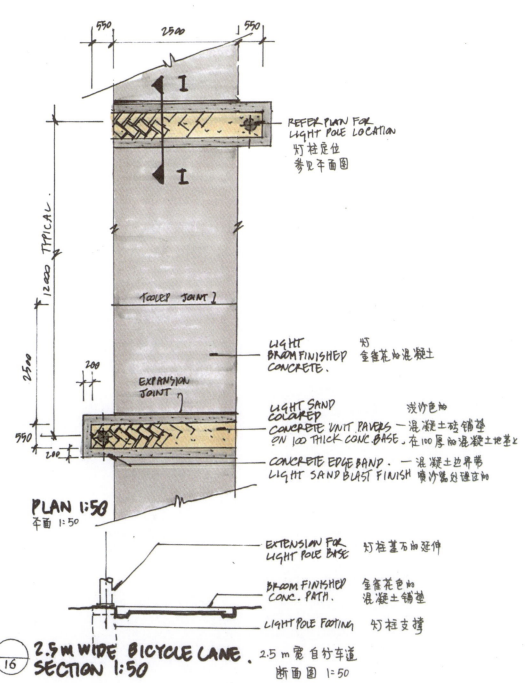

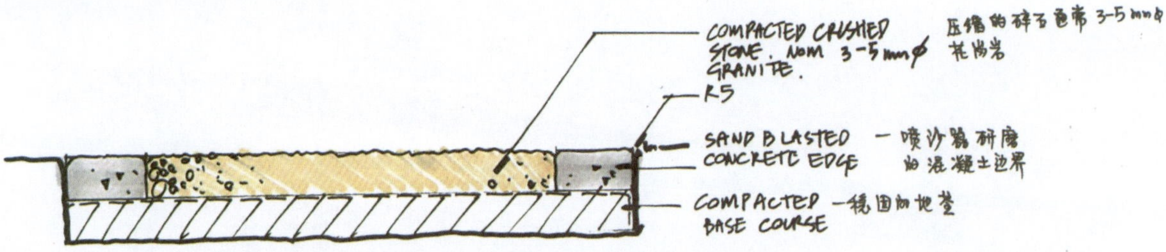

(18) TYPICAL 1.5m WIDE CRUSHED STONE. PEDESTRIAN PATH 1:10. SECTION KK.

典型的1.5m宽碎石铺垫人行道 1:10
KK断面

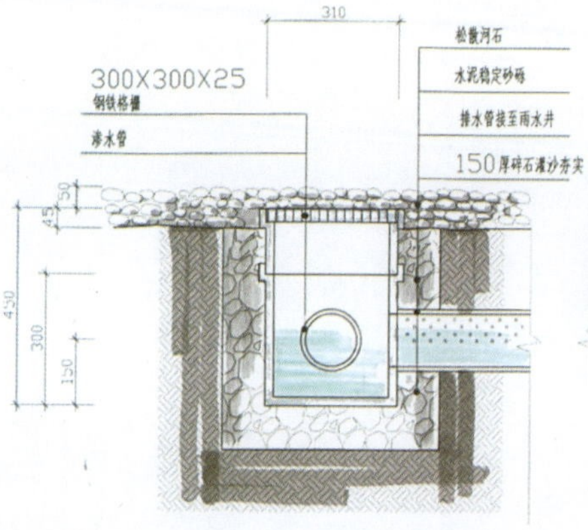

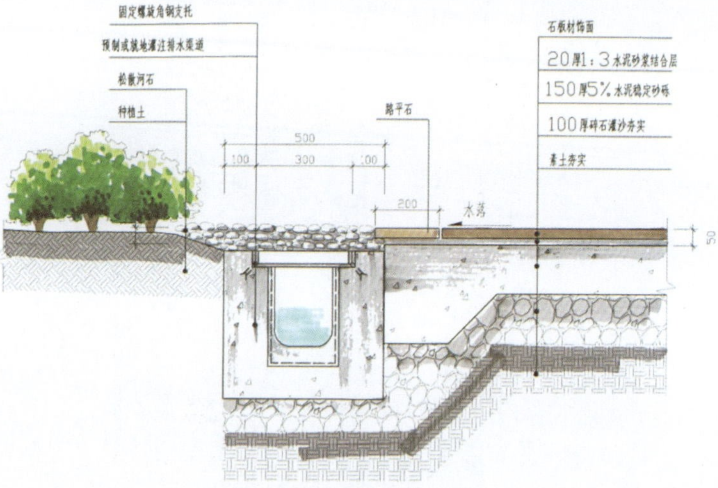

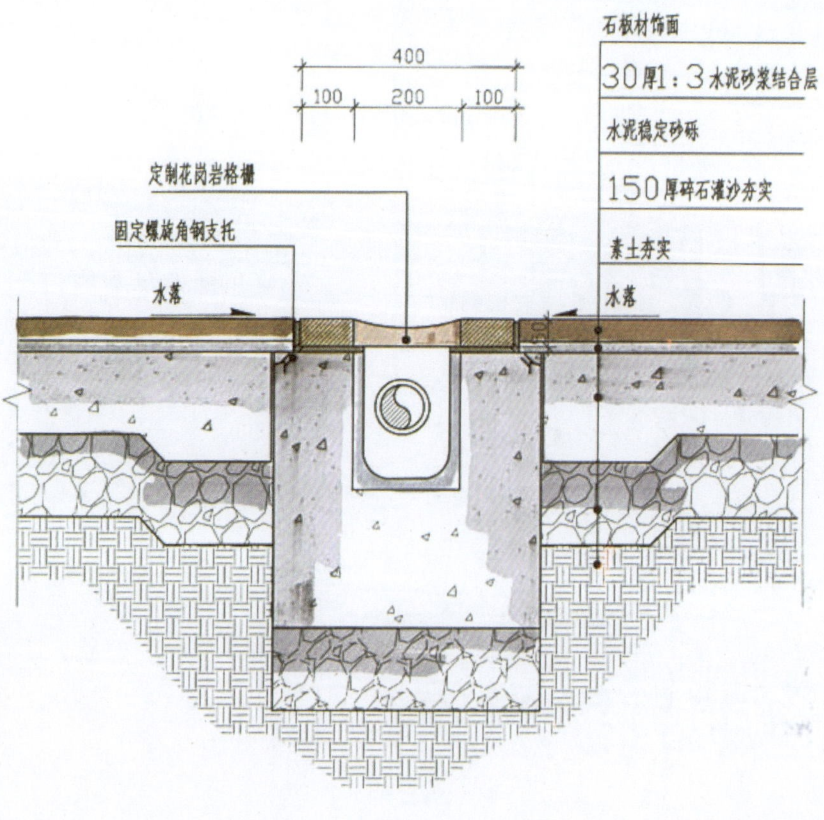

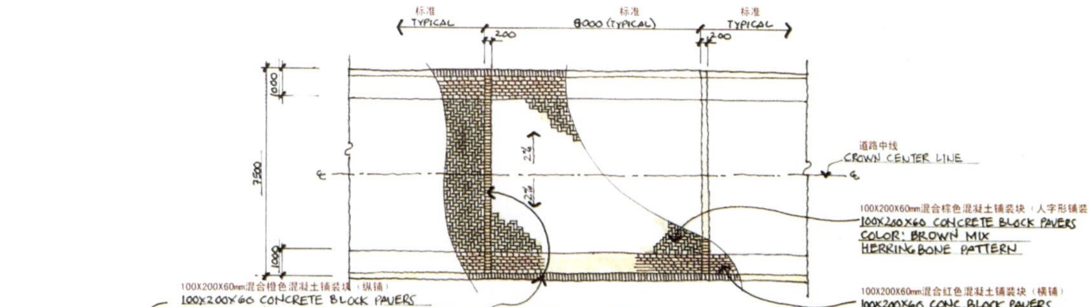

车行道铺装大样图

TYPICAL ROADWAY PAVING DETAIL

SCALE 1:100

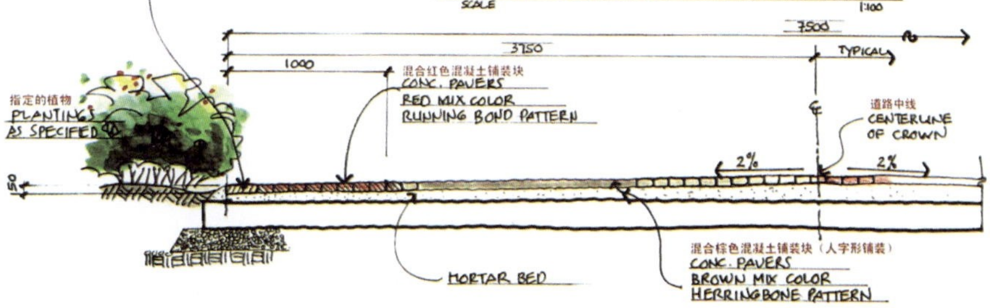

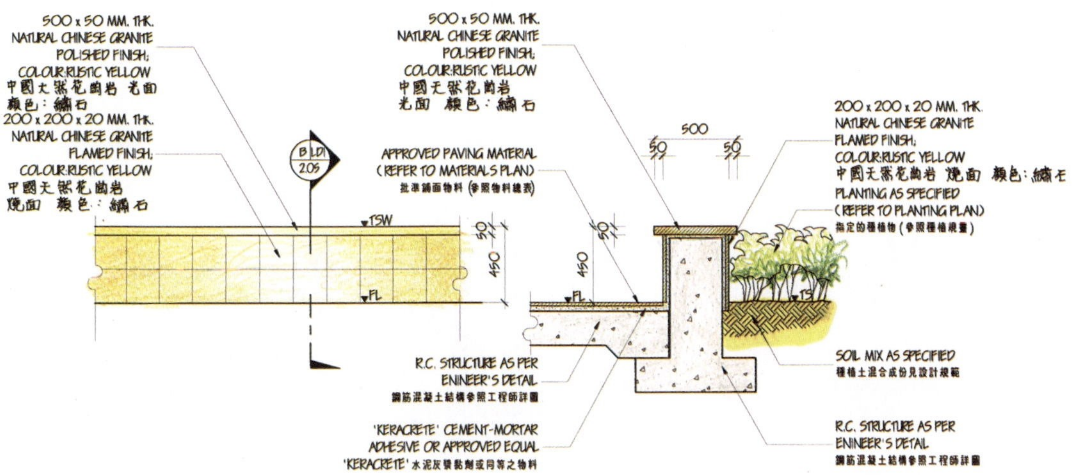

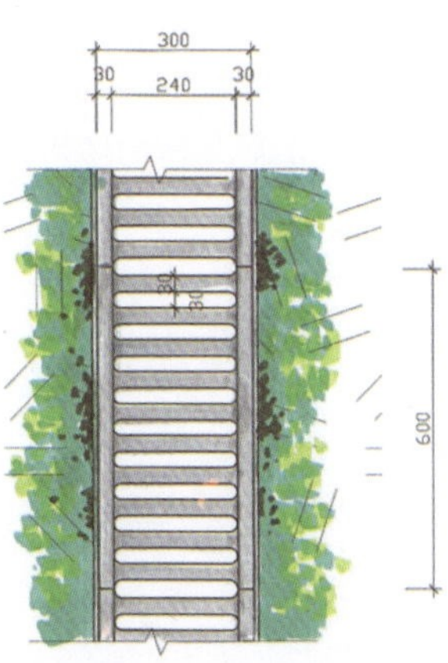

① 标准钢格栅排水沟平面图 1:10

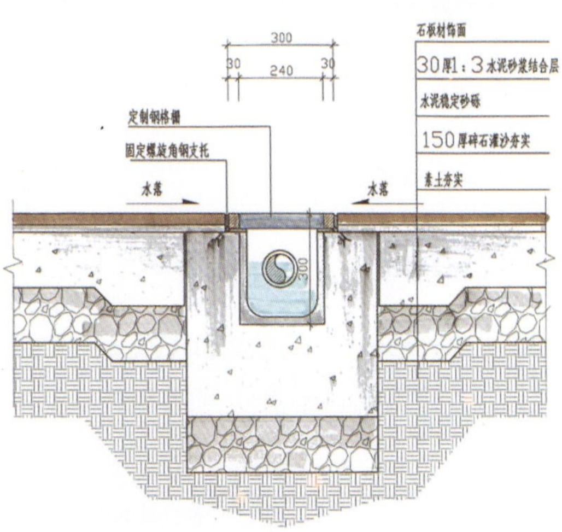

② 标准钢格栅排水沟剖面图 1:10

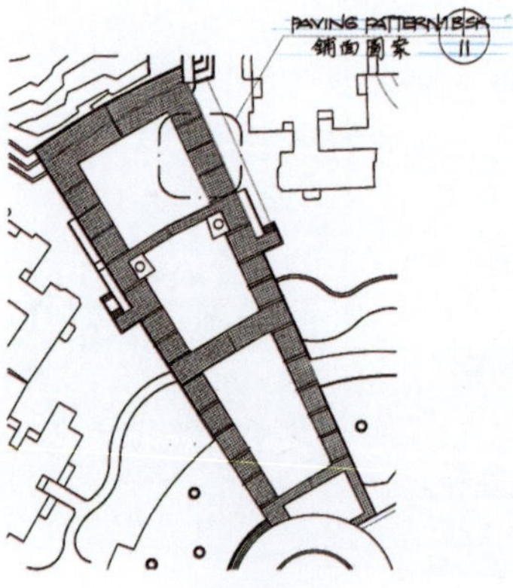

平面布置總圖
A KEYPLAN
SCALE NTS

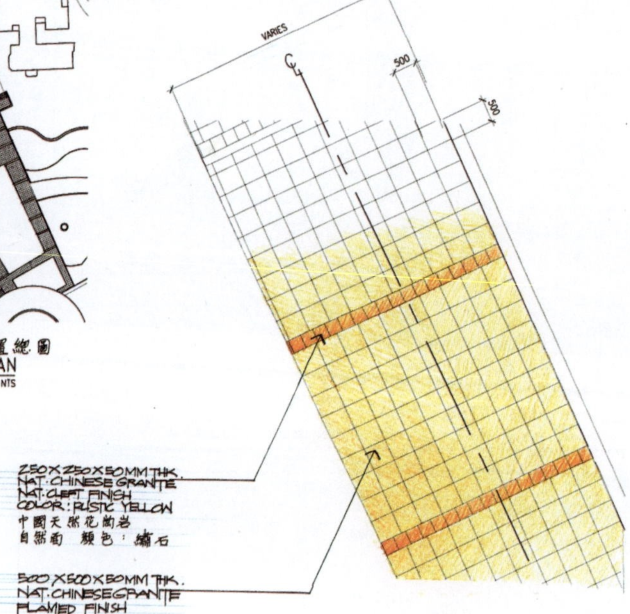

鋪面圖案－1
B PAVING PATTERN-1
SCALE 1:60

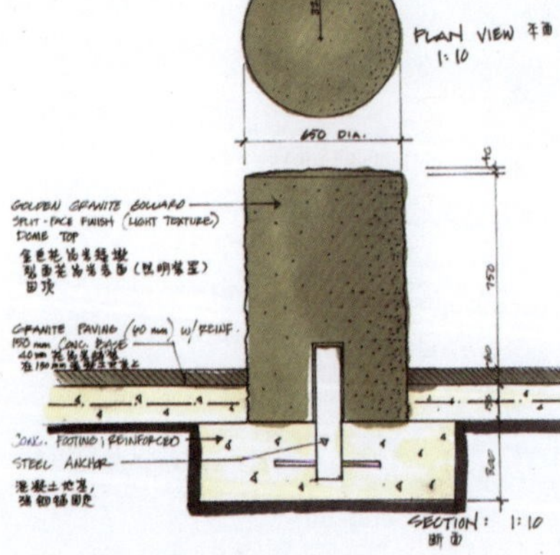

VEHICULAR BOLLARD
SCALE 1:10

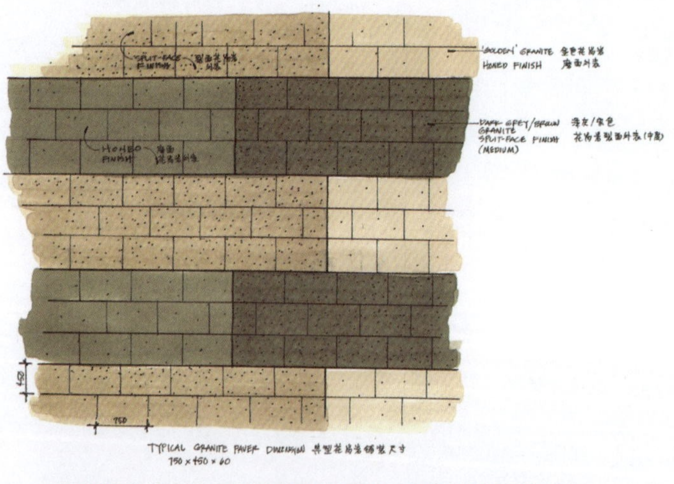

GRANITE PLAZA PAVEMENT ENLARGEMENT PLAN
SCALE 1:25

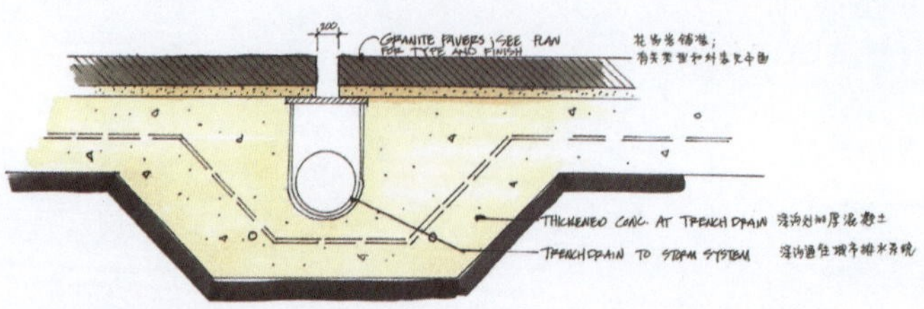

PLAZA SLOT DRAIN
SCALE 1:2

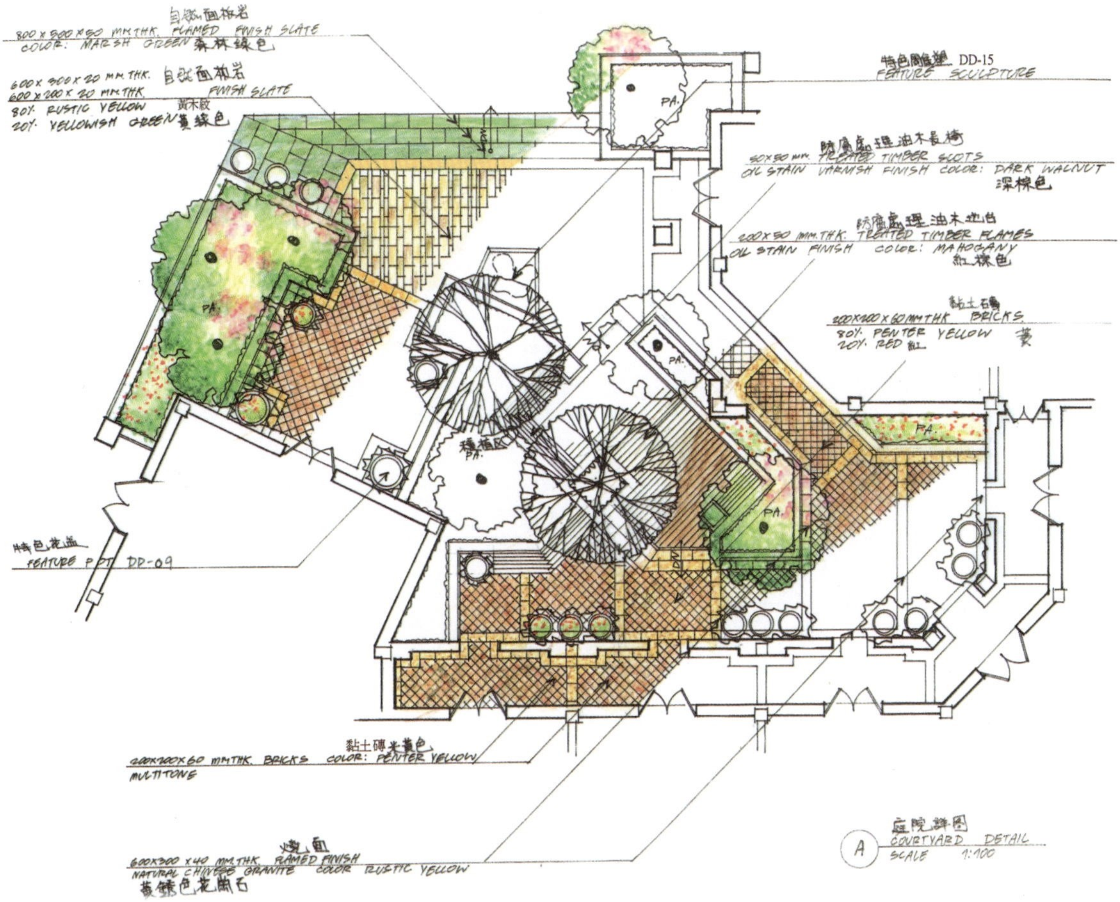

自然面板岩
800 x 300 x 50 MM.THK. FLAMED FINISH SLATE
COLOR: MARSH GREEN 森林绿色
600 x 300 x 20 MM.THK. 自然面板岩
600 x 200 x 20 MM.THK. FINISH SLATE
80% RUSTIC YELLOW 黄木纹
20% YELLOWISH GREEN 黄绿色
特色雕塑 DD-15
FEATURE SCULPTURE
防腐处理油木长椅
50X50 MM. TREATED TIMBER SLOTS
OIL STAIN VARNISH FINISH COLOR: DARK WALNUT
深棕色
防腐处理油木地台
200X50 MM.THK. TREATED TIMBER FLAMES
OIL STAIN FINISH COLOR: MAHOGANY
红棕色
黏土砖
200X100 X 60 MM.THK BRICKS
80% PENTER YELLOW 黄
20% RED 红
特色花盆
FEATURE POT DD-09
COURTYARD DETAIL
SCALE 1:100

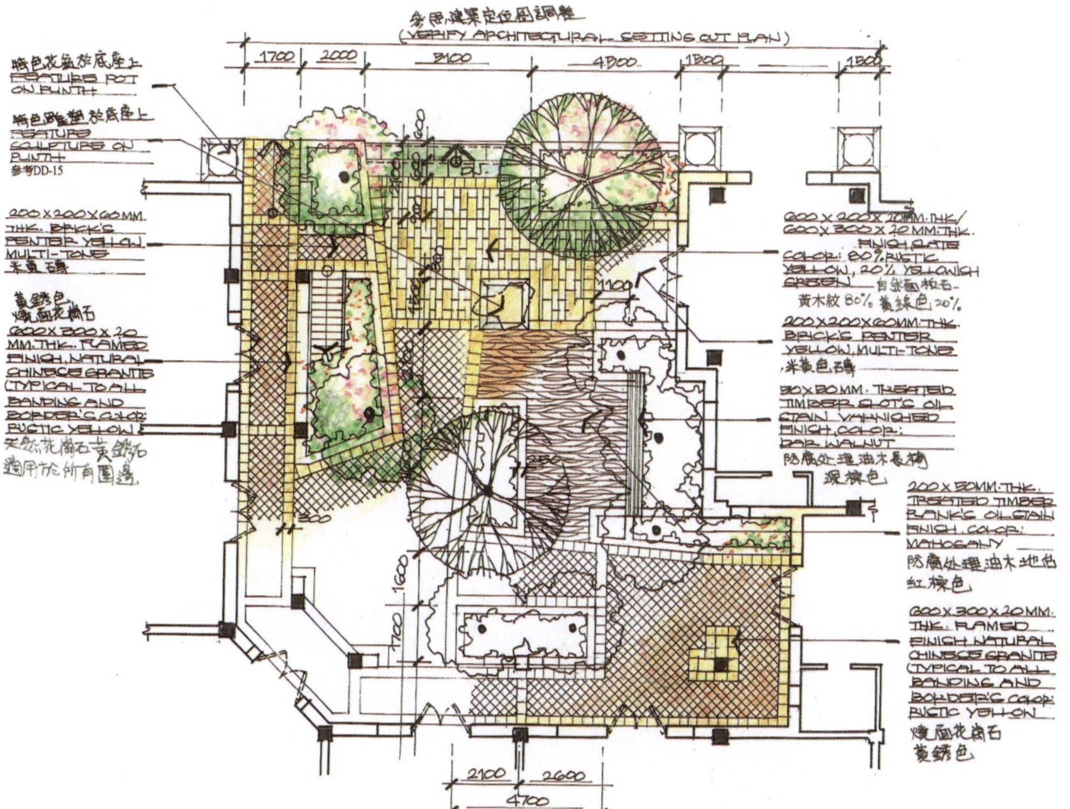

(VERIFY ARCHITECTURAL SETTING OUT PLAN)
1700
2000
4800
1800
1500
2100
2600
4700
FEATURE POT ON PLINTH
参考DD-15

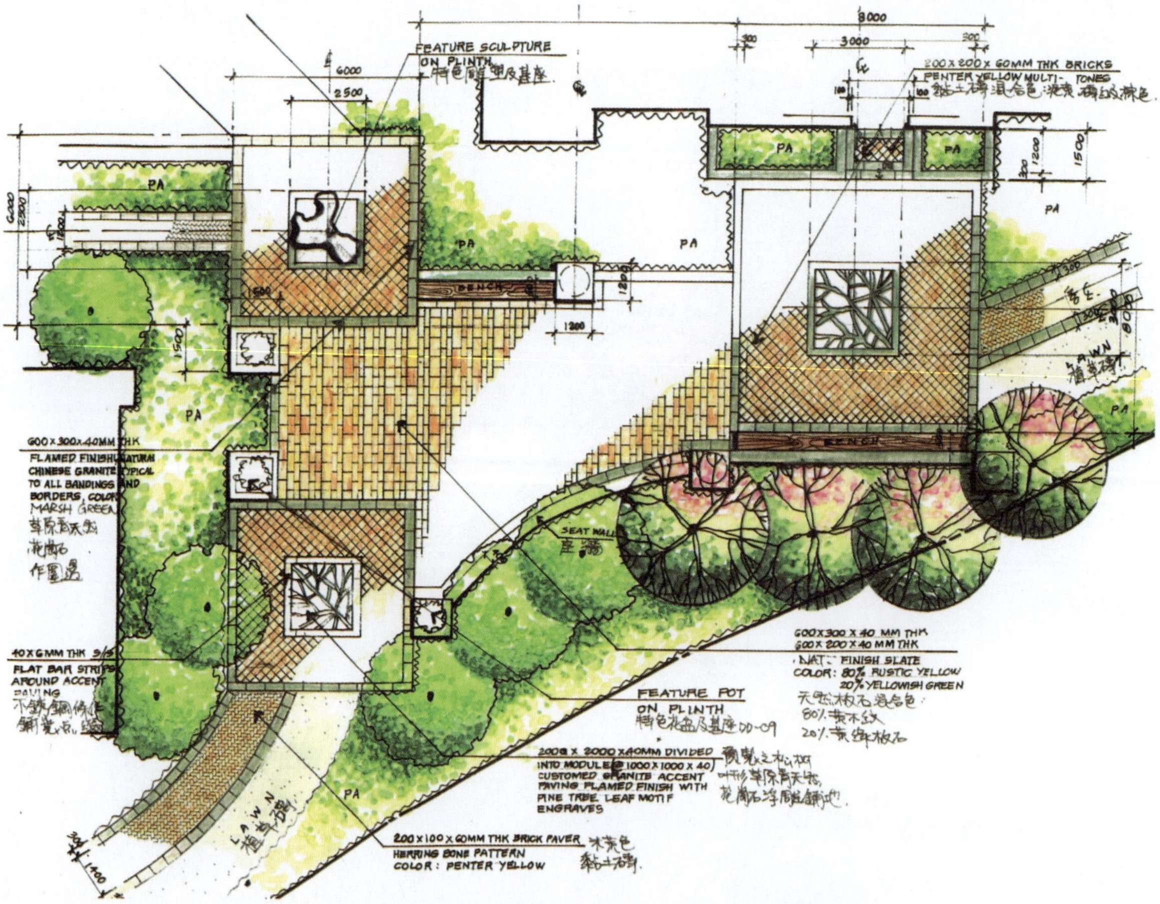
FEATURE SCULPTURE
ON PLINTH
200×200×60MM THK BRICKS
PENTER YELLOW MULTI-TONES
PA
BENCH
LAWN
600×300×40MM THK
FLAMED FINISH NATURAL CHINESE GRANITE TYPICAL TO ALL BANDINGS AND BORDERS, COLOR: MARSH GREEN
SEAT WALL
40×6MM THK S/S FLAT BAR STRIPS AROUND ACCENT PAVING
600×300×40 MM THK
600×200×40 MM THK
NAT. FINISH SLATE
COLOR: 80% RUSTIC YELLOW
20% YELLOWISH GREEN
FEATURE POT
ON PLINTH
2000×2000×40MM DIVIDED INTO MODULE (@1000×1000×40) CUSTOMED GRANITE ACCENT PAVING FLAMED FINISH WITH PINE TREE LEAF MOTIF ENGRAVES
200×100×60MM THK BRICK PAVER
HERRING BONE PATTERN
COLOR: PENTER YELLOW

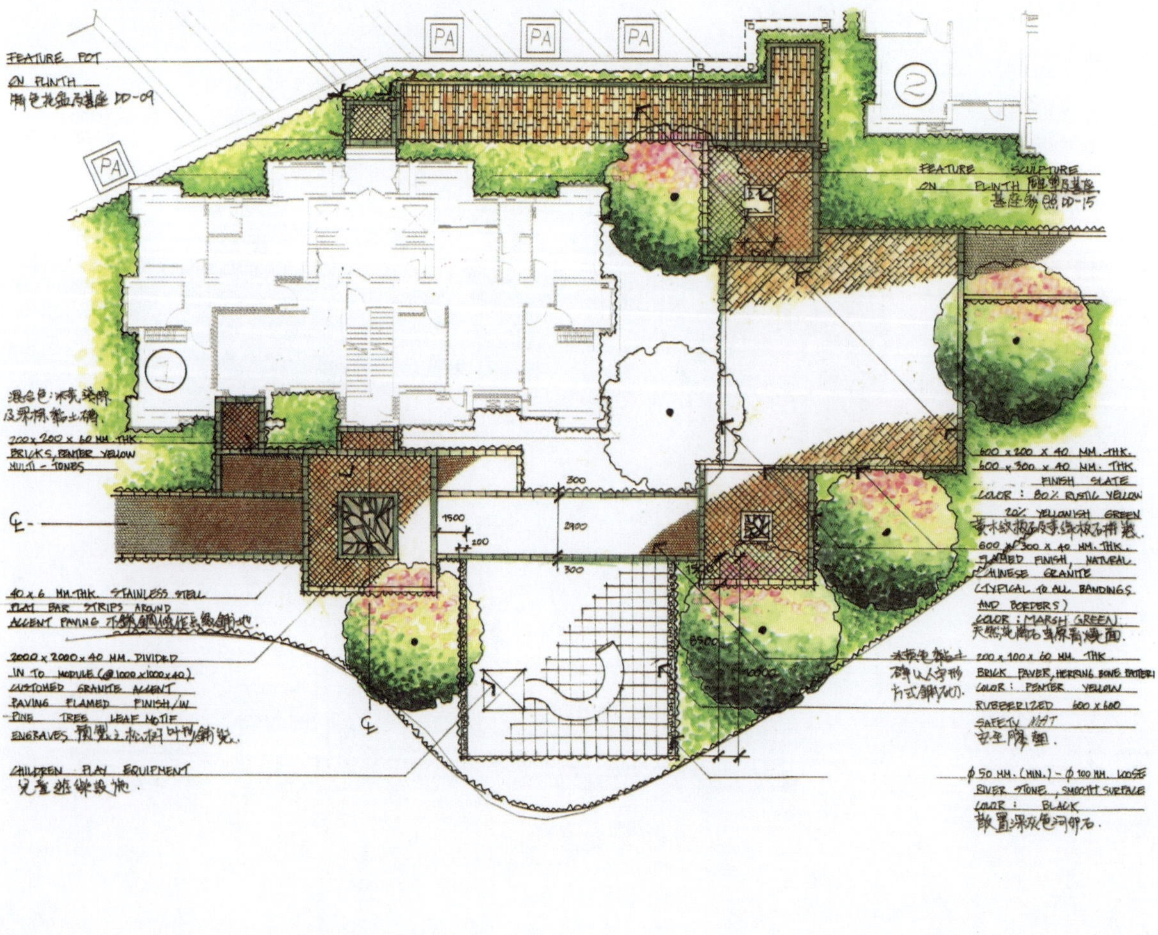
FEATURE POT
ON PLINTH
PA
FEATURE SCULPTURE
ON PLINTH
200×200×60 MM THK
BRICKS, PENTER YELLOW
MULTI-TONES
600×200×40 MM THK
600×300×40 MM THK
FINISH SLATE
COLOR: 80% RUSTIC YELLOW
20% YELLOWISH GREEN
600×300×40 MM THK
FLAMED FINISH, NATURAL CHINESE GRANITE
(TYPICAL TO ALL BANDINGS AND BORDERS)
COLOR: MARSH GREEN
40×6 MM THK STAINLESS STEEL FLAT BAR STRIPS AROUND ACCENT PAVING
2000×2000×40 MM DIVIDED IN TO MODULE (@1000×1000×40) CUSTOMED GRANITE ACCENT PAVING FLAMED FINISH W/ PINE TREE LEAF MOTIF ENGRAVES
200×100×60 MM THK BRICK PAVER, HERRING BONE PATTERN
COLOR: PENTER YELLOW
RUBBERIZED 600×600 SAFETY MAT
CHILDREN PLAY EQUIPMENT
φ50 MM (MIN.) - φ100 MM LOOSE RIVER STONE, SMOOTH SURFACE
COLOR: BLACK

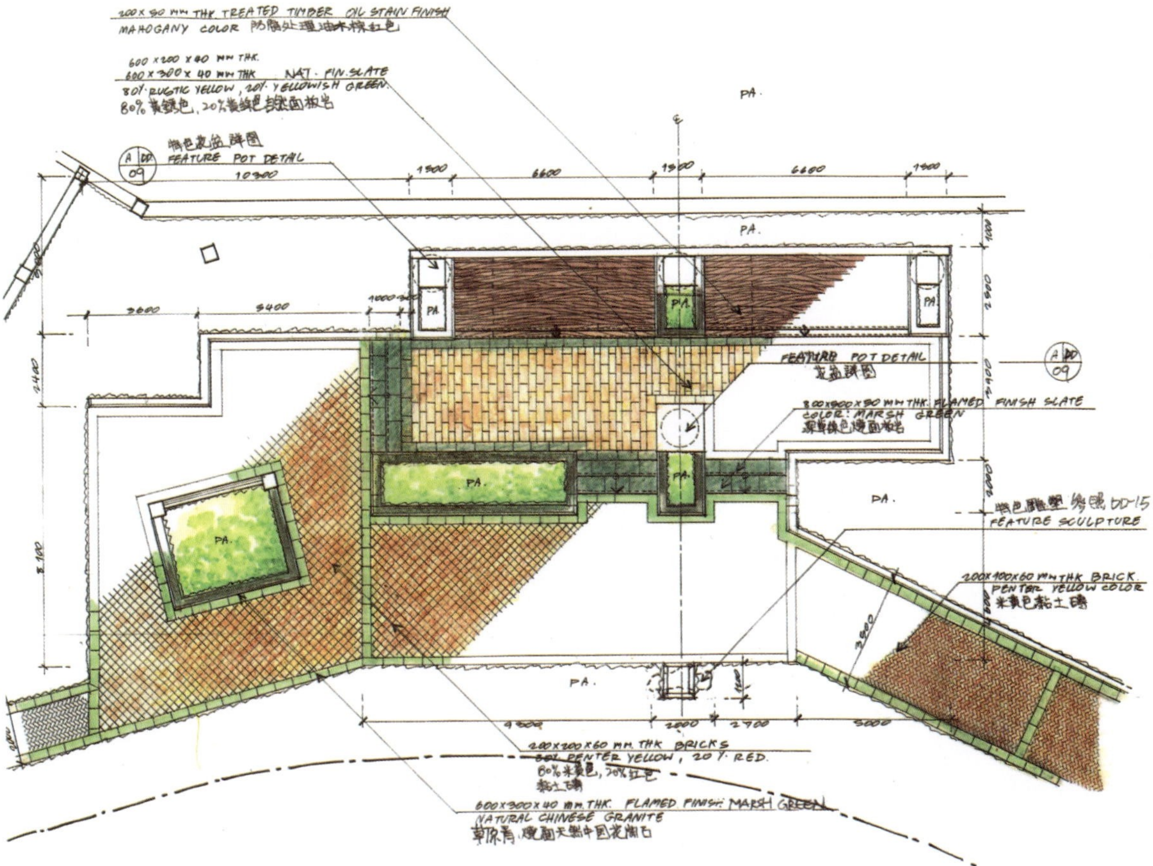
200 x 90 MM THK. TREATED TIMBER OIL STAIN FINISH
MAHOGANY COLOR 防腐处理油木枫红色
600 x 200 x 40 MM THK.
600 x 300 x 40 MM THK. NAT. FIN. SLATE
80% RUSTIC YELLOW, 20% YELLOWISH GREEN.
特色花盆详图
FEATURE POT DETAIL
FEATURE POT DETAIL
花盆详图
COLOR: MARSH GREEN
特色雕塑 参见 DD-15
FEATURE SCULPTURE
200 x 100 x 60 MM THK. BRICK
PENTER YELLOW COLOR
米黄色黏土砖
200 x 200 x 60 MM. THK. BRICKS
80% PENTER YELLOW, 20% RED.
80%米黄色，20%红色
黏土砖
600 x 300 x 40 MM. THK. FLAMED FINISH: MARSH GREEN
NATURAL CHINESE GRANITE
草原青，烧面天然中国花岗石
PA.

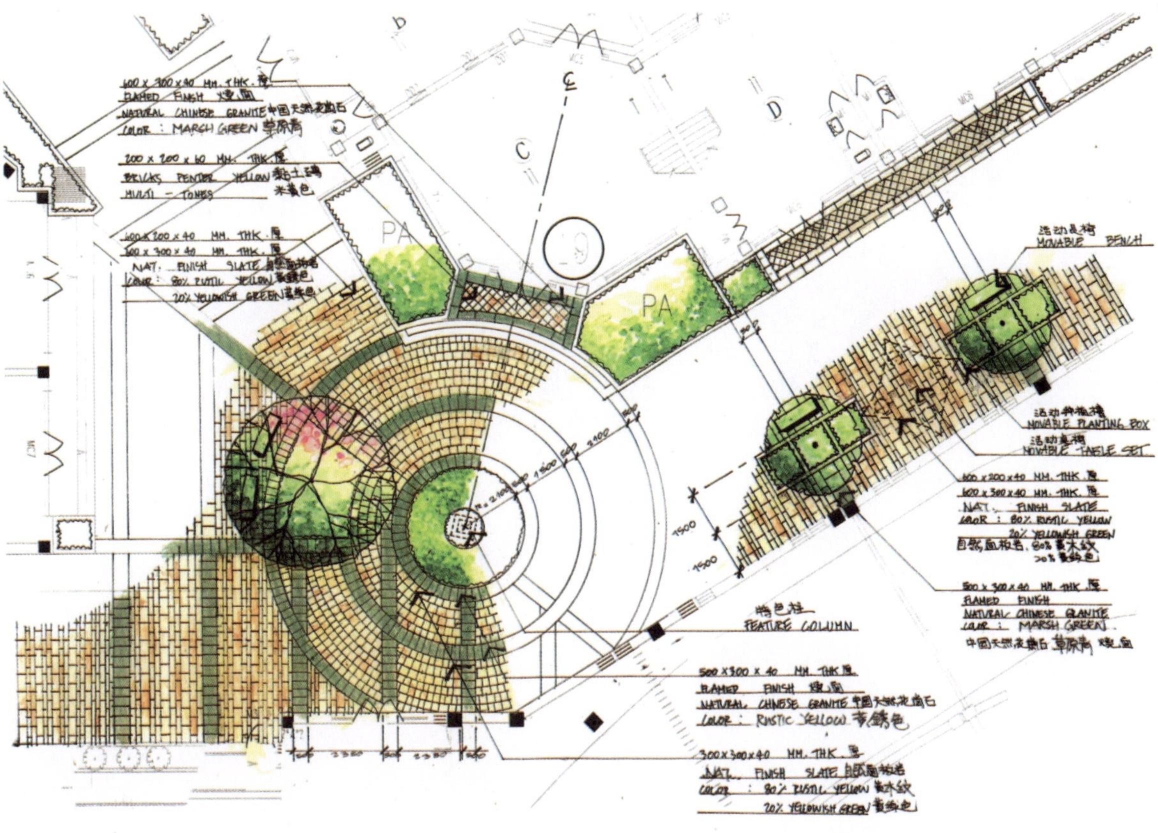
600 x 300 x 40 MM. THK. 厚
FLAMED FINISH 烧面
NATURAL CHINESE GRANITE 中国天然花岗石
COLOR: MARCH GREEN 草原青
200 x 200 x 60 MM. THK. 厚
BRICKS PENTER YELLOW 黏土砖
MULTI - TONES 米黄色
600 x 200 x 40 MM. THK. 厚
300 x 300 x 40 MM. THK. 厚
NAT. FINISH SLATE
COLOR: 80% RUSTIC YELLOW
20% YELLOWISH GREEN
活动座椅
MOVABLE BENCH
活动种植箱
MOVABLE PLANTING BOX
活动桌椅
MOVABLE TABLE SET
600 x 200 x 40 MM. THK. 厚
600 x 300 x 40 MM. THK. 厚
NAT. FINISH SLATE
COLOR: 80% RUSTIC YELLOW
20% YELLOWISH GREEN
500 x 300 x 40 MM. THK. 厚
FLAMED FINISH
NATURAL CHINESE GRANITE
COLOR: MARSH GREEN.
中国天然花岗石 草原青 烧面
特色柱
FEATURE COLUMN
500 x 300 x 40 MM. THK. 厚
FLAMED FINISH 烧面
NATURAL CHINESE GRANITE 中国天然花岗石
COLOR: RUSTIC YELLOW 黄锈色
300 x 300 x 40 MM. THK. 厚
NAT. FINISH SLATE
COLOR: 80% RUSTIC YELLOW
20% YELLOWISH GREEN
PA

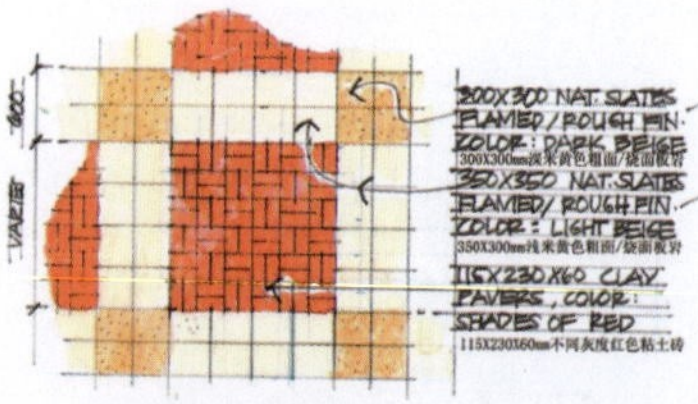

TYPICAL MODULE (PAVING)
DETAIL PATTERN: SUNKEN PLAZA
SCALE: 1:30MTS.
下沉广场特色铺装平面图

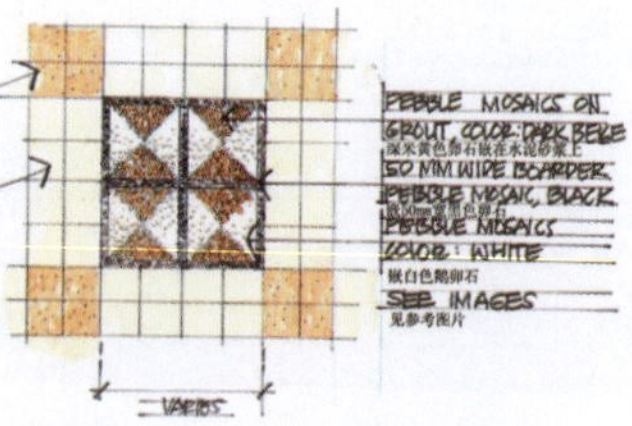

DETAIL PATTERN: FOUNTAIN PLAZA
SCALE: 1:30MTS.
喷泉广场特色铺装平面图

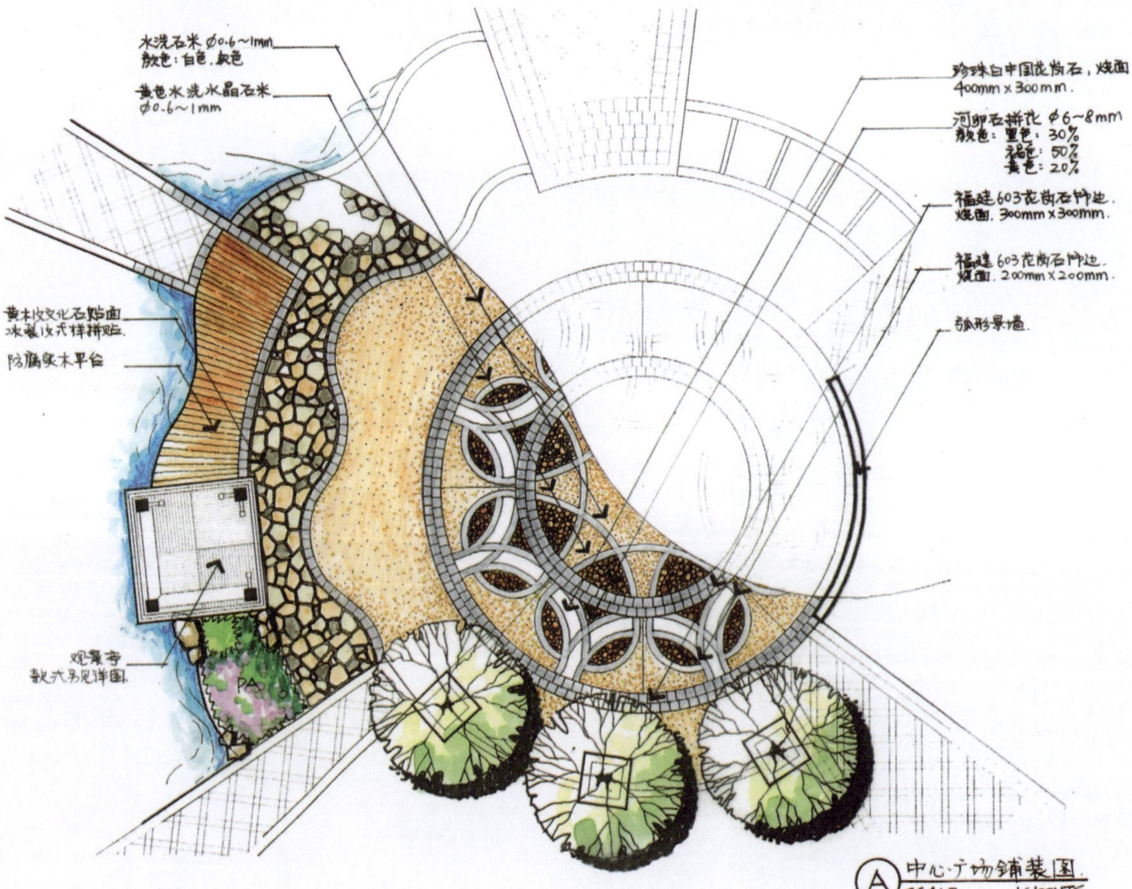

Ⓐ 中心广场铺装图.
SCALE 1:100MTS

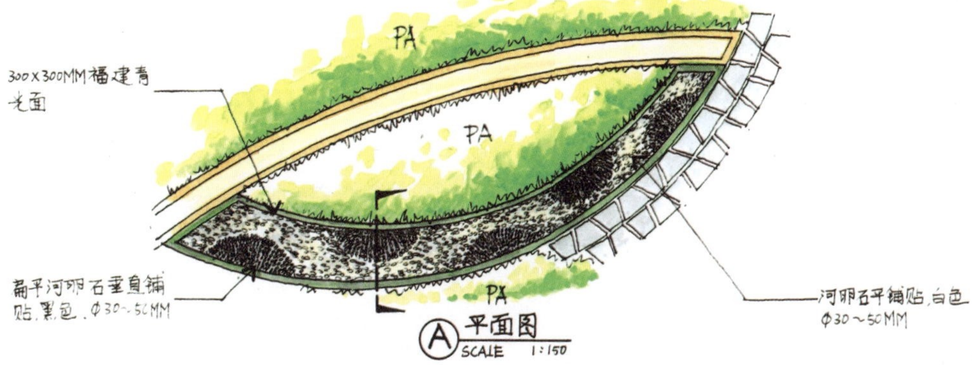

300x300MM福建青
光面
PA
PA
PA
扁平河卵石垂直铺
贴,黑色 Φ30~50MM
河卵石平铺贴,白色
Φ30~50MM
A 平面图
SCALE 1:150

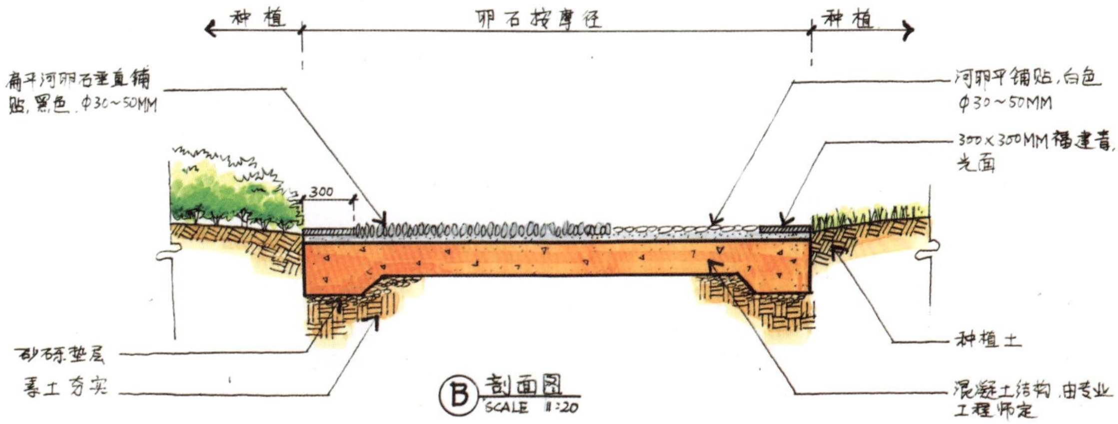

种植
卵石按摩径
种植
扁平河卵石垂直铺
贴,黑色 Φ30~50MM
河卵平铺贴,白色
Φ30~50MM
300x300MM福建青,
光面
300
砂砾垫层
素土夯实
种植土
混凝土结构,由专业
工程师定
B 剖面图
SCALE 1:20

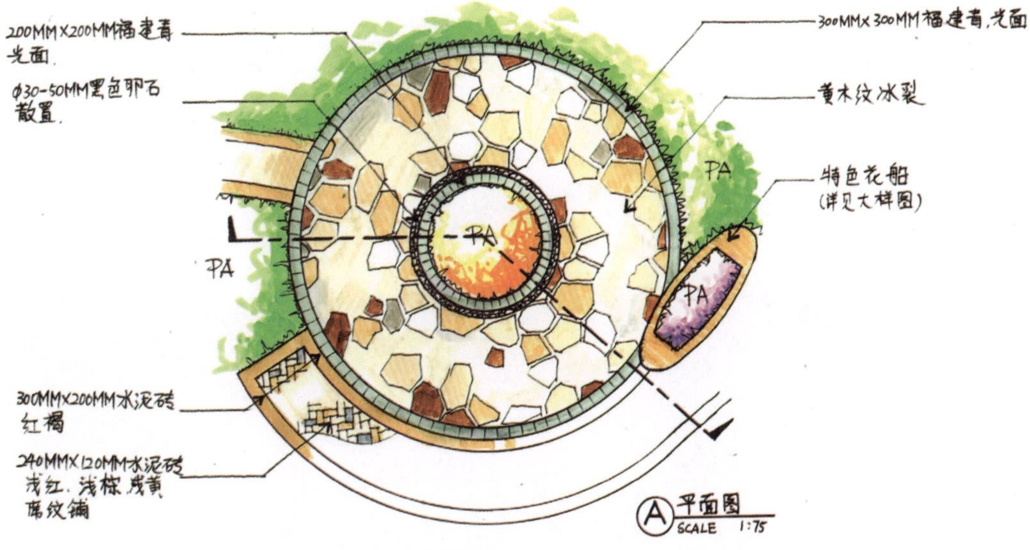

200MMx200MM福建青
光面
Φ30-50MM黑色卵石
散置
300MMx300MM福建青,光面
黄木纹冰裂
特色花船
(详见大样图)
PA
PA
PA
PA
300MMx200MM水泥砖
红褐
240MMx120MM水泥砖
浅红、浅棕、浅黄
席纹铺
A 平面图
SCALE 1:75

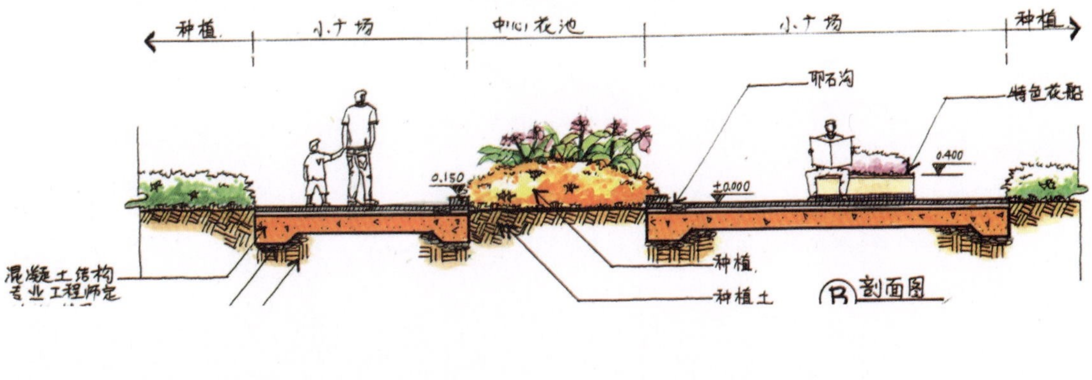

种植
小广场
中心花池
小广场
种植
卵石沟
特色花船
0.400
0.150
±0.000
混凝土结构
专业工程师定
种植
种植土
B 剖面图

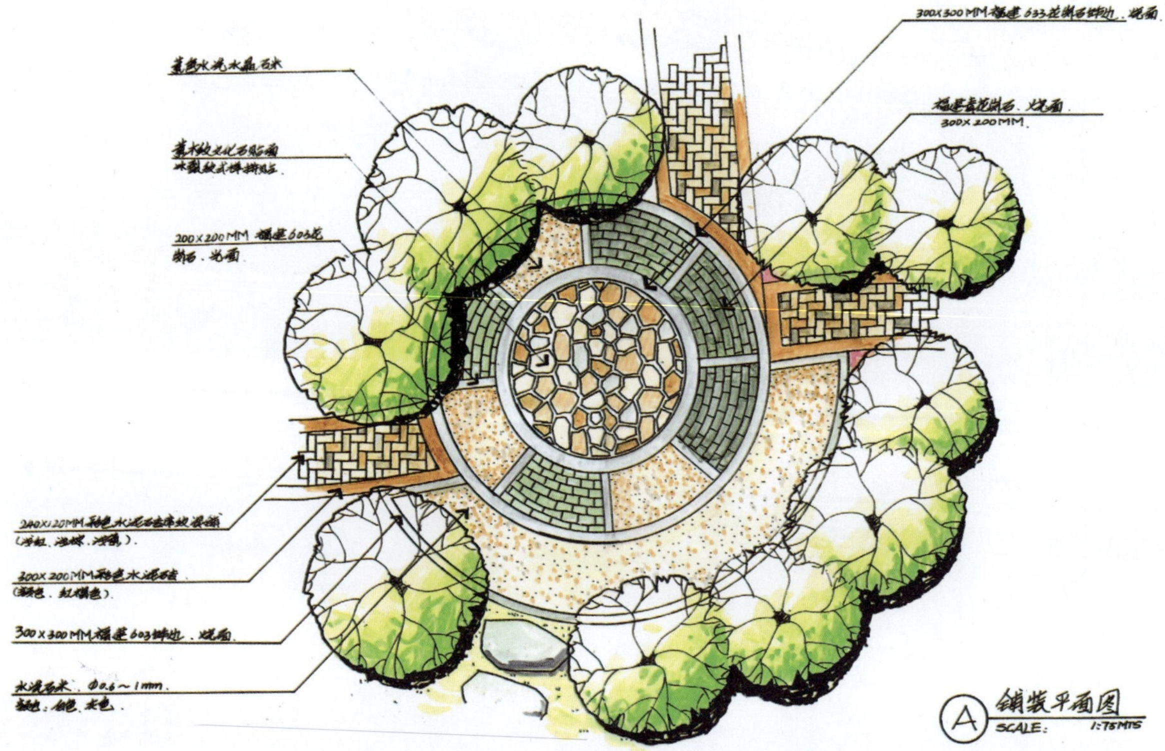

A 铺装平面图
SCALE: 1:75MTS

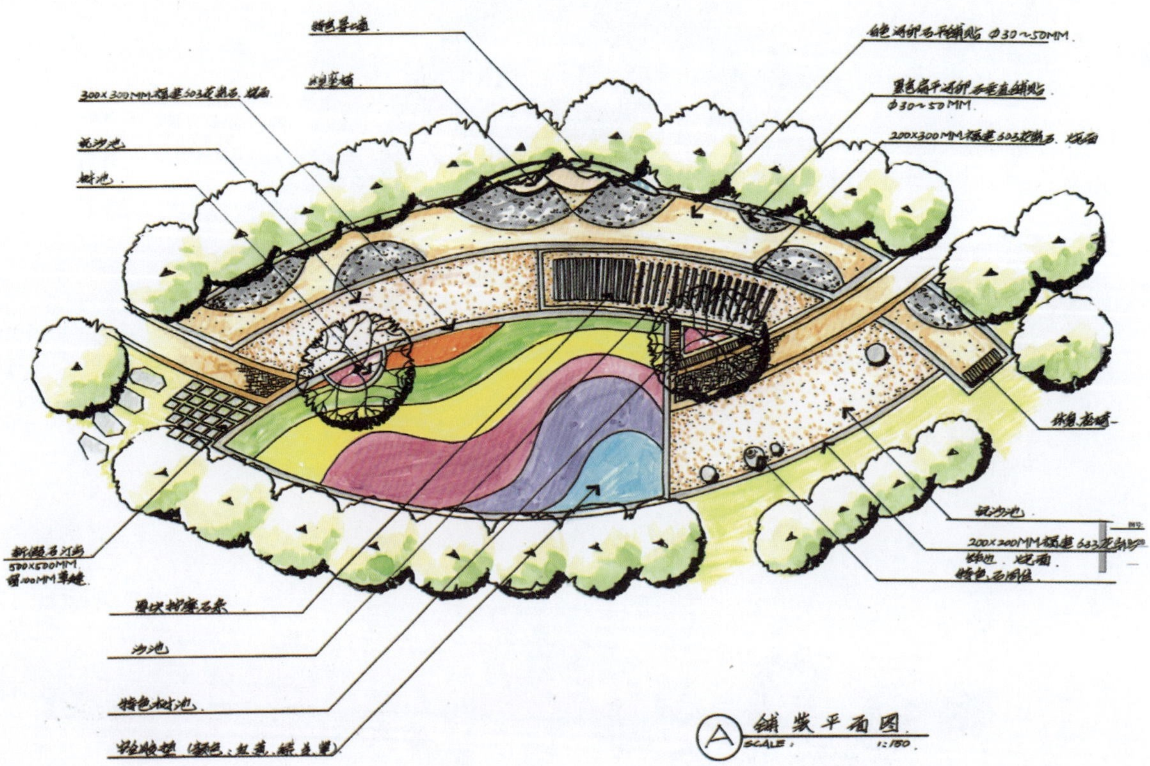

A 铺装平面图
SCALE: 1:150

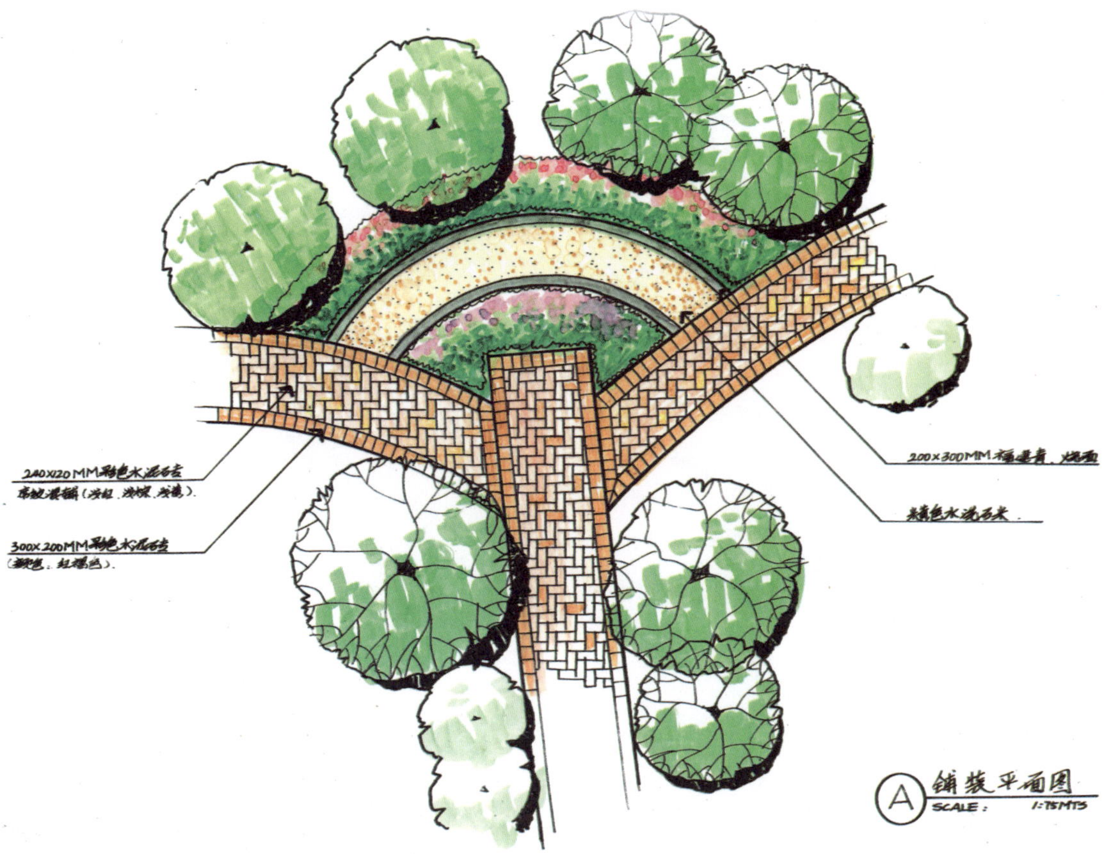
240X120MM彩色水泥砖
300X200MM彩色水泥砖
200×300MM
米黄色水洗石米
A 铺装平面图
SCALE: 1:75MTS

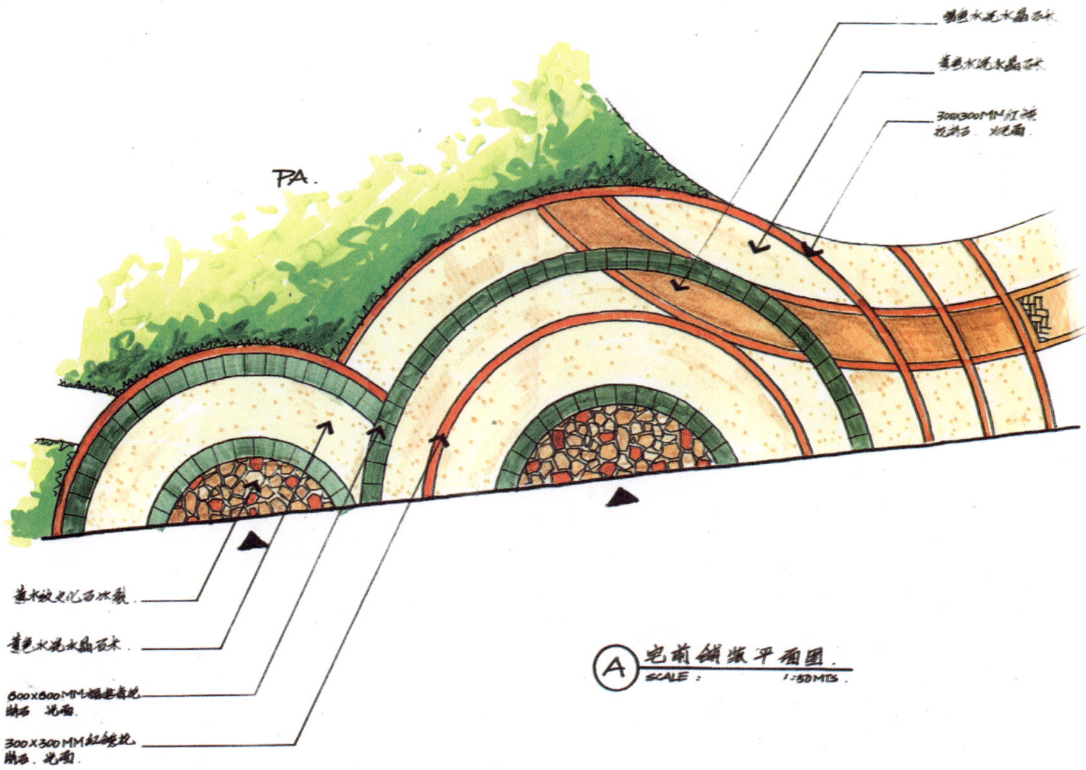
PA.
青色水洗水晶石米
300X300MM
600X600MM
300X300MM
A 宅前铺装平面图
SCALE: 1:50MTS

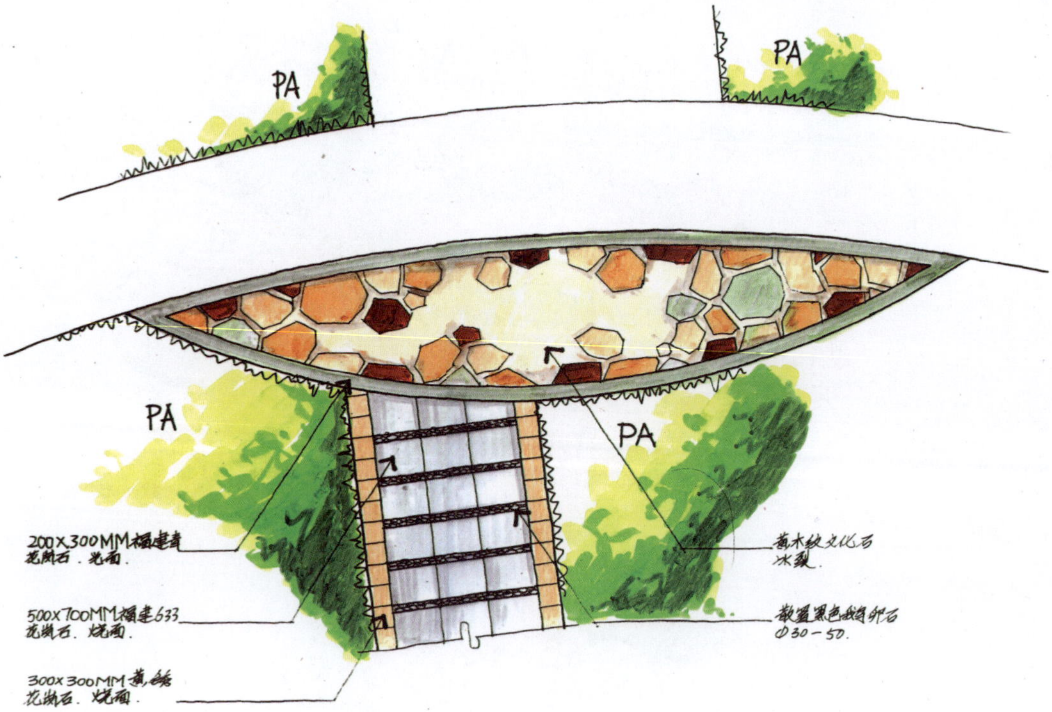

Ⓐ 宅前铺装平面图
SCALE 1:50MTS.

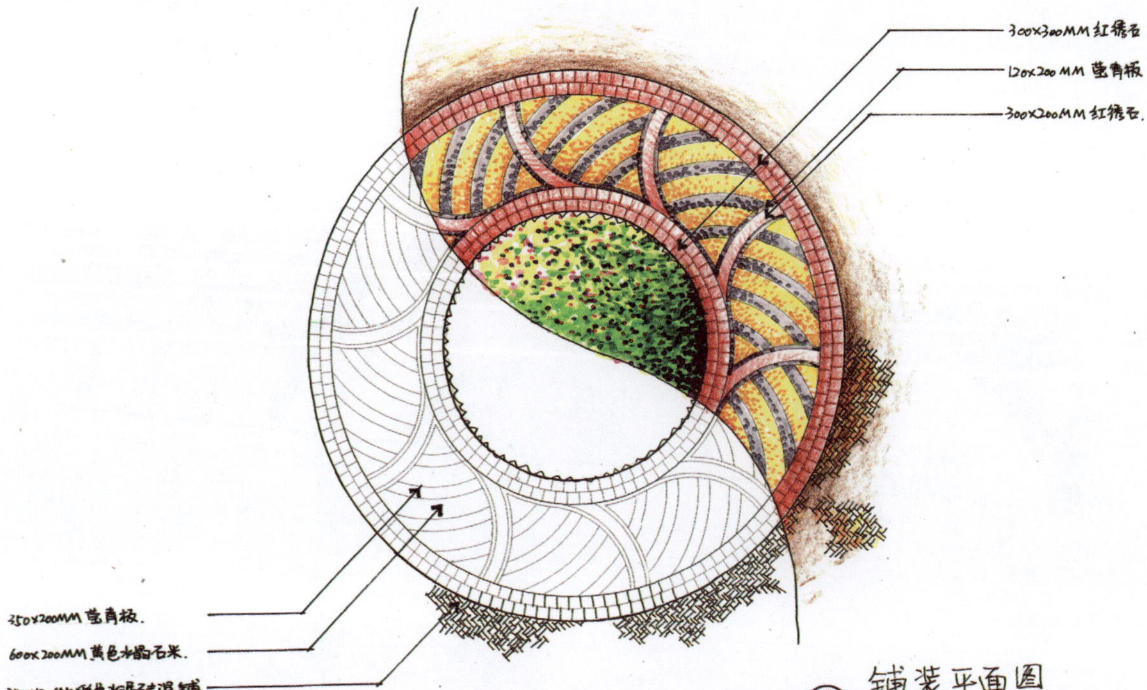

Ⓐ 铺装平面图
SCALE: 1:100

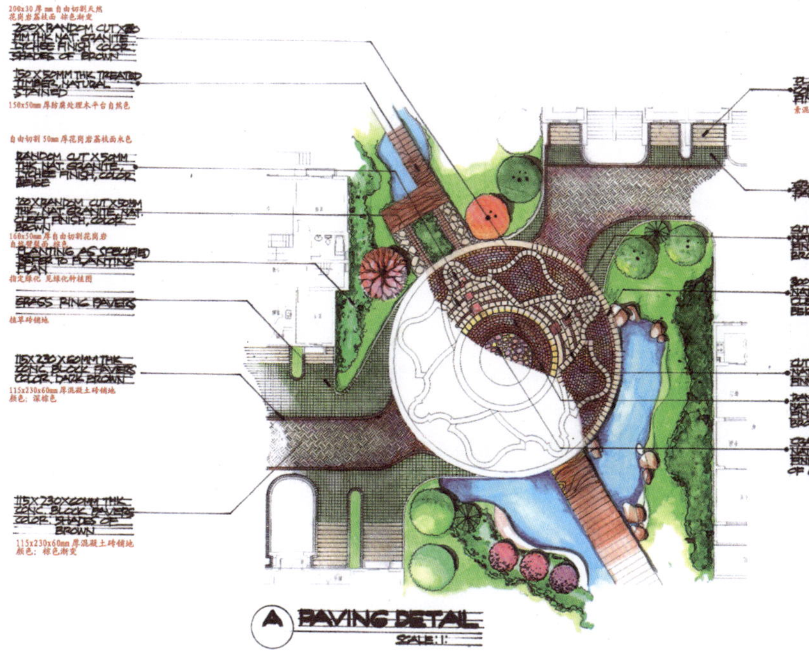

池岸做法示意性图片

池岸做法示意性图片

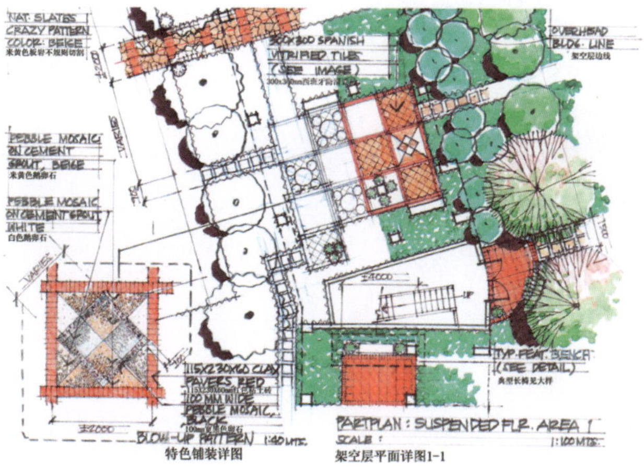

特色铺装详图

架空层平面详图1-1

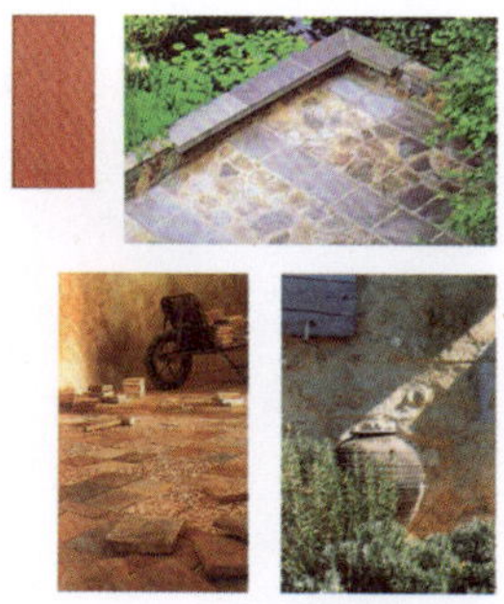

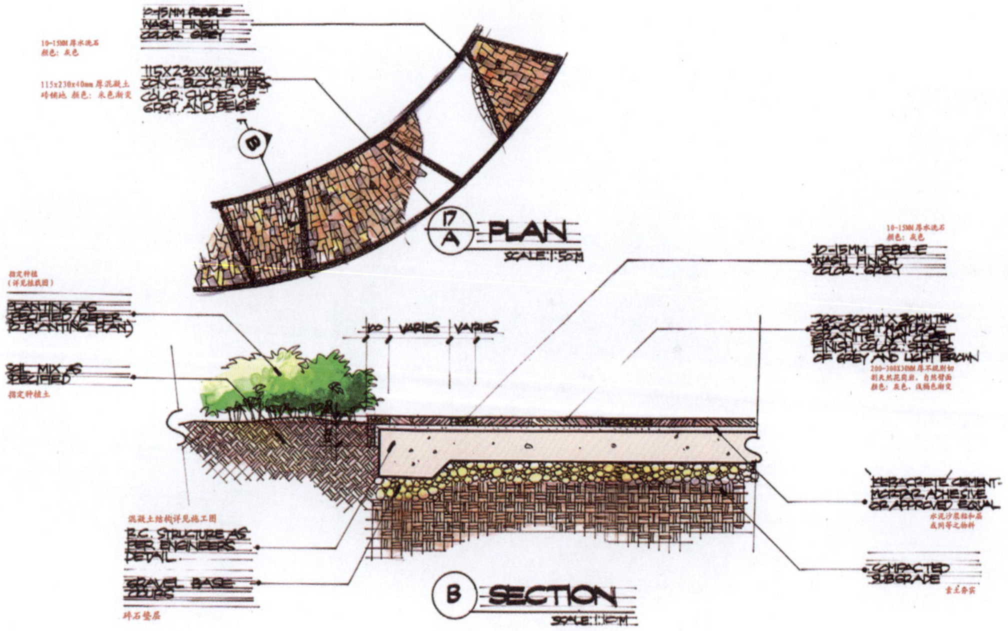

驳岸示意性图片

特色水景示意性图片

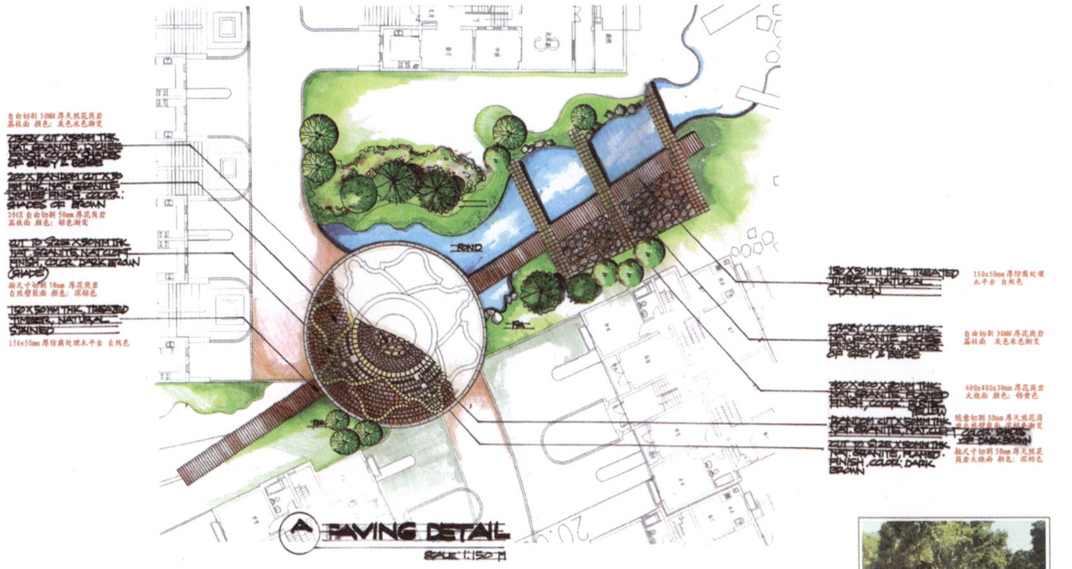
自由切割 50MM 厚天然花岗岩
荔枝面 颜色：灰色米色渐变
200X 自由切割 50mm 厚花岗岩
荔枝面 颜色：棕色渐变
按尺寸切割 50mm 厚花岗岩
自然劈裂面 颜色：深棕色
150x50mm 厚防腐处理木平台 自然色
150x50mm 厚防腐处理
木平台 自然色
自由切割 30MM 厚花岗岩
荔枝面 灰色米色渐变
400x400x30mm 厚花岗岩
火烧面 颜色：锈黄色
按尺寸切割 50mm 厚天然花
岗岩火烧面 颜色：深棕色
A PAVING DETAIL

驳岸示意性图片

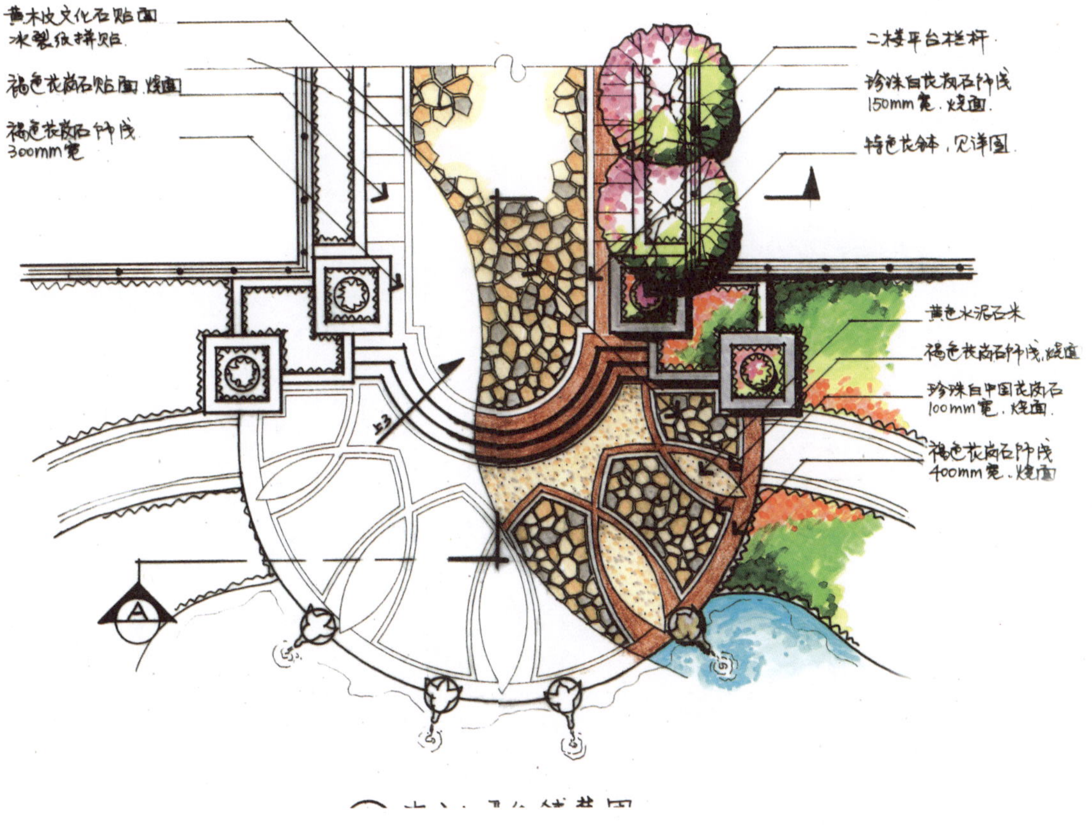
黄木纹文化石贴面
冰裂纹拼贴
褐色花岗石贴面、烧面
褐色花岗石阶线
300mm宽
二楼平台栏杆
珍珠白花岗石阶线
150mm宽、烧面
特色花钵，见详图
黄色水泥石米
褐色花岗石阶线，烧面
珍珠白中国花岗石
100mm宽、烧面
褐色花岗石阶线
400mm宽、烧面
上3
A

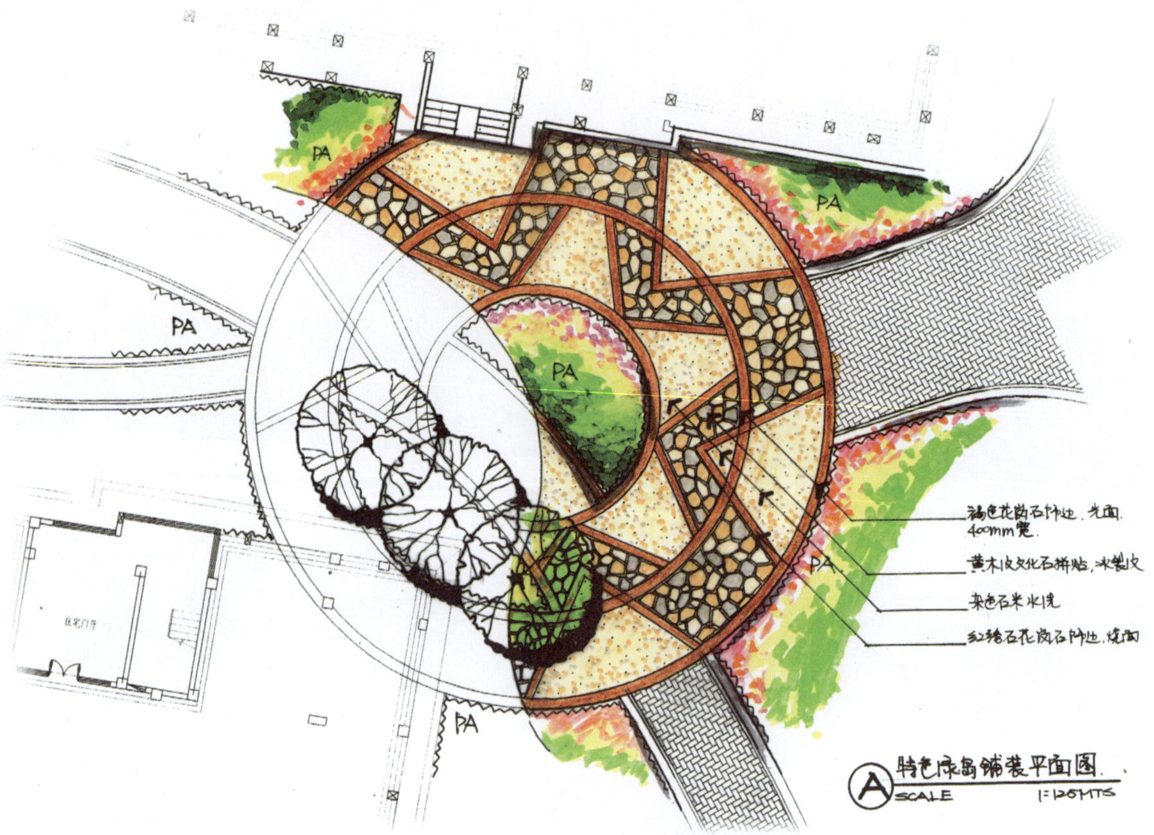
PA
PA
PA
PA
PA
PA
住宅门厅
褐色花岗石饰边，光面.
400mm宽.
黄木纹文化石拼贴，冰裂纹
杂色石米水洗
红锈石花岗石饰边，烧面
特色环岛铺装平面图.
SCALE
1:125MTS

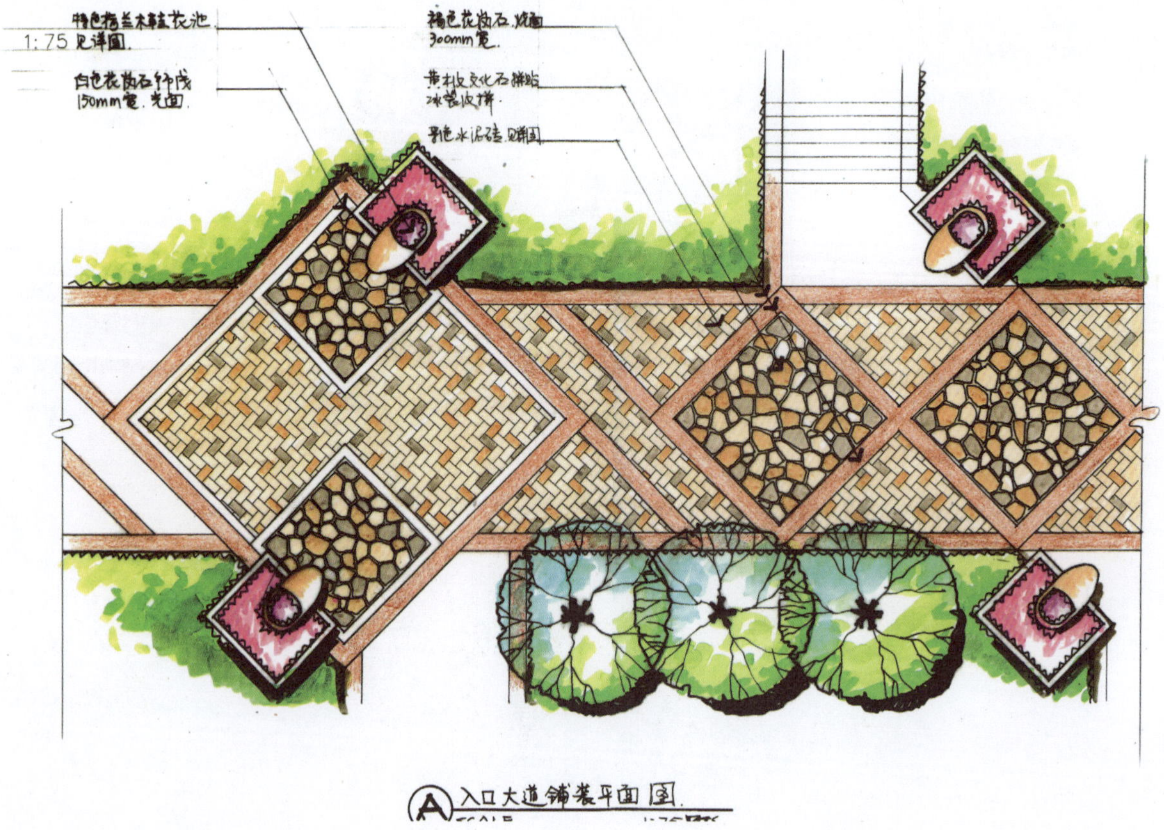
特色梅兰木鞋花池.
1:75 见详图.
白色花岗石饰线
150mm宽，光面.
褐色花岗石，烧面
300mm宽.
黄木纹文化石拼贴
冰裂纹拼.
彩色水泥砖，见详图
入口大道铺装平面图

A 铺装平面图
SCALE 1:100MTS

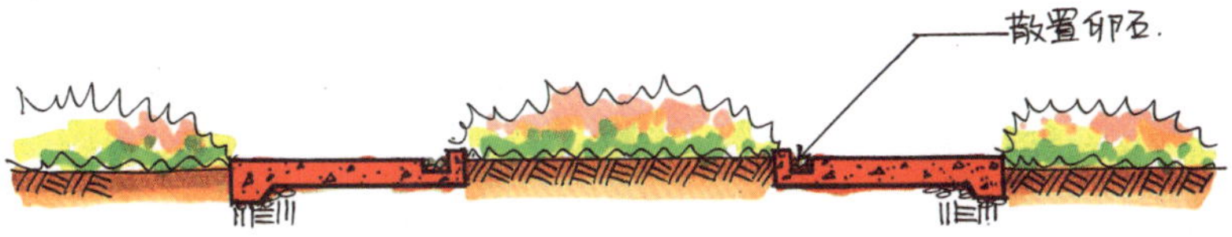

B 剖面图

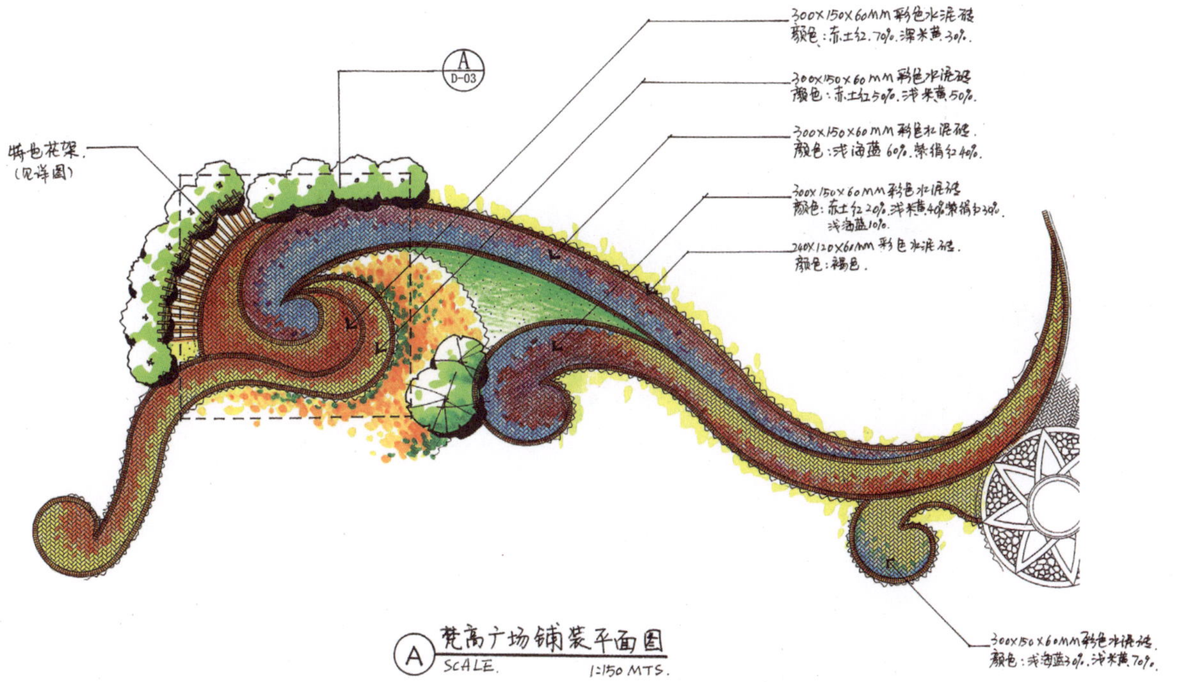

A 梵高广场铺装平面图
SCALE. 1:150 MTS.

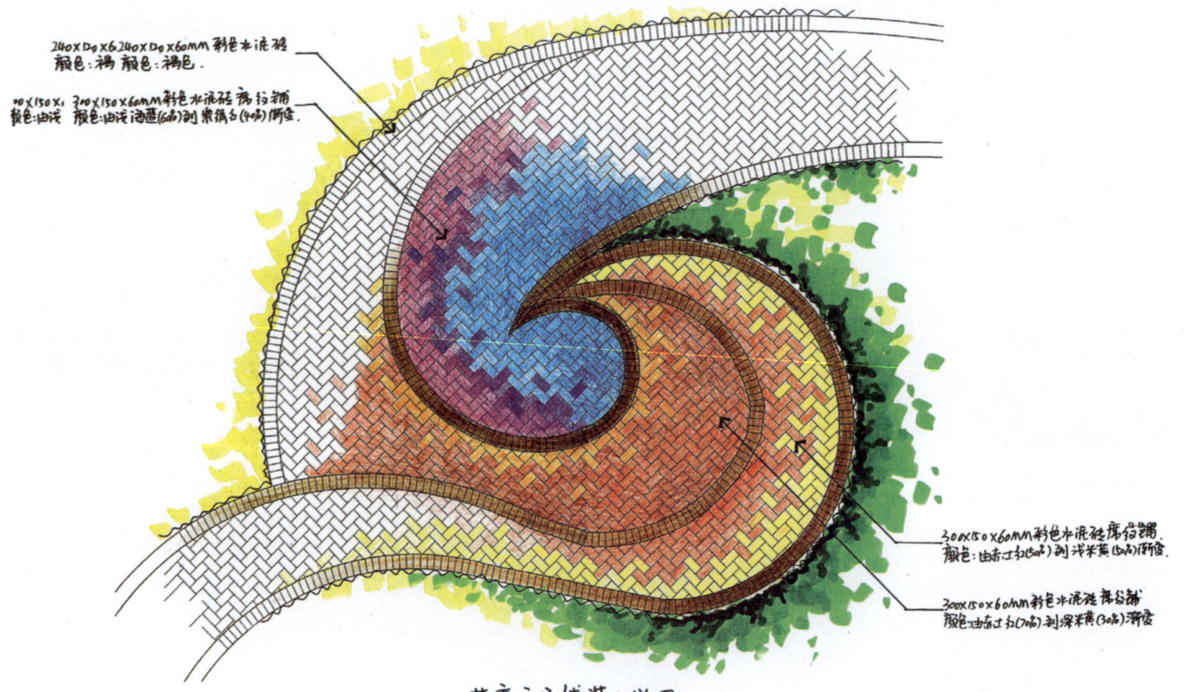

Ⓐ 梵高广场铺装大样图
SCALE 1:50MTS.

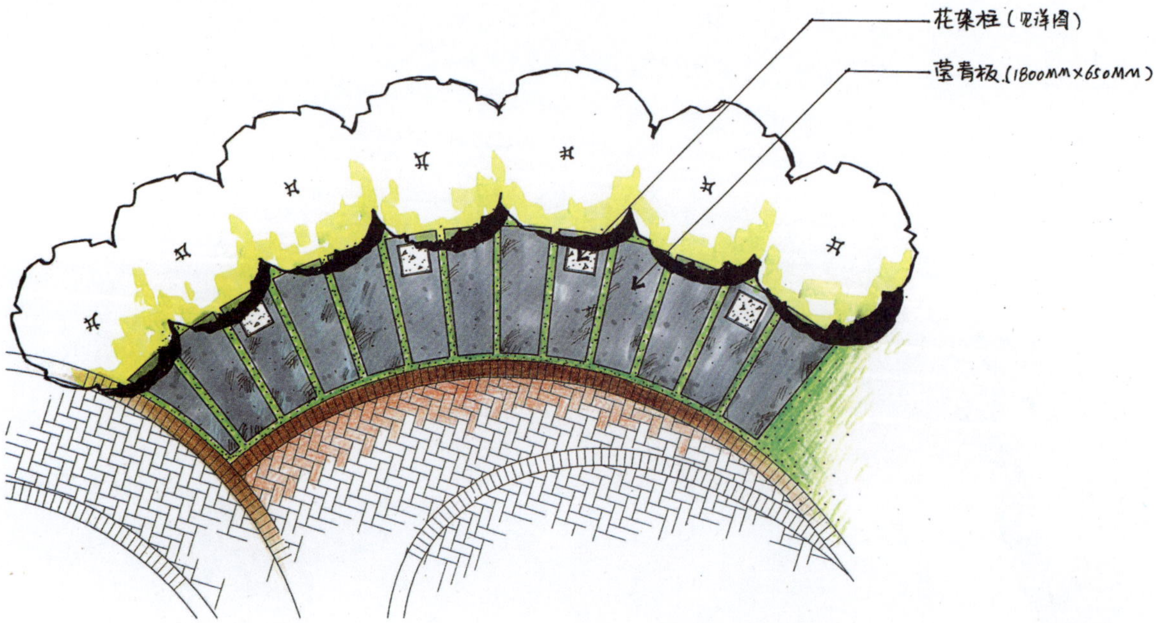

Ⓐ 花架铺装平面图
SCALE 1:50MTS

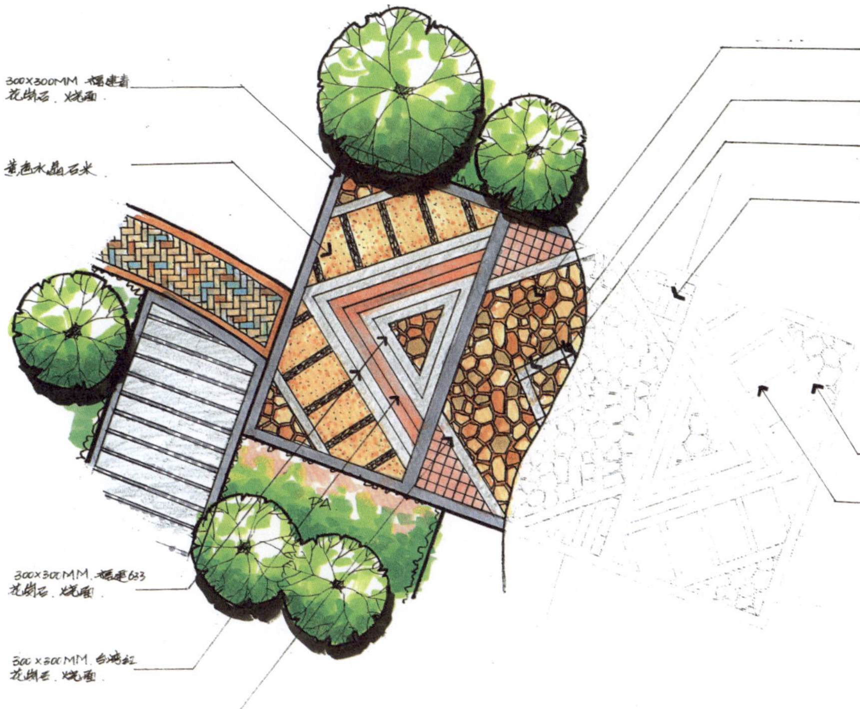

A 铺装平面图
SCALE: 1:100MTS

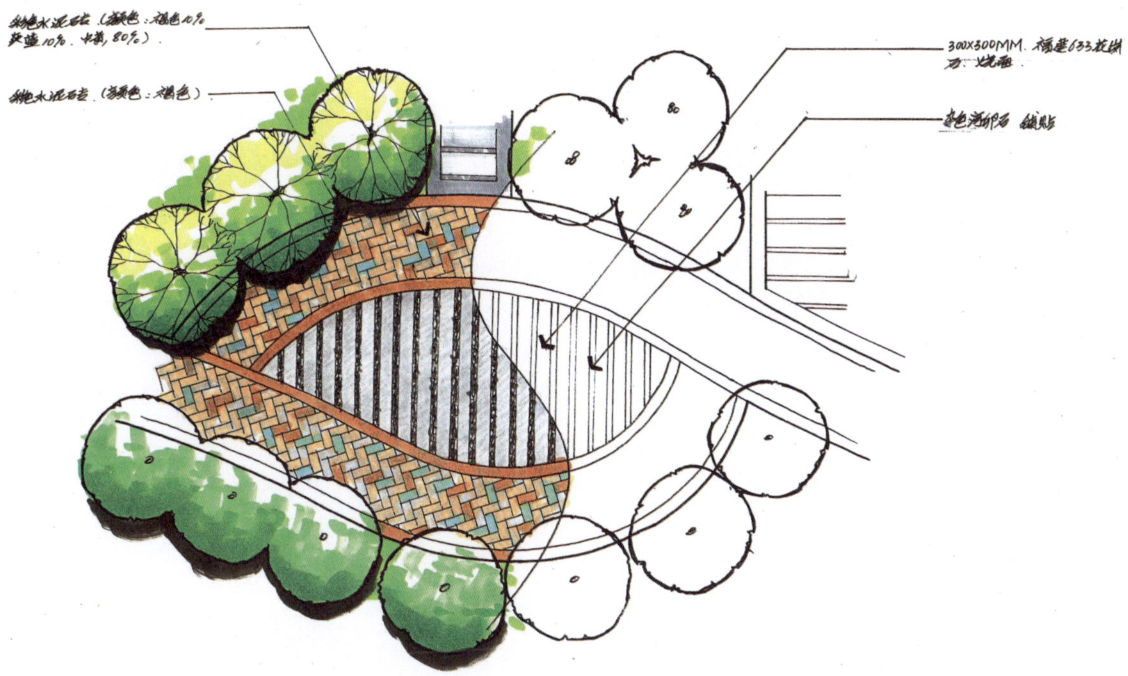

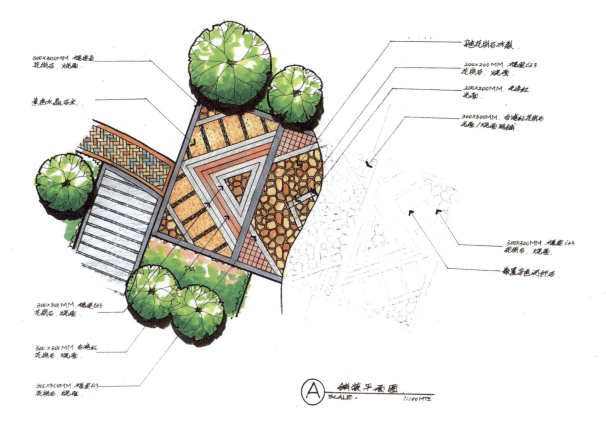

A 铺装平面图
SCALE: 1:75MTS

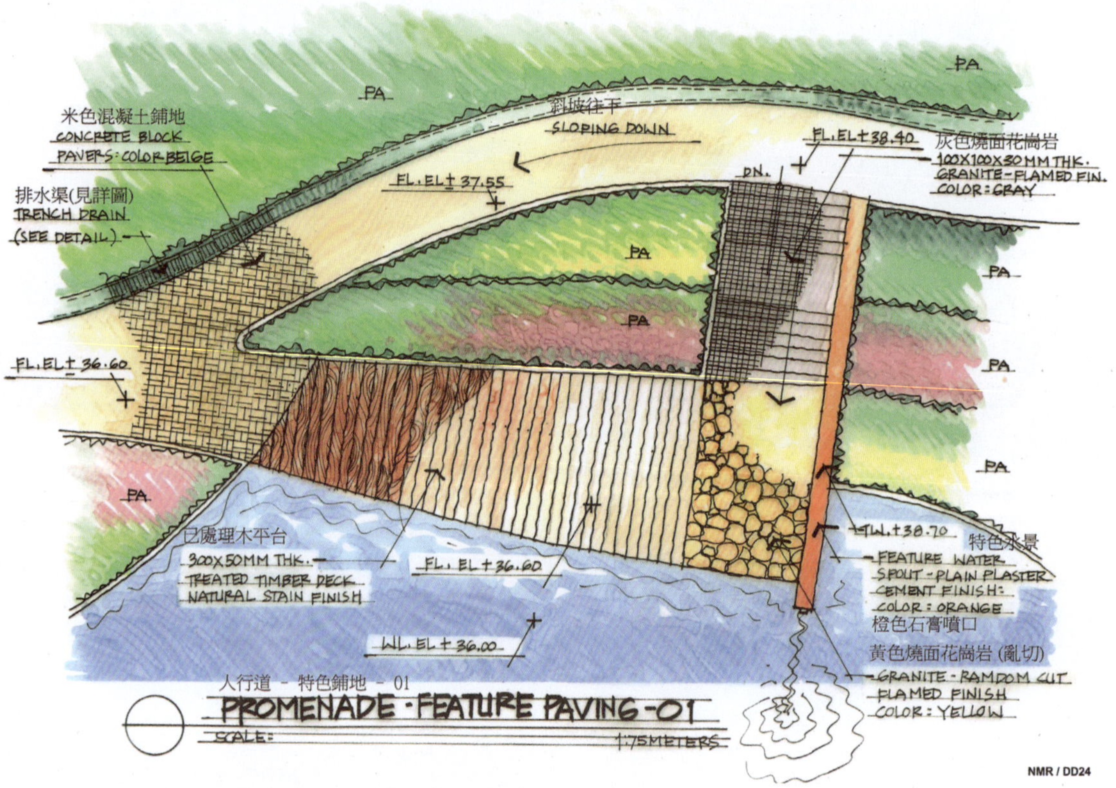

NMR / DD24

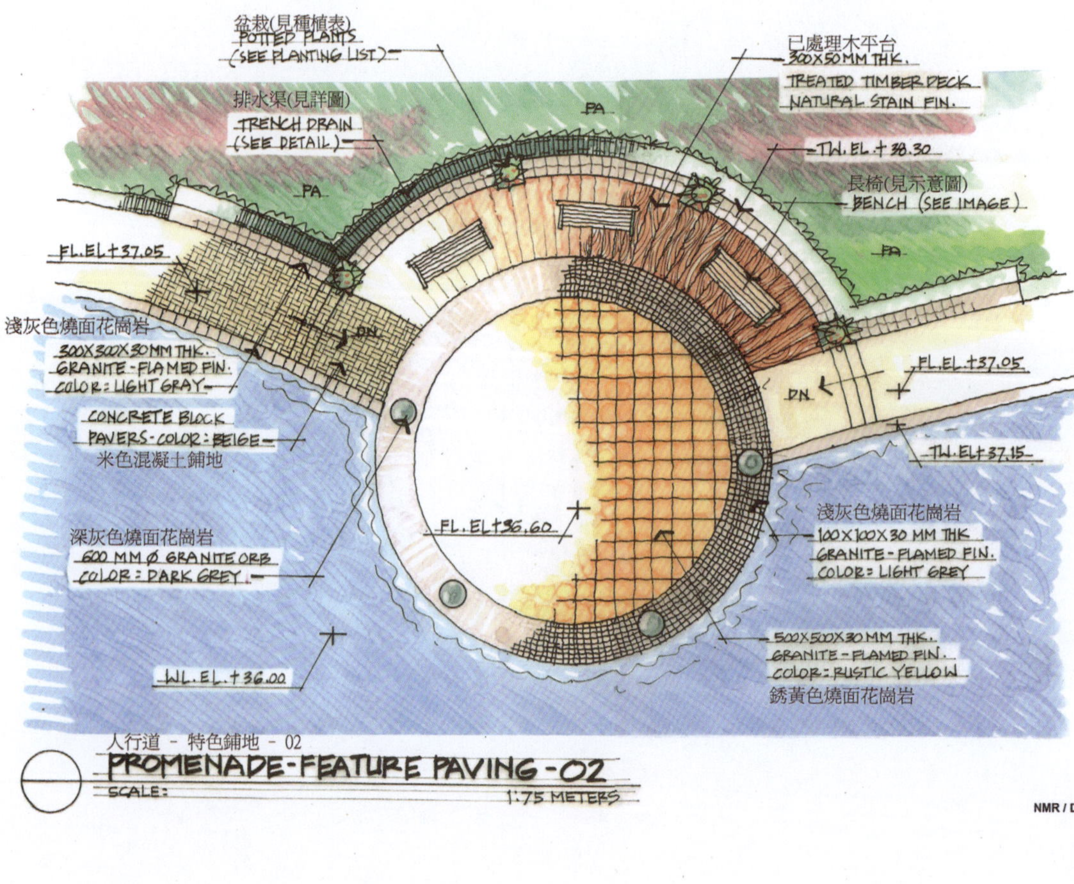

NMR / DD25

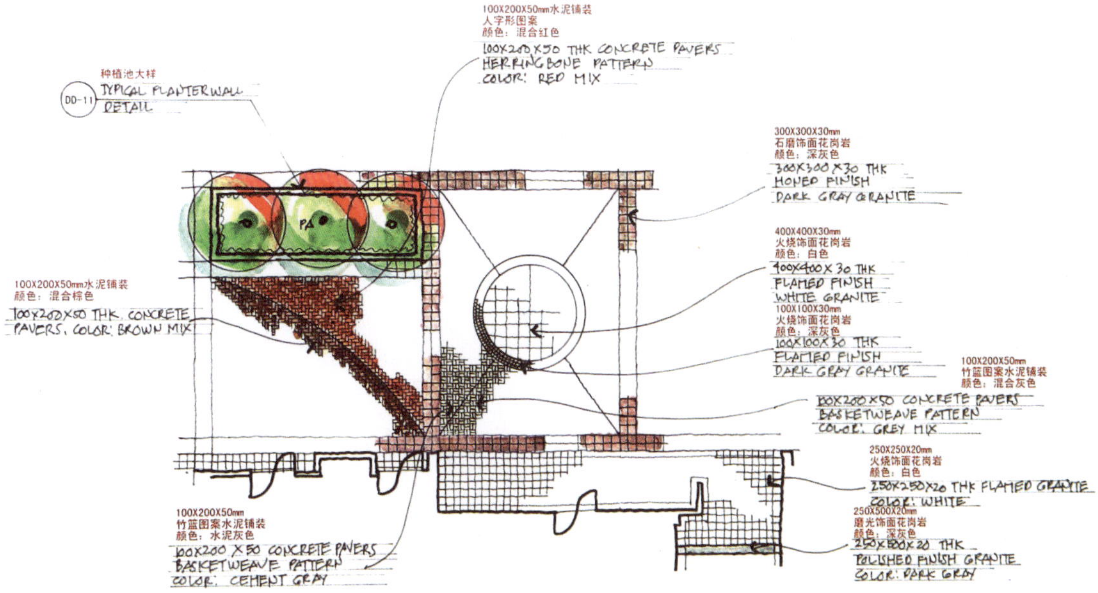

PAVING DETAIL 铺装大样
SCALE 1:100

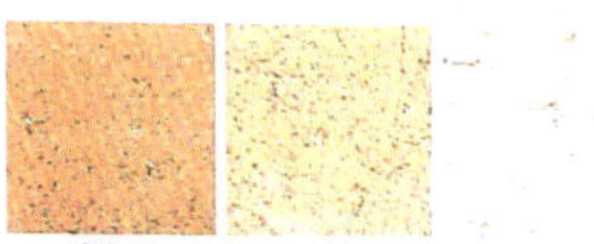

20% 60% 20%

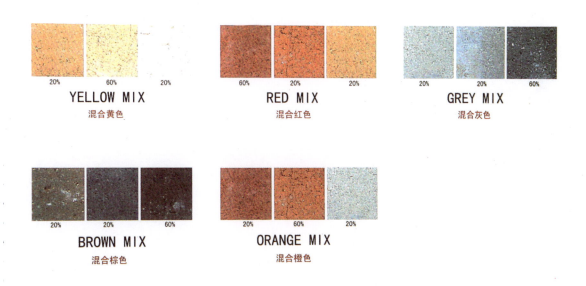

YELLOW MIX
混合黄色

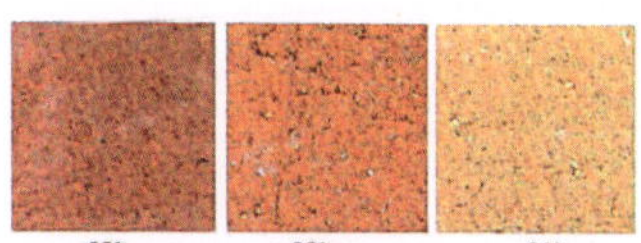

60% 20% 20%

RED MIX
混合红色

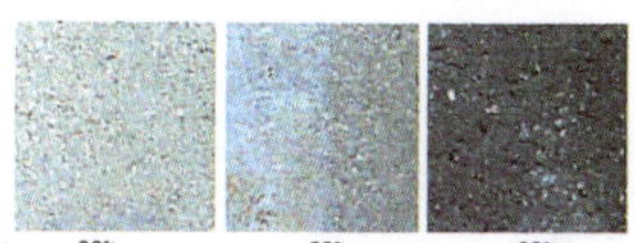

20% 20% 60%

GREY MIX
混合灰色

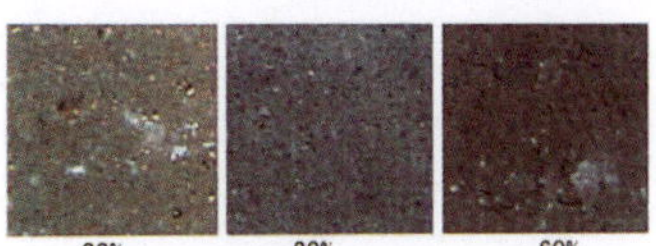

20% 20% 60%

BROWN MIX
混合棕色

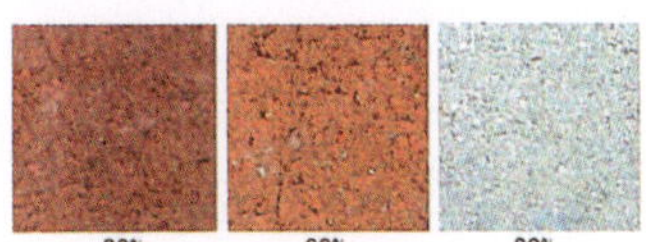

20% 60% 20%

ORANGE MIX
混合橙色

CONCRETE PAVERS COLOR MIX 混凝土铺装颜色示意图

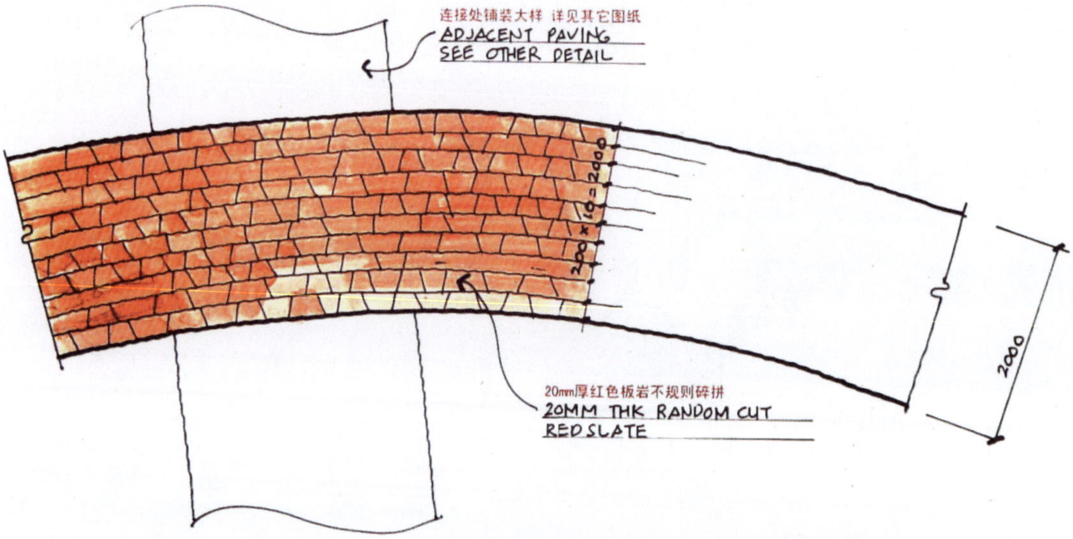

21G-2AG WALKWAY PAVING DETAIL
SCALE 1:40
曲形人行道铺装大样图

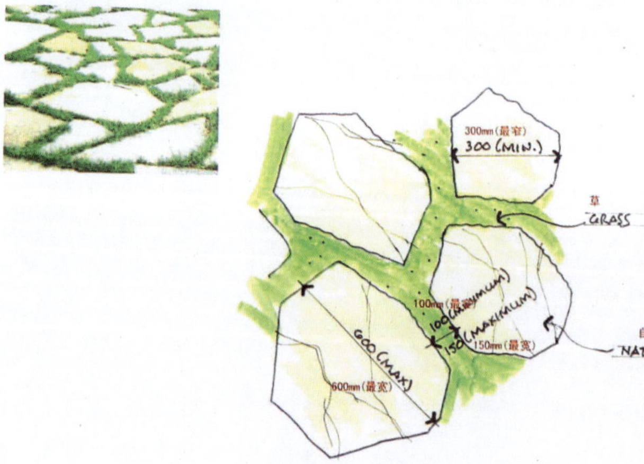

GRASS JOINTS 草间缝
SCALE 1:10

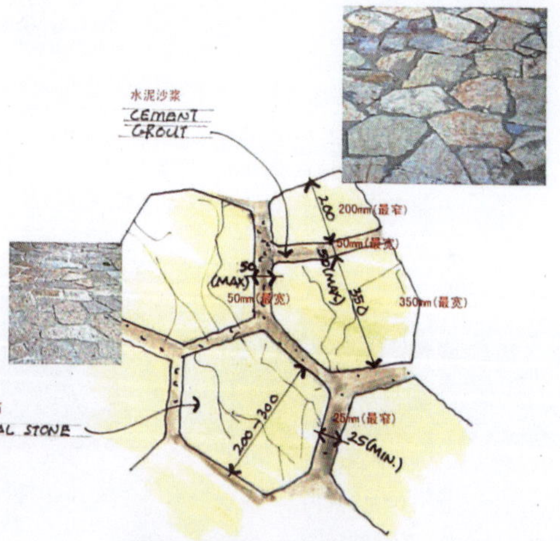

GROUTED JOINTS 水泥沙浆间缝
SCALE 1:10

CRAZY CUT PAVING DETAIL 不规则块石路面大样图
SCALE 1:10

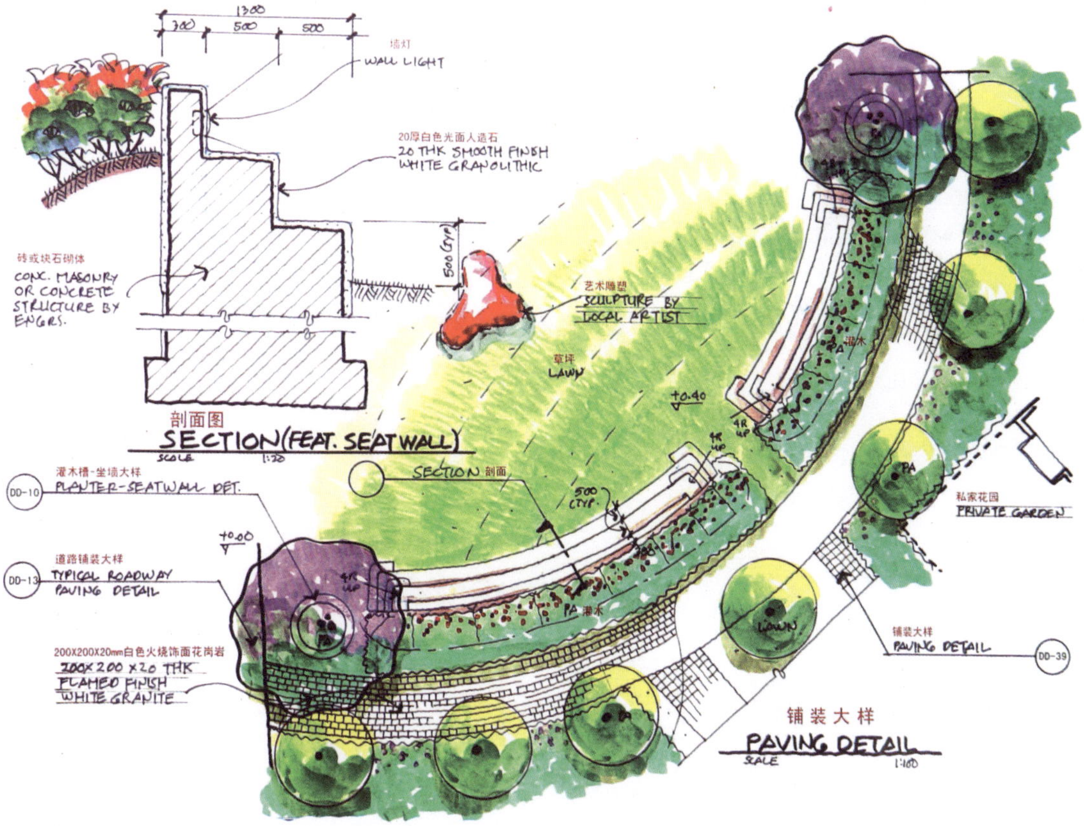

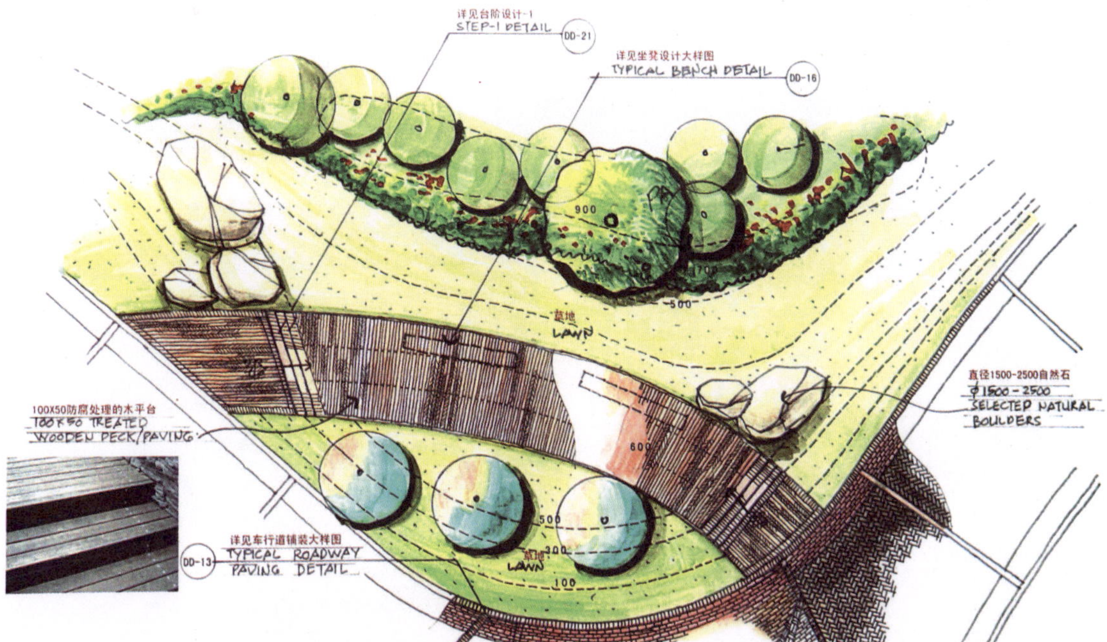

PAVING DETAIL 铺装设计大样图
SCALE 1:100

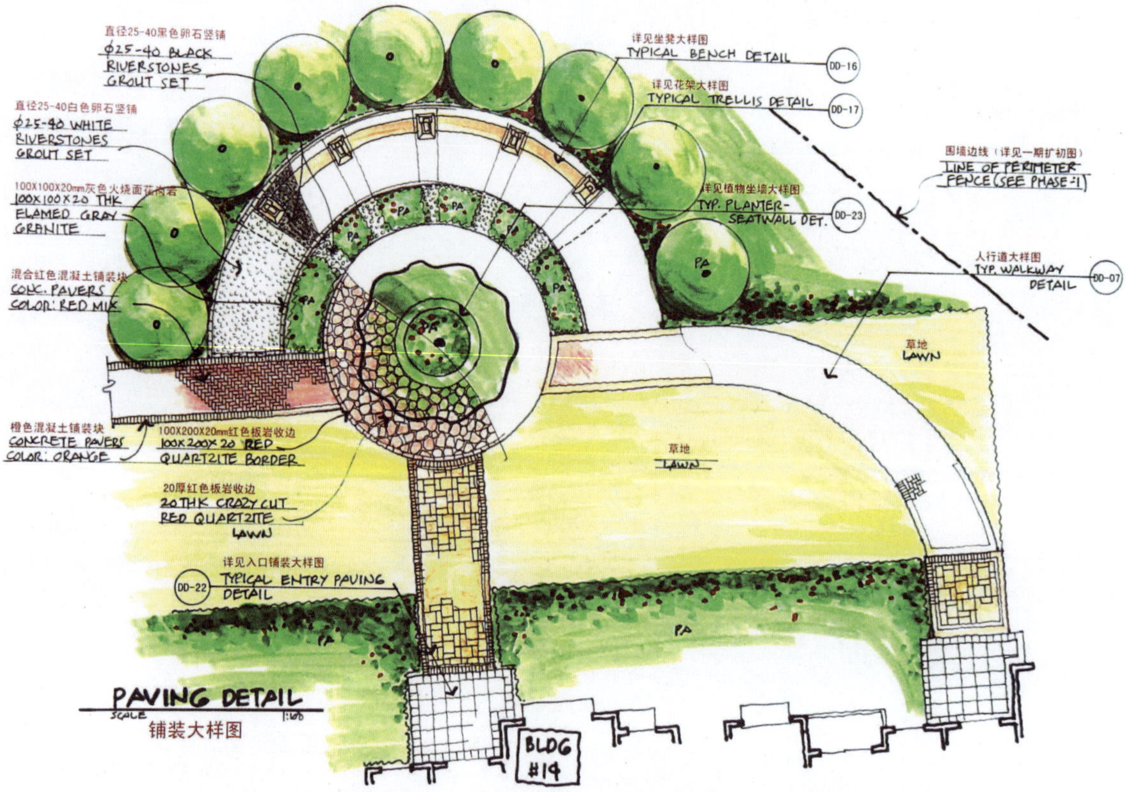

PAVING DETAIL
SCALE 1:100
铺装大样图

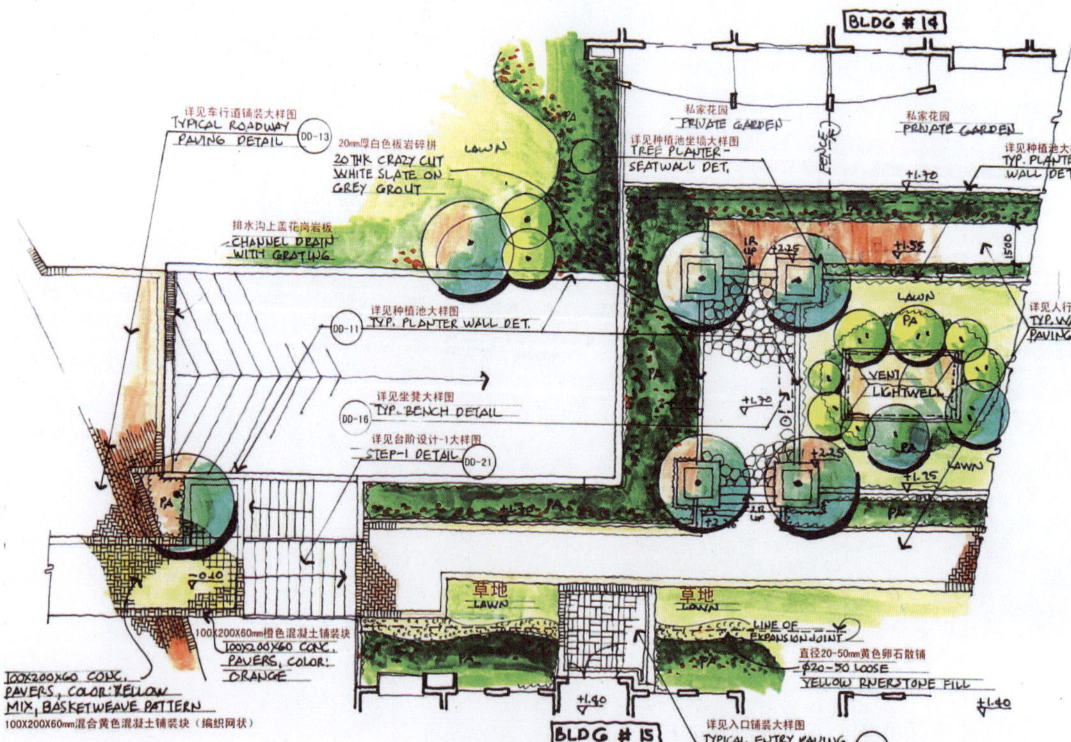

PAVING DETAIL
SCALE 1:100
铺装大样图

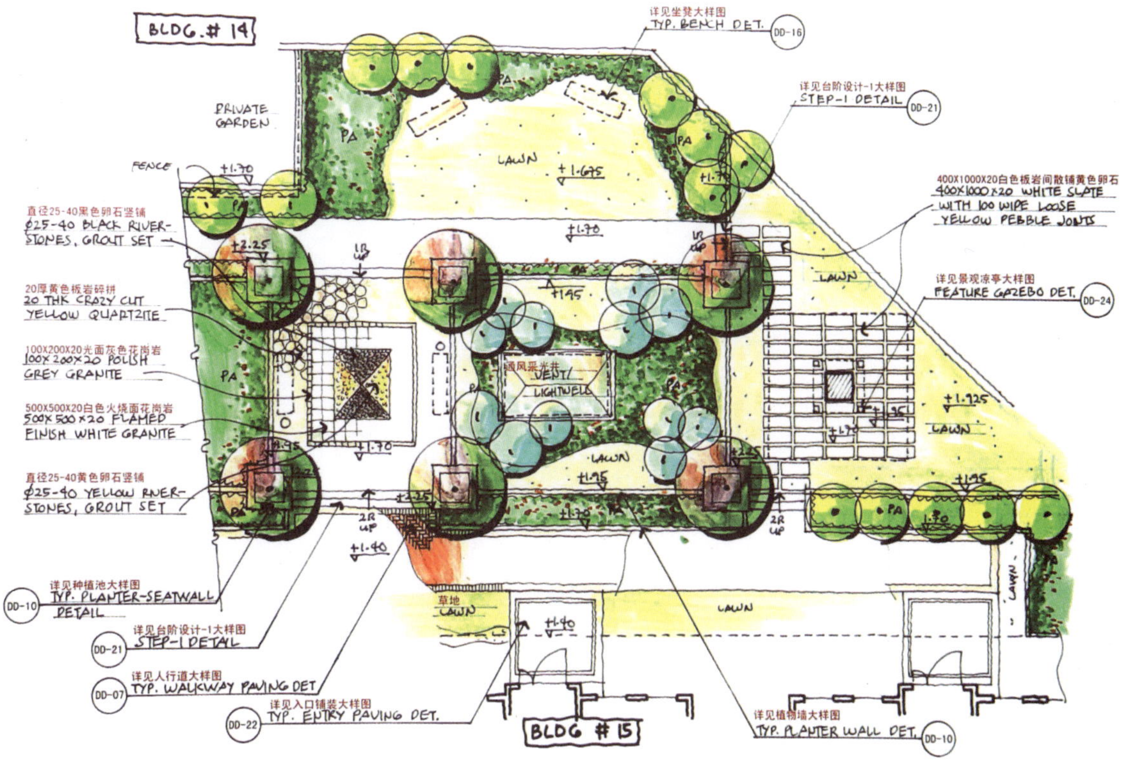
BLDG.# 14
详见坐凳大样图
TYP. BENCH DET.
DD-16
PRIVATE GARDEN
详见台阶设计-1大样图
STEP-1 DETAIL
DD-21
FENCE
+1.70
LAWN
+1.675
400X1000X20白色板岩间散铺黄色卵石
400X1000X20 WHITE SLATE WITH 100 WIPE LOOSE YELLOW PEBBLE JOINTS
直径25-40黑色卵石竖铺
Ø25-40 BLACK RIVER-STONES, GROUT SET
+2.25
详见景观凉亭大样图
FEATURE GAZEBO DET.
DD-24
20厚黄色板岩碎拼
20 THK CRAZY CUT YELLOW QUARTZITE
100X200X20光面灰色花岗岩
100X200X20 POLISH GREY GRANITE
通风采光井
VENT/LIGHTWELL
500X500X20白色火烧面花岗岩
500X500X20 FLAMED FINISH WHITE GRANITE
+1.925
直径25-40黄色卵石竖铺
Ø25-40 YELLOW RIVER-STONES, GROUT SET
+1.40
详见种植池大样图
TYP. PLANTER-SEATWALL DETAIL
DD-10
详见台阶设计-1大样图
STEP-1 DETAIL
DD-21
草地
LAWN
详见人行道大样图
TYP. WALKWAY PAVING DET.
DD-07
详见入口铺装大样图
TYP. ENTRY PAVING DET.
DD-22
BLDG # 15
详见植物墙大样图
TYP. PLANTER WALL DET.
DD-10

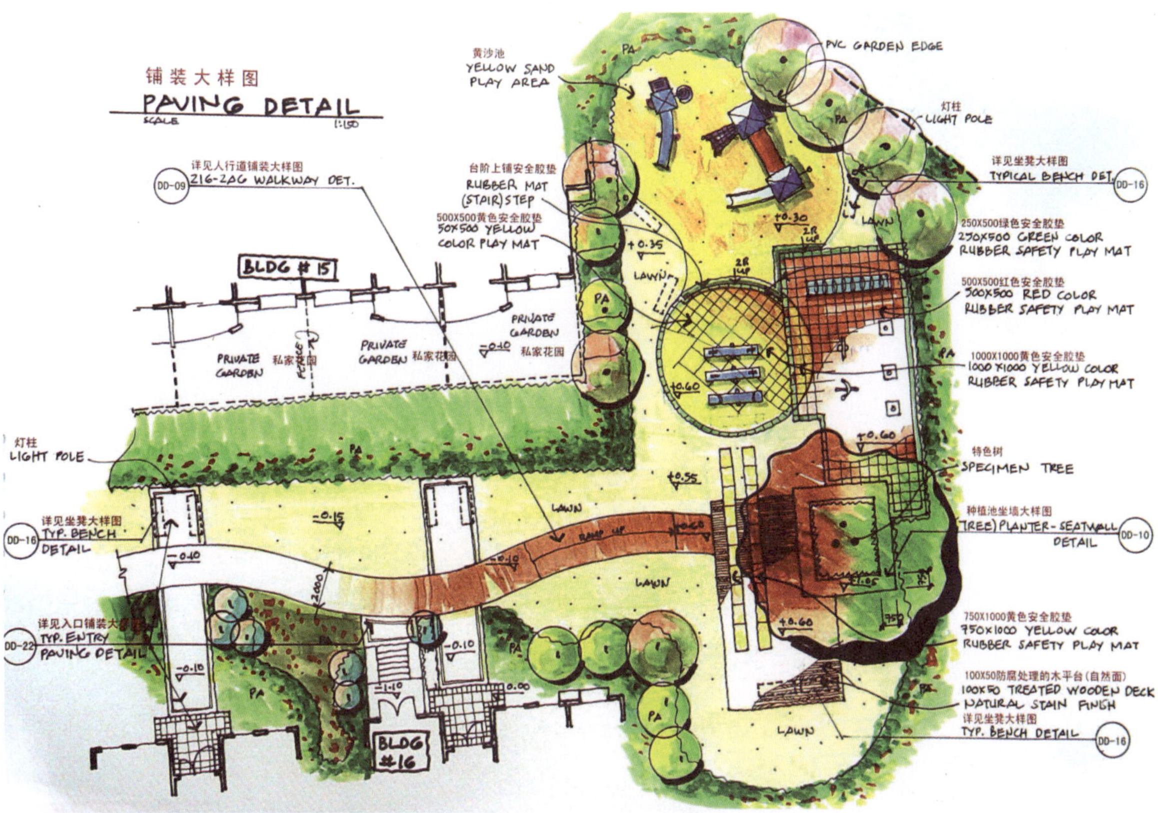
铺装大样图
PAVING DETAIL
SCALE 1:150
黄沙池
YELLOW SAND PLAY AREA
PVC GARDEN EDGE
灯柱
LIGHT POLE
详见人行道铺装大样图
216-2A6 WALKWAY DET.
DD-09
台阶上铺安全胶垫
RUBBER MAT (STAIR) STEP
500X500黄色安全胶垫
500X500 YELLOW COLOR PLAY MAT
详见坐凳大样图
TYPICAL BENCH DET.
DD-16
250X500绿色安全胶垫
250X500 GREEN COLOR RUBBER SAFETY PLAY MAT
BLDG # 15
500X500红色安全胶垫
500X500 RED COLOR RUBBER SAFETY PLAY MAT
PRIVATE GARDEN
私家花园
1000X1000黄色安全胶垫
1000X1000 YELLOW COLOR RUBBER SAFETY PLAY MAT
灯柱
LIGHT POLE
特色树
SPECIMEN TREE
详见坐凳大样图
TYP. BENCH DETAIL
DD-16
种植池坐墙大样图
TREE) PLANTER-SEATWALL DETAIL
DD-10
LAWN
RAMP UP
详见入口铺装大样图
TYP. ENTRY PAVING DETAIL
DD-22
750X1000黄色安全胶垫
750X1000 YELLOW COLOR RUBBER SAFETY PLAY MAT
100X50防腐处理的木平台(自然面)
100X50 TREATED WOODEN DECK NATURAL STAIN FINISH
详见坐凳大样图
TYP. BENCH DETAIL
DD-16
BLDG #16

2 种植池

一、种植池概述

树木是营造园林景观的主要材料之一，园林一贯倡导园林景观应以植物造景为主，尤其是能够很好地体现大园林特色的乔木的应用，已成为当今园林设计的主旨之一。城市的街道、公园、游园、广场及单位庭院中的各种乔木，构成了一个城市的绿色框架，体现了一个城市的绿化特色，更为出行和游玩的人们提供着浓浓的绿荫。曾几何时，我们注重了树种的选择、种植池的围挡，但对种植池的覆盖、种植池的美化重视不够，没有把种植池的覆盖当作硬性任务来完成，使得许多城市的绿化不够完美、功能不够完备。我们在设计与施工过程中要总结园林种植池处理技术，坚持生态为先，兼顾使用，以最大限度发挥园林种植池的综合功能。

二、种植池处理的功能作用

1. 完善功能，美化容貌

城市街道中无论行道还是便道都种植有各种树木，起着遮阳蔽日、美化市容的作用。由于城市中人多、车多，便利畅通的道路是人人所希望的，如不对种植池进行处理，则会由于种植池的低洼不平对行人或车辆通行造成影响，好比道路中的井盖缺失一样，影响通行的安全。未经处理的种植池也在一定程度上影响城市的容貌。

2. 增加绿地面积

采用植物覆盖或软硬结合方式处理种植池，可大大增加城市绿地面积。各城市中一般每条街道都有行道树，小的种植池不小于 0.8 m×0.8m，主要街道上的大树种植池都在 1.5 m×1.5m，如果把行道树的种植池用植物覆盖，将增加大量的绿地。种植池种植植物后增加浇水次数，增加空气湿度，有利于树木生长。

3. 通气保水利于树木生长

近年来我们经常发现一些行道树和公园广场的树木出现长势衰败的现象，尤其一些针叶树种，对此园林专家分析，城市黄土不露天的要求，树木种植池周围的硬铺装有着不可推卸的责任。正是这些水泥不透气的硬铺装阻断了土壤与空气的交流，同时也阻滞了水分的下渗，导致树木根系脱水或窒息而死亡。采用透水铺装材料则能很好地解决这个问题，利于树木水分吸收和自由呼吸，从而保证树木的正常生长。

三、种植池处理方式分类及特点分析

1. 处理方式分类

通过对收集到的园林种植池处理方式进行归纳、分析，当前园林种植池处理方式可分为硬质处理、软质处理、硬软结合三种。

硬质处理是指使用不同的硬质材料用于架空、铺设种植池表面的处理方式。此方式又分为固定式和不固定式。如园林中传统使用的铁箅子，以及近年来使用的塑胶箅子、玻璃钢箅子、碎石砾粘合铺装等，均属固定式。而使用卵石、树皮、陶粒覆盖种植池则属于不固定式。软质处理则指采用低矮植物植于种植池内，用于覆盖种植池表面的方式。一般北方城市常用大叶黄杨、金叶女贞等灌木或冷季型草坪、麦冬类、白三叶等地被植物进行覆盖。软硬结合指同时使用硬质材料和园林植物对种植池进行覆盖的处理方式。如对种植池铺设透空砖，砖孔处植草等。

国外遮盖树坑通常采用以下方法：一是让树坑中的野草自然生长；二是将修剪树枝后的废弃枝条剪碎成木屑，用其覆盖树坑，树坑既不长杂草又能渗透雨水；三是让树叶自然覆盖树坑，树叶最终形成腐殖质成为树木的养料。这些都是花钱少而有效的绿化方式。当前我们采用的木屑进行加工处理用于树木地表覆盖的做法，正是借鉴了国外的生态理念，丰富了种植池处理的方法。

2. 种植池处理特点分析

从使用功能上讲，上述各种种植池处理方式均能起到覆盖种植池、防止扬尘的作用，有的还可填平种植池，便于行人通行，同时起到美化的作用。但不同的处理方式又具有独特的作用。

箅子类型中铁箅子已使用多年，其坚固耐用，通透性强，能很好地覆盖种植池，箅下还有足够的空间用于存水透气。但由于其可回收性，常被不法分子盗走变卖，保存时间不定，这也是园林界非常头痛的事。玻璃钢、塑胶箅子的发明和使用，彻底解决了这一难题。尤其是玻璃钢箅子，坚固耐用，而且可塑性强，可依据树木基径的增大进行调整，目前石家庄市主要街道已有 4900 余株树木使用了玻璃钢箅子，使街道容貌大为增色。

随着城市环境建设发展的要求，一些企业瞄准了园林这一市场，具有先进工艺的透水铺装应运而生，如透水铺装材料正是一个典型代表。这种以进口改性纤维化树脂为胶粘剂，配合天然材料或工业废弃物，如石子、木鞋、树皮、废旧轮胎、碎玻璃、炉渣等作骨料，经过混合、搅拌后进行铺装，即利用了废旧物，又为植物提供了可呼吸、可透水的地被，同时对于城市来讲，其特有的色彩又是一种好的装饰。去年以来，我市已在主要地段的树木进行尝试。北方由于尘土较多，时间久了其透水性是否减弱，有待进一步考证。

从工程造价分析，不同类型的种植池其造价差异较大。按每平方米计算，各种种植池处理造价由高到底顺序为：玻璃钢箅子—石砾黏合铺装—铁箅子—塑胶箅子—透空砖植草—树皮—陶粒—植草。此顺序只是按石家庄市目前造价估算，各城市由于用工及材料来源其造价应有所差异。但可以看出，种植池植草造价最低，如交通或其他条件允许，种植池应以植草为主。

四、 种植池处理原则及设计要点

1. 种植池处理原则

种植池处理应坚持因地制宜的原则、生态优先的原则。由于城市绿地树木种植的多样性，不同地段、不同种植方式应采用不同的处理。便道种植池在人流较大地段，由于兼顾行人通过，首先要求平坦利于通行，所以种植池覆盖以选择箅式为主。分车带应以植物覆盖为主，个别地段为照顾行人可结合嵌草砖。公园、游园、广场及庭院主干道、环路上的乔木种植池选择余地较大，既可选用各种箅式也可用石砾粘合式。而位于干道、环路两侧草地的乔木则可选用陶粒、木屑等覆盖，覆盖物的颜色与绿草形成鲜明的对比，也是一种景观。林下广场种植池应以软覆盖为主，选用麦冬等耐阴抗旱常绿的地被植物。总之种植池覆盖在保证使用功能的前提下，宜软则软、软硬结合，以最大地发挥种植池的生态效益。

工程造价也是种植池处理应考虑的因素，一般在城市主要路段及广场、公园主要部位选用高档覆盖方式，其余部位则选用造价较低的覆盖材料，这样可降低造价。

2. 设计技术要点

行道树为城市道路绿化的主框架，一般以高大乔木为主，其种植池面积要大，一般不少于1.2×1.2m，由于人流较大，种植池应选择箅式覆盖，材料选玻璃钢、铁箅或塑胶箅子。如行道树地径较大，则不便使用一次铸造成型的铁箅或塑胶箅子，而以玻璃钢箅子为宜，其最大优点是可根据树木地径大小、树干生长方位随意进行调整。

对于分车带种植池，为分割车流和人流，利于交通管理，常采用抬高种植池30cm，池内填土，种植黄杨、金叶女贞等低矮植物，并通过修剪保持一定造型，起到覆盖和分割交通的作用，在为地被植物浇水的同时，也为分车带树木补充了水分。设计时要兼顾必要的人流通行，选择适宜部位进行软硬覆盖，即采用透空砖植草的方式，使分车带绿化保持完整性，又不失美化效果。

公园、游园、广场及庭院种植池由于受外界干扰少，主要为游园、健身、游憩的人们提高服务，种植池覆盖要更有特色、更体现环保和生态，所以应选择体现自然、与环境相协调的材料和方式进行种植池覆盖。对于主环路种植池可选用大块卵石填充，既覆土又透水透气，还平添一些野趣。在对称路段的种植池内也可种植金叶女贞或黄杨，通过修剪保持种植池植物呈方柱形、叠层形等造型，也别具风格。绿地内选择主要游览部位的树木，用木屑、陶粒进行软覆盖，具有美化功能，又可很好地解决剪草机作业时与树干相干扰的矛盾。铺装林下广场大树种植池可结合环椅的设置，池内植草。其他种植池为使地被植物不被踩踏，设计种植池时池壁应高于地面15cm，池内土与地面相平，以给地被植物留有生长空间。片林式种植池尤其对于珍贵的针叶树，可将种植池扩成带状，铺设嵌草砖，增大其透气面积，提供良好的生长环境。

五、种植池处理的保障措施

为保障树木生长，提升城市景观水平，作好城市树木种植池的处理是非常必要的。对此我们应采取多种措施予以保障。

首先是政策支持。作为城市生态工程，政府政策至关重要。解决好透水铺装问题，也是当前建设节约型社会的要求所在。据有关资料报道，包括北京在内的许多地方都相继出台政策，把广泛应用透水铺装作为市政、园林建设的一项重要工作来抓；其次，在透水铺装材料、工艺和技术上，应勇于创新。当前在政策的鼓励下，许多企业都开始开发各种材料，如玻璃钢箅子、碎石（屑）黏合铺装及透水砌块等，在一定程度上满足了园林的需求；第三，为使各种绿地种植池尤其是街道种植池能一次到位，应按《城市道路绿化规划与设计规范》要求，行道树之间采用透气性路面铺装，种植池上设置箅子，同时其覆盖工程所需费用也应列入工程总体预算，从而保证工程的实施。对于已完工程尚未进行覆盖的，要每年列出计划，逐年进行改善。在园林绿化日常养护管理中，将种植池覆盖纳入管理标准及检查验收范围，力促种植池覆盖工作日趋完善。各城市也要结合自身特点，不断创新种植池覆盖技术，形成独特风格。

索引平面

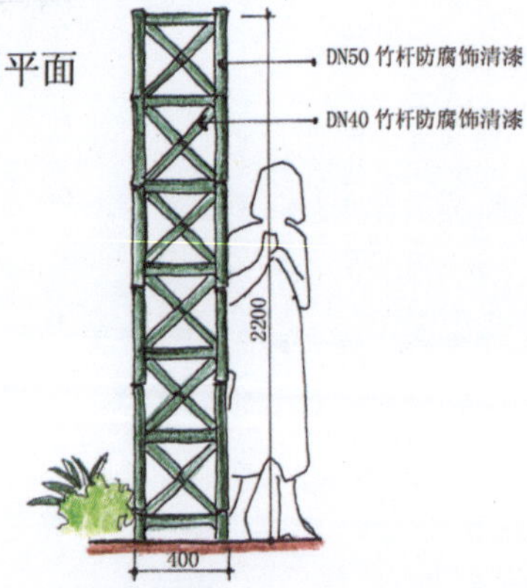

立面图 1:20

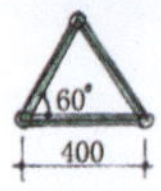

平面图 1:20

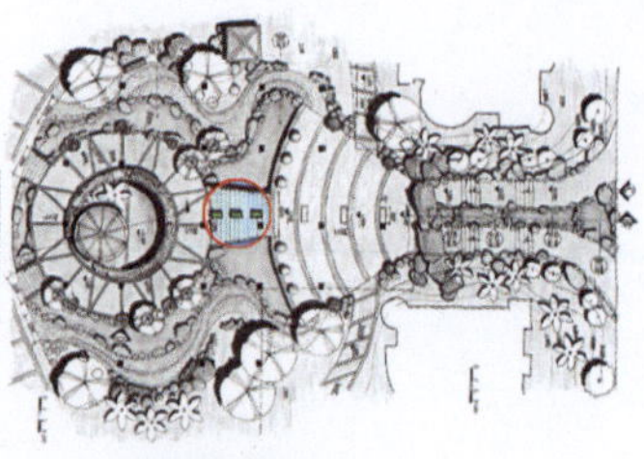

索引平面

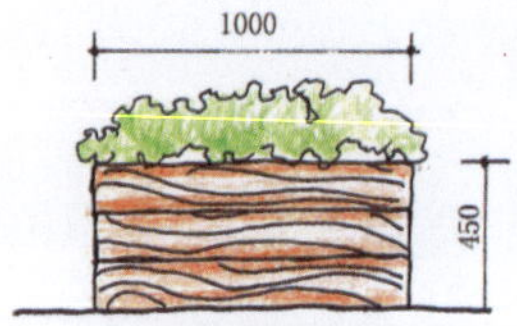

立面图 1:20

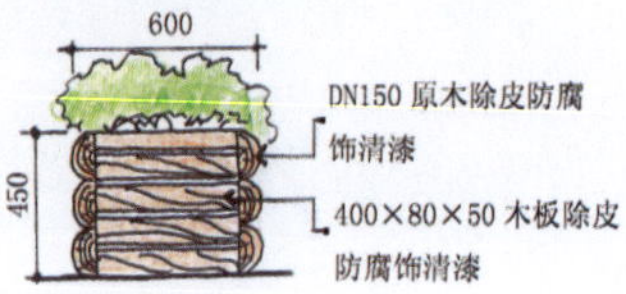

侧立面图 1:20

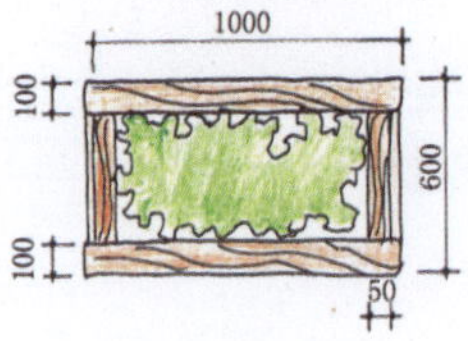

平面图 1:20

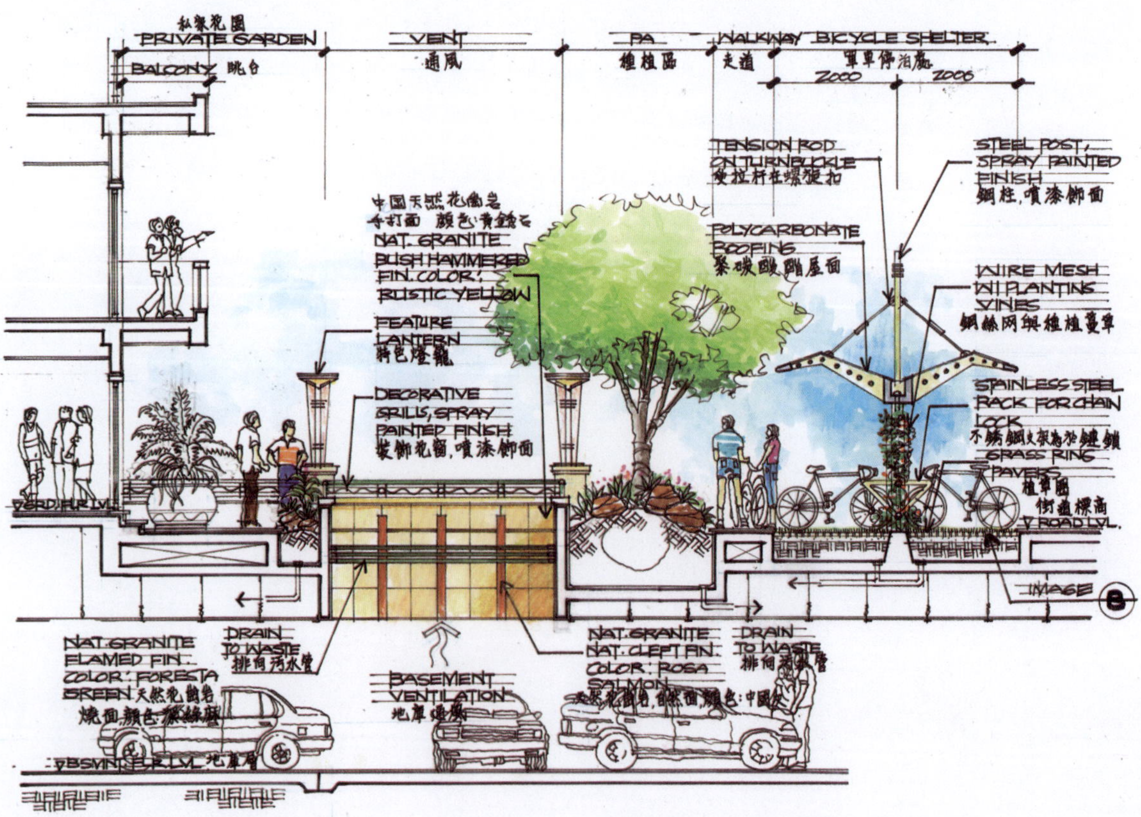

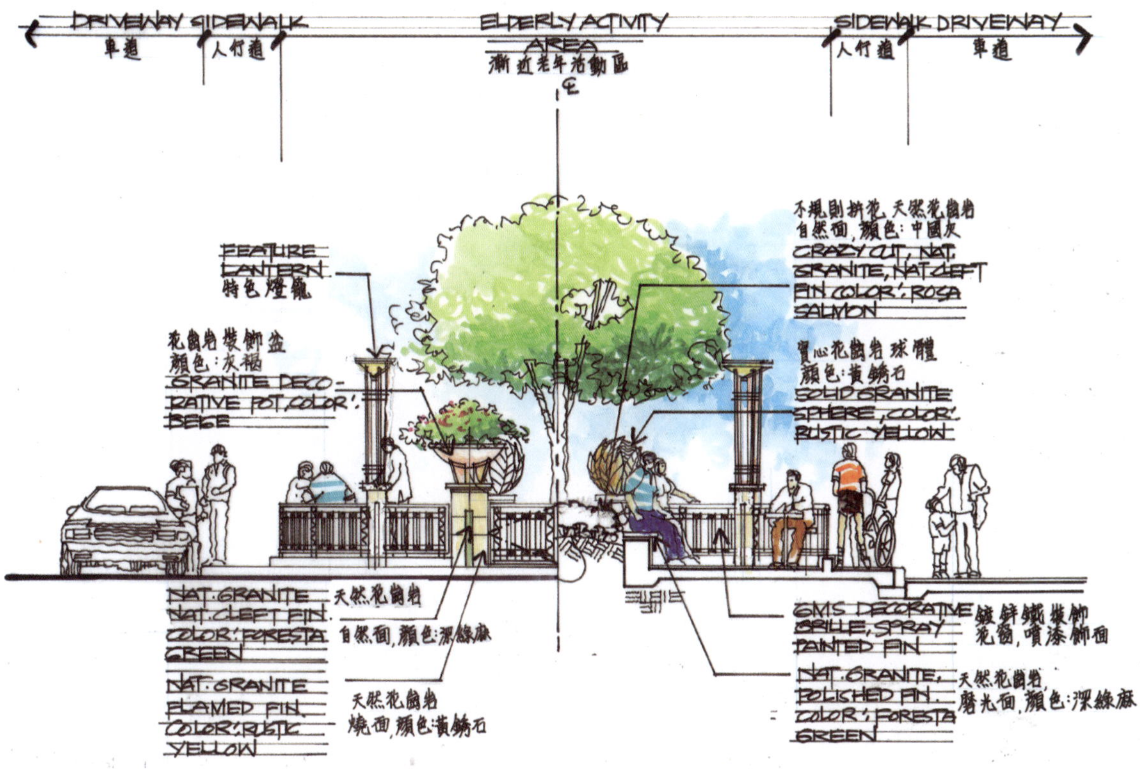
DRIVEWAY SIDEWALK
車道
人行道
ELDERLY ACTIVITY AREA
漸近老年活動區
SIDEWALK DRIVEWAY
人行道
車道
FEATURE LANTERN
特色燈籠
花崗岩裝飾盆
顏色：灰褐
GRANITE DECORATIVE POT, COLOR: BEIGE
不規則拼花，天然花崗岩
自然面，顏色：中國灰
CRAZY CUT, NAT. GRANITE, NAT. CLEFT FIN COLOR: ROSA SALMON
實心花崗岩球體
顏色：黃銹石
SOLID GRANITE SPHERE, COLOR: RUSTIC YELLOW
NAT. GRANITE NAT. CLEFT FIN. COLOR: FORESTA GREEN
天然花崗岩
自然面，顏色：深綠麻
NAT. GRANITE FLAMED FIN. COLOR: RUSTIC YELLOW
天然花崗岩
燒面，顏色：黃銹石
GMS DECORATIVE GRILLE, SPRAY PAINTED FIN
鍍鋅鐵裝飾花窗，噴漆飾面
NAT. GRANITE, POLISHED FIN. COLOR: FORESTA GREEN
天然花崗岩，
磨光面，顏色：深綠麻

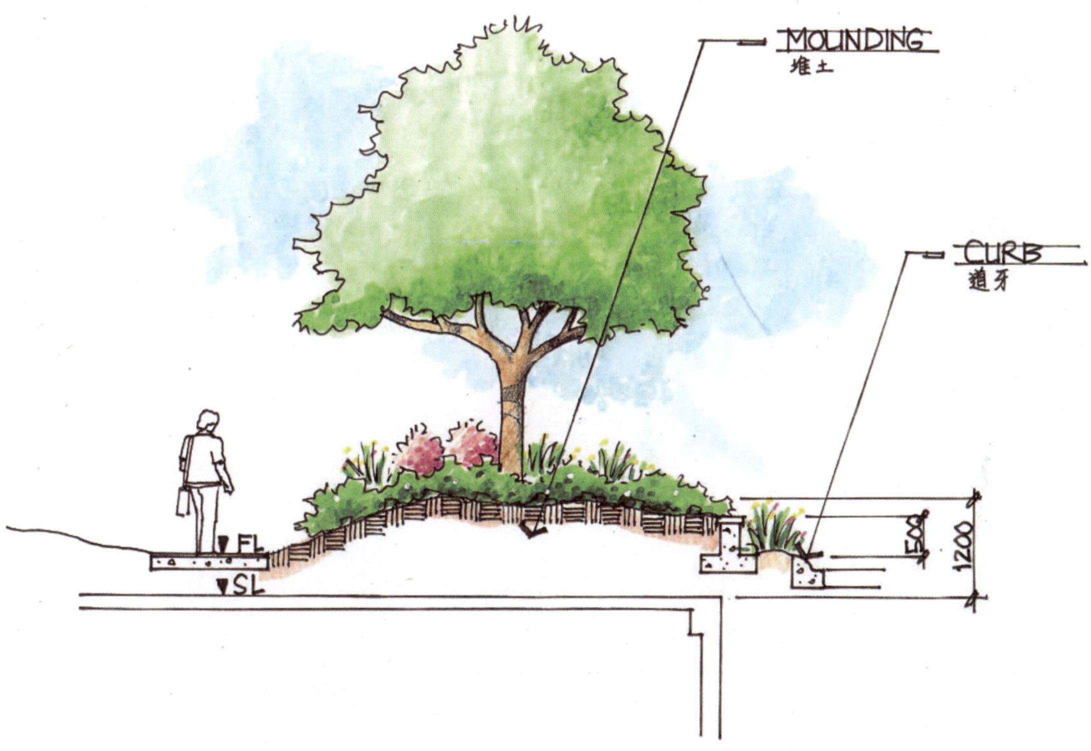
MOUNDING
堆土
CURB
道牙
FL
SL
500
1200

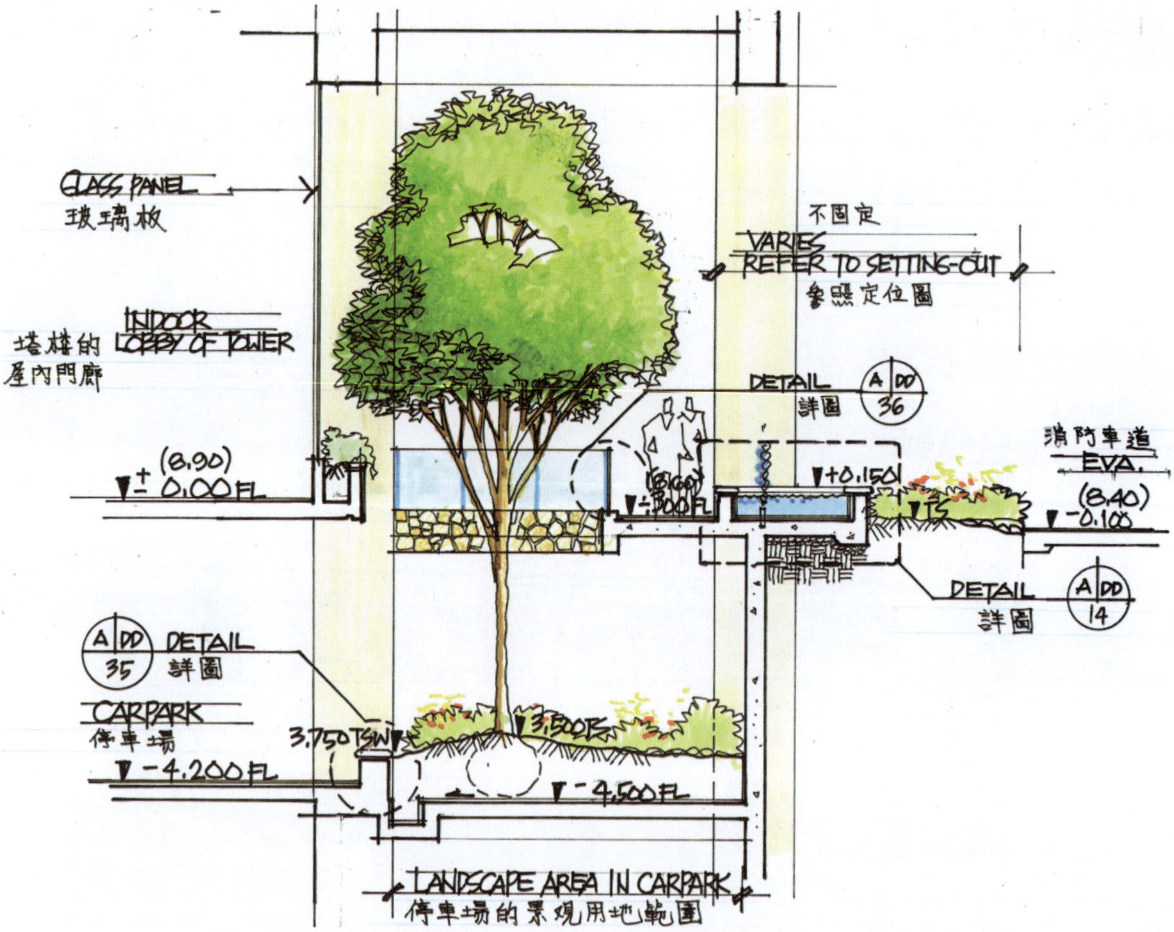

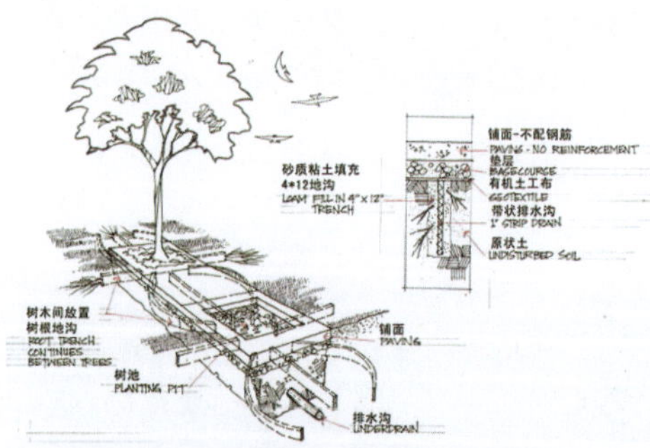

树根地沟比连续地沟所需的开挖要少，但也提供空气河水给树根的生长，同时也排除配钢筋道路

ROOT PATH TRENCHES REQUIRES LESS EXCAVATION THAN CONTINUOUS TRENCHES YET PROVIDE AIR AND WATER "PATHS" THAN LEAD ROOT GROWTH. PAVEMENT REINFORCING IS ALSO ELIMINATED.

生态低洼地停车场可以缓慢的渗透过来，在暴雨的情况下，相对抬高的格栅可以把雨水从雨水管中排走

Bioswale ,slows,and infiltrates runoff from parking.raised grate overflows to storm sewers only in very heavy storms

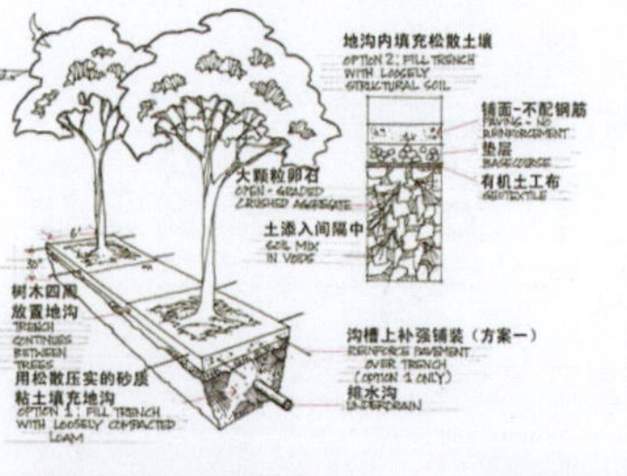

使用连续地沟的植栽能有足够的树根空间，易存活。地沟可以填充砂质粘土（需要加强的铺面）或建筑土。

CONTINUOUS TRENCH PLANTINGS GAIN ENOUGH ROOT SPACE TO SURVIVE IN URBAN SETTINGS. THE TRENCH MAY BE FILLED WITH LOAM (REINFORCED PAVING IS REQUIRED) OR WITH STRUCTURAL SOIL.

连续的地沟植栽能与街景形成一体，路面转接缝可吸收空气和水。

CONTINUOUS TRENCH PLANTINGS CAN UNIFY A STREETSCAPE. PAVER JOINTS ARE OPEN TO ADMIT AIR AND WATER.

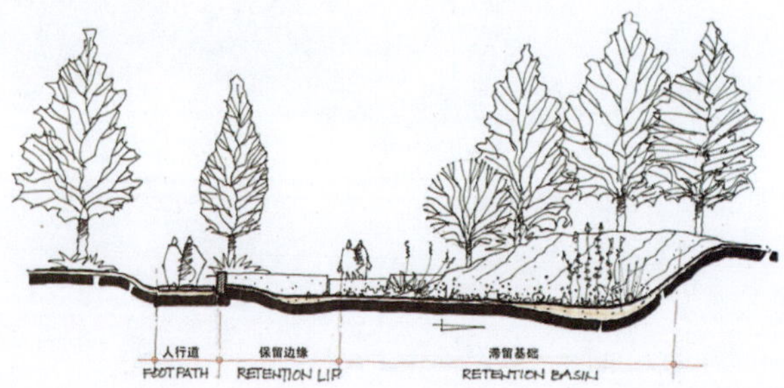

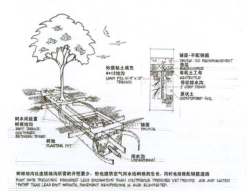

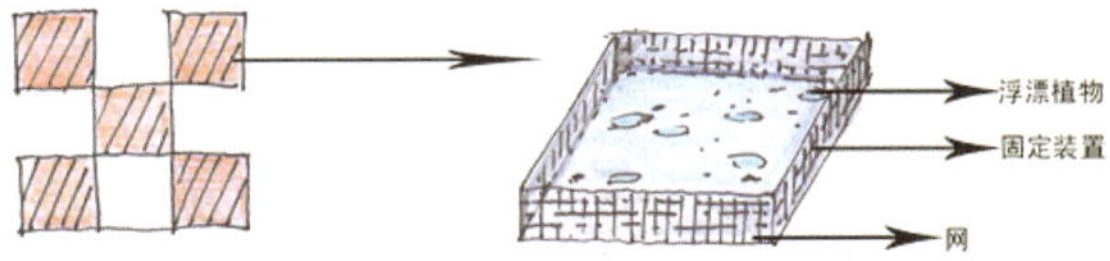

漂浮植物展示——网箱式

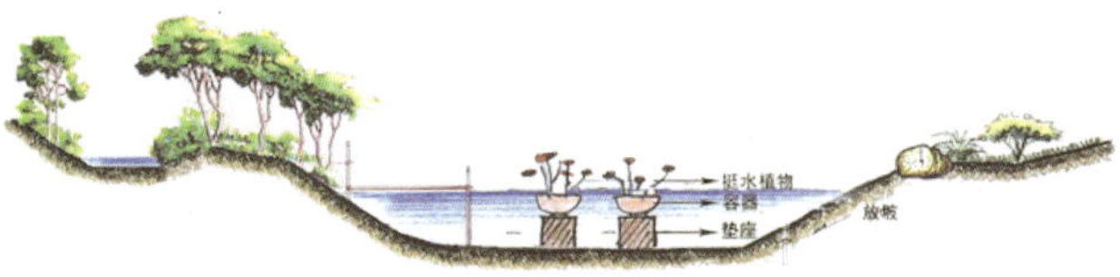

水面中的挺水植物展示——容器种植

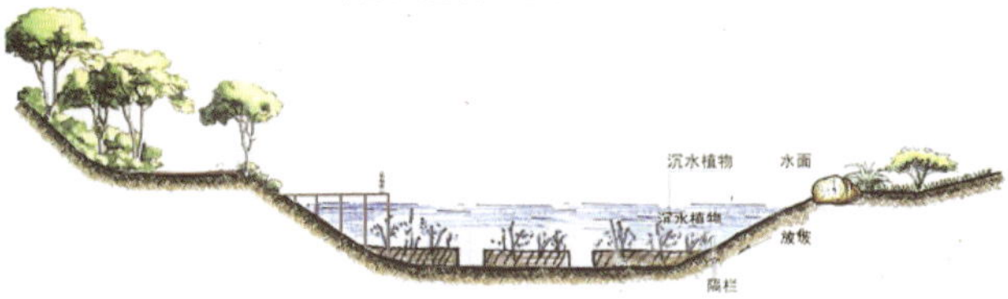

沉水植物种植法——隔栏限制法

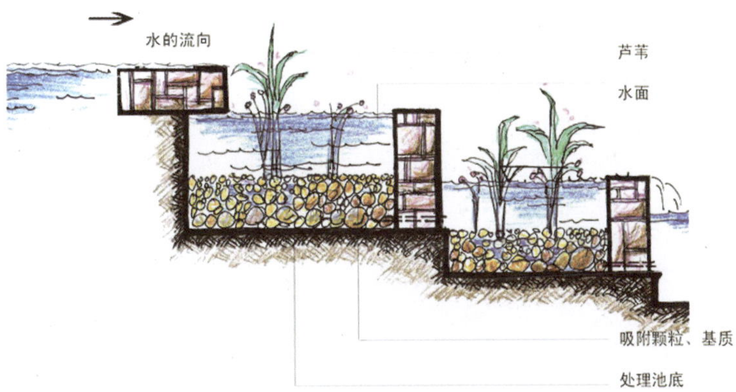

WATER PURIFICATION
湿地净化示意图

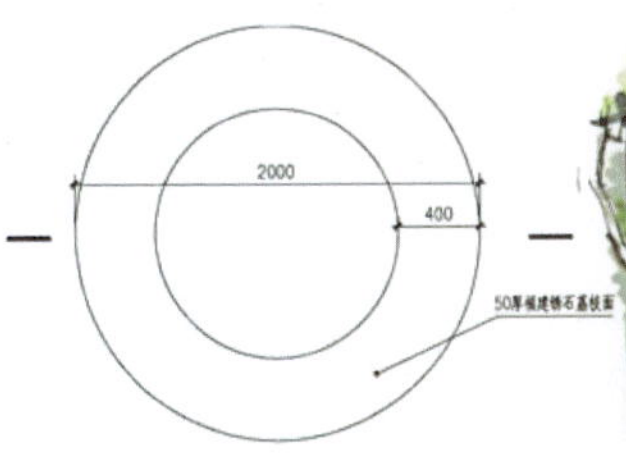

树池B平面图

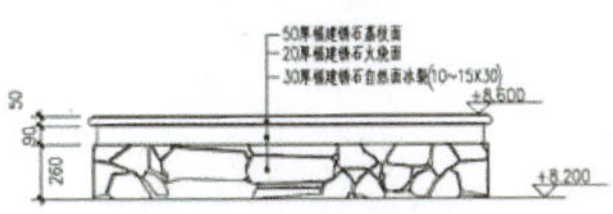

树池B立面图

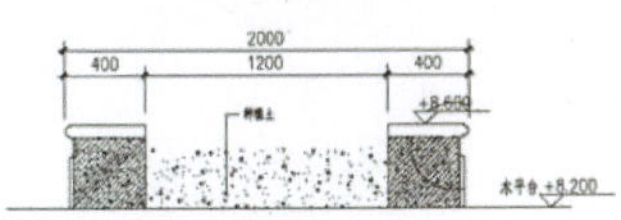

树池B剖面图

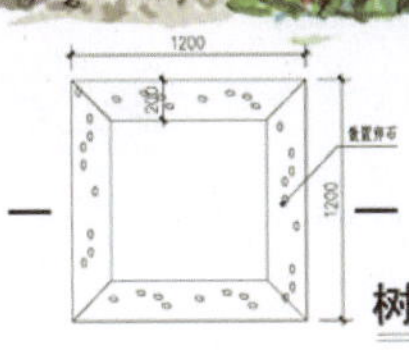

树池C平面图

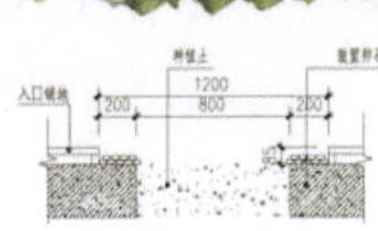

树池C剖面图

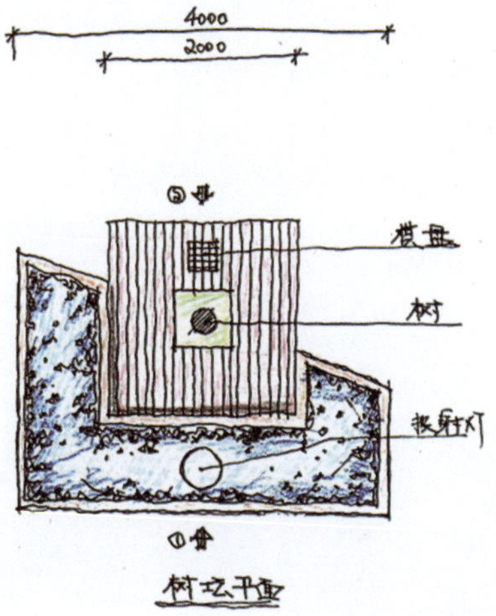
4000
2000
树
树坛平面

景观树
休闲木垫面
鹅卵石铺地
水纹大理石贴面
凹槽
入口

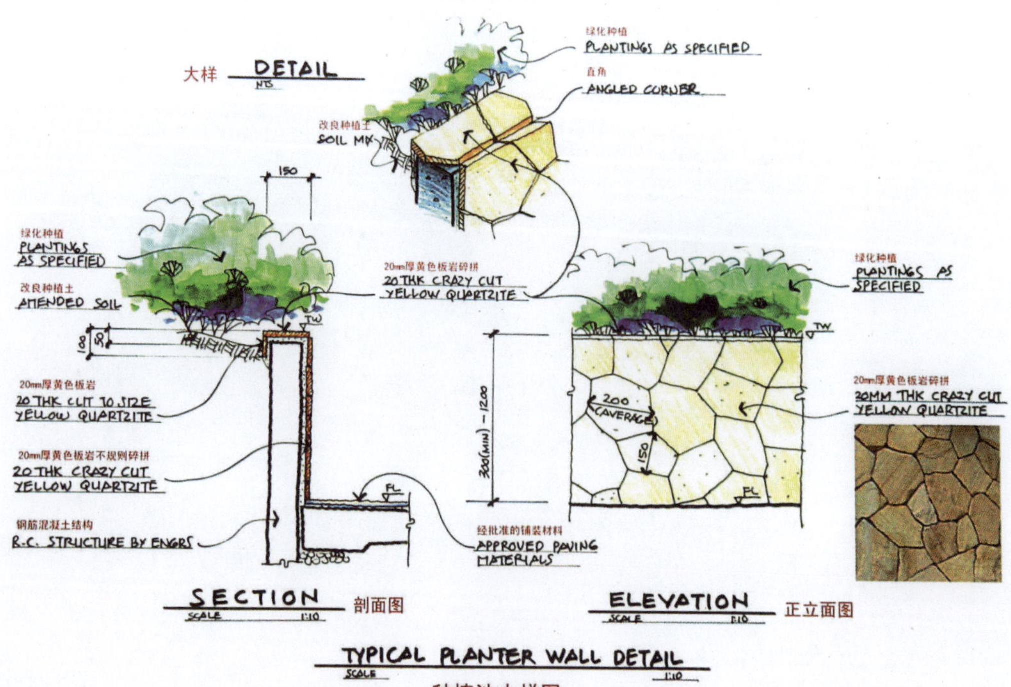
大样 DETAIL
NTS
绿化种植
PLANTINGS AS SPECIFIED
直角
ANGLED CORNER
改良种植土
SOIL MIX
150
绿化种植
PLANTINGS AS SPECIFIED
改良种植土
AMENDED SOIL
20mm厚黄色板岩碎拼
20 THK CRAZY CUT YELLOW QUARTZITE
绿化种植
PLANTINGS AS SPECIFIED
TW
20mm厚黄色板岩
20 THK CUT TO SIZE YELLOW QUARTZITE
20mm厚黄色板岩不规则碎拼
20 THK CRAZY CUT YELLOW QUARTZITE
钢筋混凝土结构
R.C. STRUCTURE BY ENGRS
FL
经批准的铺装材料
APPROVED PAVING MATERIALS
300(MIN)–1200
200 (AVERAGE)
150
20mm厚黄色板岩碎拼
20MM THK CRAZY CUT YELLOW QUARTZITE
SECTION 剖面图
SCALE 1:10
ELEVATION 正立面图
SCALE 1:10
TYPICAL PLANTER WALL DETAIL
SCALE 1:10

种植池大样图

地下车库
地下车库

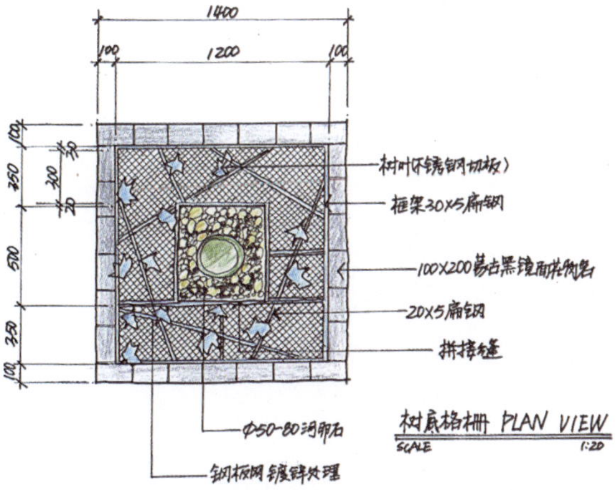
树叶(不锈钢切板)
框架30×5扁钢
100×200蒙古黑镜面花岗岩
20×5扁钢
拼接缝
Φ50-80河卵石
钢板网 镀锌处理
树底格栅 PLAN VIEW
SCALE 1:20

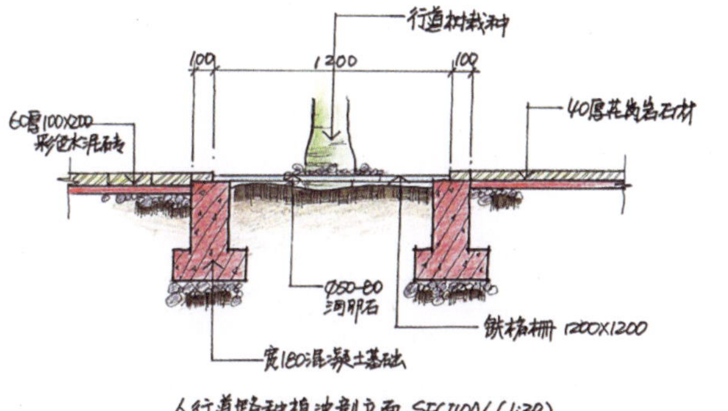
行道树栽种
60厚100×200
彩色水泥砖
40厚花岗岩石材
Φ50-80
河卵石
铁格栅 1200×1200
宽180混凝土基础
人行道路种植池剖立面 SECTION (1:20)

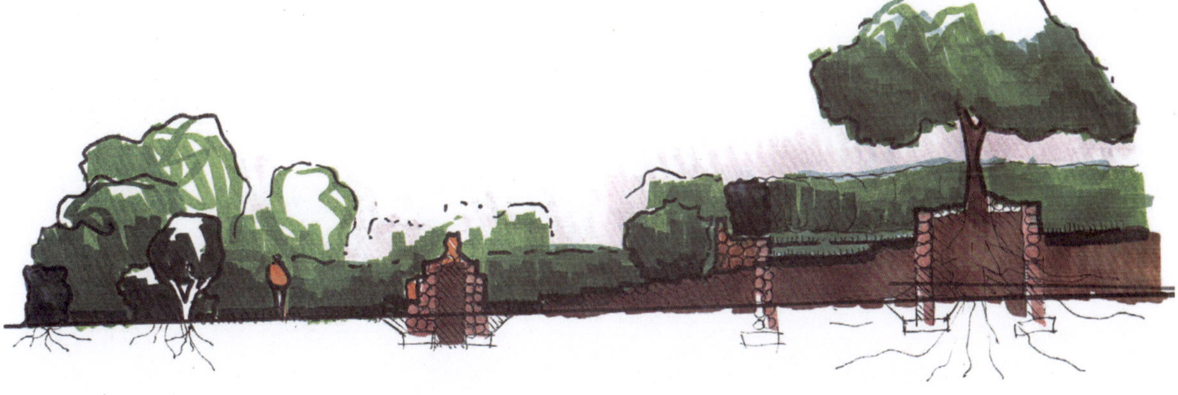

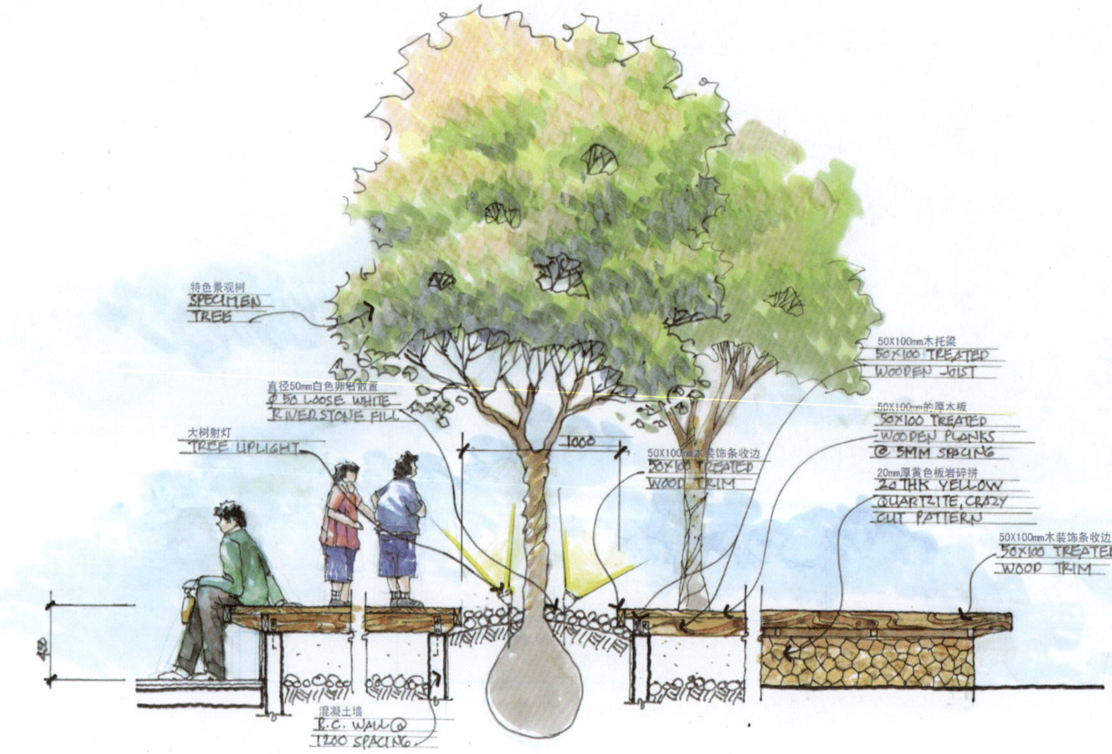

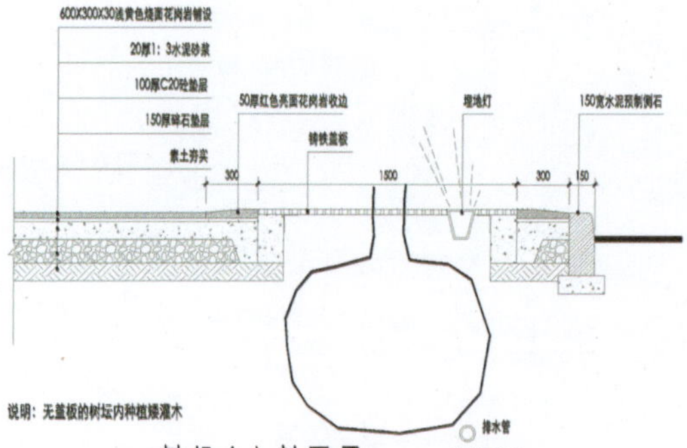

说明：无盖板的树坛内种植矮灌木

① 树坛（一）剖面图
SECTION OF RAISED TREE PLANTERS

SCALE BAR:
0 200 1000

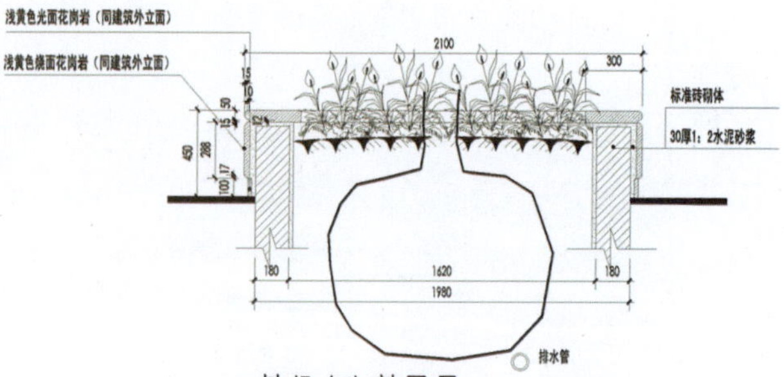

② 树坛（二）剖面图
SECTION OF RAISED TREE PLANTERS

SCALE BAR:
0 200 1000

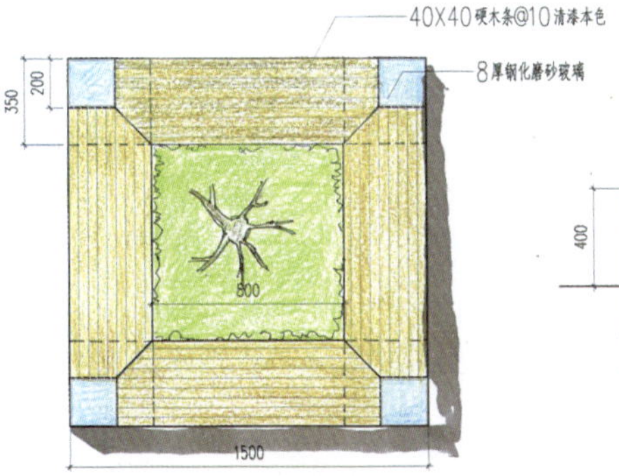

中心广场树池平面

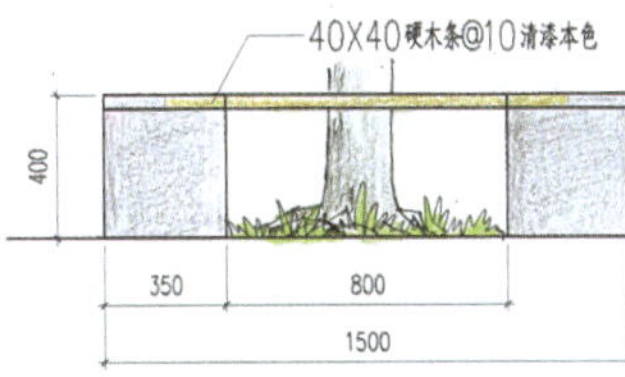

中心广场树池立面

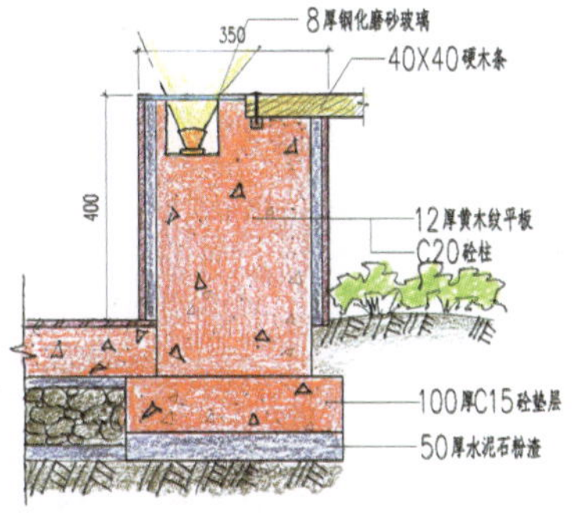

中心广场树池做法大样（1：10）

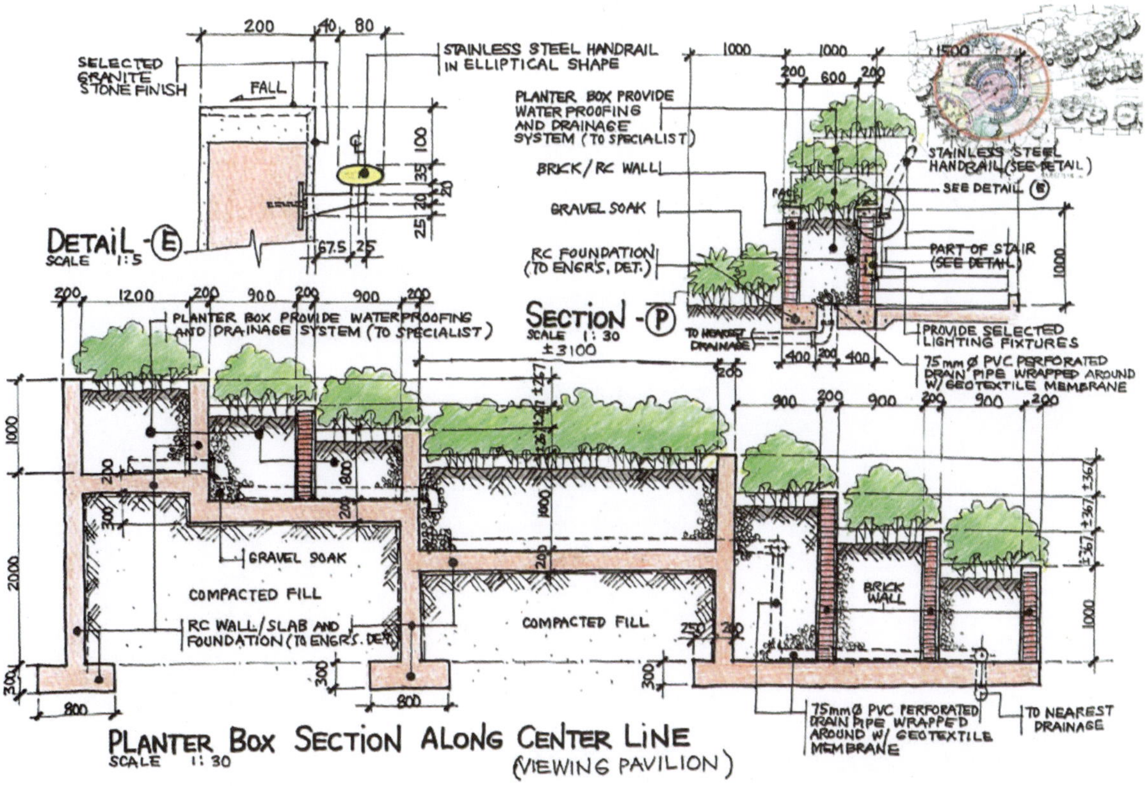

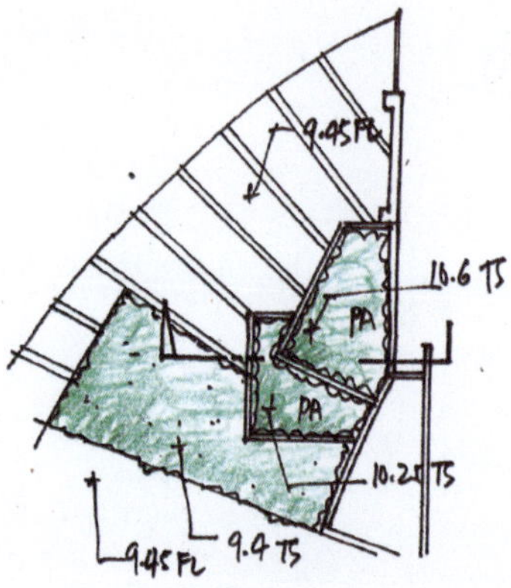

A 平面圖 PLAN
SCALE 1:200

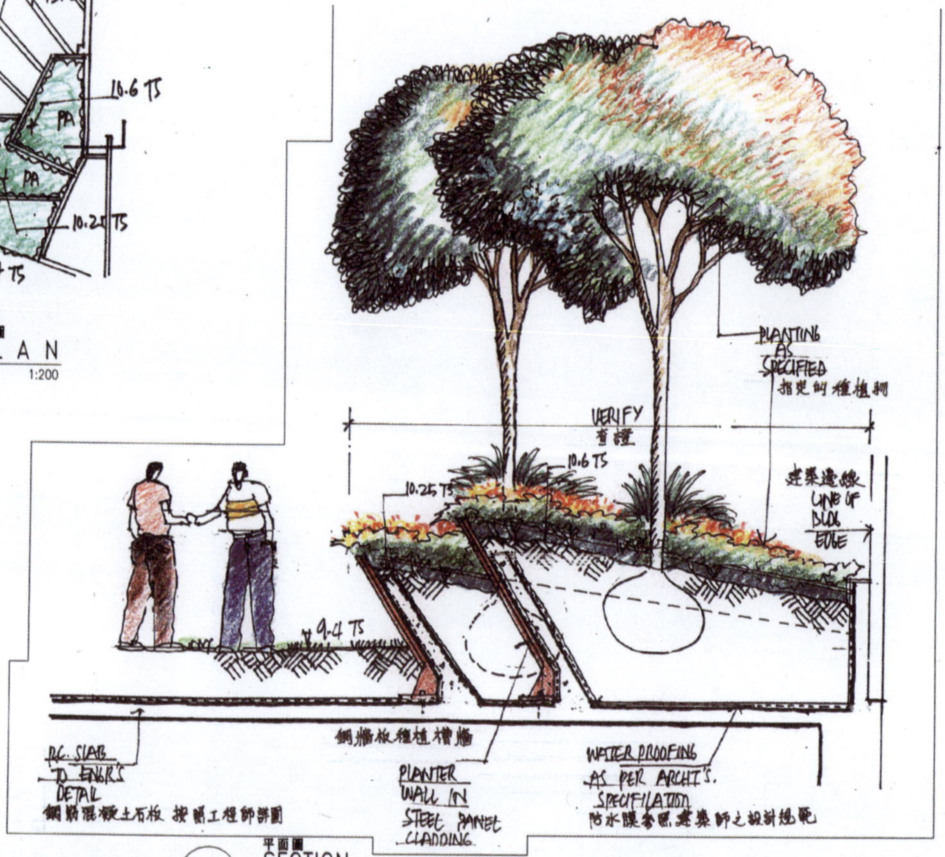

B 平面圖 SECTION
SCALE 1:30

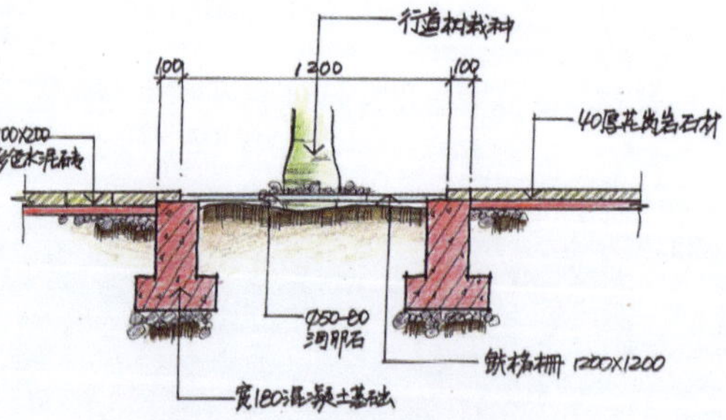

人行道路种植池剖立面 SECTION (1:20)

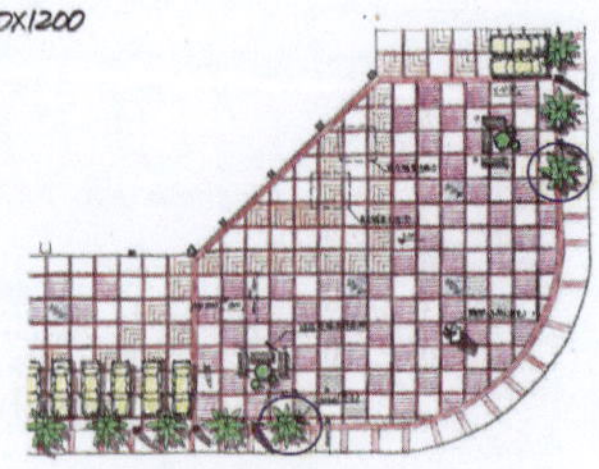

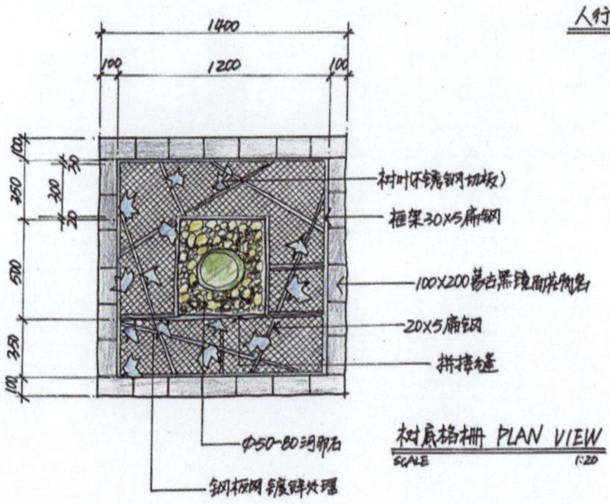

树底格栅 PLAN VIEW
SCALE 1:20

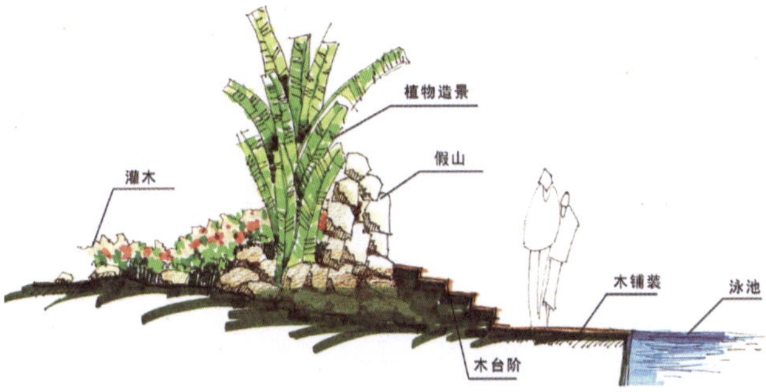
植物造景
假山
灌木
木铺装
泳池
木台阶

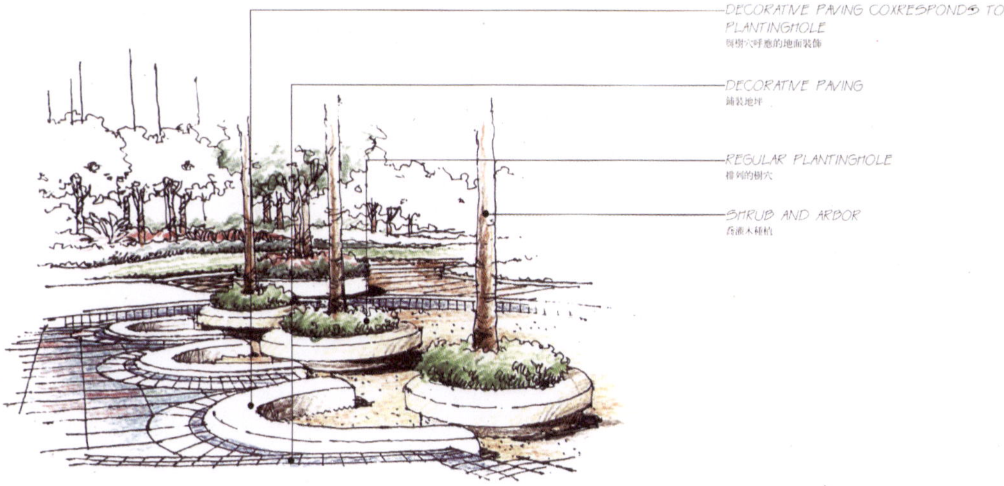
DECORATIVE PAVING COXRESPONDS TO PLANTINGHOLE
與樹穴呼應的地面裝飾
DECORATIVE PAVING
鋪裝地坪
REGULAR PLANTINGHOLE
排列的樹穴
SHRUB AND ARBOR
喬灌木種植

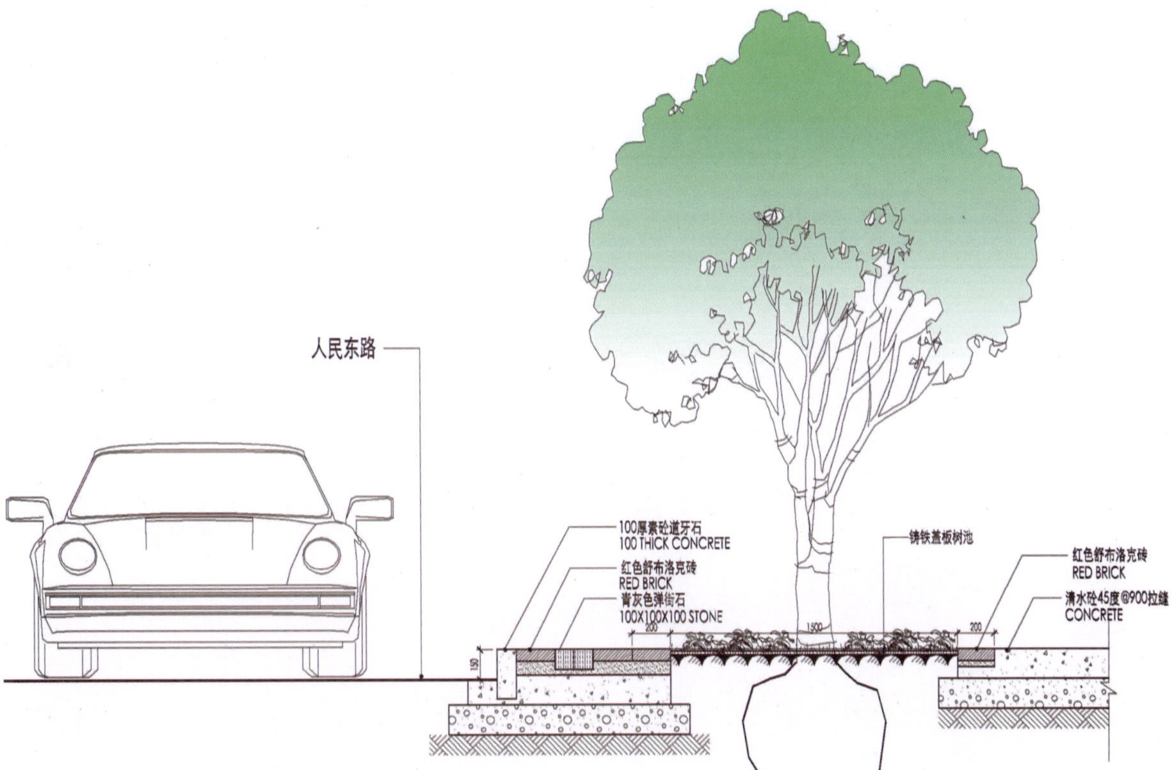
人民东路
100厚素砼道牙石
100 THICK CONCRETE
红色舒布洛克砖
RED BRICK
青灰色弹街石
100X100X100 STONE
铸铁盖板树池
红色舒布洛克砖
RED BRICK
清水砼45度@900拉缝
CONCRETE
200
1500
200
150

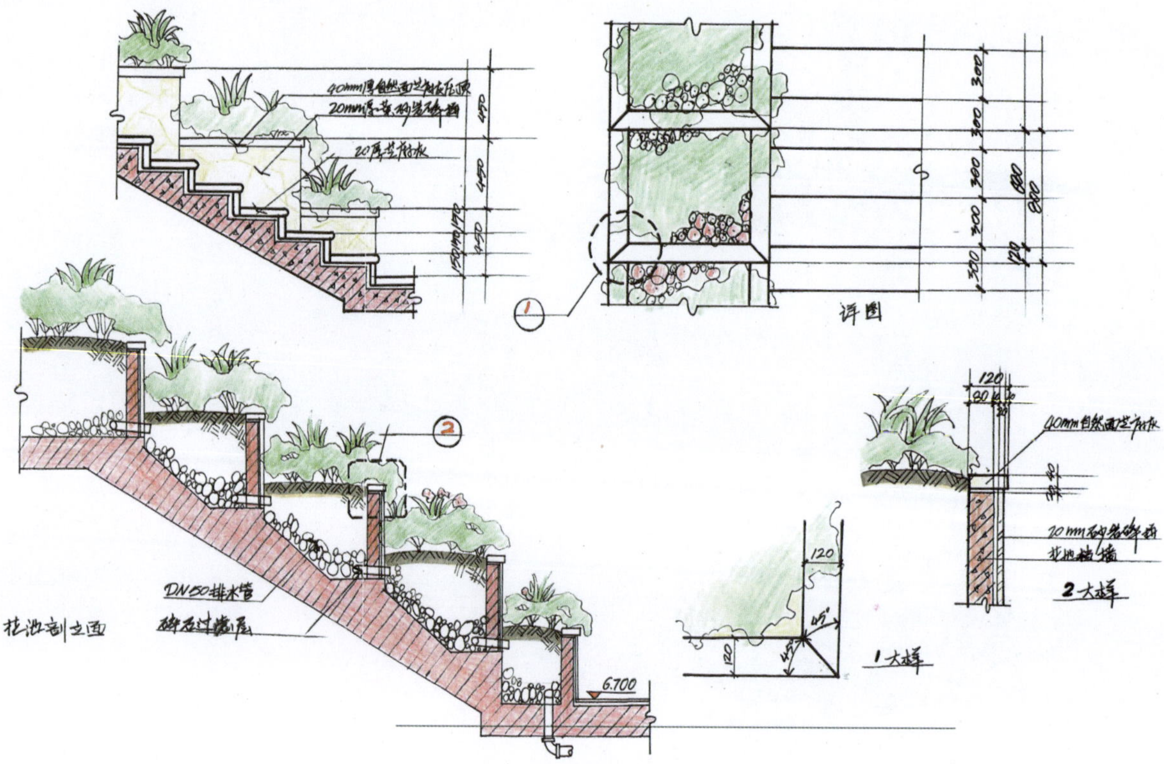
详图
DN50排水管
6.700
1大样
2大样

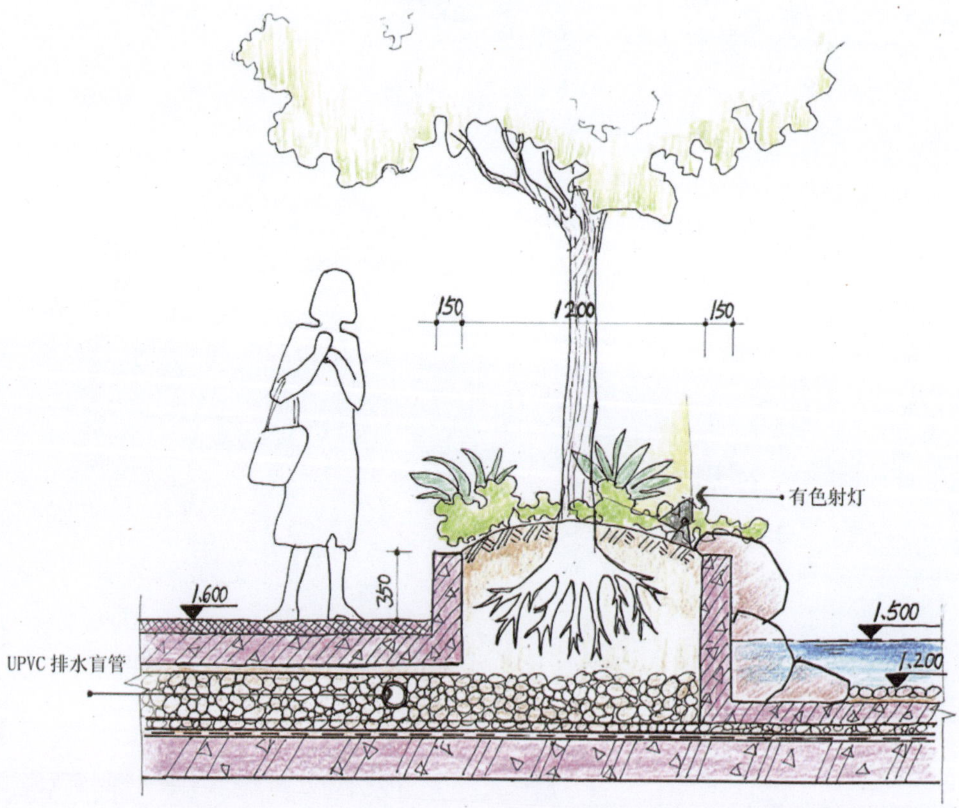
150
1200
150
有色射灯
1.600
350
1.500
1.200
UPVC 排水盲管

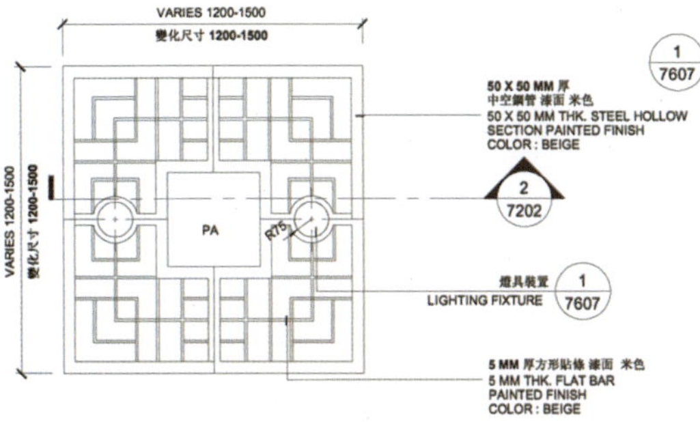

1 平面圖 1:20
PLAN

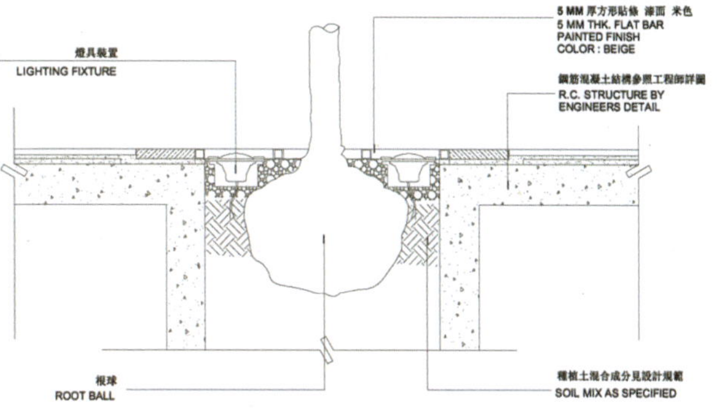

2 剖面圖 1:20
SECTION (ON STRUCTURE)

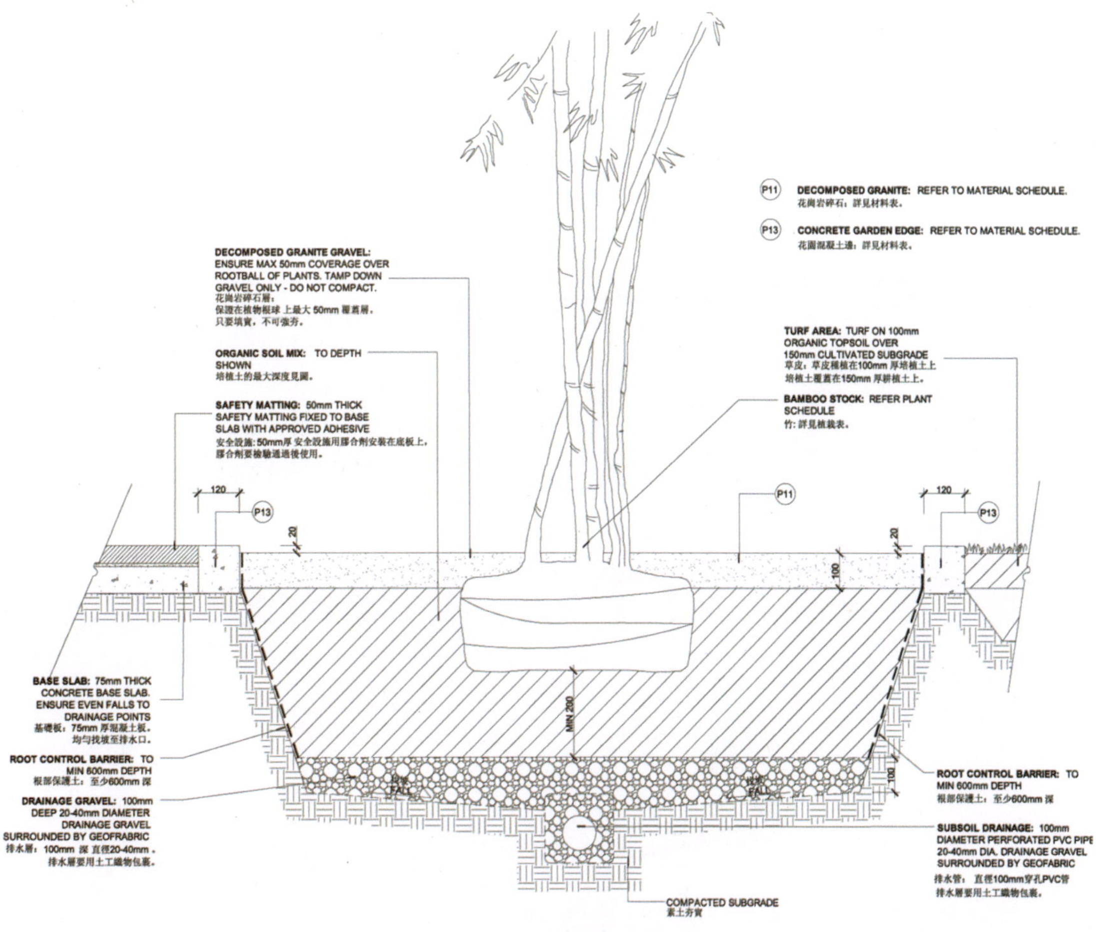

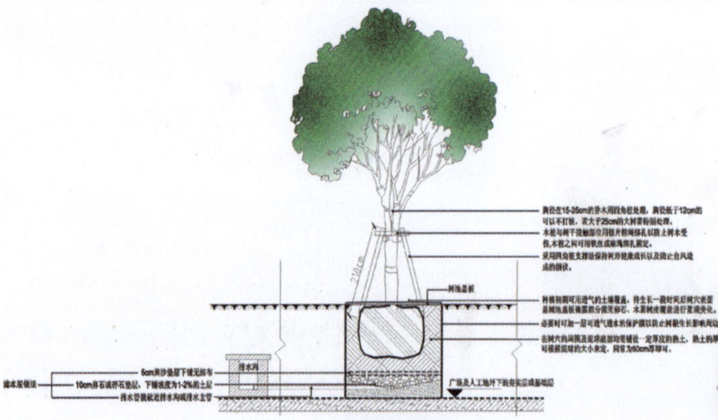

① 典型大树种植详图
（硬地广场上）

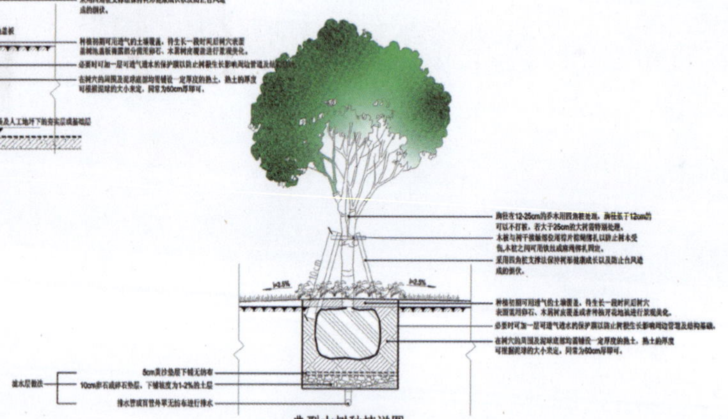

② 典型大树种植详图
（绿地公园内）

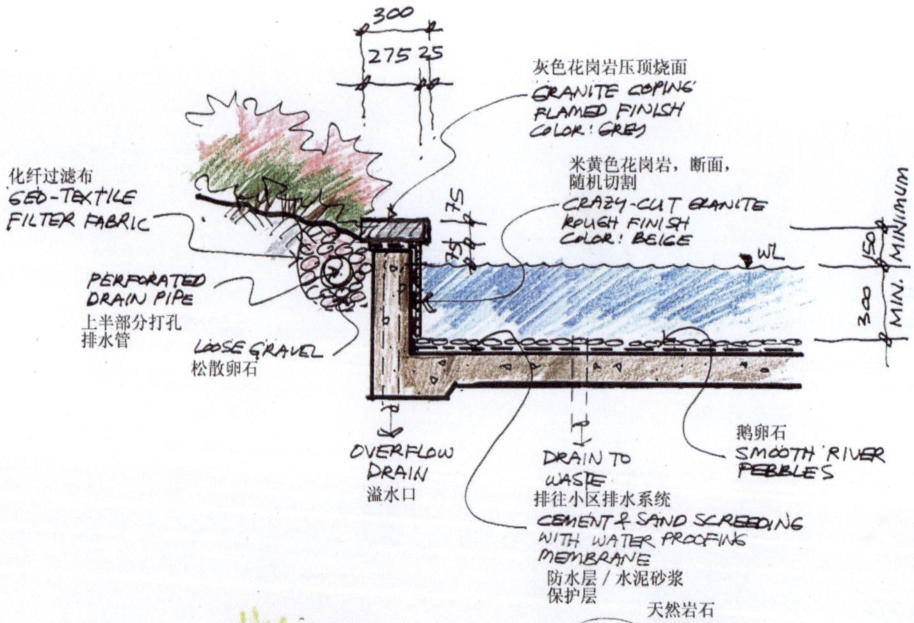

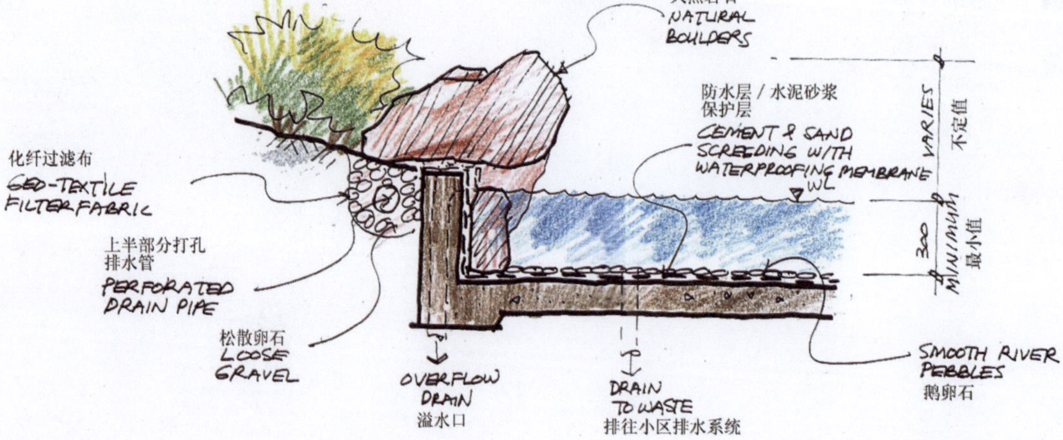

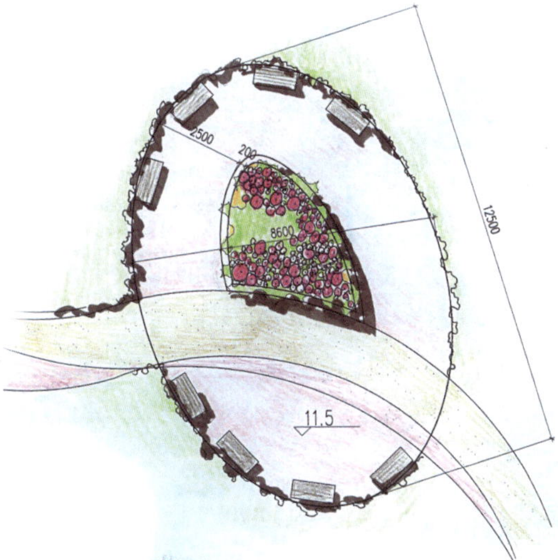

丹枫幽径广场平面图（1：100）

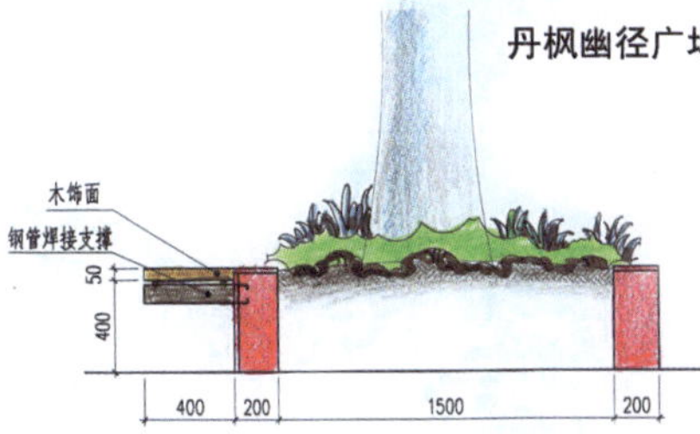

树池剖面图（1：25）

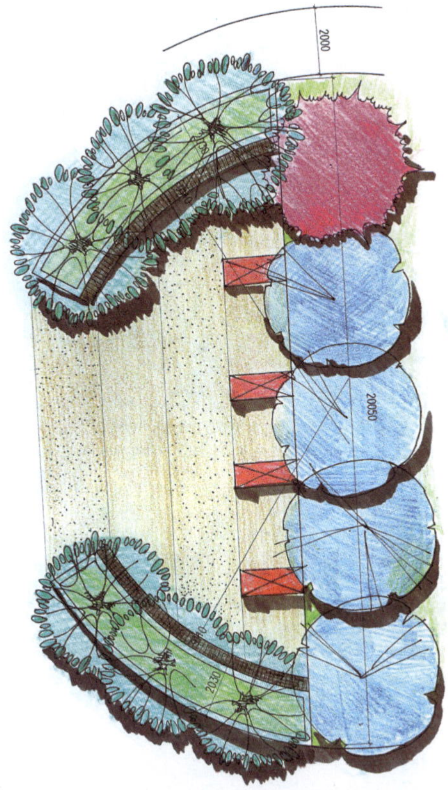

雅乐健身广场平面图（1：100）

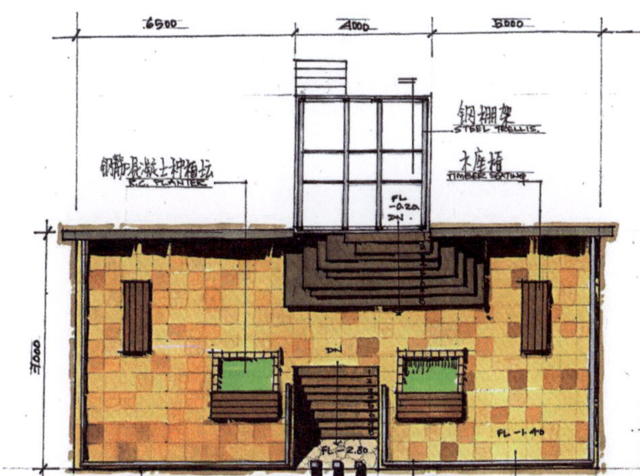

河边节点平面图
PLAN OF RIVEREDGE NODE
SCALE 1:100

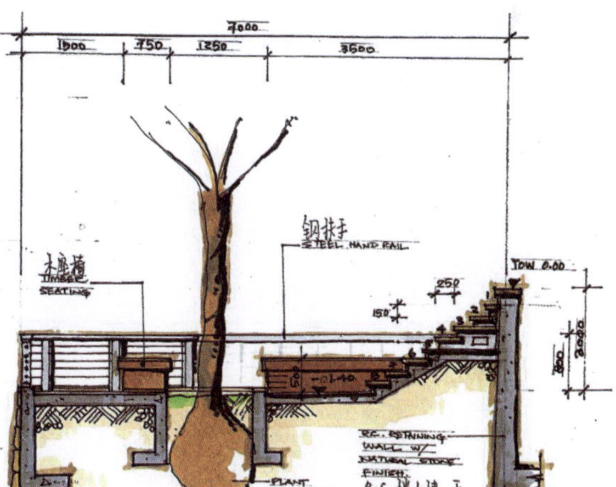

剖面图
SECTION
SCALE 1:50

环道广场立面关系图（1：150）

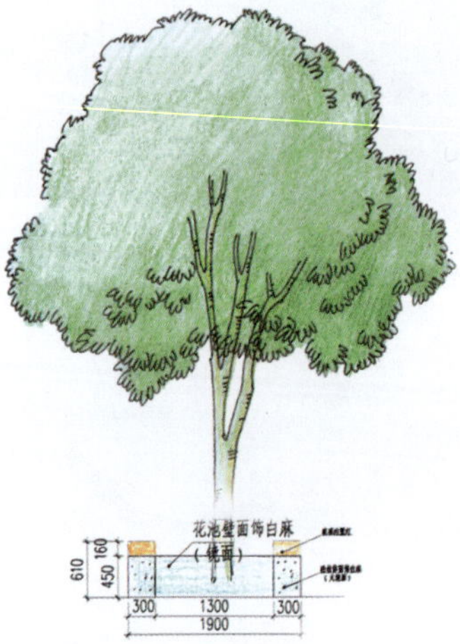

环道广场树池侧立面（1：50）

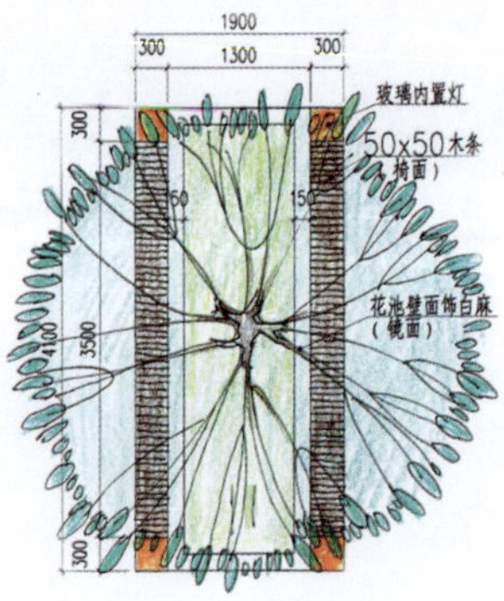

环道广场树池平面（1：50）

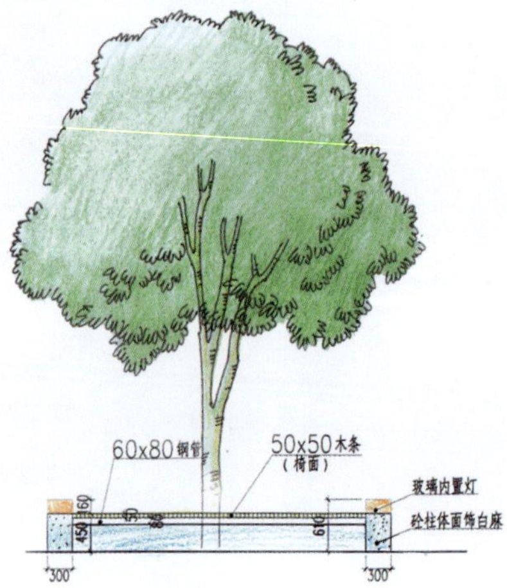

环道广场树池正立面（1：50）

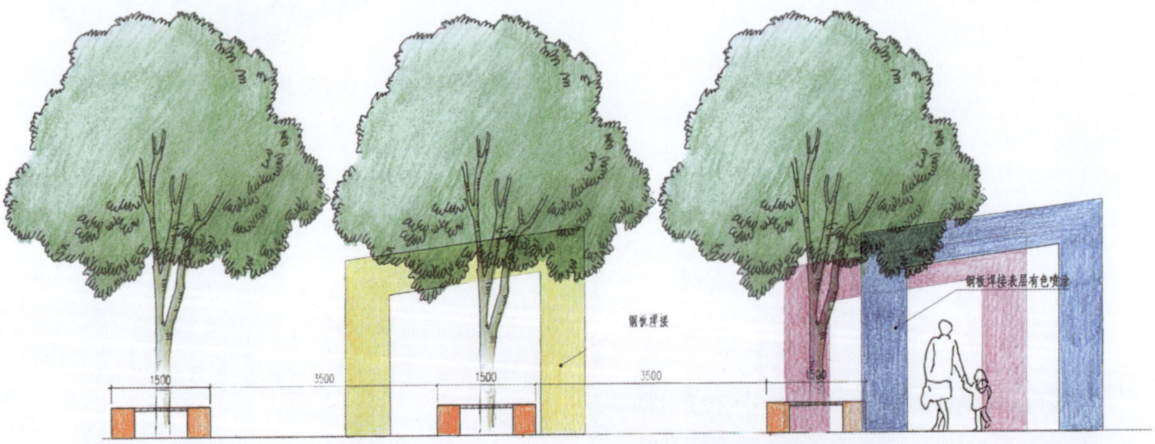

树阵立面（一）（1：50）

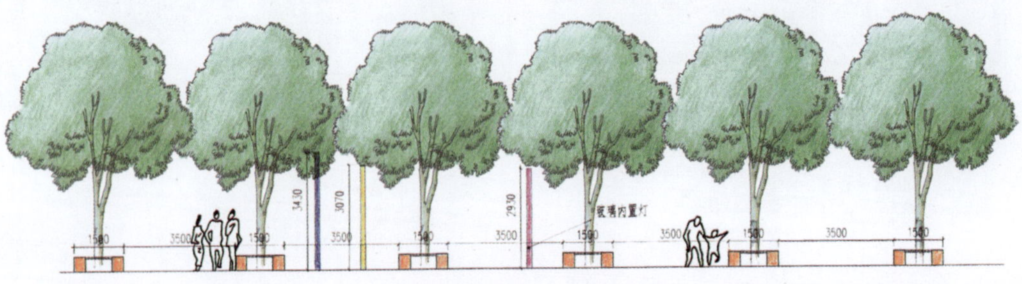

树阵立面（二）（1：100）

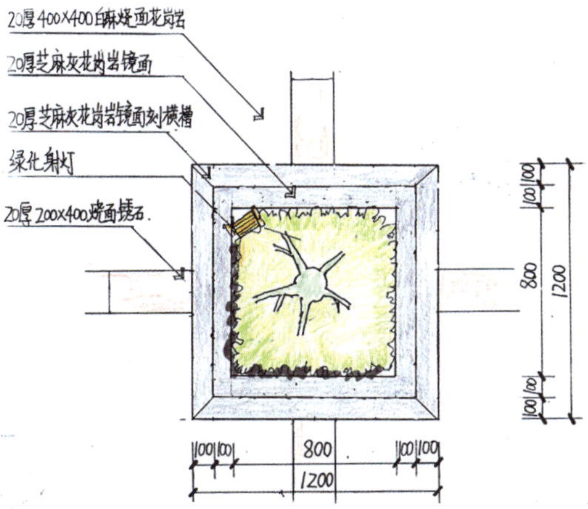

树池平面大样图 1:20

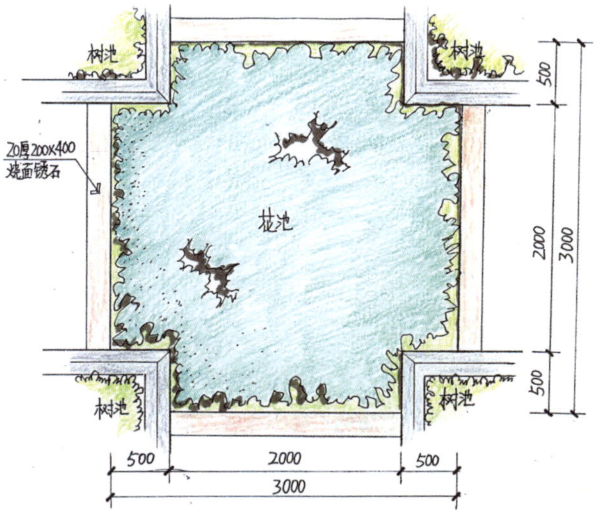

花池平面大样 1:30

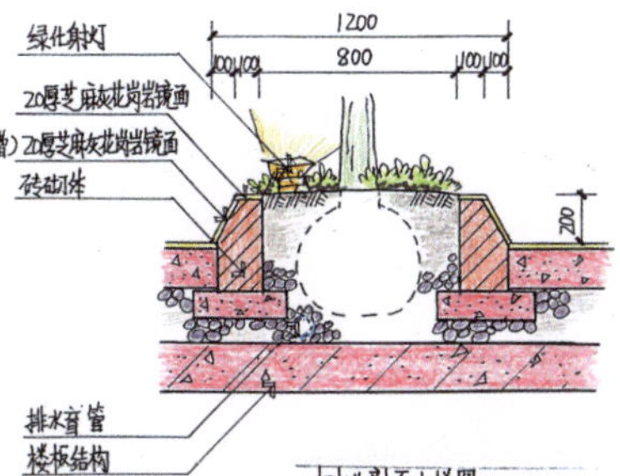

树池剖面大样图 1:20

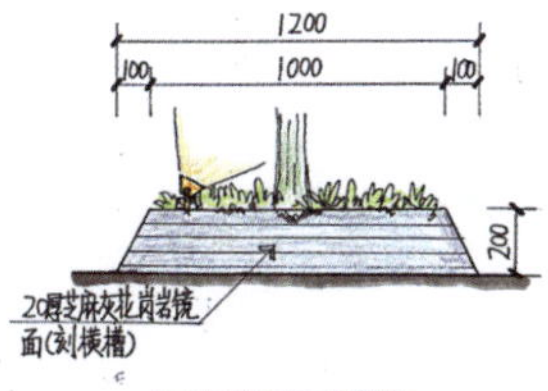

树池立面大样图 1:20

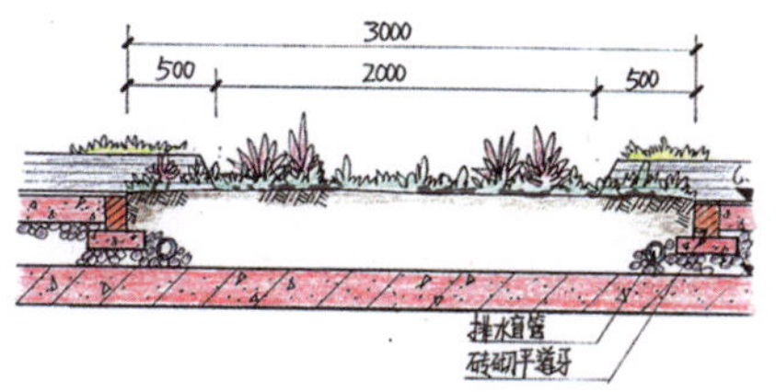

花池剖面大样 1:30

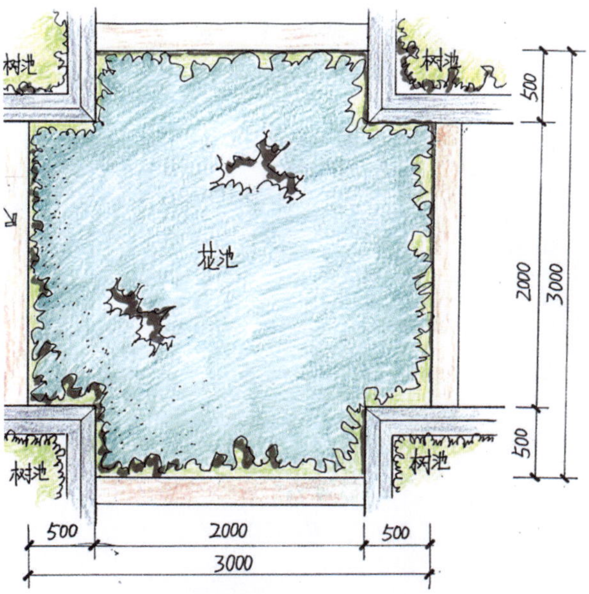

花池平面大样 1:30

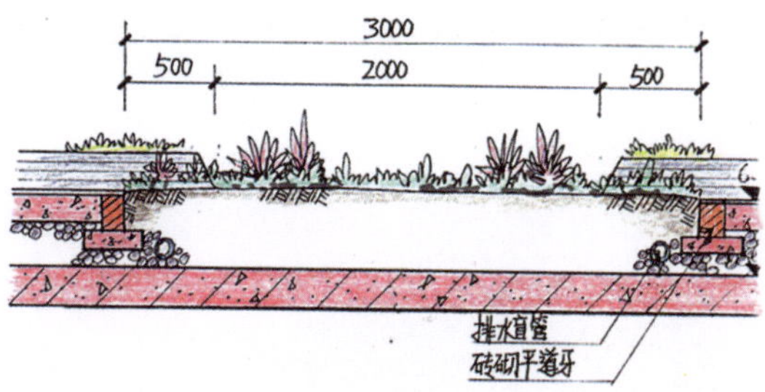

花池剖面大样 1:30

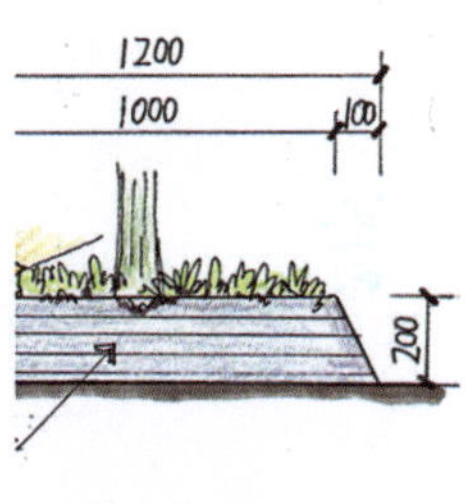

树池立面大样图 1:20

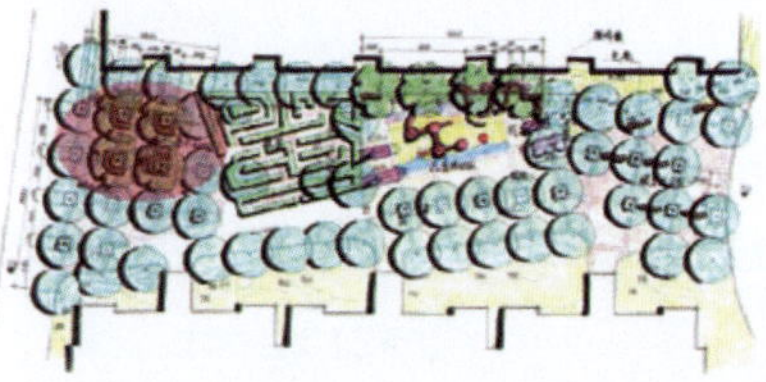

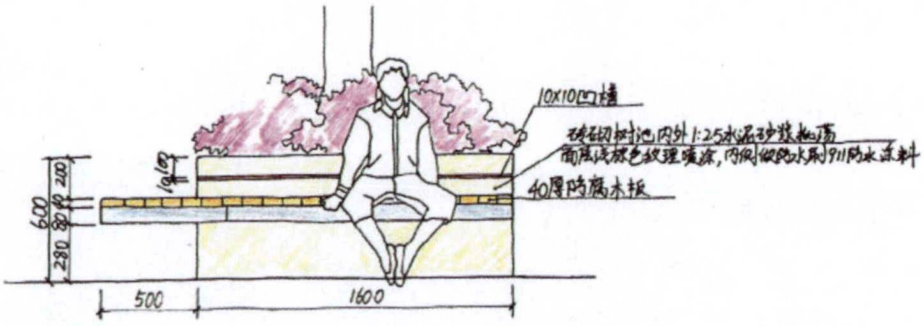

树池坐凳立面大样 1:20

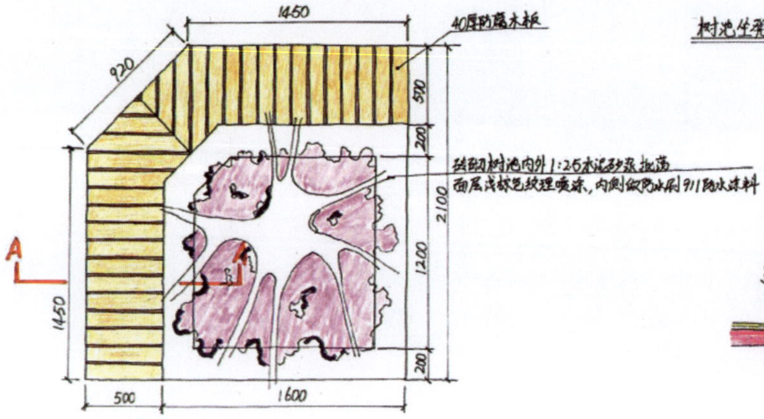

树池坐凳平面大样 1:20

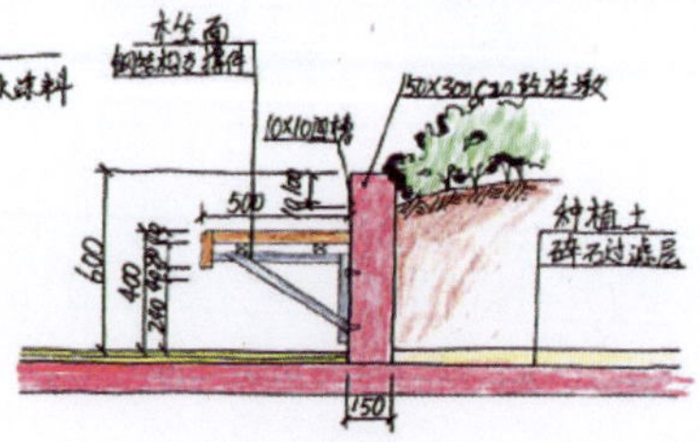

树池坐凳剖面A–A 1:20

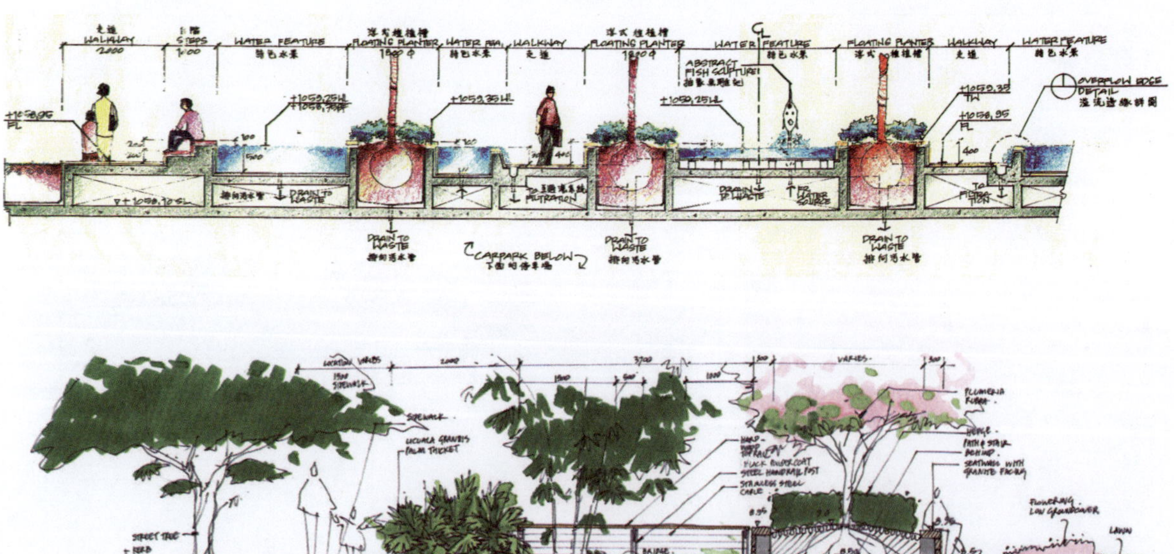

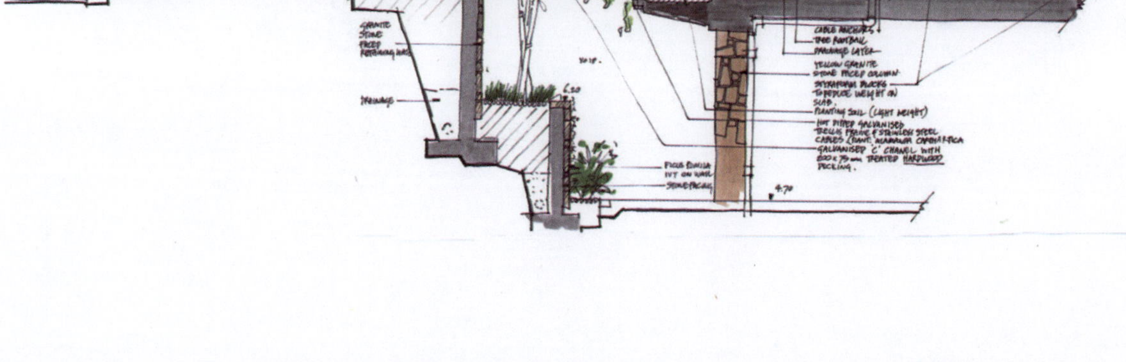

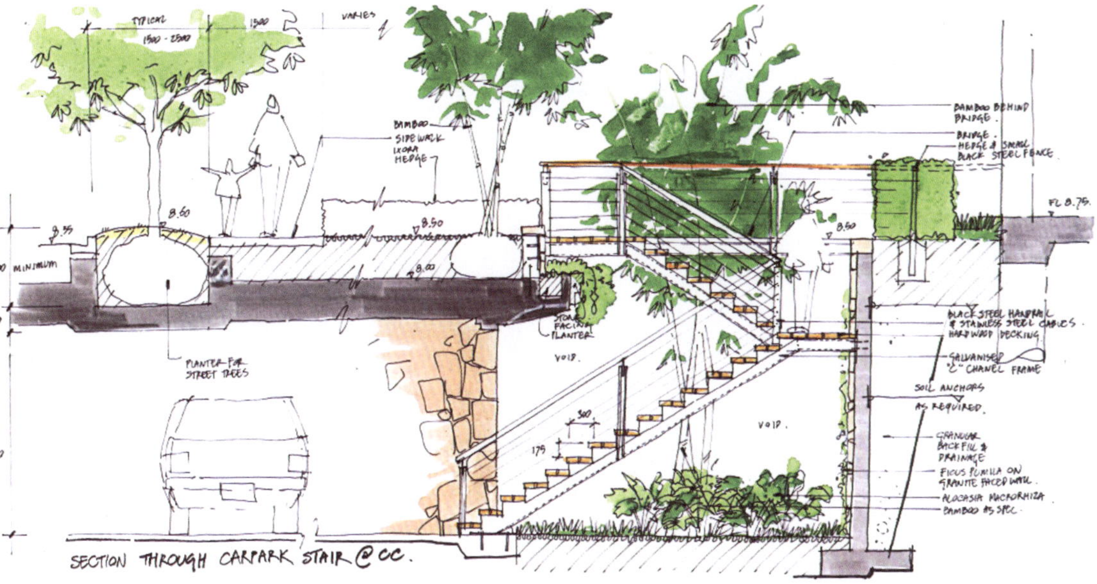

SECTION THROUGH CARPARK STAIR @ CC.

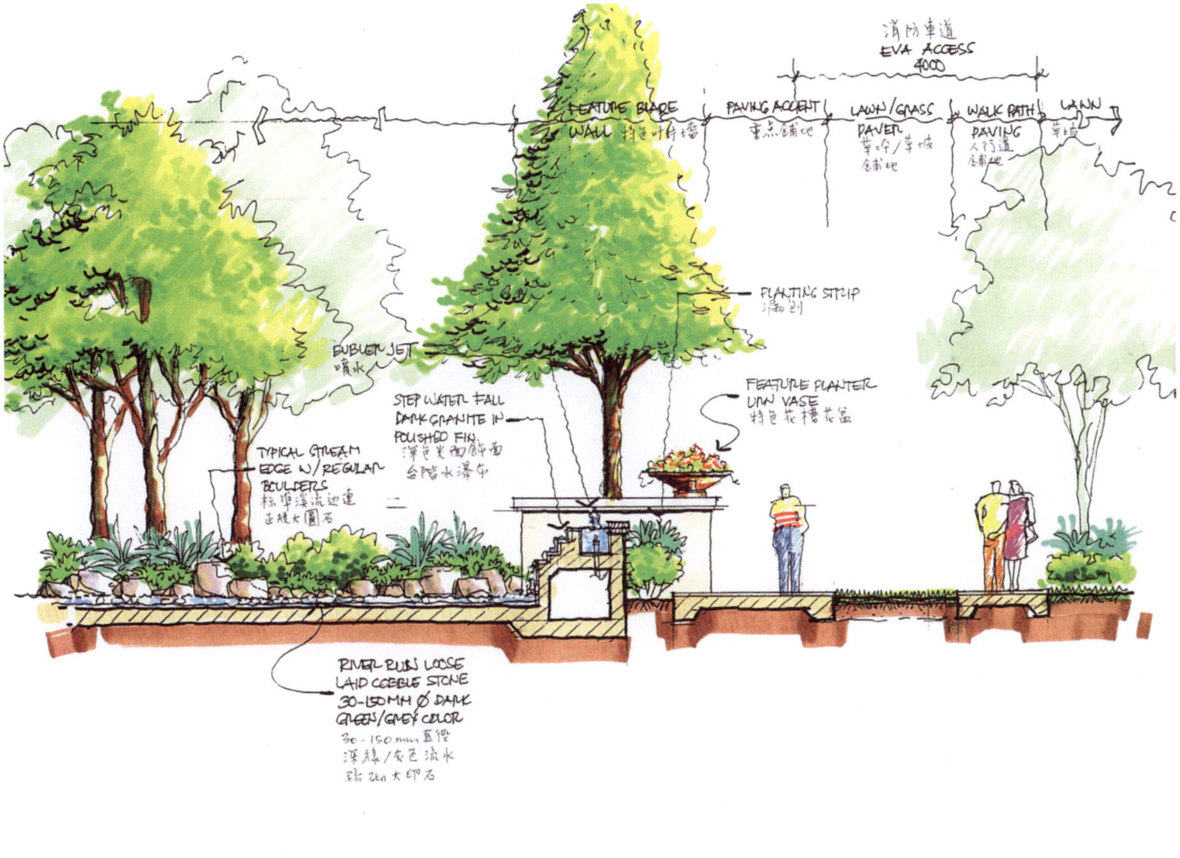

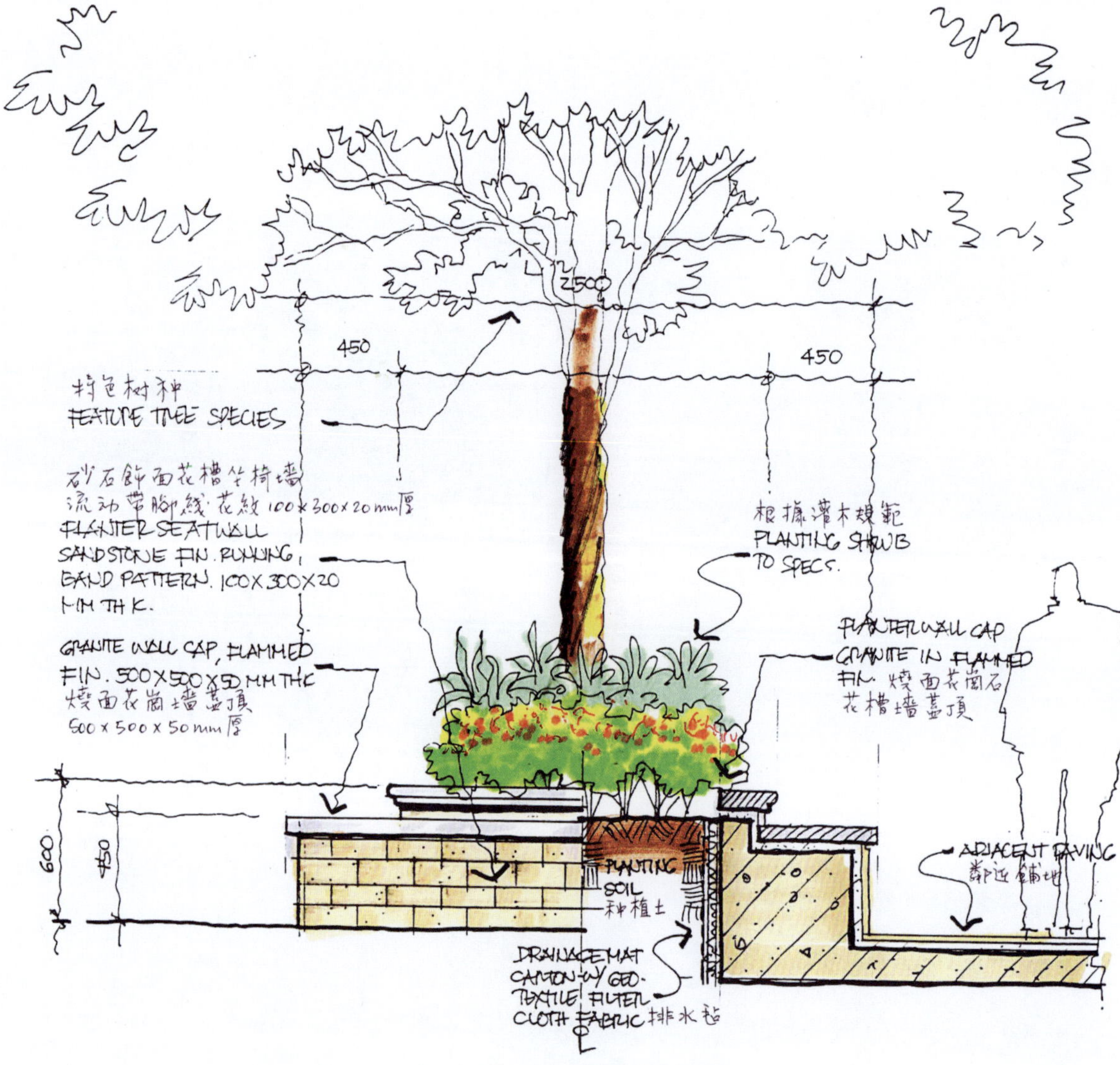
2500
450
450
特色树种
FEATURE TREE SPECIES
砂石飾面花槽坐椅墻
流动帶腳綫花紋 100×300×20mm厚
PLANTER SEATWALL
SANDSTONE FIN. RUNNING
BAND PATTERN. 100X300X20
MM THK.
GRANITE WALL CAP, FLAMMED
FIN. 500X500X50 MM THK
燒面花崗墻蓋頂
500×500×50mm厚
根據灌木規範
PLANTING SHRUB
TO SPECS.
PLANTER WALL CAP
GRANITE IN FLAMMED
FIN. 燒面花崗石
花槽墻蓋頂
600
450
PLANTING
SOIL
种植土
ADJACENT PAVING
鄰近鋪地
DRAINAGE MAT
CAPTON W/ GEO-
TEXTILE FILTER
CLOTH FABRIC 排水毡

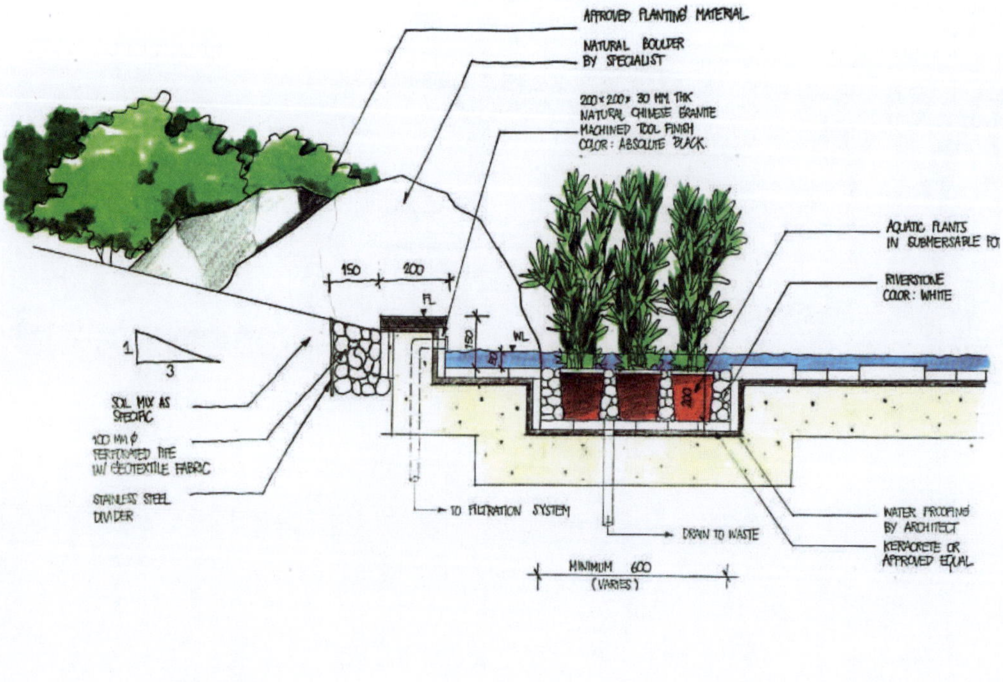
APPROVED PLANTING MATERIAL
NATURAL BOULDER
BY SPECIALIST
200×200× 30 MM THK
NATURAL CHINESE GRANITE
MACHINED TOOL FINISH
COLOR: ABSOLUTE BLACK
150
200
FL
WL
150
1
3
AQUATIC PLANTS
IN SUBMERSABLE POT
RIVERSTONE
COLOR: WHITE
200
SOIL MIX AS
SPECIFIC
100 MM φ
PERFORATED PIPE
W/ GEOTEXTILE FABRIC
STAINLESS STEEL
DIVIDER
TO FILTRATION SYSTEM
DRAIN TO WASTE
WATER PROOFING
BY ARCHITECT
KERACRETE OR
APPROVED EQUAL
MINIMUM 600
(VARIES)

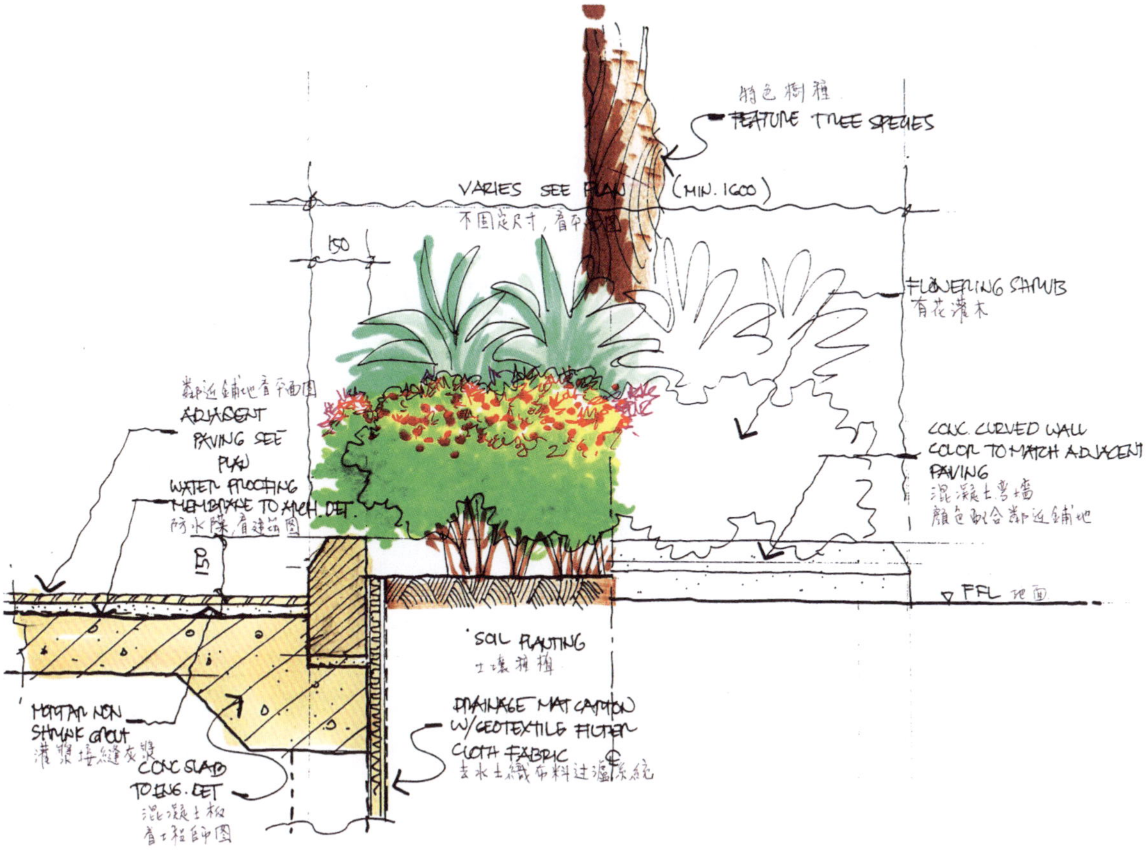
特色樹種
FEATURE TREE SPECIES
VARIES SEE PLAN
(MIN. 1600)
150
FLOWERING SHRUB
有花灌木
ADJACENT PAVING SEE PLAN
WATER PROOFING MEMBRANE TO ARCH. DET.
150
CONC. CURVED WALL COLOR TO MATCH ADJACENT PAVING
混凝土弯墙
FFL 地面
SOIL PLANTING
土壤種植
MORTAR NON SHRINK GROUT
DRAINAGE MAT CAPTION W/GEOTEXTILE FILTER CLOTH FABRIC
CONC SLAB TO ENG. DET
混凝土板

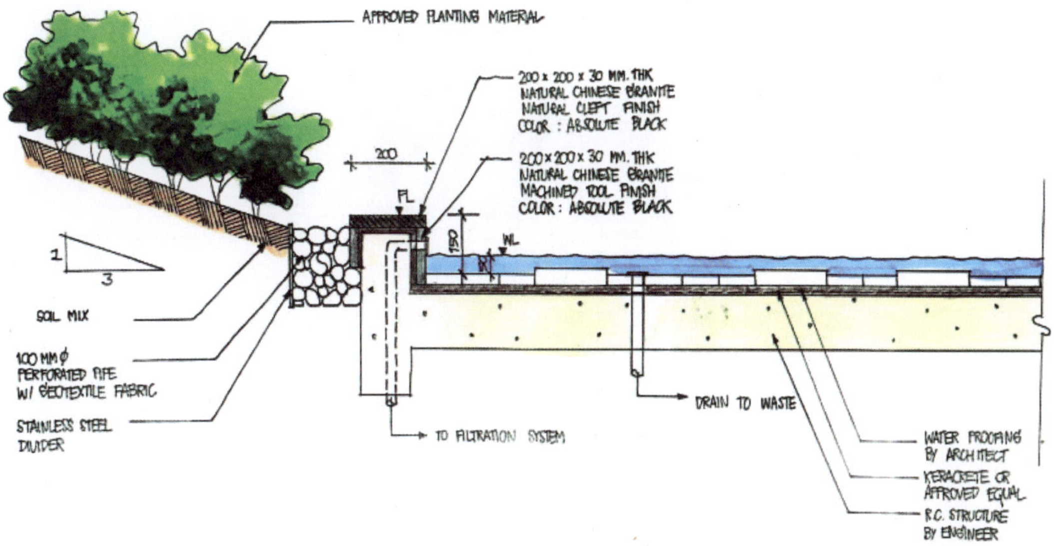
APPROVED PLANTING MATERIAL
200 x 200 x 30 MM. THK NATURAL CHINESE GRANITE NATURAL CLEFT FINISH COLOR : ABSOLUTE BLACK
200
200 x 200 x 30 MM. THK NATURAL CHINESE GRANITE MACHINED TOOL FINISH COLOR : ABSOLUTE BLACK
FL
WL
1
3
SOIL MIX
100 MM Ø PERFORATED PIPE W/ GEOTEXTILE FABRIC
STAINLESS STEEL DIVIDER
TO FILTRATION SYSTEM
DRAIN TO WASTE
WATER PROOFING BY ARCHITECT
KERACRETE OR APPROVED EQUAL
R.C. STRUCTURE BY ENGINEER

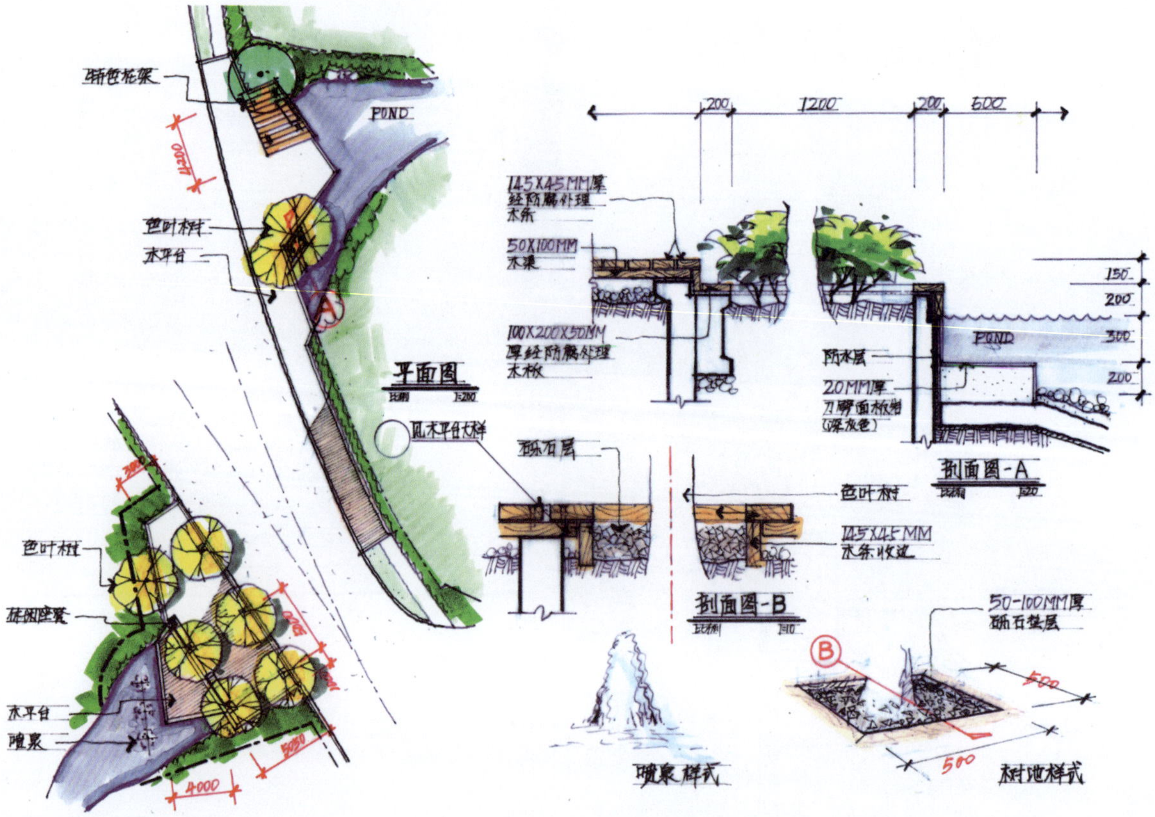
特色花架
POND
11200
色叶树
木平台
平面图
比例 1:200
见木平台大样
3000
色叶树
休闲座凳
木平台
喷泉
4000
5050
200
1200
200
500
145X45MM厚
经防腐处理
木条
50X100MM
木梁
100X200X50MM
厚经防腐处理
木板
150
200
300
200
POND
防水层
20MM厚
刀劈面板岩
(深灰色)
剖面图-A
比例 1:20
砾石层
色叶树
145X45MM
木条收边
剖面图-B
比例 1:10
50-100MM厚
砾石垫层
500
500
喷泉样式
树池样式

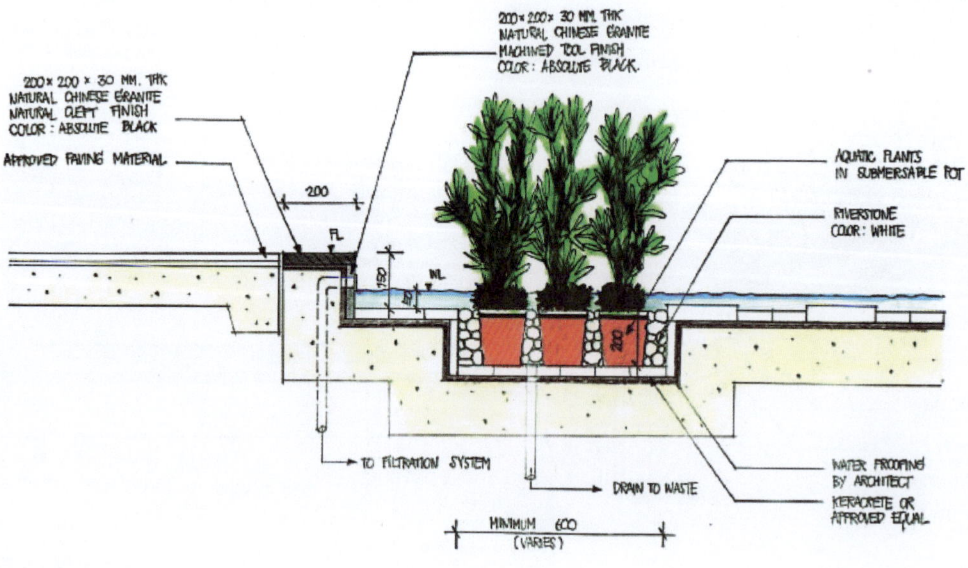
200×200×30 MM. THK
NATURAL CHINESE GRANITE
MACHINED TOOL FINISH
COLOR: ABSOLUTE BLACK.
200×200×30 MM. THK
NATURAL CHINESE GRANITE
NATURAL CLEFT FINISH
COLOR: ABSOLUTE BLACK
APPROVED PAVING MATERIAL
200
FL
WL
AQUATIC PLANTS
IN SUBMERSABLE POT
RIVERSTONE
COLOR: WHITE
TO FILTRATION SYSTEM
DRAIN TO WASTE
WATER PROOFING
BY ARCHITECT
KERACRETE OR
APPROVED EQUAL
MINIMUM 600
(VARIES)

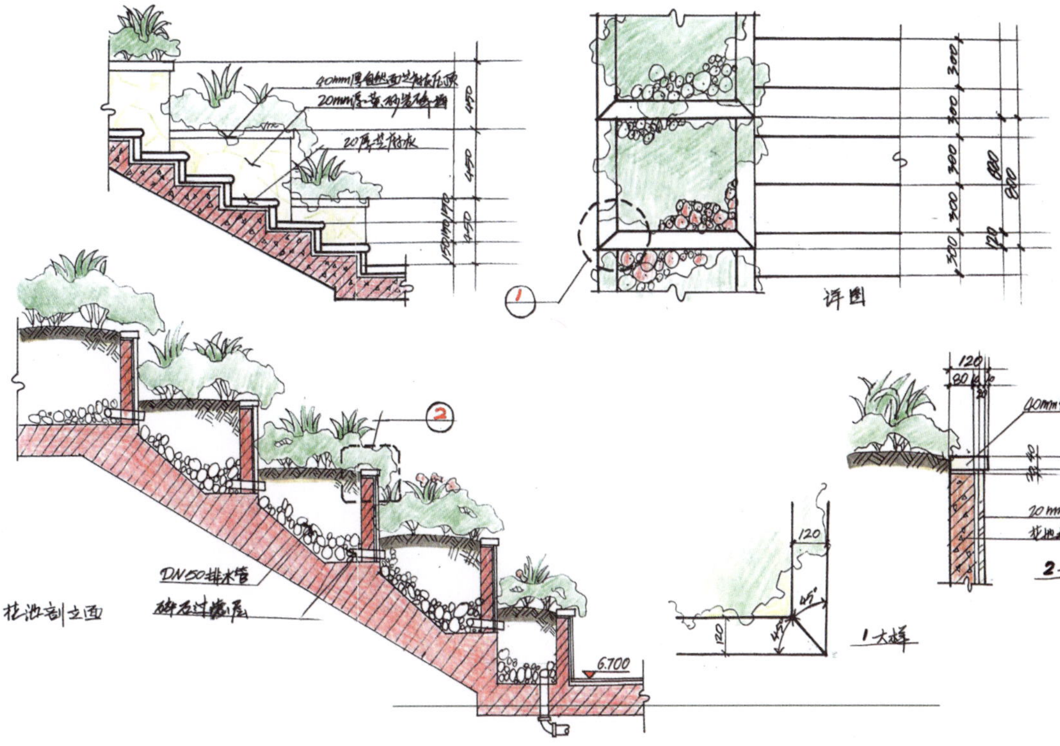
花池剖立面
DN150排水管
6.700
详图
1大样
2大样
120
45°

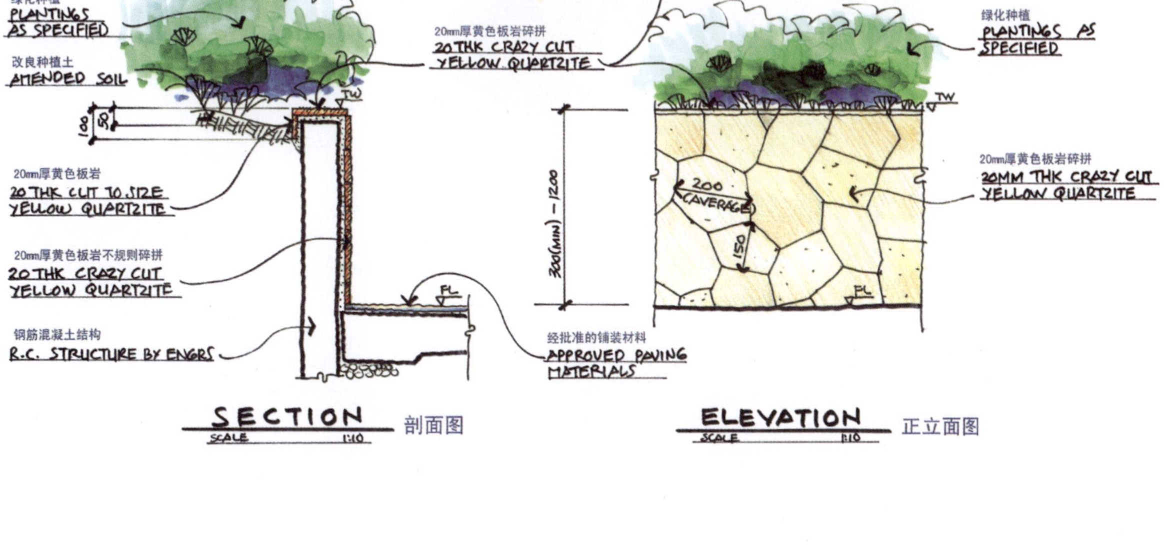
大样 DETAIL
NTS
绿化种植
PLANTINGS AS SPECIFIED
直角
ANGLED CORNER
改良种植土
SOIL MIX
150
绿化种植
PLANTINGS AS SPECIFIED
改良种植土
AMENDED SOIL
20mm厚黄色板岩碎拼
20 THK CRAZY CUT YELLOW QUARTZITE
20mm厚黄色板岩
20 THK CUT TO SIZE YELLOW QUARTZITE
20mm厚黄色板岩不规则碎拼
20 THK CRAZY CUT YELLOW QUARTZITE
钢筋混凝土结构
R.C. STRUCTURE BY ENGRS
经批准的铺装材料
APPROVED PAVING MATERIALS
300(MIN)-1200
200 (AVERAGE)
150
TW
FL
绿化种植
PLANTINGS AS SPECIFIED
20mm厚黄色板岩碎拼
20MM THK CRAZY CUT YELLOW QUARTZITE
SECTION
SCALE 1:10
剖面图
ELEVATION
SCALE 1:10
正立面图

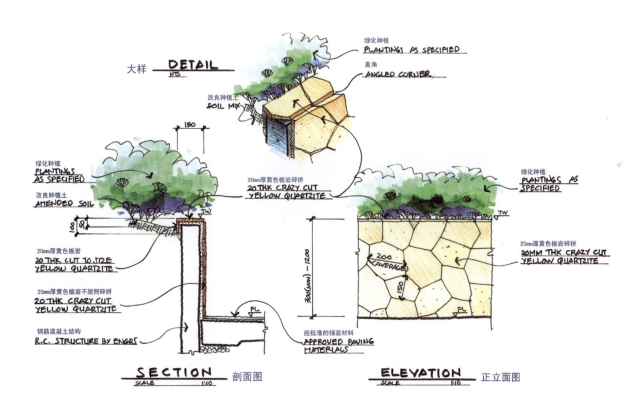

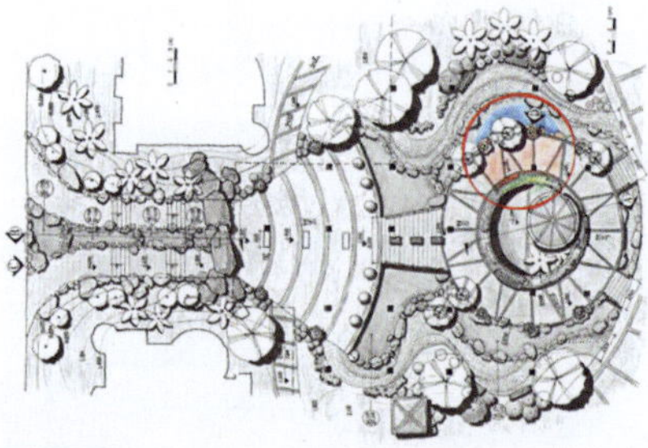

索引平面

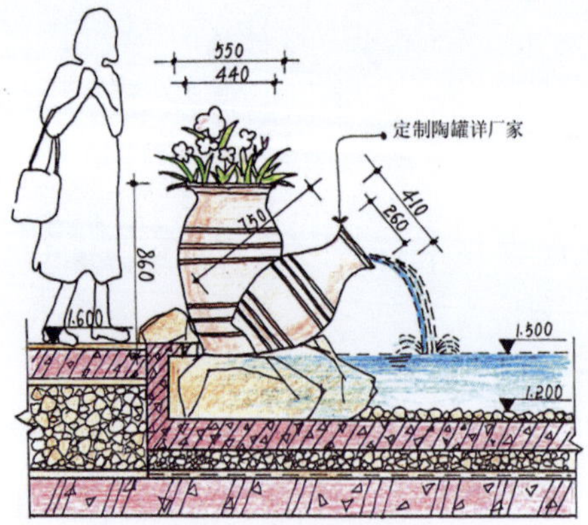

立面 D　1:20

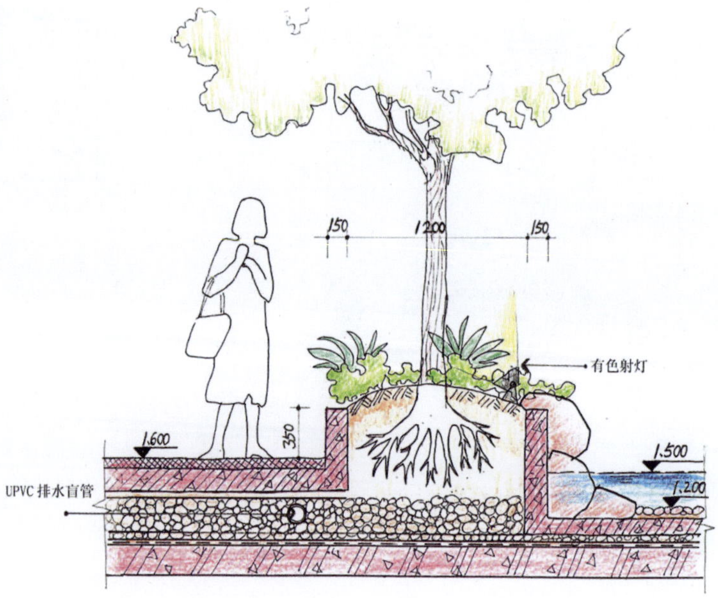

树池剖面关系图　1:20

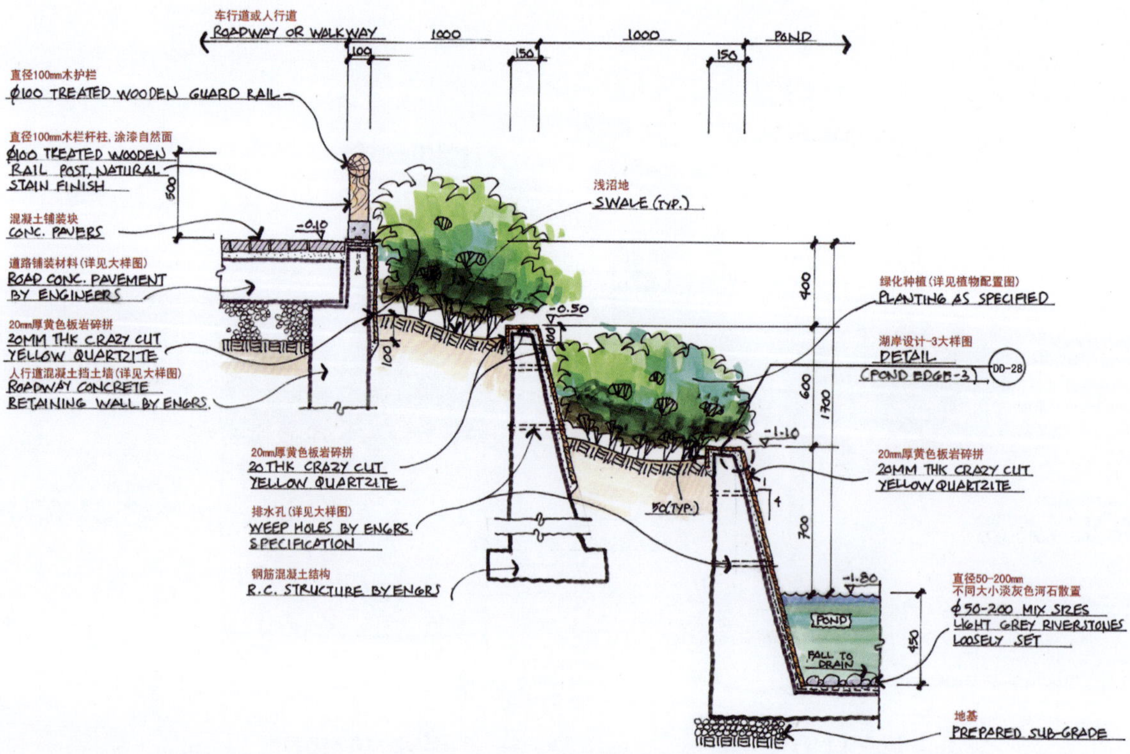

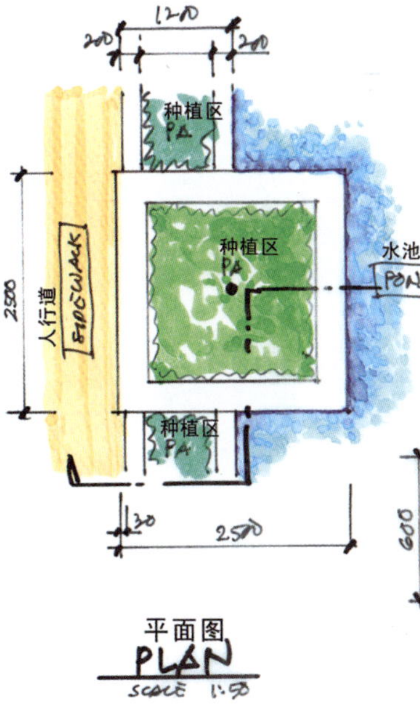

1200
200
200
种植区
PA
种植区
PA
水池
POND
2500
人行道
SIDEWALK
种植区
PA
30
2500
平面图
PLAN
SCALE 1:50

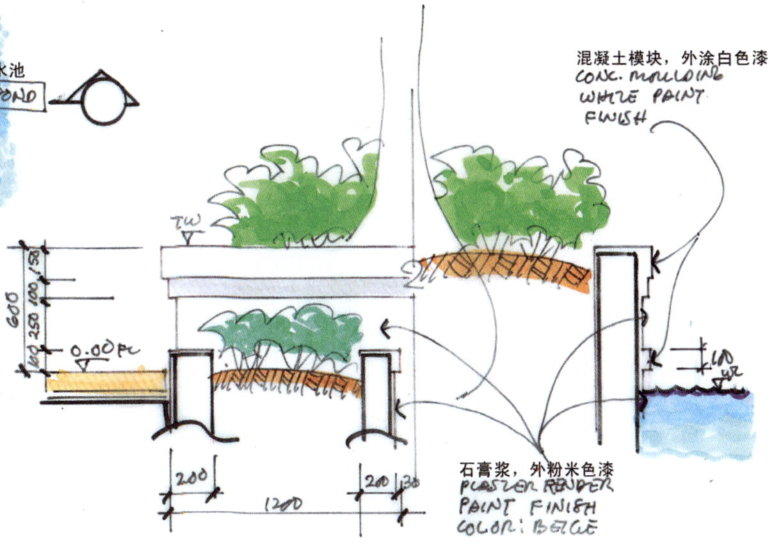

混凝土模块，外涂白色漆
CONC. MOULDING
WHITE PAINT
FINISH
TW
600
0.00FL
WL
200
200
30
1200
石膏浆，外粉米色漆
PLASTER RENDER
PAINT FINISH
COLOR: BEIGE

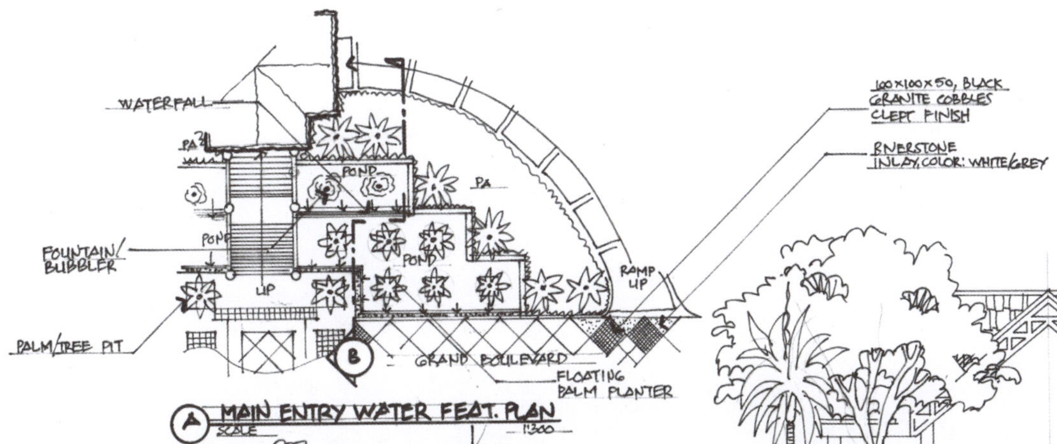

WATERFALL
PA
POND
PA
POND
POND
FOUNTAIN/
BUBBLER
UP
RAMP
UP
PALM/TREE PIT
GRAND BOULEVARD
FLOATING
PALM PLANTER
100×100×50, BLACK
GRANITE COBBLES
CLEFT FINISH
RIVERSTONE
INLAY, COLOR: WHITE/GREY
A MAIN ENTRY WATER FEAT. PLAN
SCALE 1:300

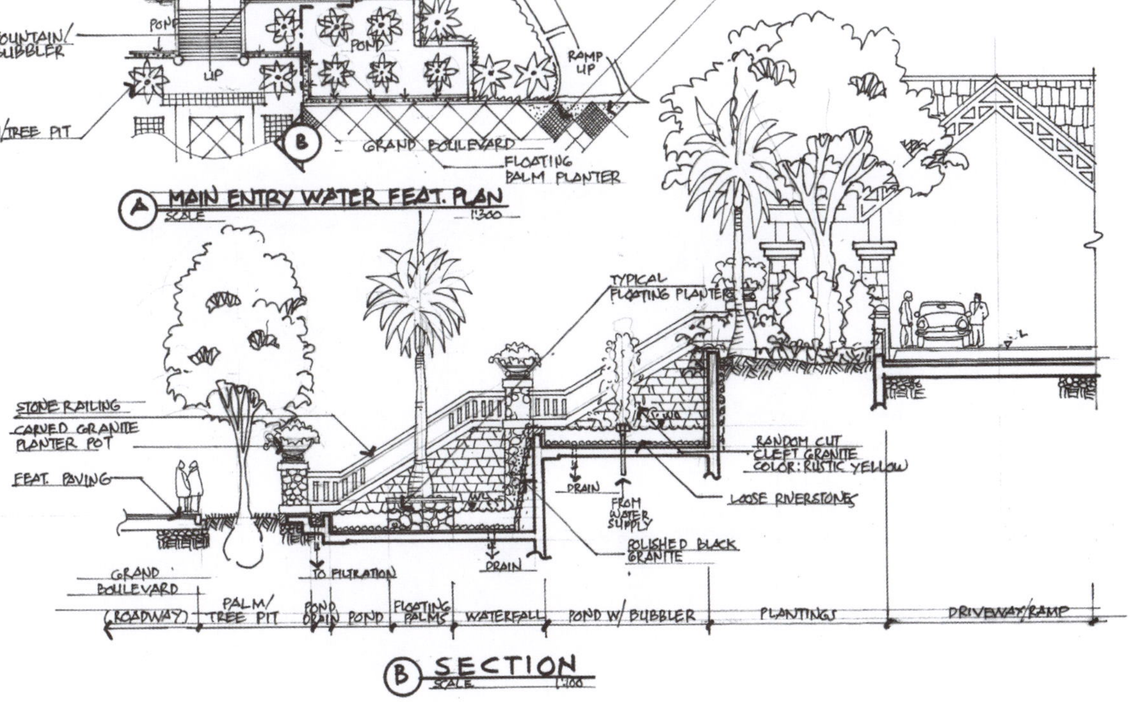

TYPICAL
FLOATING PLANTER
STONE RAILING
CARVED GRANITE
PLANTER POT
FEAT. PAVING
RANDOM CUT
CLEFT GRANITE
COLOR: RUSTIC YELLOW
LOOSE RIVERSTONES
DRAIN
FROM
WATER
SUPPLY
POLISHED BLACK
GRANITE
DRAIN
TO FILTRATION
GRAND
BOULEVARD
(ROADWAY)
PALM/
TREE PIT
POND
DRAIN
POND
FLOATING
PALMS
WATERFALL
POND W/ BUBBLER
PLANTINGS
DRIVEWAY/RAMP
B SECTION
SCALE 1:100

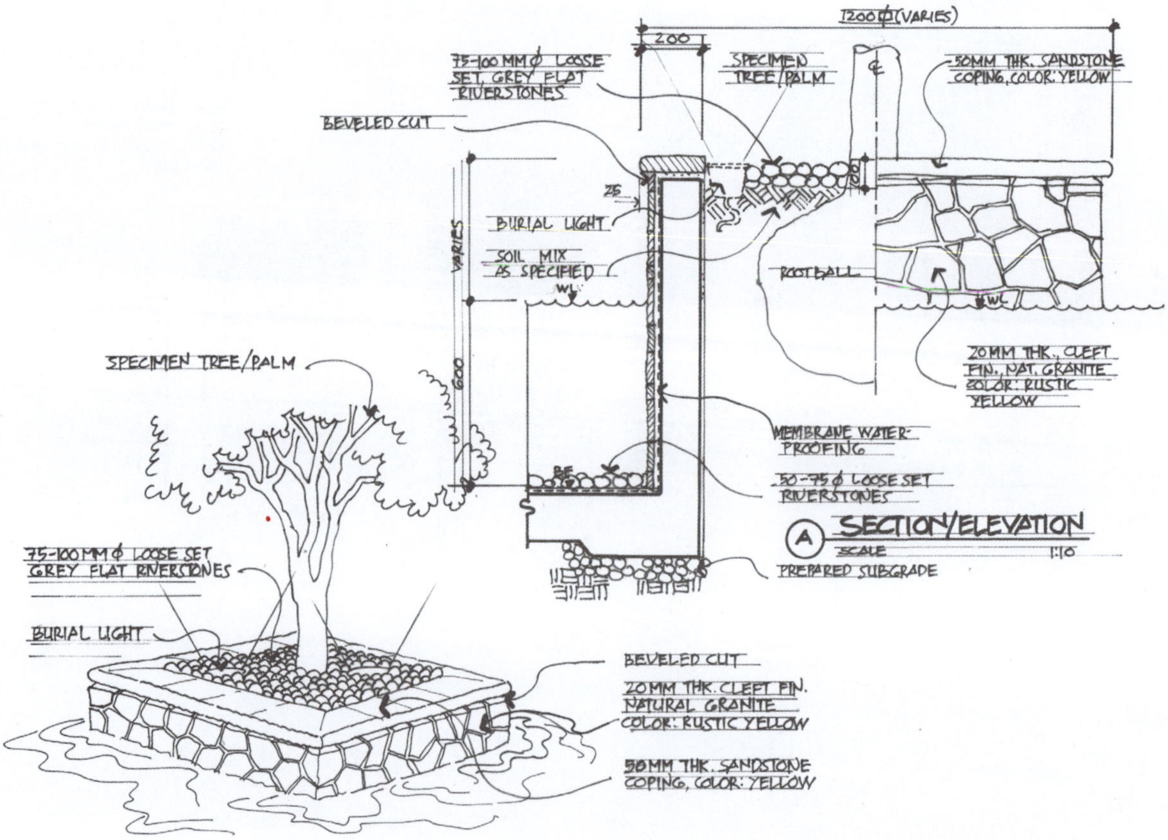

1200 ⌀ (VARIES)
200
75-100 MM ⌀ LOOSE SET, GREY FLAT RIVERSTONES
SPECIMEN TREE/PALM
50MM THK. SANDSTONE COPING, COLOR: YELLOW
BEVELED CUT
25
BURIAL LIGHT
SOIL MIX AS SPECIFIED
VARIES
WL
ROOTBALL
600
20MM THK. CLEFT FIN. NAT. GRANITE COLOR: RUSTIC YELLOW
SPECIMEN TREE/PALM
MEMBRANE WATER-PROOFING
50-75 ⌀ LOOSE SET RIVERSTONES
SECTION/ELEVATION
SCALE 1:10
PREPARED SUBGRADE
75-100MM ⌀ LOOSE SET GREY FLAT RIVERSTONES
BURIAL LIGHT
BEVELED CUT
20MM THK. CLEFT FIN. NATURAL GRANITE COLOR: RUSTIC YELLOW
50MM THK. SANDSTONE COPING, COLOR: YELLOW

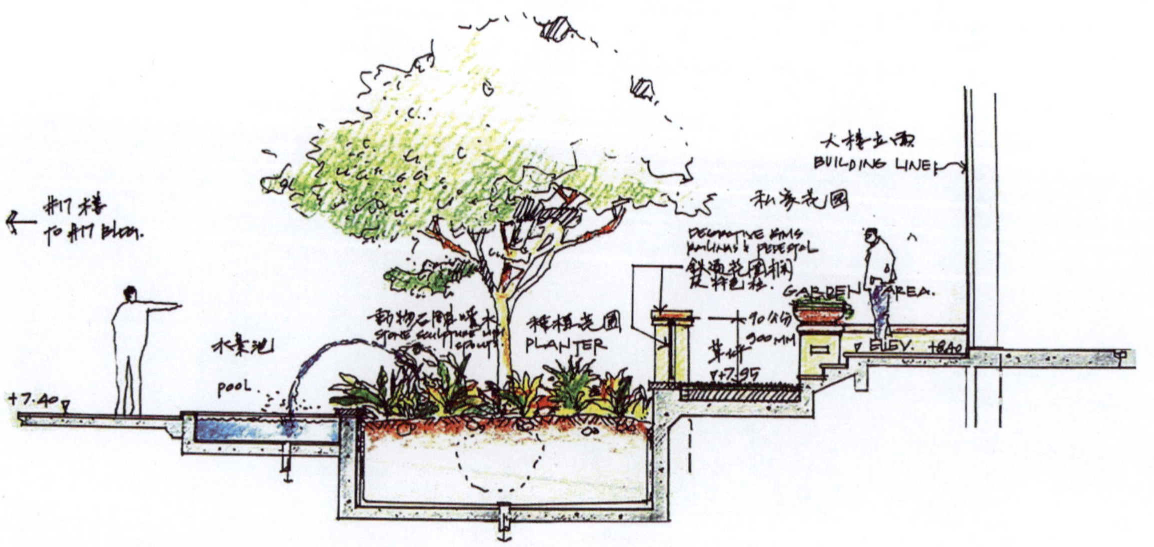

大楼立面
BUILDING LINE
私家花园
#17 楼
TO A17 BLDG.
GARDEN AREA.
动物石雕喷水
STONE SCULPTURE WATER SPOUT
种植花园
PLANTER
水景池
POOL
+7.40
草坪
+7.95
ELEV. +8.40

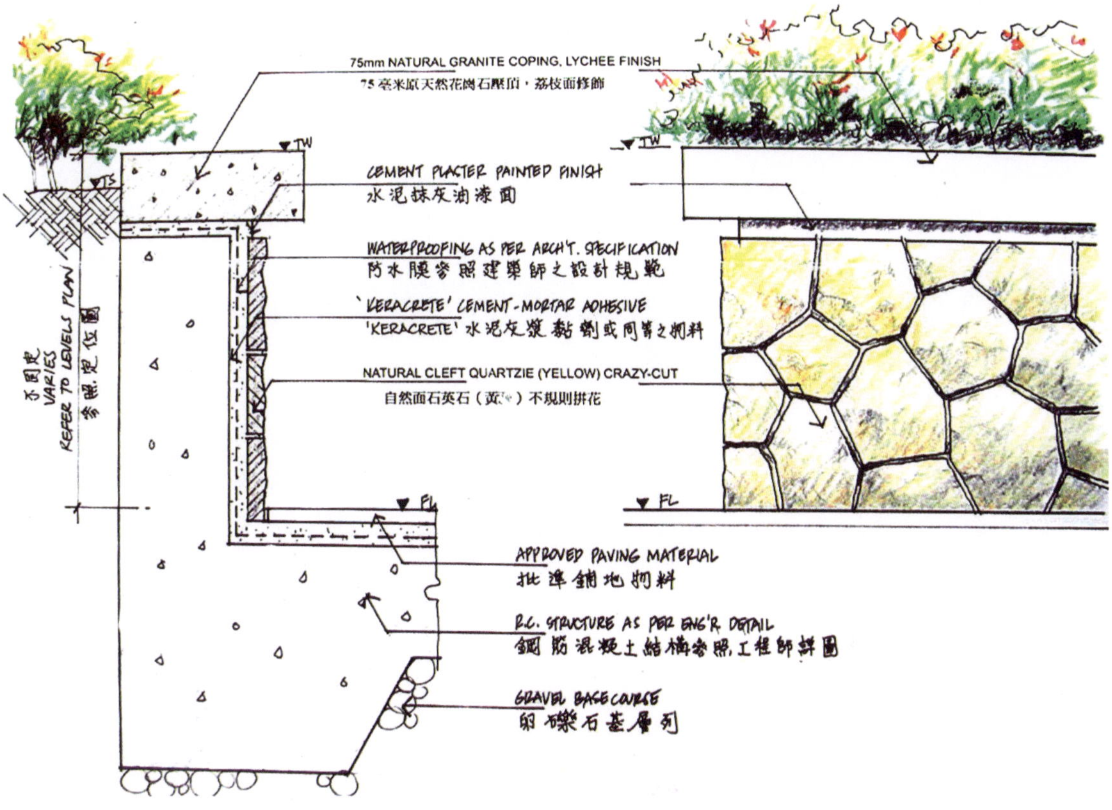

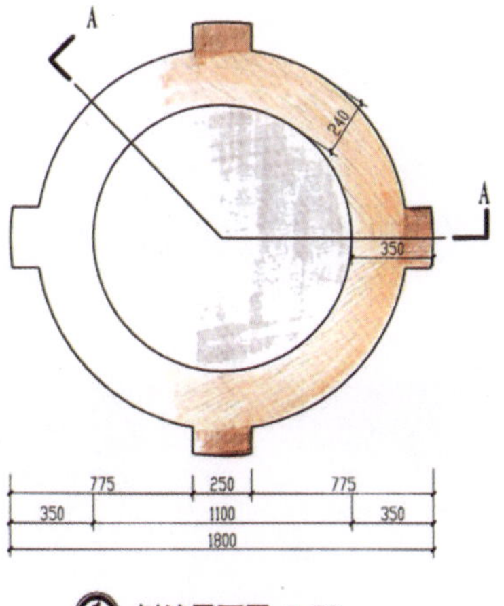

① 树池平面图 1:20

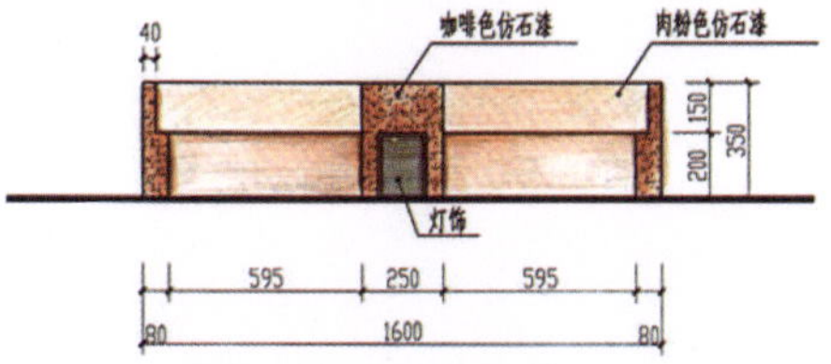

② 树池立面图 1:20

③ A-A剖面图 1:20

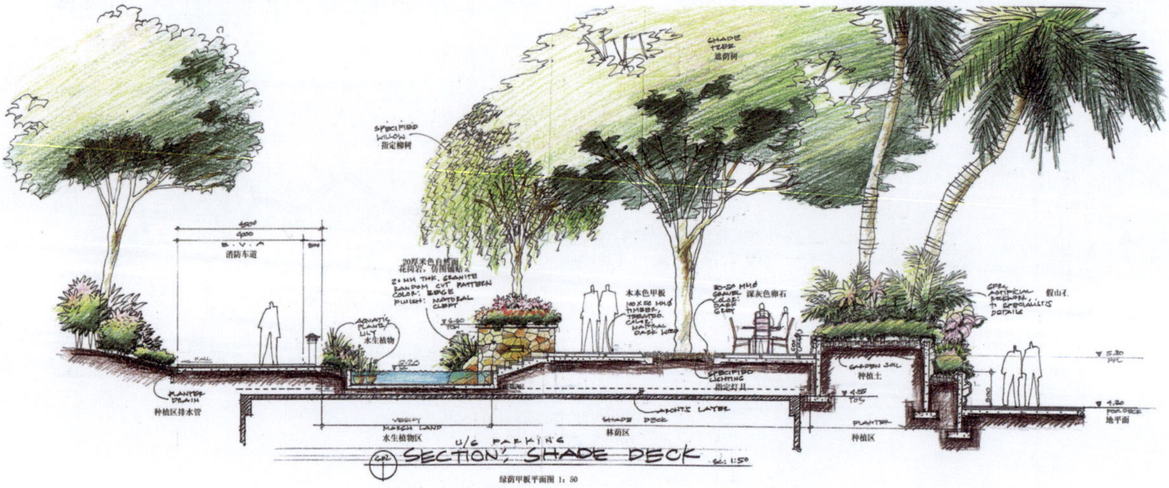

绿荫甲板平面图 1：50

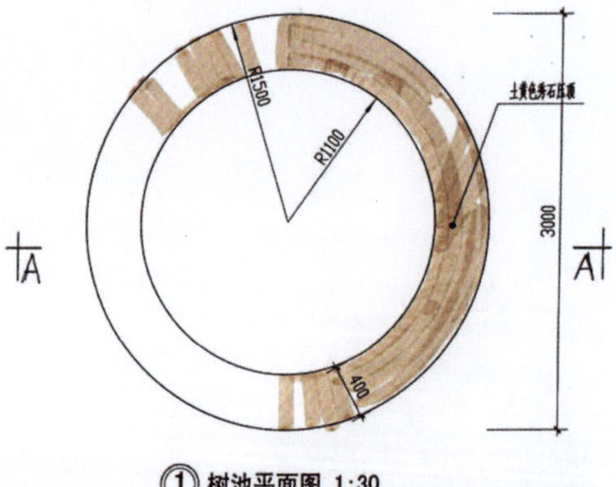

① 树池平面图 1:30

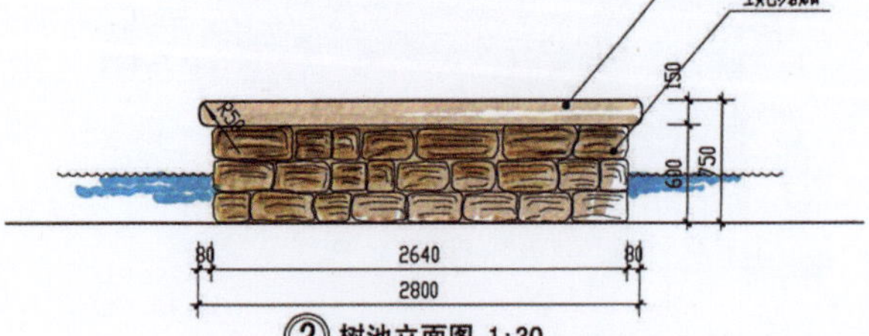

② 树池立面图 1:30

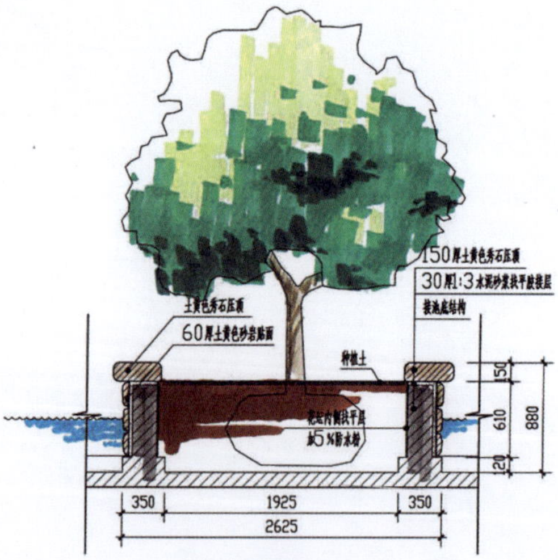

③ A-A剖面图 1:30

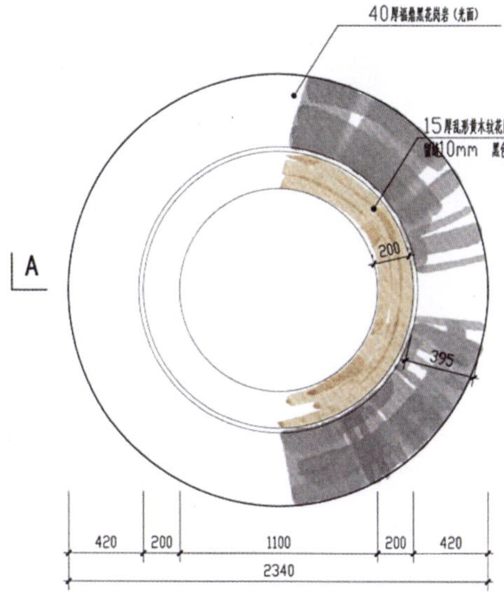

① 树池坐凳平面图 1:20

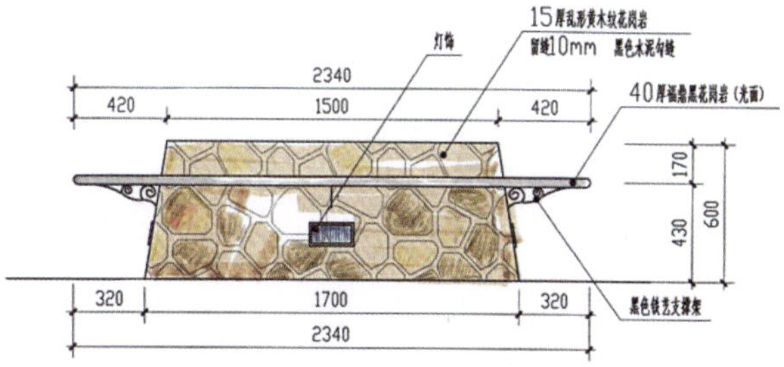

② 树池坐凳立面图 1:20

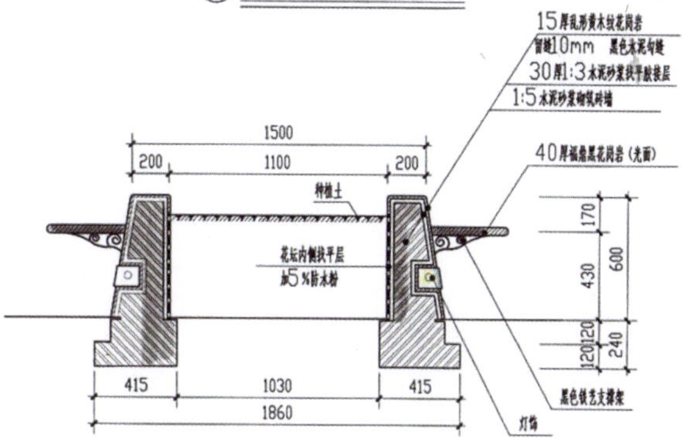

③ A-A剖面图 1:20

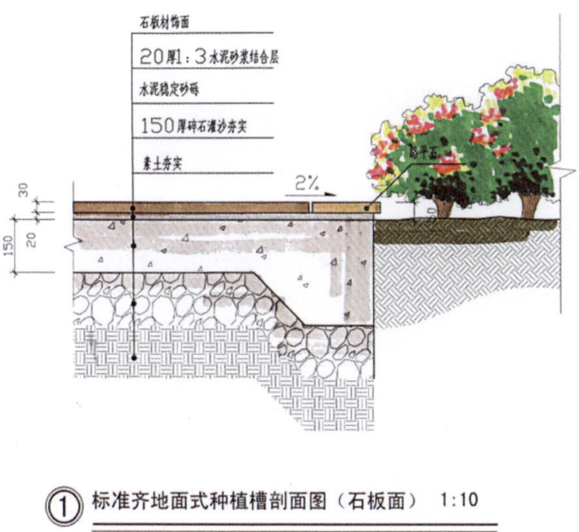

① 标准齐地面式种植槽剖面图（石板面） 1:10

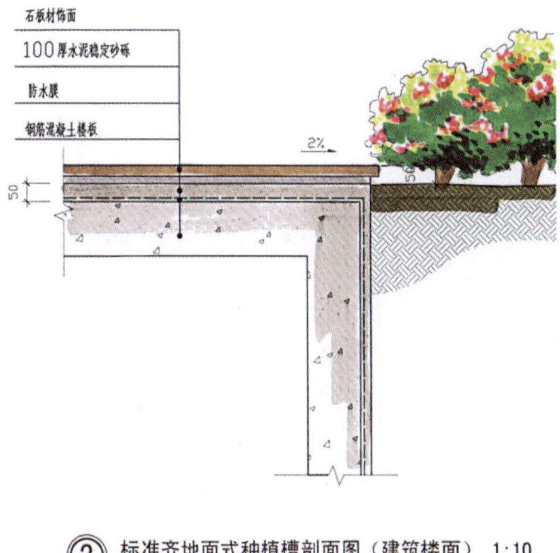

② 标准齐地面式种植槽剖面图（建筑楼面） 1:10

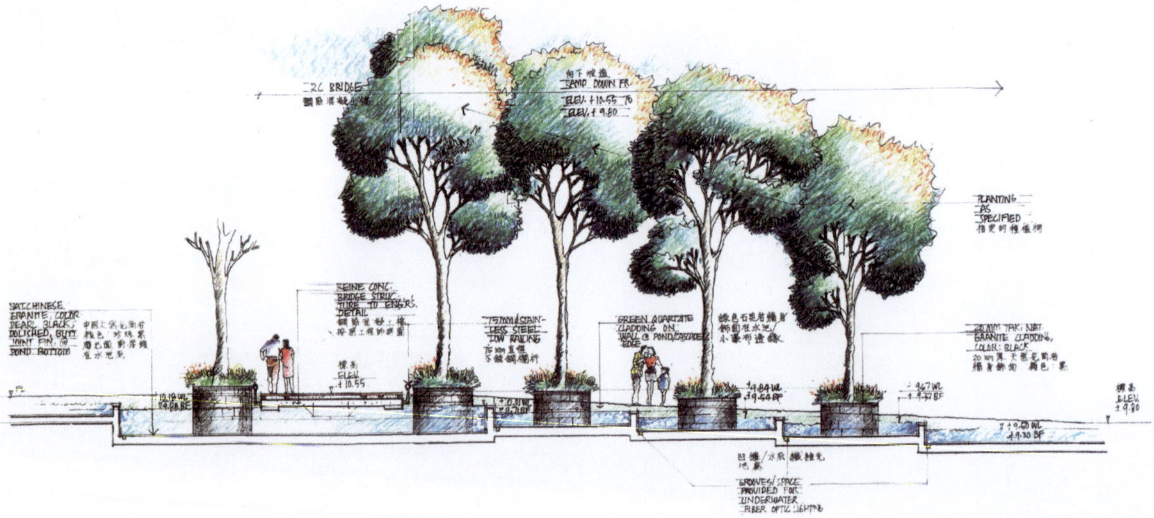

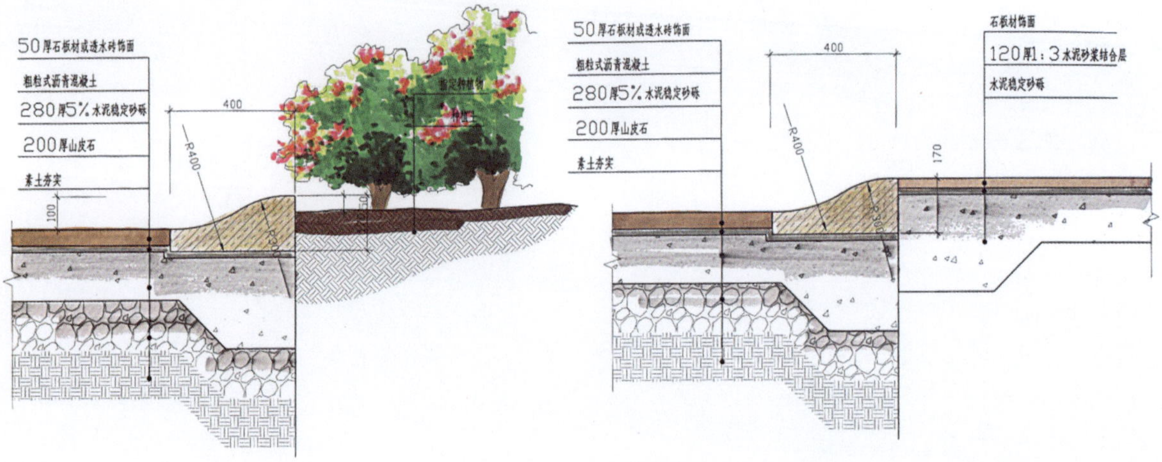

① 标准种植槽墙立面图 1:10

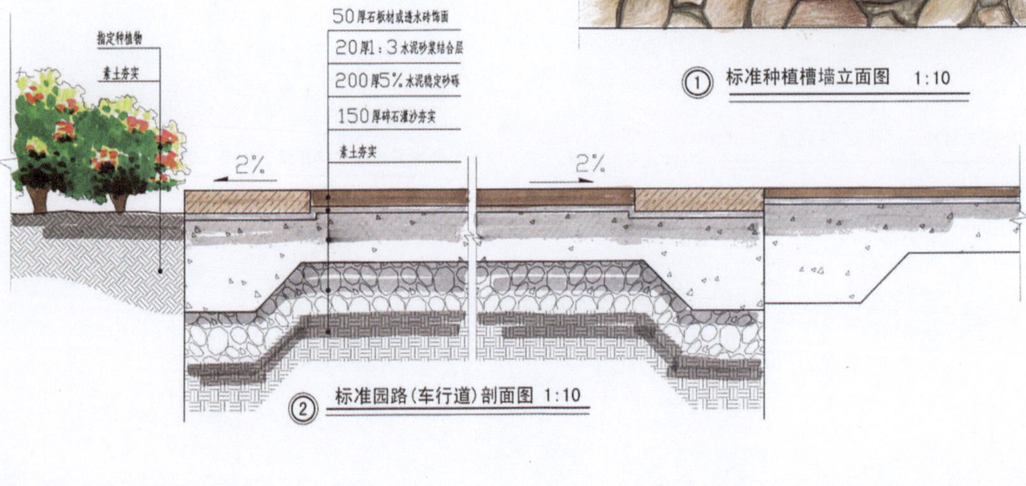

② 标准园路（车行道）剖面图 1:10

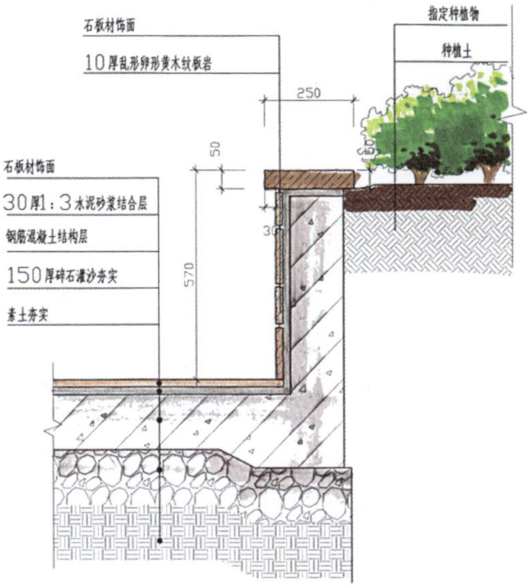

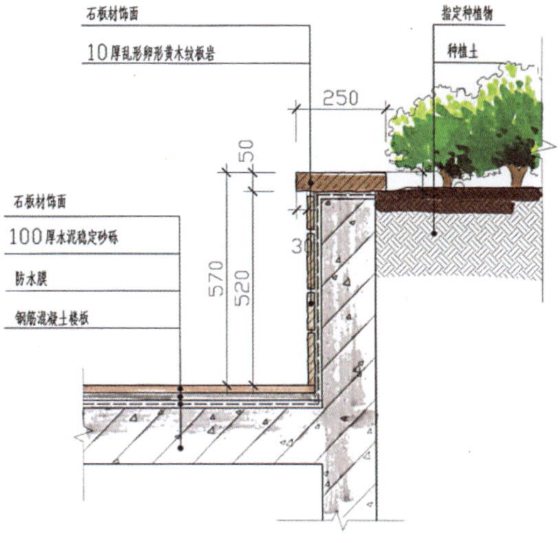

② 标准种植槽墙剖面图（建筑面） 1:10

① 标准种植槽墙剖面图（石板面） 1:10

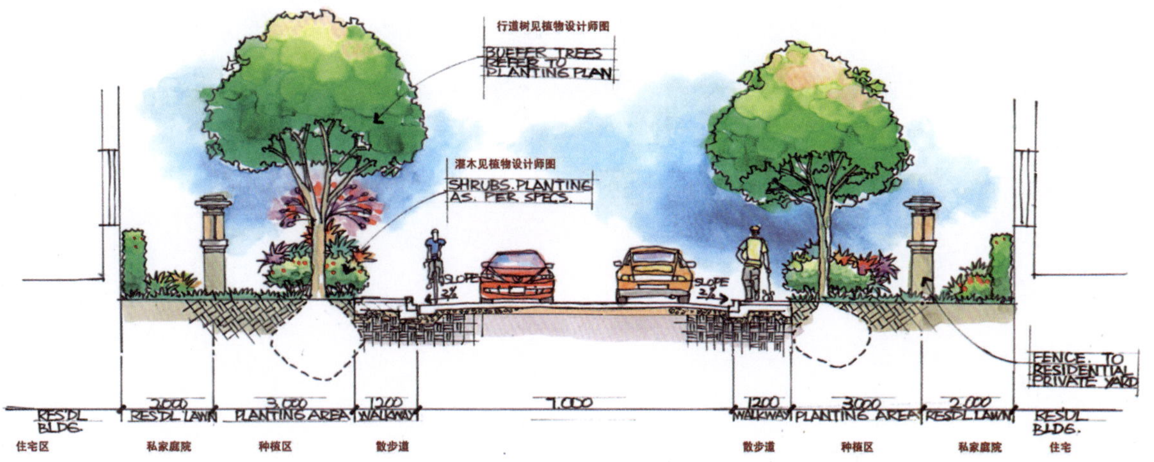

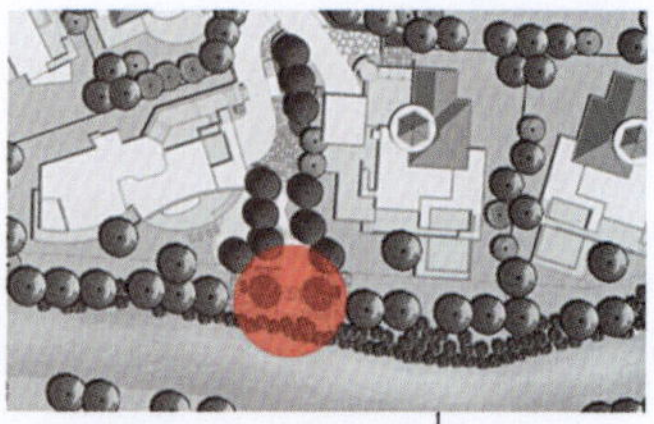

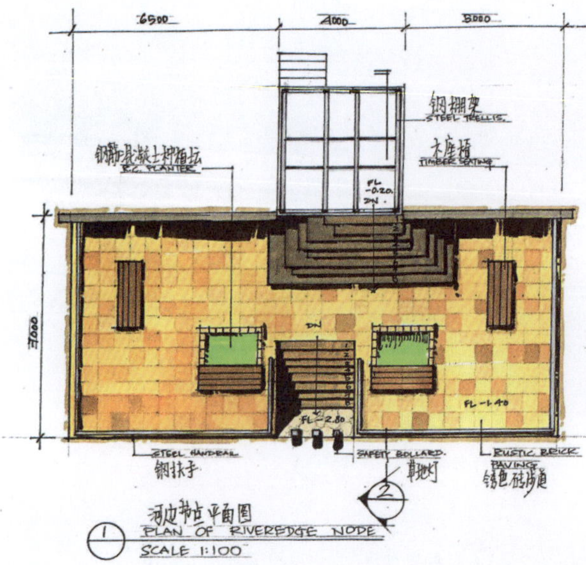
6500
4000
3000
钢栅架
STEEL TRELLIS
钢筋混凝土种植坛
R.C. PLANTER
木座椅
TIMBER SEATING
STEEL HANDRAIL
钢扶手
SAFETY BOLLARD
草地灯
RUSTIC BRICK PAVING
锈色砖铺面
河边节点平面图
PLAN OF RIVEREDGE NODE
SCALE 1:100

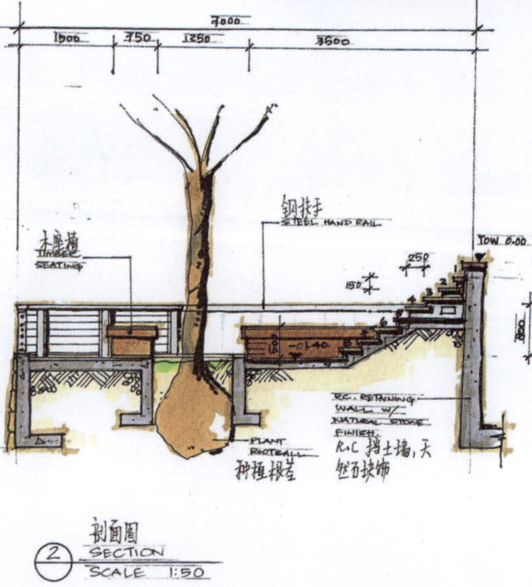
1500
750
1250
7000
3500
钢扶手
STEEL HAND RAIL
木座椅
TIMBER SEATING
PLANT ROOTBALL
种植根茎
R.C. RETAINING WALL W/ NATURAL STONE FINISH
R.C 挡土墙，天然石块饰
剖面图
SECTION
SCALE 1:50

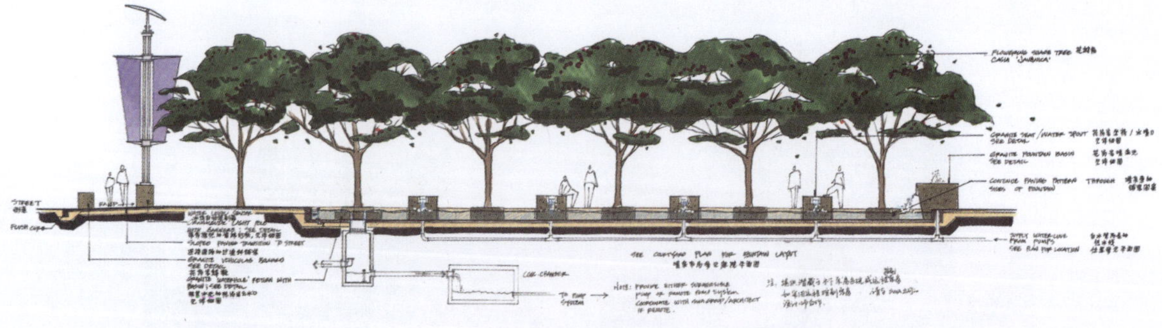

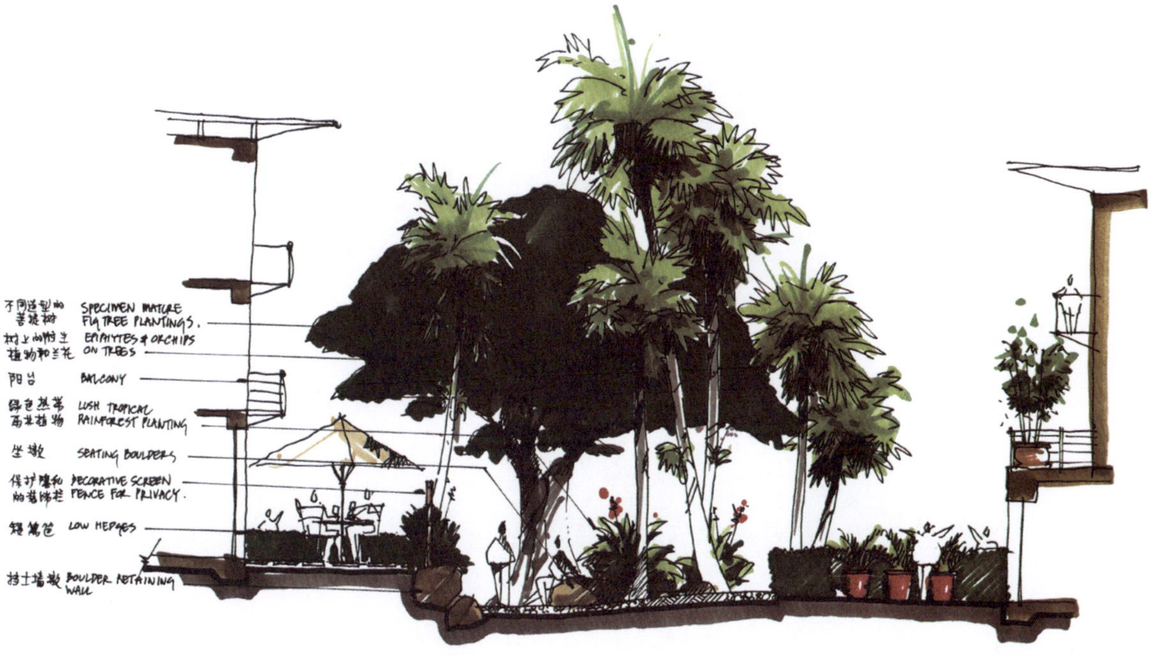
不同造型的菩提树 SPECIMEN MATURE FIG TREE PLANTINGS.
树上的附生植物和兰花 EPIPHYTES & ORCHIDS ON TREES
阳台 BALCONY
绿色热带雨林植物 LUSH TROPICAL RAINFOREST PLANTING
坐墩 SEATING BOULDERS
保护隐私的装饰栏 DECORATIVE SCREEN FENCE FOR PRIVACY.
矮篱笆 LOW HEDGES
挡土墙墩 BOULDER RETAINING WALL

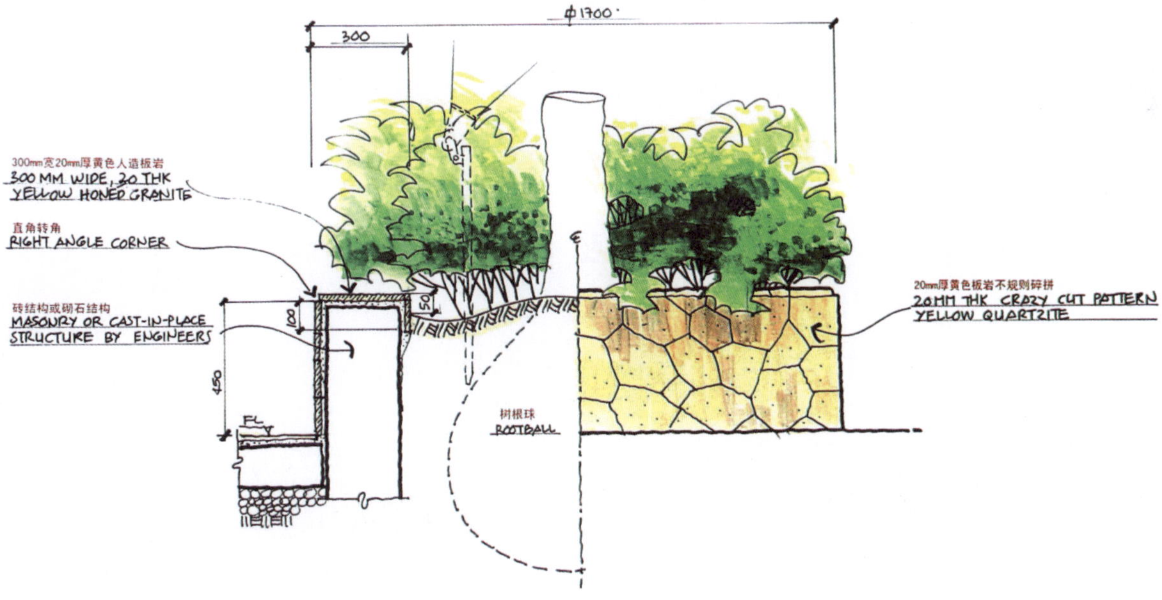
Φ1700
300
300mm宽20mm厚黄色人造板岩
300 MM WIDE, 20 THK YELLOW HONED GRANITE
直角转角
RIGHT ANGLE CORNER
砖结构或砌石结构
MASONRY OR CAST-IN-PLACE STRUCTURE BY ENGINEERS
50
100
450
FL
树根球
ROOTBALL
20mm厚黄色板岩不规则碎拼
20MM THK CRAZY CUT PATTERN YELLOW QUARTZITE

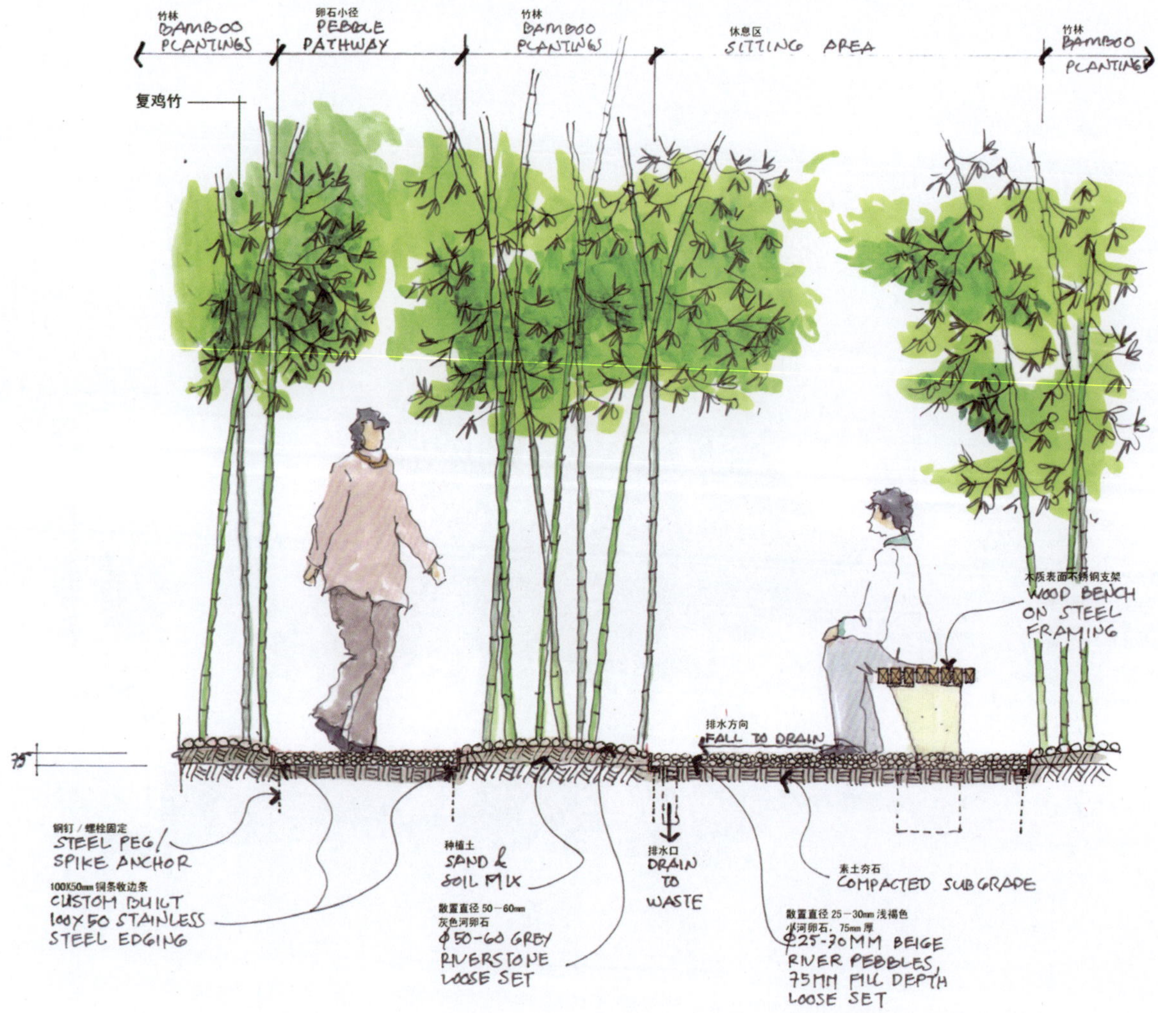
竹林
BAMBOO PLANTINGS
卵石小径
PEBBLE PATHWAY
竹林
BAMBOO PLANTINGS
休息区
SITTING AREA
竹林
BAMBOO PLANTINGS
复鸡竹
木质表面不锈钢支架
WOOD BENCH ON STEEL FRAMING
排水方向
FALL TO DRAIN
75
钢钉／螺栓固定
STEEL PEG/ SPIKE ANCHOR
100X50mm 钢条收边条
CUSTOM BUILT 100X50 STAINLESS STEEL EDGING
种植土
SAND & SOIL MIX
散置直径 50－60mm 灰色河卵石
φ50-60 GREY RIVERSTONE LOOSE SET
排水口
DRAIN TO WASTE
素土夯石
COMPACTED SUBGRADE
散置直径 25－30mm 浅褐色小河卵石，75mm 厚
φ25-30MM BEIGE RIVER PEBBLES, 75MM FILL DEPTH LOOSE SET

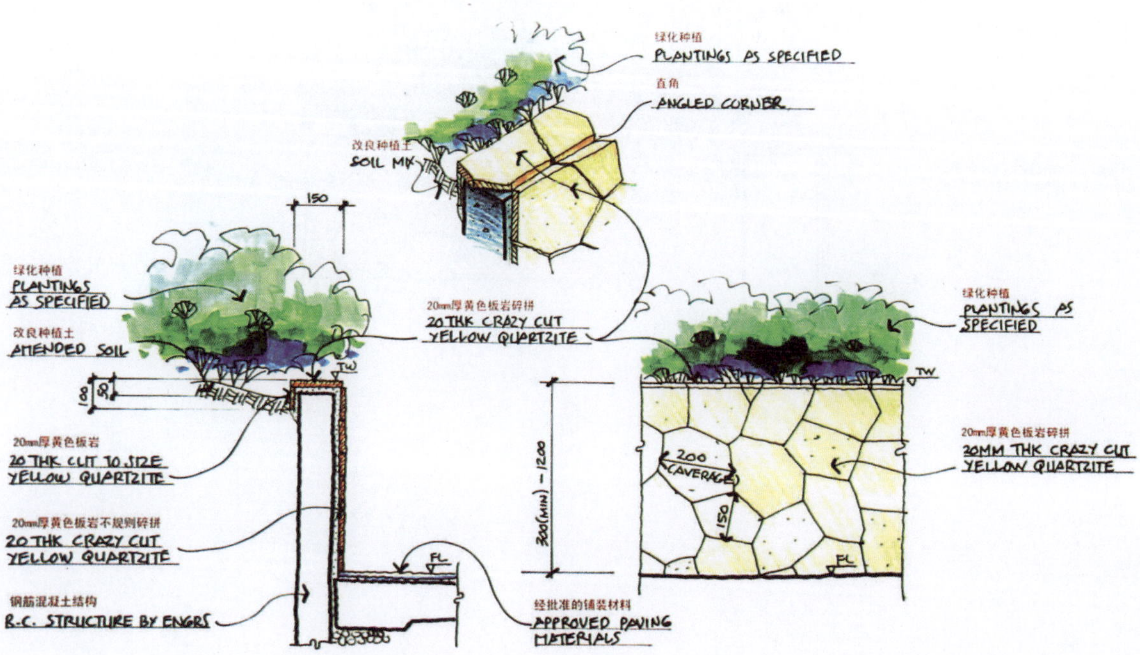
绿化种植
PLANTINGS AS SPECIFIED
直角
ANGLED CORNER
改良种植土
SOIL MIX
150
绿化种植
PLANTINGS AS SPECIFIED
改良种植土
AMENDED SOIL
20mm厚黄色板岩碎拼
20 THK CRAZY CUT YELLOW QUARTZITE
绿化种植
PLANTINGS AS SPECIFIED
TW
100
50
20mm厚黄色板岩
20 THK CUT TO SIZE YELLOW QUARTZITE
20mm厚黄色板岩不规则碎拼
20 THK CRAZY CUT YELLOW QUARTZITE
钢筋混凝土结构
R.C. STRUCTURE BY ENGRS
FL
经批准的铺装材料
APPROVED PAVING MATERIALS
300(MIN) – 1200
200 (AVERAGE)
150
20mm厚黄色板岩碎拼
20MM THK CRAZY CUT YELLOW QUARTZITE

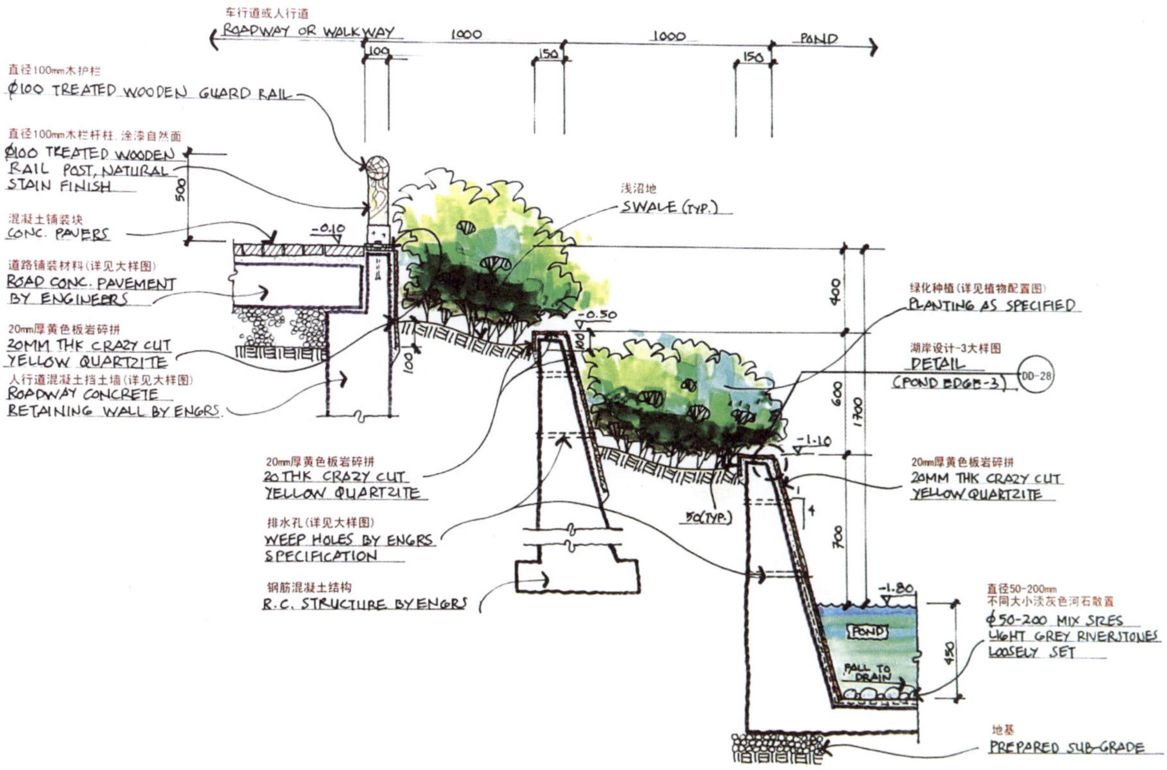

车行道或人行道
ROADWAY OR WALKWAY
1000
1000
POND
100
150
150
直径100mm木护栏
Ø100 TREATED WOODEN GUARD RAIL
直径100mm木栏杆柱，涂漆自然面
Ø100 TREATED WOODEN RAIL POST, NATURAL STAIN FINISH
500
混凝土铺装块
CONC. PAVERS
-0.10
道路铺装材料(详见大样图)
ROAD CONC. PAVEMENT BY ENGINEERS
20mm厚黄色板岩碎拼
20MM THK CRAZY CUT YELLOW QUARTZITE
人行道混凝土挡土墙(详见大样图)
ROADWAY CONCRETE RETAINING WALL BY ENGRS.
浅沼地
SWALE (TYP.)
400
-0.50
绿化种植(详见植物配置图)
PLANTING AS SPECIFIED
湖岸设计-3大样图
DETAIL (POND EDGE-3)
DD-28
600
1700
-1.10
20mm厚黄色板岩碎拼
20THK CRAZY CUT YELLOW QUARTZITE
20mm厚黄色板岩碎拼
20MM THK CRAZY CUT YELLOW QUARTZITE
排水孔(详见大样图)
WEEP HOLES BY ENGRS SPECIFICATION
50(TYP.)
700
钢筋混凝土结构
R.C. STRUCTURE BY ENGRS
-1.80
直径50-200mm 不同大小淡灰色河石散置
Ø50-200 MIX SIZES LIGHT GREY RIVERSTONES LOOSELY SET
POND
FALL TO DRAIN
450
地基
PREPARED SUB-GRADE

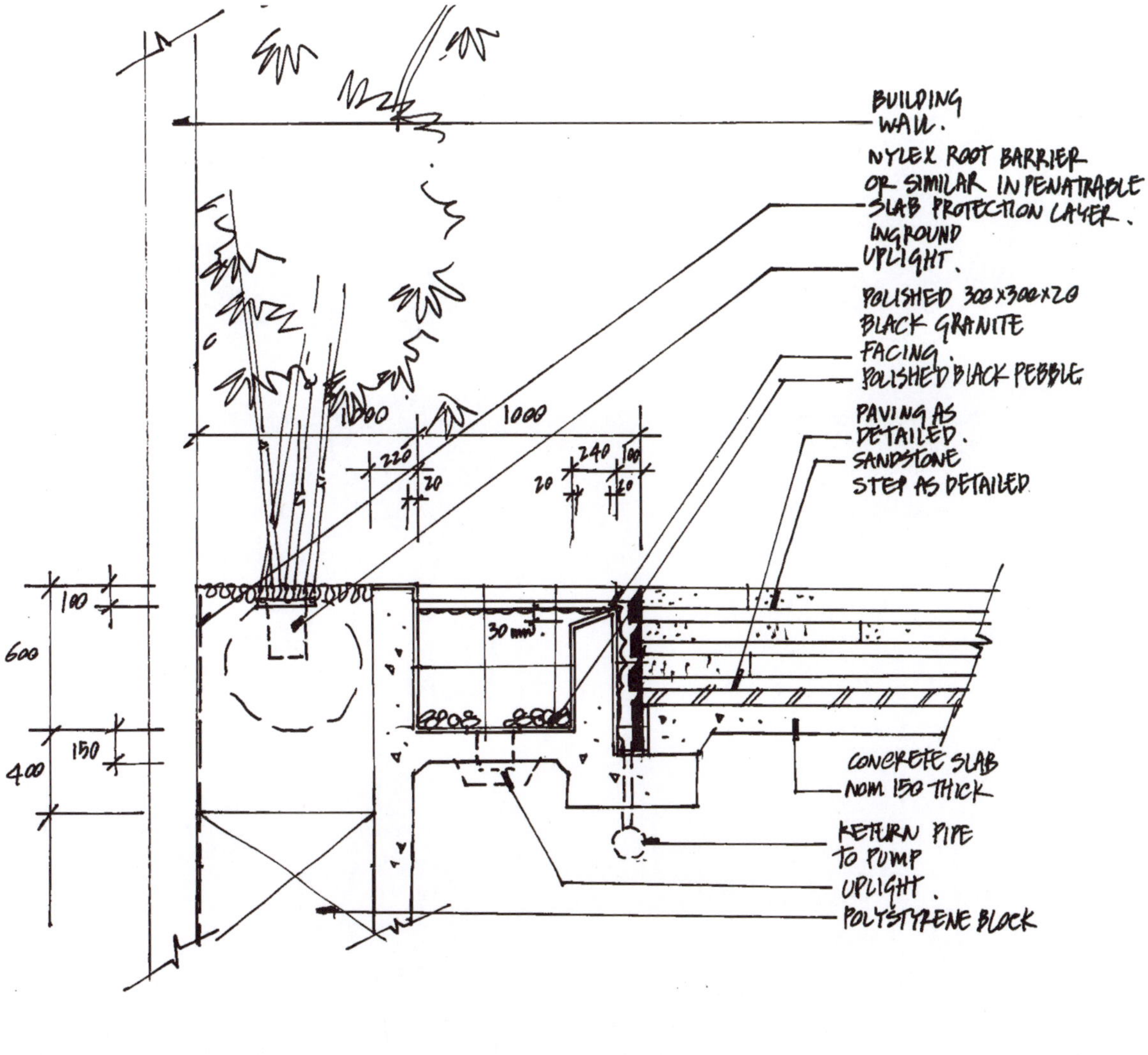

BUILDING WALL.
NYLEX ROOT BARRIER OR SIMILAR IMPENATRABLE SLAB PROTECTION LAYER.
INGROUND UPLIGHT.
POLISHED 300×300×20 BLACK GRANITE FACING.
POLISHED BLACK PEBBLE.
PAVING AS DETAILED.
SANDSTONE STEP AS DETAILED.
1000
1000
220
20
240
100
20
20
100
600
150
400
30mm
CONCRETE SLAB NOM 150 THICK
RETURN PIPE TO PUMP
UPLIGHT.
POLYSTYRENE BLOCK

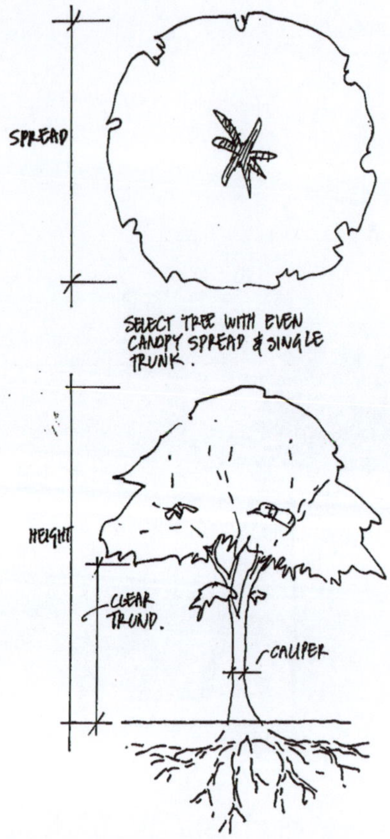
SPREAD
SELECT TREE WITH EVEN CANOPY SPREAD & SINGLE TRUNK.
HEIGHT
CLEAR TRUND.
CALIPER

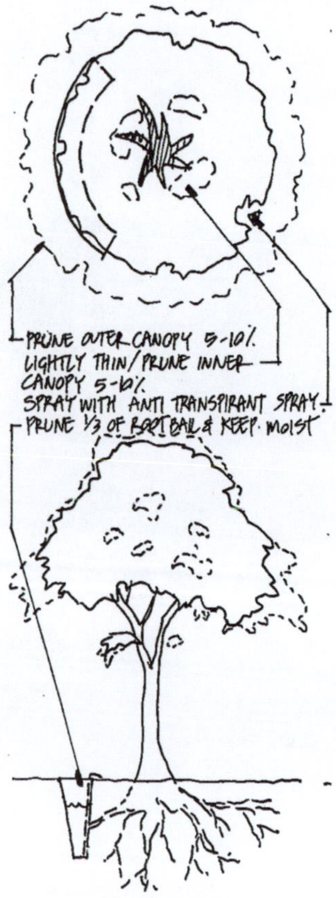
PRUNE OUTER CANOPY 5-10%
LIGHTLY THIN/PRUNE INNER CANOPY 5-10%
SPRAY WITH ANTI TRANSPIRANT SPRAY.
PRUNE 1/3 OF ROOTBALL & KEEP MOIST

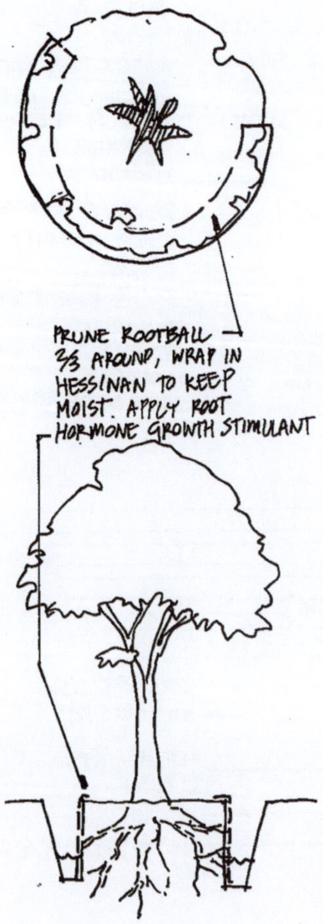
PRUNE ROOTBALL 2/3 AROUND, WRAP IN HESSINAN TO KEEP MOIST. APPLY ROOT HORMONE GROWTH STIMULANT

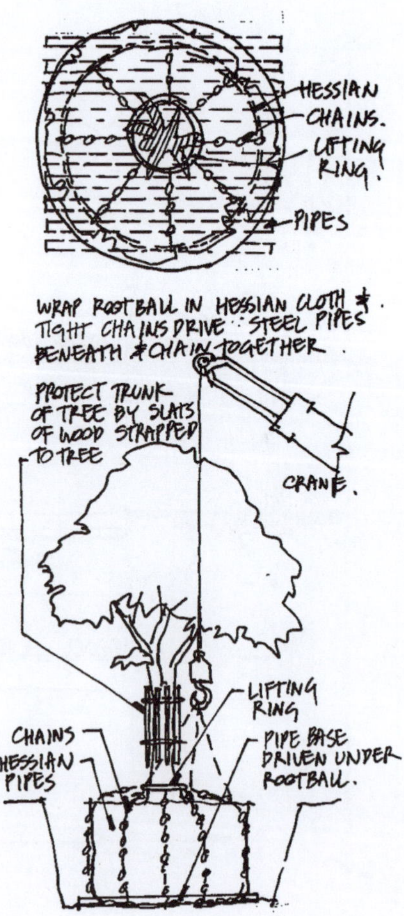
HESSIAN
CHAINS.
LIFTING RING.
PIPES
WRAP ROOTBALL IN HESSIAN CLOTH & TIGHT CHAINS DRIVE STEEL PIPES BENEATH & CHAIN TOGETHER.
PROTECT TRUNK OF TREE BY SLATS OF WOOD STRAPPED TO TREE
CRANE.
LIFTING RING
CHAINS
HESSIAN
PIPES
PIPE BASE DRIVEN UNDER ROOTBALL.

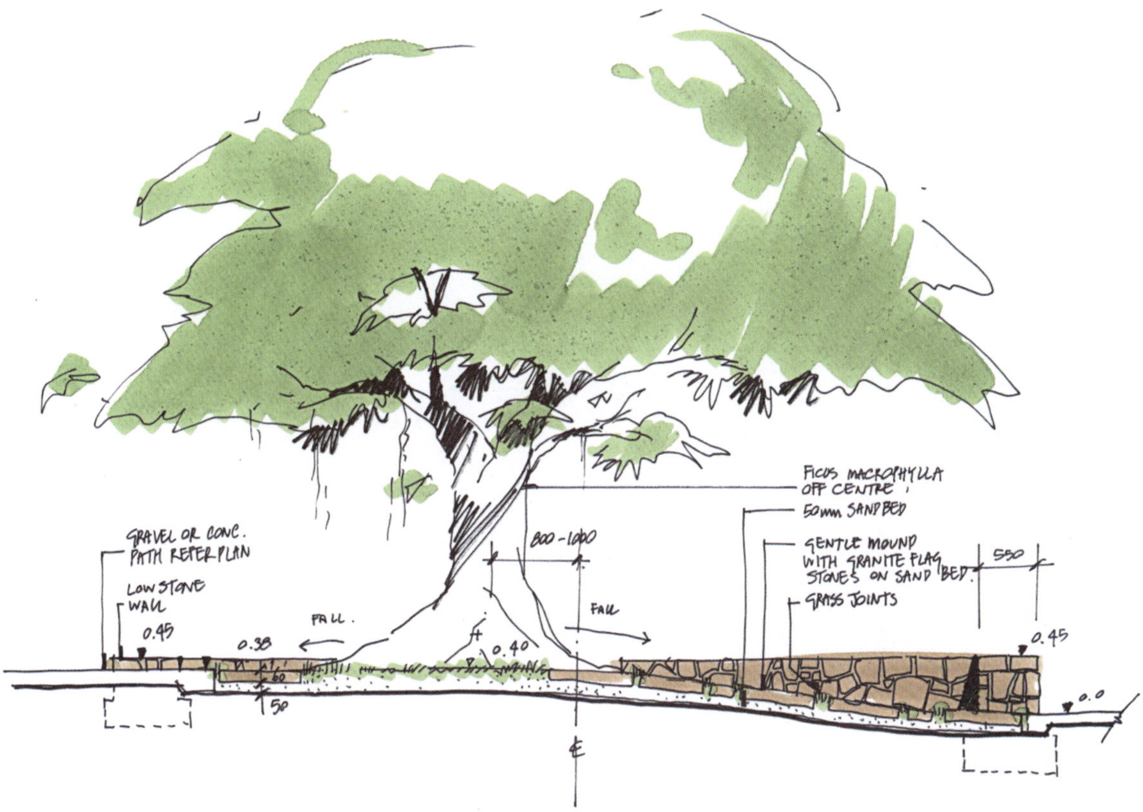

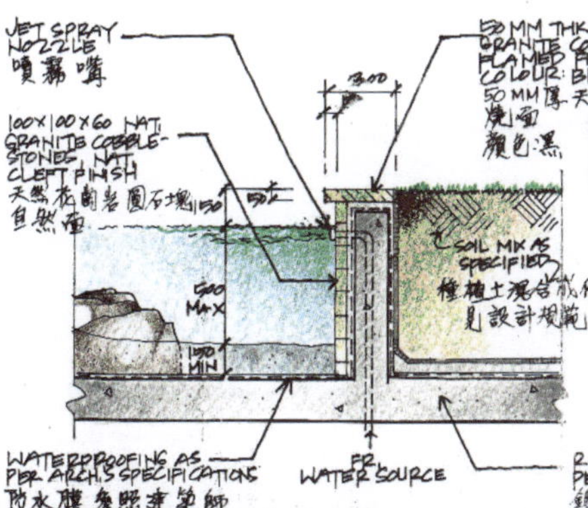

標準進水嘴詳圖
TYP. JET INLET DETAIL
SCALE 1:20

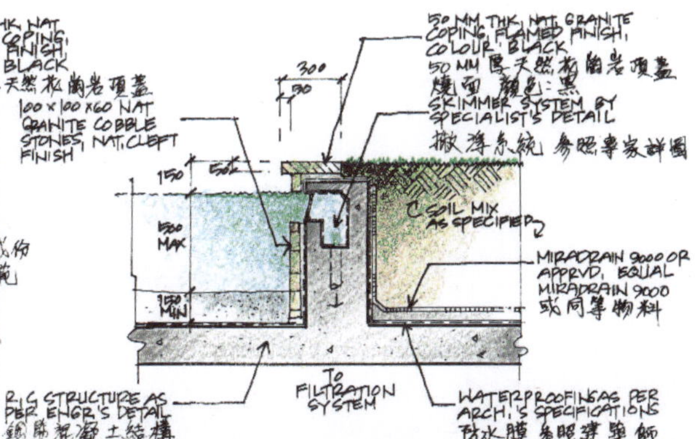

標準撇渣器詳圖
TYP. SKIMMER BOX DETAIL
SCALE 1:20

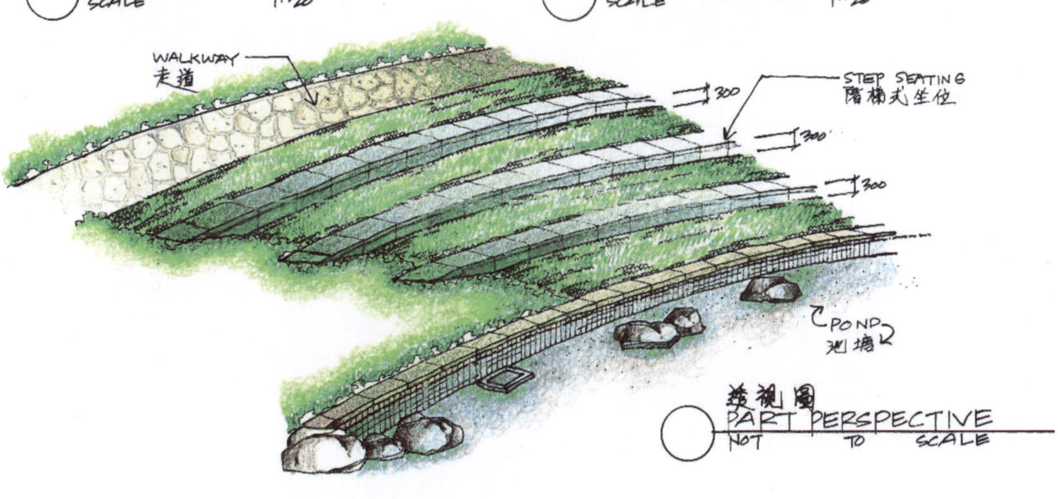

透視圖
PART PERSPECTIVE
NOT TO SCALE

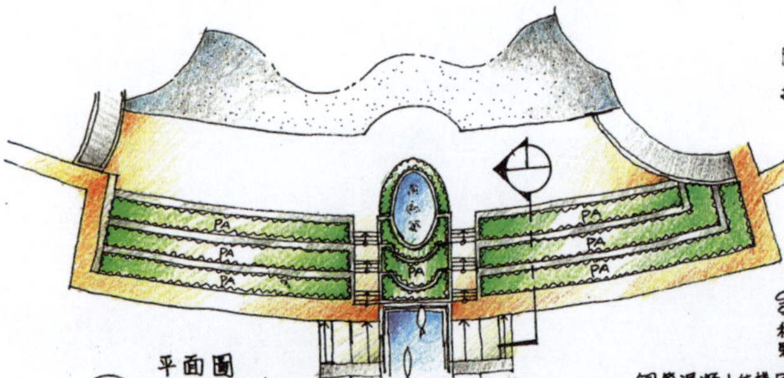

平面圖
PLAN
1:300

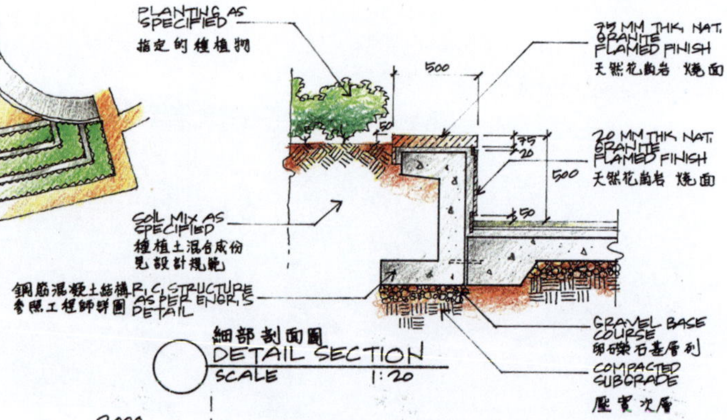

細部剖面圖
DETAIL SECTION
SCALE 1:20

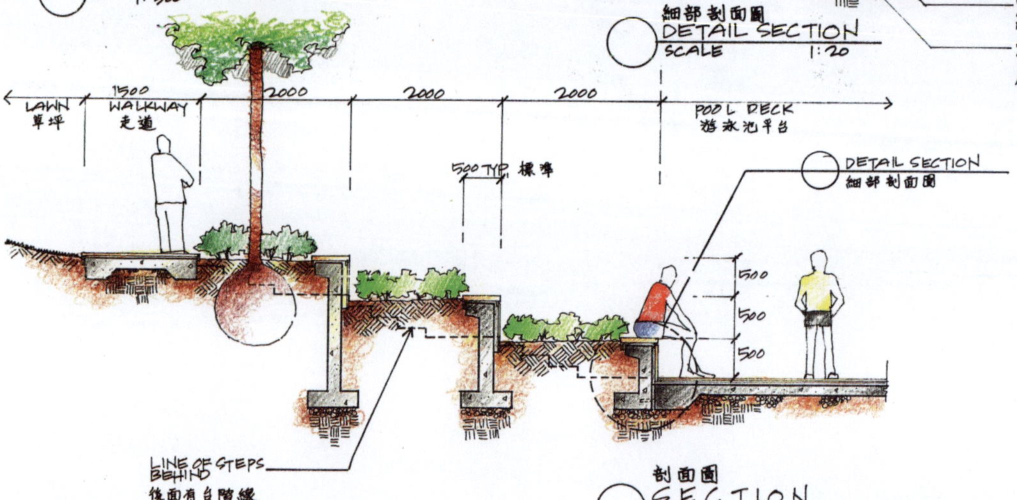

剖面圖
SECTION
1:40

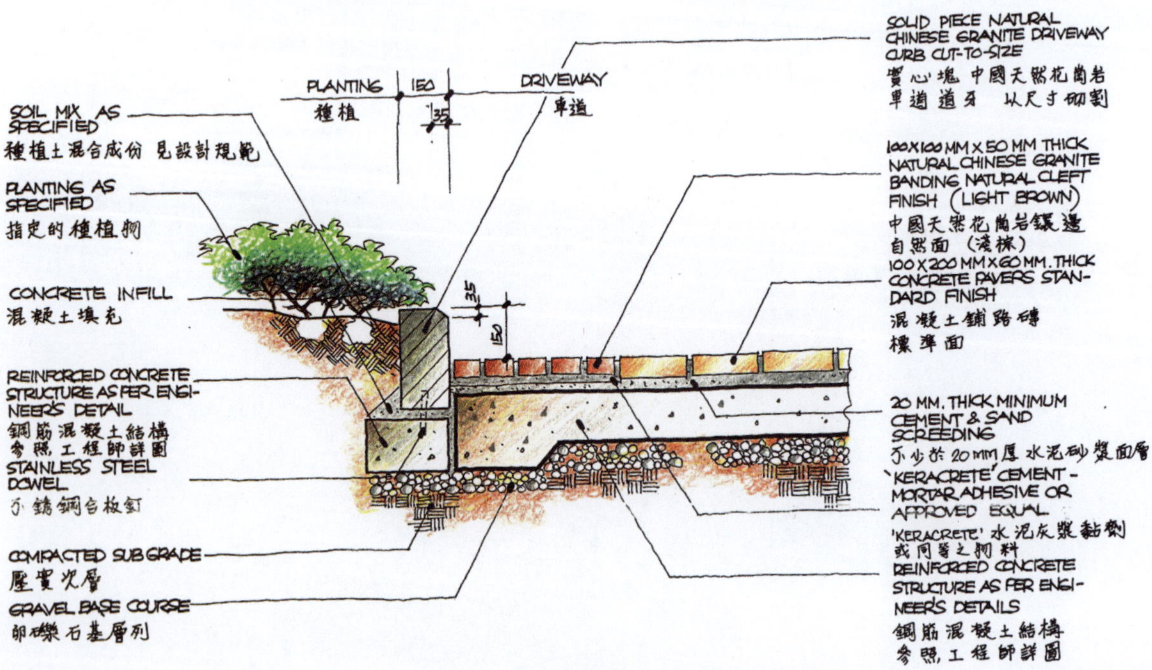

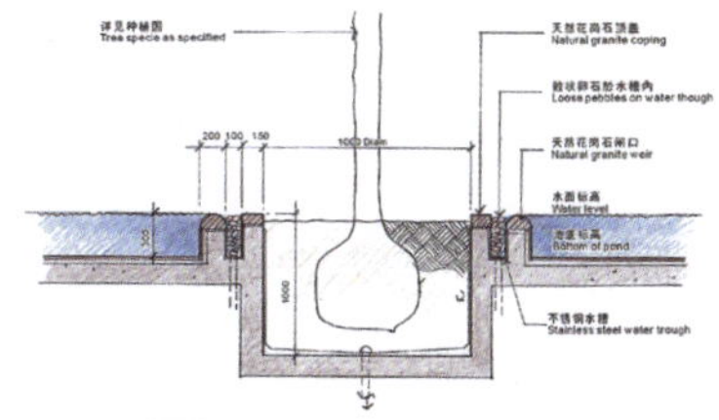

蓮花池標準植樹槽詳圖
Typical Tree Planter at Lilypond
1:20

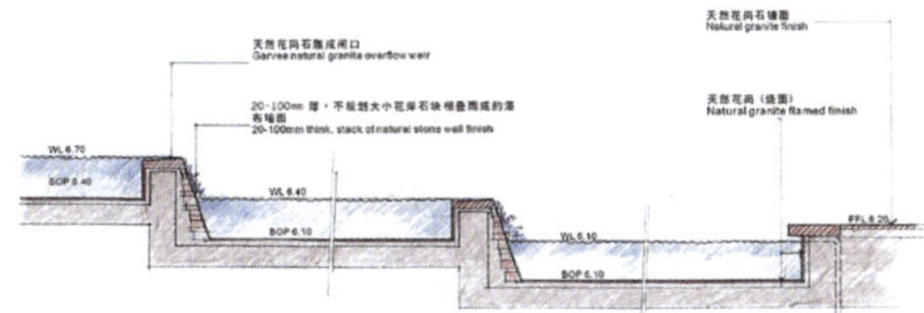

蓮花池叠层式瀑布剖面图
Section Thru Weir at Lily Pond
1:20

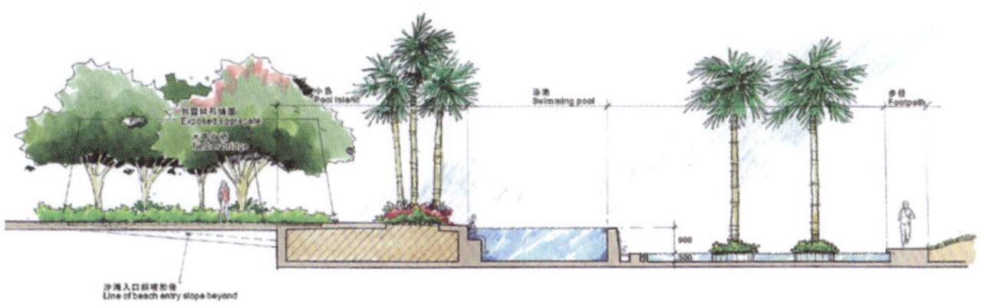

泳池小岛剖面
Swimming pool island section
1:50

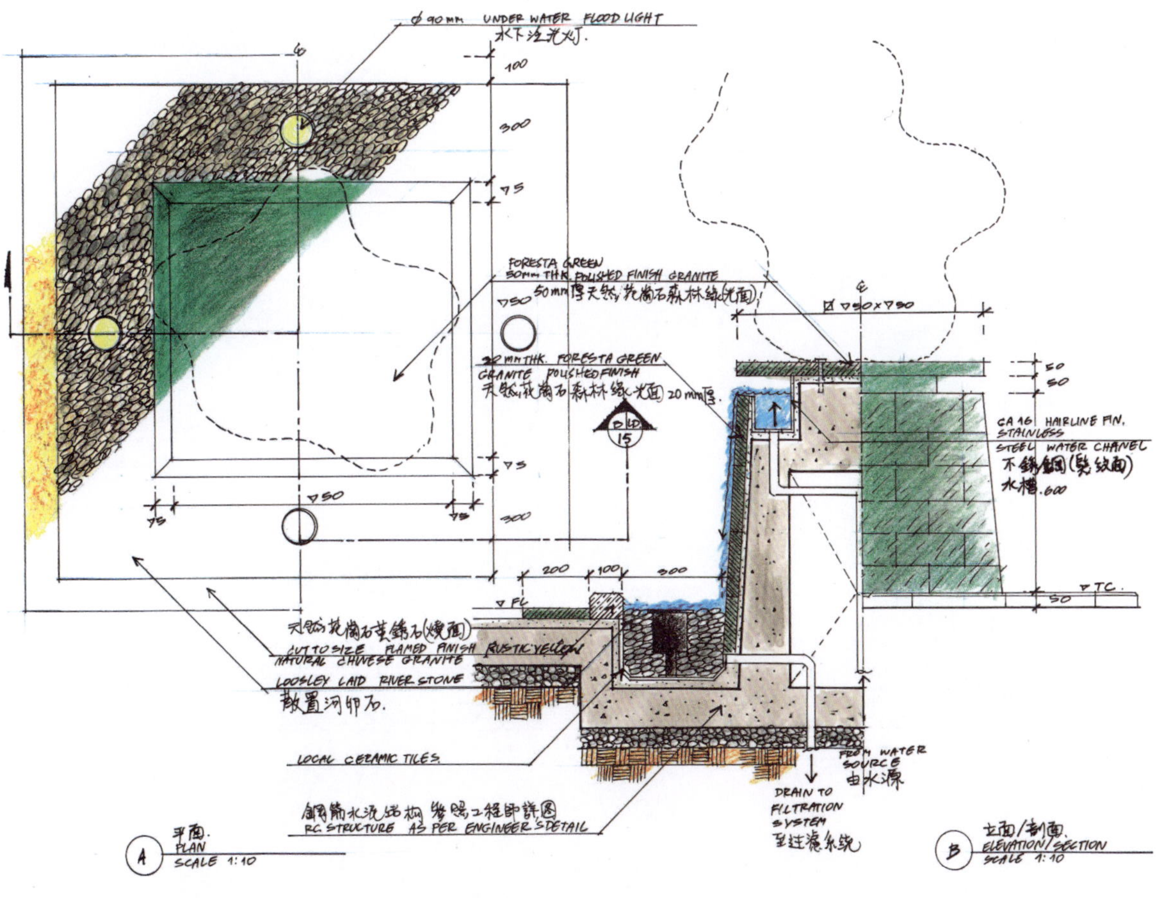

A 剖面圖 (地面) SECTION (ON GRADE) SCALE 1:10

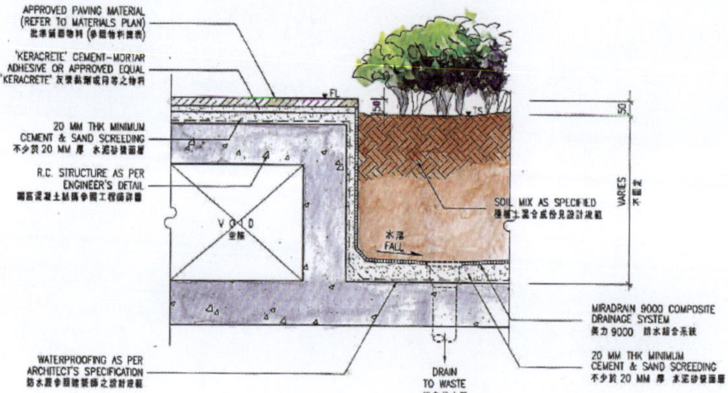

B 剖面圖 (結構面) SECTION (ON STRUCTURE) SCALE 1:10

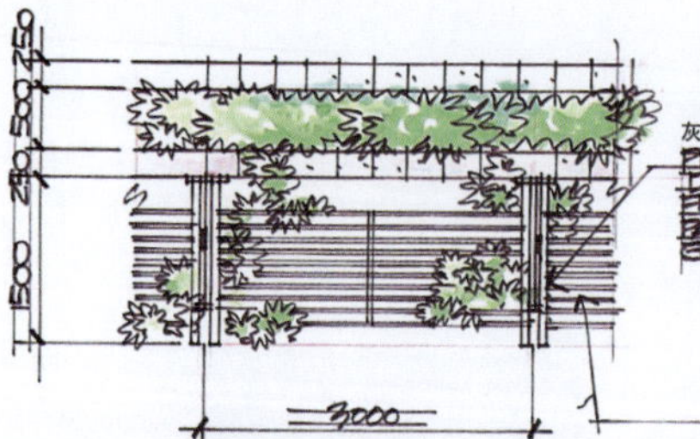

TYPICAL MODULE PLAN SCALE 1:40

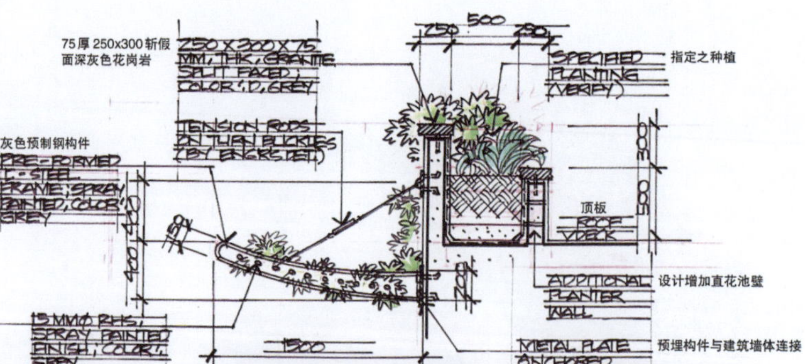

TYPICAL CANOPY SECTION SCALE 1:20

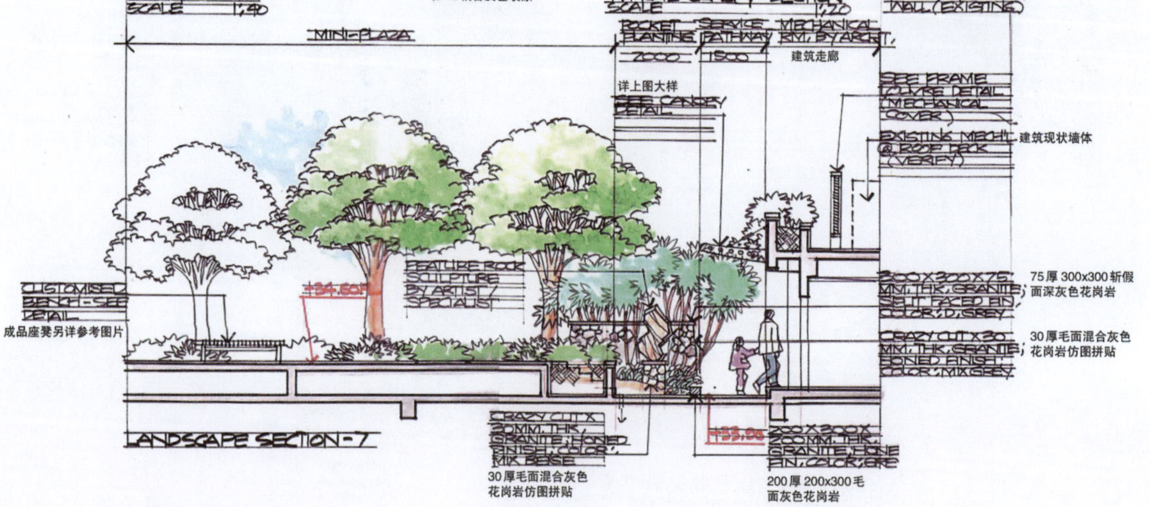

LANDSCAPE SECTION-7

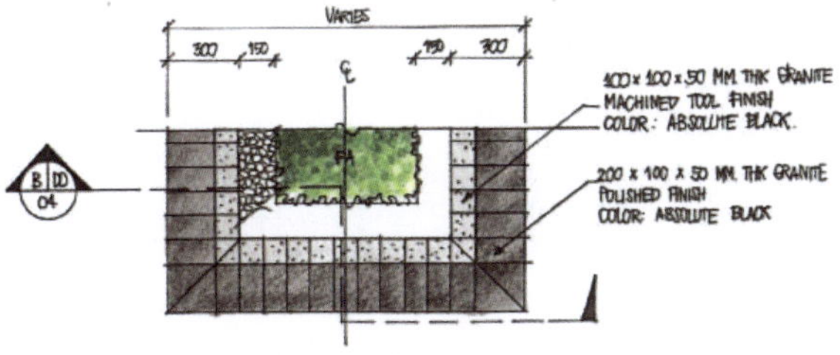

A PLAN
SCALE 1:20

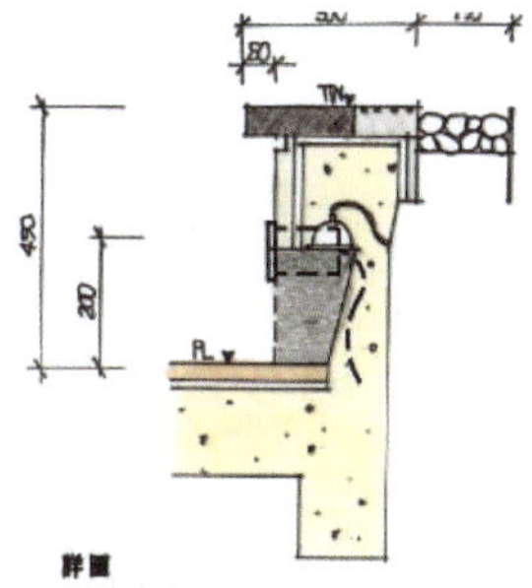

詳圖
C DETAIL
SCALE 1:10

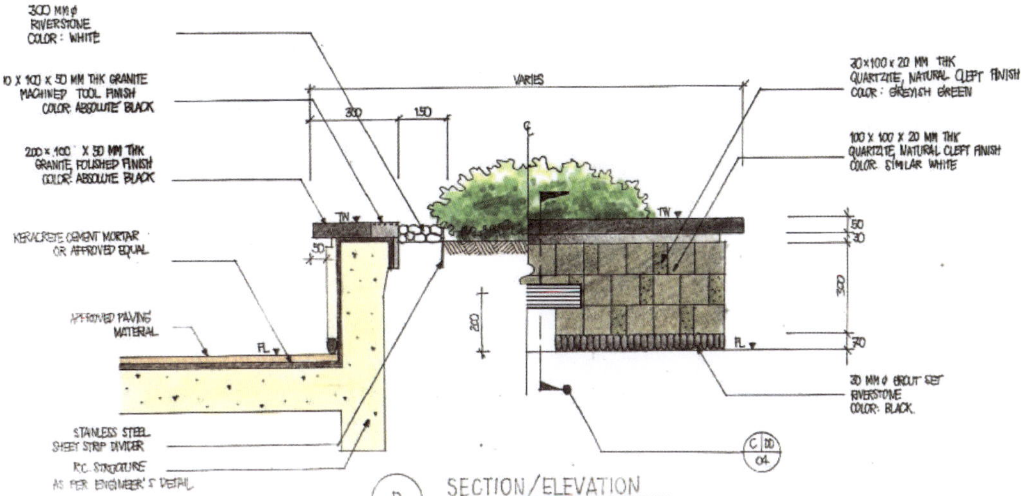

B SECTION/ELEVATION
SCALE 1:10

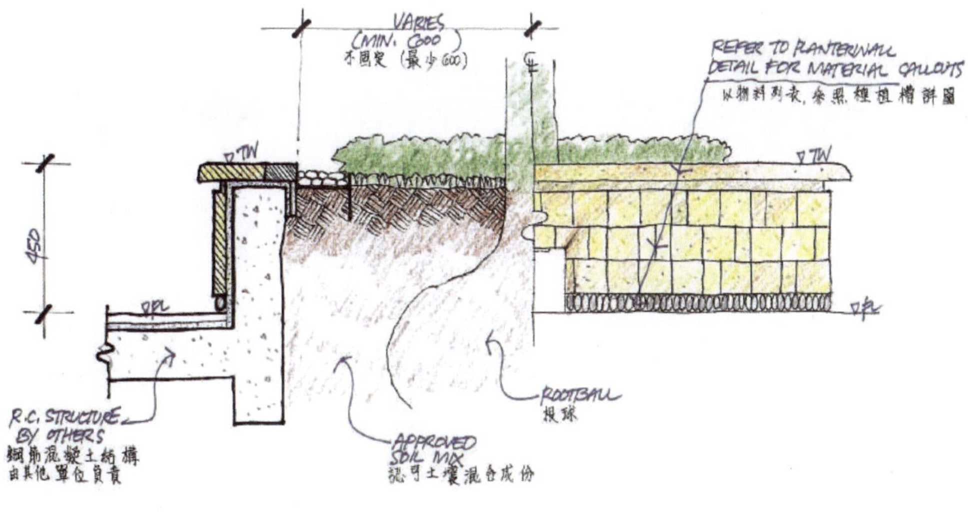

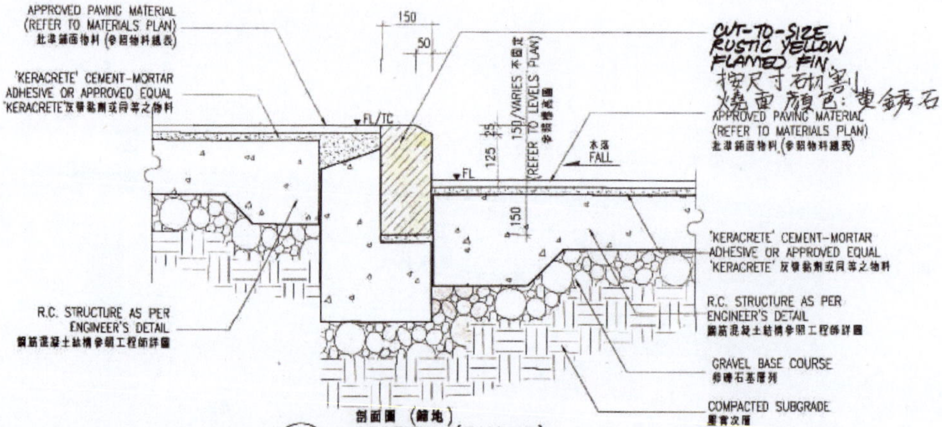

剖面圖 (鋪地)
A SECTION (PAVING)
SCALE 1:10

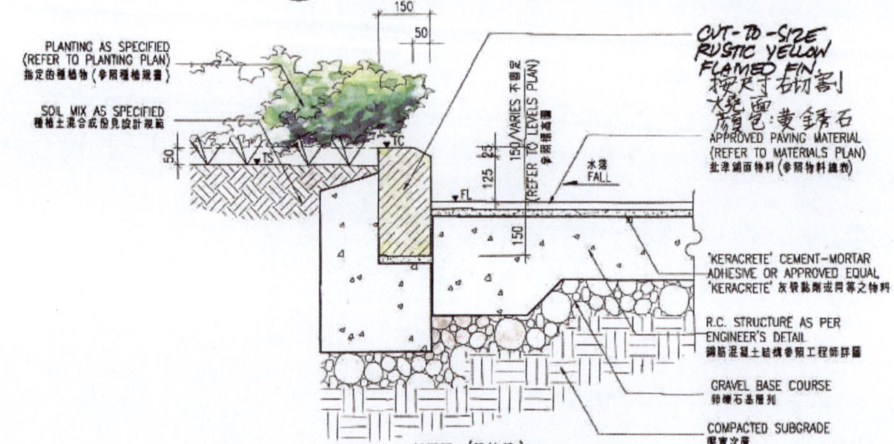

剖面圖 (種植槽)
B SECTION (PLANTER)
SCALE 1:10

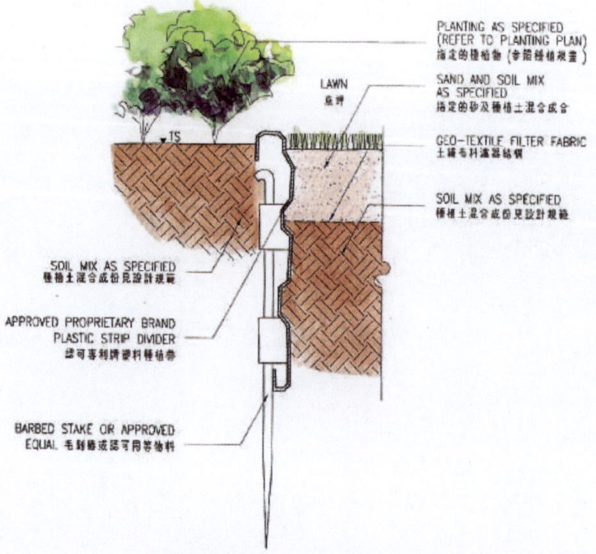

剖面圖
A SECTION
SCALE 1:10

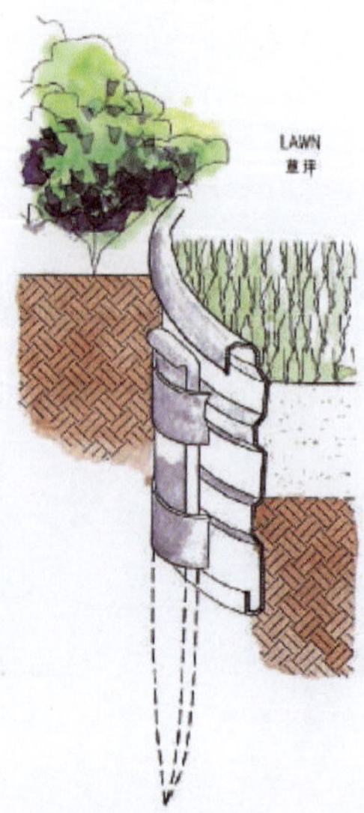

軸測剖面
B SECTIONAL ISOMETRIC
SCALE NTS

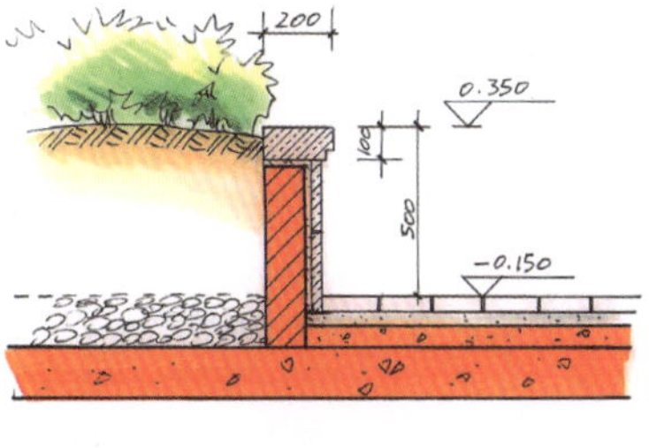

花池剖面图
SCALE 1:15

花池立面图

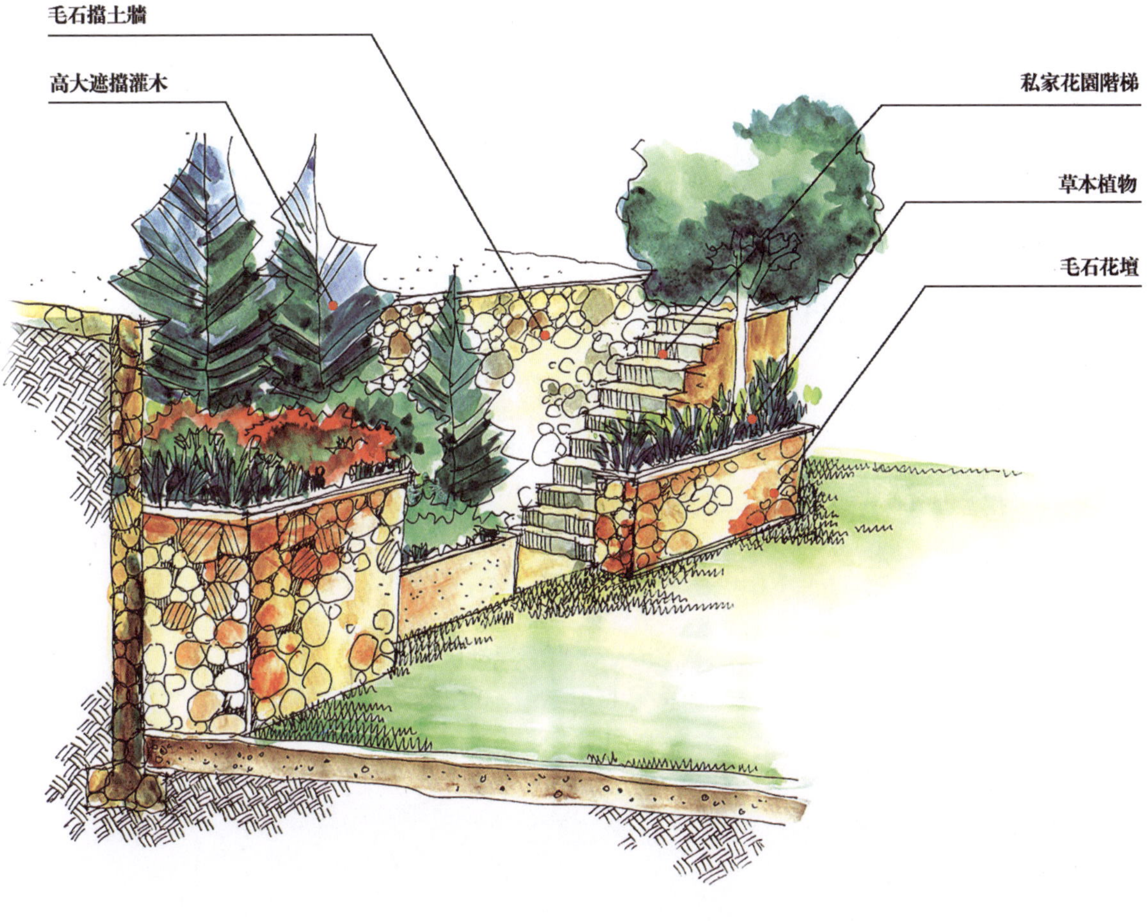

上層道路
毛石擋土牆
高大遮擋灌木群
勒杜鵑或軟枝黄蟬
毛石擋土牆
私家花園草本或灌木

ADDITIONAL TREES
新增树种
ADDITIONAL ORRIS NEAR WATER
水边增加鸢尾
ADDTIONAL SHADE LOVING PLANTS
增加耐阴植物
LAWN
草坪
CHANGED TOPO
改造地形
CHANGED POND
改造水池
CHANGED GREENBELT
改造绿化种植带
EXISTING PAGODA
原有廊子
CHANGED GREENBELT
改造绿化种植带
WALL
围墙
EXISTING ROAD
原有道路

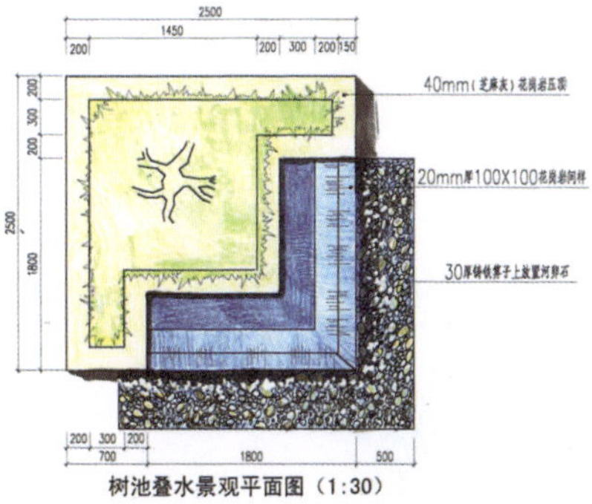

树池叠水景观平面图（1:30）

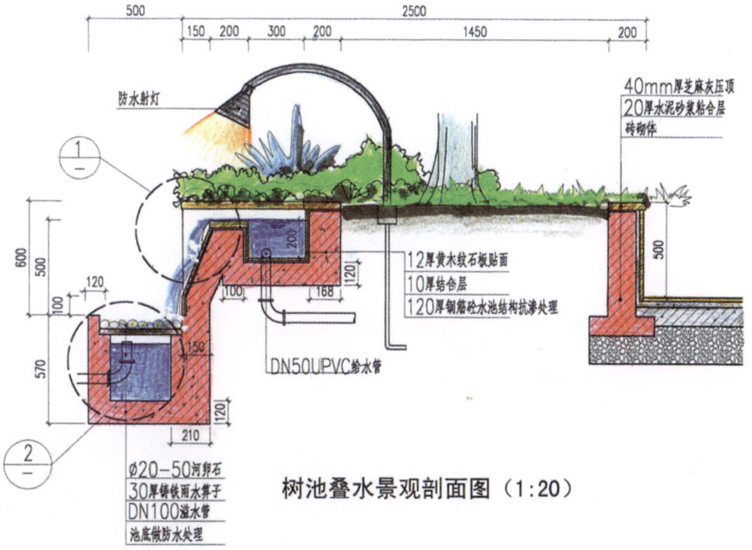

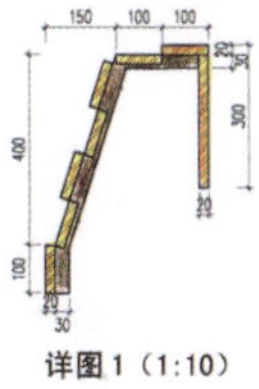

详图 1（1:10）

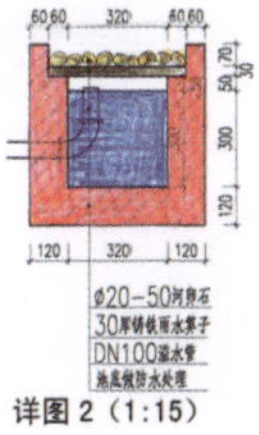

详图 2（1:15）

树池叠水景观剖面图（1:20）

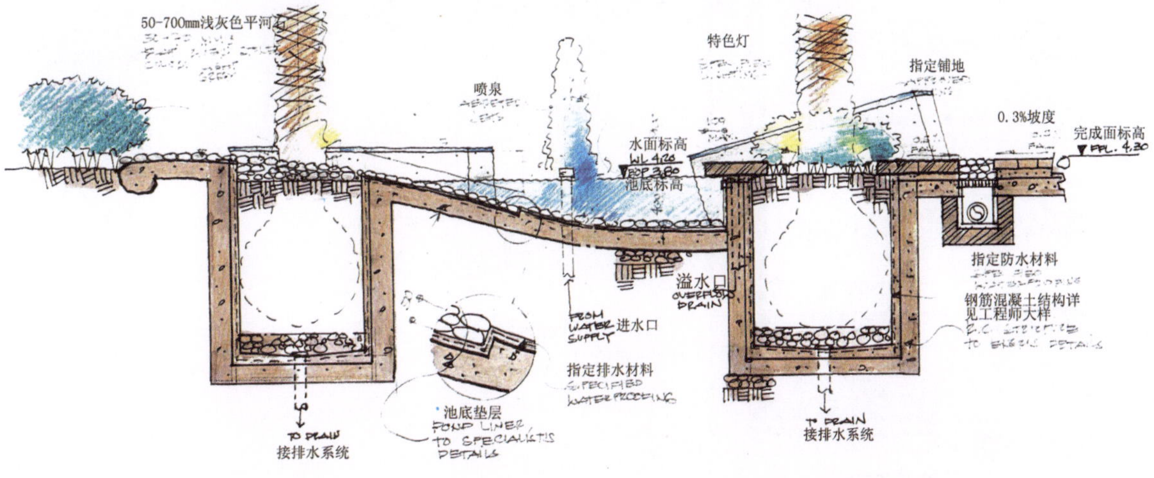

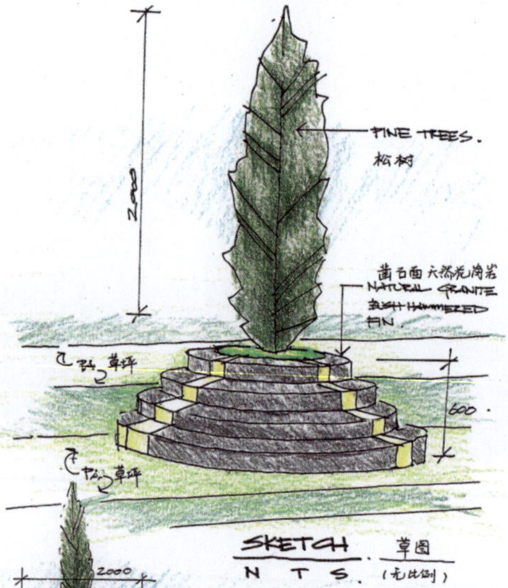
PINE TREES.
松树
NATURAL GRANITE
草坪
600
SKETCH 草图
N T S.

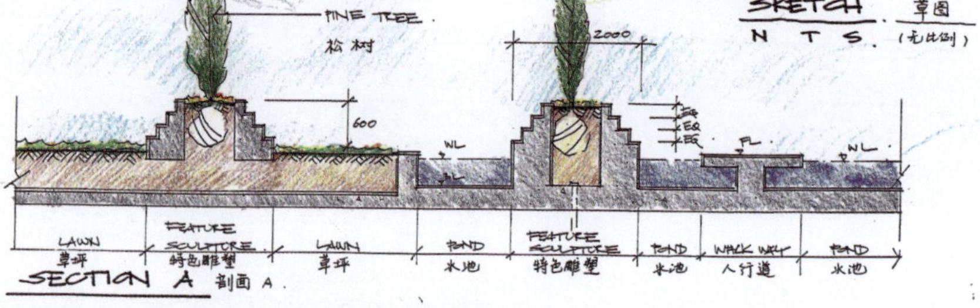
PINE TREE
松树
2000
600
WL
FL
LAWN
草坪
FEATURE SCULPTURE
特色雕塑
POND
水池
WALK WAY
人行道
SECTION A 剖面 A

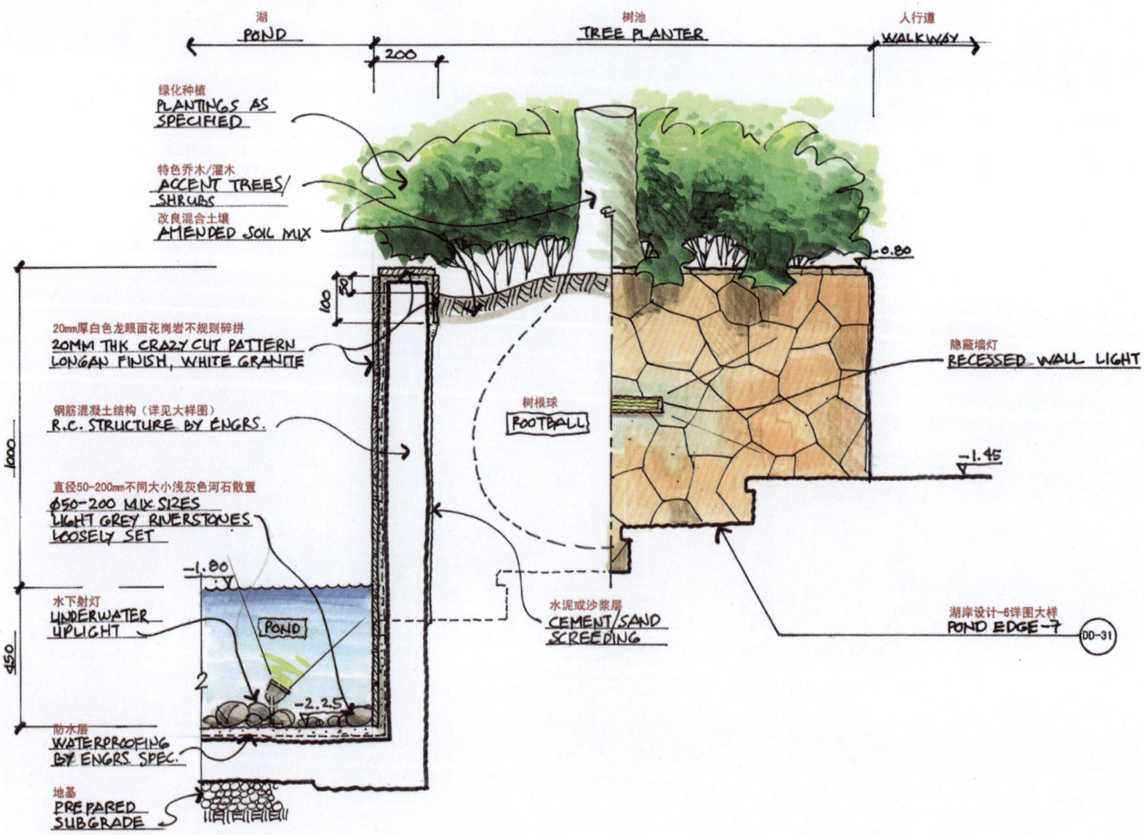
湖
POND
树池
TREE PLANTER
人行道
WALKWAY
200
绿化种植
PLANTINGS AS SPECIFIED
特色乔木/灌木
ACCENT TREES/ SHRUBS
改良混合土壤
AMENDED SOIL MIX
-0.80
100
20mm厚白色龙眼面花岗岩不规则碎拼
20MM THK CRAZY CUT PATTERN LONGAN FINISH, WHITE GRANITE
隐蔽墙灯
RECESSED WALL LIGHT
钢筋混凝土结构（详见大样图）
R.C. STRUCTURE BY ENGRS.
树根球
ROOTBALL
1000
-1.45
直径50-200mm不同大小浅灰色河石散置
ø50-200 MIX SIZES LIGHT GREY RIVERSTONES LOOSELY SET
-1.80
水下射灯
UNDERWATER UPLIGHT
POND
水泥或沙浆层
CEMENT/SAND SCREEDING
湖岸设计-6详图大样
POND EDGE-7
DD-31
950
-2.25
防水层
WATERPROOFING BY ENGRS. SPEC.
地基
PREPARED SUBGRADE

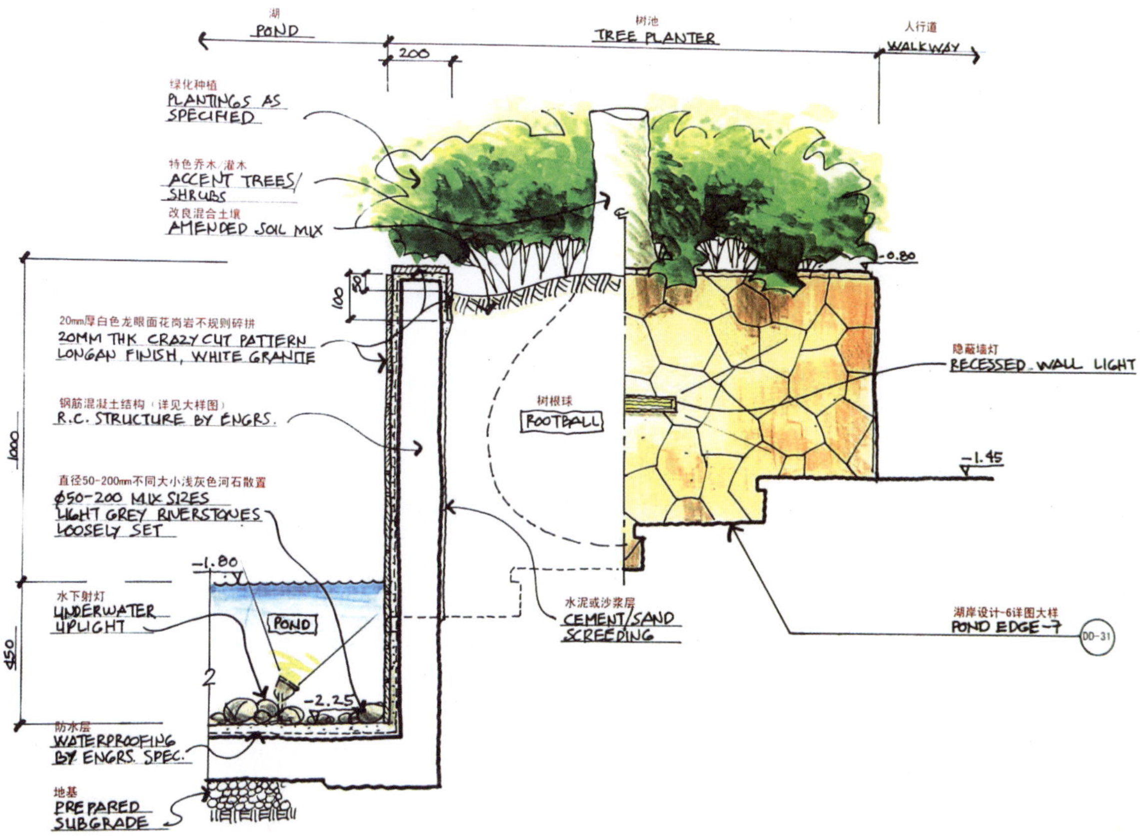

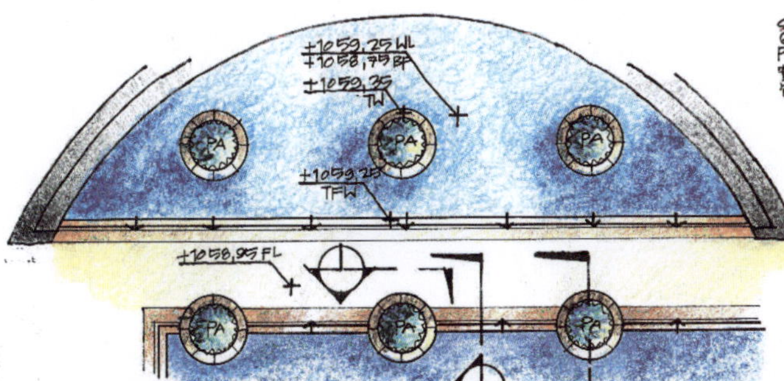

平面圖
PLAN
1:100

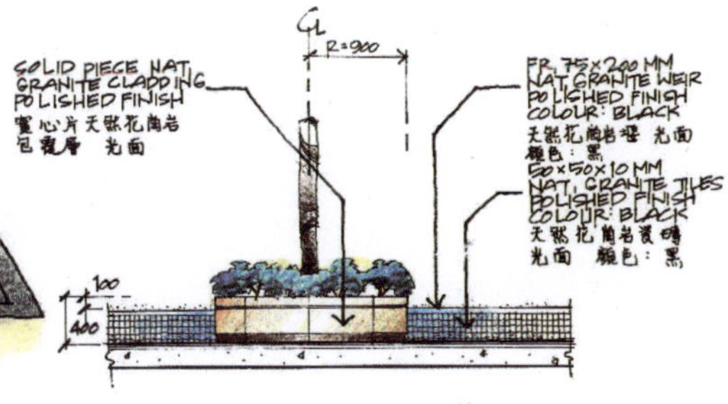

立面圖
ELEVATION
SCALE 1:40

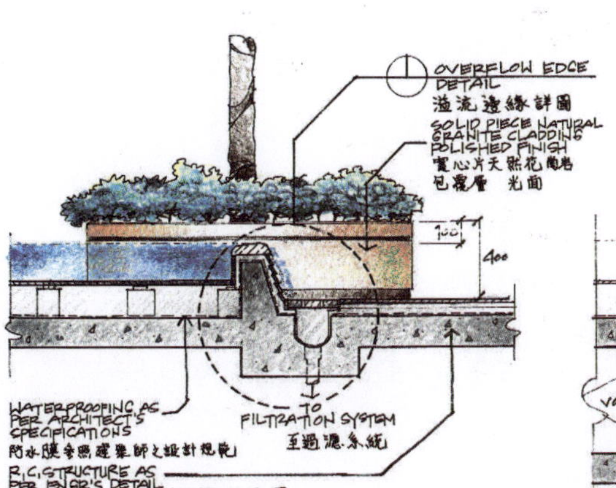

細部剖面圖
DETAIL SECTION
SCALE 1:20

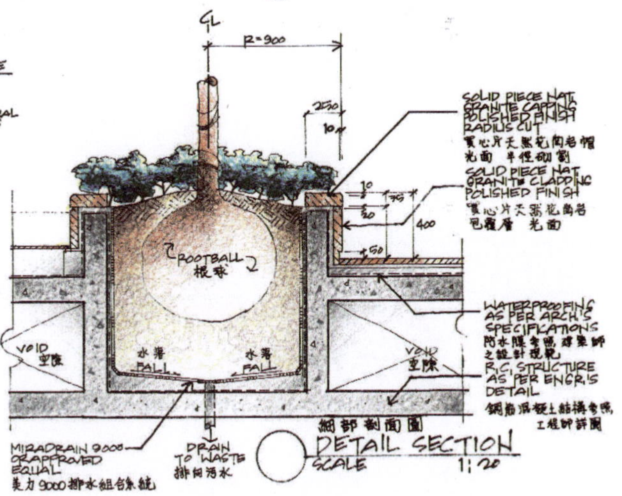

細部剖面圖
DETAIL SECTION
SCALE 1:20

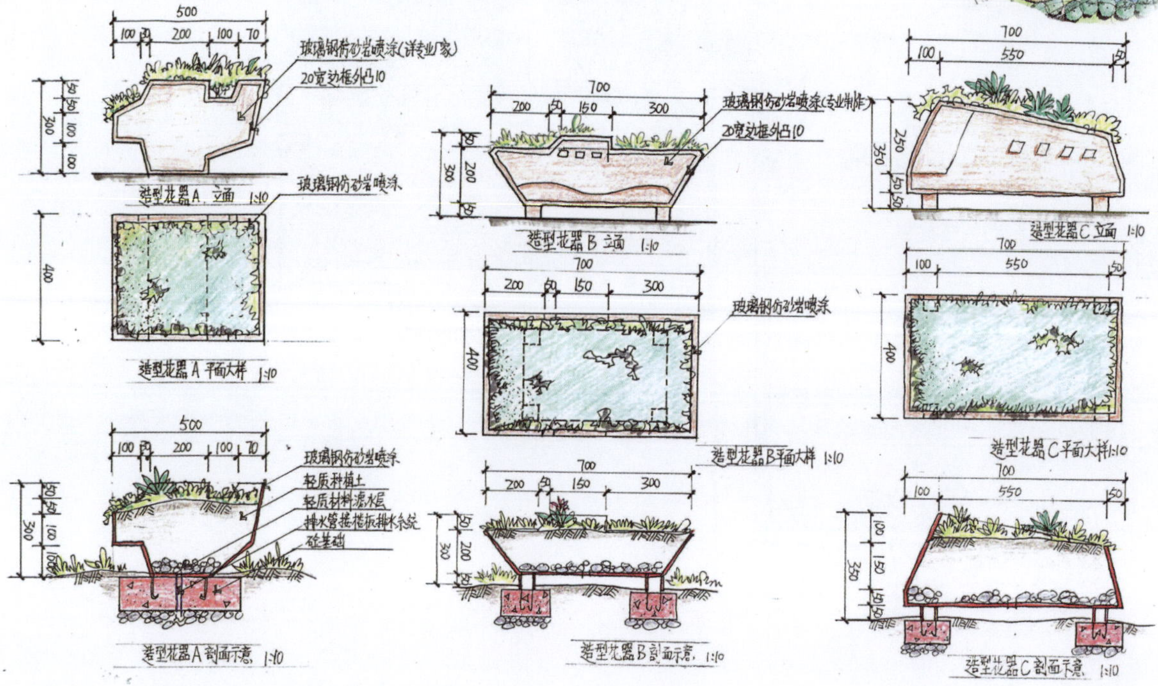
500
100 30 200 100 70
玻璃钢仿砂岩喷涂(详专业厂家)
20宽边框外凸10
造型花器A 立面 1:10
玻璃钢仿砂岩喷涂
造型花器A 平面大样 1:10
玻璃钢仿砂岩喷涂
轻质种植土
轻质材料滤水层
排水管接搭板排水系统
砼基础
造型花器A 剖面示意 1:10
700
200 50 150 300
玻璃钢仿砂岩喷涂(专业制作)
20宽边框外凸10
造型花器B 立面 1:10
玻璃钢仿砂岩喷涂
造型花器B平面大样 1:10
造型花器B 剖面示意 1:10
700
100 550 50
造型花器C 立面 1:10
造型花器C平面大样 1:10
造型花器C 剖面示意 1:10

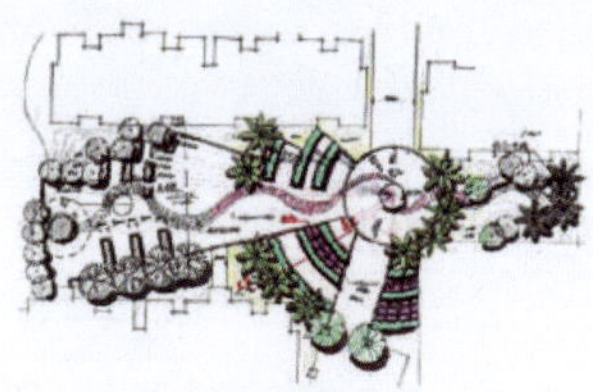

绿篱
种植池
900
1000 3000 1000 2000 1000
700 700 300 700 700

绿篱剖立面Ⅱ-Ⅱ 1:50

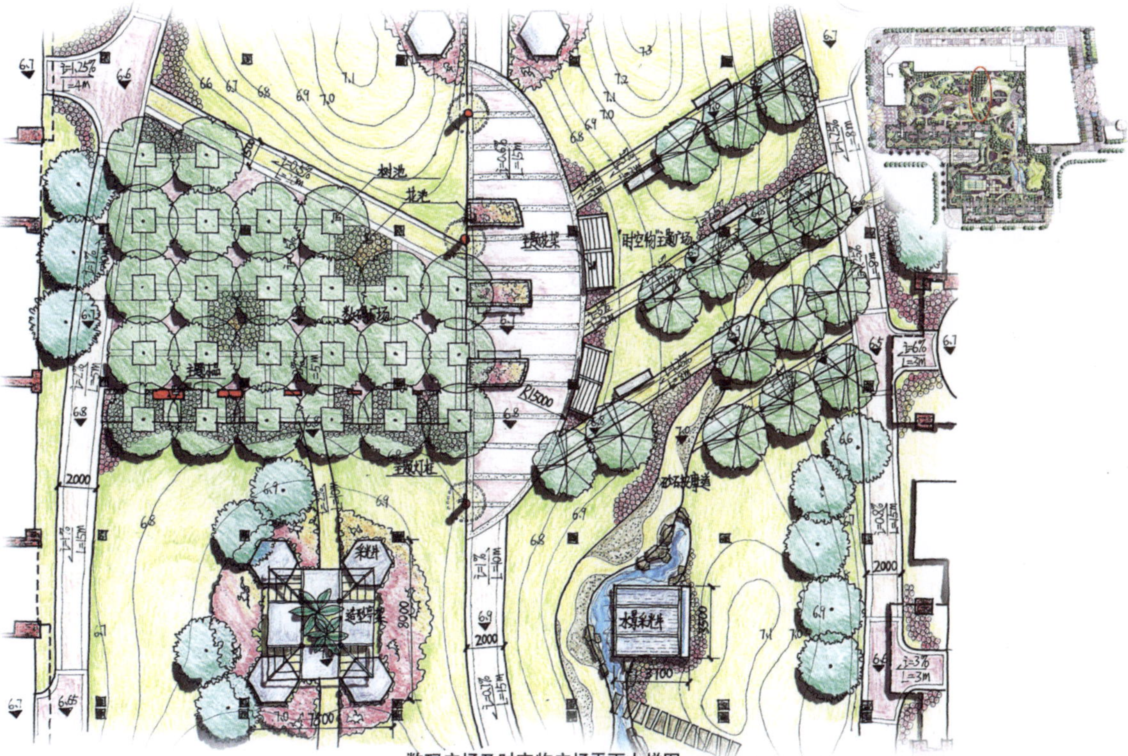

数码广场及时空物广场平面大样图　1：150

美丽AAA花园方案扩初

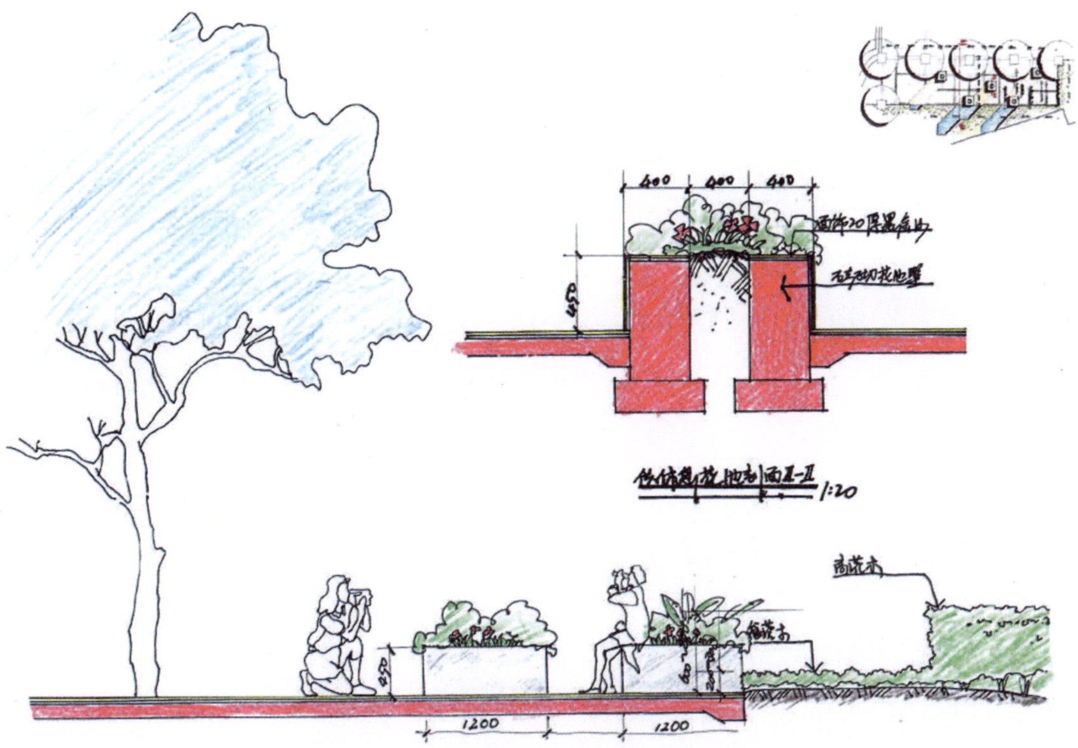

10KV变电房
8.6
8.6
9.1
7500
4700
2600
4700
1800
I-I 剖立面关系图
SECTION 1:100

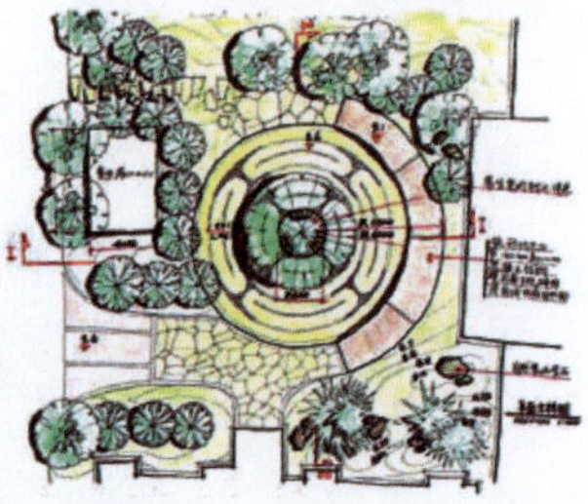

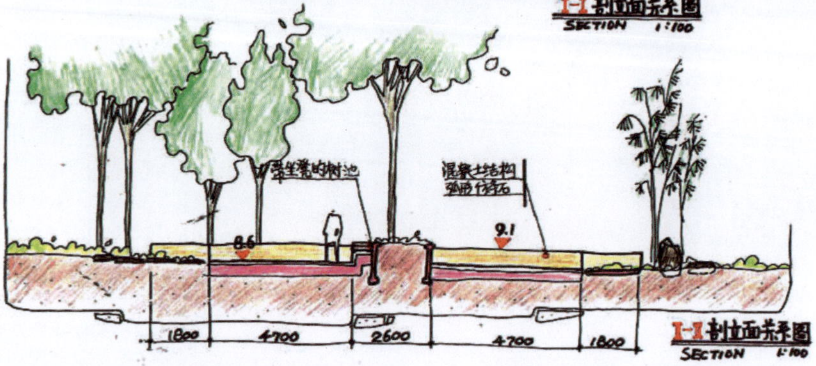
混凝土结构
8.6
9.1
1800
4700
2600
4700
1800
I-I 剖立面关系图
SECTION 1:100

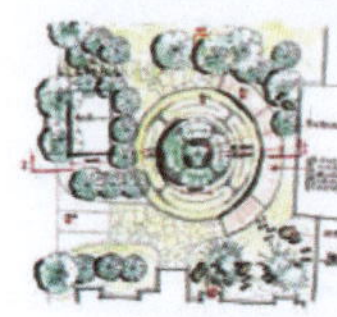

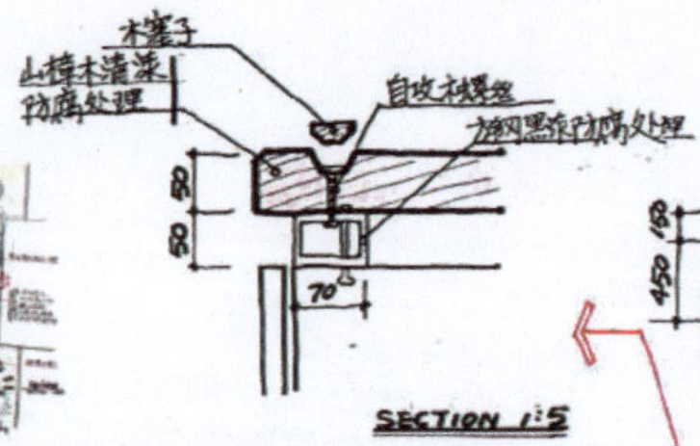
木塞子
山樟木清漆
防腐处理
50
50
70
SECTION 1:5

150
450
A立面大样图 SECTION 1:20

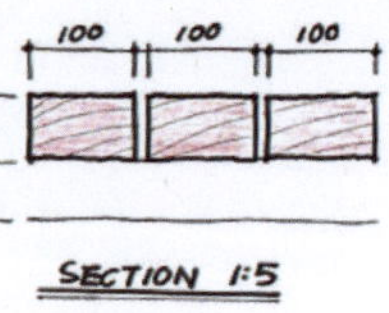
100
100
100
50
50
SECTION 1:5

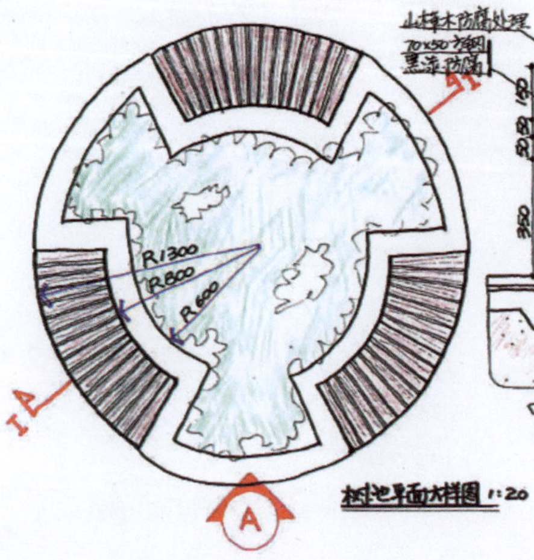
R1300
R800
R600
A
树池平面大样图 1:20

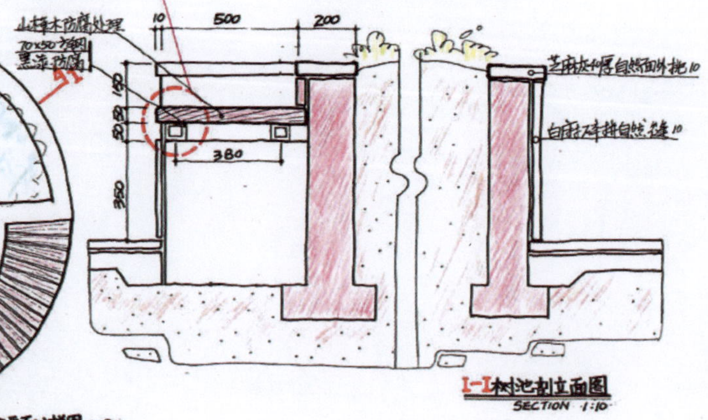
山樟木防腐处理
70×50
黑漆防腐
10
500
200
380
350
I-I 树池剖立面图
SECTION 1:10

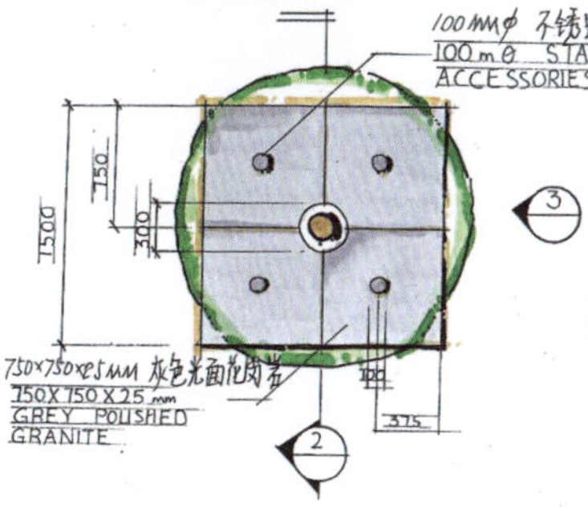

①种植坛座椅平面图
PLAN OF PLANTER SEAT
SCALE 1:30

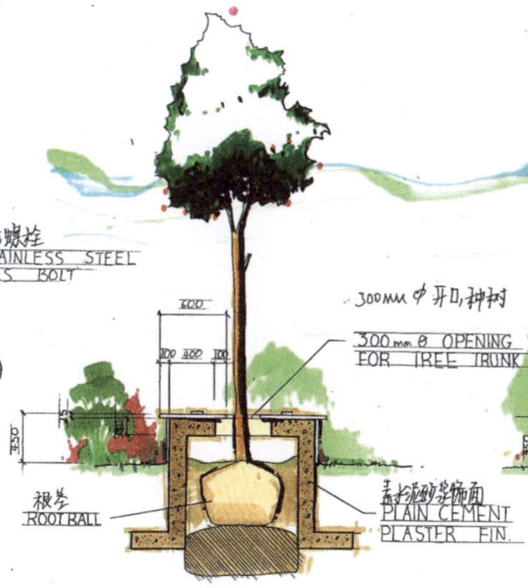

②剖面图
SECTION
SCALE 1:30

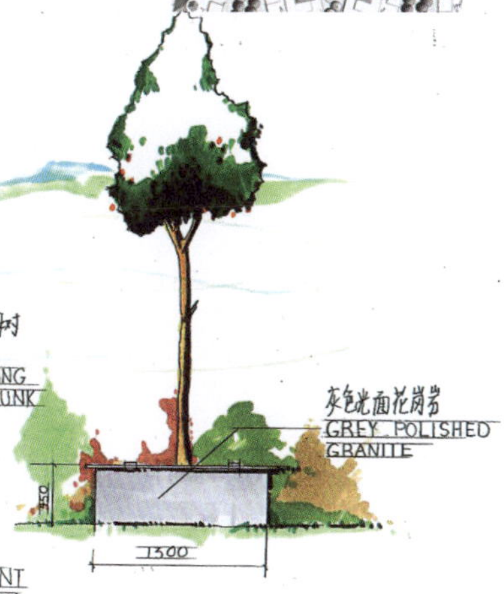

③立面图
ELEVATION
SCALE 1:30

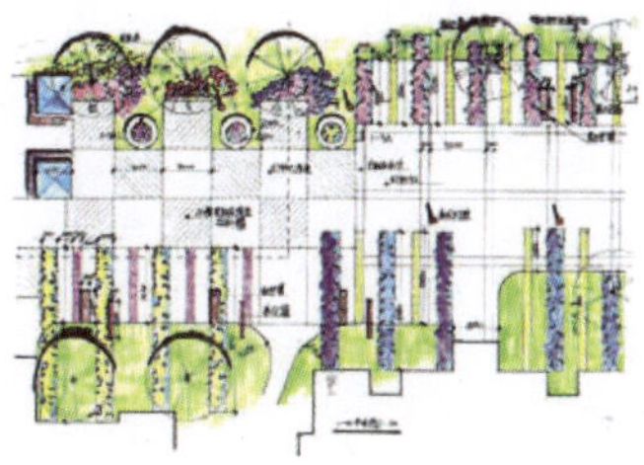

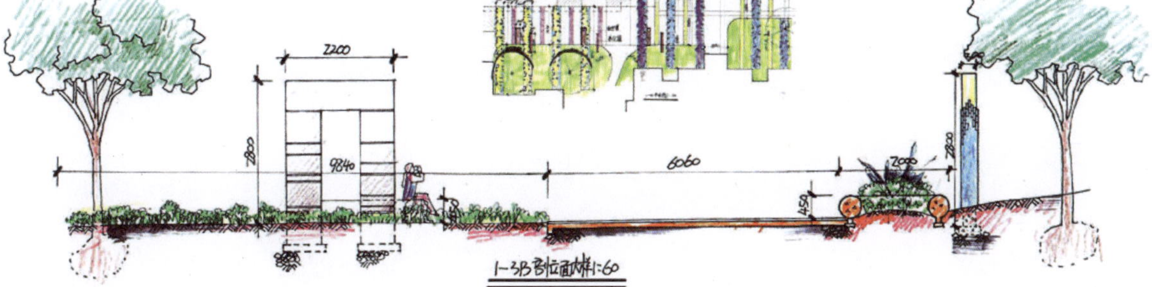

1-3B 剖面大样1:60

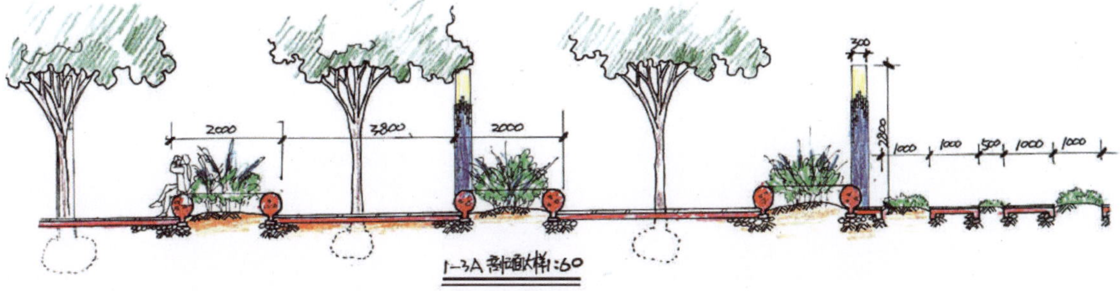

1-3A 剖面大样1:60

50厚200宽杉木板 平铺 面刷清漆二道
80×100木枋，用双股铁丝绑扎
100厚C15素砼
150厚碎石垫层
素土夯实

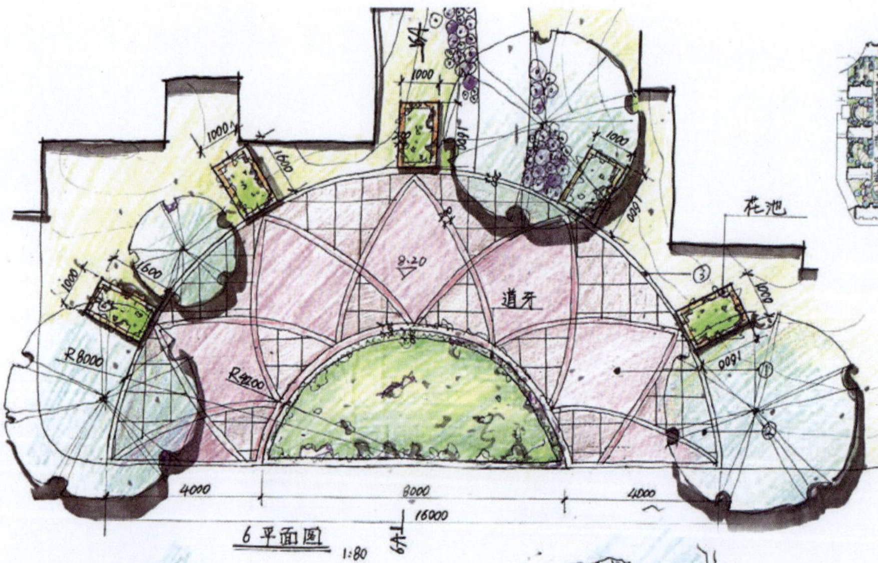
花池
R8000
R4200
4000
8000
4000
16000
1000
1600
①芝麻灰荔枝面
②西丽红荔枝面
③白麻烧面收边
6 平面图 1:80

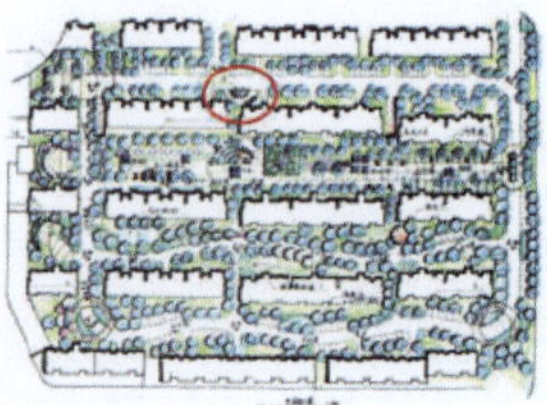

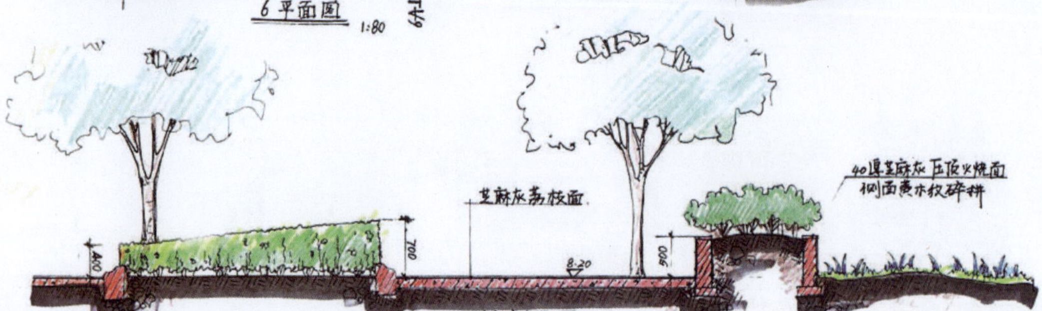
芝麻灰荔枝面
8.20
900
40厚芝麻灰压顶火烧面
侧面黄木纹碎拼
6A 剖面图 1:40

微地形植栽
树池结合台阶
植栽区

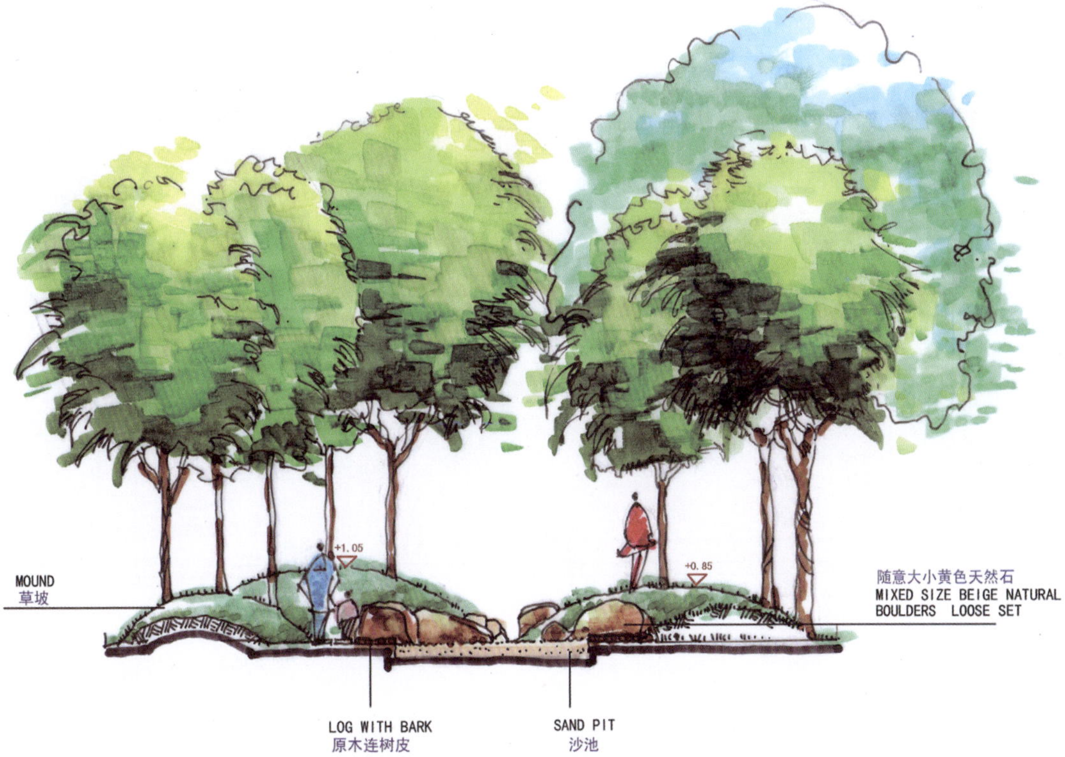
+1.05
+0.85
MOUND
草坡
随意大小黄色天然石
MIXED SIZE BEIGE NATURAL
BOULDERS LOOSE SET
LOG WITH BARK
原木连树皮
SAND PIT
沙池

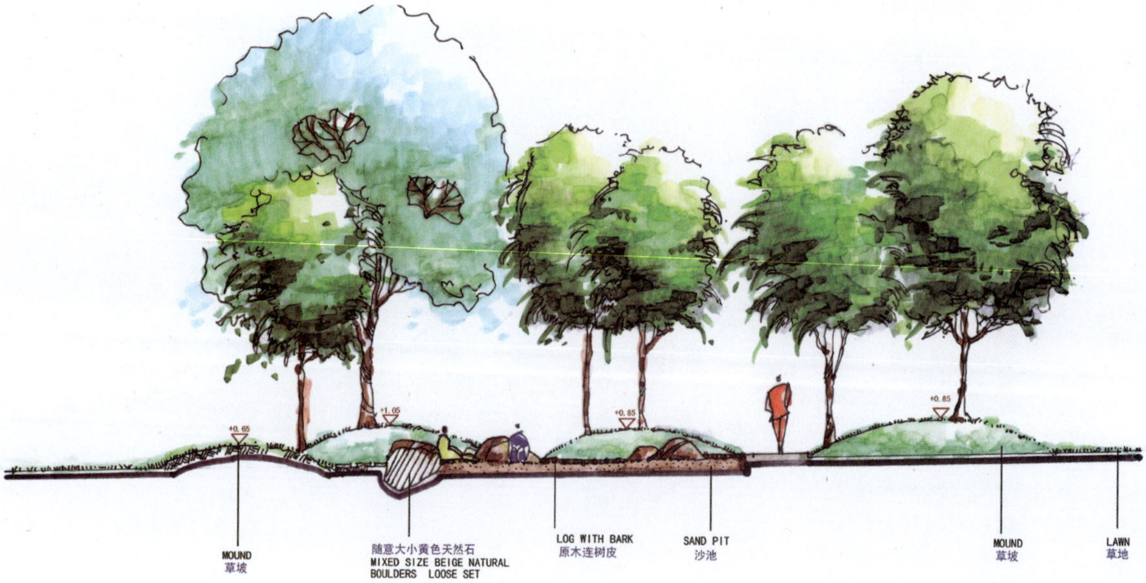
+0.65
+1.05
+0.85
+0.85
MOUND
草坡
随意大小黄色天然石
MIXED SIZE BEIGE NATURAL
BOULDERS LOOSE SET
LOG WITH BARK
原木连树皮
SAND PIT
沙池
MOUND
草坡
LAWN
草地

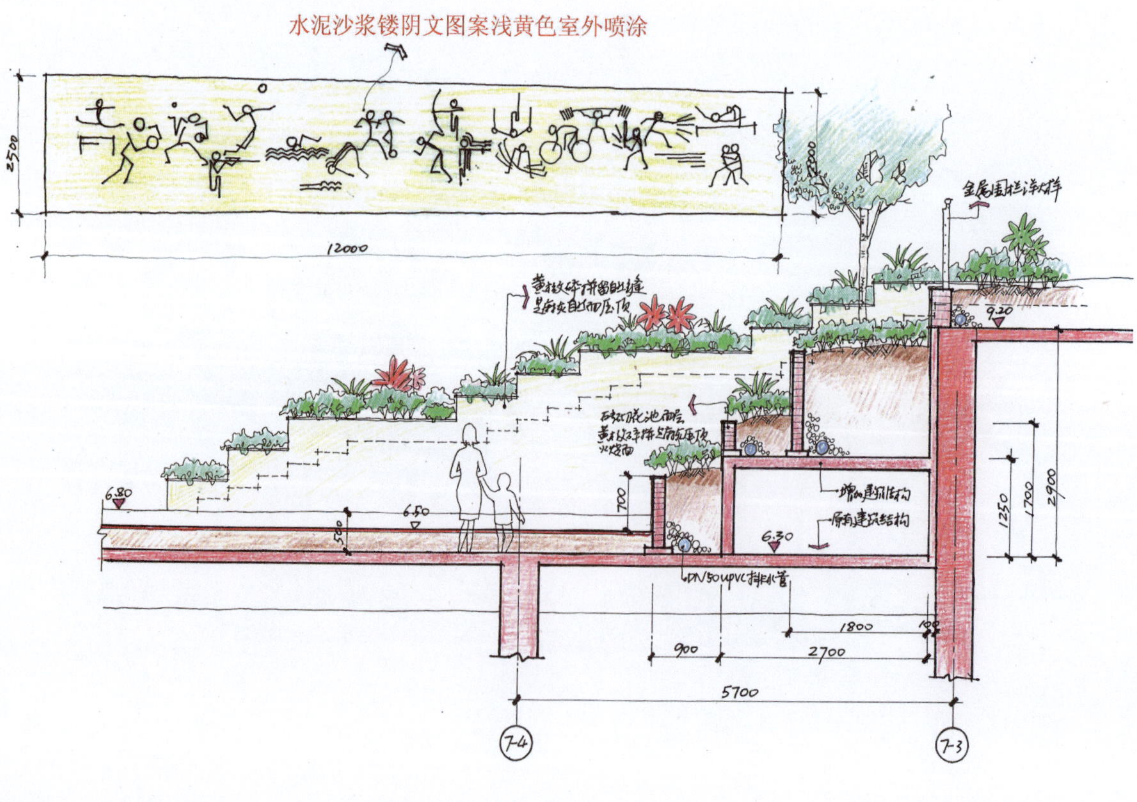
水泥沙浆镂阴文图案浅黄色室外喷涂
2500
12000
6.80
6.50
6.30
9.20
700
500
1250
1700
2900
1800
2700
900
100
5700
7-4
7-3

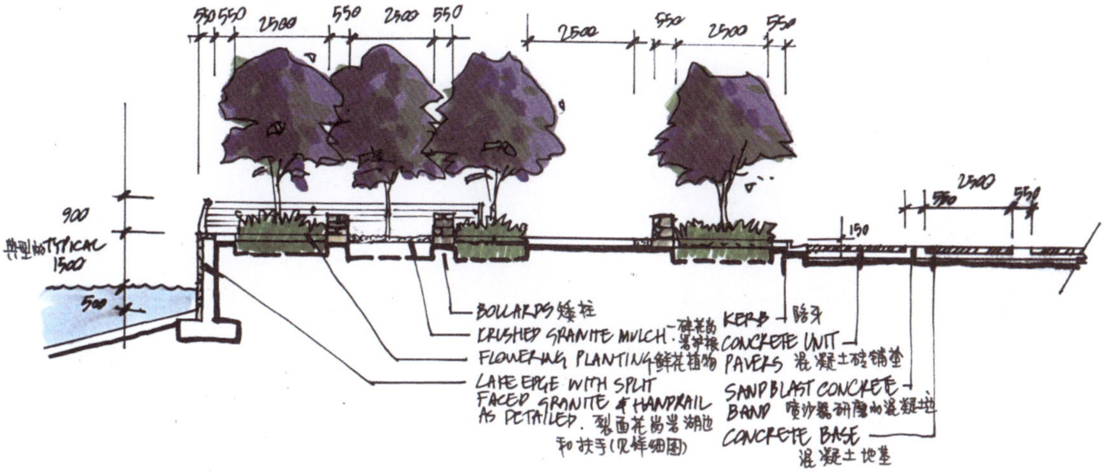
2500
550
2500
550
2500
550
900
典型的TYPICAL 1500
500
150
BOLLARDS 矮柱
CRUSHED GRANITE MULCH
FLOWERING PLANTING 鲜花植物
LAKE EDGE WITH SPLIT FACED GRANITE & HANDRAIL AS DETAILED. 裂面花岗岩湖边和扶手(见详细图)
KERB 路牙
CONCRETE UNIT PAVERS 混凝土砖铺垫
SANDBLAST CONCRETE BAND
CONCRETE BASE 混凝土地基

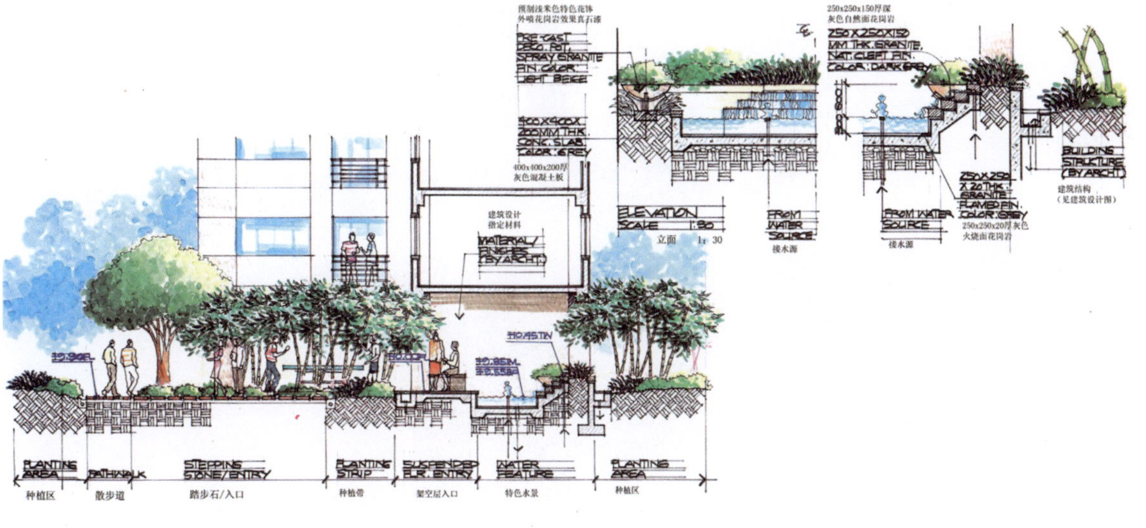
预制浅米色特色花钵
外喷花岗岩效果真石漆
PRE-CAST DECO. POT, SPRAY GRANITE FIN. COLOR: LIGHT BEIGE
400X400X 200MM THK. CONC. SLAB COLOR: GREY
400x400x200厚
灰色混凝土板
250x250x150厚深
灰色自然面花岗岩
250X250X150 MM THK. GRANITE, NAT. CLEFT FIN. COLOR: DARK GREY
ELEVATION SCALE 1:30
立面 1:30
FROM WATER SOURCE
接水源
FROM WATER SOURCE
接水源
250X250 X 20 THK. GRANITE FLAMED FIN. COLOR: GREY
250x250x20厚灰色
火烧面花岗岩
BUILDING STRUCTURE (BY ARCHT.)
建筑结构
(见建筑设计图)
建筑设计
指定材料
MATERIAL/ FINISHES (BY ARCHT.)
PLANTING AREA
种植区
PATHWALK
散步道
STEPPING STONE/ENTRY
踏步石/入口
PLANTING STRIP
种植带
SUSPENDED FLR. ENTRY
架空层入口
WATER FEATURE
特色水景
PLANTING AREA
种植区

种植池

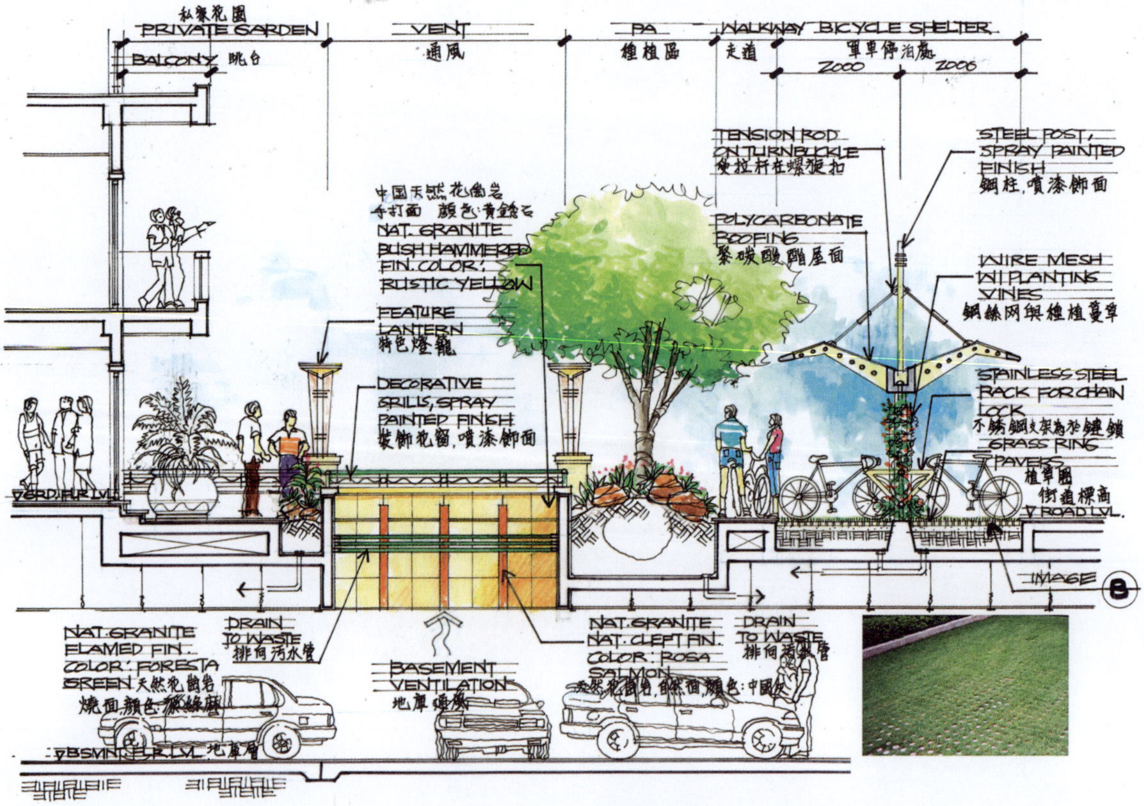

剖面圖（地面）
A SECTION (ON GRADE)
SCALE 1:10

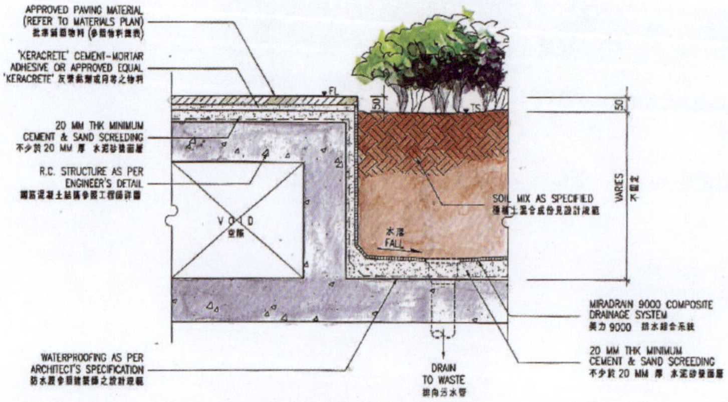

剖面圖（結構面）
B SECTION (ON STRUCTURE)
SCALE 1:10

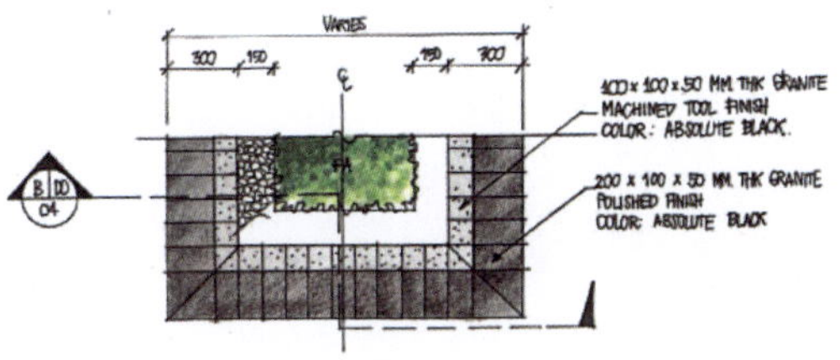

A PLAN
SCALE 1:20

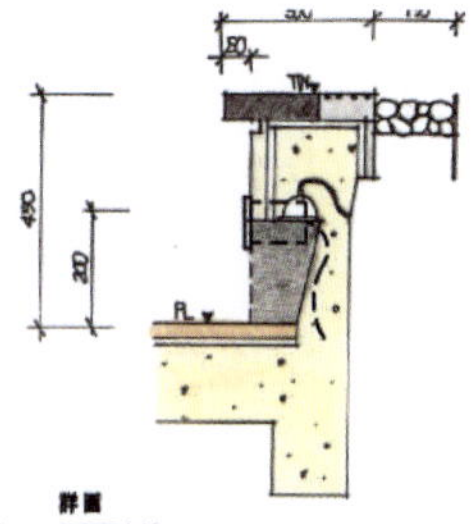

详图
C DETAIL
SCALE 1:10

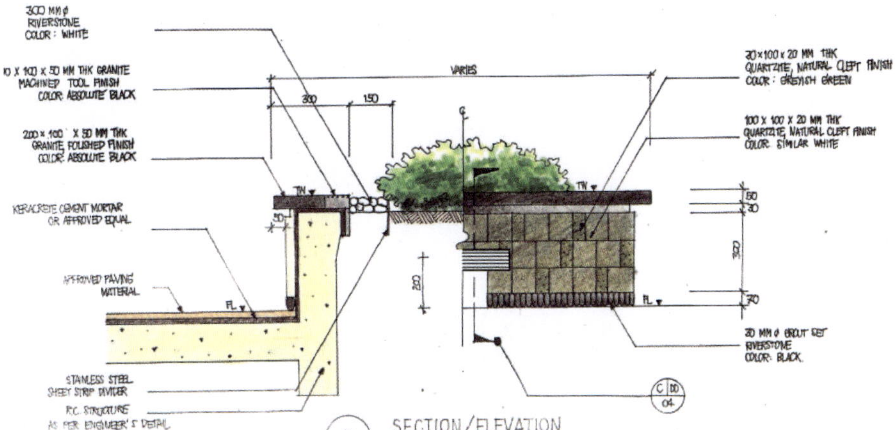

B SECTION/ELEVATION
SCALE 1:10

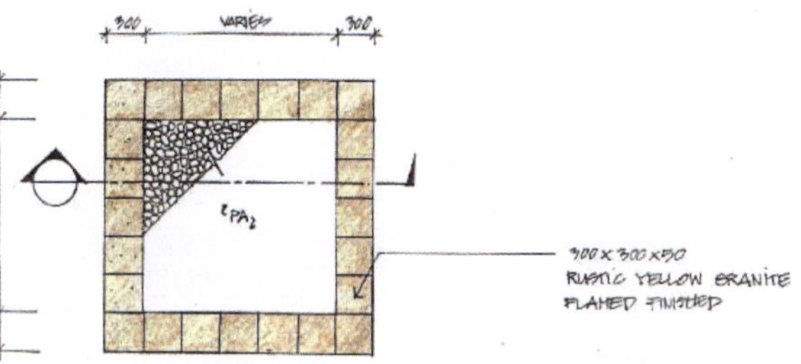

平面图
A PLAN
SCALE 1:30

PLAN
SCALE 1:30

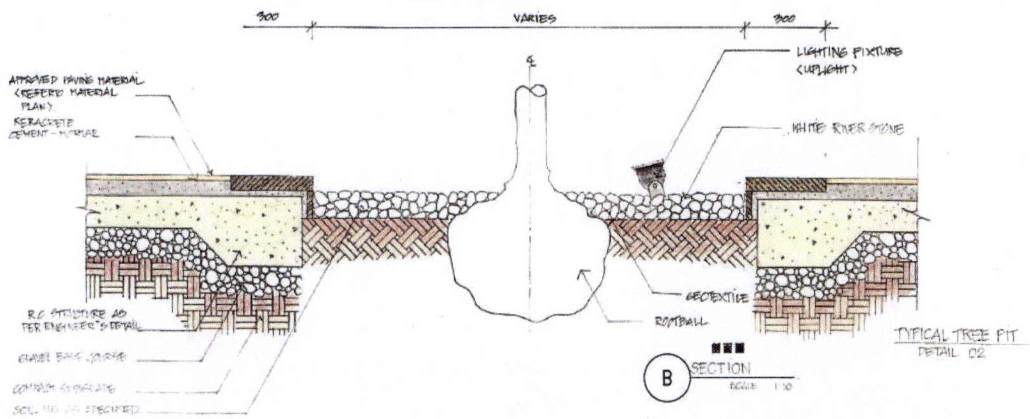

TYPICAL TREE PIT
DETAIL 02

剖面图
B SECTION
SCALE 1:10

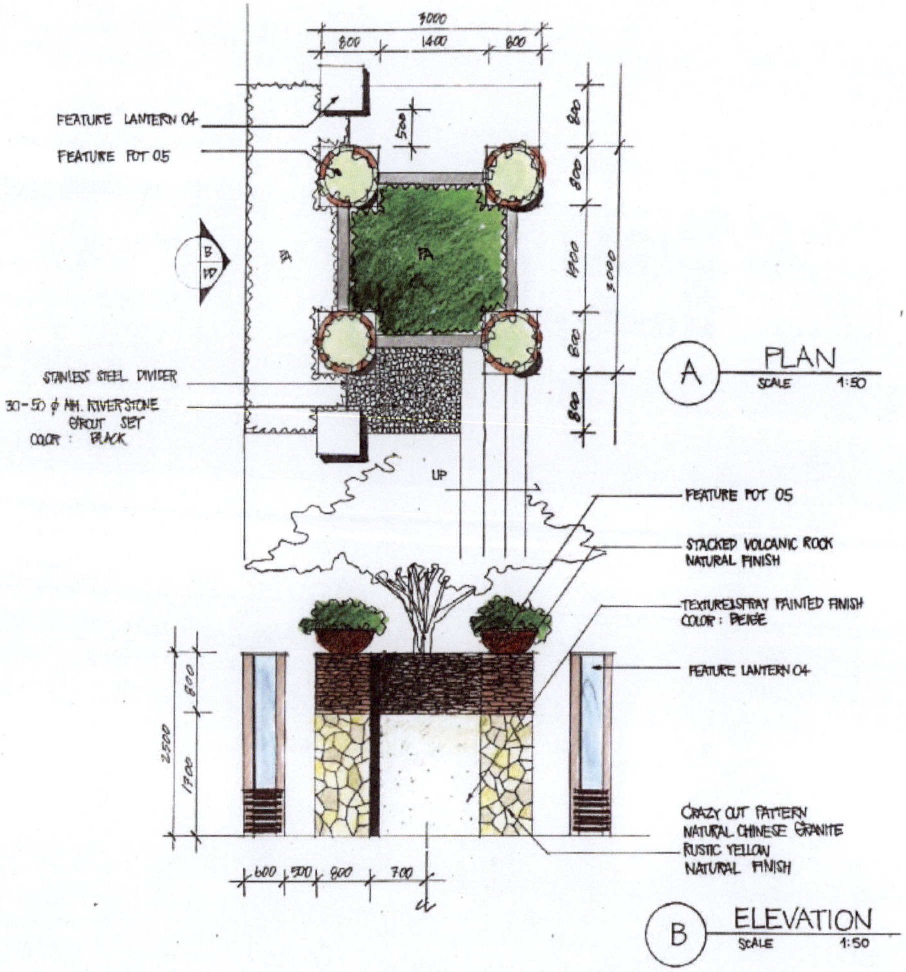
3000
800
1400
800
FEATURE LANTERN 04
FEATURE POT 05
STAINLESS STEEL DIVIDER
30-50 ϕ MM. RIVERSTONE
GROUT SET
COLOR : BLACK
UP
A PLAN
SCALE 1:50
FEATURE POT 05
STACKED VOLCANIC ROCK
NATURAL FINISH
TEXTURED SPRAY PAINTED FINISH
COLOR : BEIGE
FEATURE LANTERN 04
CRAZY CUT PATTERN
NATURAL CHINESE GRANITE
RUSTIC YELLOW
NATURAL FINISH
2500
800
1700
600
500
800
700
B ELEVATION
SCALE 1:50

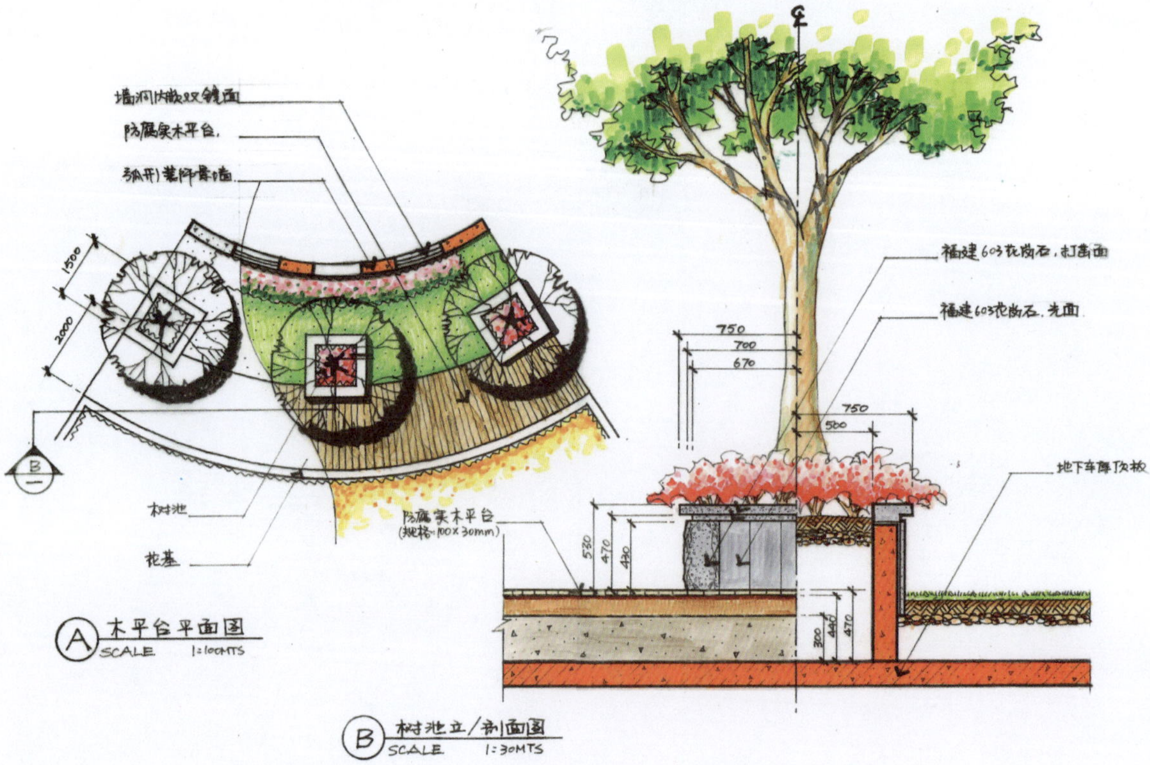
墙洞内嵌双镜面
防腐实木平台.
弧形装饰景墙
1500
2000
树池
花基
A 木平台平面图
SCALE 1:100MTS
福建603花岗石，打凿面
福建603花岗石，光面
750
700
670
750
500
地下车库顶板
防腐实木平台
(规格:100X30mm)
530
470
430
300
440
470
B 树池立/剖面图
SCALE 1:30MTS

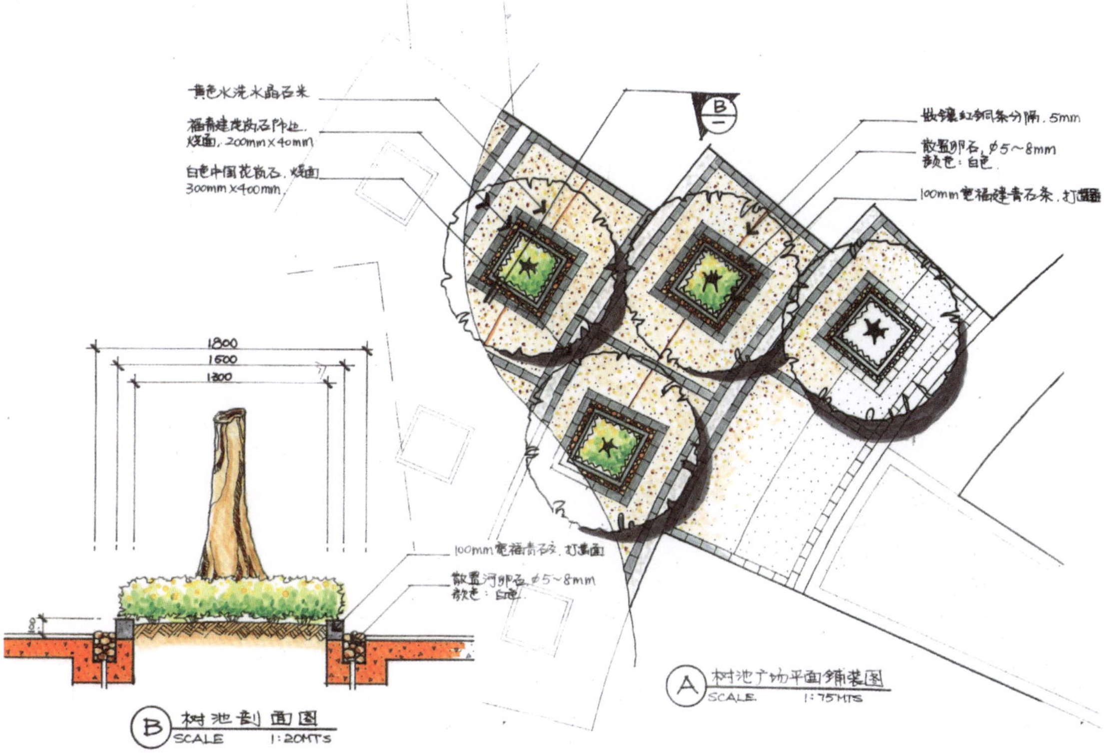

黄色水洗水晶石米
福建建花岗石阶边，烧面，200mm×40mm
白色中国花岗石，烧面
300mm×400mm
嵌镶红铜条分隔，5mm
散置卵石，φ5~8mm
颜色：白色
100mm宽福建青石条，打磨
1800
1600
1300
100mm宽福建青石，打荔面
散置河卵石，φ5~8mm
颜色：白色
B 树池剖面图
SCALE 1:20MTS
A 树池广场平面铺装图
SCALE 1:75MTS

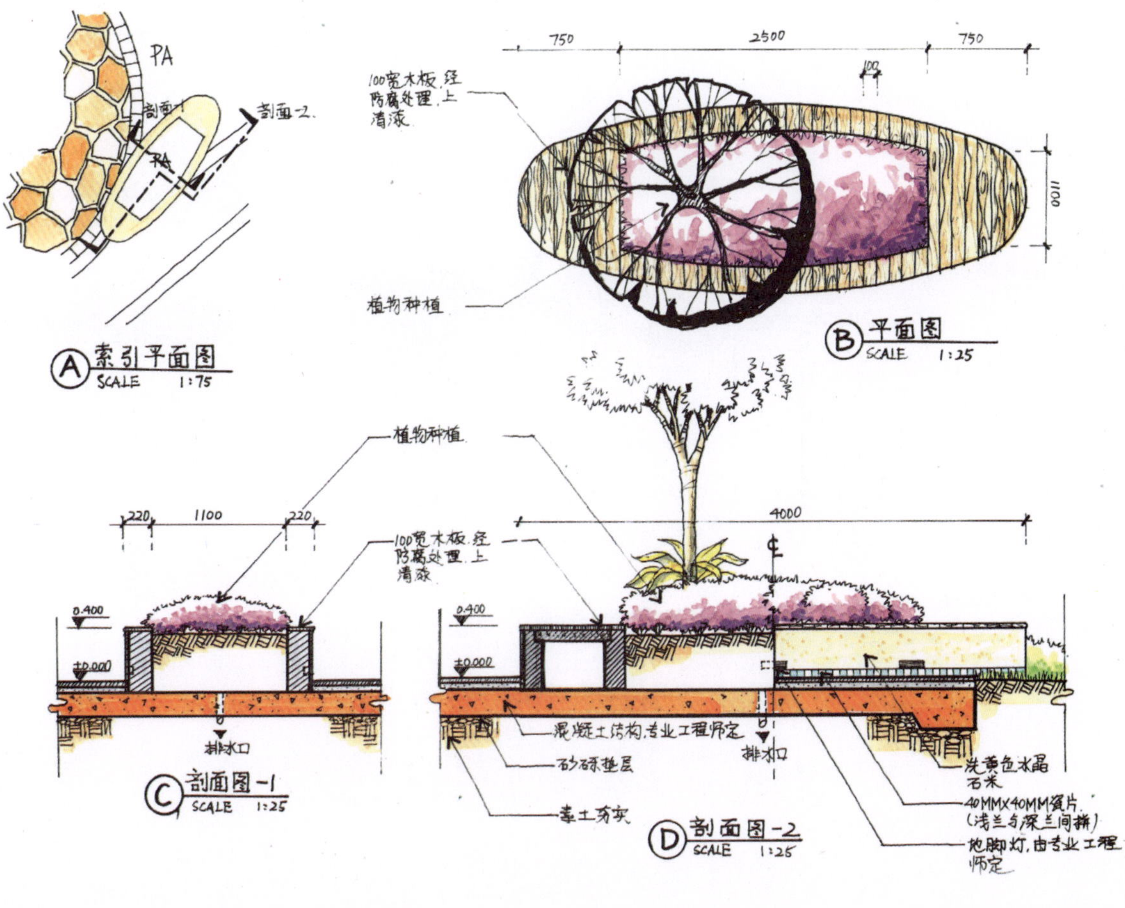

PA
剖面-1
剖面-2
A 索引平面图
SCALE 1:75
750
2500
750
100
1100
100宽木板，经防腐处理，上清漆
植物种植
B 平面图
SCALE 1:25
植物种植
220
1100
220
4000
100宽木板，经防腐处理，上清漆
0.400
±0.000
排水口
C 剖面图-1
SCALE 1:25
混凝土结构，专业工程师定
砂砾垫层
素土夯实
排水口
洗黄色水晶石米
40MM×40MM瓷片（浅兰与深兰间拼）
地脚灯，由专业工程师定
D 剖面图-2
SCALE 1:25

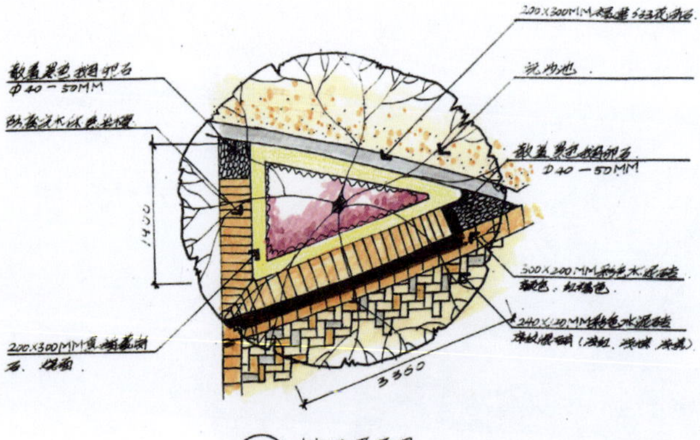

A 树池平面图 SCALE: 1:50 MTS

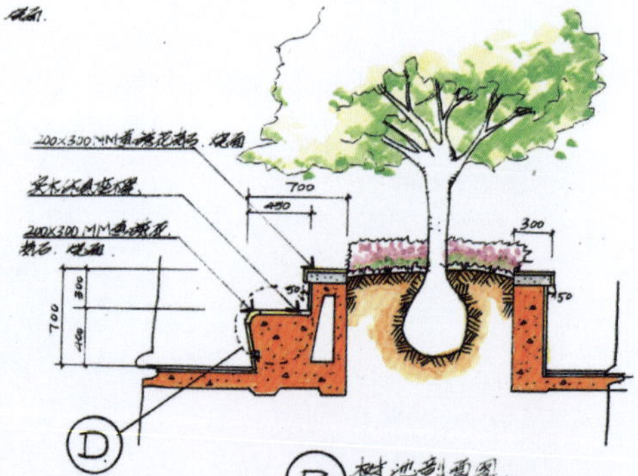

B 树池剖面图 SCALE: 1:75 MTS

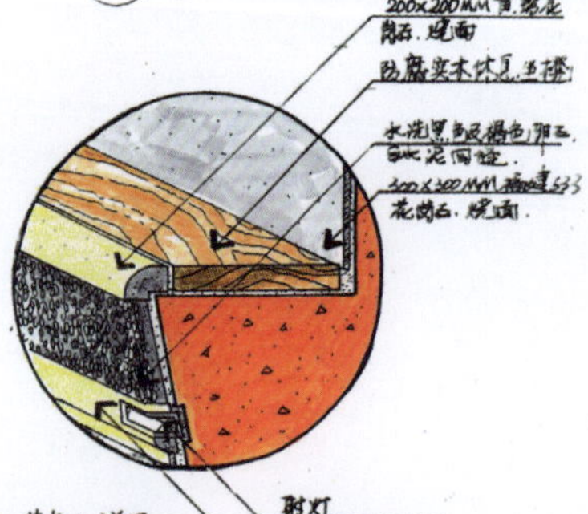

D 节点大样图 SCALE 1:10 MTS

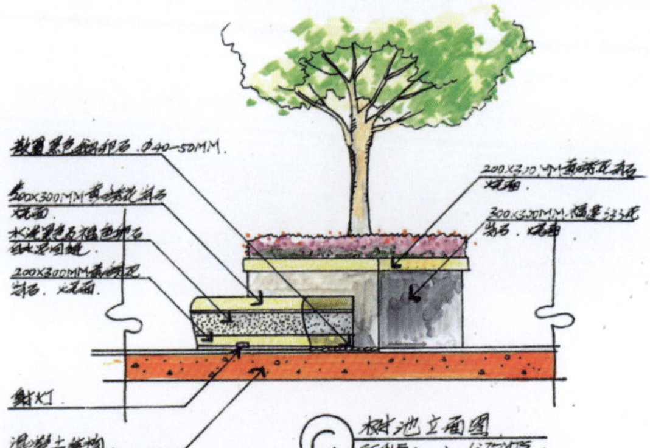

C 树池立面图 SCALE: 1:75 MTS

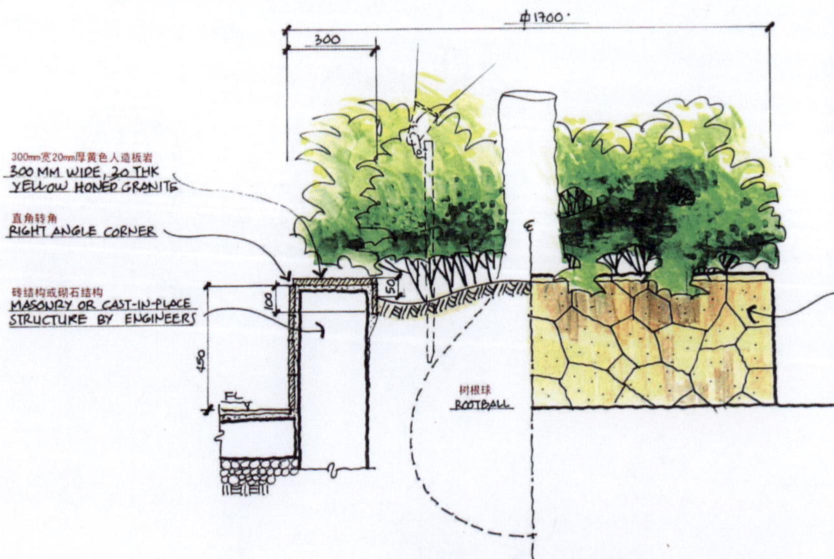

SECTION/ELEVATION 正立/剖面图
SCALE 1:10

PLANTER-SEATWALL DETAIL 种植池坐墙大样图
SCALE 1:10

3 采光井

采光井是高端物业吸引高端客户时，赠送地下室面积时，因为对采光的要求而产生的。还有进深较长的别墅，房中央的光线必然受到影响，这也需要加强采光；部分卫生间及房间因平面布局的原因会形成暗室，这时也需要设法采光。

一、采光方式分类

1. 采光中庭　由于用地紧张及建筑面积的增加，别墅的进深有所扩大，部分别墅达到 12 米以上。较长的进深必然使得房间中央光线昏暗，而且空气流通不畅，采光中庭是解决这些问题的很好的方式。采光中庭，就是在房间中部设计一个采光，这种采光中庭都是直到顶层的中空高度，围绕在采光中庭周边的几层房屋可大面积采光和通风。

2. 下沉式庭院　下沉式庭院可以理解为采光井的更高级别，设计特点是在正负零的基础上下跃一层，同时，附带了很大面积的室外庭院。这样一来，地下一层借助外庭院的采光，就相当于地上一层。

有的下沉式庭院，等于房子往外推出若干尺寸，然后下沉。相当于北面是一层，南面是停跃层，停跃层可以直接走出去是花园层，这种做法实际上是最大限度地利用它面积的功能，而不是简单地把庭院层做成一个储藏式，因为它完全采光，完全通透，完全可以做居住空间使用。

3. 采光井　采光井是四面有房屋，或三面有房屋另一面有围墙，或两面有房屋另两面有围墙时中间的空地，一般面积不大，主要用于房屋采光、通风。采光井的位置多设在以下几处：房屋的前后两端、房屋及围墙的交汇处、中庭采光加设采光井。由于设计布局的限制，有的功能房多是洗手间将是暗室，因此设计采光井保证其的通风采光。

二、采光井分类

1. 地下室外及半地下室两侧外墙采光口外设的井式结构物。主要是解决建筑内个别房间采光不好的问题！ 但是采光井还兼具通风和景观的作用。

2. 大型公共建筑采用四面围合，中间呈井的形式，内部建造内天井，将光线不足的房间布置于内天井四周，通过天井来解决采光、通风不足的问题，一般多用于商场、酒店、政府办公楼。

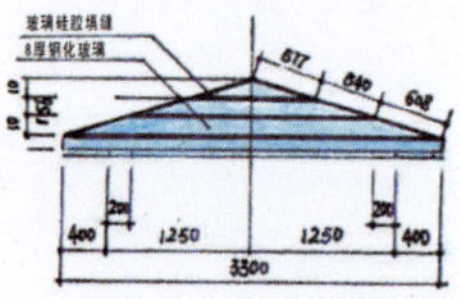

立面图 1:45

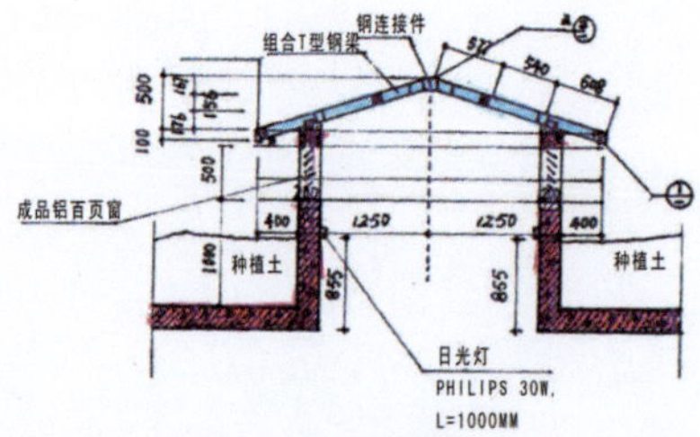

A-A剖面图

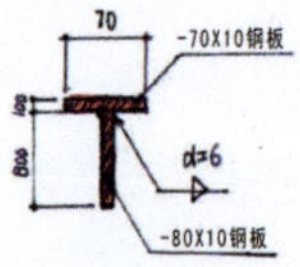

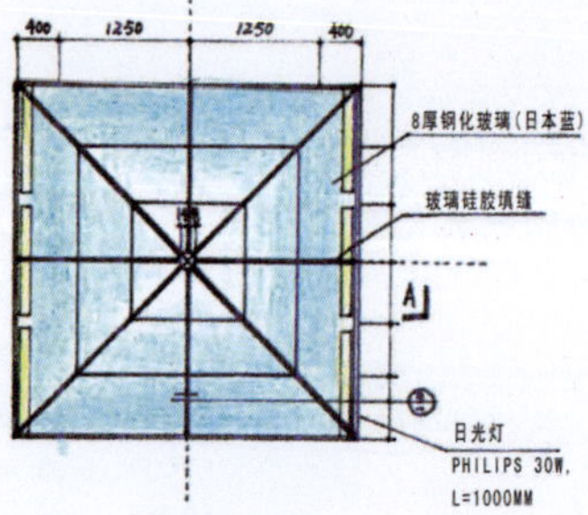

平面图 1:45

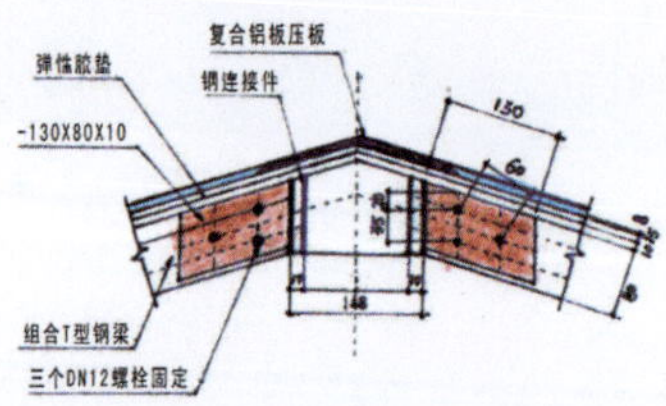

③

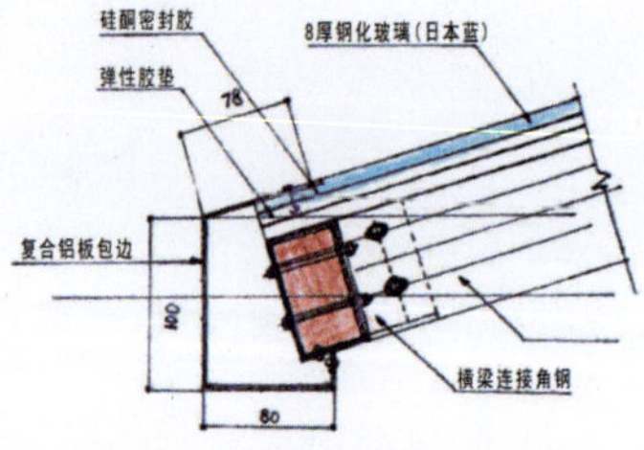

①

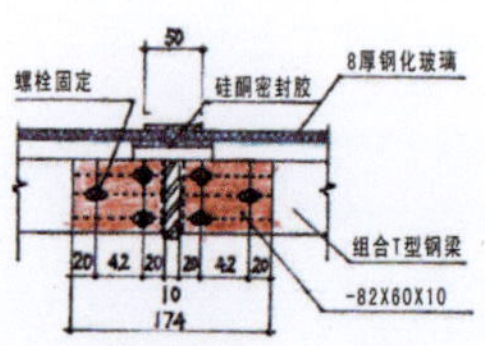

平面图

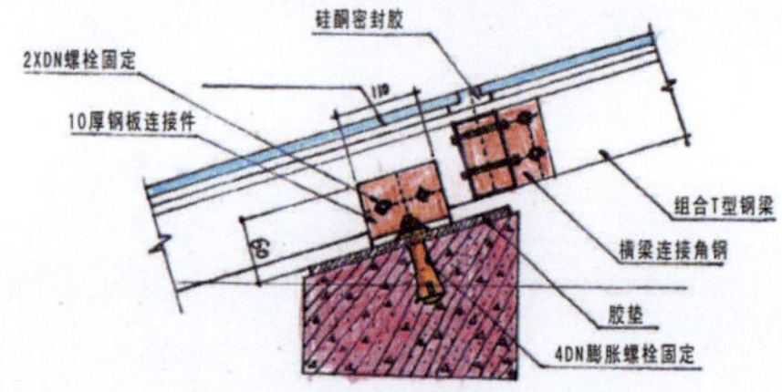

组合T型钢梁

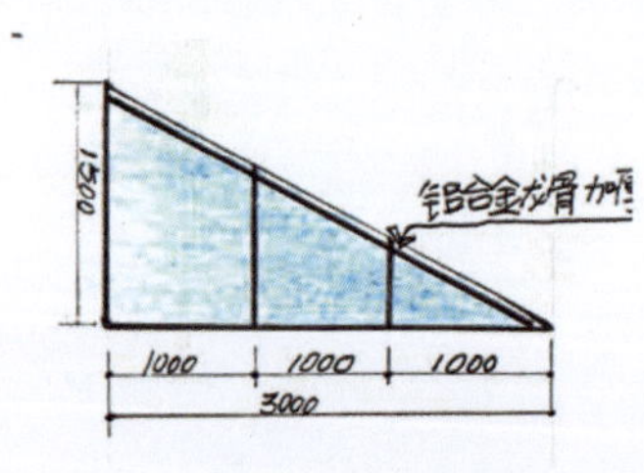

采光井（二）立面图

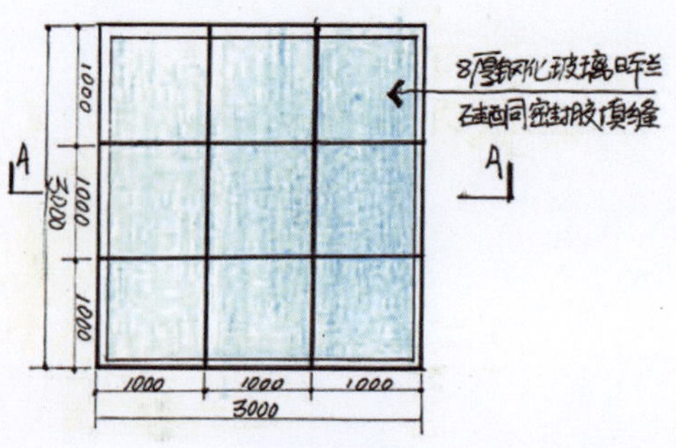

采光井（二）平面图

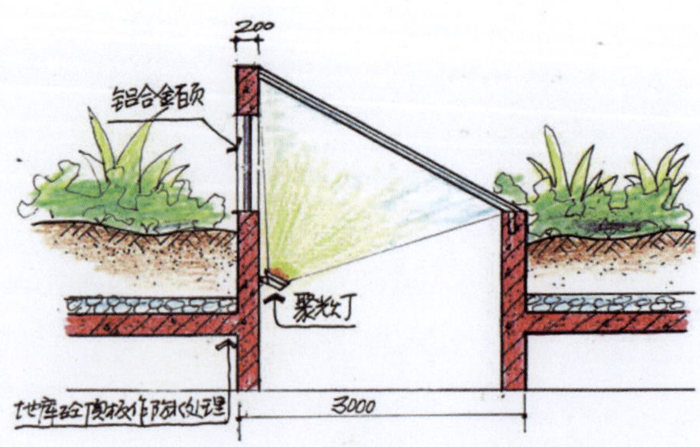

A-A 剖面图

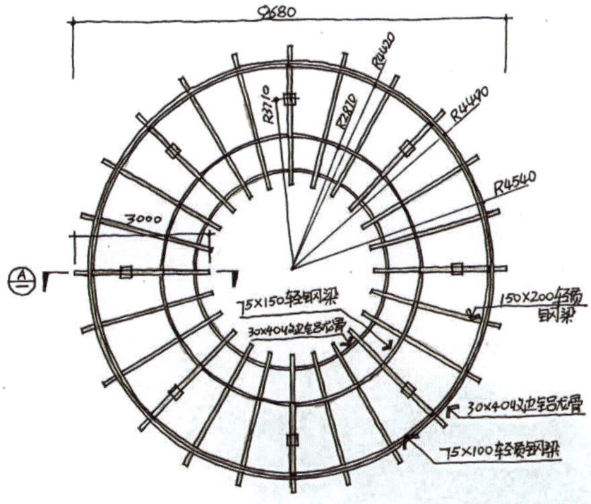

耐力板采光棚龙骨平面大样 1:80

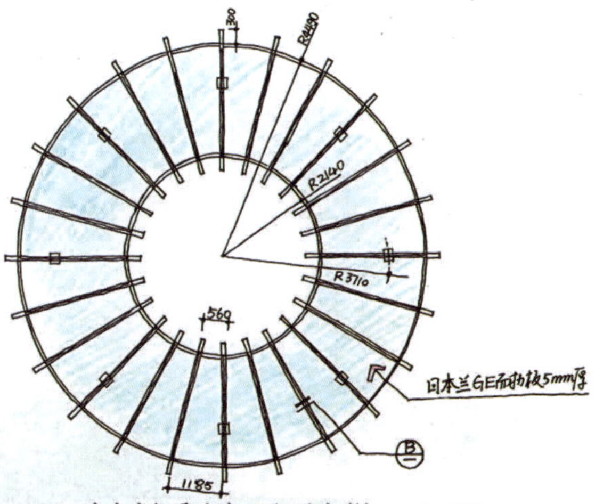

耐力板采光棚平面大样 1:80

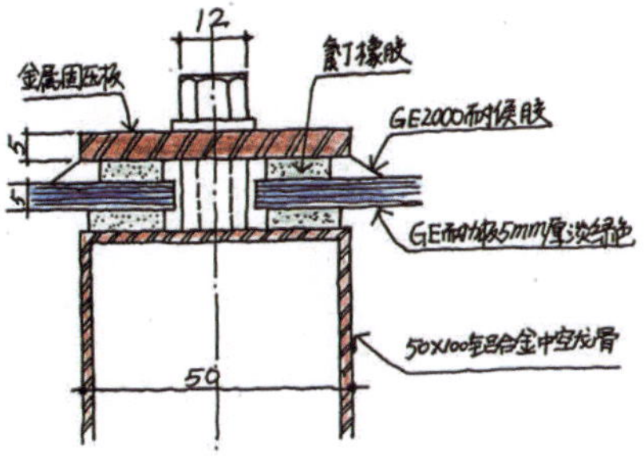

B 剖面 1:1

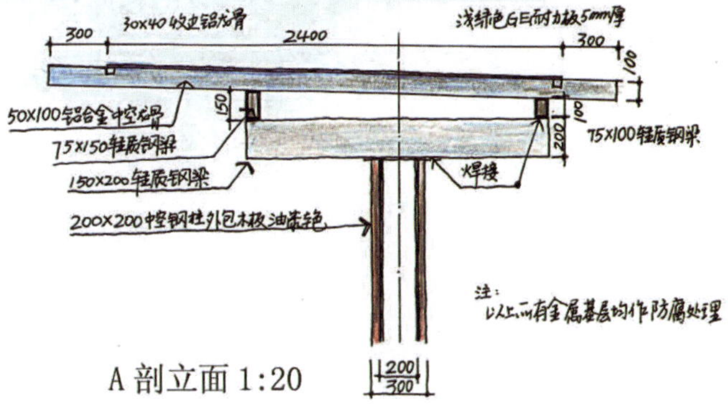

A 剖立面 1:20

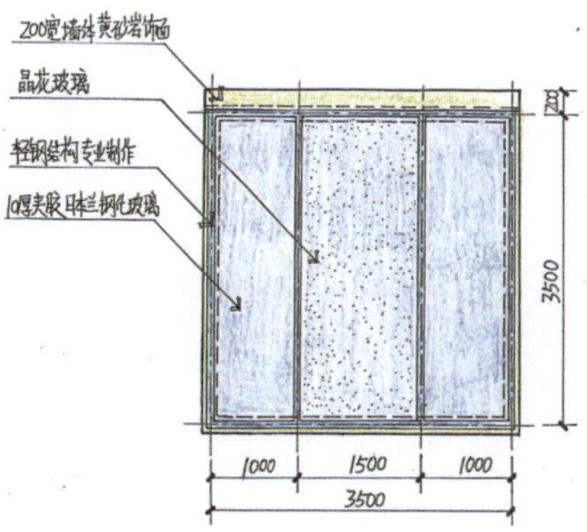

采光井平面大样 1:50

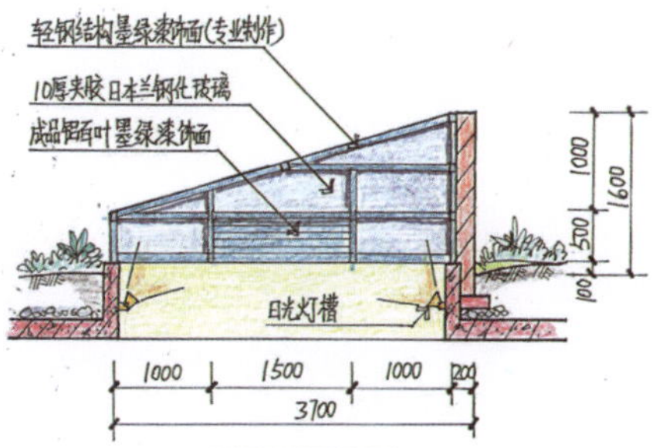

剖面A-A 1:50

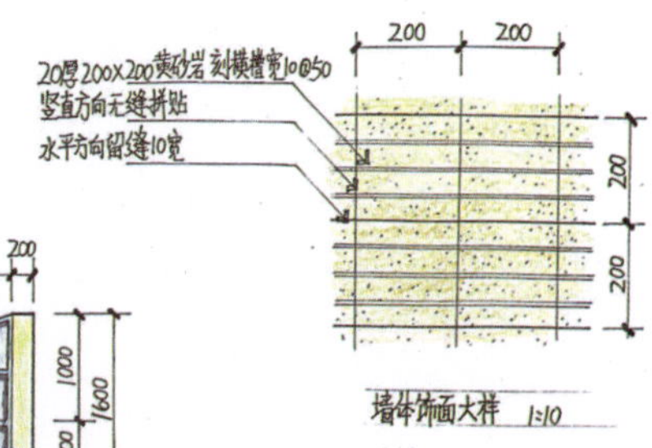

墙体饰面大样 1:10

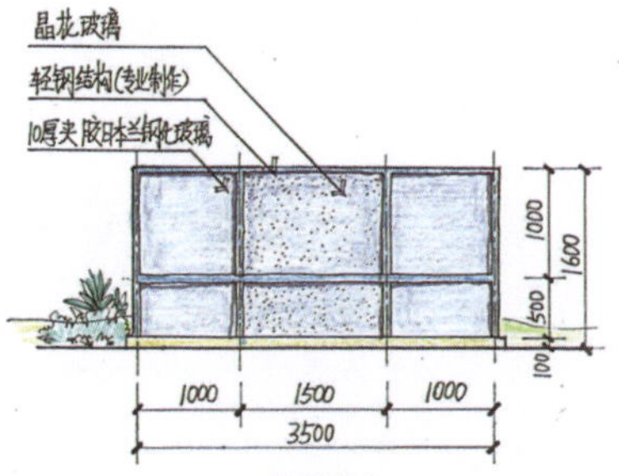

采光井立面A. 1:50

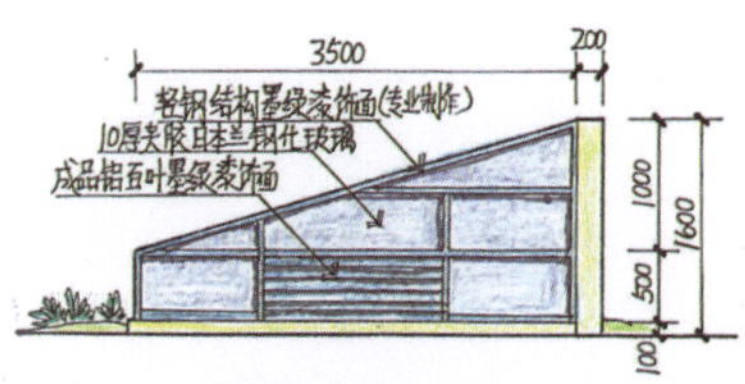

采光井立面B 1:50

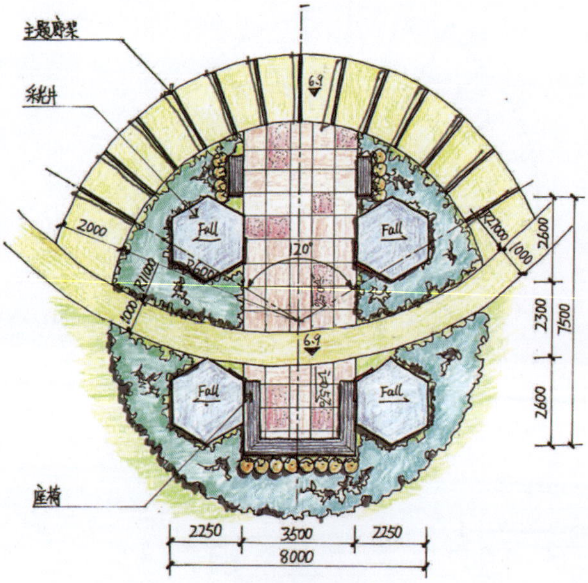

组合采光井平面大样

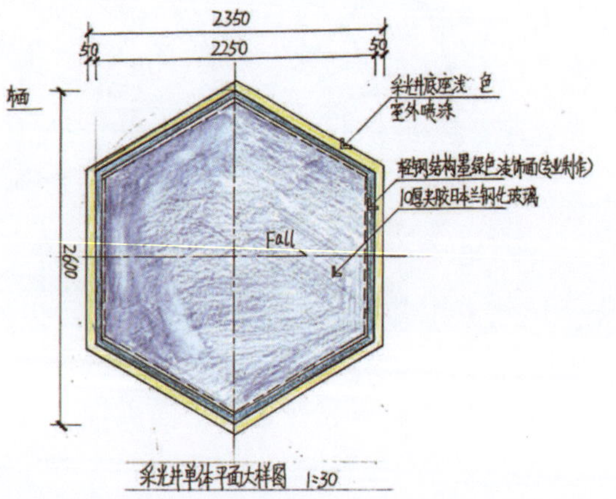

采光井单体平面大样图 1:30

1:100

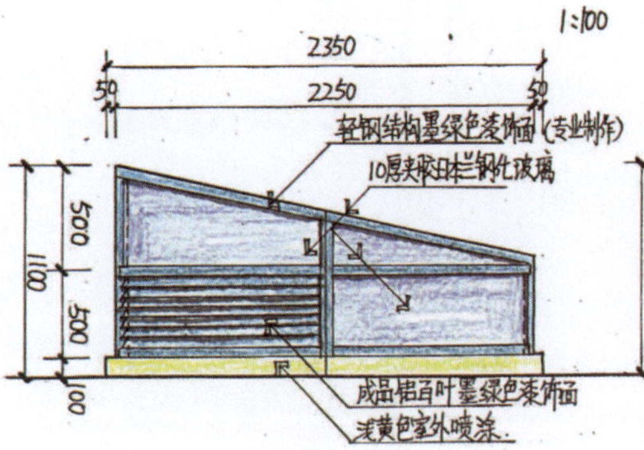

立面A 1:30

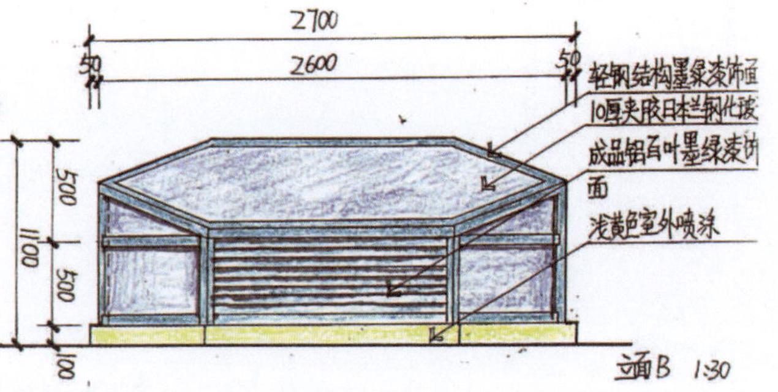

立面B 1:30

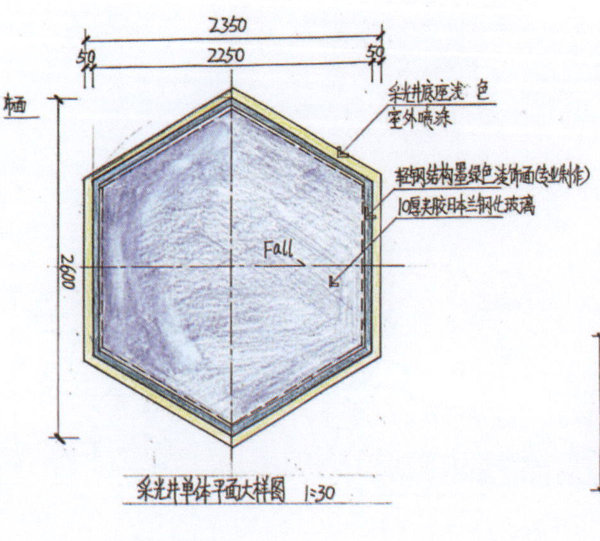

采光井单体平面大样图 1:30

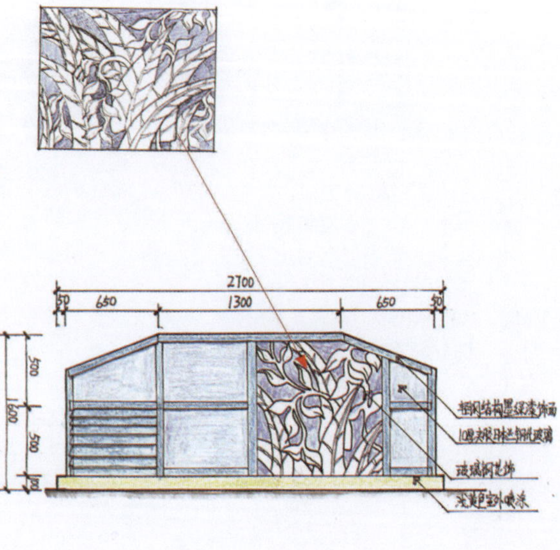

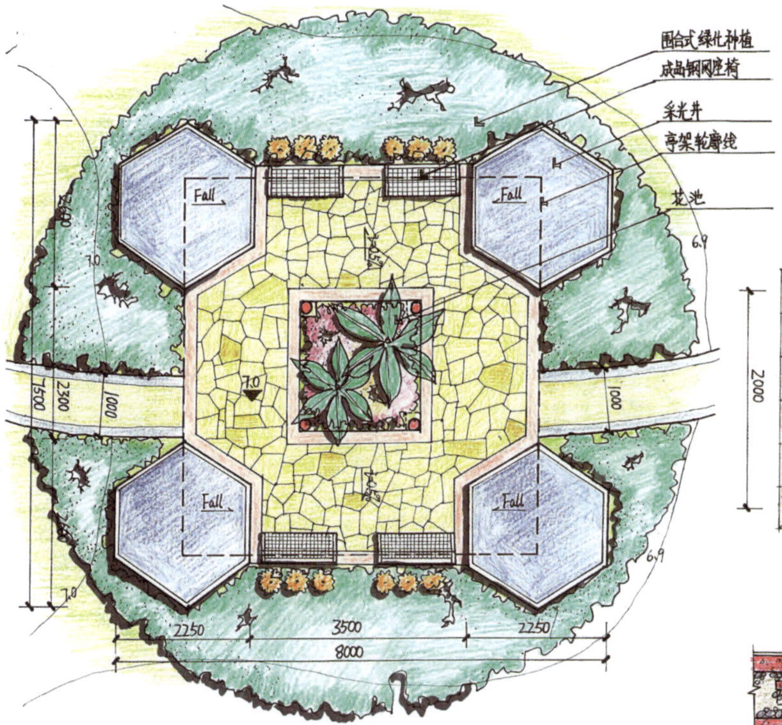

采光井休闲区域平面大样图 1:50

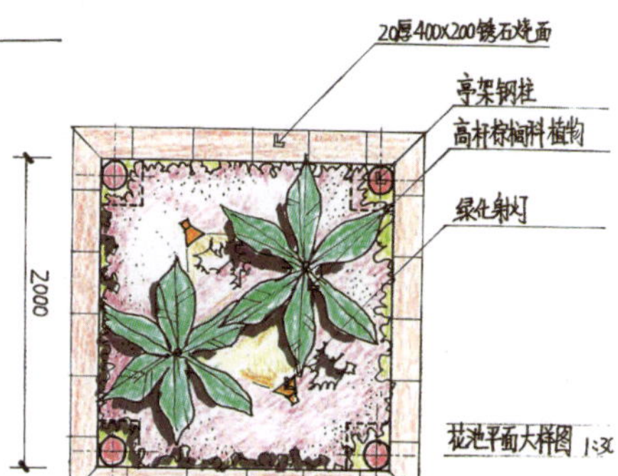

花池平面大样图 1:文

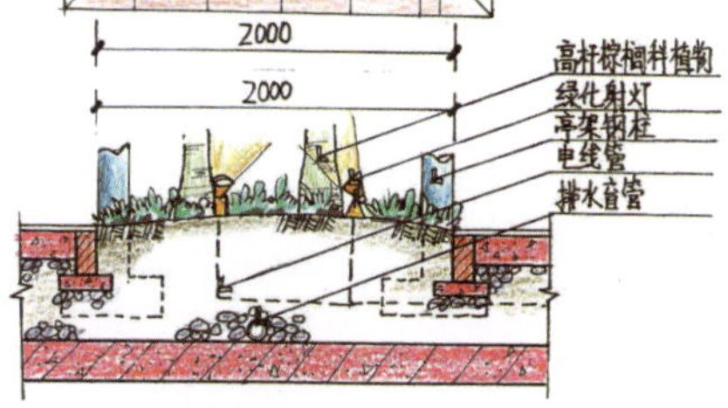

花池剖面关系图 1:30

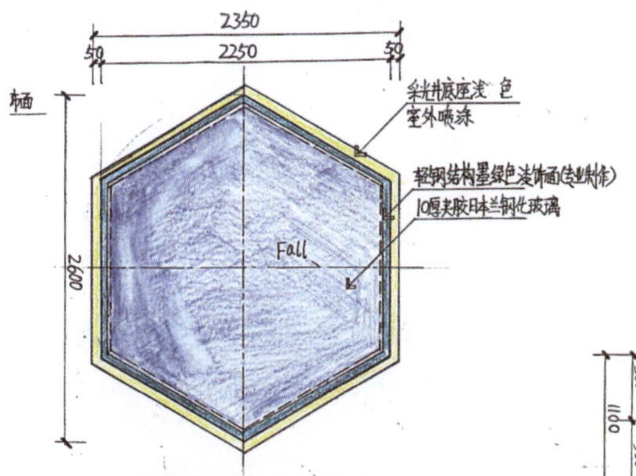

采光井单体平面大样图 1:30

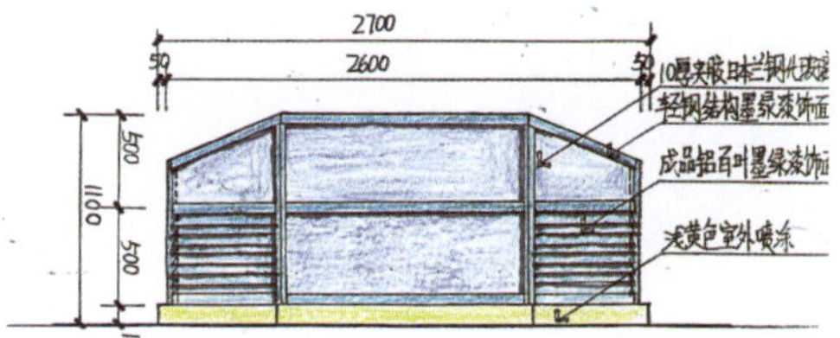

立面C 1:30

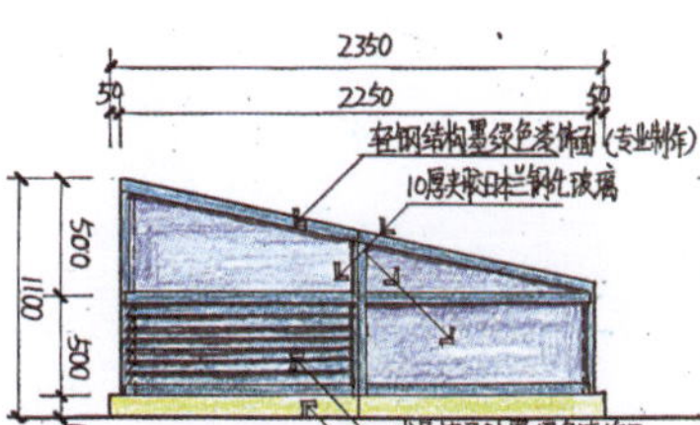

立面A 1:30

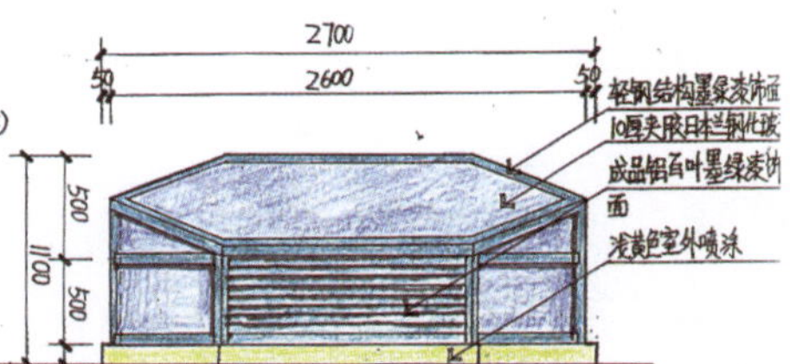

立面B 1:30

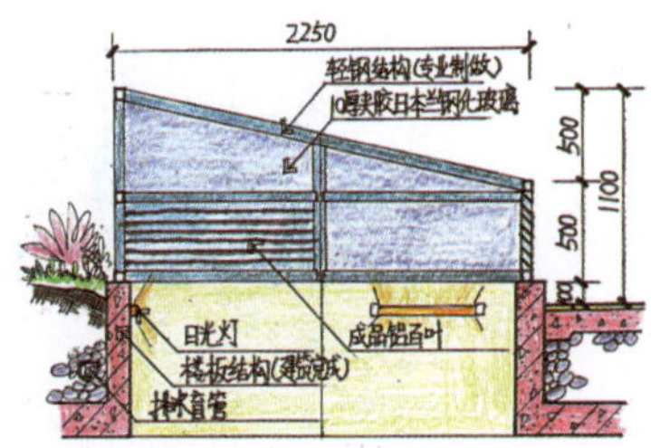

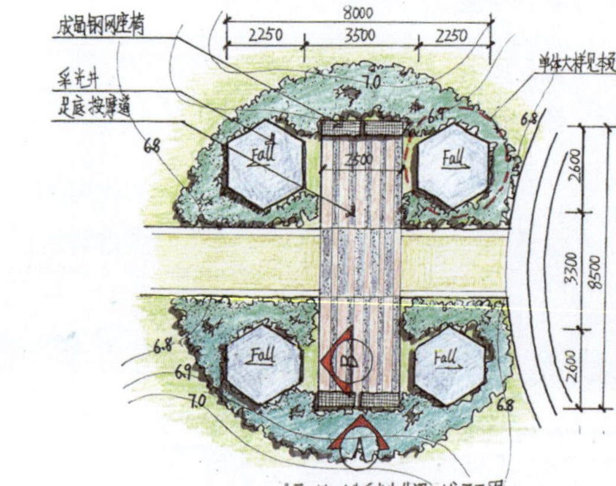

"天、地、人"采光井休闲区域平面图 1:100

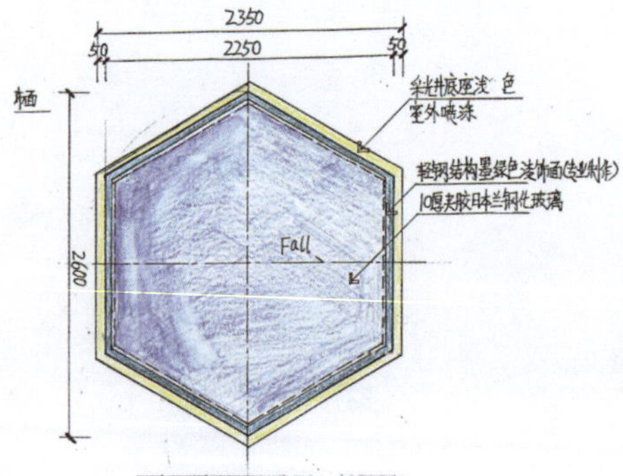

采光井单体平面大样图 1:30

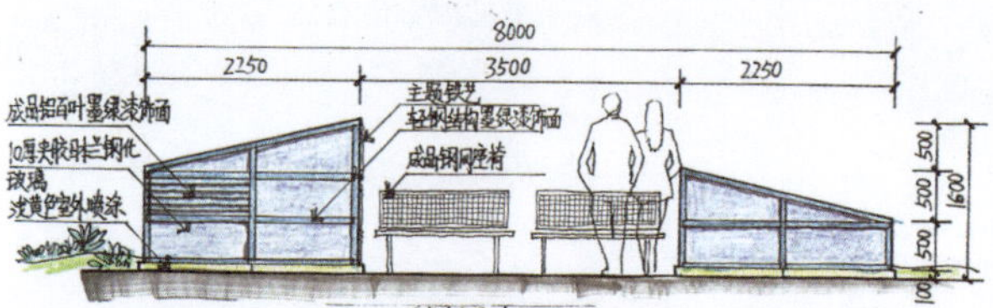

采光井立面A 1:50

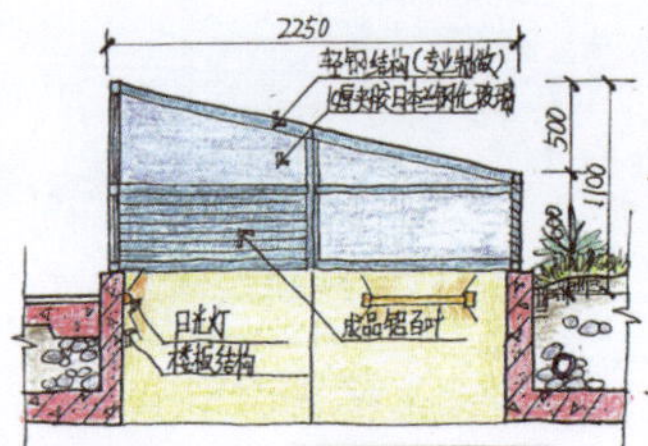

采光井剖面示意 1:30

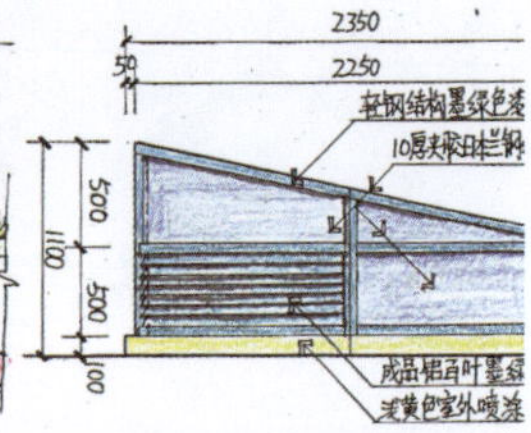

立面A 1:30

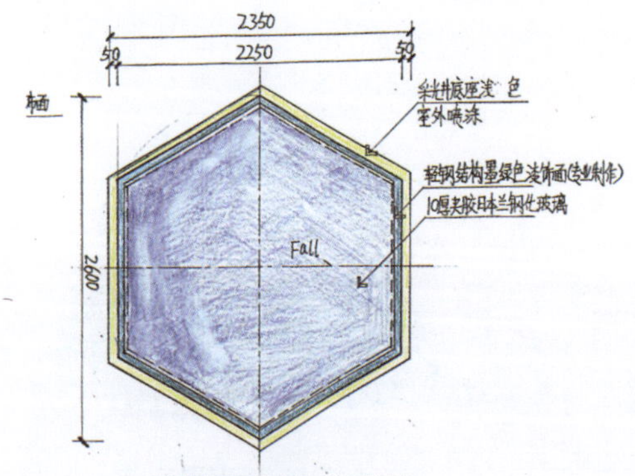

采光井单体平面大样图 1:30

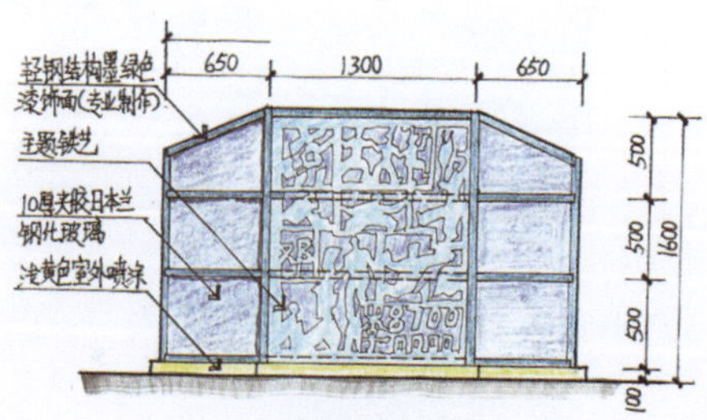

采光井立面B 1:30

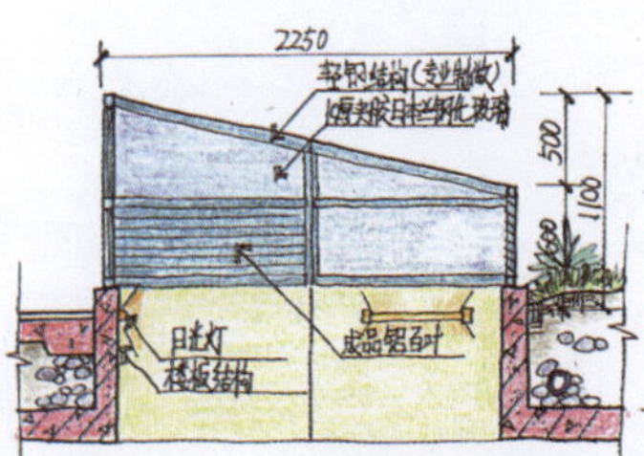

采光井剖面示意 1:30

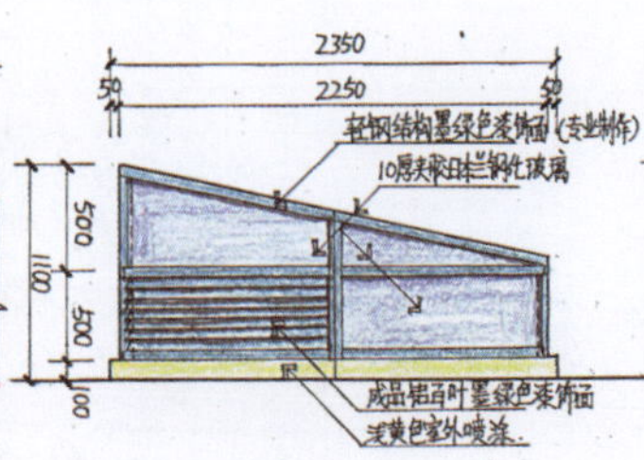

立面A 1:30

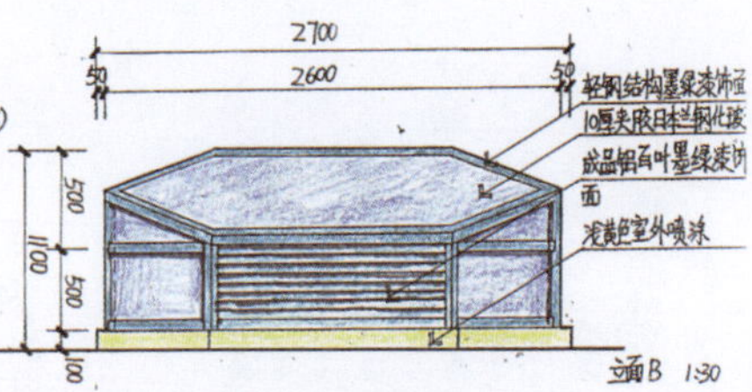

立面B 1:30

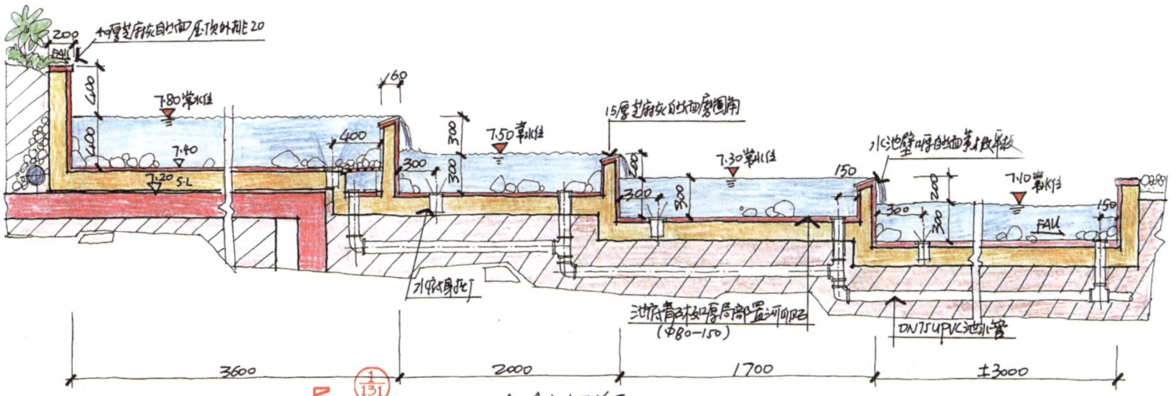

A-A剖面关系 SCALE 1:25

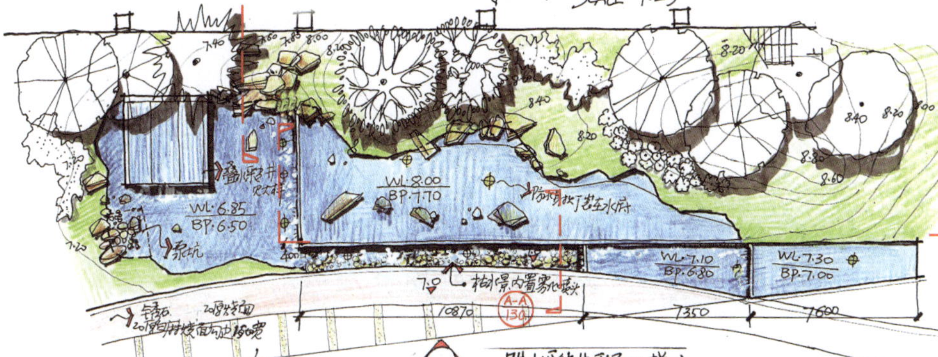

跌水采光井平面大样A SCALE：1:125

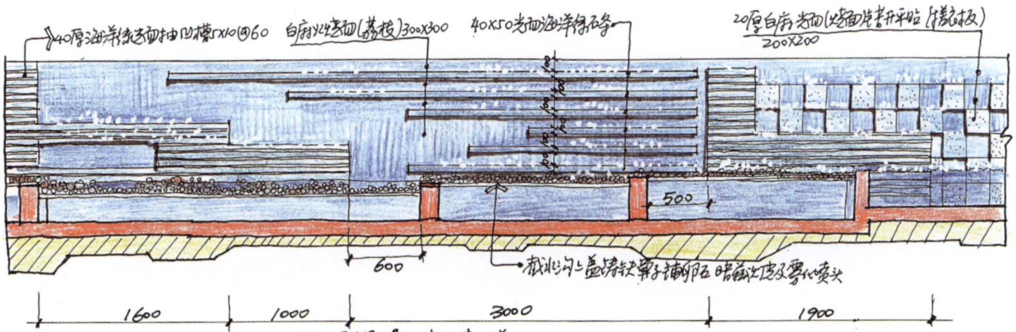

跌水采光景 叠水墙局部大样

SCALE 1:25

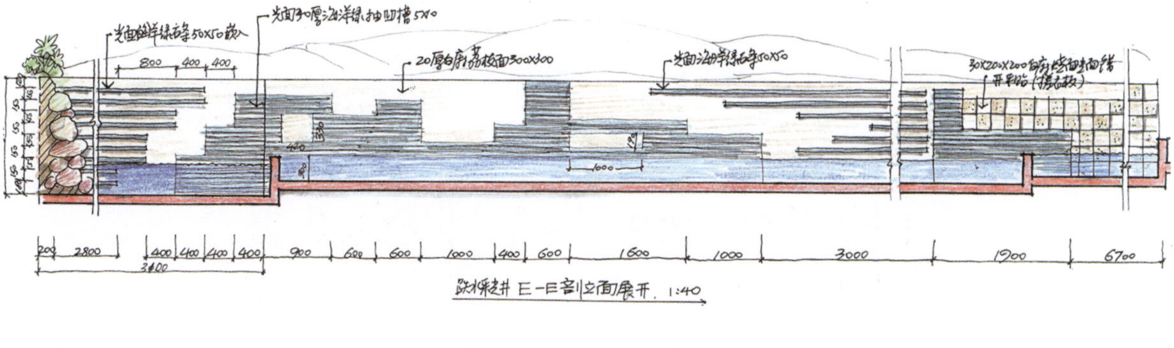

跌水采光井 E-E剖立面展开 1:40

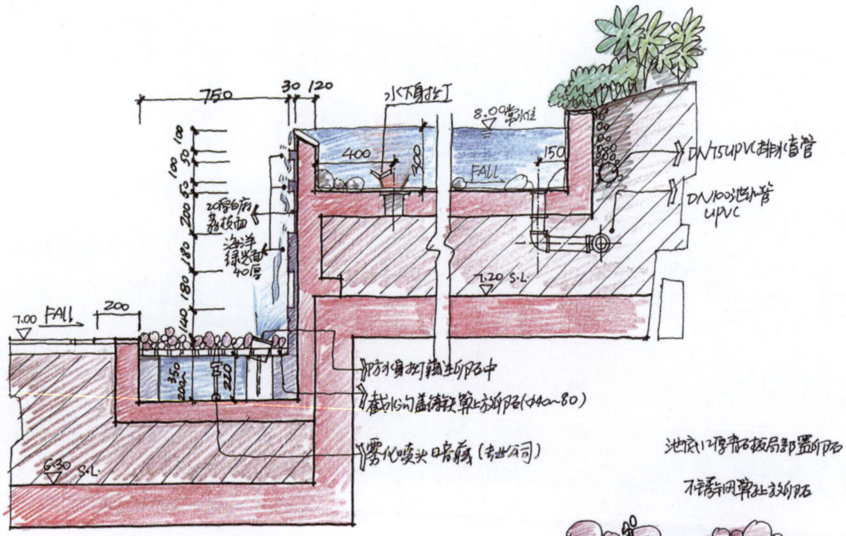

跌水采光井 A-A 剖面
SCALE 1:15

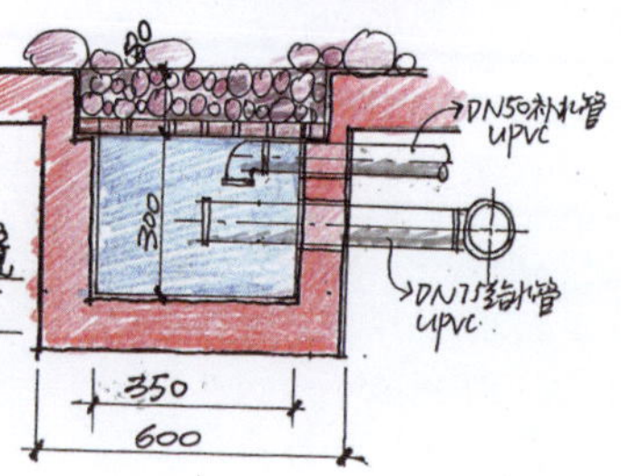

存水口做法
SCALE 1:10

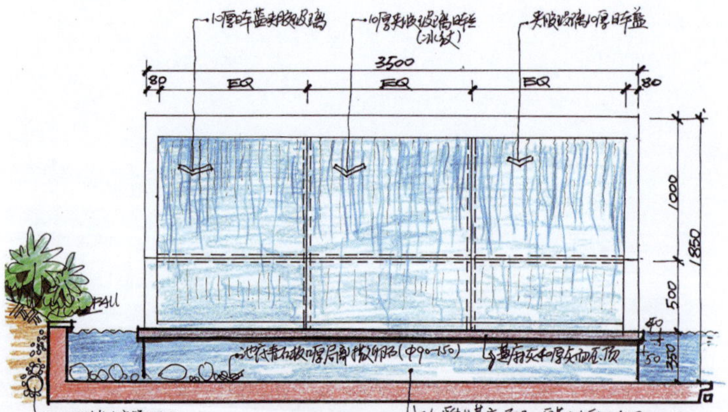

跌水采光井 C 立面
SCALE 1:20

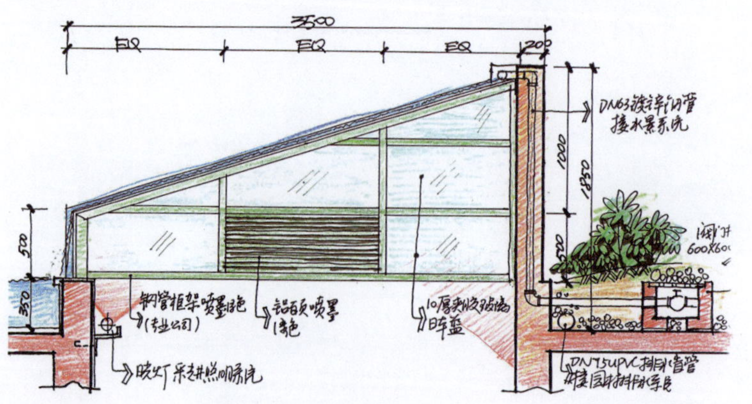

跌水采光井 B-B 剖面关系
SCALE 1:20

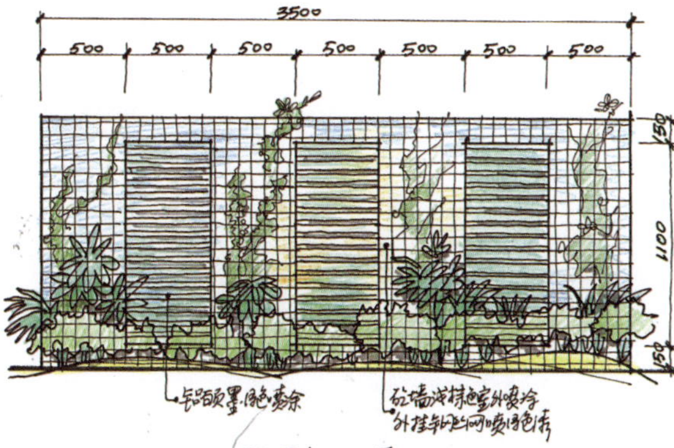

跌水采光井D立面

SCALE 1:20

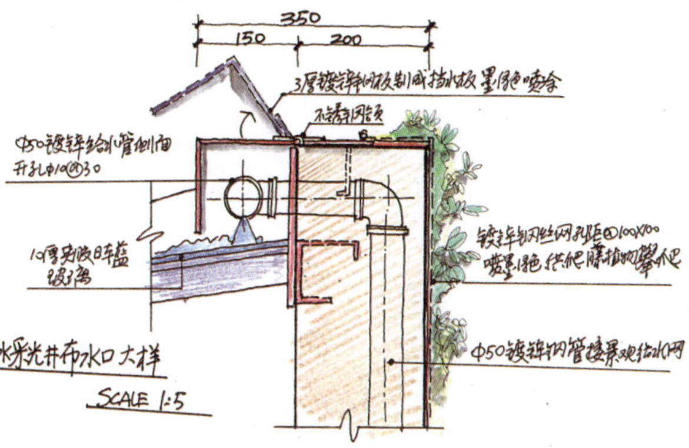

跌水采光井布水口大样

SCALE 1:5

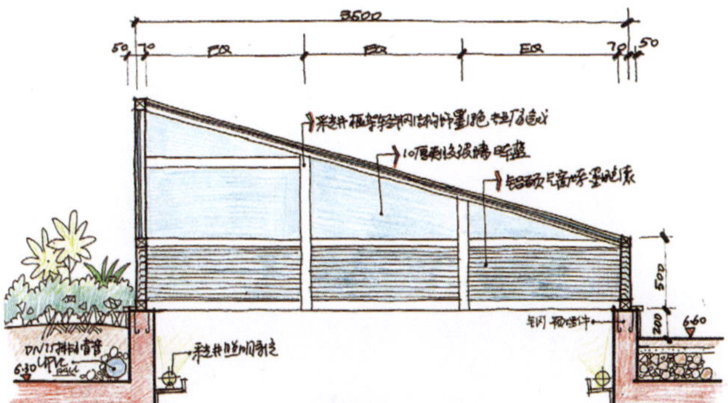

A-A 体育广场采光井与花池关系剖面

SCALE 1:20

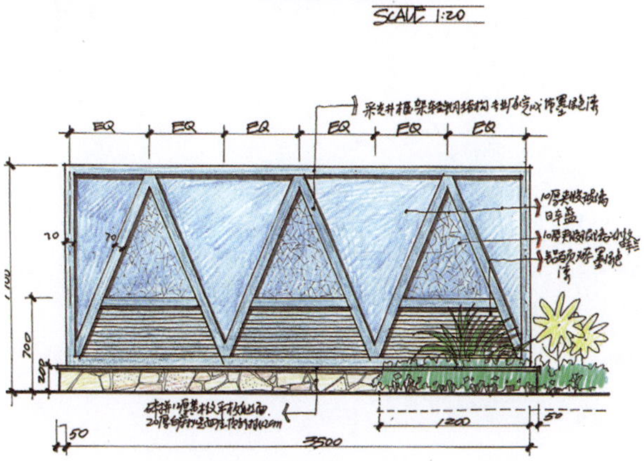

E 体育广场采光井背立面

SCALE 1:20

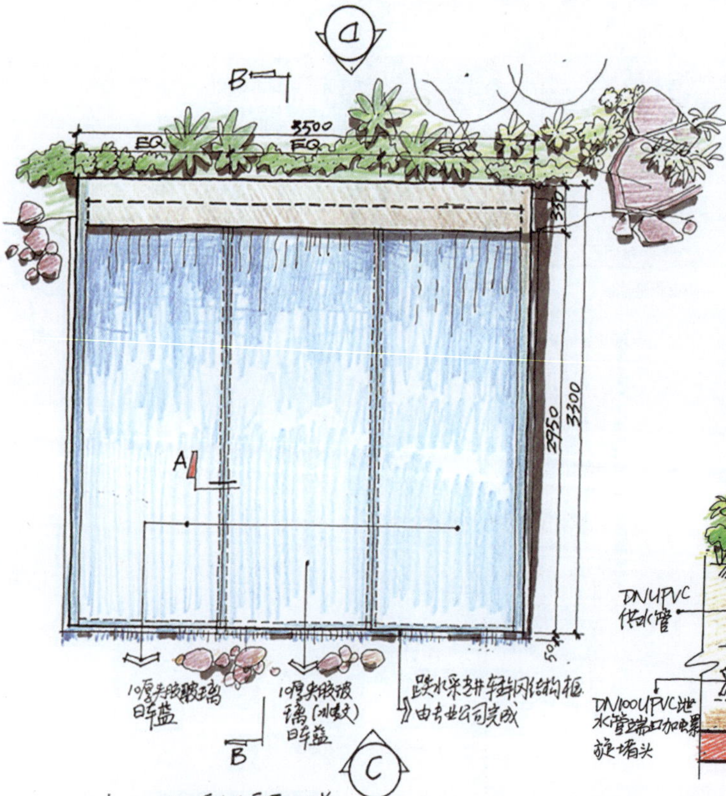

跌水采光井平面大样

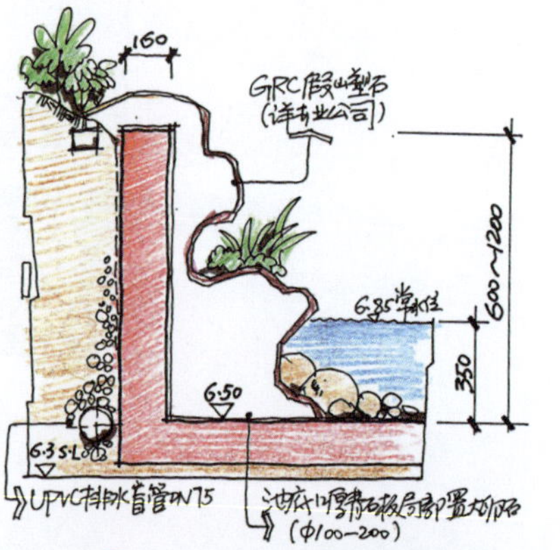

① 跌水采光井假山塑石剖面示意

SCALE 1:15

水池泵坑做法示意

SCALE 1:60

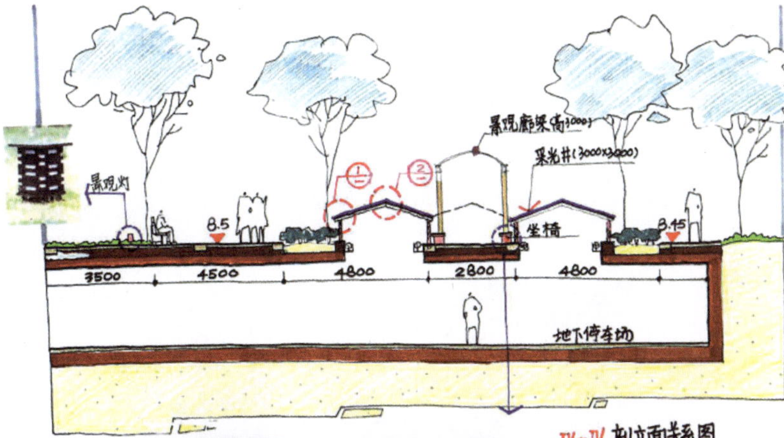

IV—IV 剖立面关系图 SCALE 1:100

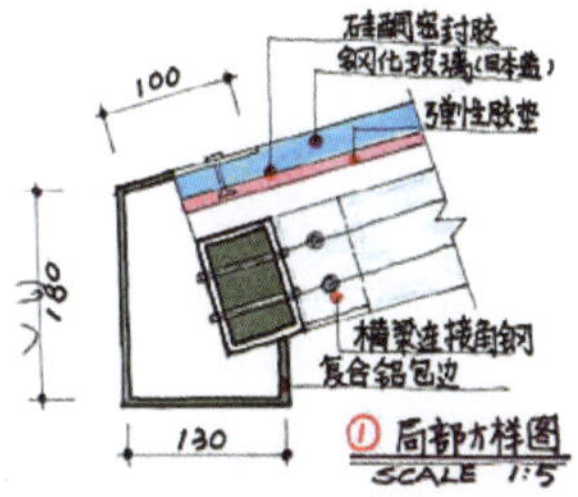

① 局部大样图 SCALE 1:5

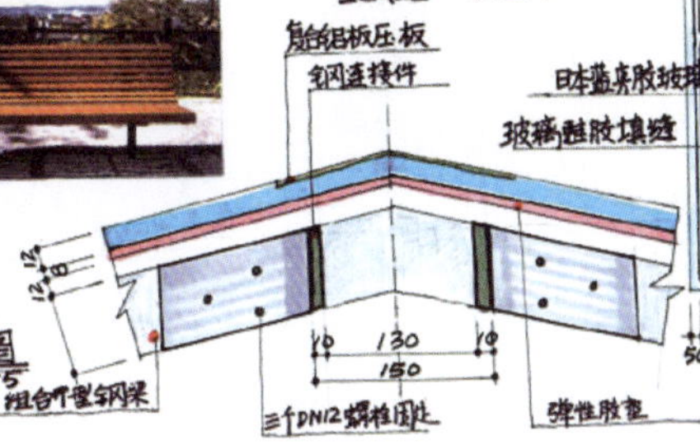

② 局部大样图 SCALE 1:5

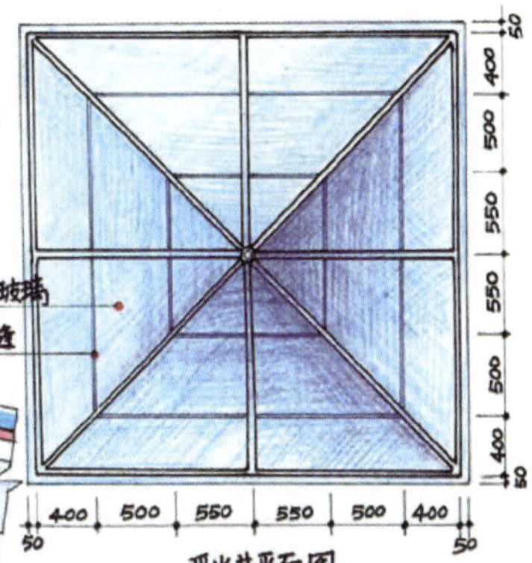

采光井平面图 SCALE 1:30

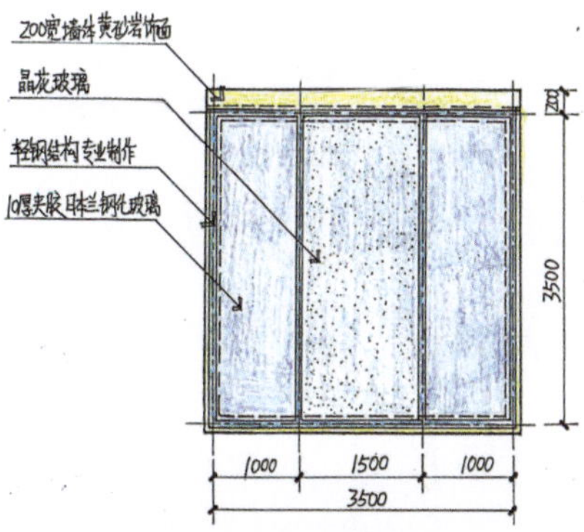

采光井平面大样 1:50

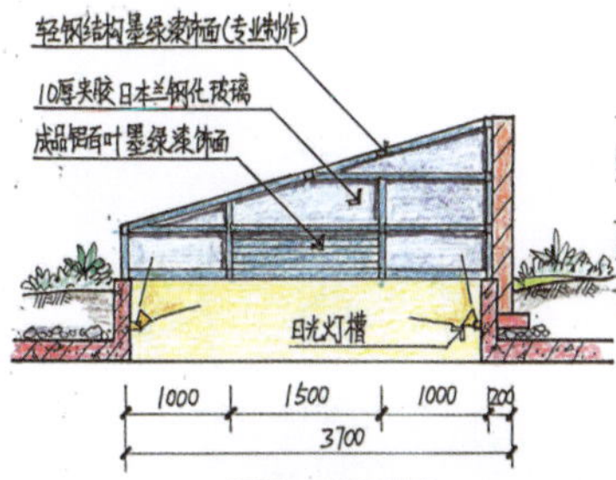

剖面A-A 1:50

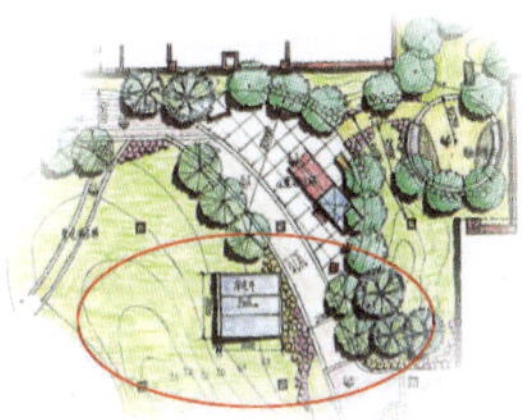

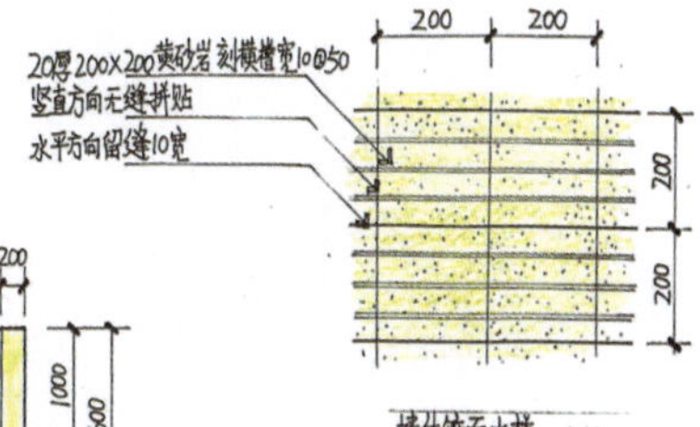

墙体饰面大样 1:10

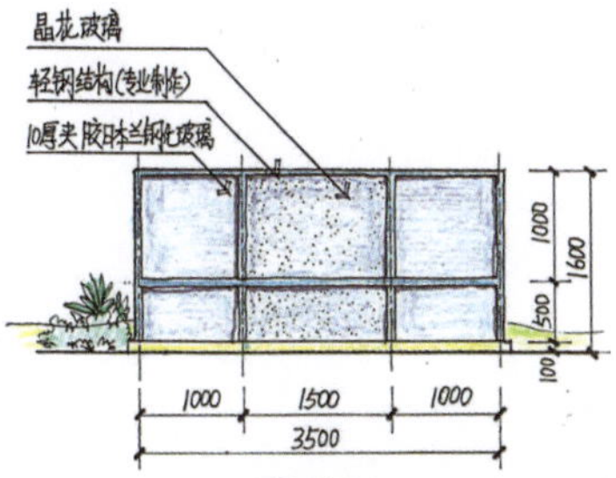

采光井立面A 1:50

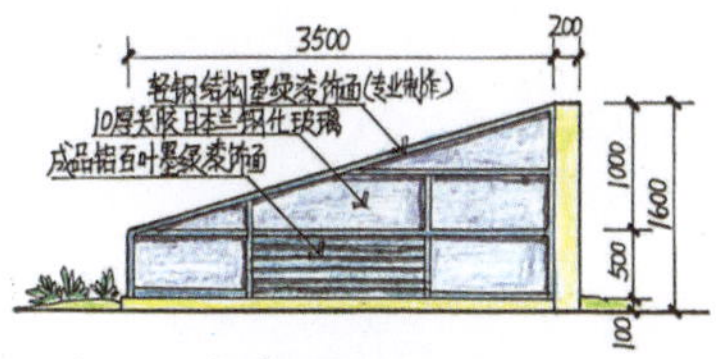

采光井立面B 1:50

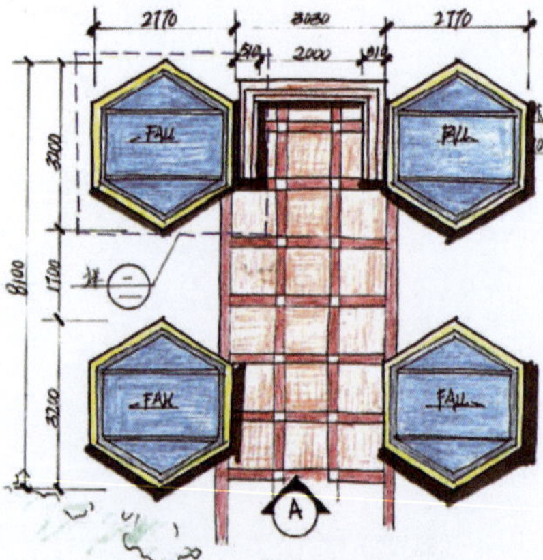

采光井平面大样 1:20

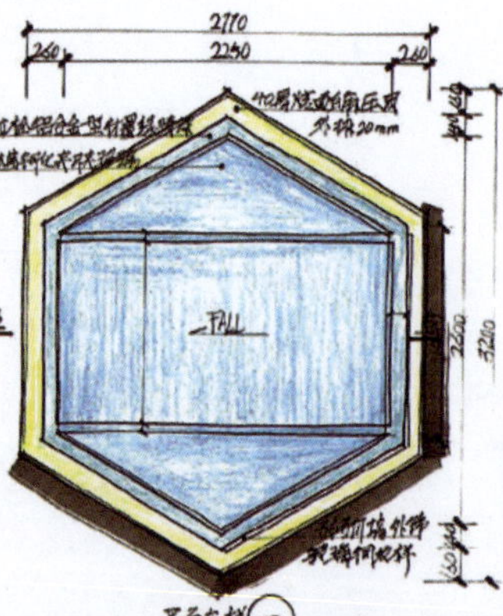

平面大样 一 1:30

大样 二 1:10

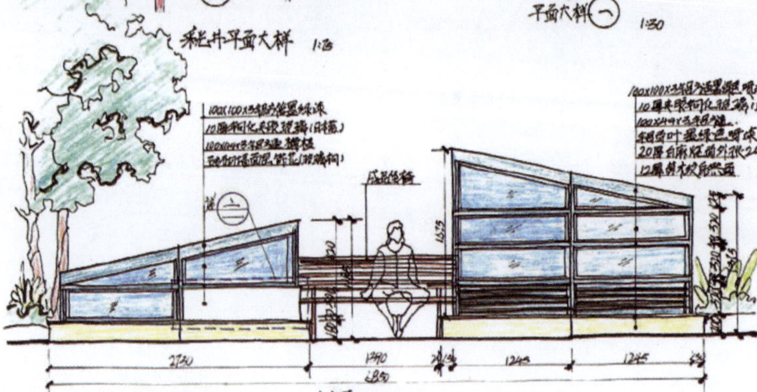

A立面 比例1:50

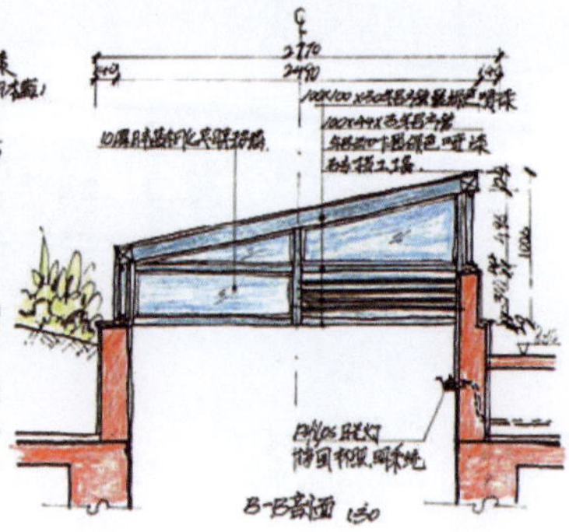

B-B剖面 1:30

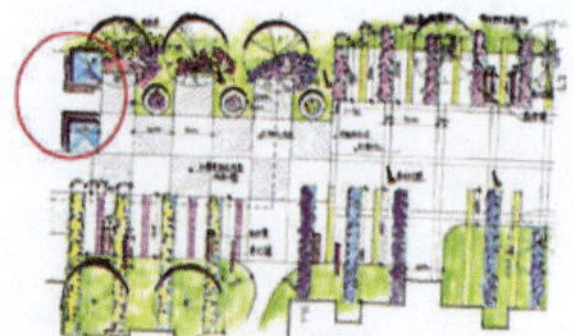

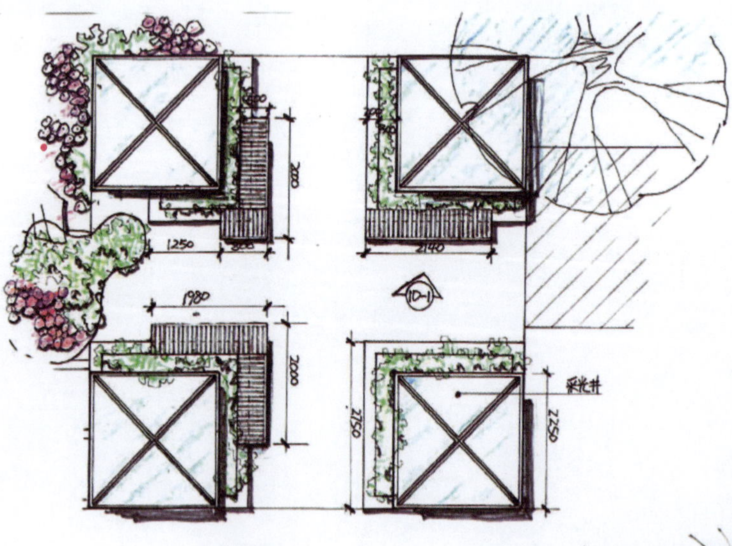

1D 平面图 1:50

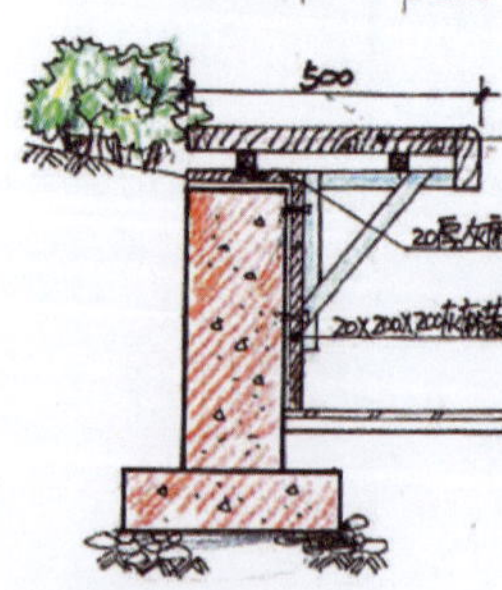

1D树坐凳花池剖面大样 1:10

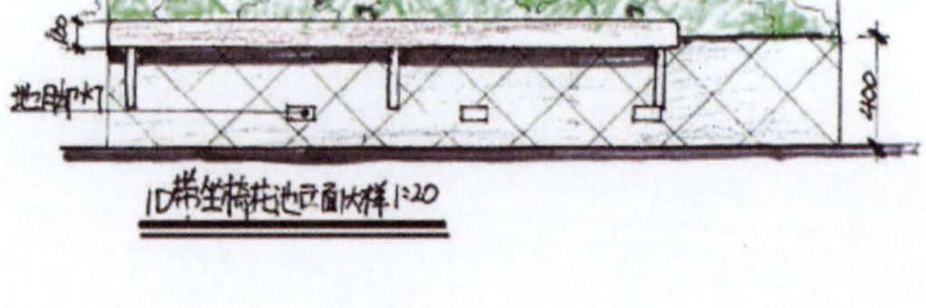

1D树坐凳花池立面大样 1:20

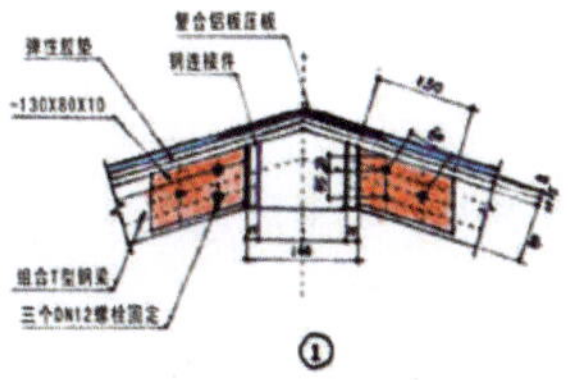

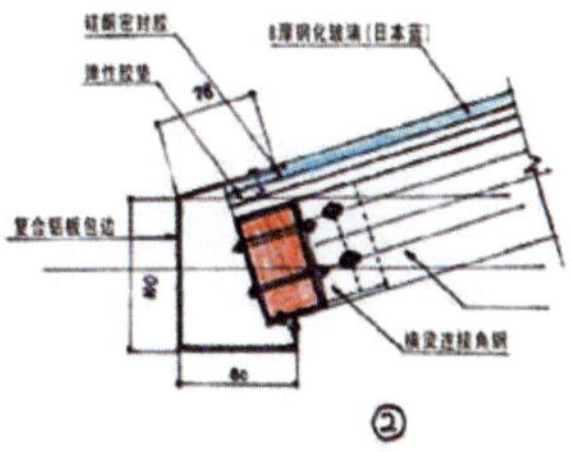

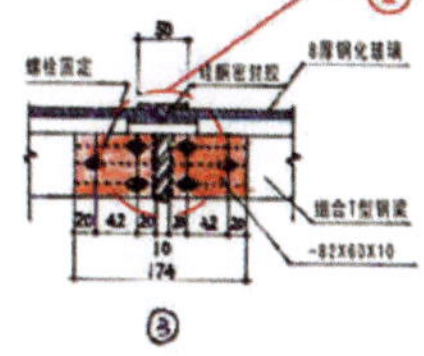

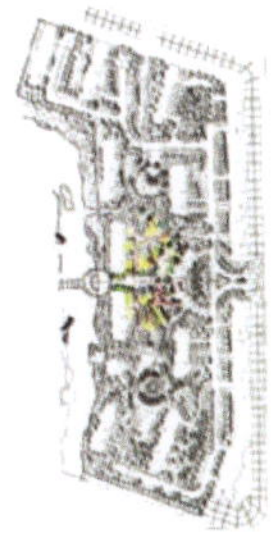

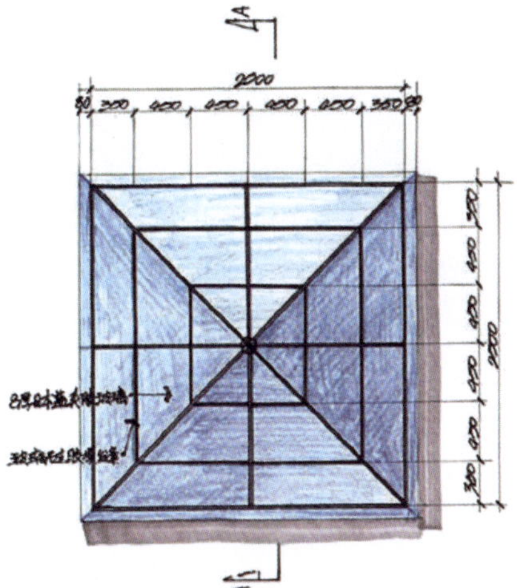

采光井平面 1:30

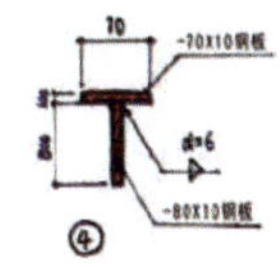

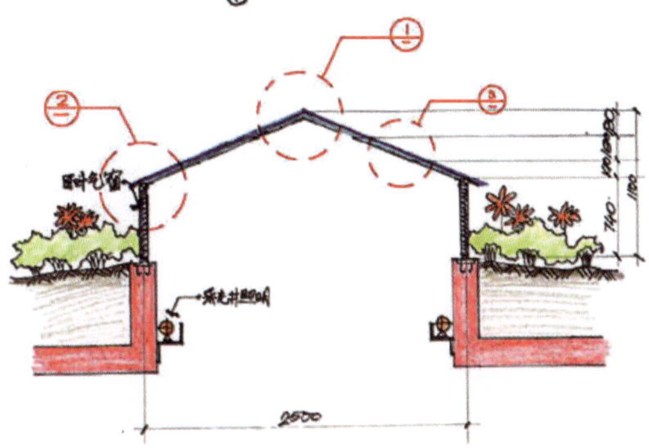

A-A剖立面 1:30

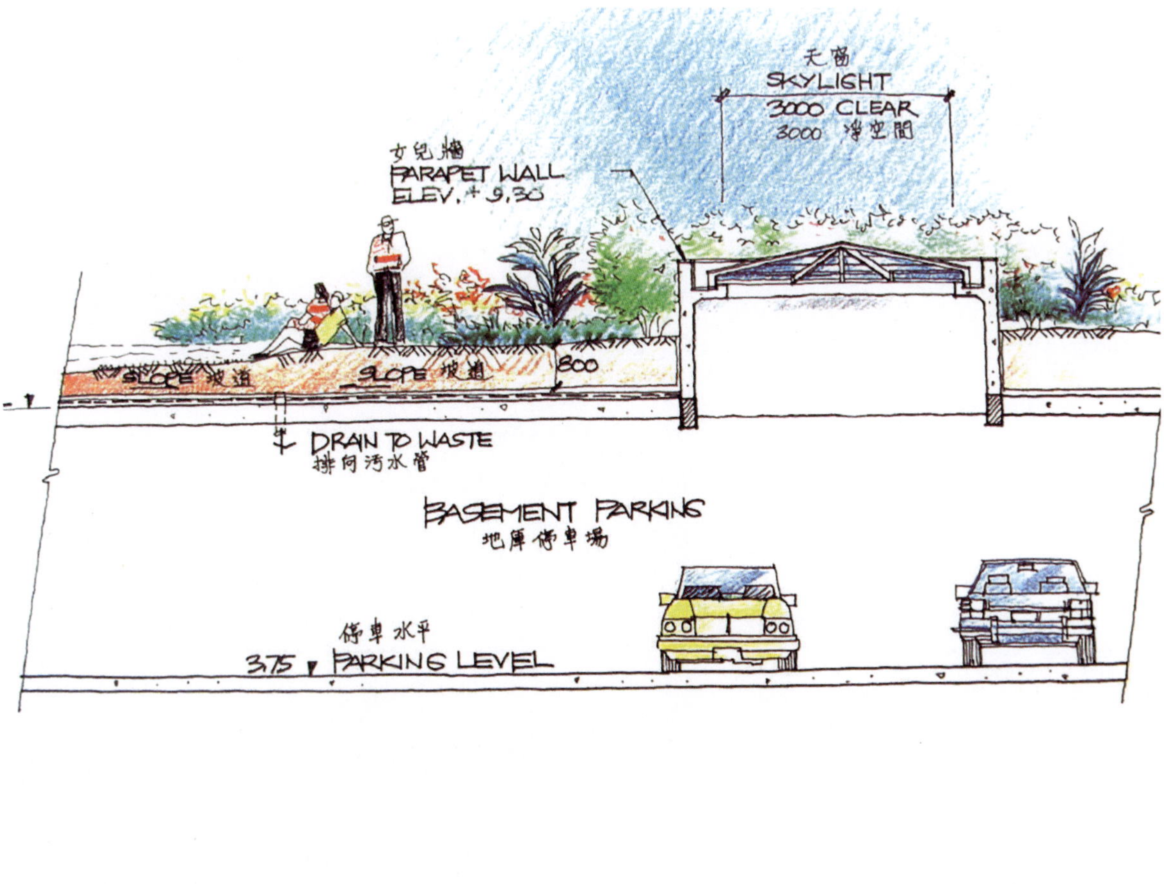

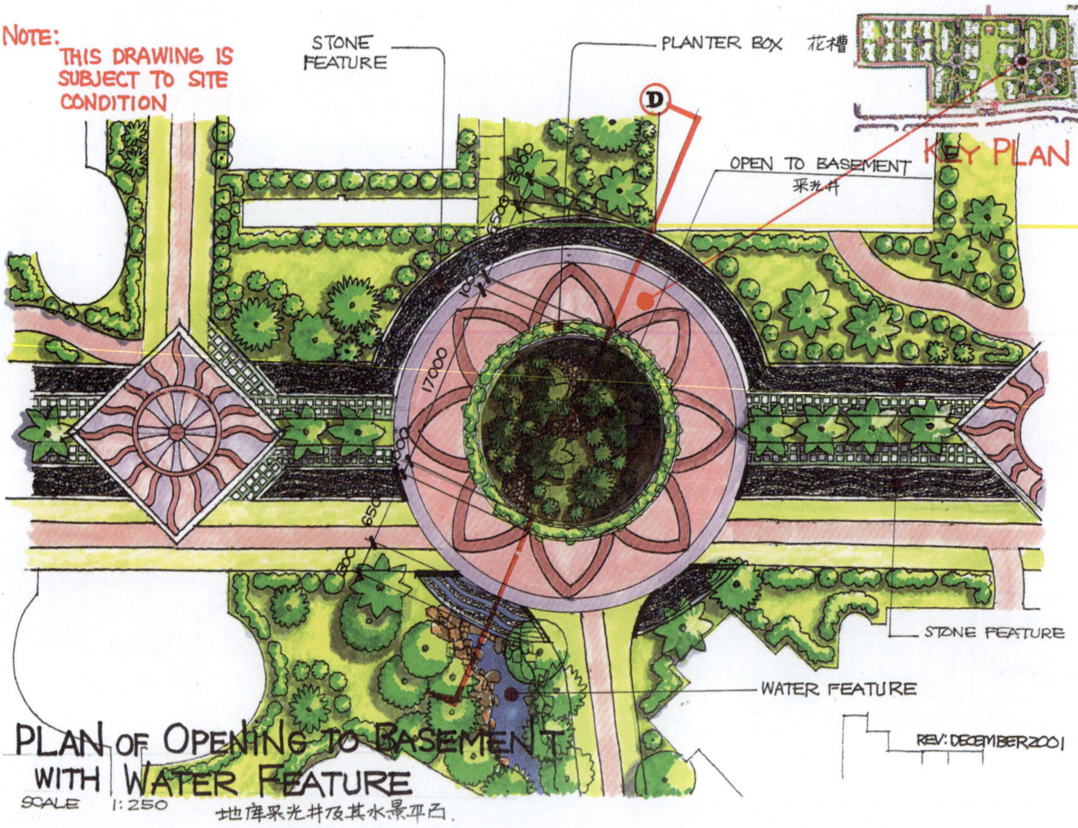

PLAN OF OPENING TO BASEMENT WITH WATER FEATURE
SCALE 1:250
地库采光井及其水景平面

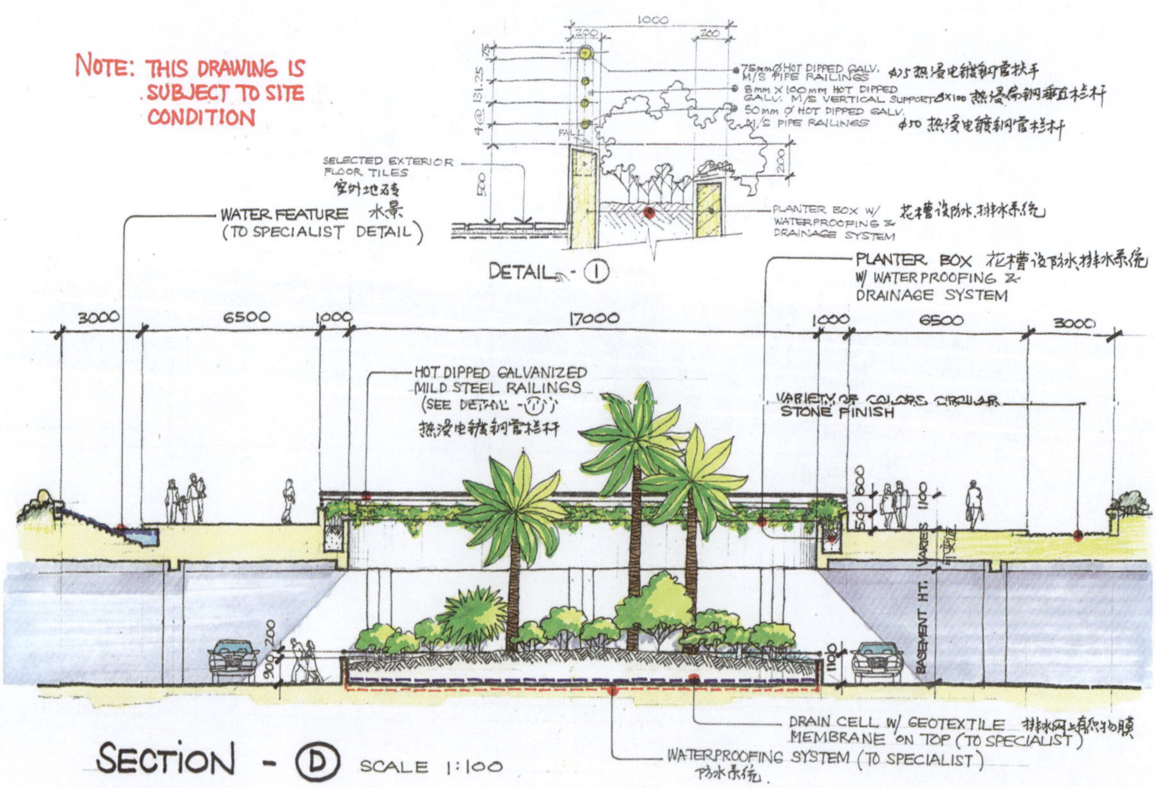

SECTION - D SCALE 1:100

REV: DECEMBER2001DEN

4 亭、塔楼

一、亭的含义

亭是园林中用的最多的游赏建筑，可以休憩远眺，遮阳避雨，也是园林风景的重要点缀。明计成《园冶》：“亭者，停也，所以停憩游行也。”亭以造型小巧秀丽，玲珑多姿为特色，选材不拘，布设灵活。

亭子的造型主要取决于平面形状，平面上的组合，亭顶形式与装修样式、色彩等。亭的平面形状有方形、长方、三角、六角、八角、十字、圆形、梅花、扇面、双套等，立面有单檐、重檐，甚至三重檐亭顶样式，多为攒尖顶，也有歇山顶、硬山顶、卷棚顶、平顶、单坡等。从位置上又有山亭、半山亭、桥亭、水亭、靠墙为半亭，路中为路亭等。

二、 亭的功能

1. 休息：可防日晒、雨淋、消暑纳凉、是园林中游人休息之处；

2. 赏景：作园林中凭眺、畅览园林景色的赏景点；

3. 点景：亭的位置、体量、色彩等因地制宜，表达出各种园林情趣，成为园林景观构图中心，

4. 专用：作为特定目的使用，如纪念亭、井亭、鼓乐亭、以及现代园林中的售票亭、小卖亭、摄影亭等。

三、园林中亭的特点

1. 功能上：点缀园之景色，构成园之景点，驻足观景之所，遮阳避雨，休息览胜之场所；

2. 造型上：造型丰富，形式多变；

3. 体量上：灵活多样，可大可小，可是主景亦可是配景，大亭如颐和园的廓如亭，面积130多平方米，高度20米，由内外三圈二十四根圆柱和十六根方柱进行支撑，体形稳重，气势雄浑、颇为壮观，只有这样才能和十七孔桥那端的南湖岛取得均衡，小亭如苏州怡园螺髻亭，面积2.5平方米，高度3.5米。

4. 布局上：可以独立安置；也可以依附于其它物体，如墙、巨石大树、其它建筑物如榭、廊等。

5. 装饰上：“淡妆浓抹总相宜”，如较复杂的北京中山公园的“松柏交翠”亭，有较简易的“杜甫草堂”。

四、亭的选址

《园冶》中云：“花间隐榭、水际安亭，斯园林而得致者。唯榭只隐花间，亭胡拘水际？通泉竹里，按景山颠，或翠筠茂密之啊，苍松蟠郁之麓，或借濠濮之上，入想观鱼，倘支沧浪之中，非歌濯足，亭安有式，立基无凭”。这里只得“花间”、“水际”、“山颠”泉流水注的溪涧、

苍松翠竹的山上都是具有不同自然情趣的自然环境，有的可以纵目远瞻，有的幽僻清静，均可置亭没有固定不便的程式可寻。

亭的造型千姿百态、且基址环境有格局特色，故亭的应力求因地制宜，造型应与环境协调和环境相统一，体量应与园林的空间大小相统一，点景、观景、休憩多方考虑，达到尽善尽美的地步。

1. 山地建亭

对于山体的不同部位可分为：山顶建亭、山腰建亭、山麓建亭。

对于山体的大小而言可分为：小山建亭，中等高度的山体建亭，大山建亭。

2. 水体建亭

可为分：水边建亭，水边近岸建亭，岛上建亭，桥上建亭，溪涧建亭。

3. 平地建亭

可分为：路亭，筑台建亭，掇山石建亭，林间建亭， 角隅建亭。

亭的功能上考虑较多，是休息纳凉之所，花间石畔、疏梅竹影都是平地建亭的佳地，绿荫草坪、小广场结合水池喷泉、山石建亭结合园林之中的巨石、山泉洞穴丘壑等地貌建亭。

五、 亭的造型和类型

亭的造型主要体现在平面的形状、平面上的组合、屋顶形式等。

（一）平面的形状

可分为单体式、组合式、与廊墙相结合的形式三类，常见的有以下几类：

1. 正多边形亭：正三角形、正四角形、正五角形、正六角形、正八角形、正十字亭等。

2. 圆形亭、蘑菇亭、伞亭等。

3. 长方形亭、圭角形亭、扁八角形亭、扇面形亭等。

4. 组合式亭：由基本的单体形式，两个或两个以上的相同的图形组合在一起，有双三角形、双圆形、双方形等。

5. 图形：各种不规则图形。

6. 与廊、墙、屋、石壁相结合的亭的形式，如半亭的形式有：依墙而建、从廊中外挑一垮，形成一个和廊结合的半亭，在墙的拐角处或廊的转折处做出四分之一的圆亭，如狮子林中扇面亭和古五松园中的半亭等，此外，墙中的半亭可以作为建筑的入口，起到强调入口的作用。

（二）屋顶和亭立面

1. 屋顶形式：攒尖顶、歇山顶、十字脊顶、各种组合屋顶等，屋顶的层数有单檐、二重檐等。

2. 比例：屋顶、亭身、开间之间的比例关系，受环境因素、气象因素、地区建筑形式、风格和人们的习俗的影响。

3. 细部和装饰：宝顶、挂落、花牙子、靠椅、彩绘、栏杆等。

（三）材料

建亭材料一般有：木，石，竹，茅草亭，铜亭，钢筋混凝土，玻璃钢。

六、 亭的设计要点

1. 首先必须选择好位置，按照总的规划意图选点。要发挥亭的平面占地较少，受地形、方位、和立基影响小的特点，充分发挥“对景”和“借景”的造景手法，使亭发挥“成景”和“观景”的作用。

2. 亭的体量和位置的选择、主要应看他所处的环境位置的大小、性质等，因地制宜而定。亭的材料及色彩，应力求多用地方性材料，就地取材，不但加工便利而且又近于自然。

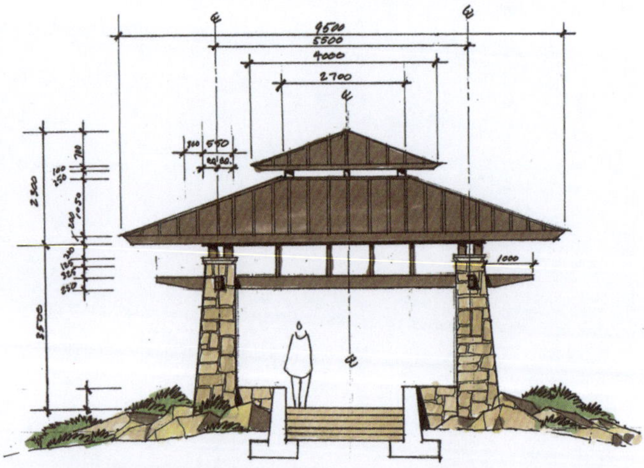

LARGE MOUNTAINTOP PAVILLION 1:50
· ELEVATION
大型山丘观景亭立面图 1:50.

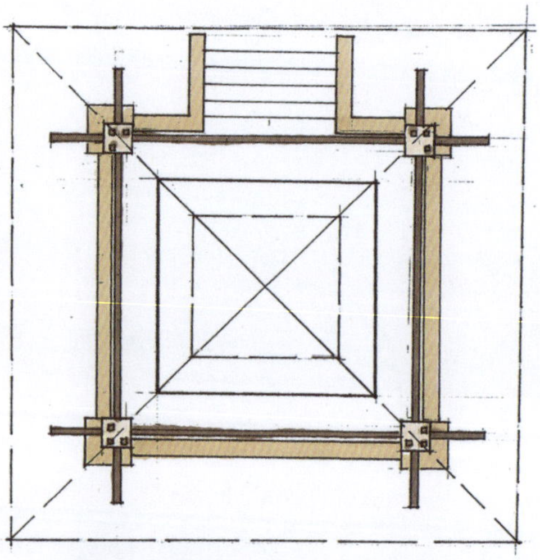

PLAN 1:50
观景亭鸟瞰平面图 1:50

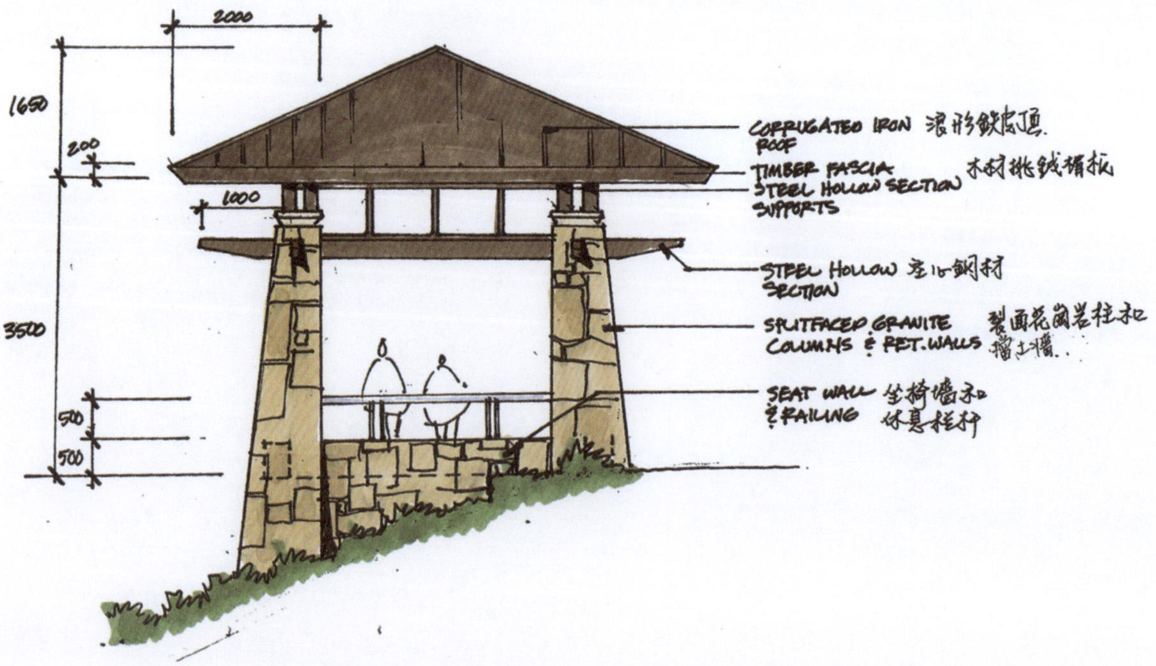

8 米步行路
8M ROAD
多层酒吧及餐饮
MULTI-LEVEL BAR
RESTAURANT
步行桥及小瀑布
BRIDGE AND STREAM
室外餐饮
OUTDOOR
DINNING AREA
特色商业
RETAIL

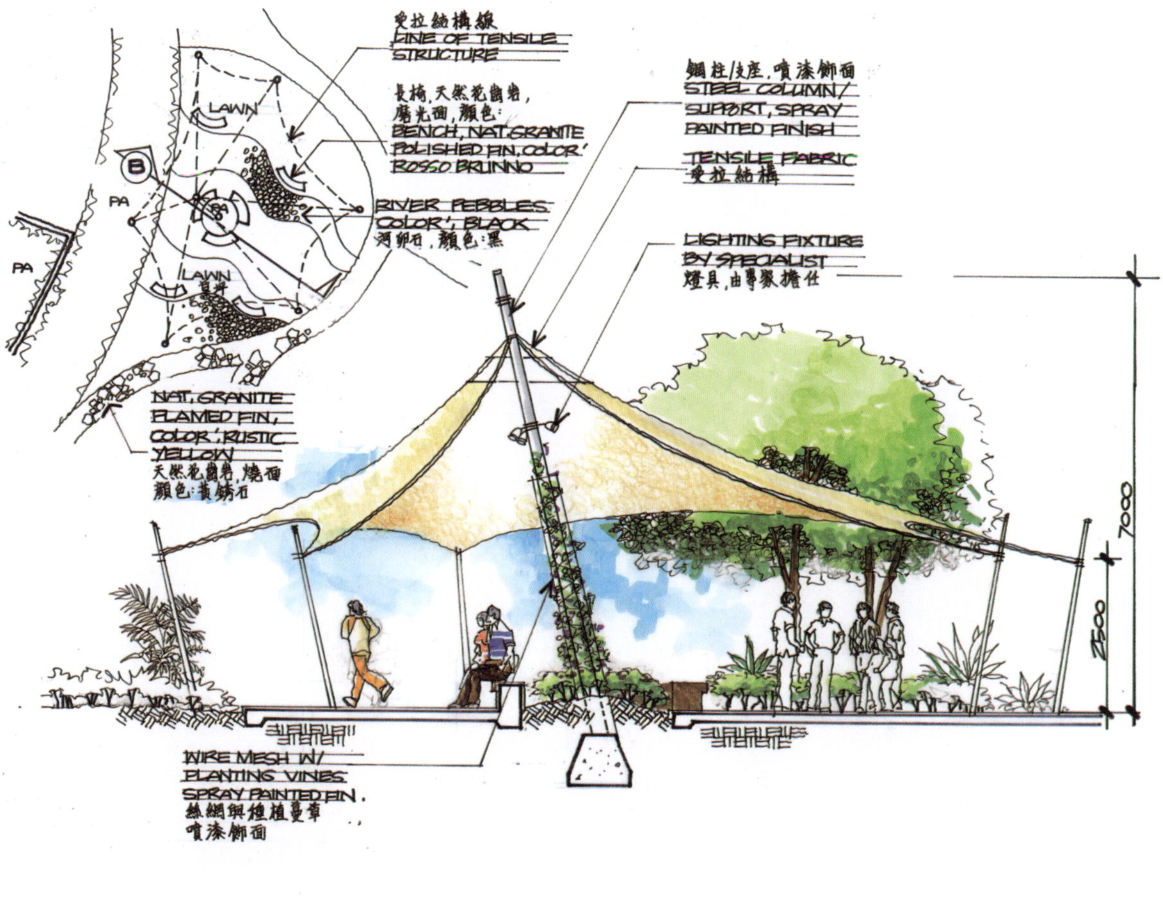
受拉結構線
LINE OF TENSILE
STRUCTURE
長椅,天然花崗岩,
磨光面,顏色:
BENCH, NAT.GRANITE
POLISHED FIN. COLOR:
ROSSO BRUNNO
RIVER PEBBLES
COLOR: BLACK
河卵石,顏色:黑
LAWN
LAWN
草坪
PA
PA
PA
NAT. GRANITE
FLAMED FIN,
COLOR: RUSTIC
YELLOW
天然花崗岩,燒面
顏色:黃銹石
鋼柱/支座,噴漆飾面
STEEL COLUMN/
SUPPORT, SPRAY
PAINTED FINISH
TENSILE FABRIC
受拉結構
LIGHTING FIXTURE
BY SPECIALIST
燈具,由專家擔任
7000
2500
WIRE MESH W/
PLANTING VINES
SPRAY PAINTED FIN.
絲網與種植蔓草
噴漆飾面

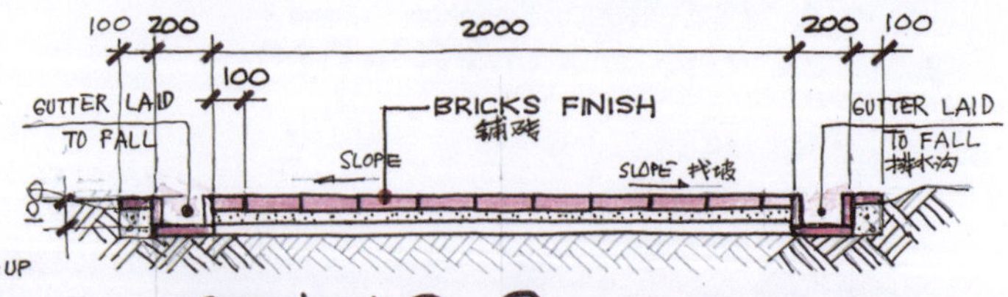

SECTION Ⓐ-Ⓐ SCALE 1:15

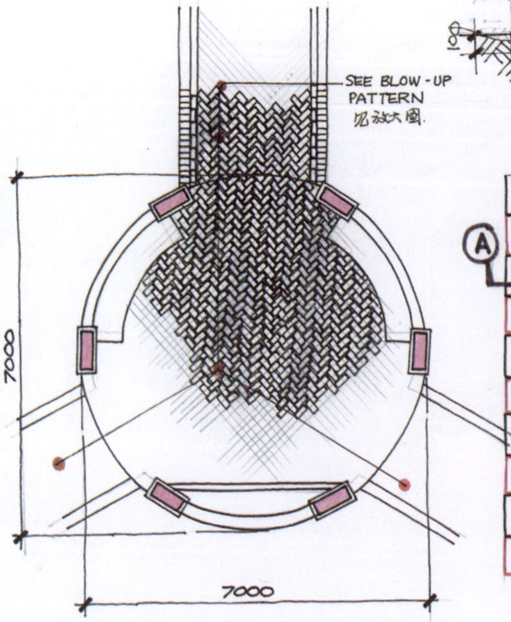

PAVILION PLAN 凉亭
SCALE 1:60

BRICK'S BLOW-UP PATTERN
SCALE 1:15
铺砌放大图.

'SYMPHONY' ARTPIECE
交響曲藝術片
'MUSICAL' ARBOUR & CASCADE WATER CHANNELS
音樂涼亭及水瀑布溝道
FEATURE POT
特色盆
PAVILION OF NATURE
自然界涼亭
WATER CASCADE
水瀑布
POETRY COLUMN
詩歌柱

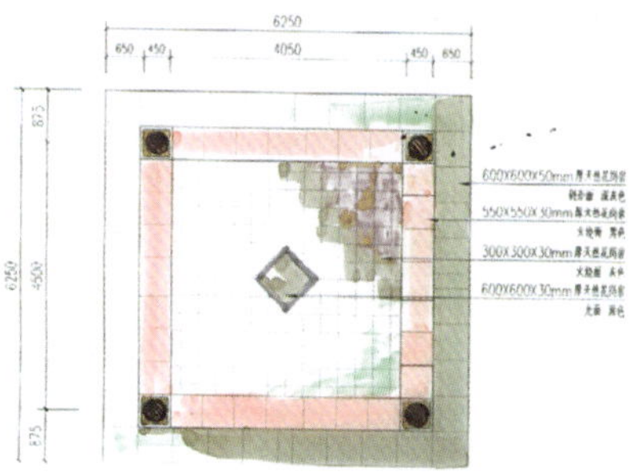

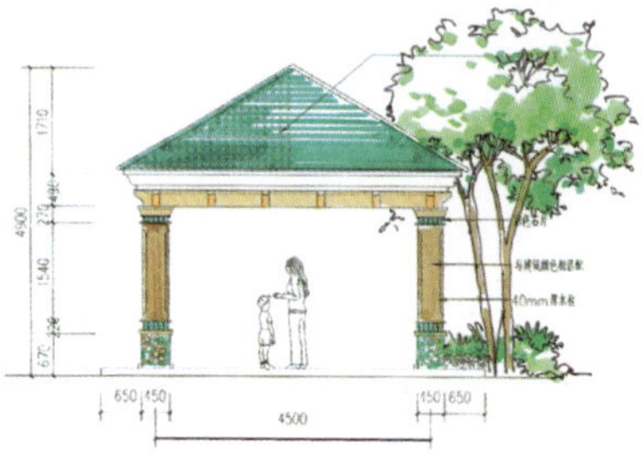

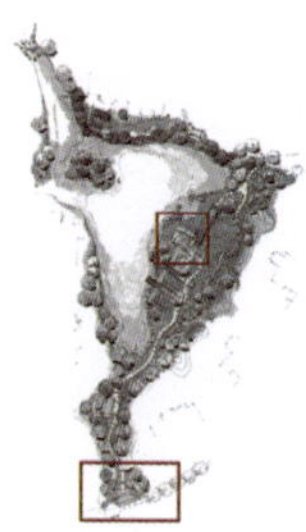

POETRY COLLONADE
詩歌柱廊
FEATURE SCULPTURE BY ARTIST/SPECIALIST
特色雕塑品,由藝術家/專家擔仕
PAVILION OF WISDOM & HAYDN TERRACE
明智涼亭及海頓梯級
POETRY COLLONADE
詩歌柱廊
PLANT ROOM UNDER POOL TERRACE WITH ACCESS FROM EVA
泳池梯級下工廠間,連有緊急車輛通道入口

亭、塔楼

理由涼亭
PAVILION OF REASON
SCALE 1:50 MTS

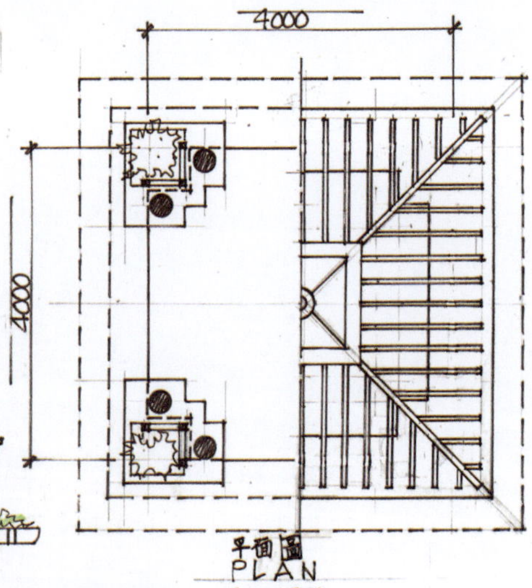

平面圖
PLAN
SC 1:50M

自然界涼亭立面圖/剖面圖
PAVILION OF NATURE ELEV/SECTION
SCALE 1:30 MTS

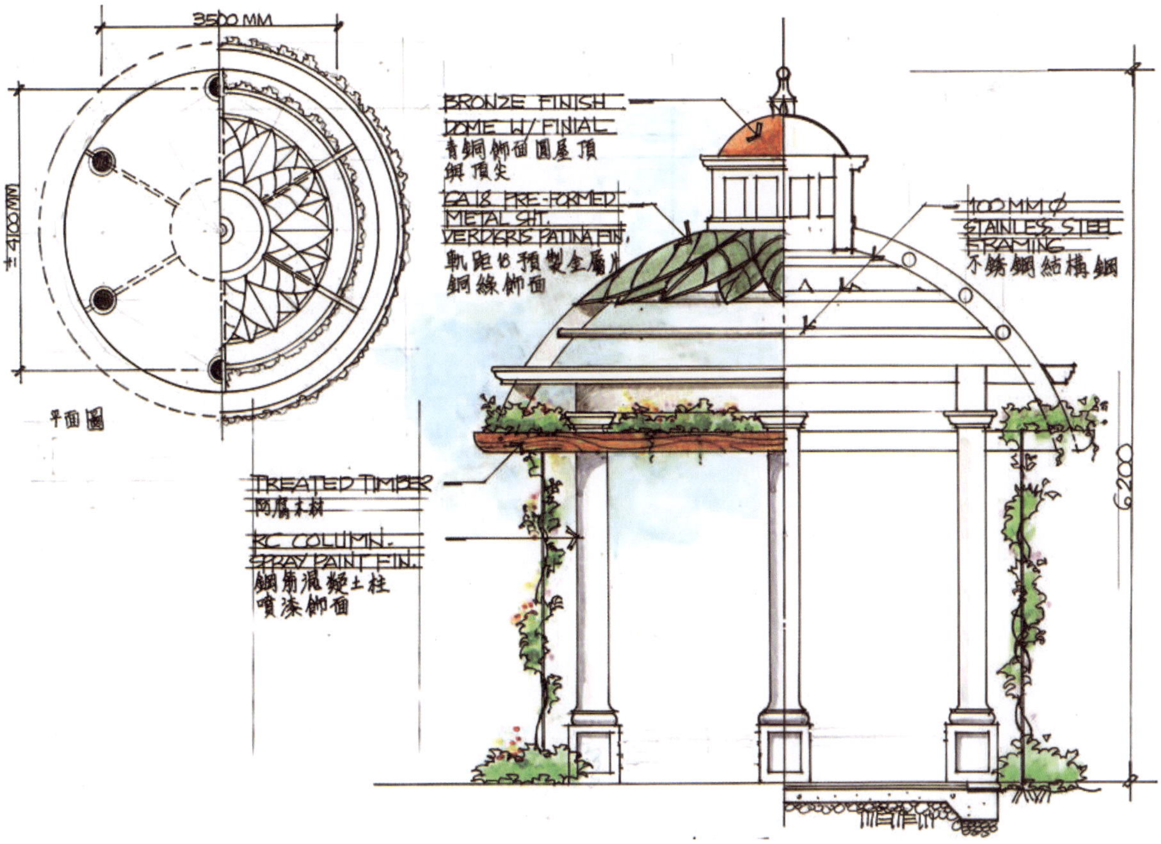
3500 MM
4100 MM
平面圖
BRONZE FINISH
DOME W/ FINIAL
青銅飾面圓屋頂
與頂尖
GA 18 PRE-FORMED
METAL SHT.
VERDIGRIS PATINA FIN.
軌距18預製金屬片
銅綠飾面
100 MM ϕ
STAINLESS STEEL
FRAMING
不銹鋼結構鋼
TREATED TIMBER
防腐木材
RC COLUMN.
SPRAY PAINT FIN.
鋼筋混凝土柱
噴漆飾面
6200

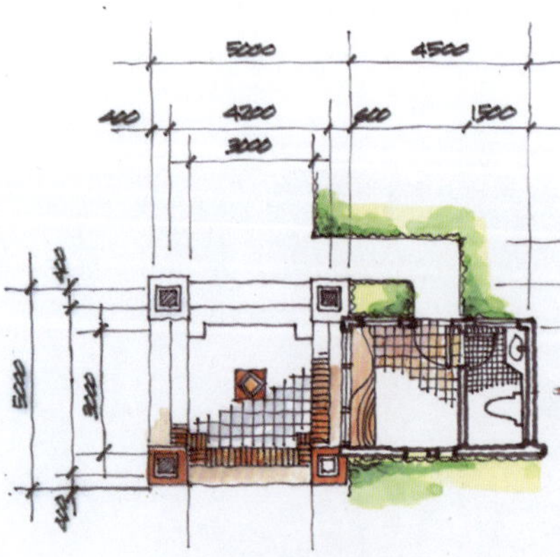

A PLAN
SCALE:1:100M
平面图

B PERSPECTIVE
透视图

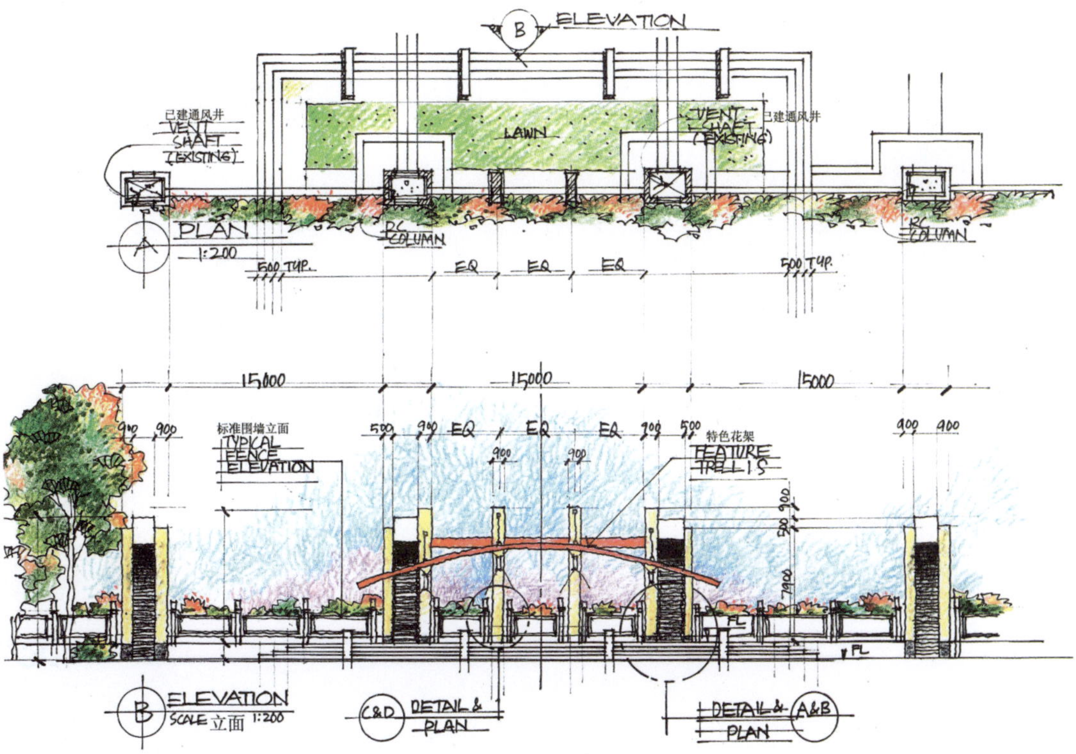

B ELEVATION
已建通风井
VENT SHAFT (EXISTING)
LAWN
VENT SHAFT (EXISTING)
已建通风井
A PLAN 1:200
RC COLUMN
RC COLUMN
500 TYP.
EQ
EQ
EQ
500 TYP.
15,000
15,000
15000
900
900
标准围墙立面
TYPICAL FENCE ELEVATION
500
900
EQ
EQ
EQ
900
500
特色花架
FEATURE TRELLIS
900
900
900
900
FL
FL
B ELEVATION SCALE 立面 1:200
C&D DETAIL & PLAN
DETAIL & PLAN A&B

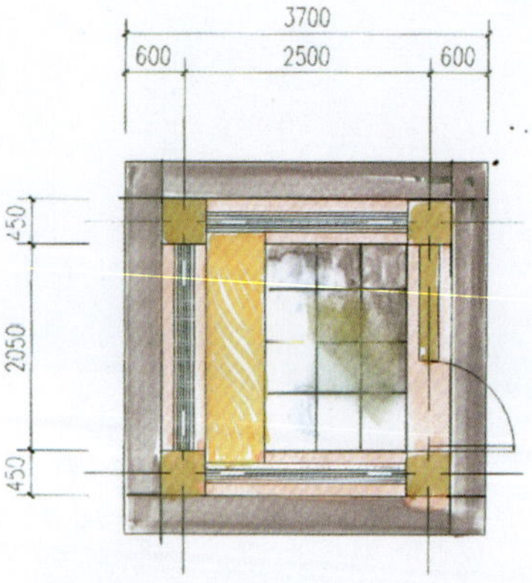
3700
600
2500
600
450
2050
450

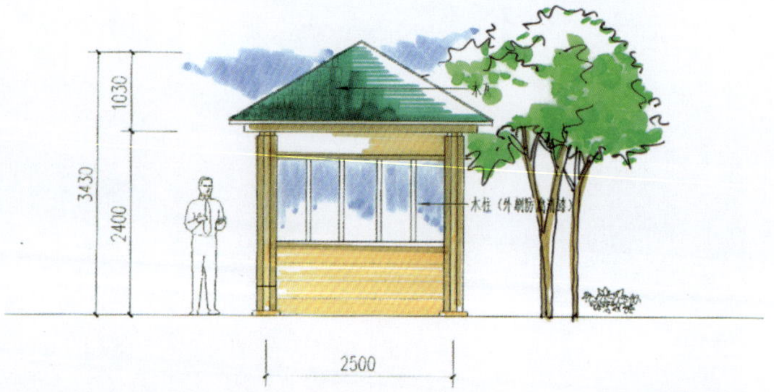
1030
3430
2400
木柱
2500

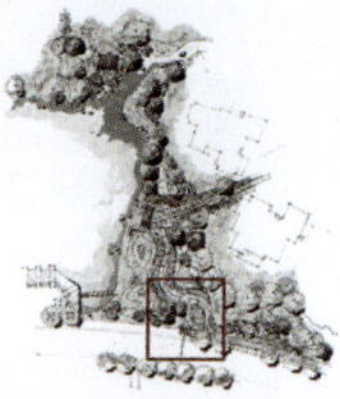

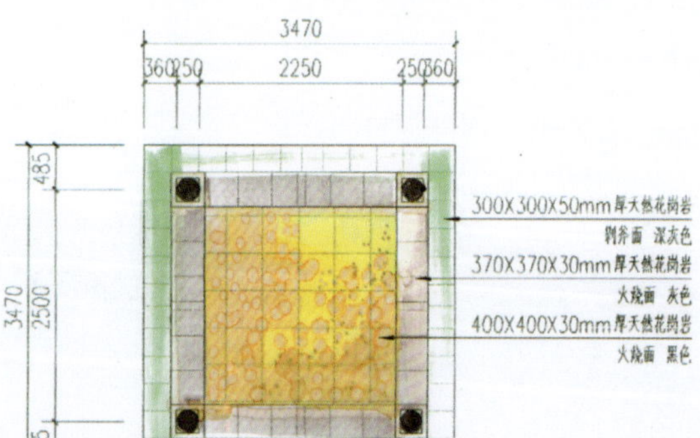
3470
360
250
2250
250
360
485
3470
2500
485
300X300X50mm厚天然花岗岩
剁斧面 深灰色
370X370X30mm厚天然花岗岩
火烧面 灰色
400X400X30mm厚天然花岗岩
火烧面 黑色

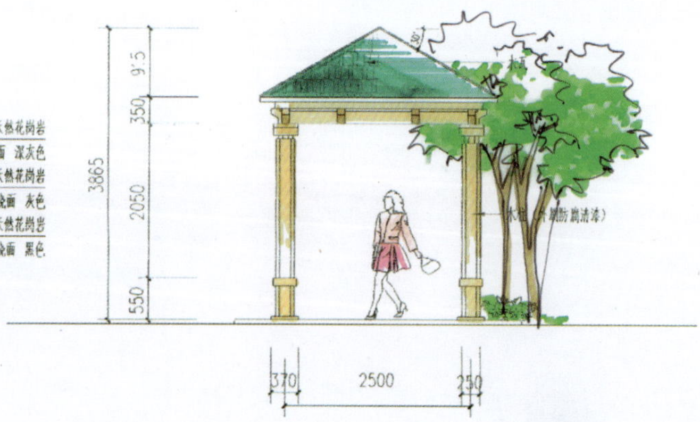
3865
350
2050
550
木柱（外刷防腐清漆）
370
2500
250

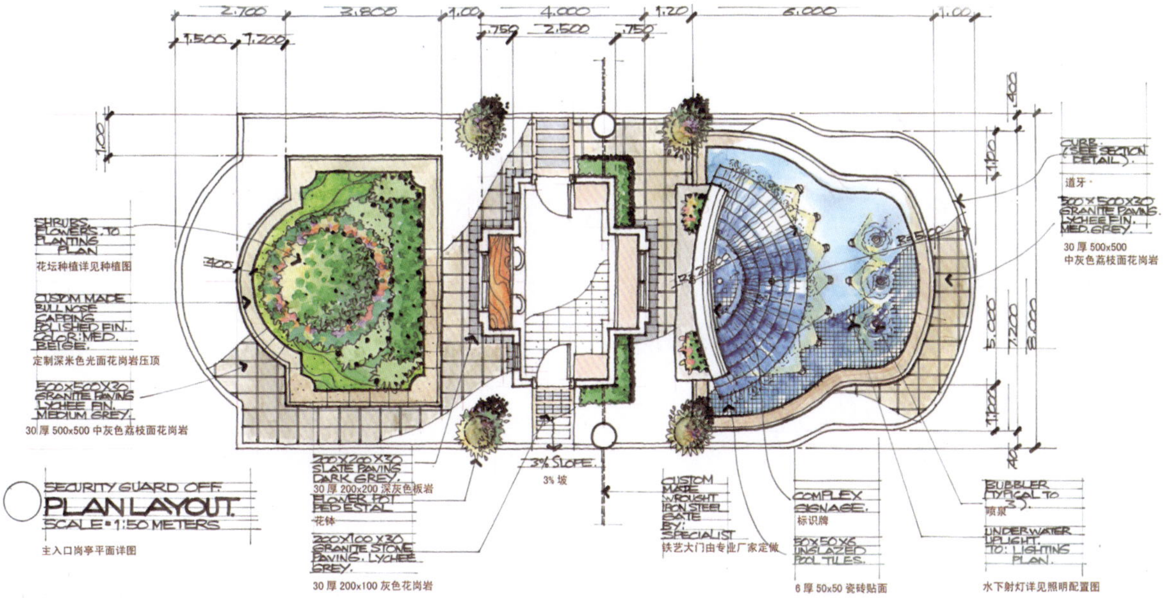

SECURITY GUARD OFF.
PLAN LAYOUT.
SCALE: 1:50 METERS
主入口岗亭平面详图

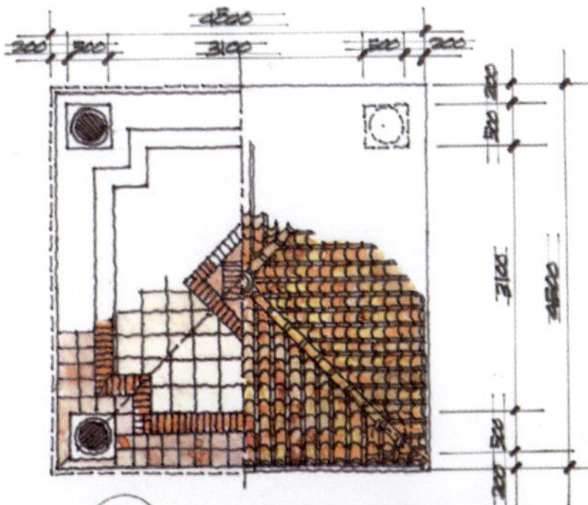

A PLAN/ROOF PLAN
平面/屋顶平面 SCALE: 1:50M

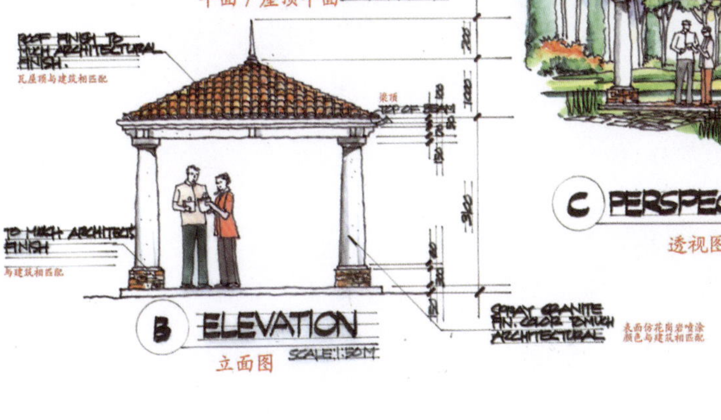

B ELEVATION
立面图 SCALE: 1:50M

C PERSPECTIVE
透视图

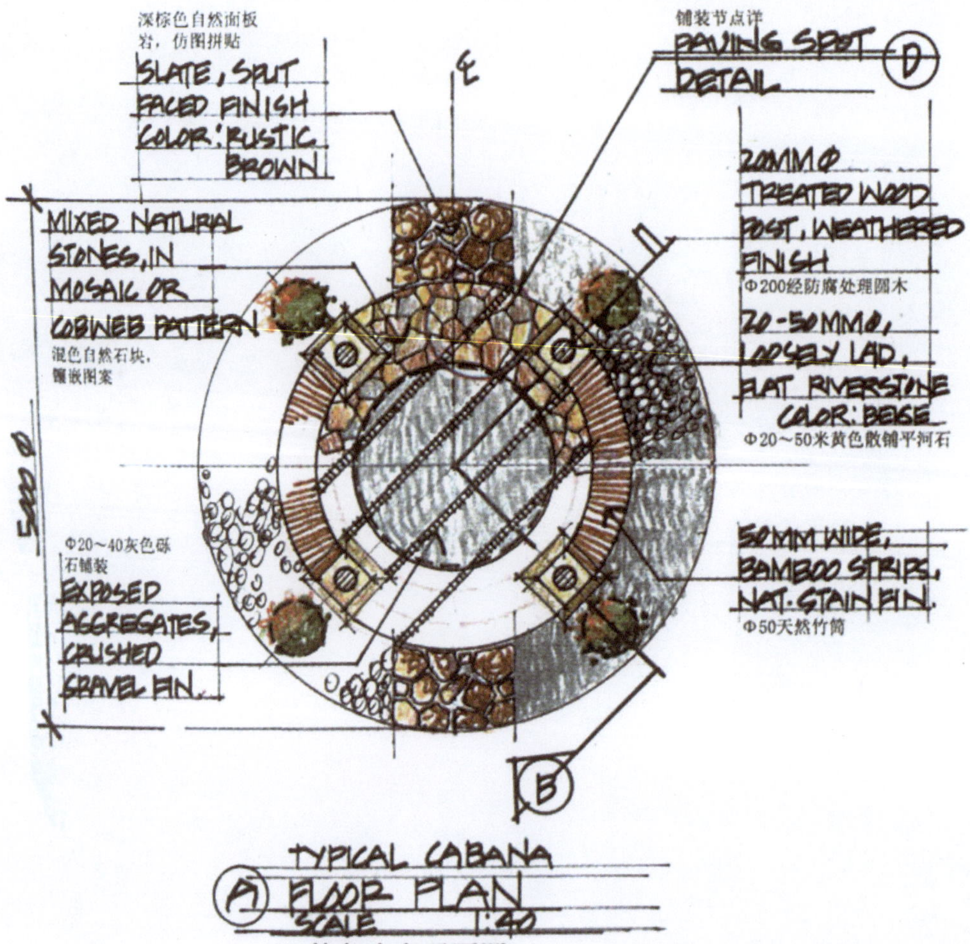

特色凉亭平面图

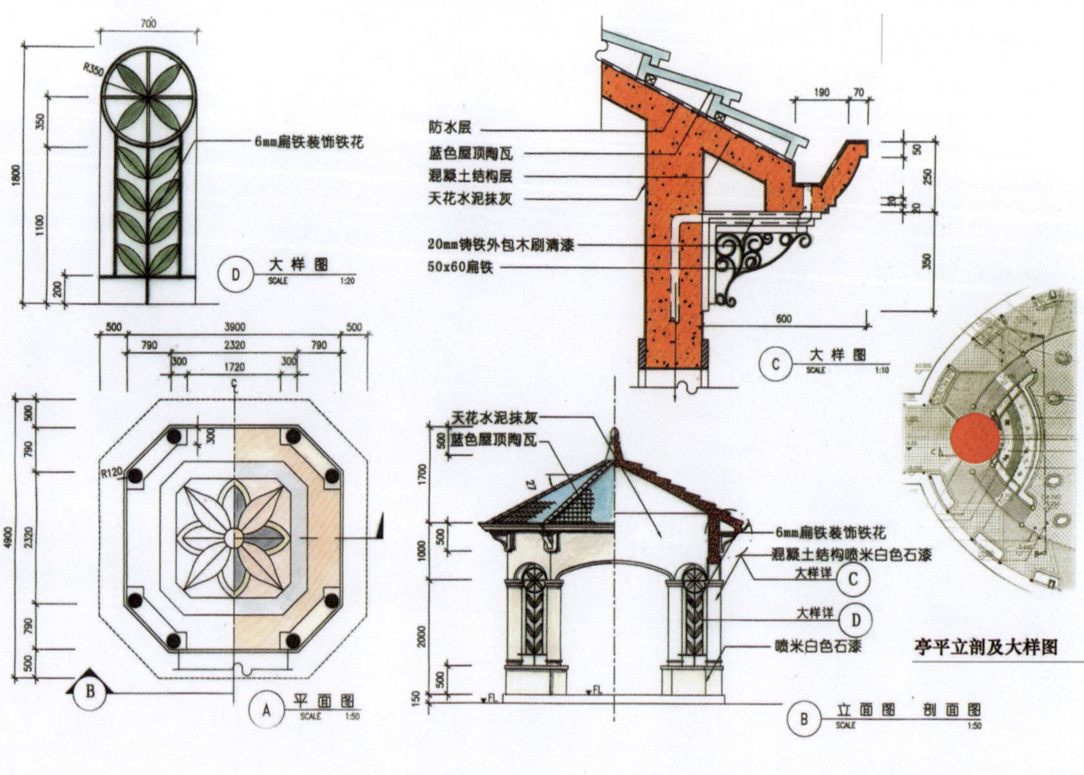

亭平立剖及大样图

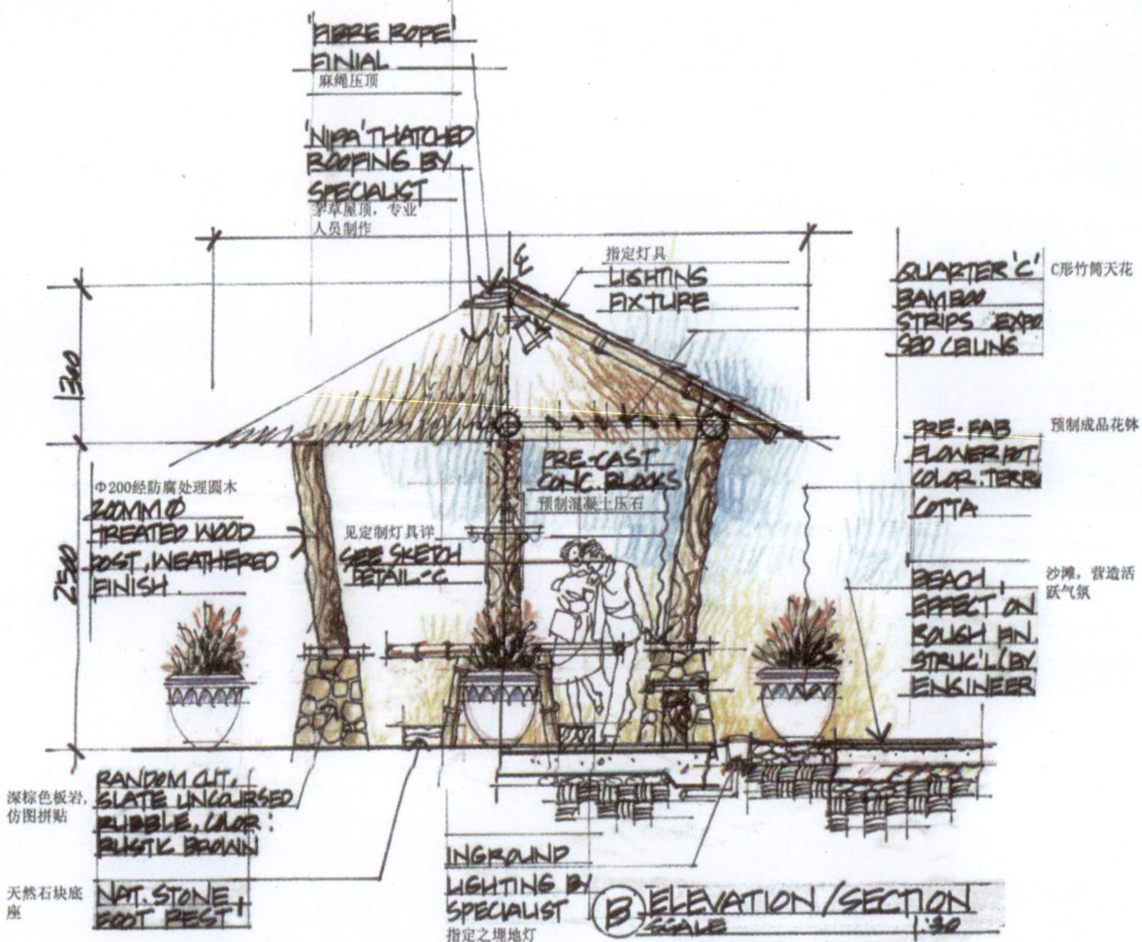

特色凉亭立、剖面图

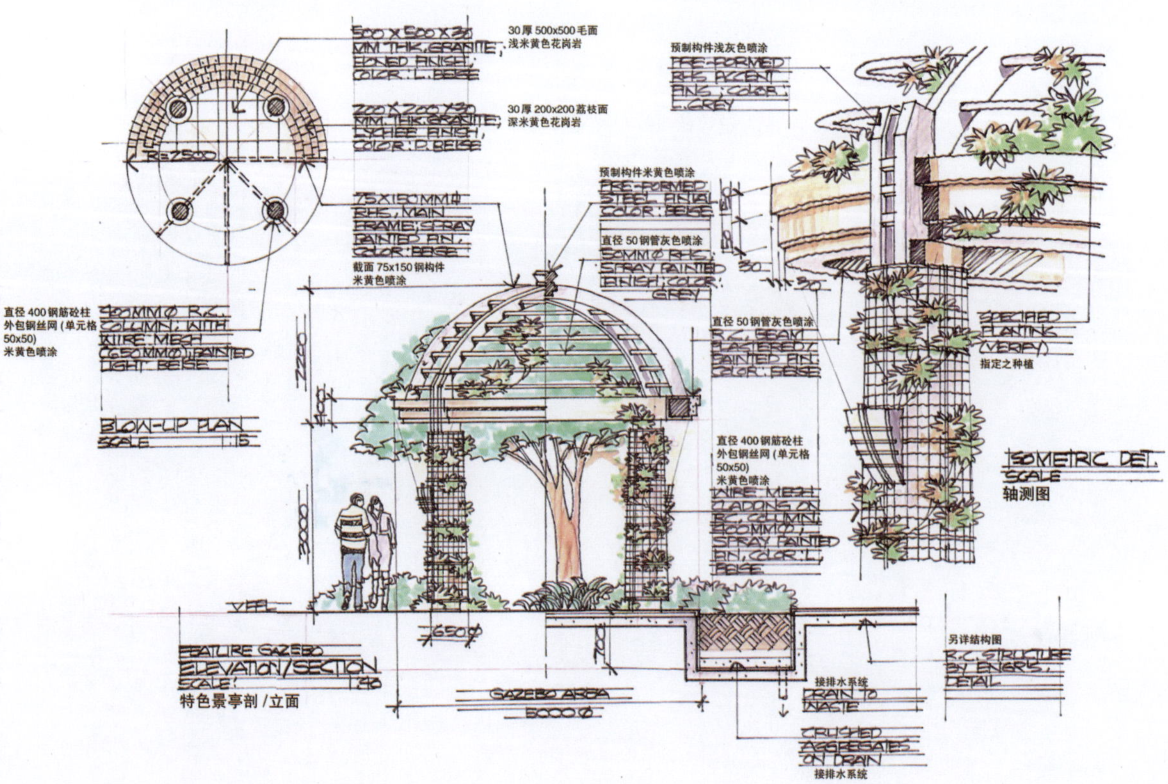

特色景亭剖/立面

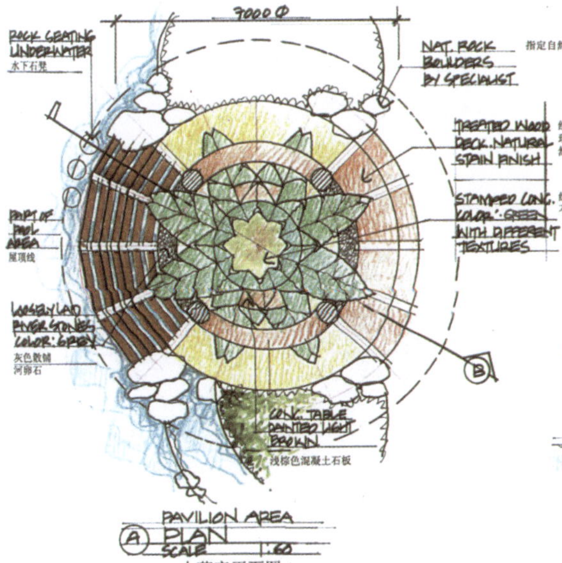

大草亭平面图

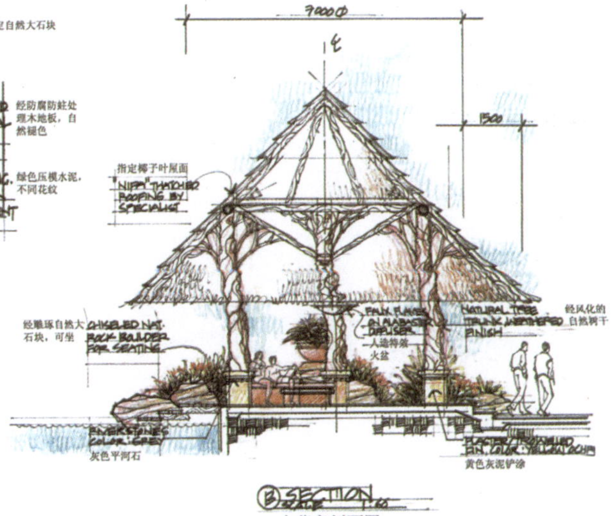

大草亭剖面图

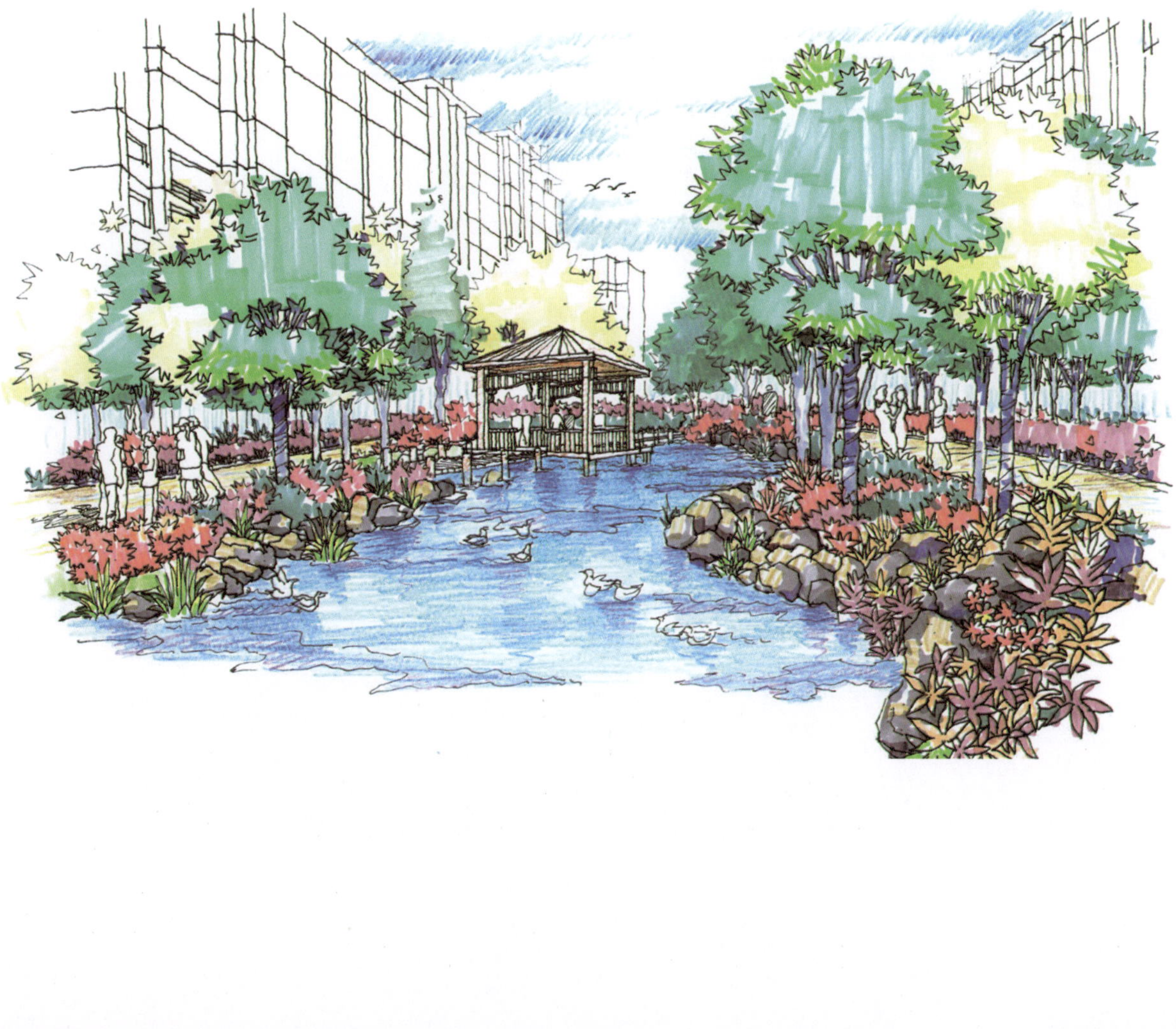

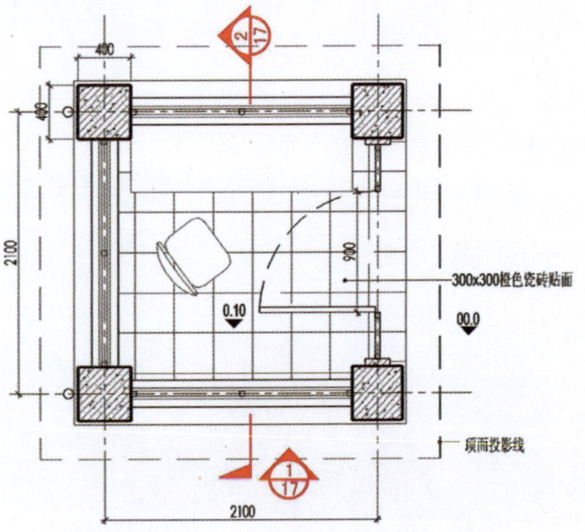

① 安全岗亭平面图
SECURITY HUT PLAN
SCALE BAR: 0 300 1500

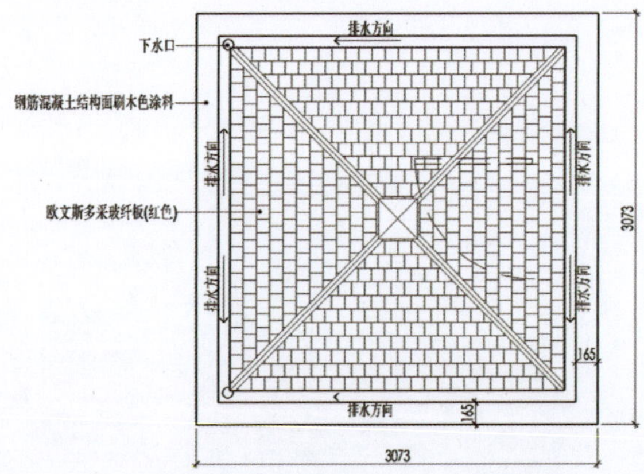

② 安全岗亭屋顶平面图
ROOF PLAN OF SECURITY HUT
SCALE BAR: 0 300 1500

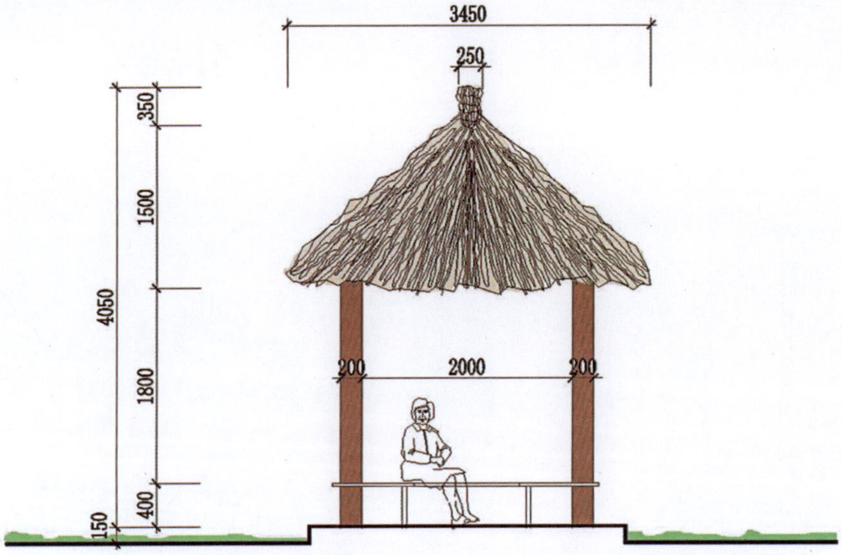

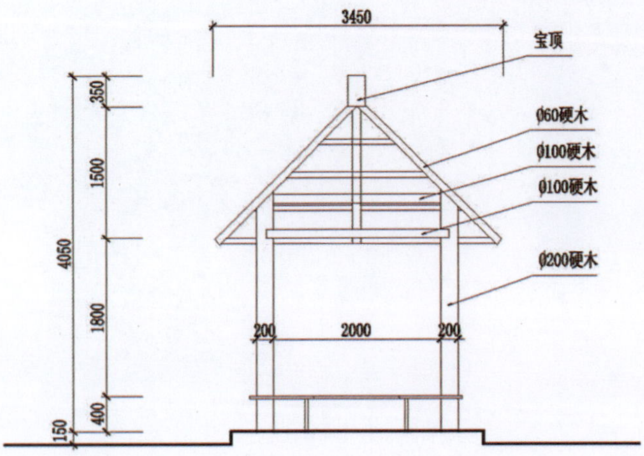

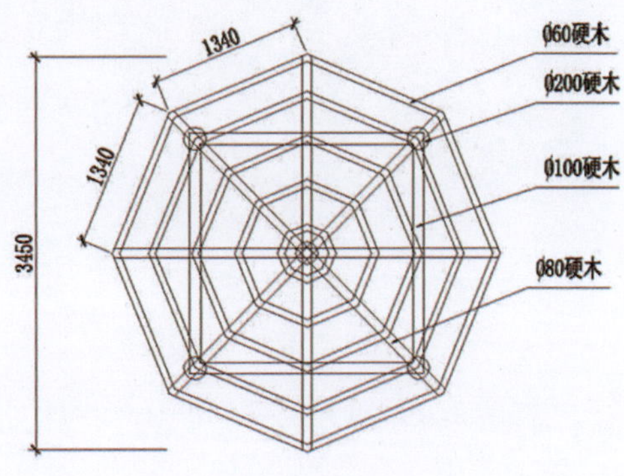

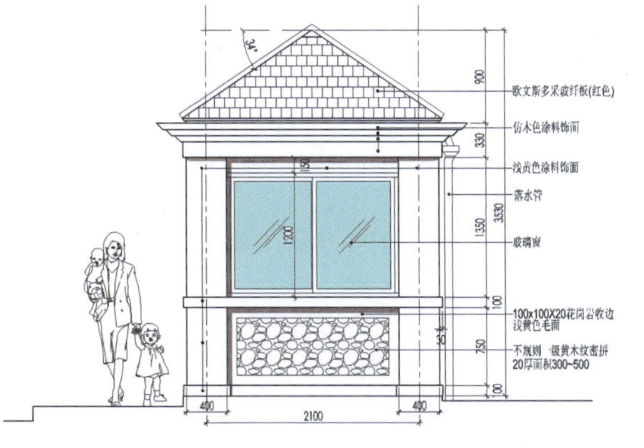

①安全岗亭正立面图
FRONT ELEVATION OF SECURITY HUT

SCALE BAR:
0 300 1500

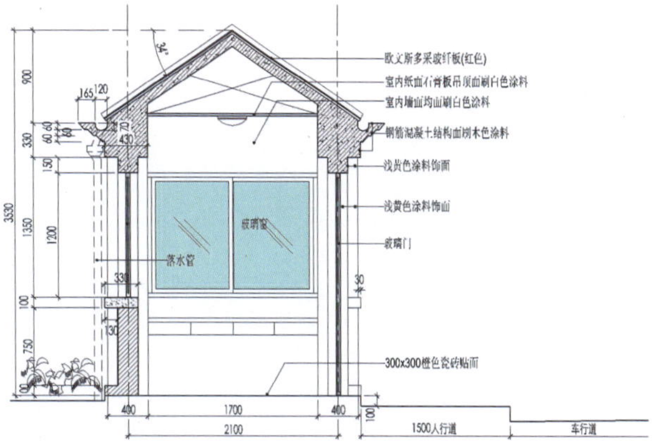

②安全岗亭剖面图
SECTION OF SECURITY HUT

SCALE BAR:
0 300 1500

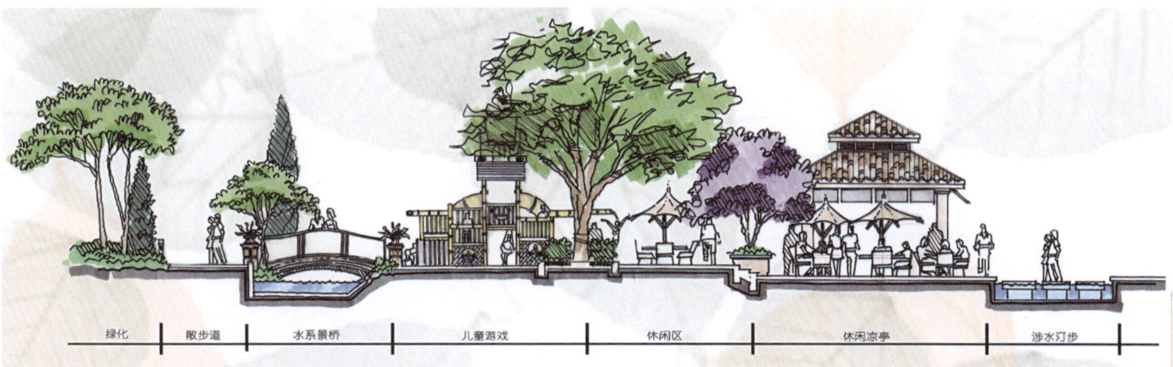

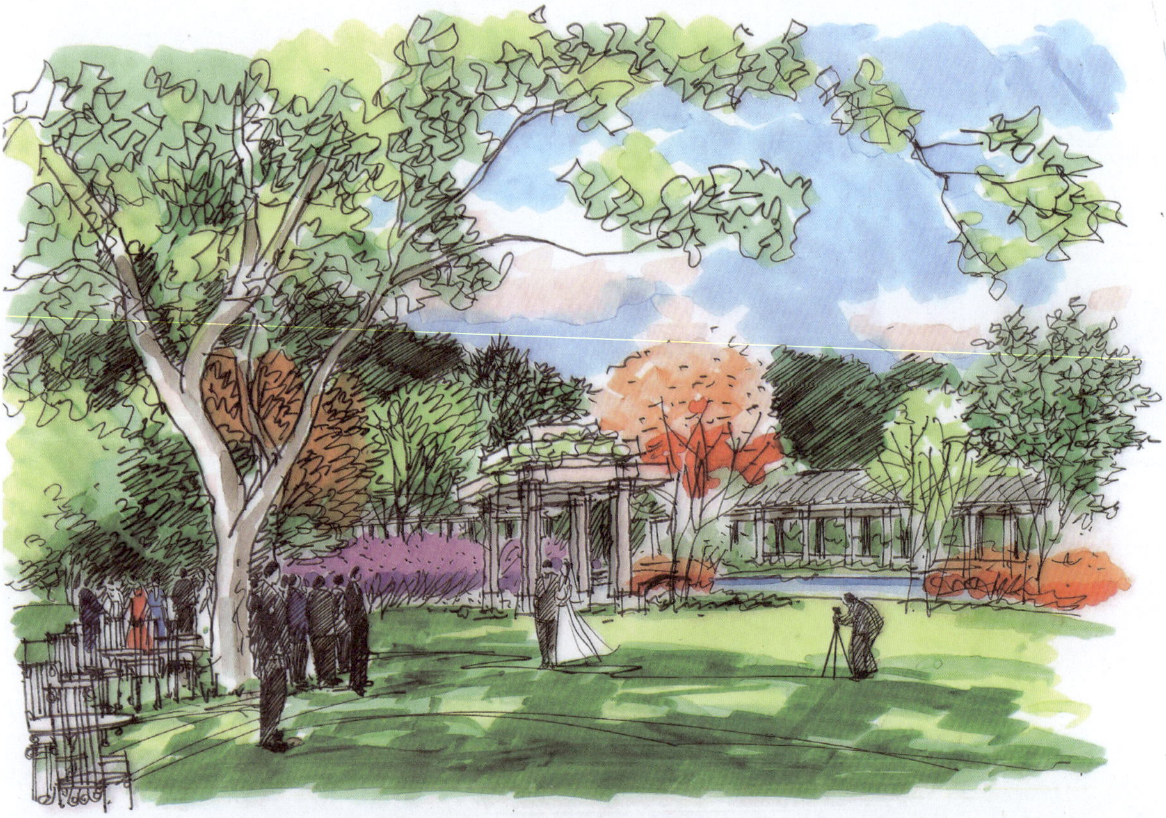

水吧立面图

建筑面积 50.2M²

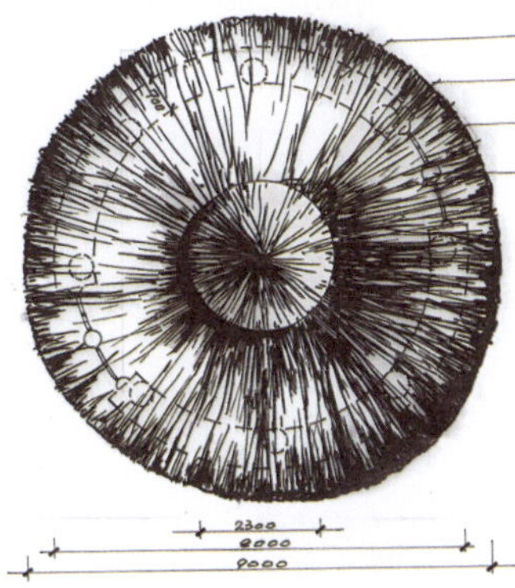

水吧平面图

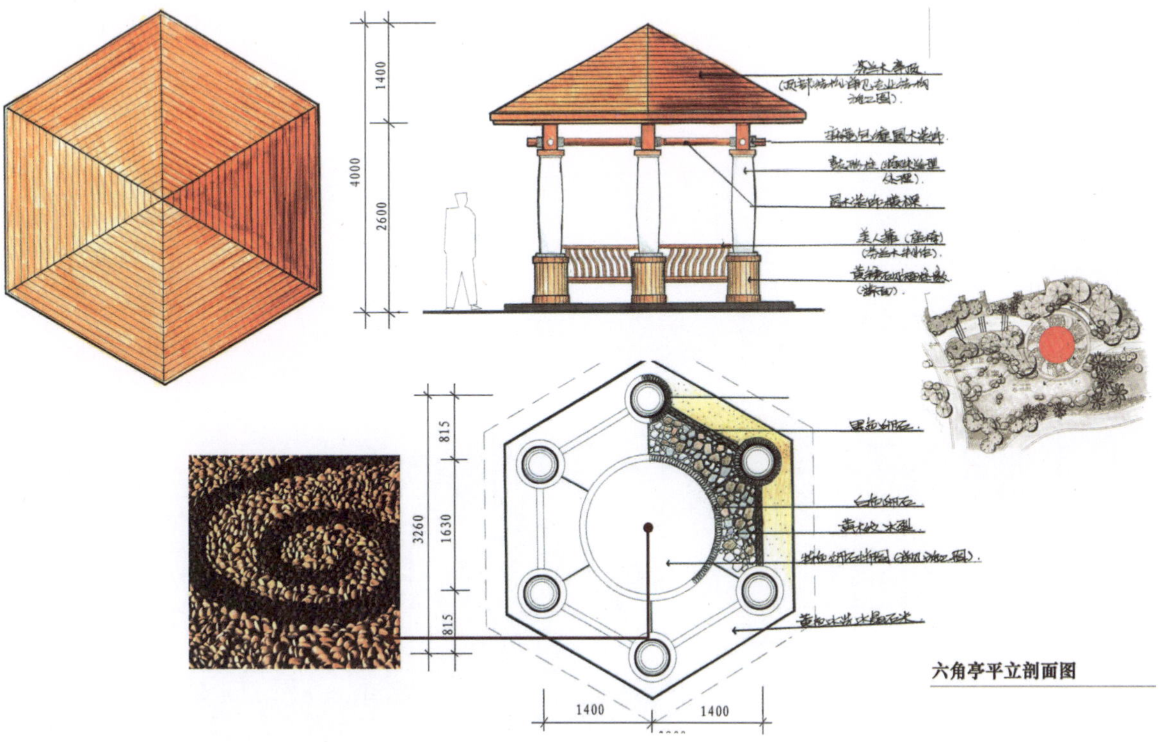

六角亭平立剖面图

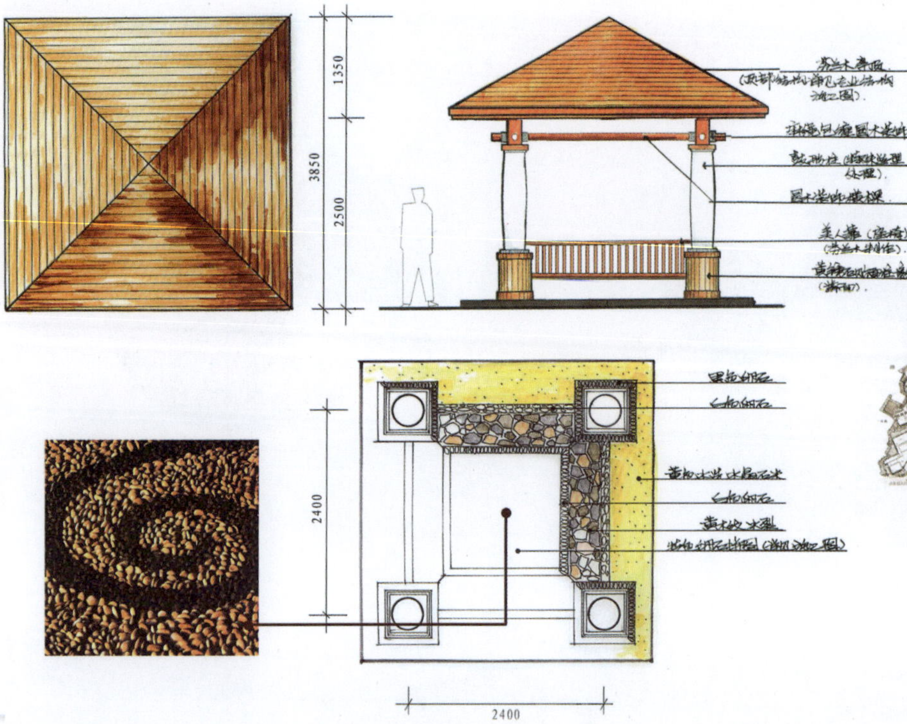
1350
3850
2500
2400
2400

四角亭平立剖面图

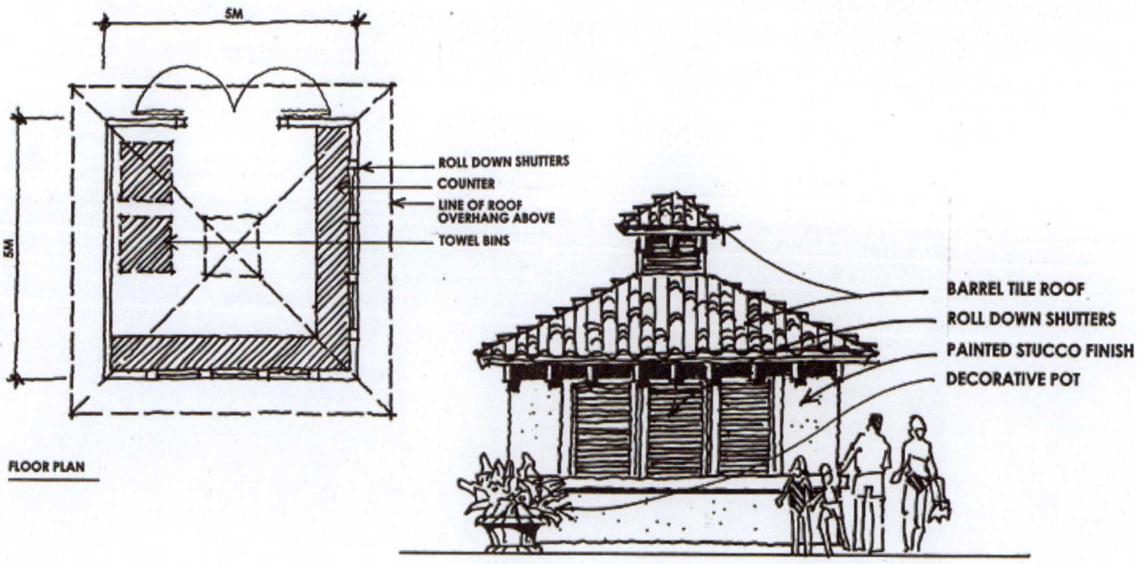
5M
5M
ROLL DOWN SHUTTERS
COUNTER
LINE OF ROOF OVERHANG ABOVE
TOWEL BINS
FLOOR PLAN
BARREL TILE ROOF
ROLL DOWN SHUTTERS
PAINTED STUCCO FINISH
DECORATIVE POT

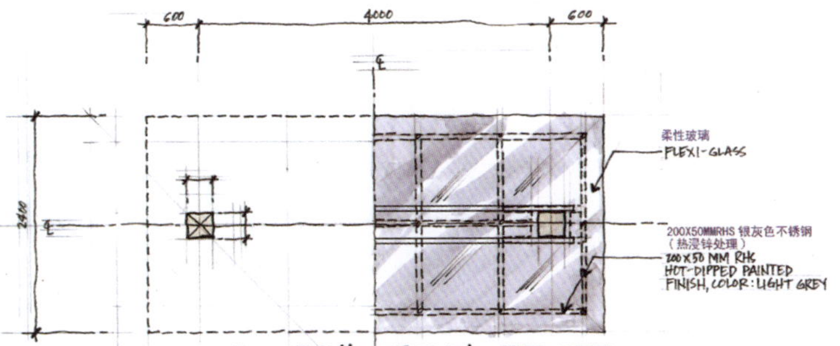

A PLAN/ROOF PLAN 平面 / 顶面

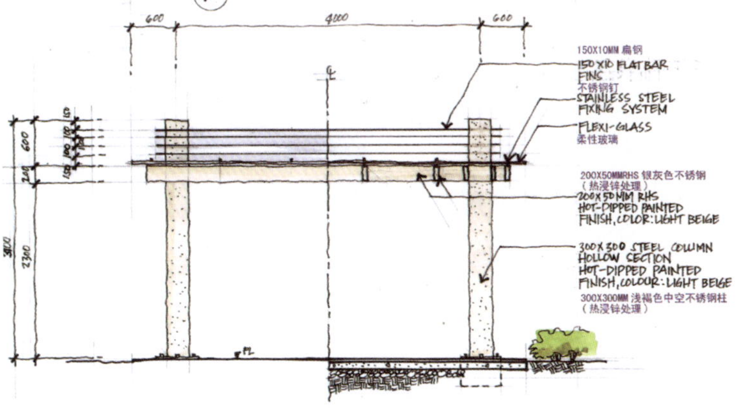

B ELEVATION/SECTION 立面图 / 剖面图
SCALE 1:40

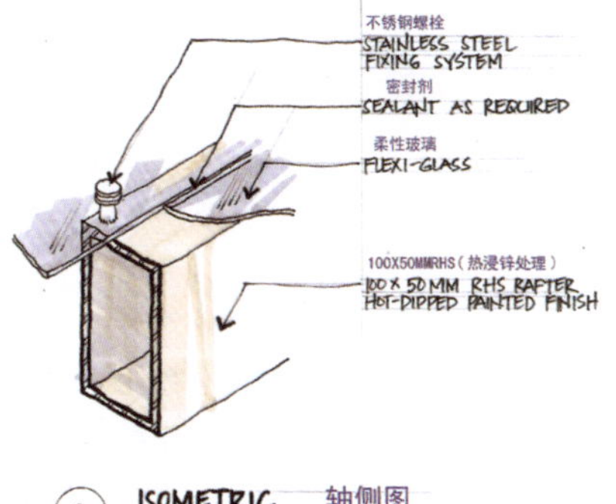

C ISOMETRIC 轴侧图
NOT TO SCALE

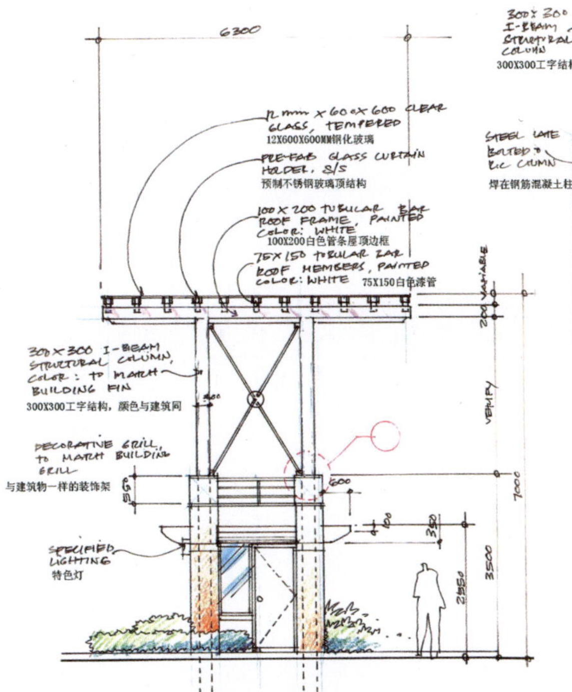

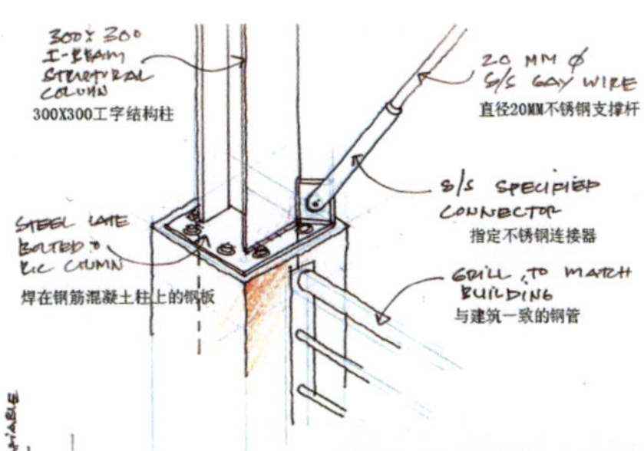

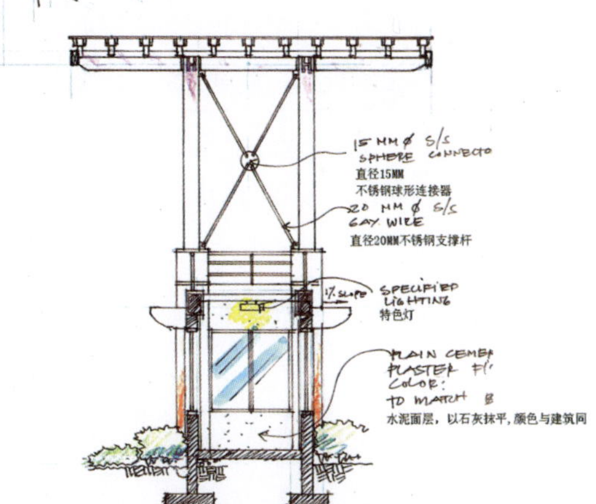

SIDE ELEVATION: GUARD HSE
侧立面：门卫室

SECTION: GUARD HSE
剖面：门卫室

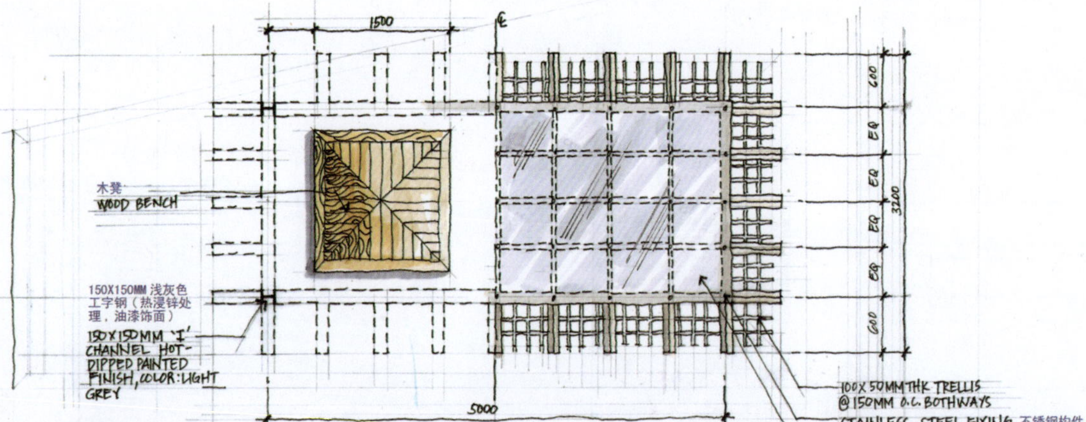

A PLAN/ROOF PLAN 平面图/顶面图
SCALE 1:40

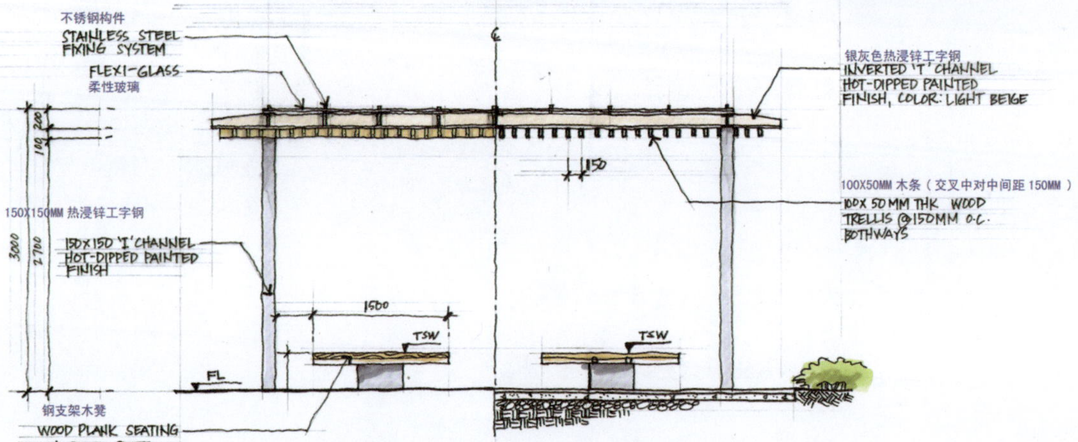

B ELEVATION/SECTION 立面图/剖面图
SCALE 1:40

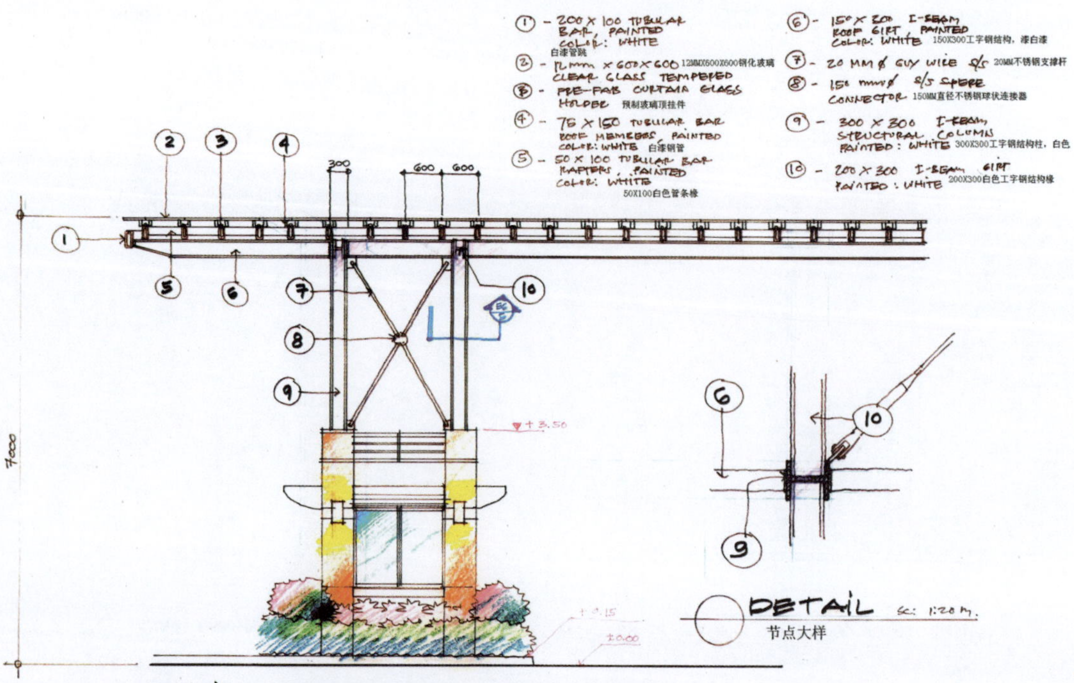

DETAIL sc: 1:20 M.
节点大样

DETAILED ELEVATION: GUARD HSE sc: 1:40 M.
立面详图:门卫室

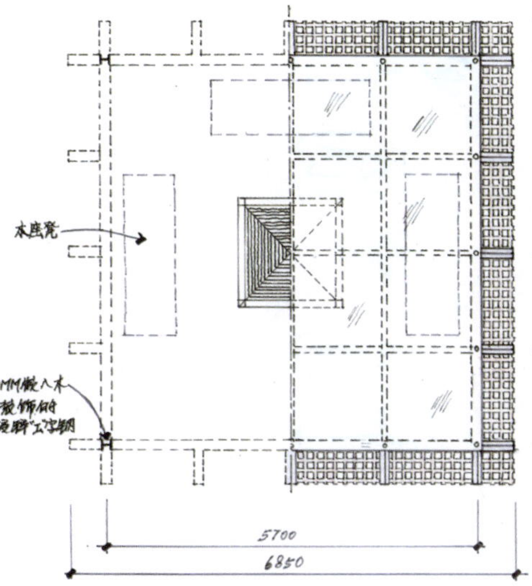

平面图
比例 1:50

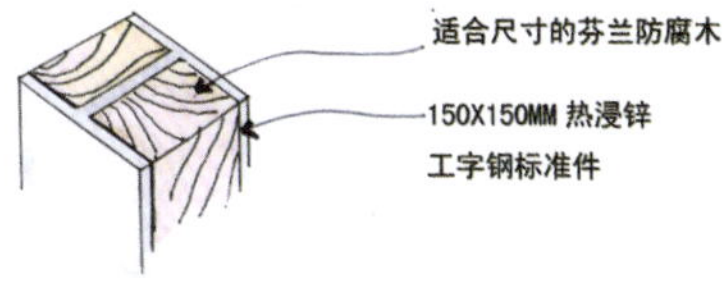

大样图

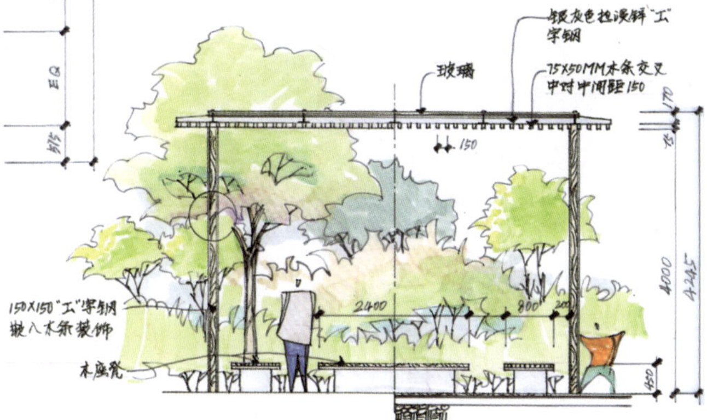

立面图
比例 1:50

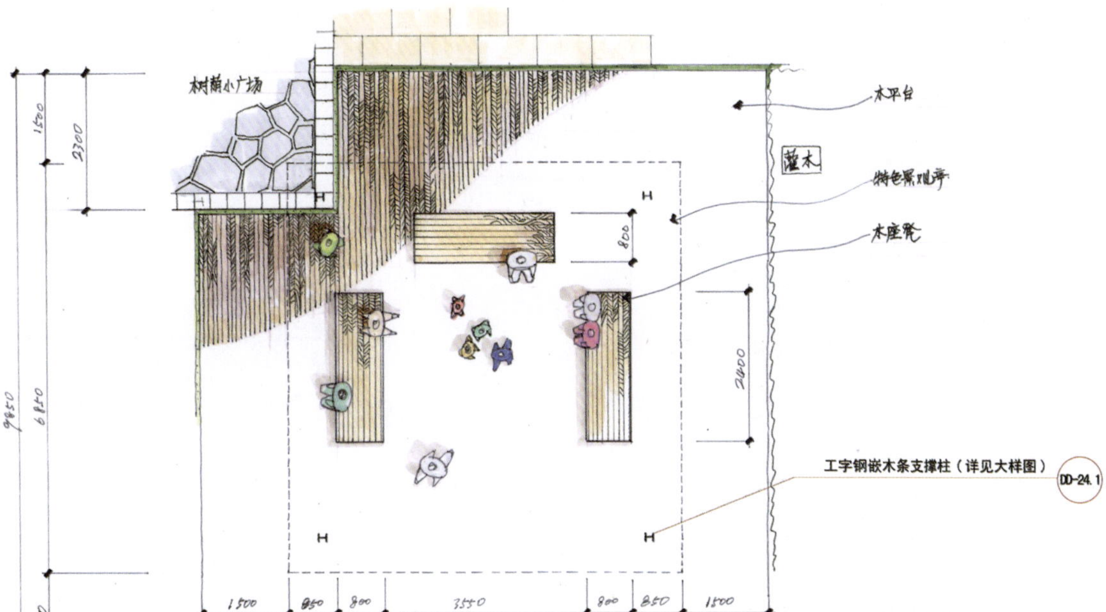

平面图
比例 1:50

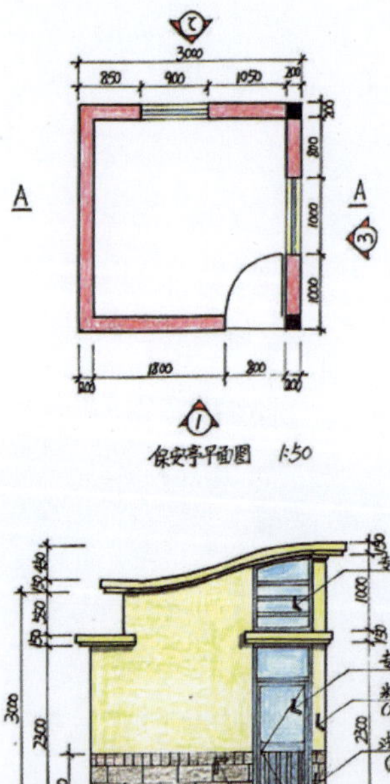

保安亭平面图 1:50

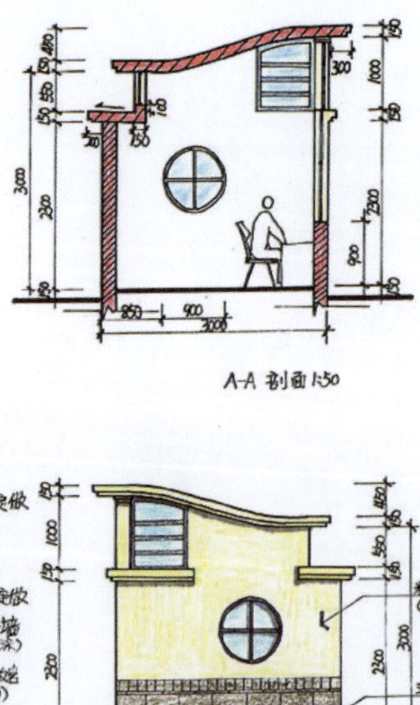

A-A 剖面 1:50

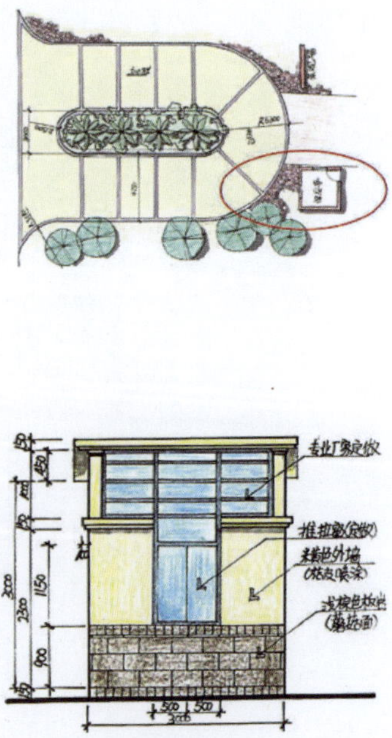

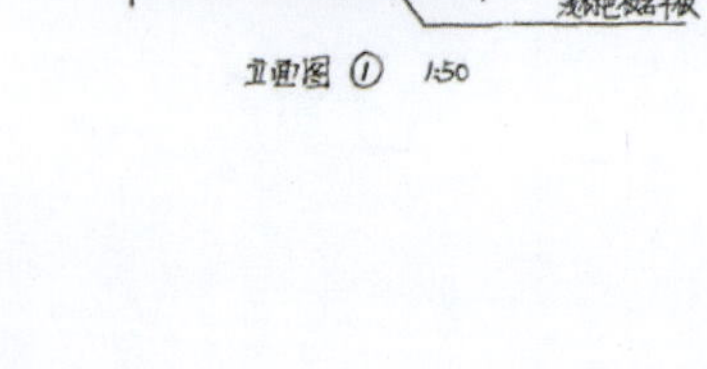

立面图 ① 1:50

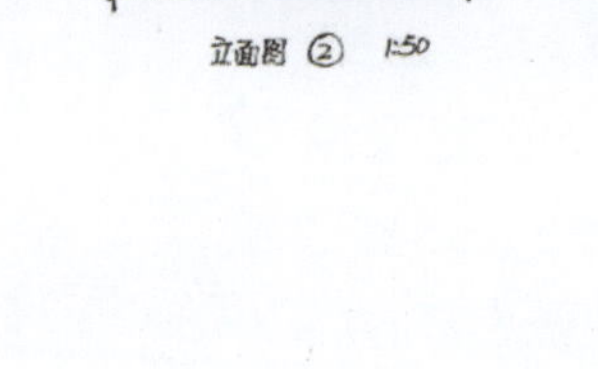

立面图 ② 1:50

立面图 ③ 1:50

100X150自然色山
樟木梁
80X60自然色
山樟木
150X200自然色
山樟木
1500
1300
2400
400
1000
种植区
400
200
5000
5300
4500
种植区
特色景亭剖立面图
SCALE 1:50

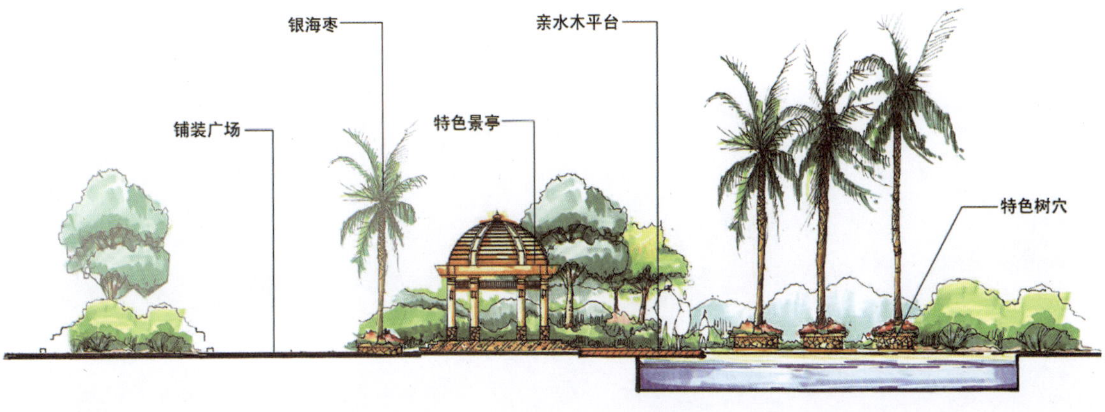
银海枣
亲水木平台
铺装广场
特色景亭
特色树穴

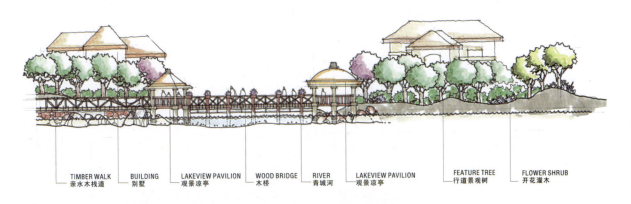

TIMBER WALK
亲水木栈道
BUILDING
别墅
LAKEVIEW PAVILION
观景凉亭
WOOD BRIDGE
木桥
RIVER
青城河
LAKEVIEW PAVILION
观景凉亭
FEATURE TREE
行道景观树
FLOWER SHRUB
开花灌木

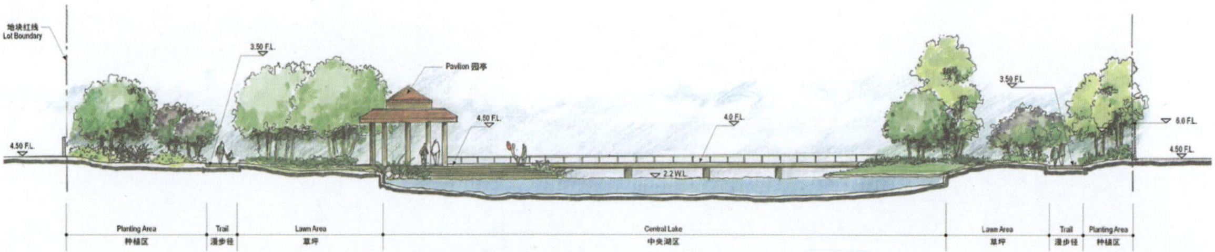
地块红线
Lot Boundary
3.50 F.L.
Pavilion 园亭
4.50 F.L.
4.50 F.L.
4.0 F.L.
2.2 W.L.
3.50 F.L.
6.0 F.L.
4.50 F.L.
Planting Area
种植区
Trail
漫步径
Lawn Area
草坪
Central Lake
中央湖区
Lawn Area
草坪
Trail
漫步径
Planting Area
种植区

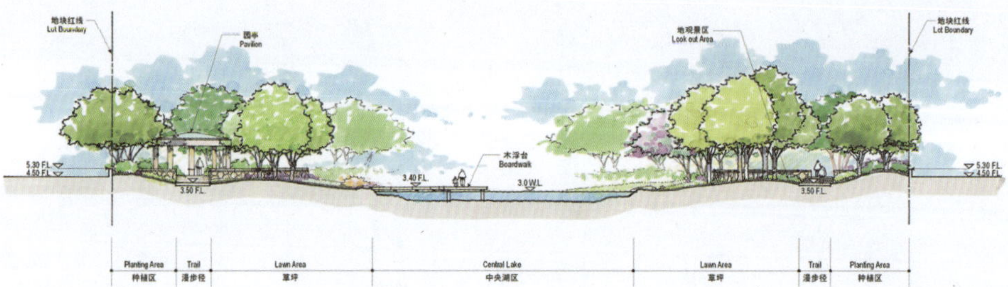
地块红线
Lot Boundary
园亭
Pavilion
5.30 F.L.
4.50 F.L.
3.50 F.L.
3.40 F.L.
木浮台
Boardwalk
3.0 W.L.
地观景区
Look out Area
地块红线
Lot Boundary
3.50 F.L.
5.30 F.L.
4.50 F.L.
Planting Area
种植区
Trail
漫步径
Lawn Area
草坪
Central Lake
中央湖区
Lawn Area
草坪
Trail
漫步径
Planting Area
种植区

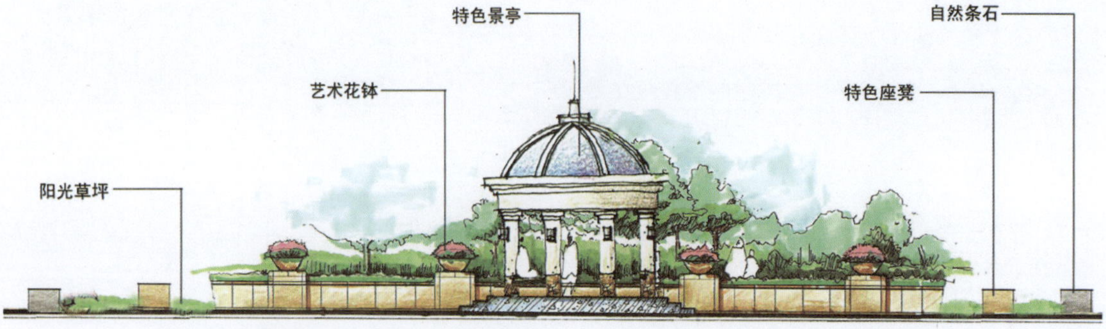
特色景亭
自然条石
艺术花钵
特色座凳
阳光草坪

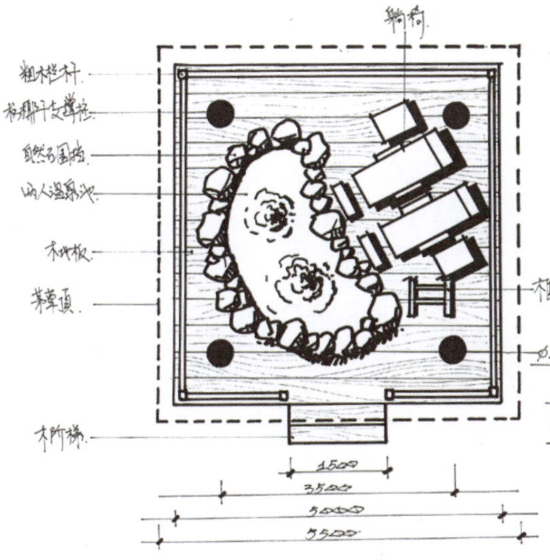

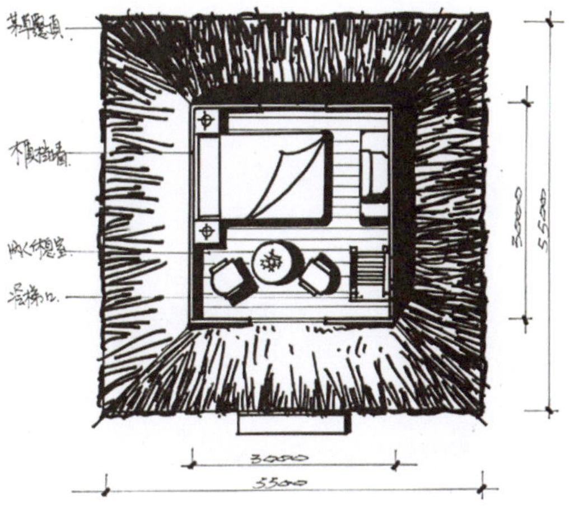

情人岛茅屋二层平面图

情人岛茅屋一层平面图

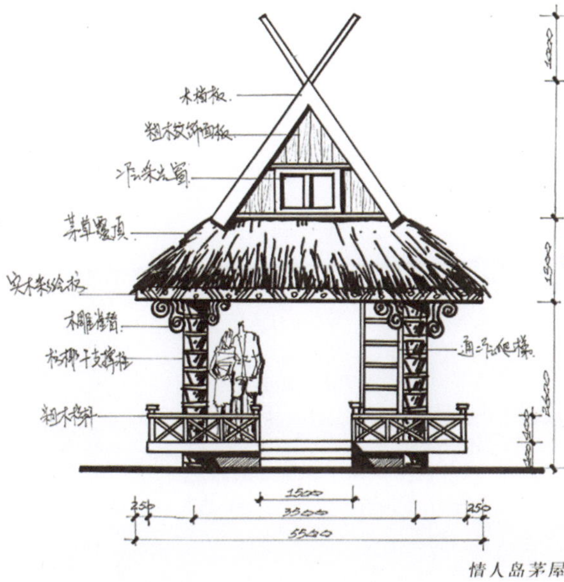

情人岛茅屋正立面图

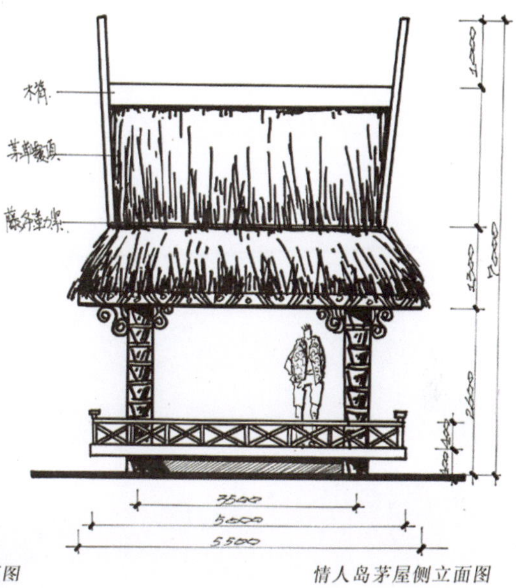

情人岛茅屋侧立面图

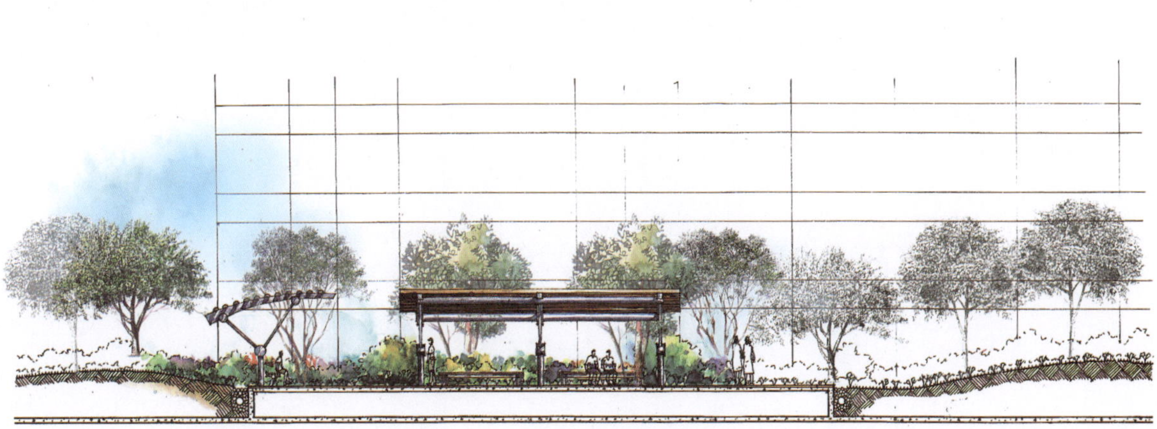

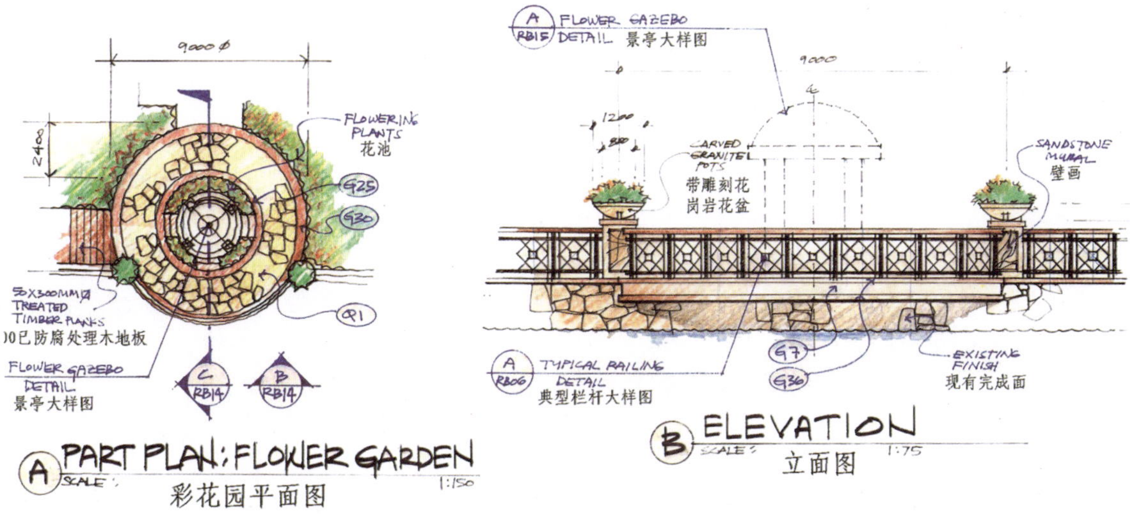

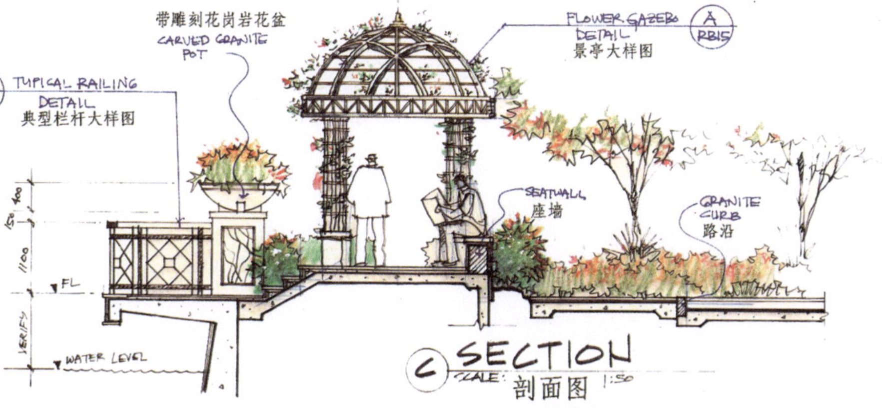

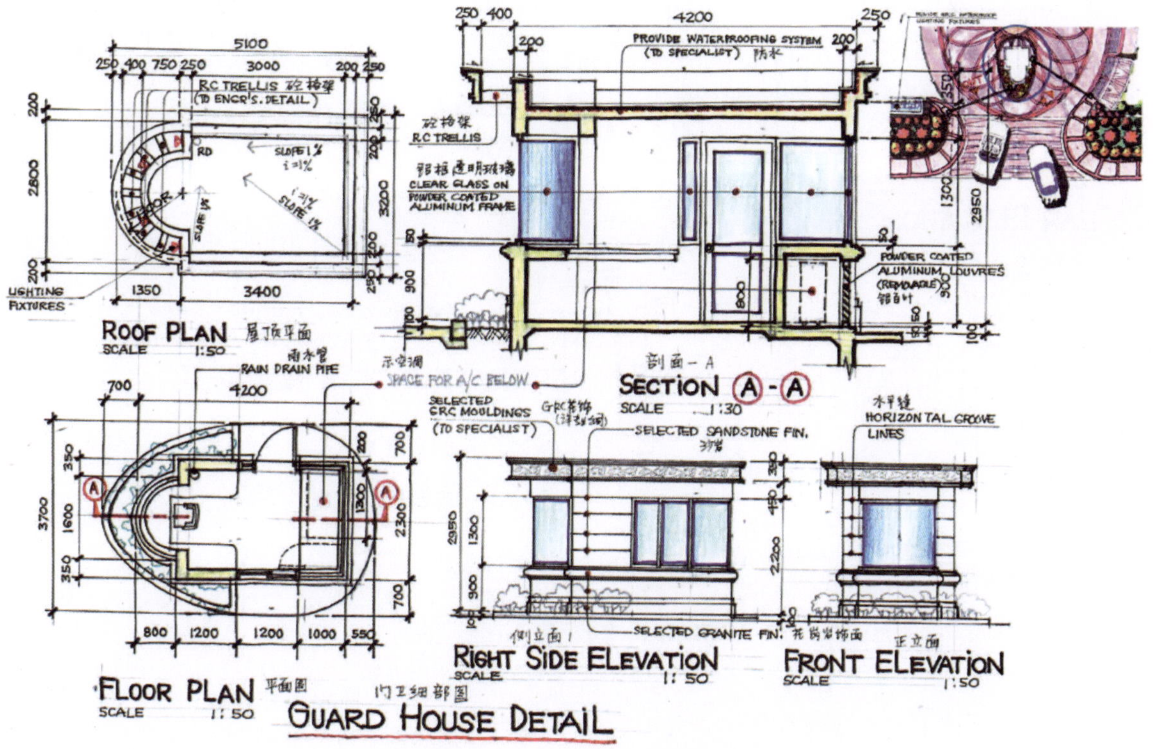

华尔兹乐章住宅入口（一）保安亭景观扩初平面及立面图

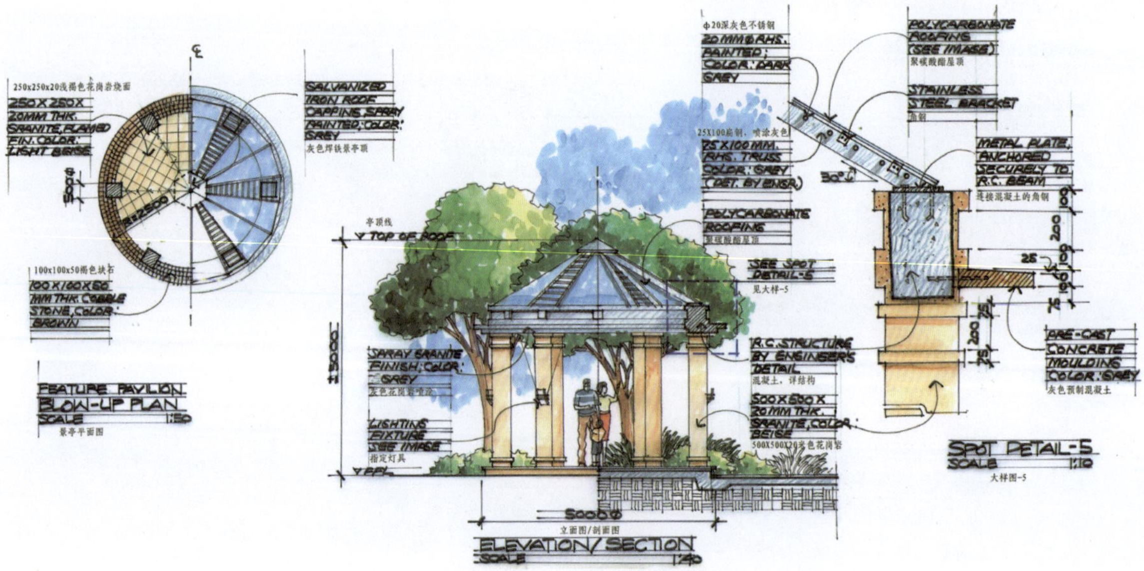

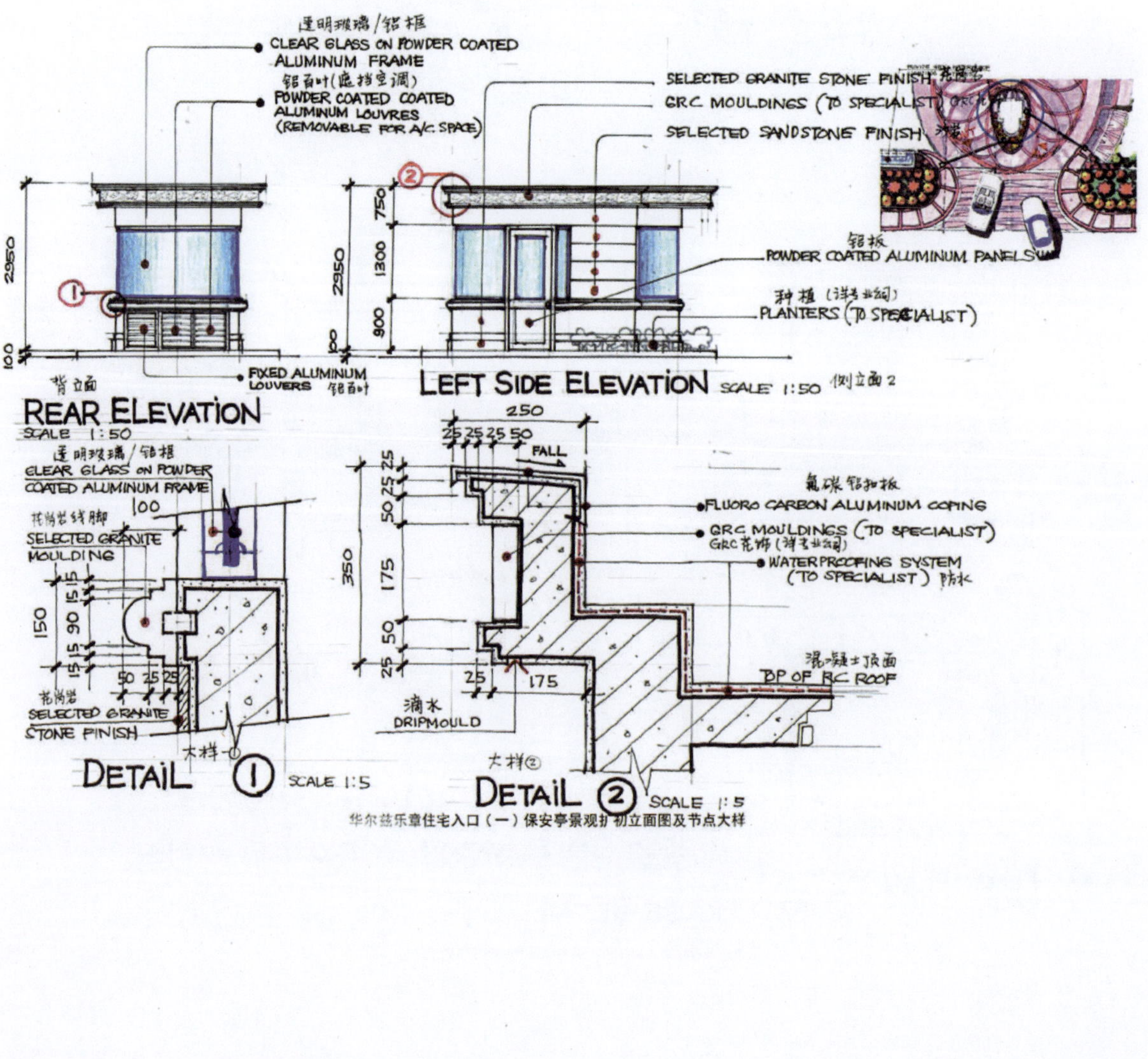

华尔兹乐章住宅入口（一）保安亭景观扩初立面图及节点大样

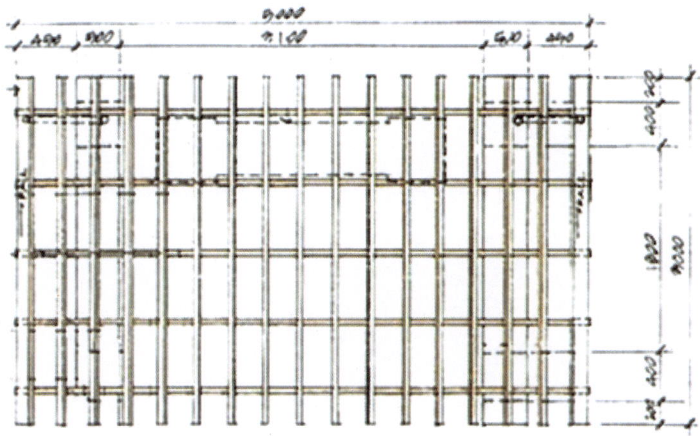

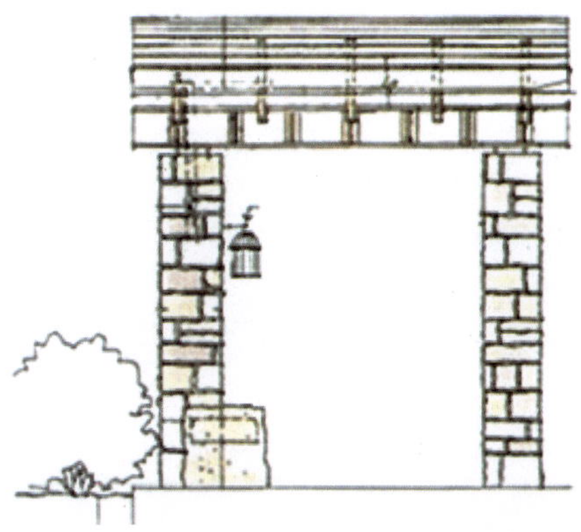

立面　H　1:50

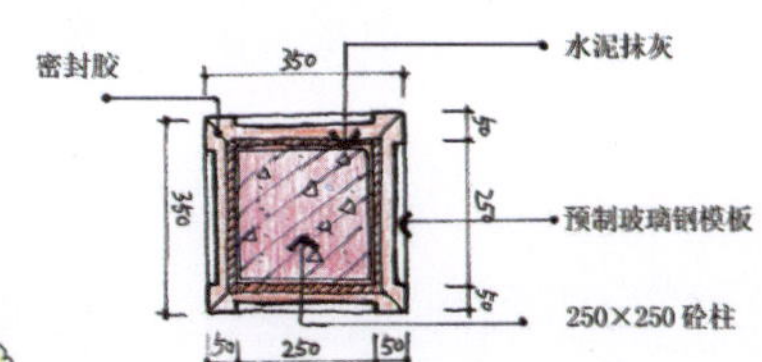

剖面　2　1:10

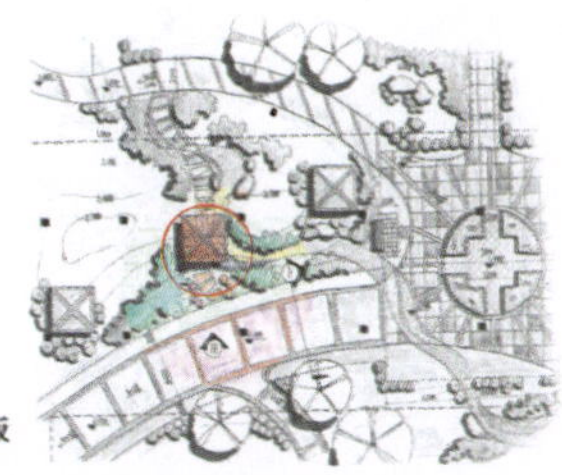

索引平面

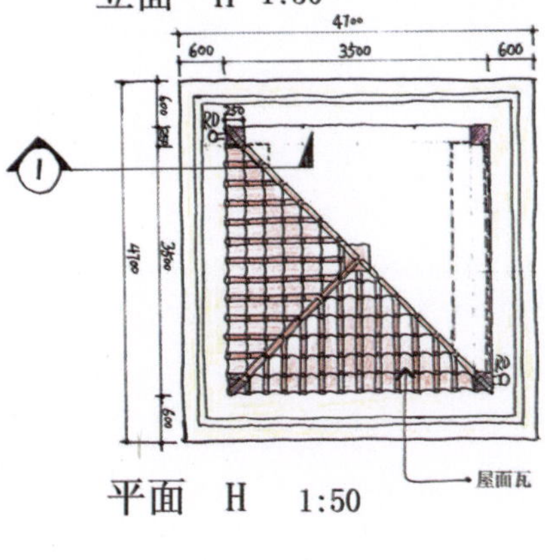

平面　H　1:50

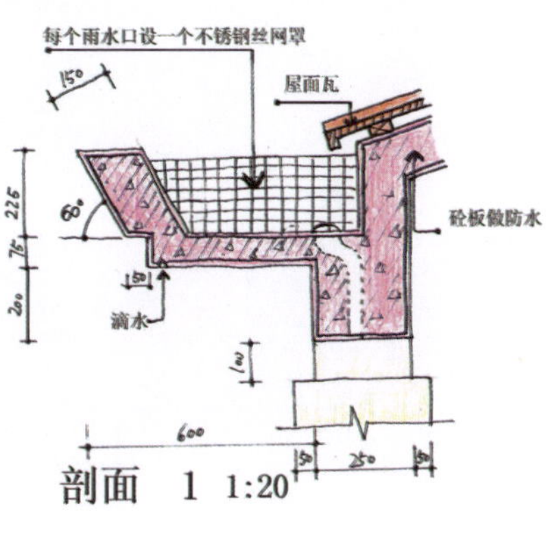

剖面　1　1:20

凉亭示意一

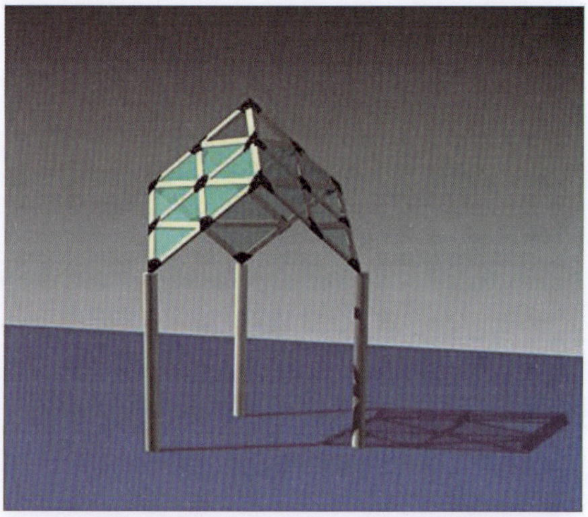

凉亭示意三

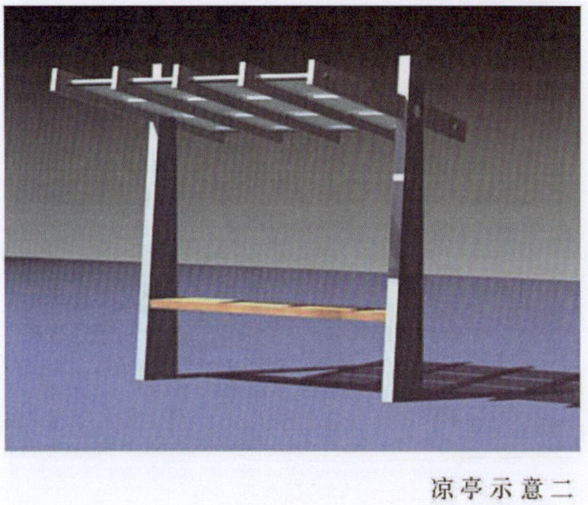

凉亭示意二

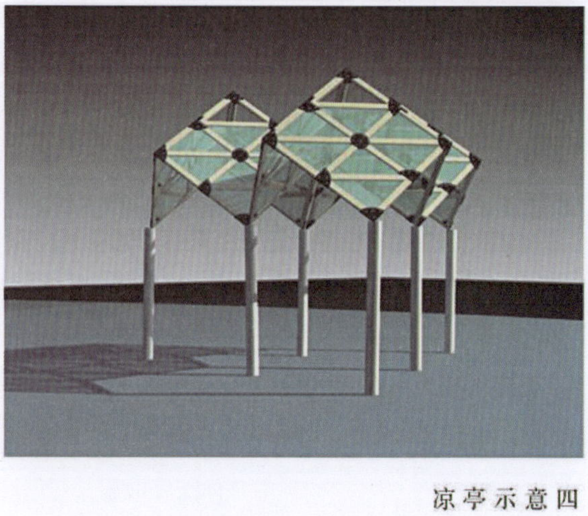

凉亭示意四

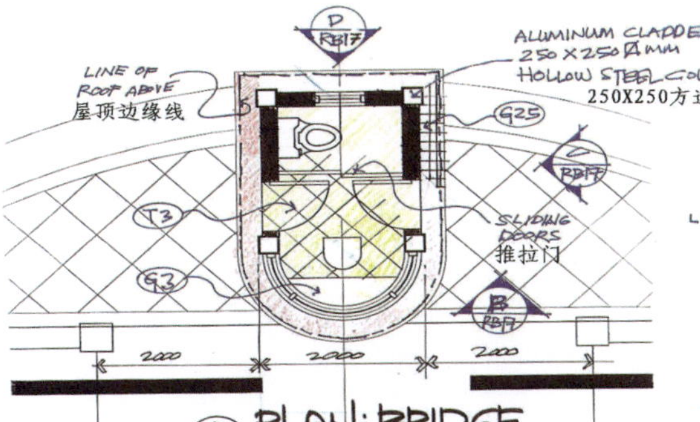

A PLAN: BRIDGE GUARDHOUSE
SCALE: 1:50
新桥边岗亭平面图

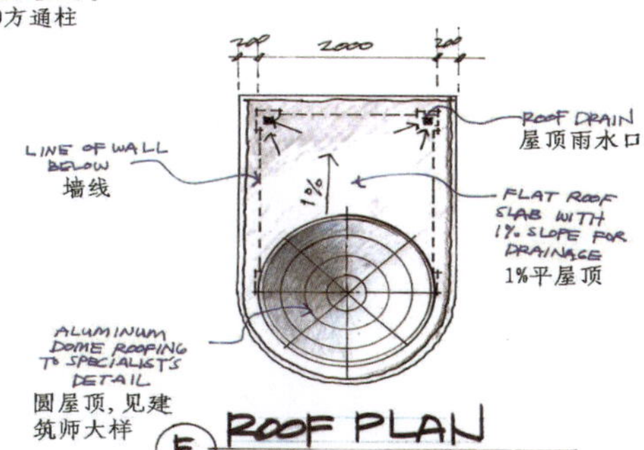

E ROOF PLAN
SCALE: 1:50
岗亭屋顶平面图

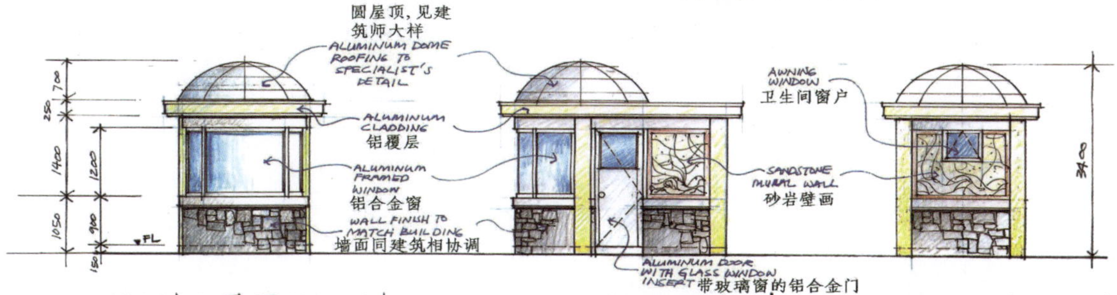

B FRONT ELEVATION
SCALE: 1:50
正立面图

C SIDE ELEVATION
SCALE: 1:50
侧立面图

D REAR ELEVATION
SCALE 1:50
背立面图

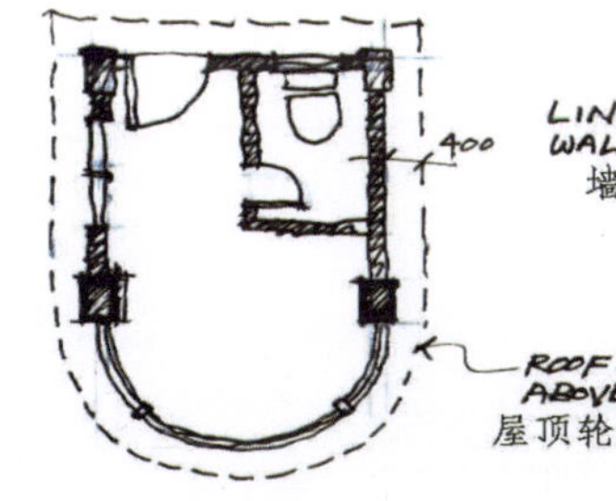

FLOOR PLAN
首层平面图 1:100

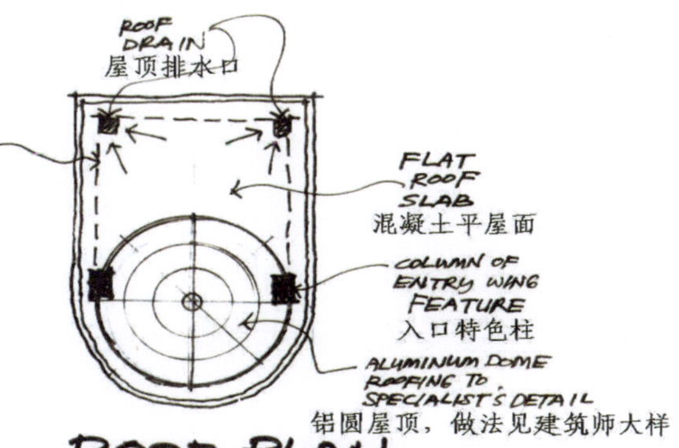

ROOF PLAN
屋顶平面图 1:100

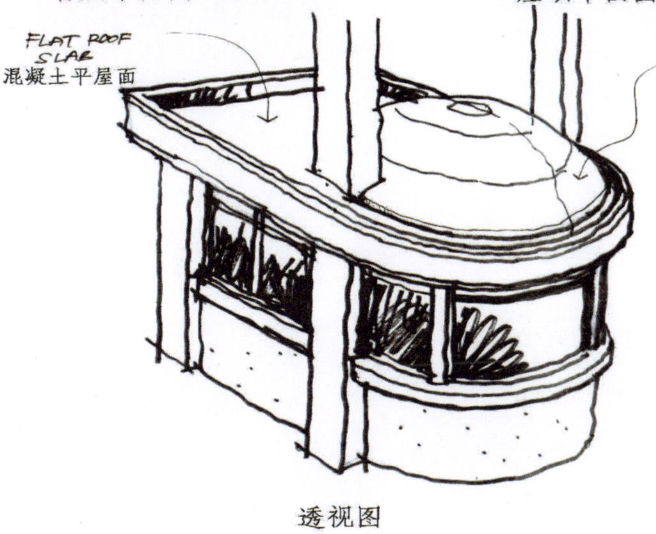

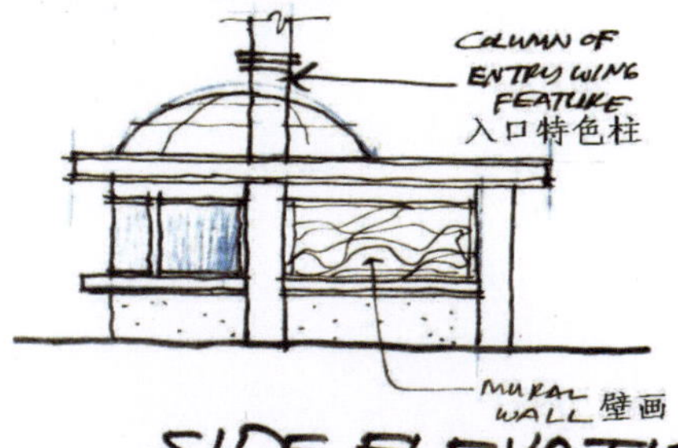

SIDE ELEVATION
侧立面图 1:100

透视图

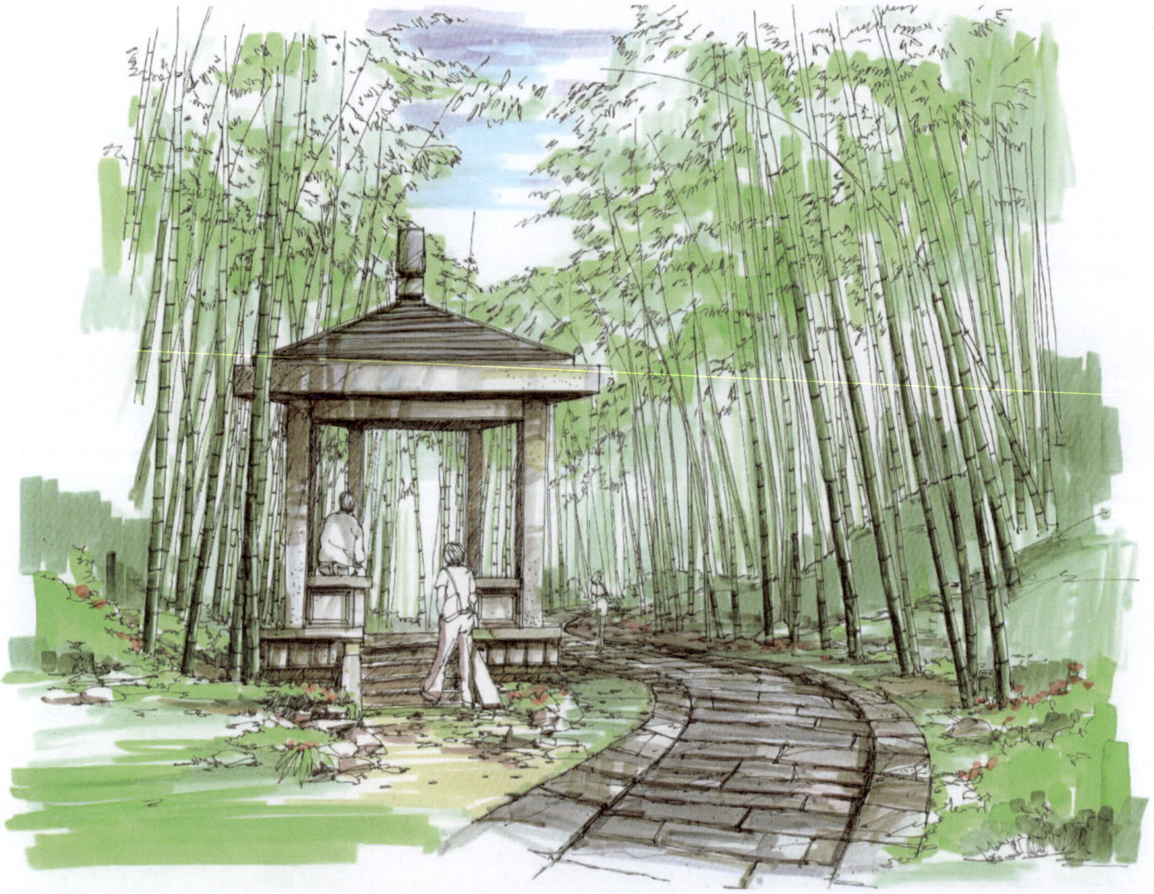

休息座凳大样

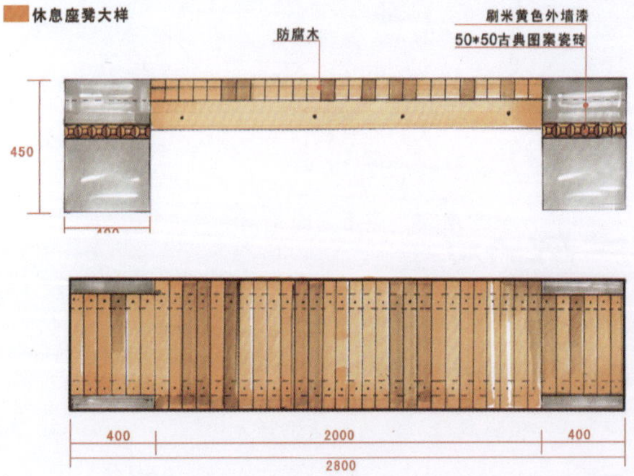

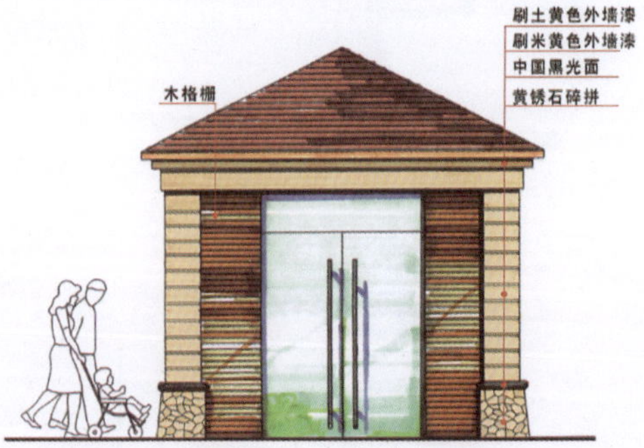

岗亭大样

水体景观大样

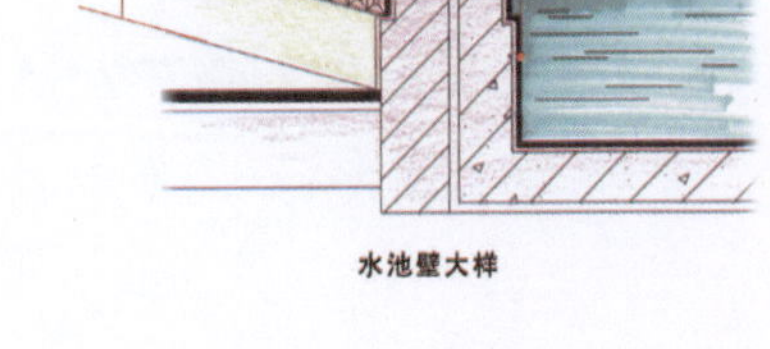

水池壁大样

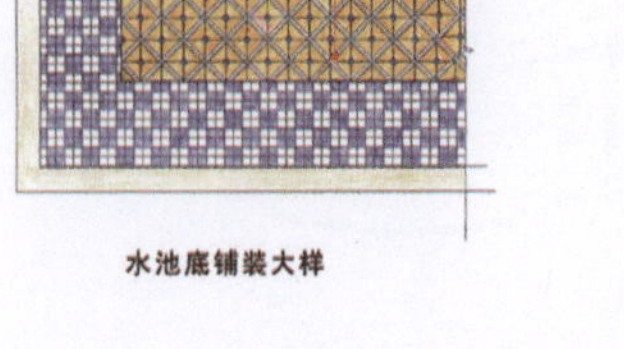

水池底铺装大样

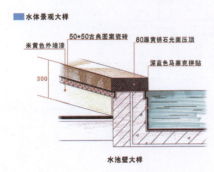

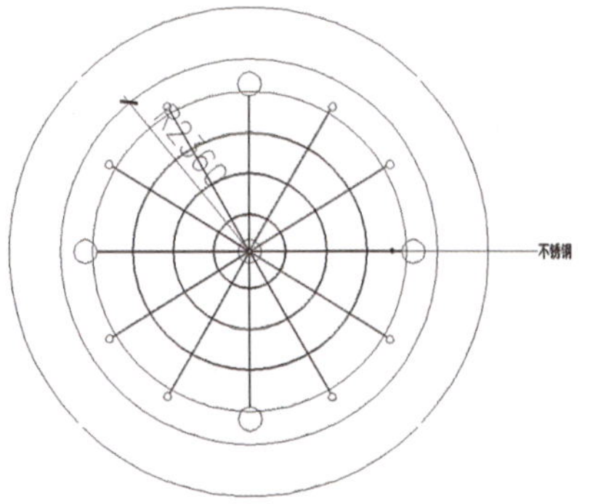

② 圆亭顶面图 比例:1/50
PAVILION ROOF PLAN SCALE=1:50

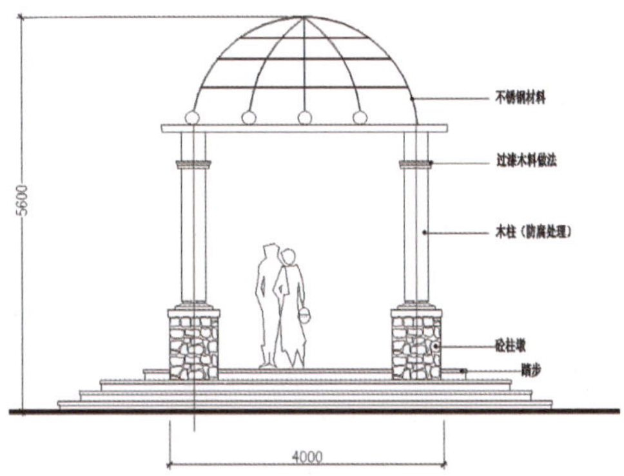

Ⓒ 圆亭立面图 比例:1/50
PAVILION ELEVATION SCALE=1:50

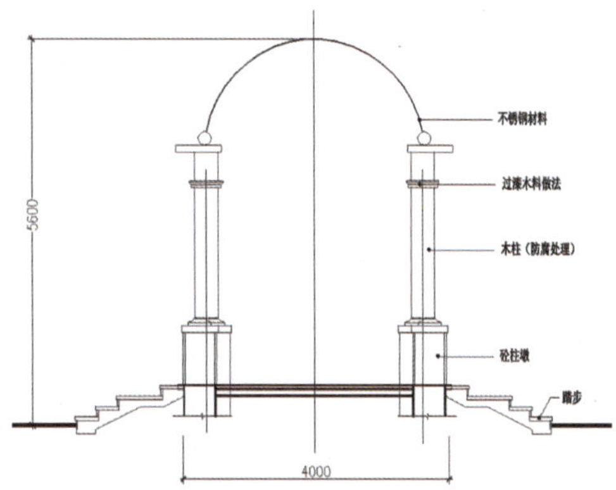

Ⓓ 圆亭剖面图 比例:1/50
PAVILION SECTION SCALE=1:50

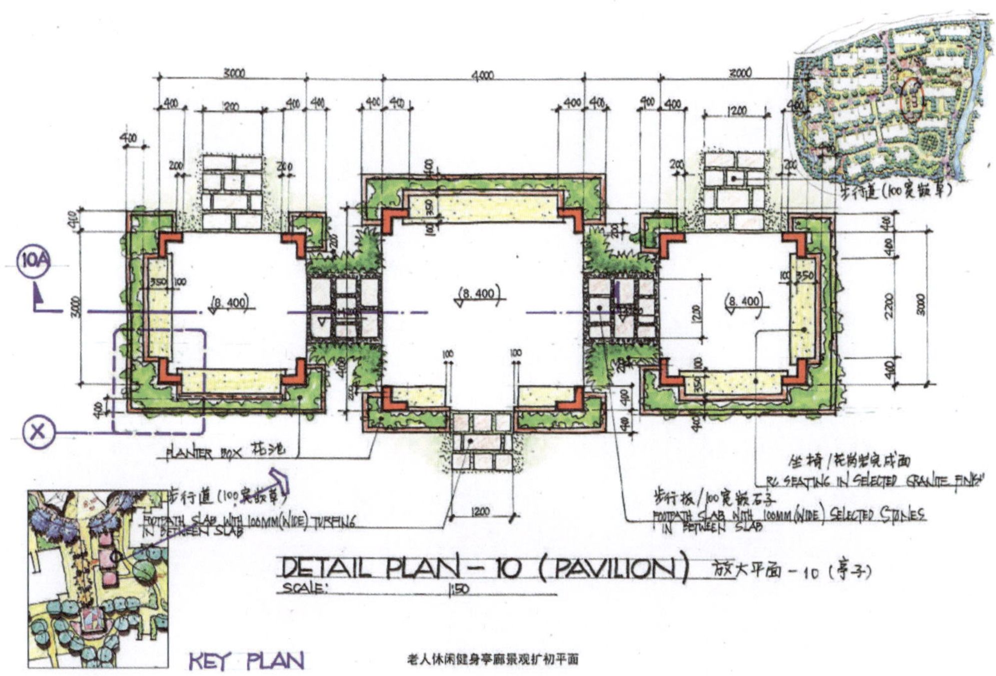

老人休闲健身亭廊景观扩初平面

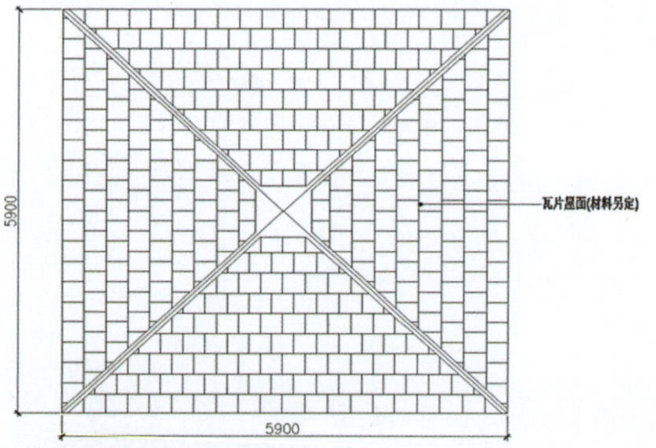

③ 方亭屋面图
PAVILION ROOF PLAN

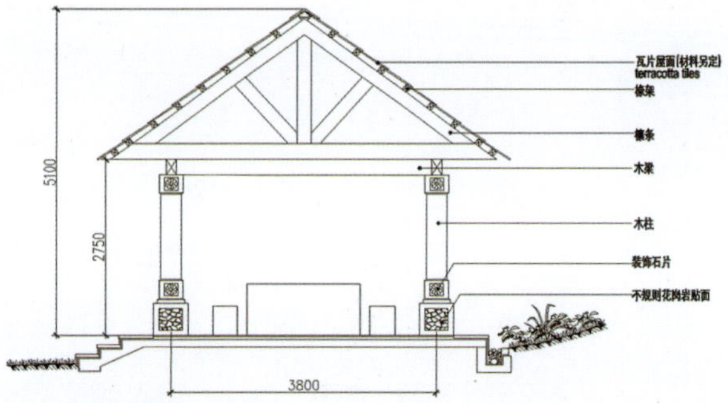

Ⓔ 方亭剖面图
PAVILION SECTION

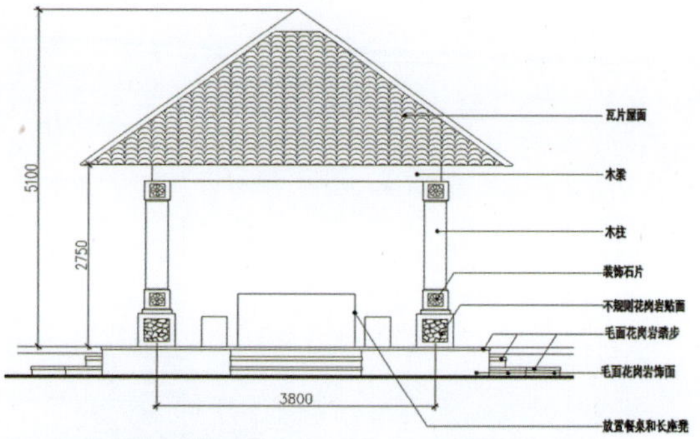

Ⓕ 方亭立面图
PAVILION ELEVATION

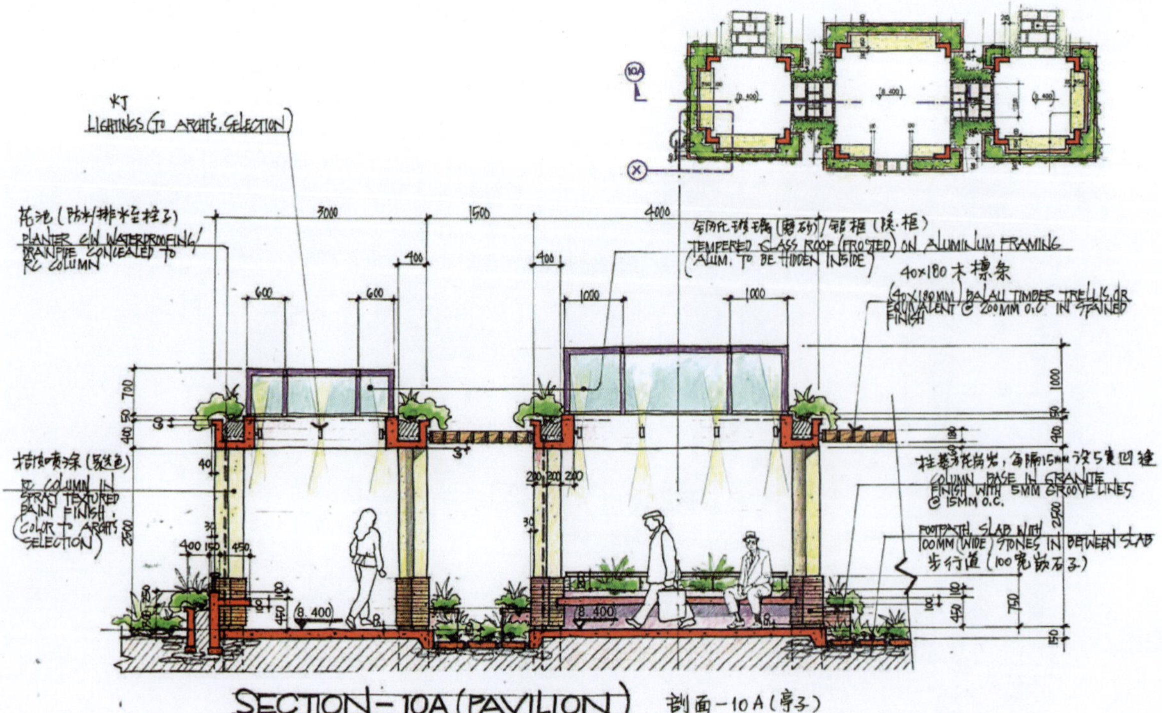

SECTION－10A (PAVILION) 剖面－10A (亭子)
SCALE: 1:40

老人休闲健身亭廊景观扩初剖立面图

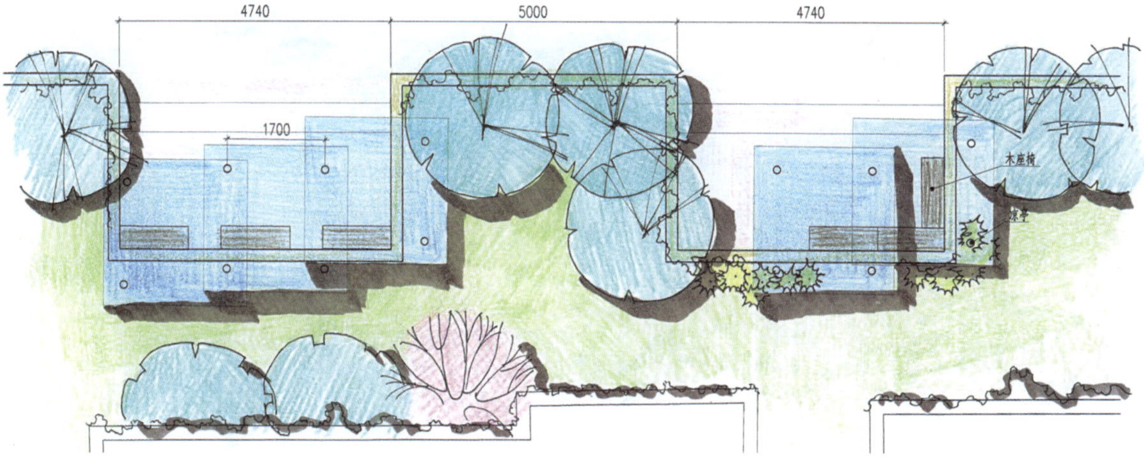

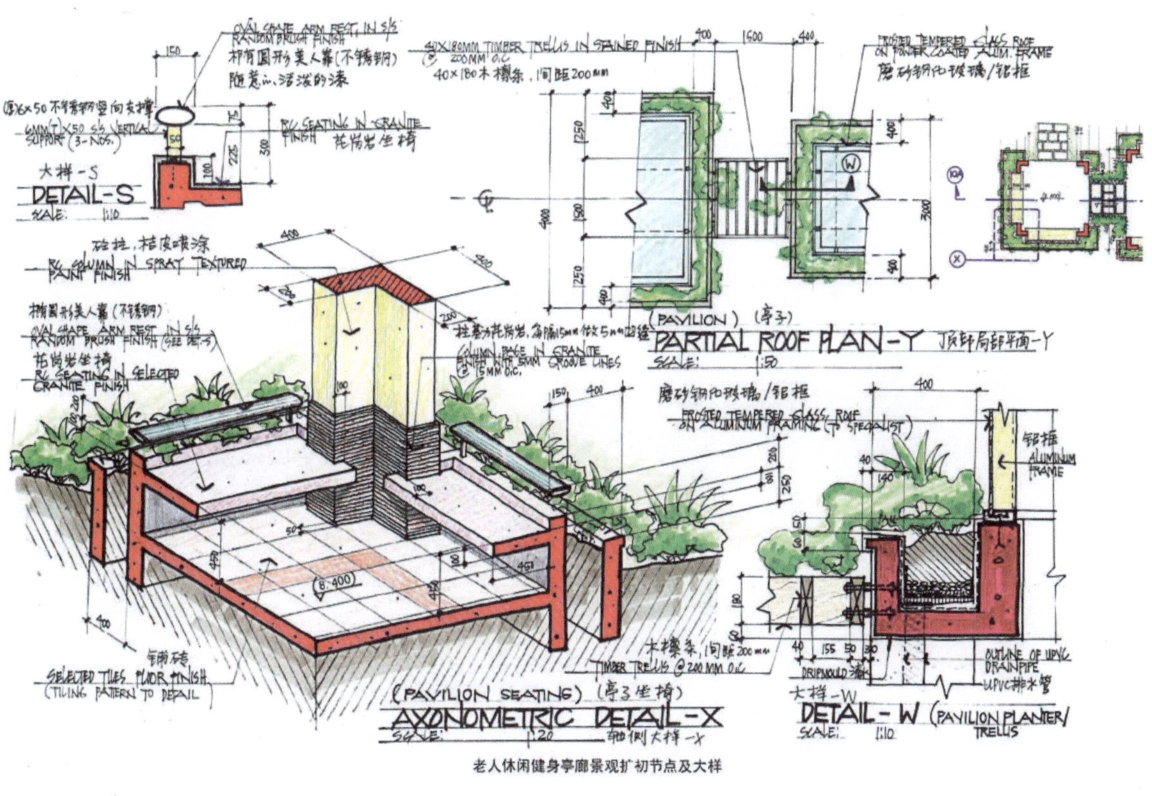

老人休闲健身亭廊景观扩初节点及大样

立面 H 1:50

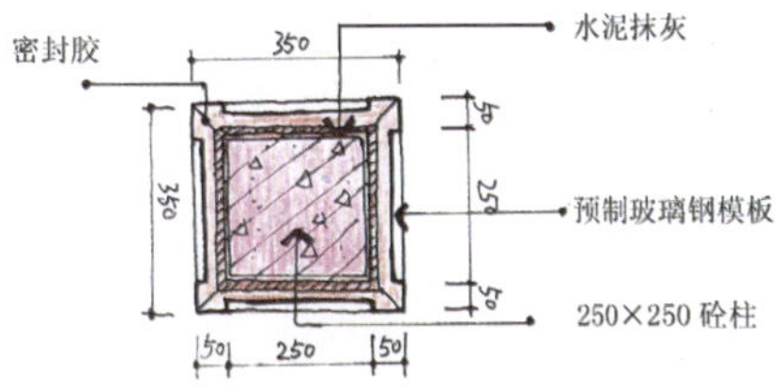

剖面 2 1:10

索引

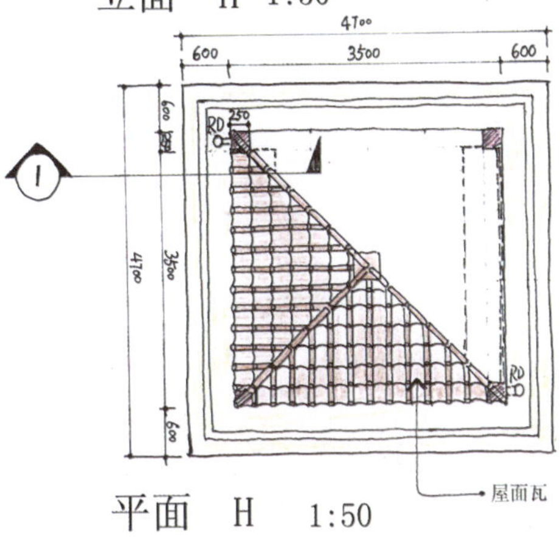

平面 H 1:50

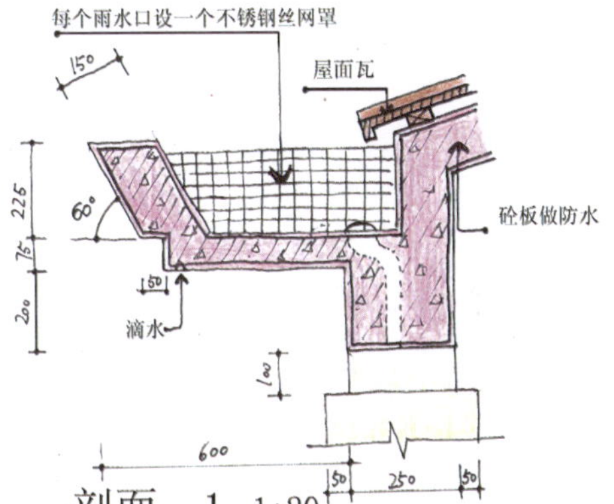

剖面 1 1:20

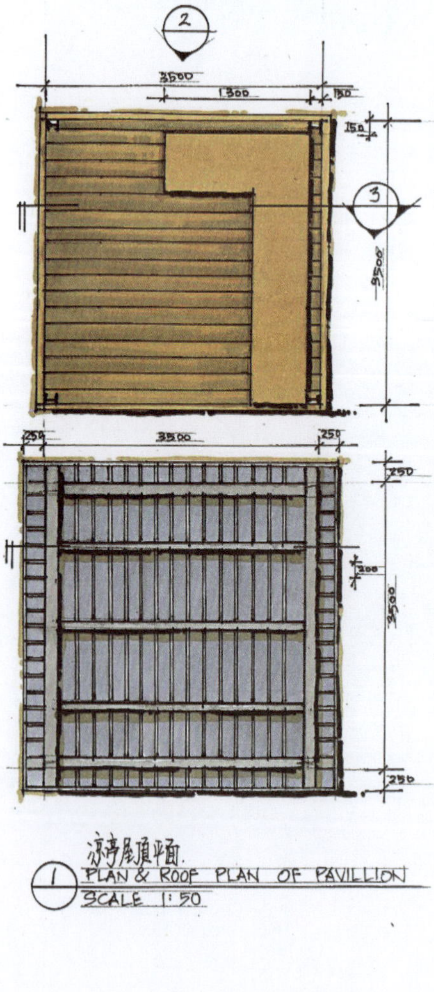

1 凉亭屋顶平面
PLAN & ROOF PLAN OF PAVILLION
SCALE 1:50

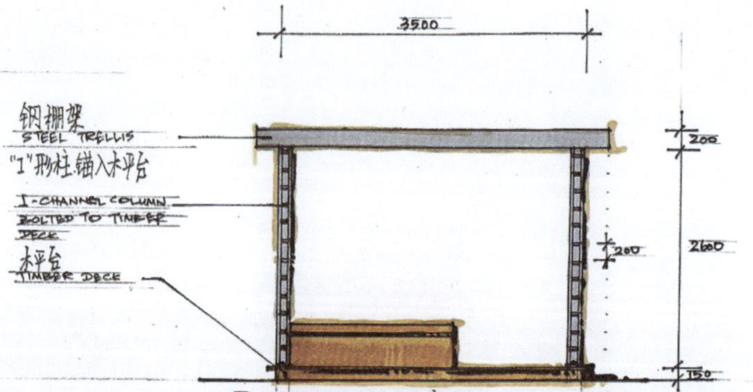

2 ELEVATION 立面图
SCALE 1:50

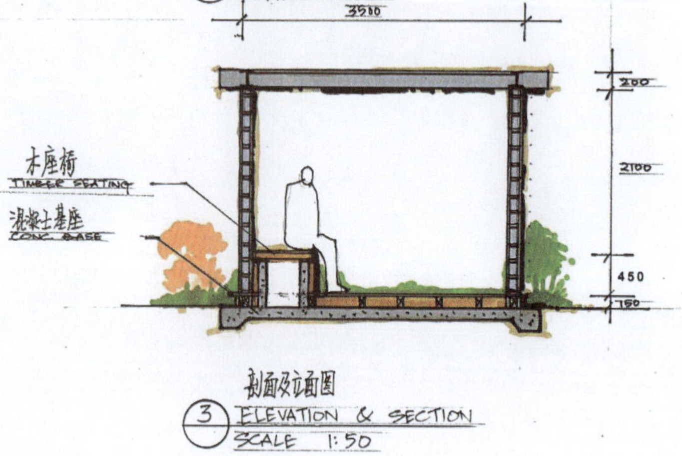

3 剖面及立面图
ELEVATION & SECTION
SCALE 1:50

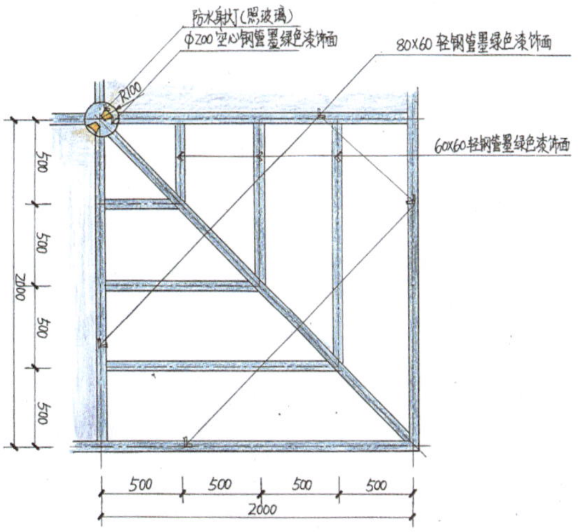

亭架局部大样图 1:20

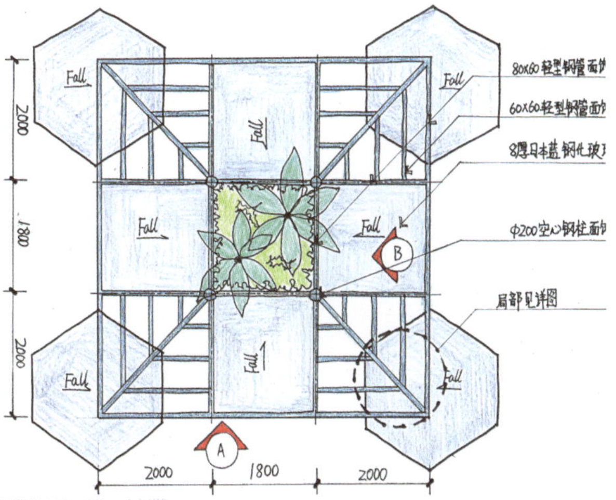

亭架平面大样图 1:50

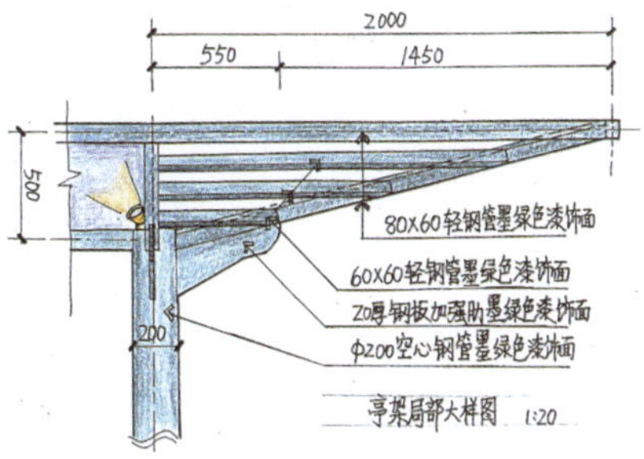

亭架局部大样图 1:20

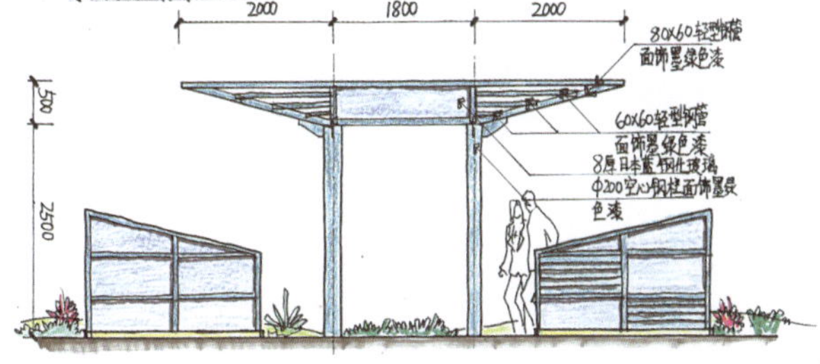

亭架立面大样A

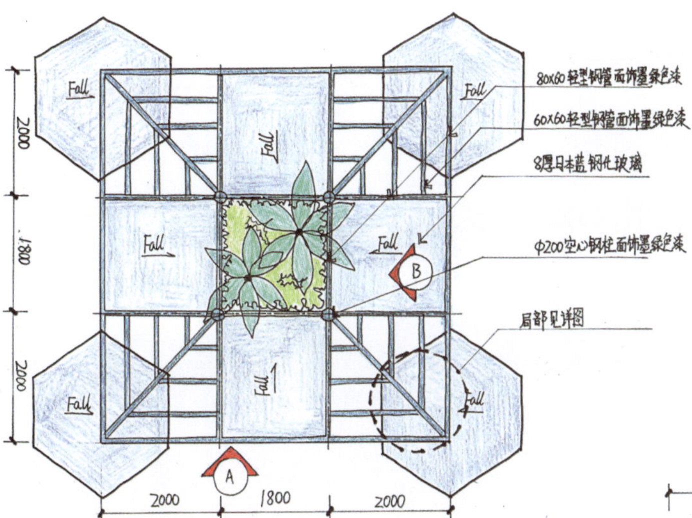

亭架平面大样图 1:50

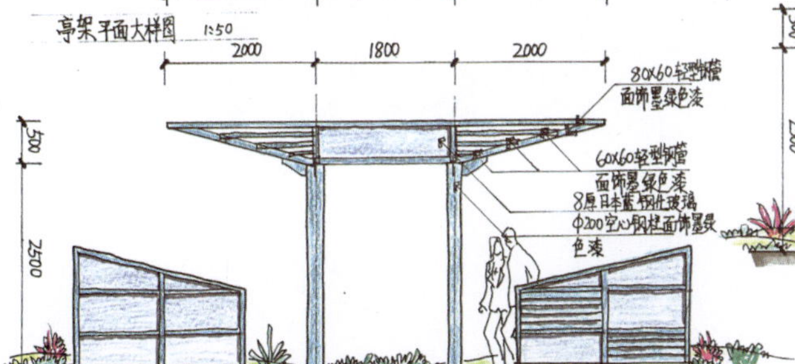

亭架立面大样A

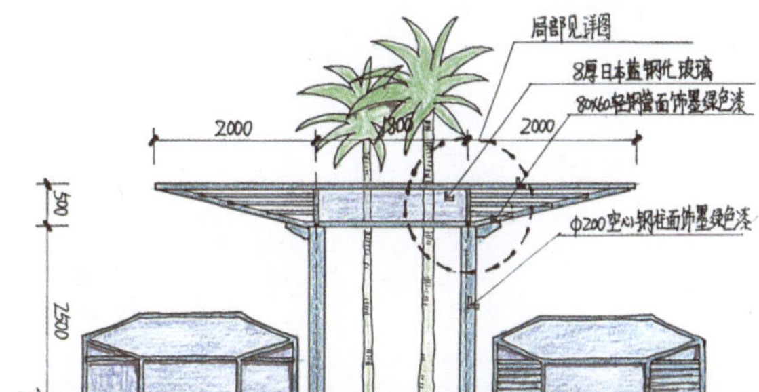

亭架立面大样B 1:50

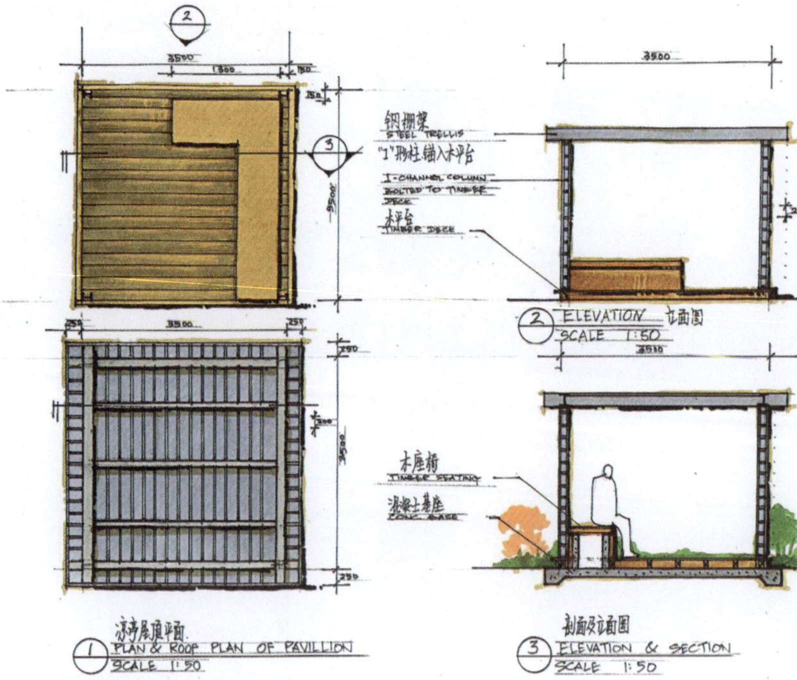
钢棚架
STEEL TRELLIS
"I"形柱锚入木平台
I-CHANNEL COLUMN BOLTED TO TIMBER DECK
木平台
TIMBER DECK
ELEVATION 立面图
SCALE 1:50
木座椅
TIMBER SEATING
混凝土基座
CONC. BASE
凉亭屋顶平面
PLAN & ROOF PLAN OF PAVILLION
SCALE 1:50
剖面及立面图
ELEVATION & SECTION
SCALE 1:50
3500
2600
2100
450

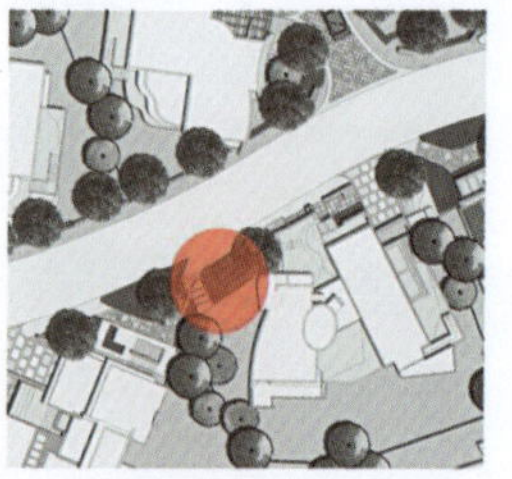

ROOFING

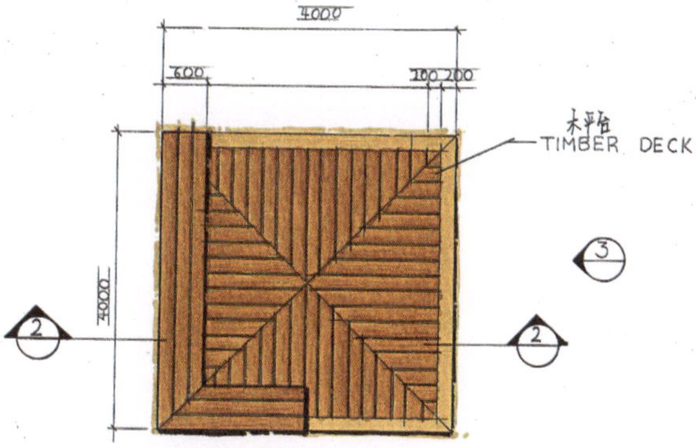

1 木平台平面图
PLAN OF TIMBER DECK
SCALE 1:50

TIMBER DECK

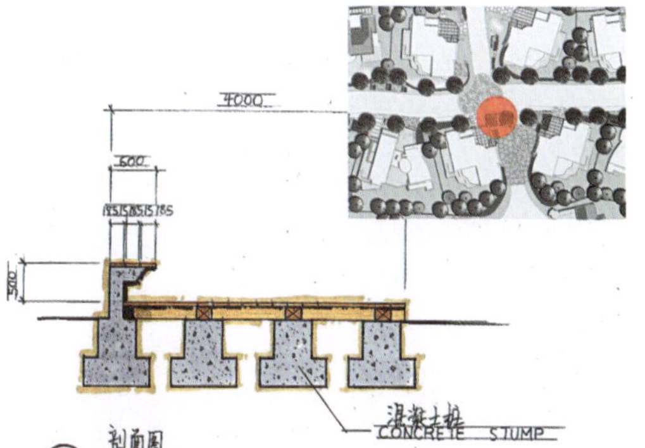

2 剖面图
SECTION
SCALE 1:50

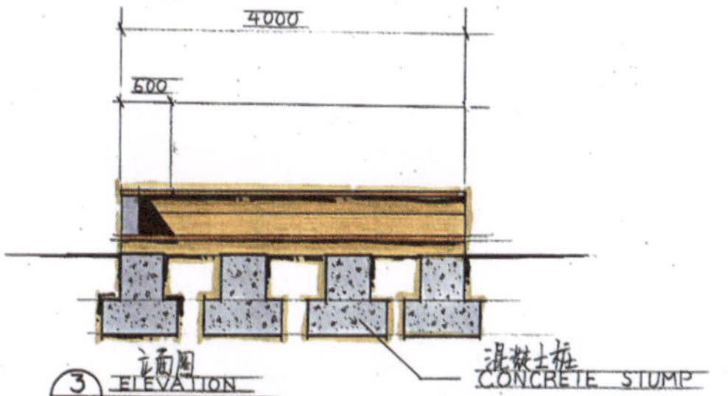

3 立面图
ELEVATION
SCALE 1:50

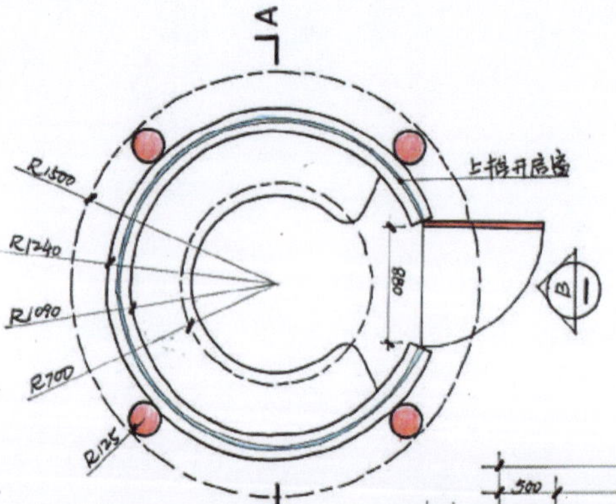

警卫亭平面图
1:30

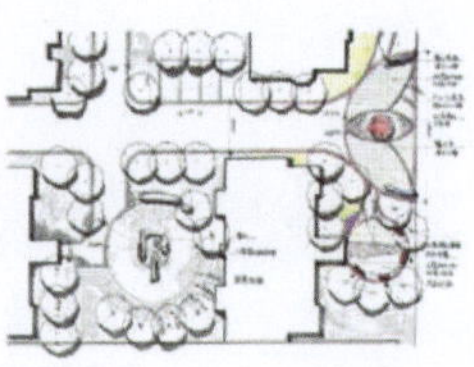

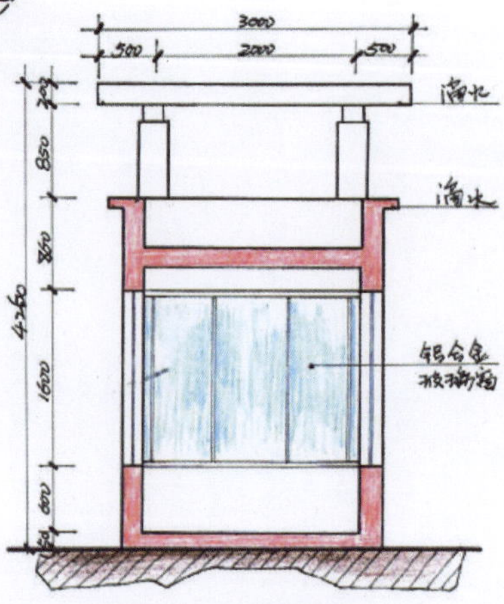

A-A剖面图
1:40

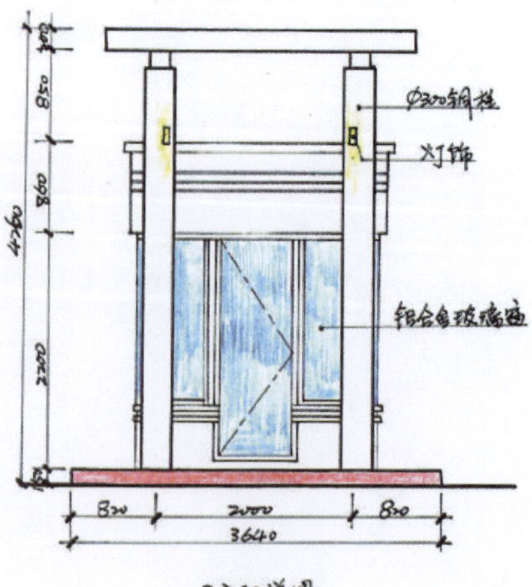

B立面详图
1:40

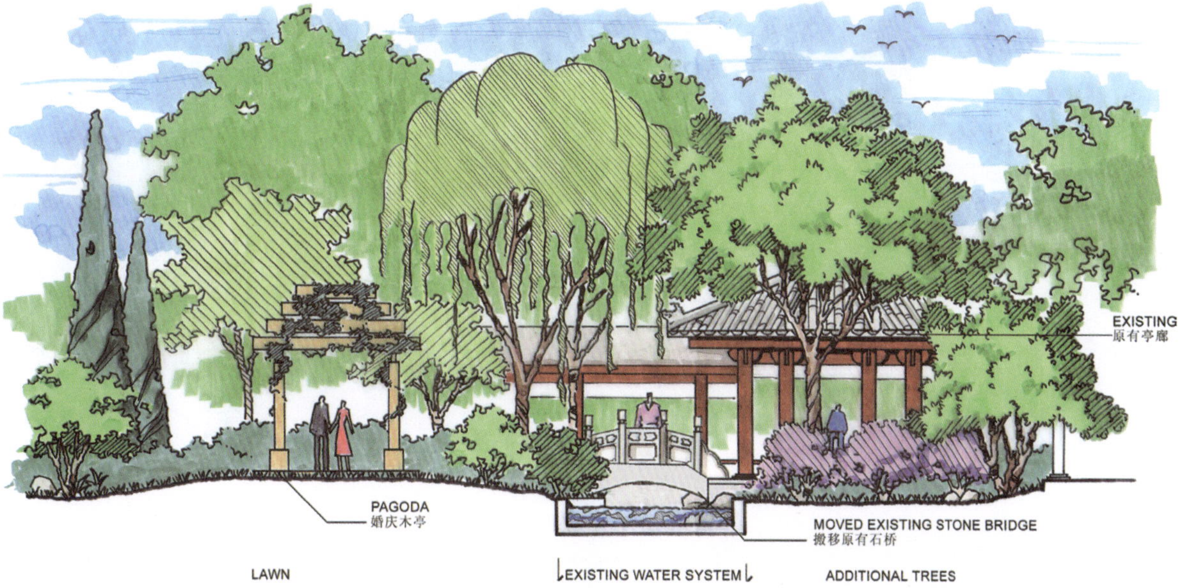
EXISTING
原有亭廊
PAGODA
婚庆木亭
MOVED EXISTING STONE BRIDGE
撤移原有石桥
LAWN
EXISTING WATER SYSTEM
ADDITIONAL TREES

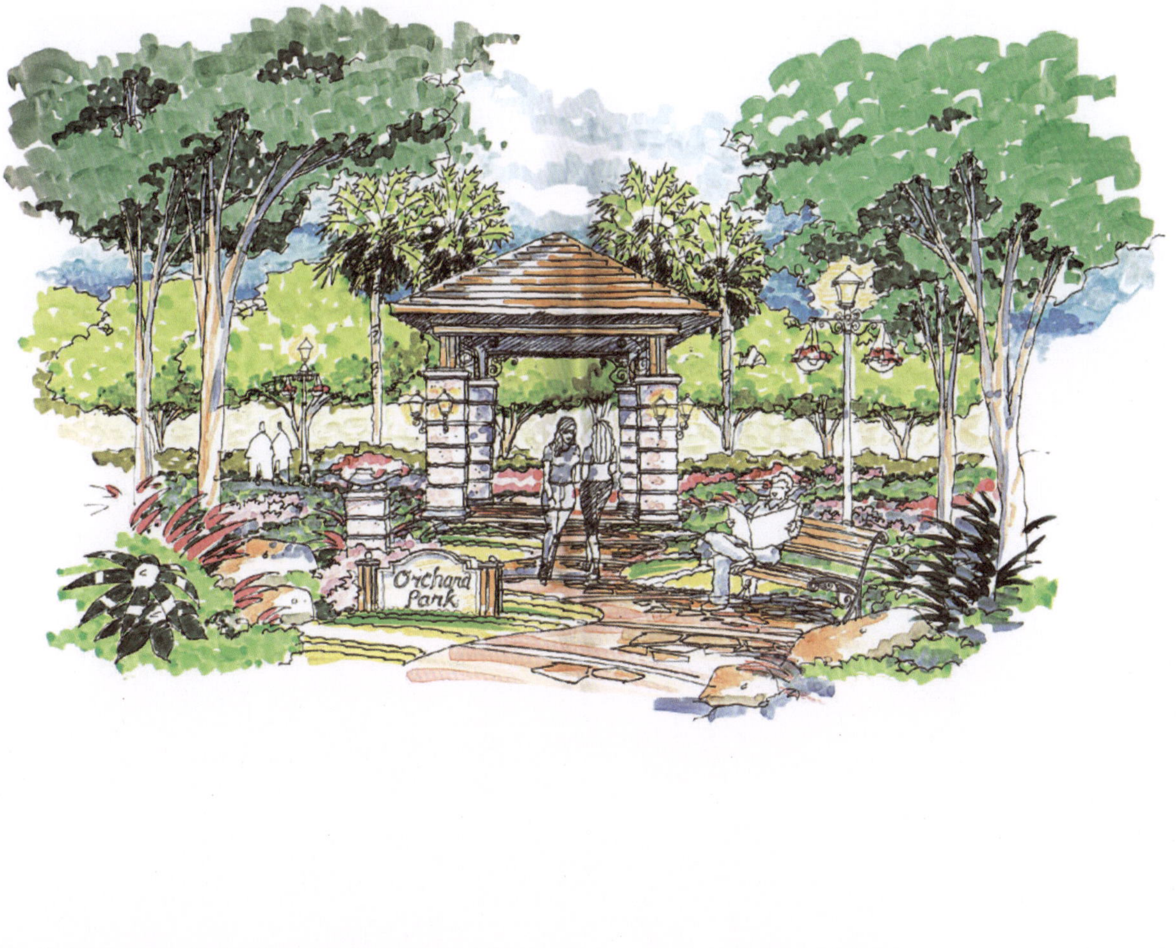
Orchard Park

陶然亭意向图

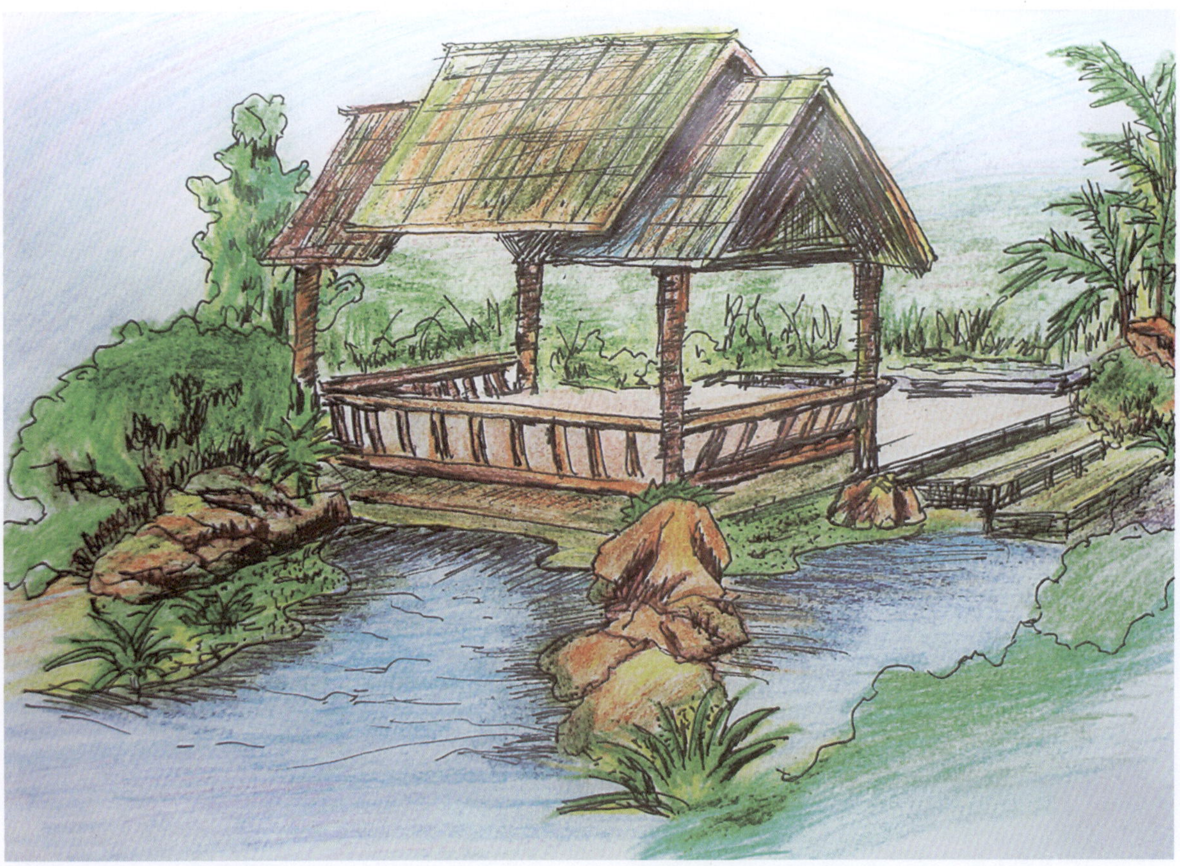

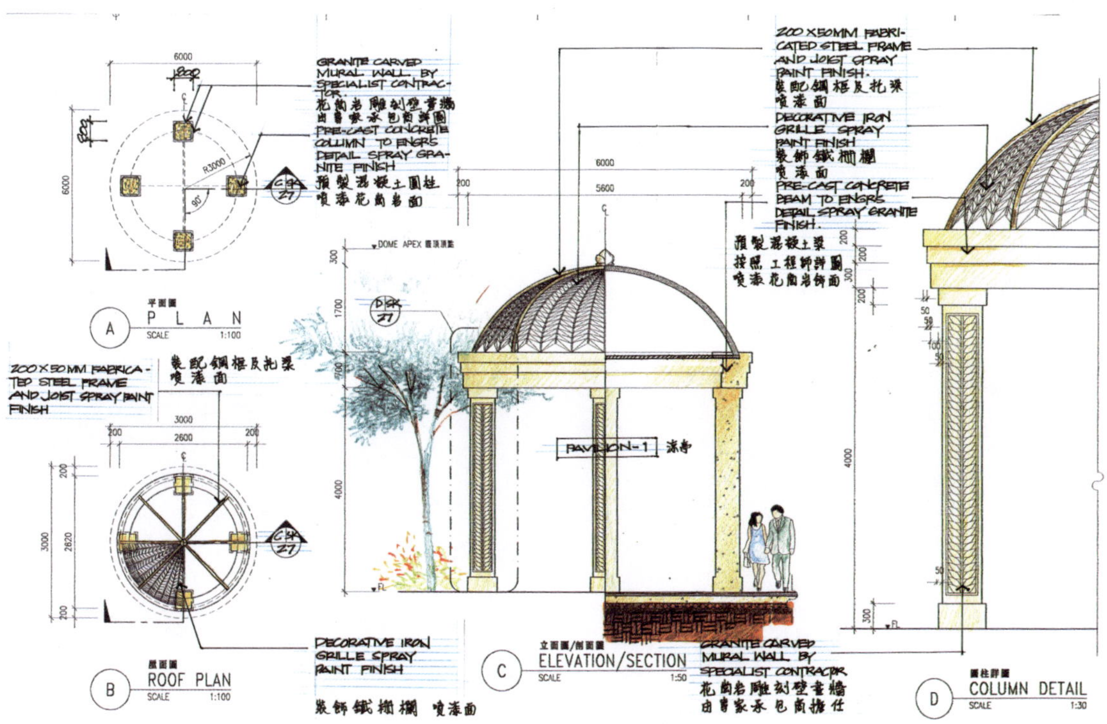
GRANITE CARVED MURAL WALL BY SPECIALIST CONTRACTOR
花岗岩雕刻壁画墙 由专家承包商详图
PRE-CAST CONCRETE COLUMN TO ENGRS DETAIL SPRAY GRANITE FINISH
预制混凝土圆柱 喷漆花岗岩面
6000
R3000
A PLAN
平面图
SCALE 1:100
200×50MM FABRICATED STEEL FRAME AND JOIST SPRAY PAINT FINISH
装配钢框及托梁 喷漆面
3000
2600
B ROOF PLAN
屋面图
SCALE 1:100
DECORATIVE IRON GRILLE SPRAY PAINT FINISH
装饰铁栅栏 喷漆面
DOME APEX
6000
5600
PAVILION-1 凉亭
C ELEVATION/SECTION
立面图/剖面图
SCALE 1:50
GRANITE CARVED MURAL WALL BY SPECIALIST CONTRACTOR
花岗岩雕刻壁画墙 由专家承包商担任
200×50MM FABRICATED STEEL FRAME AND JOIST SPRAY PAINT FINISH.
装配钢框及托梁 喷漆面
DECORATIVE IRON GRILLE SPRAY PAINT FINISH
装饰铁栅栏 喷漆面
PRE-CAST CONCRETE BEAM TO ENGRS DETAIL SPRAY GRANITE FINISH.
预制混凝土梁 按照工程师详图 喷漆花岗岩饰面
D COLUMN DETAIL
圆柱详图
SCALE 1:30

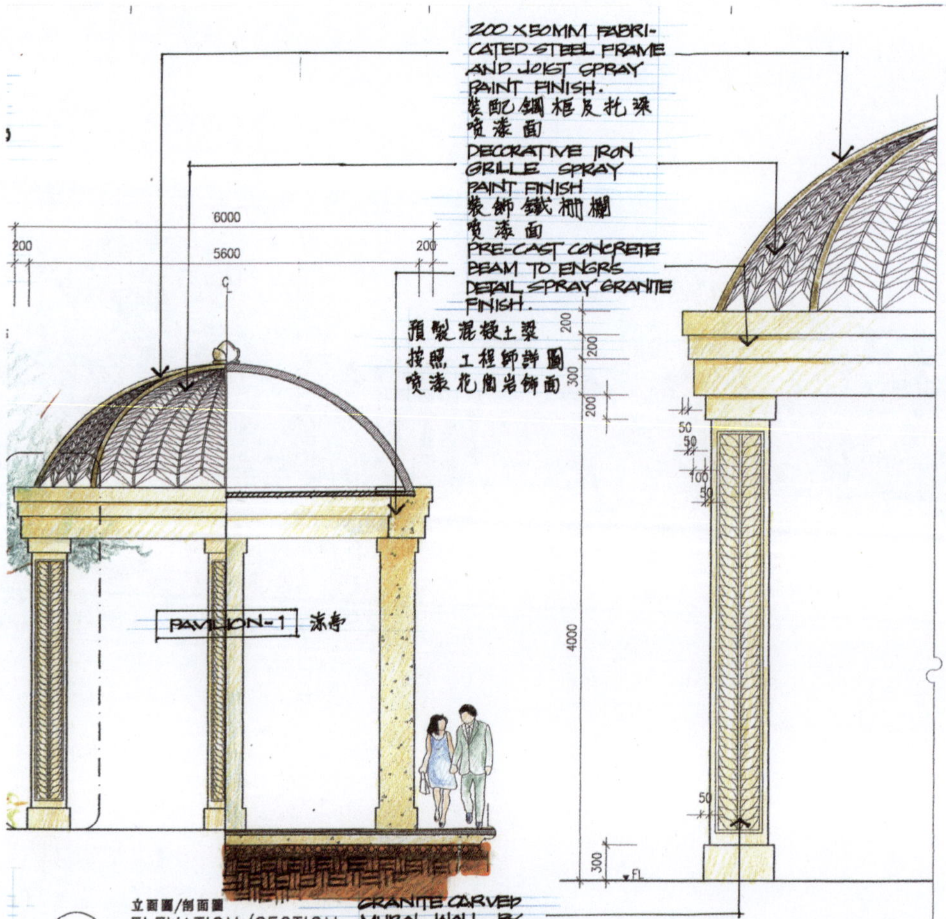

立面图/剖面图
C ELEVATION/SECTION
SCALE 1:50

圆柱详图
D COLUMN DETAIL
SCALE 1:30

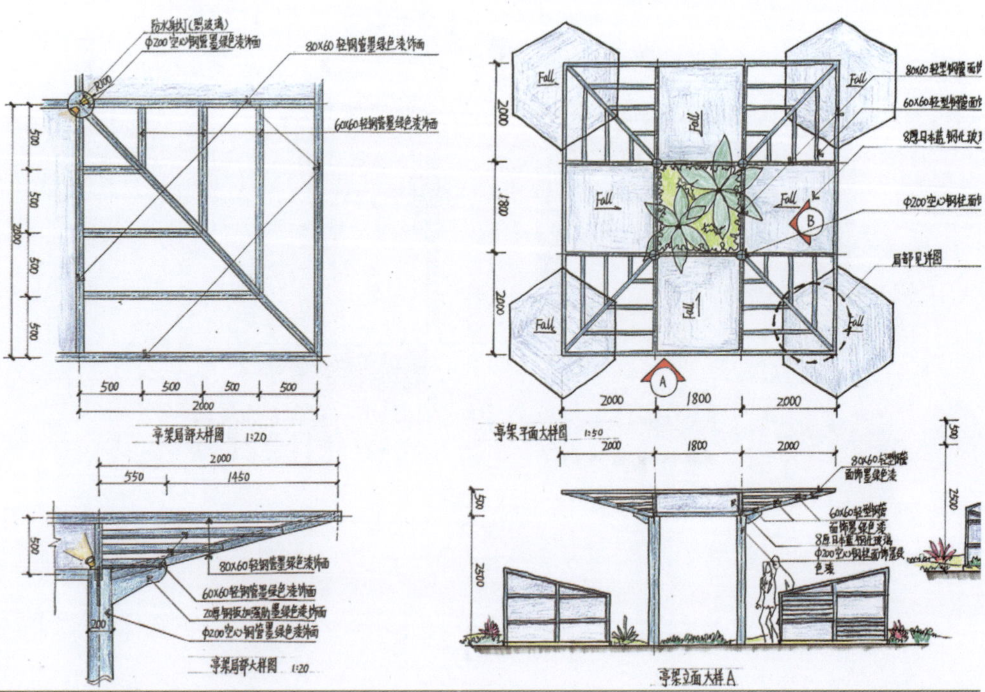

亭架局部大样图 1:20

亭架平面大样图 1:50

亭架局部大样图 1:20

亭架立面大样A

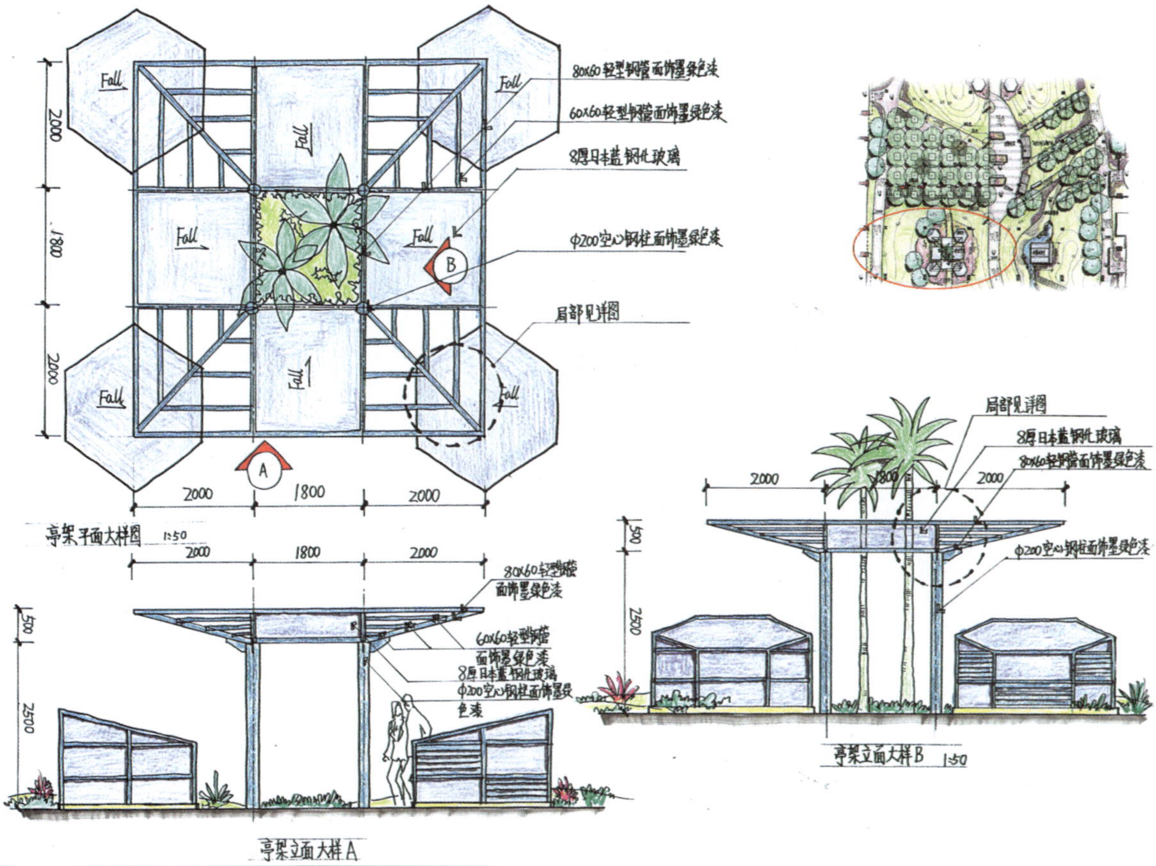
80x60轻型钢檩面饰墨绿色漆
60x60轻型钢檩面饰墨绿色漆
8厚日本蓝钢化玻璃
Φ200空心钢柱面饰墨绿色漆
局部见详图
Fall
2000
1800
2000
亭架平面大样图 1:50
亭架立面大样A
亭架立面大样B 1:50

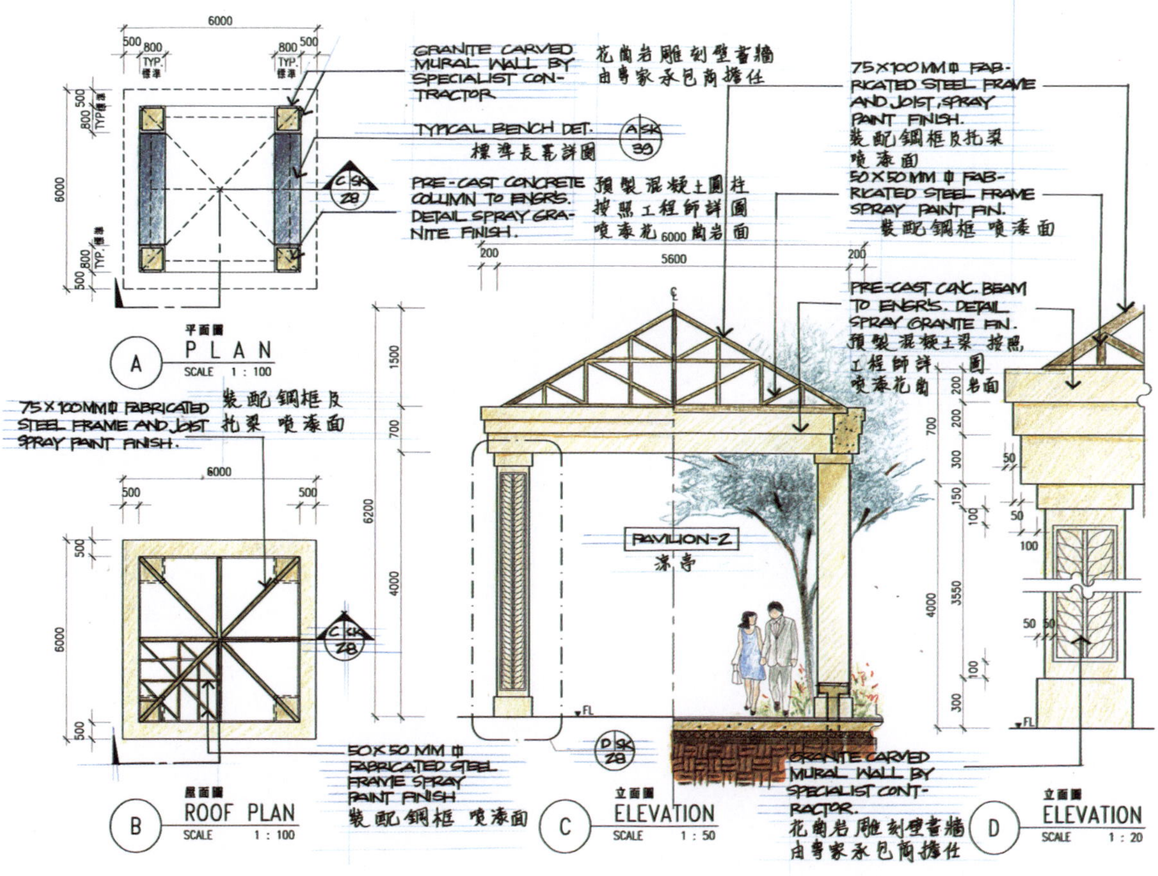
GRANITE CARVED MURAL WALL BY SPECIALIST CONTRACTOR
花岗岩雕刻壁画墙 由专家承包商担任
TYPICAL BENCH DET.
标准长凳详图
PRE-CAST CONCRETE COLUMN TO ENGR'S. DETAIL SPRAY GRANITE FINISH.
预制混凝土圆柱 按照工程师详图 喷漆花岗岩面
75×100 MM Φ FABRICATED STEEL FRAME AND JOIST, SPRAY PAINT FINISH.
装配钢框及托梁 喷漆面
50×50 MM Φ FABRICATED STEEL FRAME SPRAY PAINT FIN.
装配钢框 喷漆面
PRE-CAST CONC. BEAM TO ENGR'S. DETAIL SPRAY GRANITE FIN.
预制混凝土梁 按照工程师详图 喷漆花岗岩面
PAVILION-2
凉亭
50×50 MM Φ FABRICATED STEEL FRAME SPRAY PAINT FINISH
装配钢框 喷漆面
A 平面图 PLAN SCALE 1:100
B 屋面图 ROOF PLAN SCALE 1:100
C 立面图 ELEVATION SCALE 1:50
D 立面图 ELEVATION SCALE 1:20

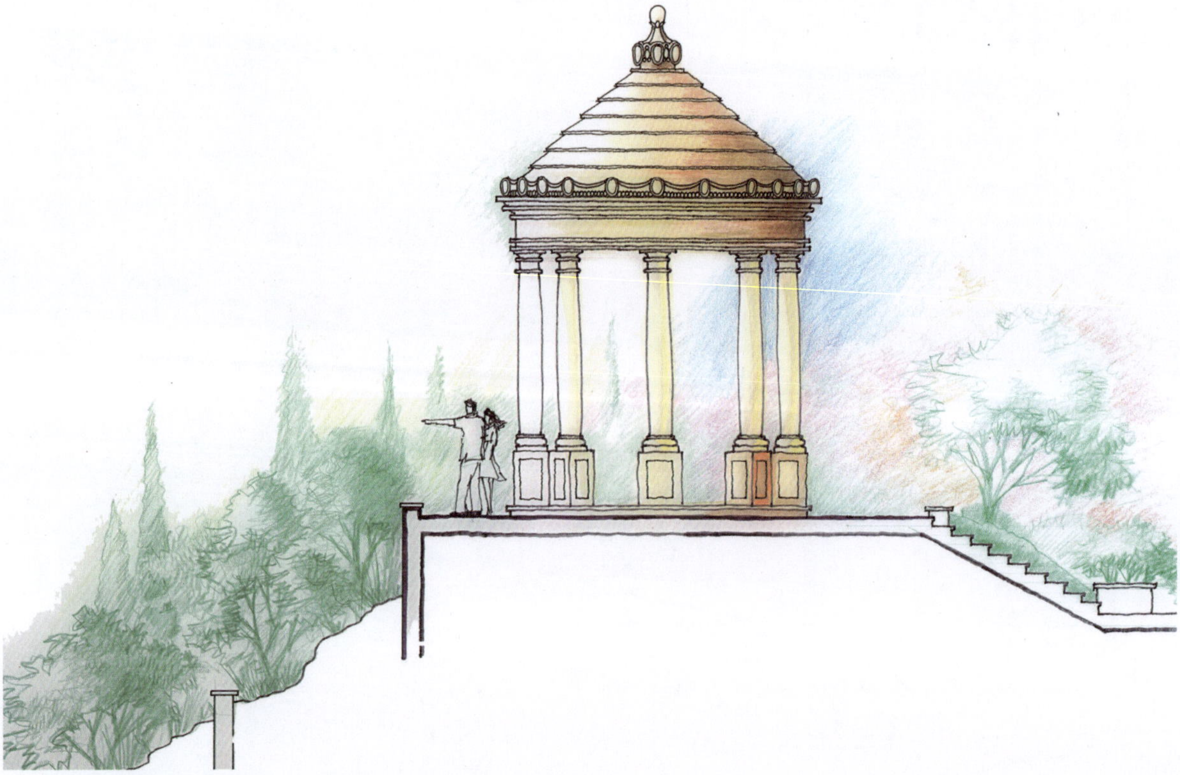

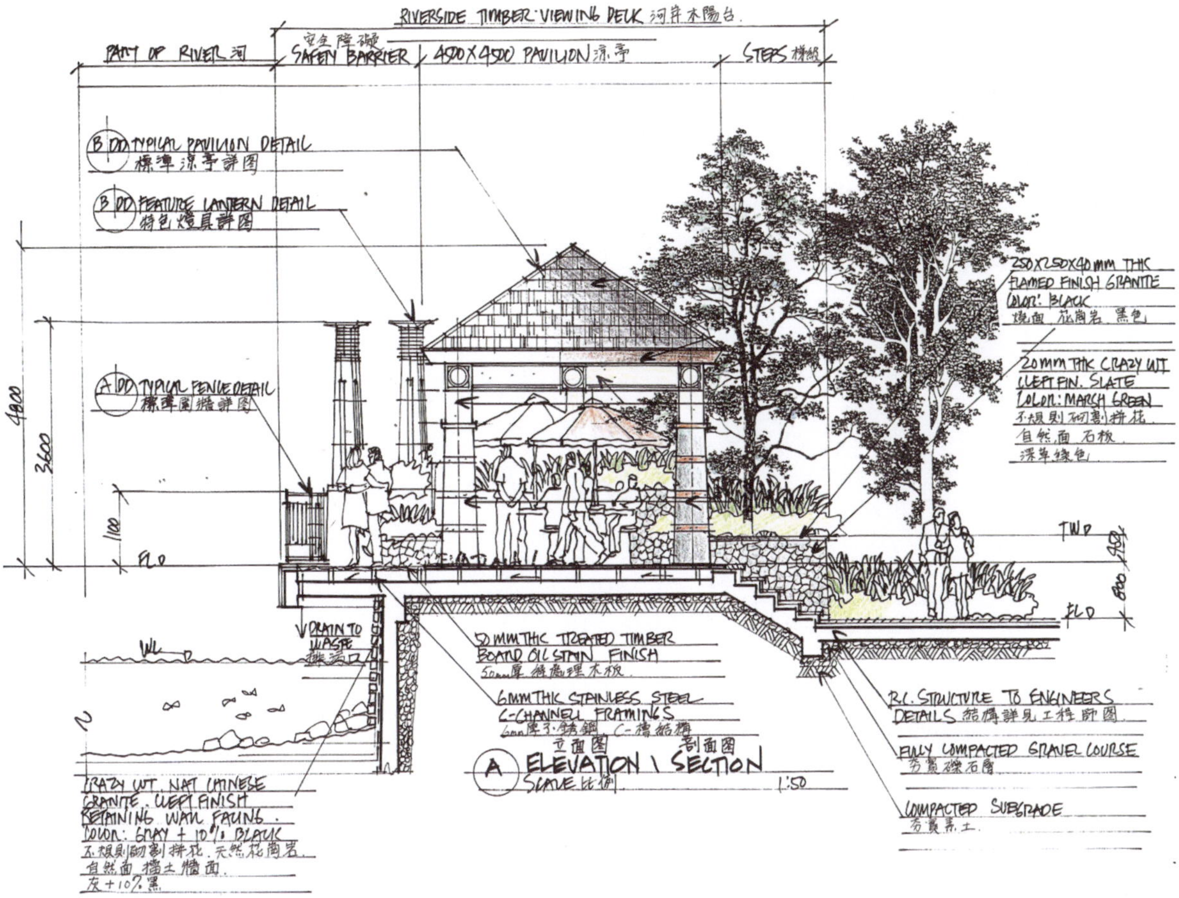

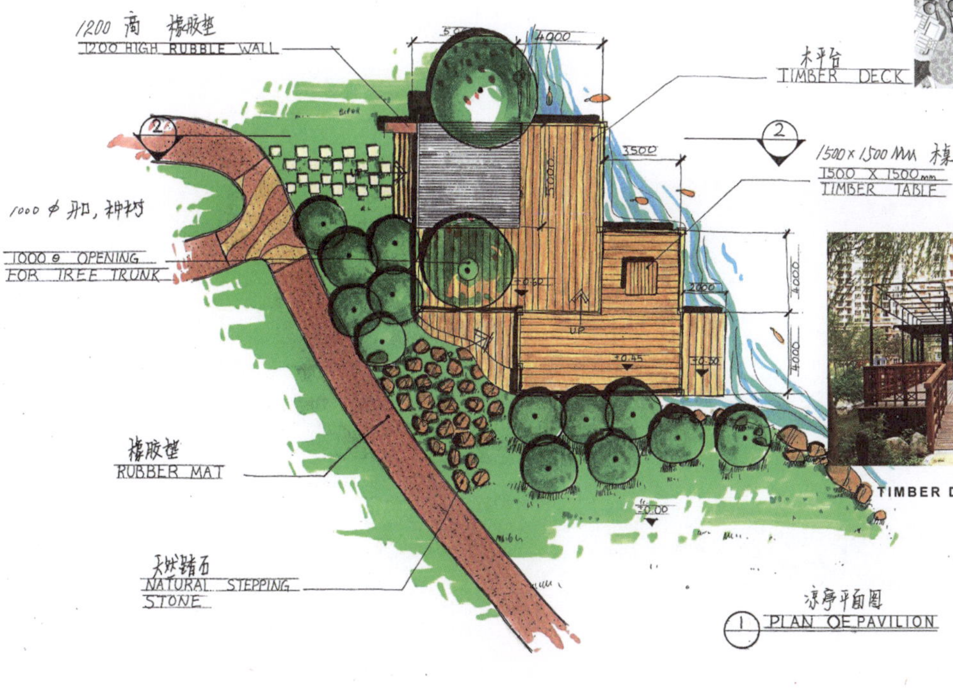

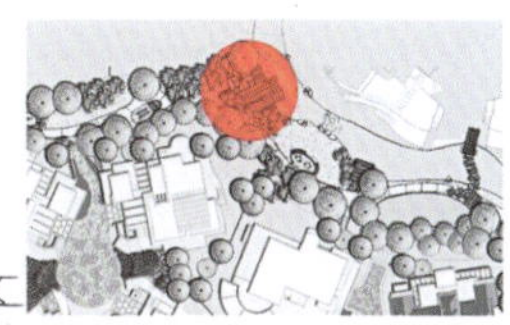

TIMBER DECK AND PAVILION

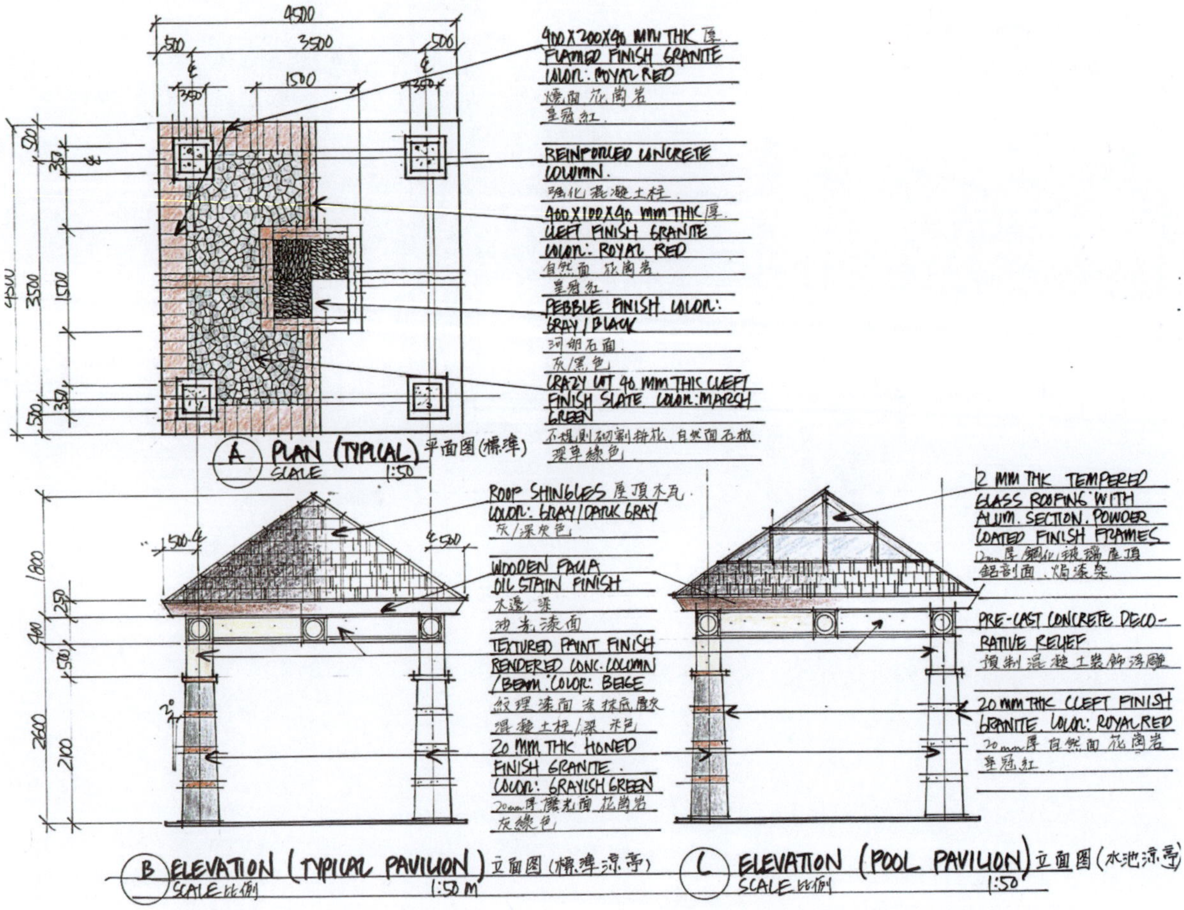
4500
500
3500
500
1500
350
350
4500
3500
1500
500
350
350
500
900X200X90 MM THK 厚
FLAMED FINISH GRANITE
COLOR: ROYAL RED
烧面花岗岩
皇冠红
REINFORCED CONCRETE
COLUMN.
强化混凝土柱
900X100X90 MM THK 厚
CLEFT FINISH GRANITE
COLOR: ROYAL RED
自然面花岗岩
皇冠红
PEBBLE FINISH COLOR:
GRAY / BLACK
河卵石面
灰/黑色
CRAZY CUT 40 MM THK CLEFT
FINISH SLATE COLOR: MARSH
GREEN
不规则切割拼花，自然面石板
深草绿色
A PLAN (TYPICAL) 平面图(标准)
SCALE 1:50
ROOF SHINGLES 屋顶木瓦
COLOR: GRAY/DARK GRAY
灰/深灰色
WOODEN FACIA
OIL STAIN FINISH
木边梁
油光漆面
TEXTURED PAINT FINISH
RENDERED CONC. COLUMN
/BEAM. COLOR: BEIGE
纹理漆面 涂抹底层灰
混凝土柱/梁，米色
20 MM THK HONED
FINISH GRANITE.
COLOR: GRAYISH GREEN
20mm厚 磨光面 花岗岩
灰绿色
12 MM THK TEMPERED
GLASS ROOFING WITH
ALUM. SECTION. POWDER
COATED FINISH FRAMES
12mm厚 钢化玻璃屋顶
铝剖面、焗漆架
PRE-CAST CONCRETE DECO-
RATIVE RELIEF
预制混凝土装饰浮雕
20 MM THK CLEFT FINISH
GRANITE. COLOR: ROYAL RED
20mm厚 自然面 花岗岩
皇冠红
1800
250
400
500
2600
2100
B ELEVATION (TYPICAL PAVILION) 立面图(标准凉亭)
SCALE 比例 1:50 M
C ELEVATION (POOL PAVILION) 立面图(水池凉亭)
SCALE 比例 1:50

亭
水榭
瀑布

E-E'道路水系剖面

0 0.5 1 2m

D-D'临水方亭立面

0 0.5 1 2 4m

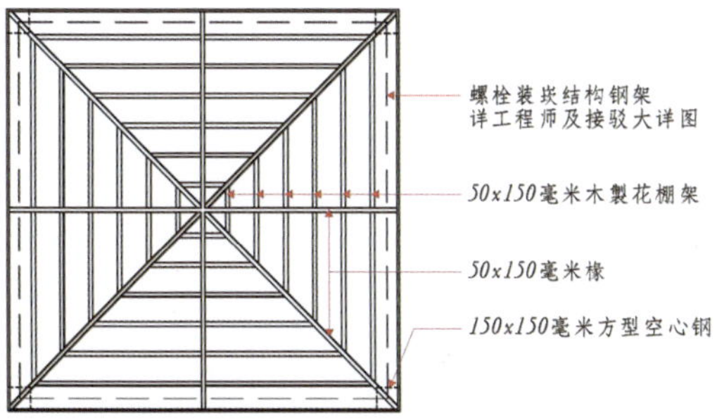

凉亭平面图 比例：1:50

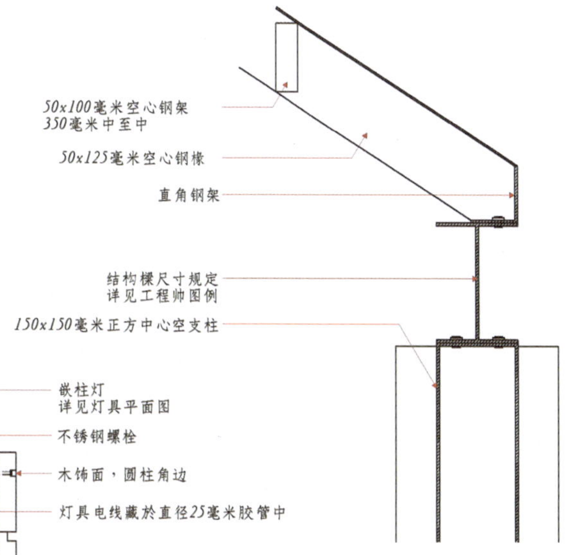

放大图C 比例：1:5

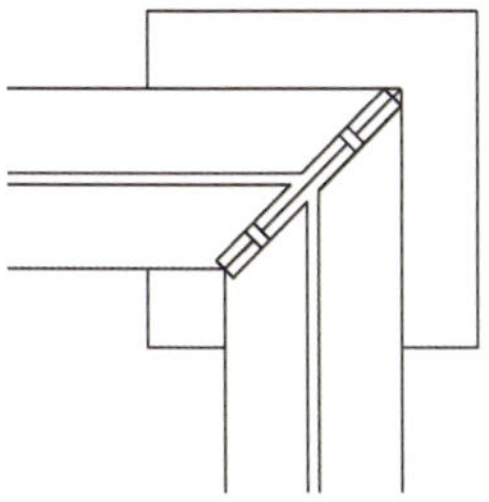
放大图A 比例：1:5

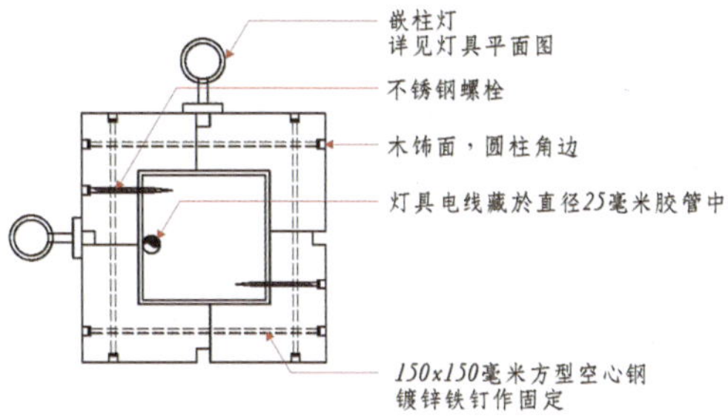

放大图B 比例：1:5

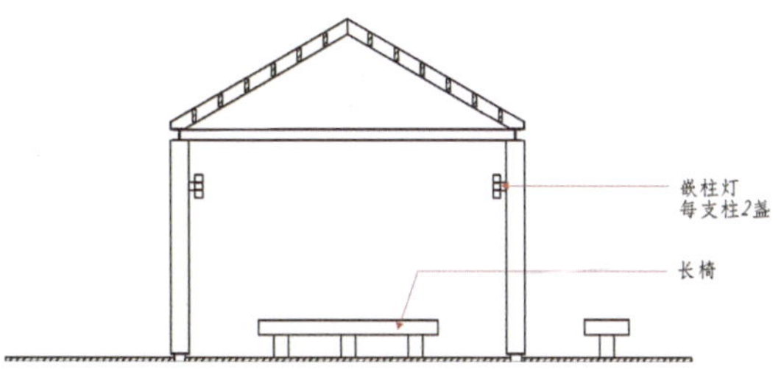

剖面图

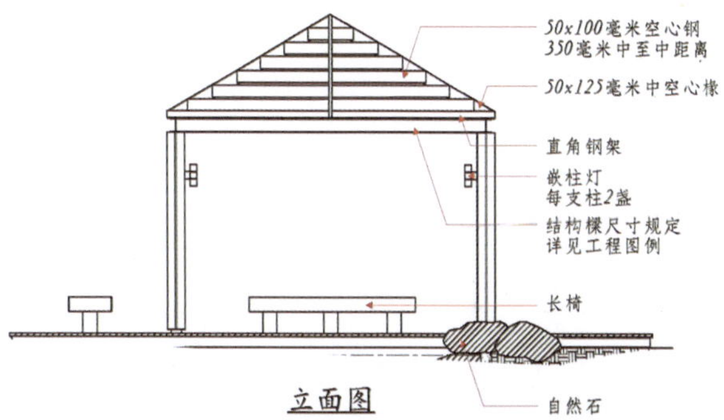

立面图

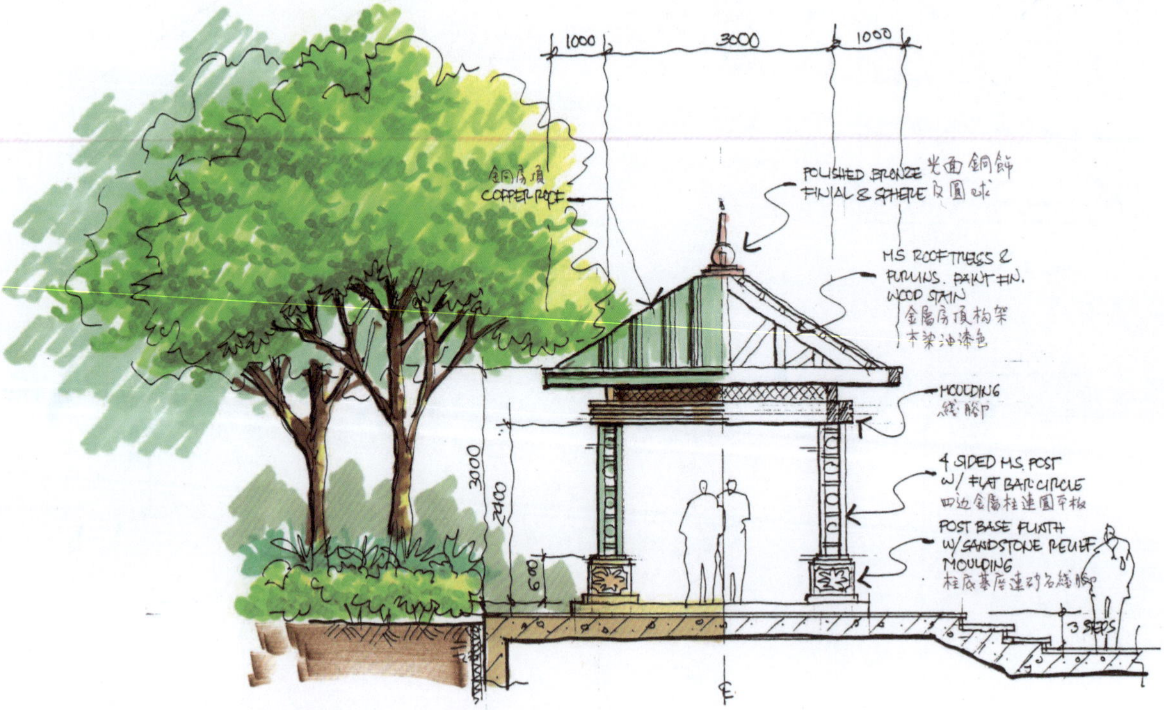

ELEVATION/SECTION 立面/剖面图
SCALE 1:50

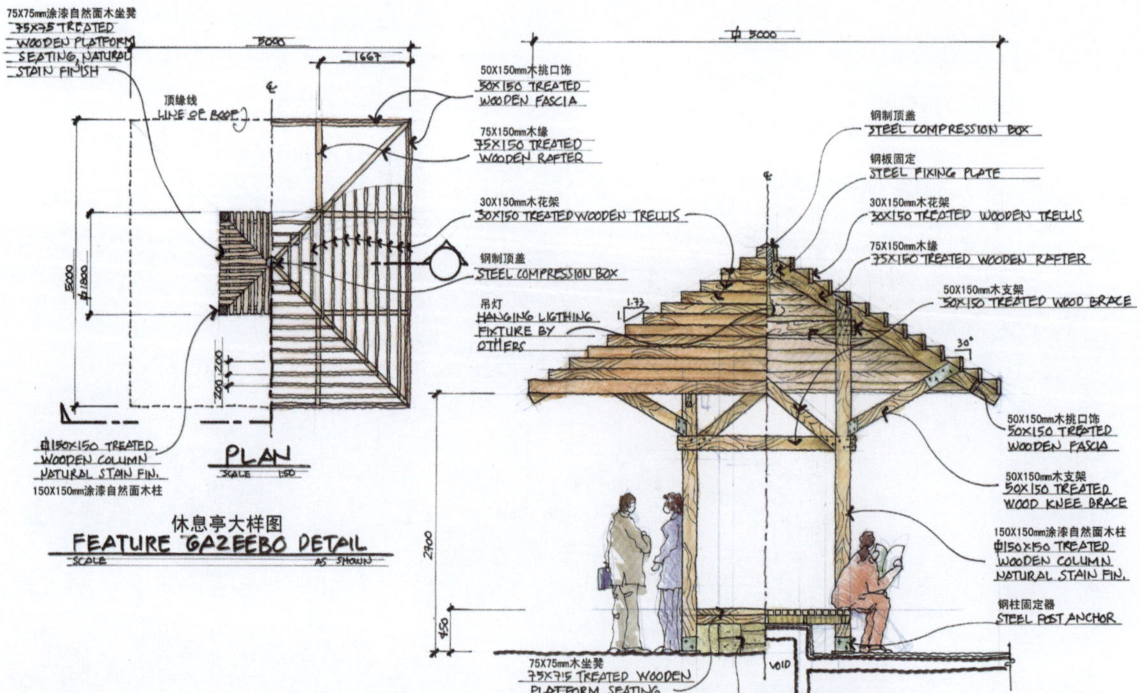

休息亭大样图
FEATURE GAZEEBO DETAIL
SCALE AS SHOWN

立面/剖面图
ELEVATION/SECTION
SCALE 1:30

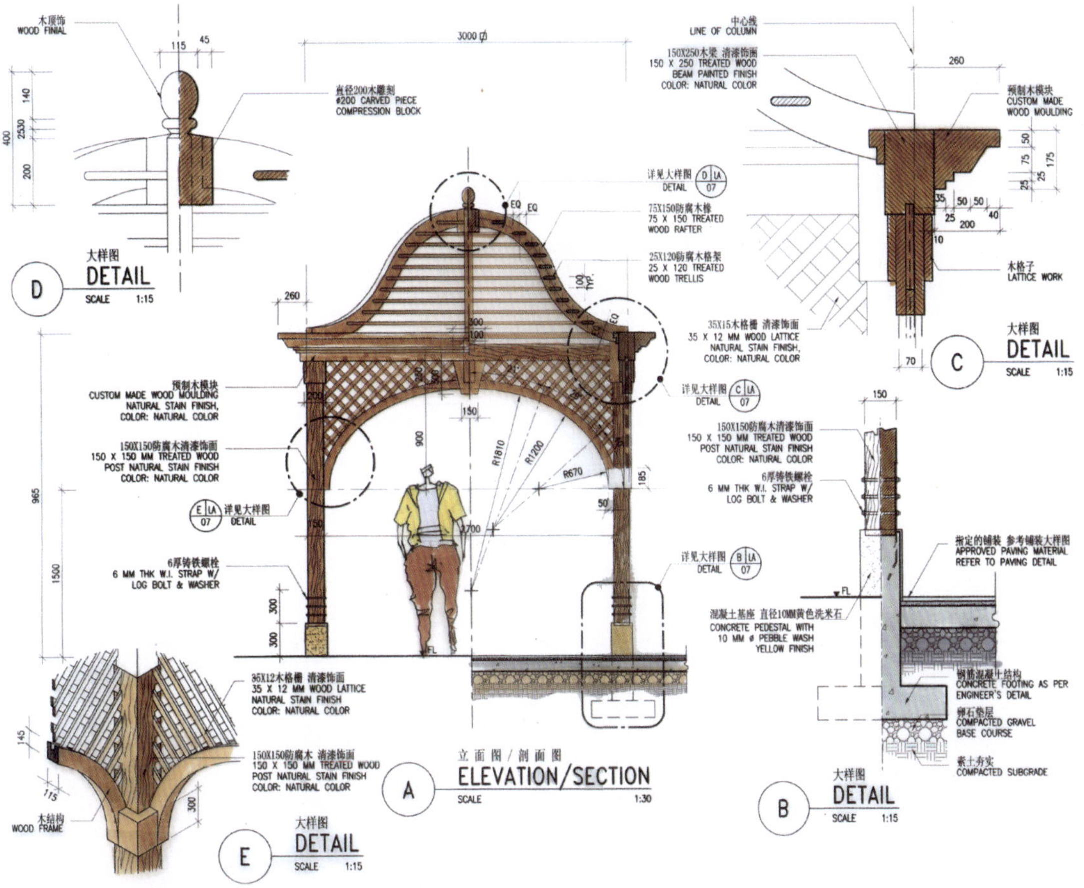

木顶饰
WOOD FINIAL
直径200木雕刻
Ø200 CARVED PIECE
COMPRESSION BLOCK
大样图
D
DETAIL
SCALE 1:15
3000
中心线
LINE OF COLUMN
150X250木梁 清漆饰面
150 X 250 TREATED WOOD
BEAM PAINTED FINISH
COLOR: NATURAL COLOR
预制木模块
CUSTOM MADE
WOOD MOULDING
木格子
LATTICE WORK
大样图
C
DETAIL
SCALE 1:15
详见大样图 D LA 07 DETAIL
75X150防腐木椽
75 X 150 TREATED
WOOD RAFTER
25X120防腐木格架
25 X 120 TREATED
WOOD TRELLIS
35X15木格栅 清漆饰面
35 X 12 MM WOOD LATTICE
NATURAL STAIN FINISH,
COLOR: NATURAL COLOR
详见大样图 C LA 07 DETAIL
预制木模块
CUSTOM MADE WOOD MOULDING
NATURAL STAIN FINISH,
COLOR: NATURAL COLOR
150X150防腐木清漆饰面
150 X 150 MM TREATED WOOD
POST NATURAL STAIN FINISH
COLOR: NATURAL COLOR
E LA 07 详见大样图 DETAIL
6厚铸铁螺栓
6 MM THK W.I. STRAP W/
LOG BOLT & WASHER
150X150防腐木清漆饰面
150 X 150 MM TREATED WOOD
POST NATURAL STAIN FINISH
COLOR: NATURAL COLOR
6厚铸铁螺栓
6 MM THK W.I. STRAP W/
LOG BOLT & WASHER
详见大样图 B LA 07 DETAIL
指定的铺装 参考铺装大样图
APPROVED PAVING MATERIAL
REFER TO PAVING DETAIL
混凝土基座 直径10MM黄色洗米石
CONCRETE PEDESTAL WITH
10 MM Ø PEBBLE WASH
YELLOW FINISH
钢筋混凝土结构
CONCRETE FOOTING AS PER
ENGINEER'S DETAIL
碎石垫层
COMPACTED GRAVEL
BASE COURSE
素土夯实
COMPACTED SUBGRADE
35X12木格栅 清漆饰面
35 X 12 MM WOOD LATTICE
NATURAL STAIN FINISH
COLOR: NATURAL COLOR
150X150防腐木 清漆饰面
150 X 150 MM TREATED WOOD
POST NATURAL STAIN FINISH
COLOR: NATURAL COLOR
木结构
WOOD FRAME
立面图／剖面图
A
ELEVATION/SECTION
SCALE 1:30
大样图
E
DETAIL
SCALE 1:15
大样图
B
DETAIL
SCALE 1:15

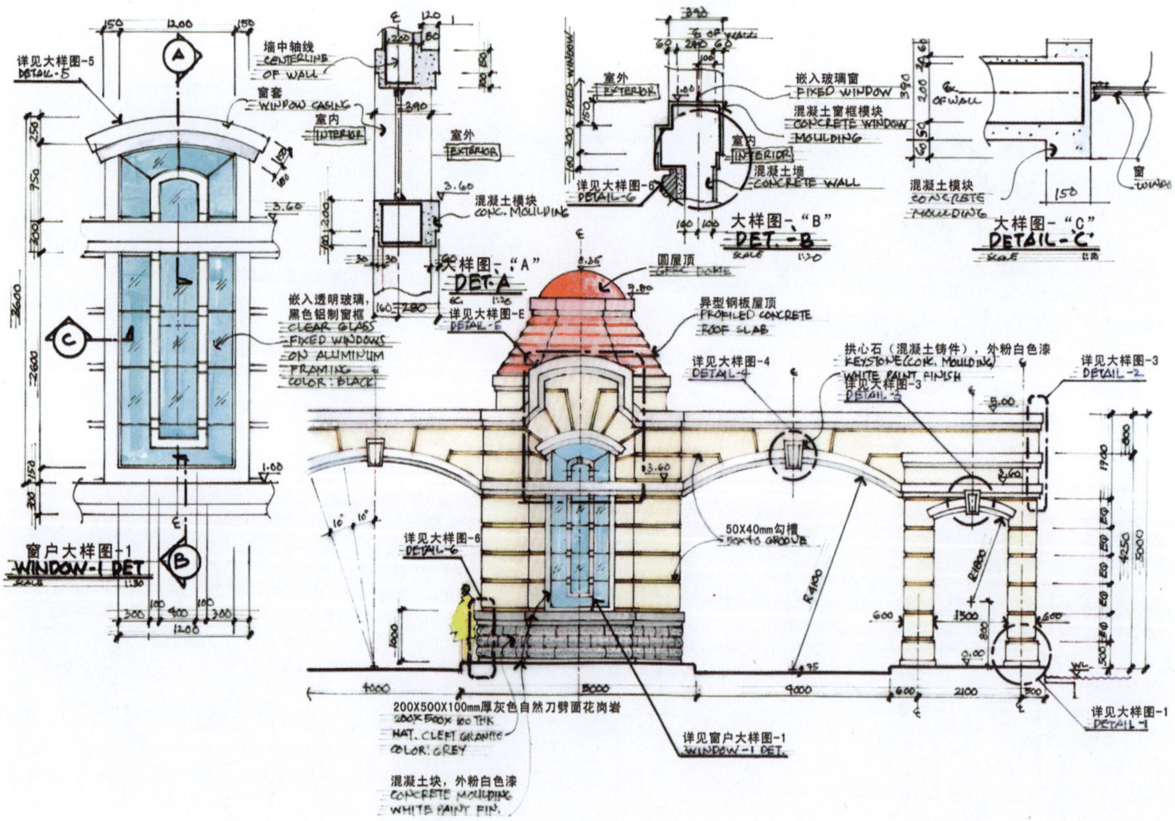
详见大样图-5
DETAIL-5
墙中轴线
CENTERLINE OF WALL
窗套
WINDOW CASING
室内
INTERIOR
室外
EXTERIOR
混凝土横块
CONC. MOULDING
嵌入透明玻璃，黑色铝制窗框
CLEAR GLASS FIXED WINDOWS ON ALUMINIUM FRAMING COLOR: BLACK
窗户大样图-1
WINDOW-1 DET
大样图-"A"
DET-A
详见大样图-E
DETAIL-E
室外
EXTERIOR
嵌入玻璃窗
FIXED WINDOW
混凝土窗框横块
CONCRETE WINDOW MOULDING
室内
INTERIOR
混凝土墙
CONCRETE WALL
详见大样图-6
DETAIL-6
大样图-"B"
DET.-B
混凝土横块
CONCRETE MOULDING
大样图-"C"
DETAIL-C
圆屋顶
GFRC DOME
异型钢板屋顶
PROFILED CONCRETE ROOF SLAB
详见大样图-4
DETAIL-4
拱心石（混凝土铸件），外粉白色漆
KEYSTONE(CONC. MOULDING) WHITE PAINT FINISH
详见大样图-3
详见大样图-3
DETAIL-2
50X40mm勾槽
50X40 GROOVE
详见大样图-6
DETAIL-6
200X500X100mm厚灰色自然刀劈面花岗岩
200X500X100 THK NAT. CLEFT GRANITE COLOR: GREY
混凝土块，外粉白色漆
CONCRETE MOULDING WHITE PAINT FIN.
详见窗户大样图-1
WINDOW-1 DET.
详见大样图-1
DETAIL-1

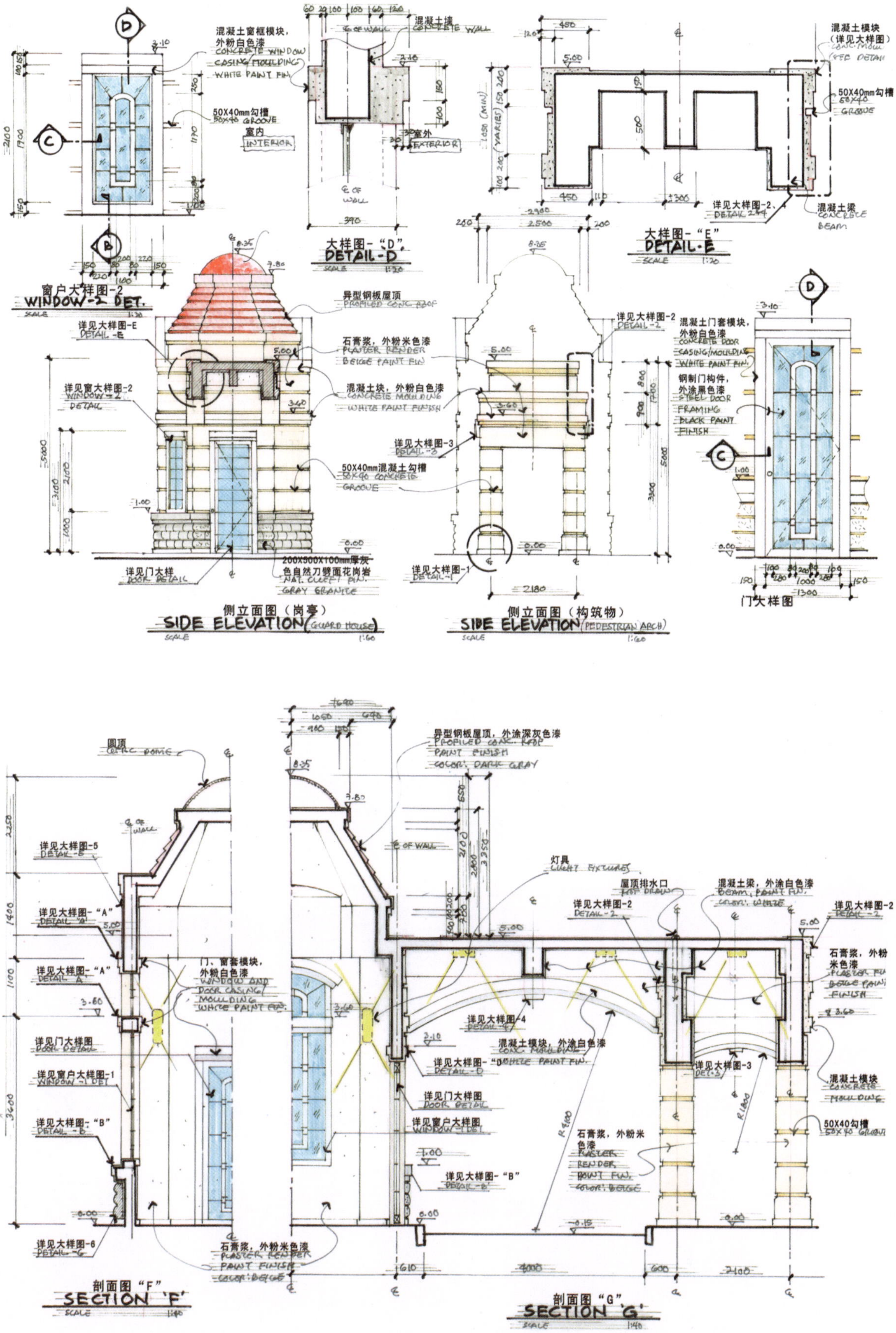
混凝土窗框模块，外粉白色漆
CONCRETE WINDOW CASING/MOULDING WHITE PAINT FIN.
50X40mm勾槽
50X40 GROOVE
室内
INTERIOR
窗户大样图-2
WINDOW-2 DET.
混凝土墙
CONCRETE WALL
室外
EXTERIOR
大样图-"D"
DETAIL-D
混凝土模块
（详见大样图）
50X40mm勾槽
混凝土梁
CONCRETE BEAM
大样图-"E"
DETAIL-E
异型钢板屋顶
详见大样图-E
DETAIL-E
石膏浆，外粉米色漆
PLASTER RENDER BEIGE PAINT FIN.
详见窗大样图-2
WINDOW-2 DETAIL
混凝土块，外粉白色漆
CONCRETE MOULDING WHITE PAINT FINISH
50X40mm混凝土勾槽
50X40 CONCRETE GROOVE
详见门大样
DOOR DETAIL
200X500X100mm厚灰色自然刀劈面花岗岩
GRAY GRANITE
侧立面图（岗亭）
SIDE ELEVATION (GUARD HOUSE)
详见大样图-2
DETAIL-2
详见大样图-3
DETAIL-3
详见大样图-1
DETAIL-1
侧立面图（构筑物）
SIDE ELEVATION (PEDESTRIAN ARCH)
混凝土门套模块，外粉白色漆
CONCRETE DOOR CASING/MOULDING WHITE PAINT FIN.
钢制门构件，外涂黑色漆
STEEL DOOR FRAMING BLACK PAINT FINISH
门大样图
圆顶
CONC. DOME
异型钢板屋顶，外涂深灰色漆
PAINT FINISH
COLOR: DARK GRAY
详见大样图-5
DETAIL-5
详见大样图-"A"
DETAIL-A
门、窗套模块，外粉白色漆
WINDOW AND DOOR CASING/MOULDING WHITE PAINT FIN.
详见门大样图
DOOR DETAIL
详见窗户大样图-1
WINDOW-1 DET.
详见大样图-"B"
DETAIL-B
详见大样图-6
DETAIL-6
石膏浆，外粉米色漆
PLASTER RENDER PAINT FINISH COLOR: BEIGE
剖面图"F"
SECTION 'F'
灯具
LIGHT FIXTURES
屋顶排水口
ROOF DRAIN
混凝土梁，外涂白色漆
详见大样图-4
DETAIL-4
混凝土模块，外涂白色漆
WHITE PAINT FIN.
详见大样图-"D"
DETAIL-D
详见大样图-3
DET-3
混凝土模块
CONCRETE MOULDING
50X40勾槽
石膏浆，外粉米色漆
PLASTER RENDER PAINT FIN. COLOR: BEIGE
剖面图"G"
SECTION 'G'

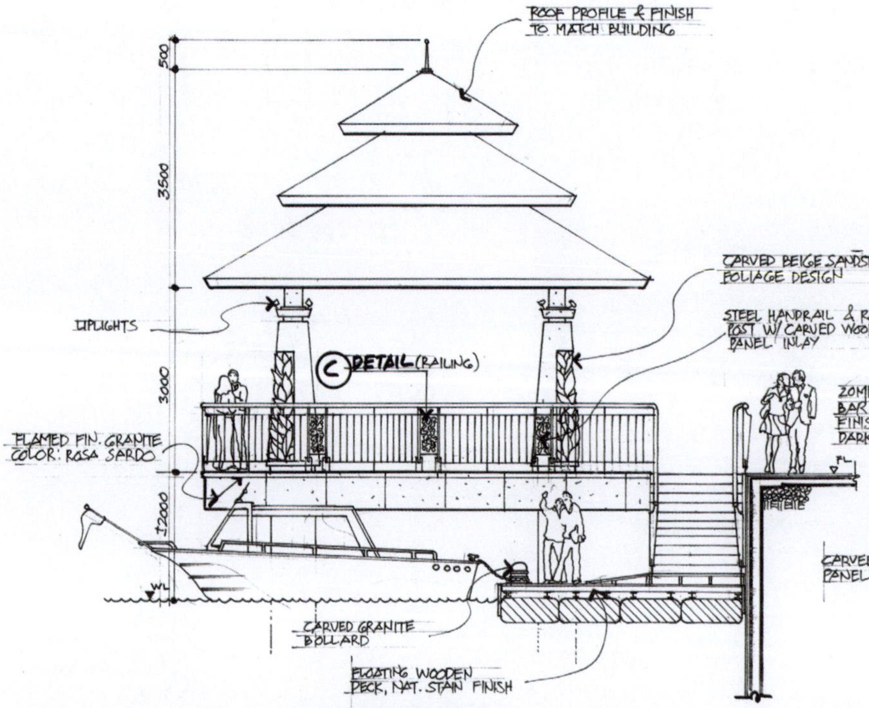

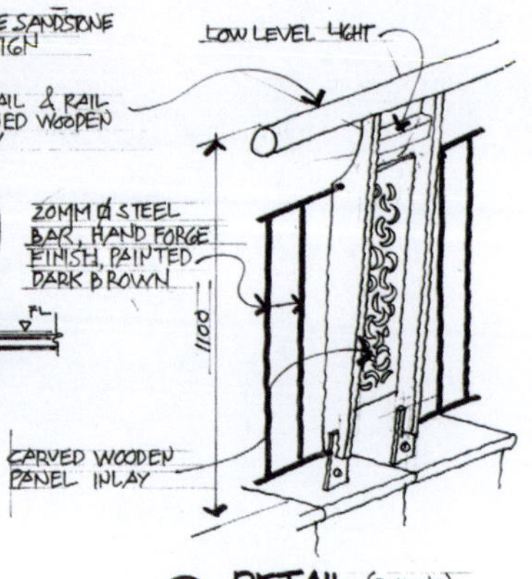

C DETAIL (RAILING)
SCALE NTS

B SECTION
SCALE 1:50M

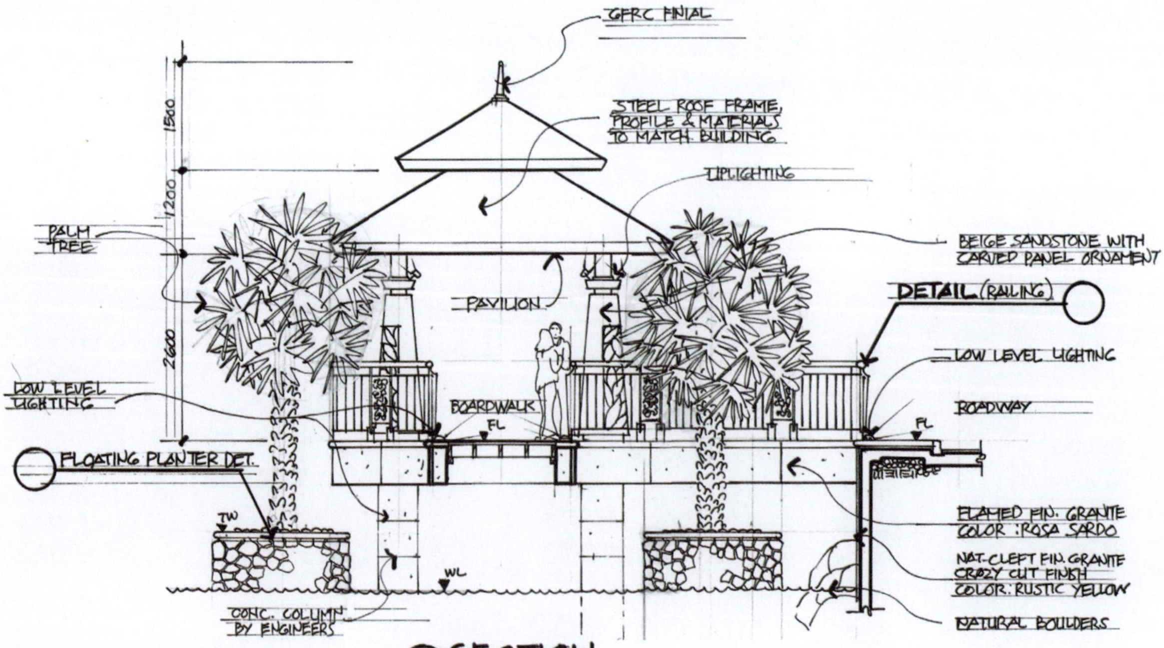

B SECTION
SCALE 1:50

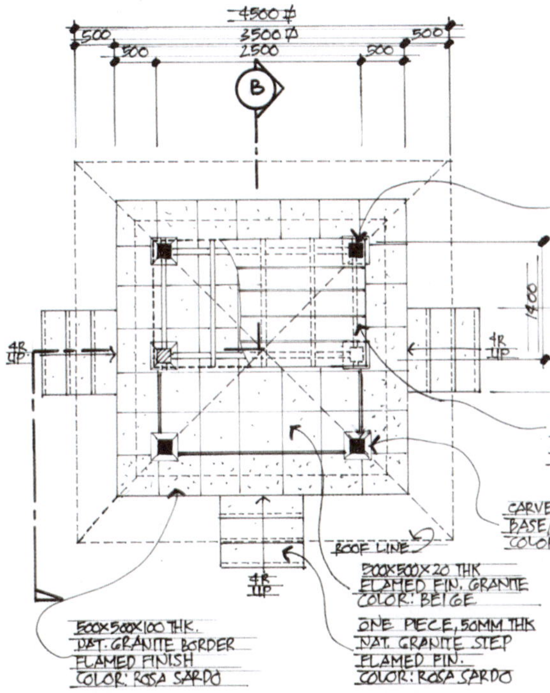

A PLAN (BALINESE GAZEBO)
SCALE 1:40

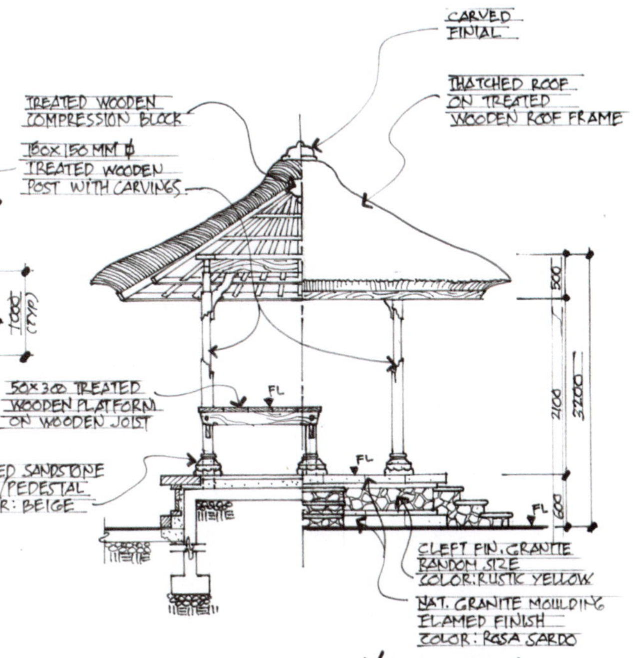

B SECTION/ELEVATION
SCALE 1:40

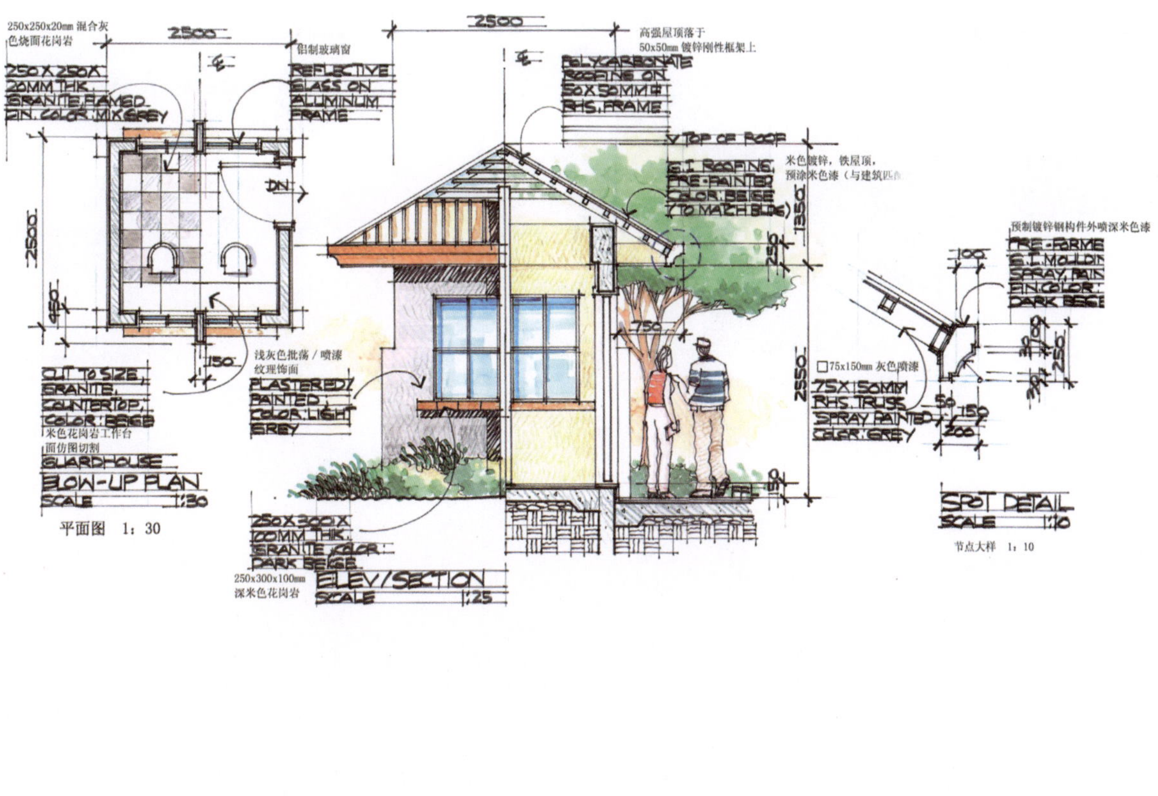

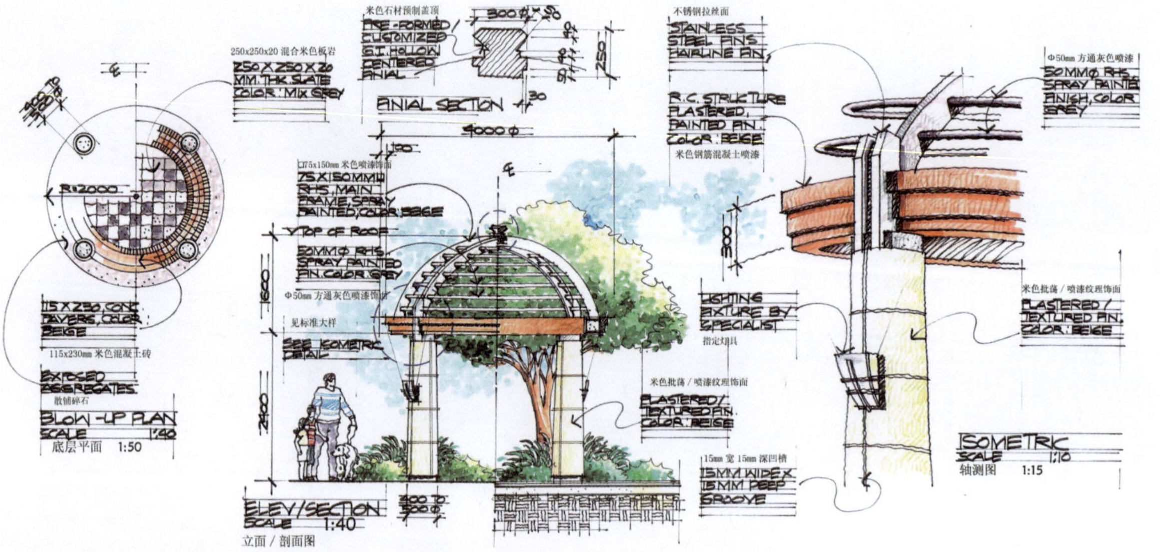
250x250x20 混合米色板岩
250X250X20 MM THK SLATE COLOR: MIX GREY
115X230 CONC PAVERS, COLOR: BEIGE
115x230mm 米色混凝土砖
EXPOSED AGGREGATES
散铺碎石
BLOW-UP PLAN
SCALE 1:40
底层平面 1:50
米色石材预制盖顶
PRE-FORMED/ CUSTOMIZED G.I. HOLLOW CENTERED FINIAL
FINIAL SECTION
4000 Φ
□75x150mm 米色喷漆饰面
75X150MM RHS, MAIN FRAME, SPRAY PAINTED, COLOR: BEIGE
TOP OF ROOF
50MMΦ RHS SPRAY PAINTED FIN. COLOR GREY
Φ50mm 方通灰色喷漆饰面
见标准大样
SEE ISOMETRIC DETAIL
米色批荡 / 喷漆纹理饰面
PLASTERED/ TEXTURED FIN. COLOR: BEIGE
15mm 宽 15mm 深凹槽
15MM WIDE X 15MM DEEP GROOVE
ELEV/SECTION
SCALE 1:40
立面 / 剖面图
不锈钢拉丝面
STAINLESS STEEL FINS HAIRLINE FIN.
R.C. STRUCTURE PLASTERED, PAINTED FIN. COLOR: BEIGE
米色钢筋混凝土喷漆
Φ50mm 方通灰色喷漆
50MMΦ RHS, SPRAY PAINTED FINISH, COLOR GREY
LIGHTING FIXTURE BY SPECIALIST
指定灯具
米色批荡 / 喷漆纹理饰面
PLASTERED/ TEXTURED FIN. COLOR: BEIGE
ISOMETRIC
SCALE 1:10
轴测图 1:15

4000
250x250x20mm
混合灰色板岩
250X250X20 MM THK SLATE COLOR: MIX GREY
115x230mm 米色混凝土砖
115X230 CONCRETE PAVERS, COLOR: BEIGE
EXPOSED AGGREGATES COLOR: LIGHT GREY
浅灰色洗石米
BLOW-UP PLAN
SCALE
底层平面 1:70
4000 Φ
指定屋顶材料
POLYCARBONATE ROOFING BY SPECIALIST
TOP OF ROOF
钢筋混凝土梁（见工程详图）
R.C. BEAM BY ENGRS DETAIL
见轴测大样
SEE ISOMETRIC DETAIL
PLASTERED/ TEXTURED FIN. COLOR: BEIGE
米色批荡 / 喷漆纹理饰面
PAINTED, COLOR: LIGHT GREY
浅灰色喷漆
指定灯具（见参考图片）
LIGHTING FIXTURE SEE IMAGE
FIN. FLOOR LVL
ELEV/SECTION
SCALE 1:40
□100x150mm 主方通米色喷漆饰面
100X150 RHS MAIN TRUSS, SPRAY PAINTED COLOR: BEIGE
□75x75mm 次方通灰色喷漆饰面
75X75MM RHS, SUB-FRAME SPRAY PAINTED COLOR: GREY
高强材料屋顶
POLYCARBONATE ROOFING
钢筋混凝土结构（见工程图）
R.C. STRUCTURE BY ENGINEERS DETAIL
指定灯具
LIGHTING FIXTURE BY SPECIALIST
15mm 宽 15mm 深凹槽
15MM WIDE X 15MM GROOVE
米色喷漆
PLASTERED/ TEXTURED FIN. COLOR: BEIGE
PRE-FORMED/ PRE-PAINTED G.I. MOULDING COLOR: BEIGE
预制镀锌钢构件外喷米色漆
ISOMETRIC
SCALE 1:20
轴测图 1:30

立面/剖面

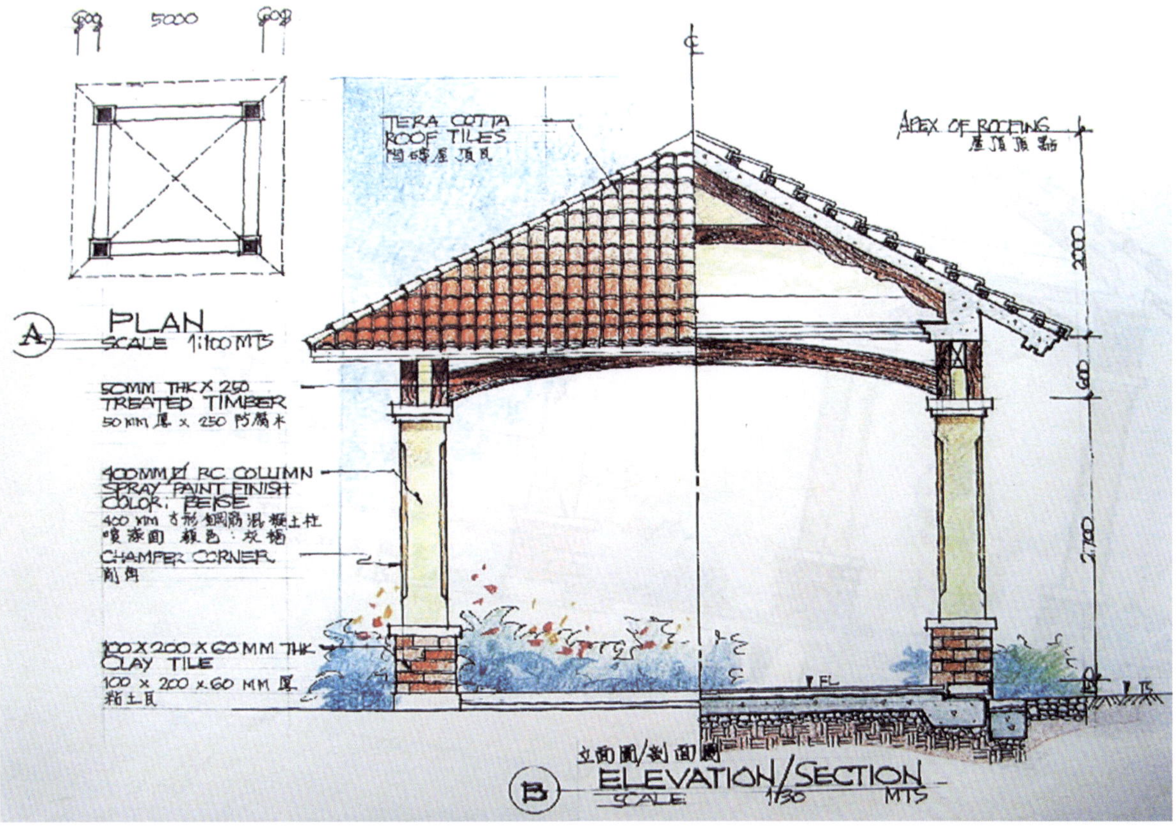
5000
PLAN
SCALE 1:100 MTS
TERA COTTA ROOF TILES
陶磚屋頂瓦
APEX OF ROOFING
屋頂頂點
50MM THK X 250 TREATED TIMBER
50 MM 厚 x 250 防腐木
400MM ☐ RC COLUMN SPRAY PAINT FINISH COLOR: BEIGE
CHAMPER CORNER
100 X 200 X 60 MM THK CLAY TILE
100 x 200 x 60 MM 厚 粘土瓦
2000
600
2700
FL
TS
立面圖/剖面圖
ELEVATION/SECTION
SCALE 1/30 MTS

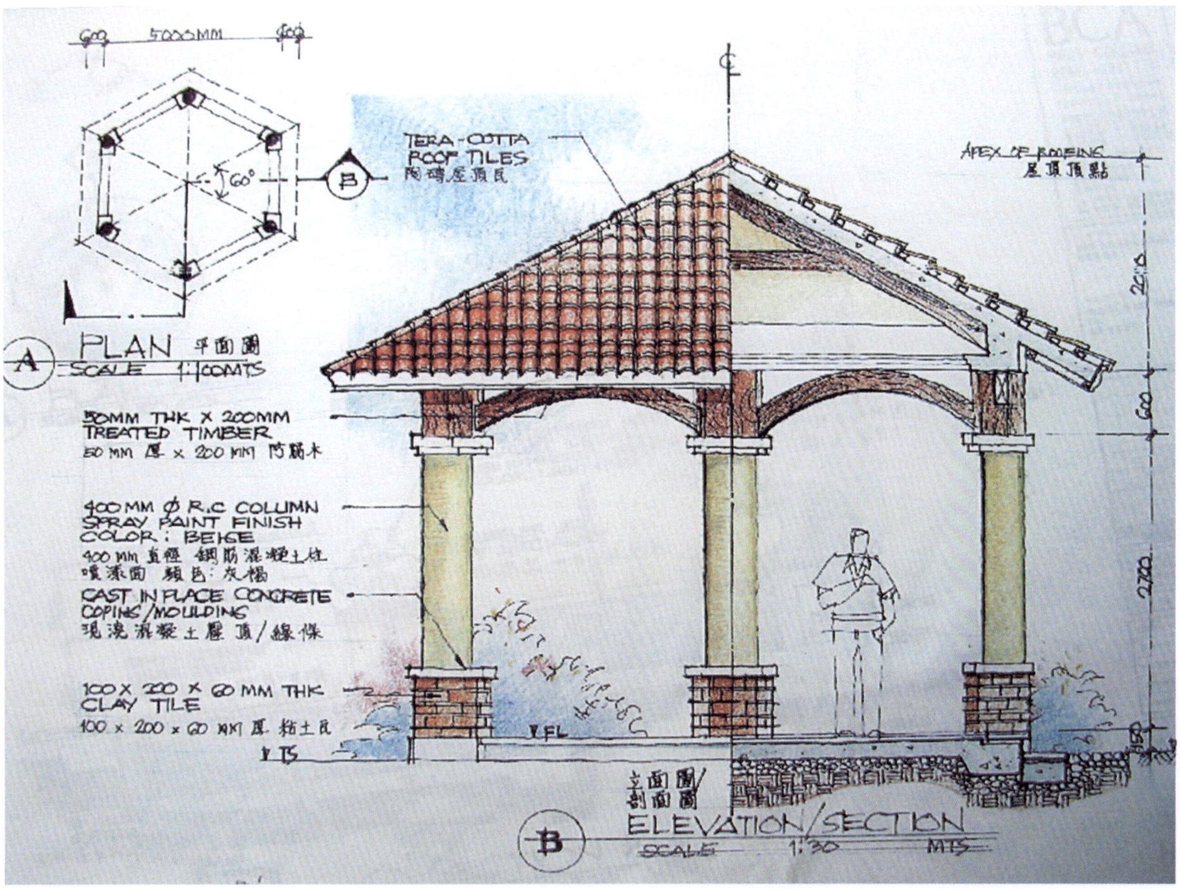
5000MM
PLAN 平面圖
SCALE 1:100MTS
60°
TERA-COTTA ROOF TILES
陶磚屋頂瓦
APEX OF ROOFING
屋頂頂點
50MM THK X 200MM TREATED TIMBER
50 MM 厚 x 200 MM 防腐木
400 MM Ø R.C COLUMN SPRAY PAINT FINISH COLOR: BEIGE
CAST IN PLACE CONCRETE COPING/MOULDING
現澆混凝土壓頂/線條
100 X 200 X 60 MM THK CLAY TILE
100 x 200 x 60 MM 厚 粘土瓦
2200
600
2700
FL
TS
立面圖/剖面圖
ELEVATION/SECTION
SCALE 1:30 MTS

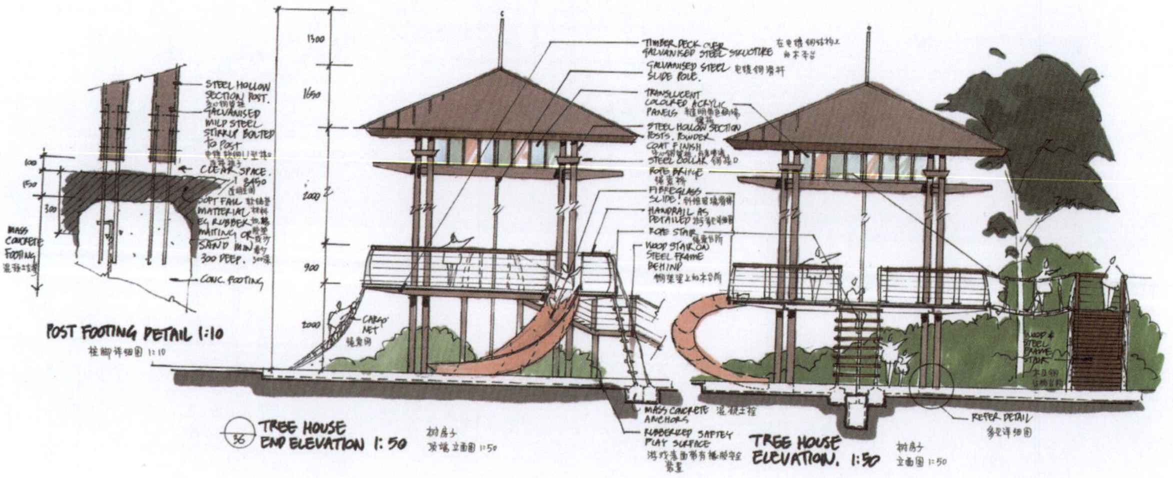

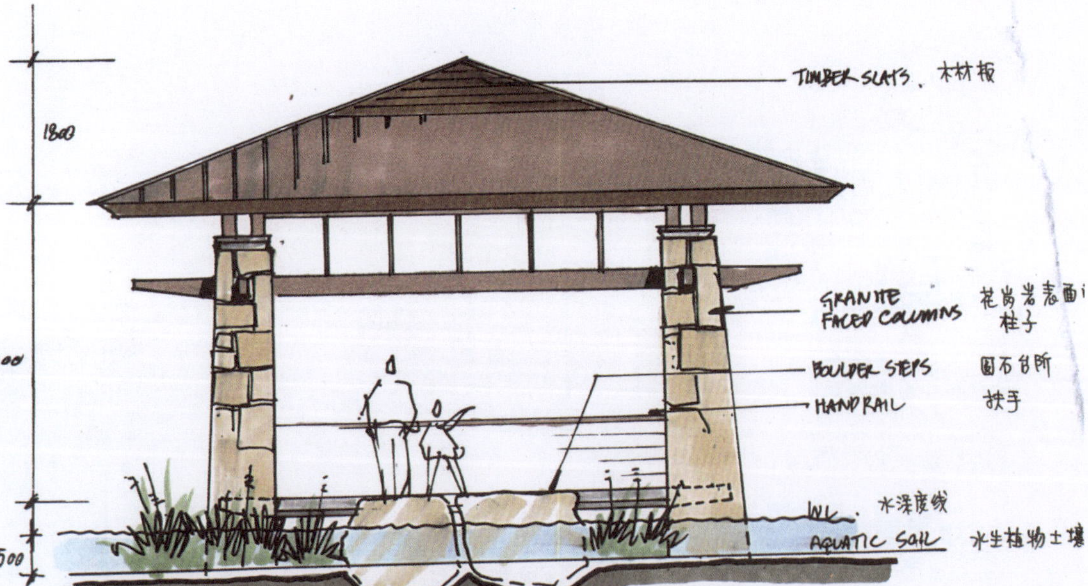

32A FLOATING PAVILLION FRONT ELEVATION 1:50

浮亭正面
立面图 1:50

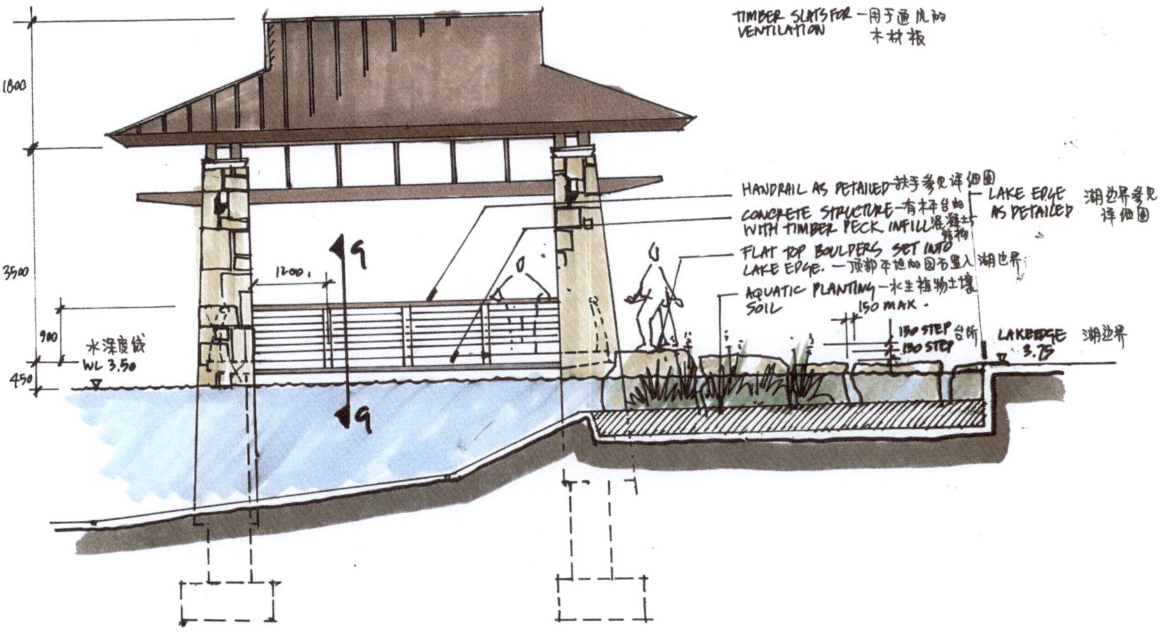

32 FLOATING PAVILLION ELEVATION 1:50 浮亭立面图 1:50

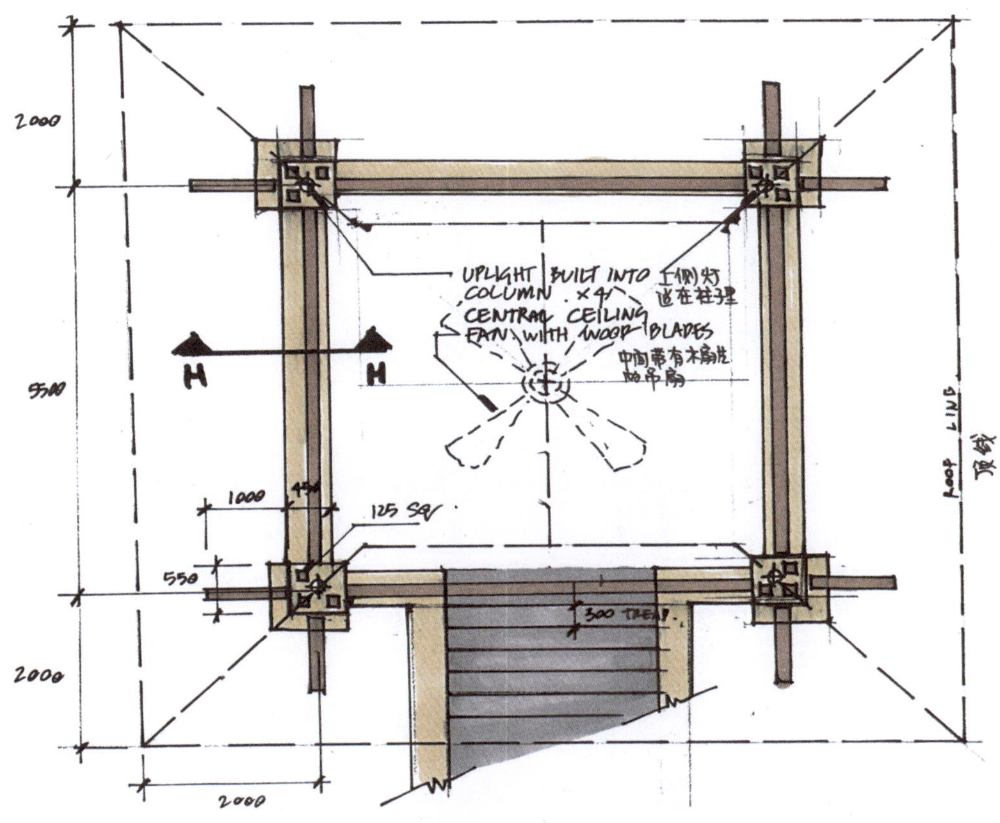

31 TYPICAL PICNIC / FLOATING PAVILLION PLAN 1:50 典型野餐/浮亭平面 1:50

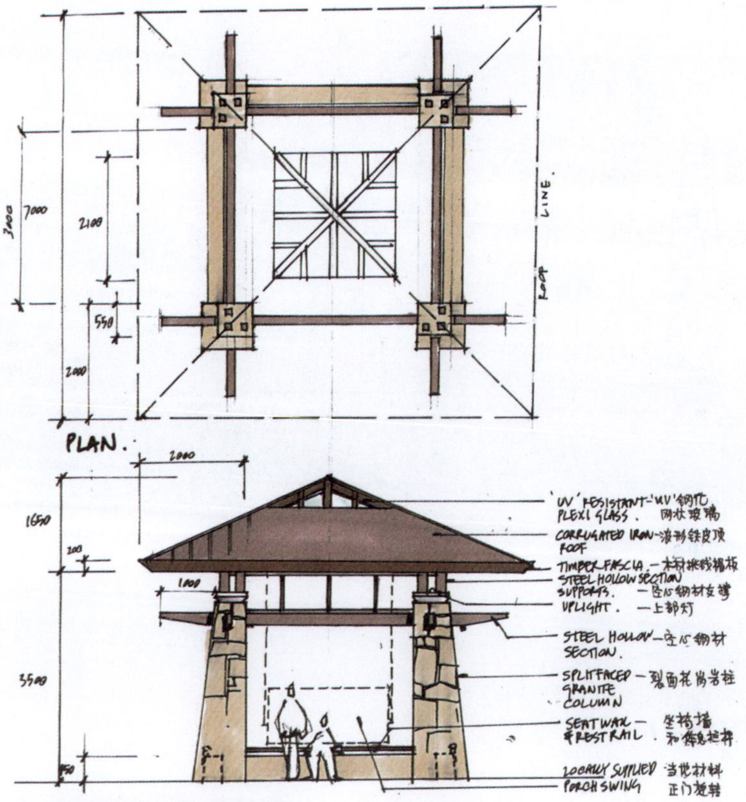

35 **PORCH SWING PAVILLION. ELEVATION 1:50** 正门摇椅亭立面图 1:50

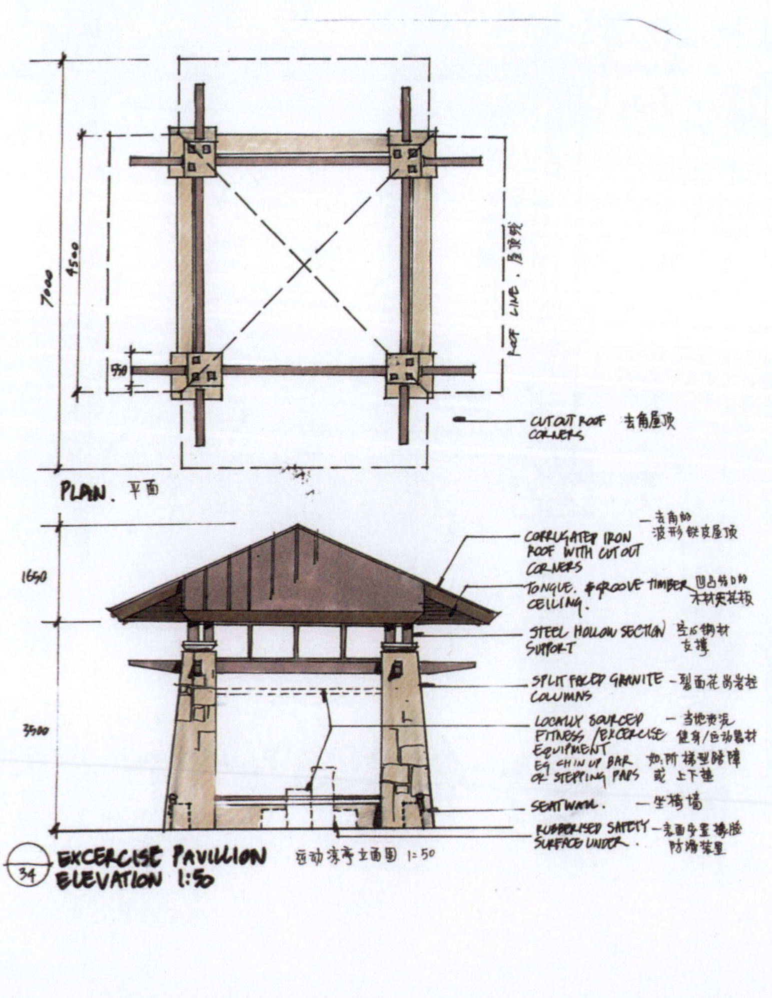

34 **EXCERCISE PAVILLION ELEVATION 1:50** 运动亭立面图 1:50

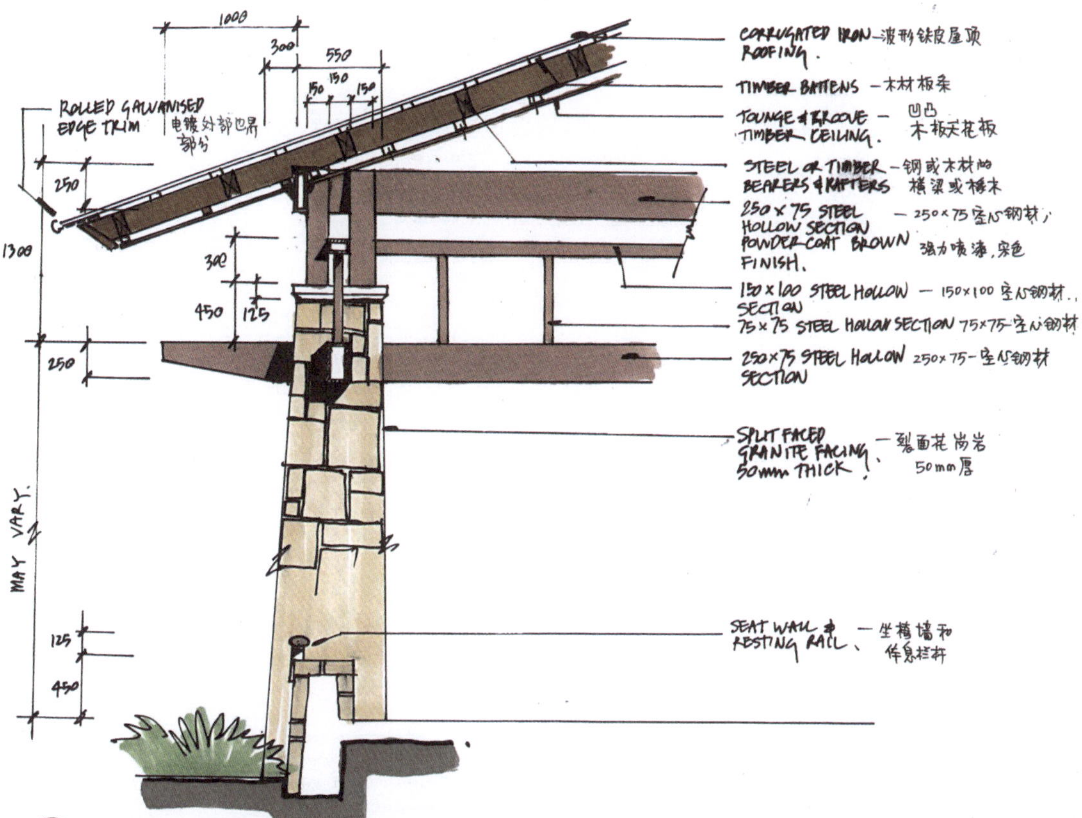

31 **TYPICAL PAVILLION SECTION HH 1:25** 典型的浮亭 HH断面 1:25

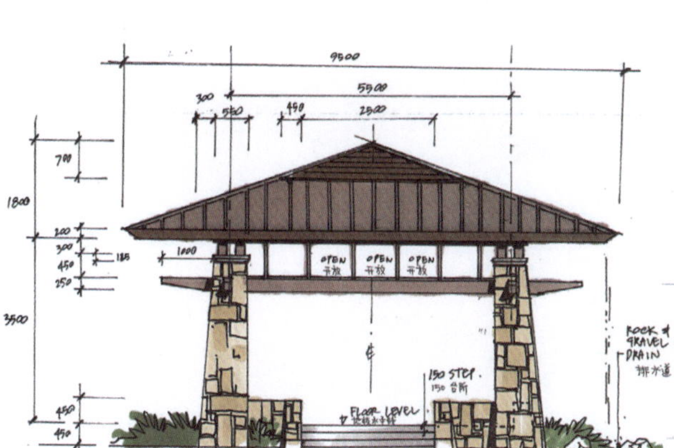

31 **PICNIC PAVILLION 1:50**
野餐亭 1:50

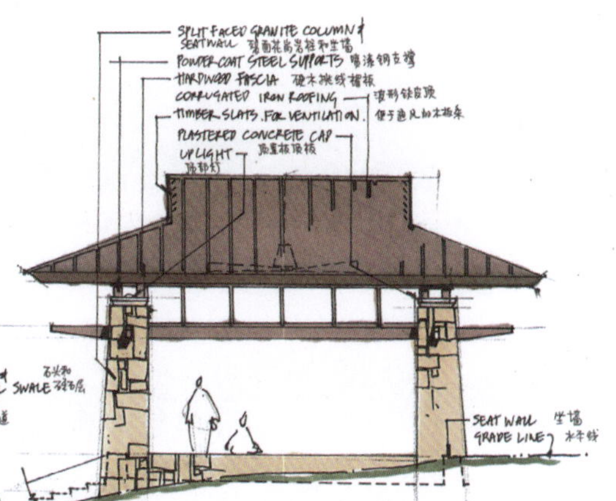

END ELEVATION 1:50
顶端立面图 1:50

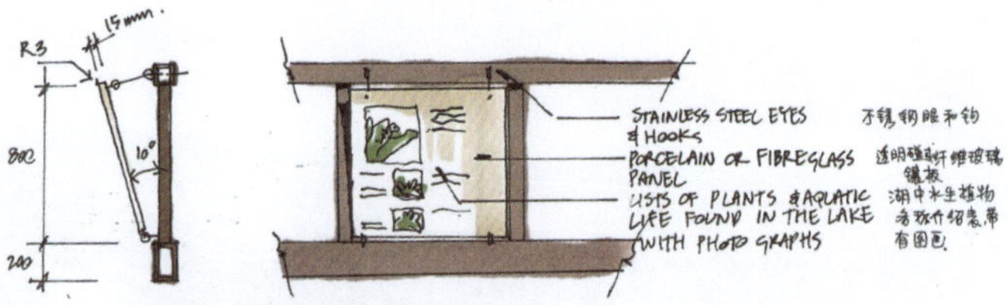

TYPICAL GRAPHICS PANEL.

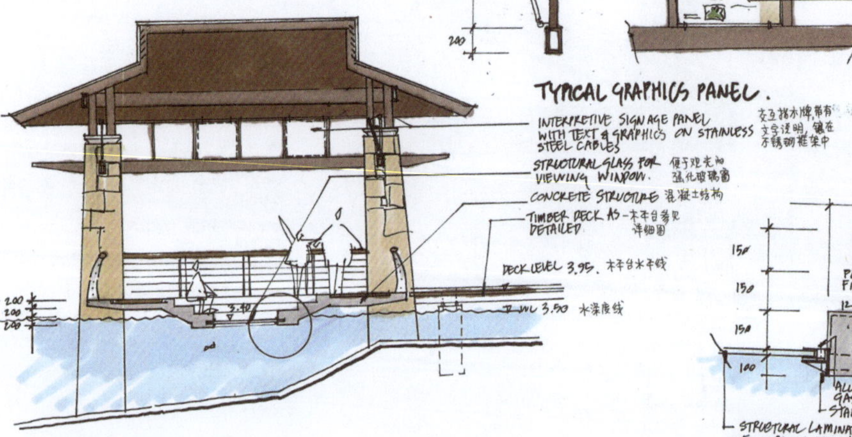

(33) SECTION THROUGH EDUCATIONAL PAVILLION. 1:50 教育亭断面 1:50

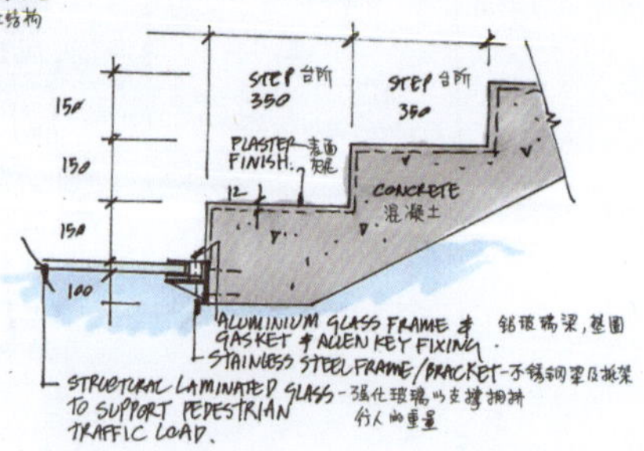

GLASS VIEWING WINDOW 观光玻璃窗
SECTION 1:10 断面 1:10

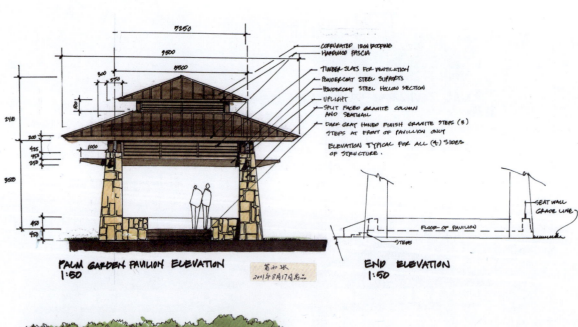

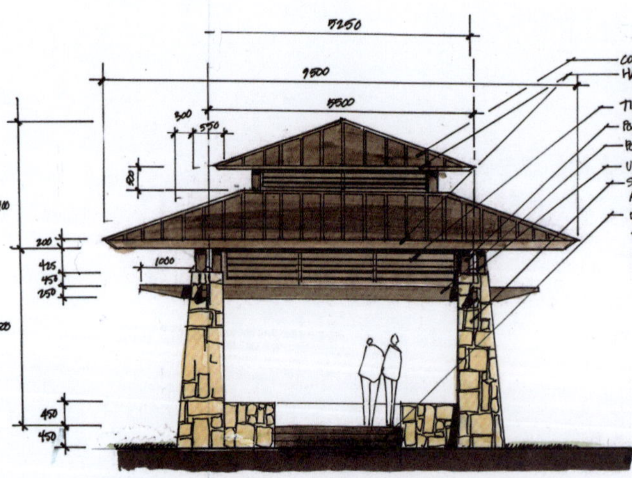

PALM GARDEN PAVILION ELEVATION
1:50

END ELEVATION
1:50

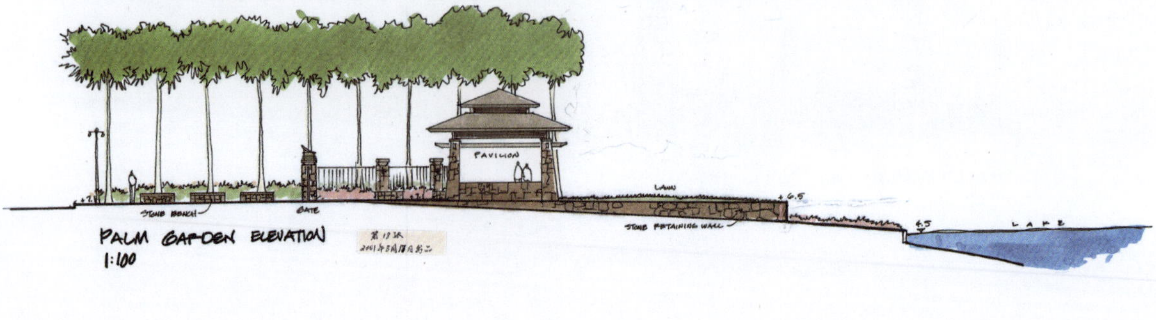

PALM GARDEN ELEVATION
1:100

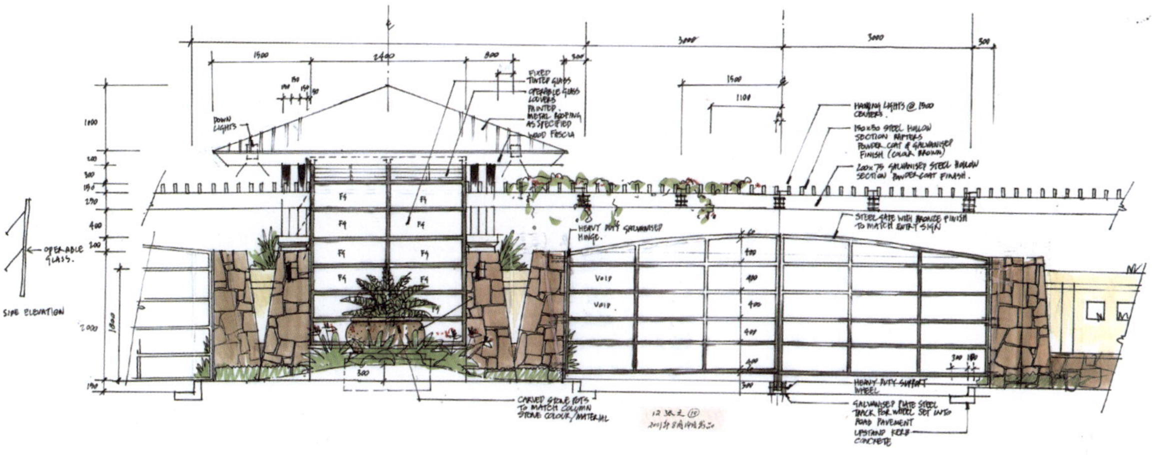

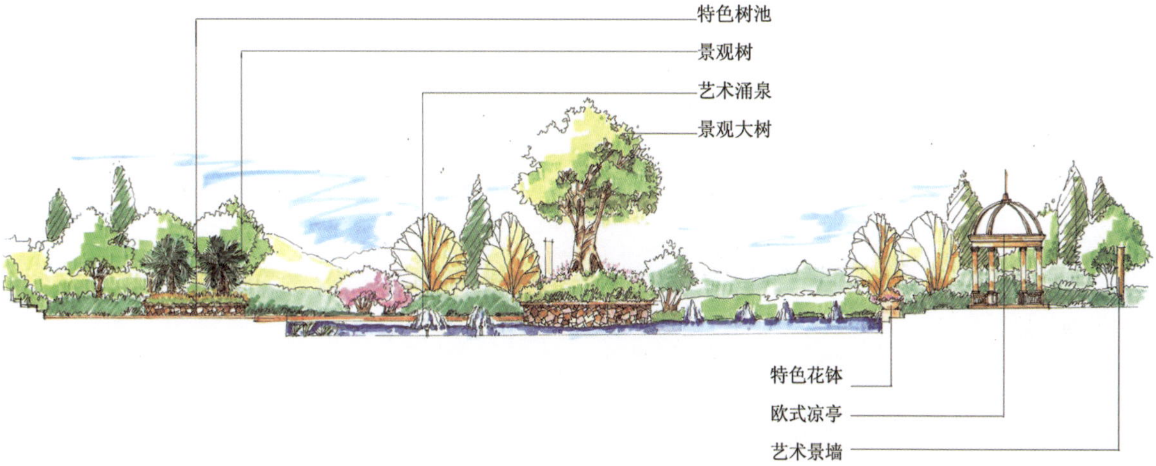
特色树池
景观树
艺术涌泉
景观大树
特色花钵
欧式凉亭
艺术景墙

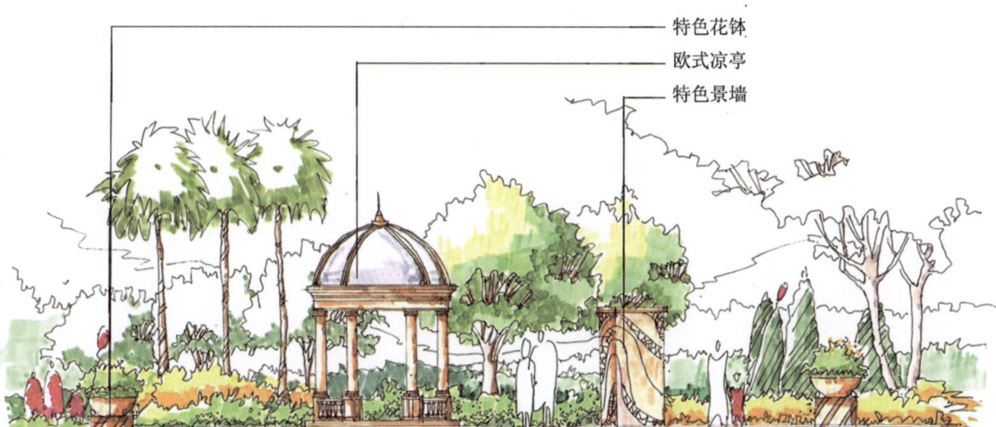
特色花钵
欧式凉亭
特色景墙

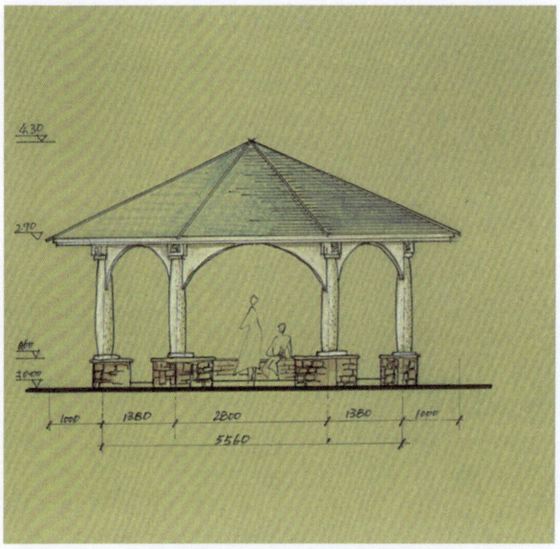
4.30
2.70
1000
1380
2800
1380
1000
5560

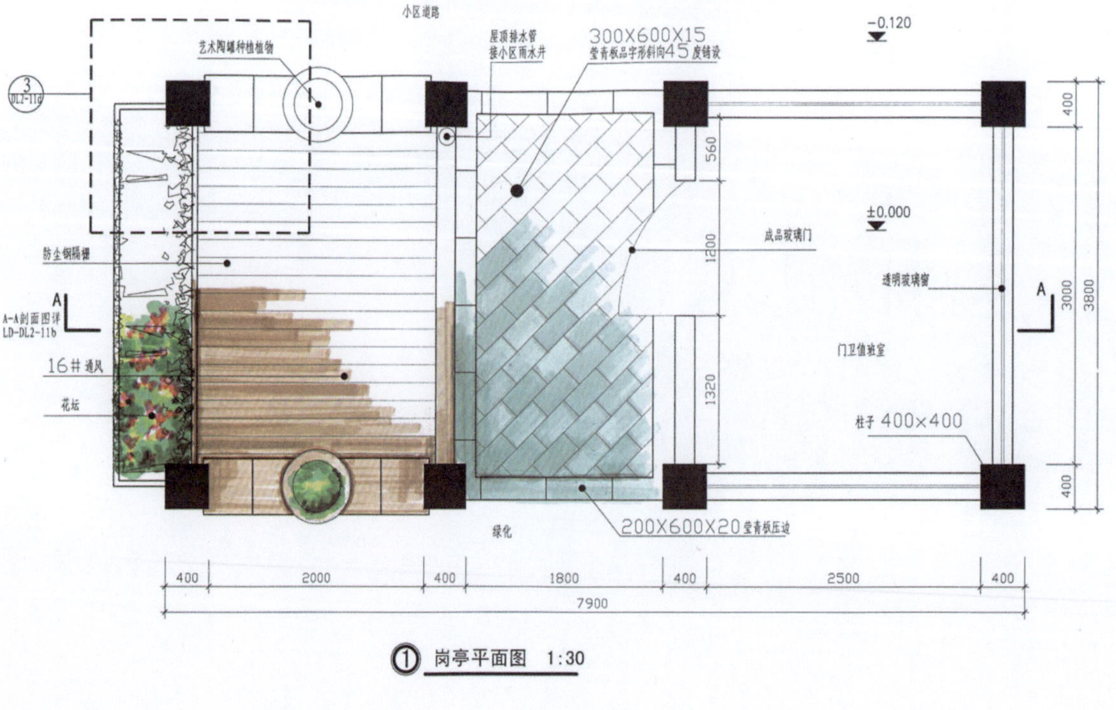
小区道路
艺术陶罐种植植物
屋顶排水管
接小区雨水井
300X600X15
莹青板品字形斜向45度铺设
-0.120
±0.000
成品玻璃门
透明玻璃窗
门卫值班室
柱子 400×400
防尘钢隔栅
A-A剖面图详
LD-DL2-11b
16# 通风
花坛
绿化
200X600X20 莹青板压边
400
2000
400
1800
400
2500
400
7900
560
1800
1320
3000
3800

① 岗亭平面图 1:30

① 岗亭东立面图 1:30

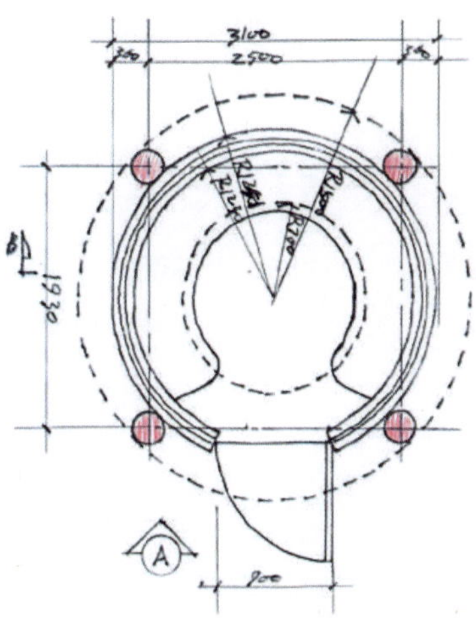

九口保安亭平面大样 1:30

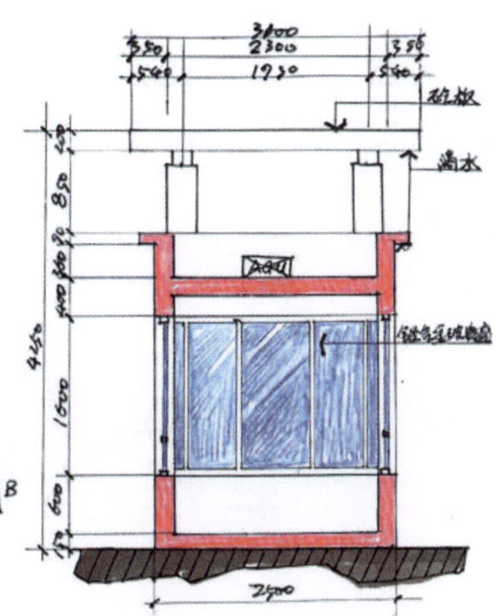

九口保安亭剖立面B-B 1:40

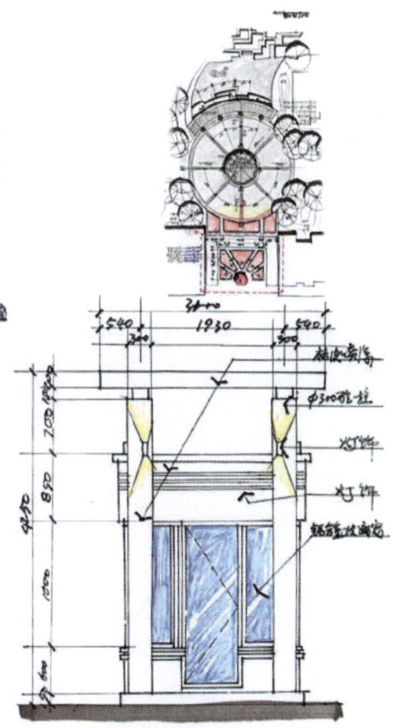

九口保安亭立面 A 1:40

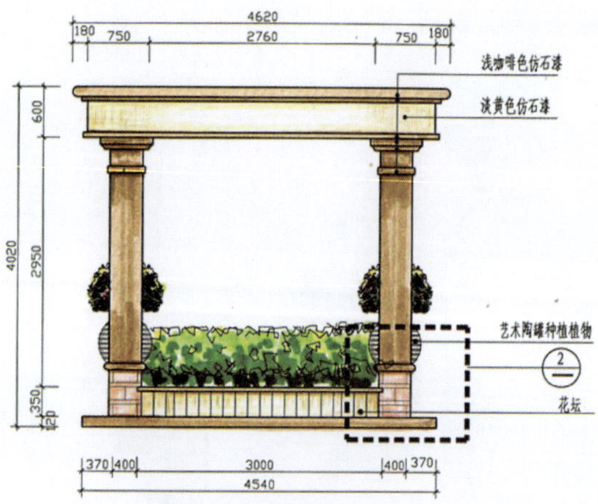

① 岗亭北立面图 1:50

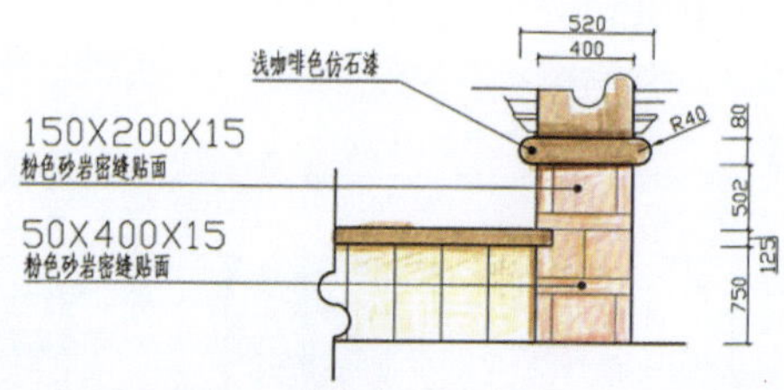

② 1:20

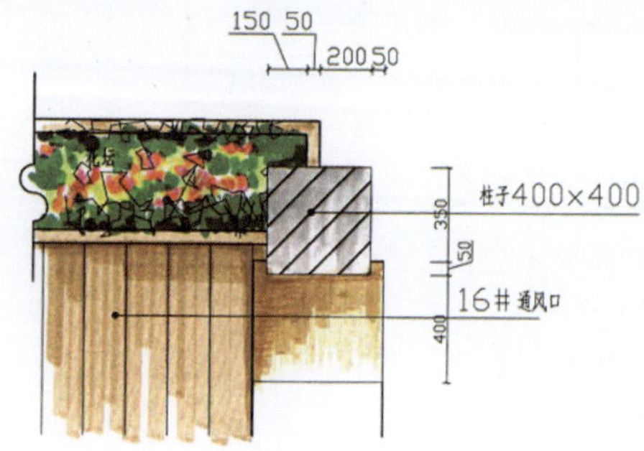

③ 1:20

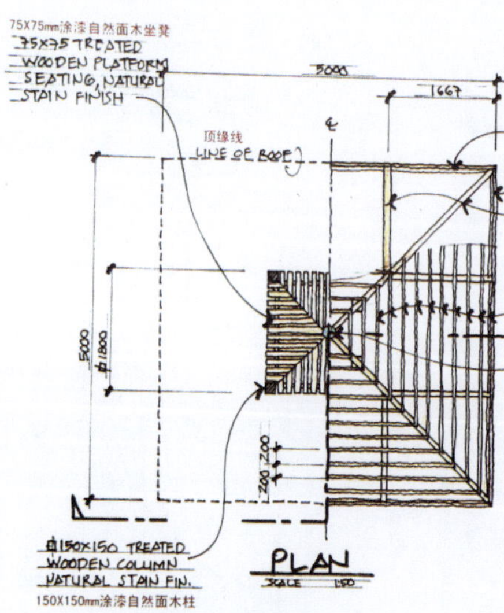

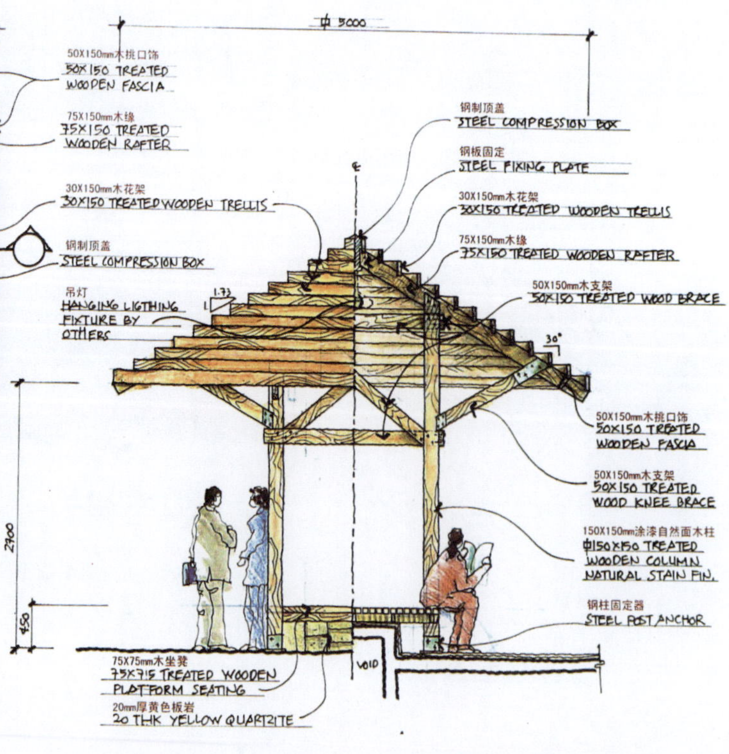

FEATURE GAZEEBO DETAIL
SCALE AS SHOWN
休息亭大样图

HIGH BRANCHING TREES
高大喬木種植
WATER SURFACE OF ARTIFICIAL LAKE
人工湖水面
PATERRE SHRUB
花壇.灌木
PLANTINGHOLE
臨水樹穴
WATERSIDE PAVILION
水榭景亭
ARBOR SHRUB AND GRASS MIX PLANTING
灌木.花束組合
STEP TO LANDSCAPE PAVLION
通向景亭的臺階
TERRACED BORDER
迭落式花壇
LEISURE SEATING
休閑坐椅
PATERRE SHRUB
花壇.灌木
CURVE SIDESTEP OF WATER
曲綫蜿蜒的駁岸

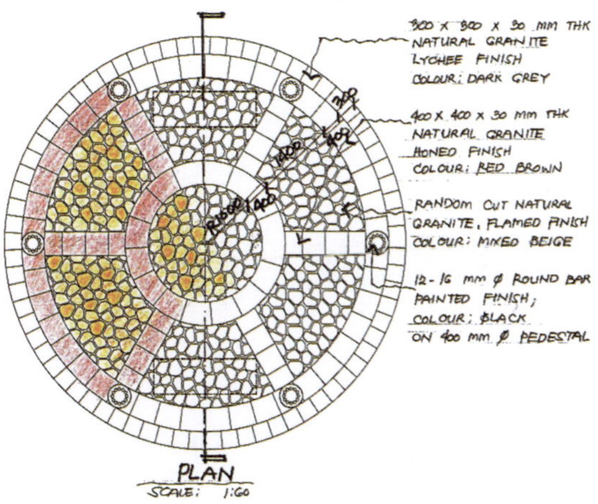
300 X 300 X 30 MM THK
NATURAL GRANITE
LYCHEE FINISH
COLOUR: DARK GREY
400 X 400 X 30 MM THK
NATURAL GRANITE
HONED FINISH
COLOUR: RED BROWN
RANDOM CUT NATURAL
GRANITE, FLAMED FINISH
COLOUR: MIXED BEIGE
12-16 mm ø ROUND BAR
PAINTED FINISH;
COLOUR: BLACK
ON 400 mm ø PEDESTAL
PLAN
SCALE: 1:60

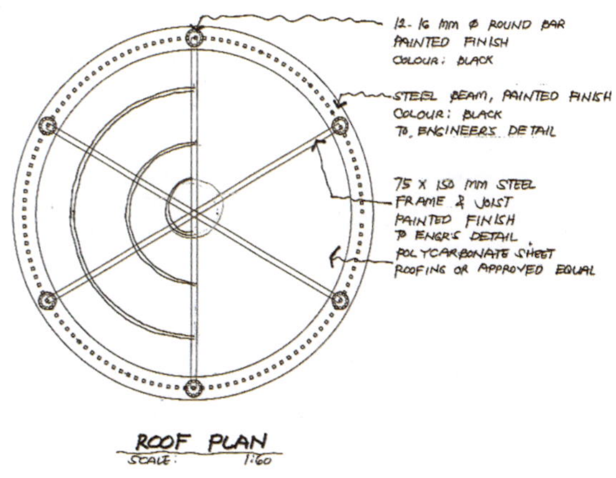
12-16 mm ø ROUND BAR
PAINTED FINISH
COLOUR: BLACK
STEEL BEAM, PAINTED FINISH
COLOUR: BLACK
TO ENGINEERS DETAIL
75 X 150 MM STEEL
FRAME & JOIST
PAINTED FINISH
TO ENGR'S DETAIL
POLYCARBONATE SHEET
ROOFING OR APPROVED EQUAL
ROOF PLAN
SCALE: 1:60

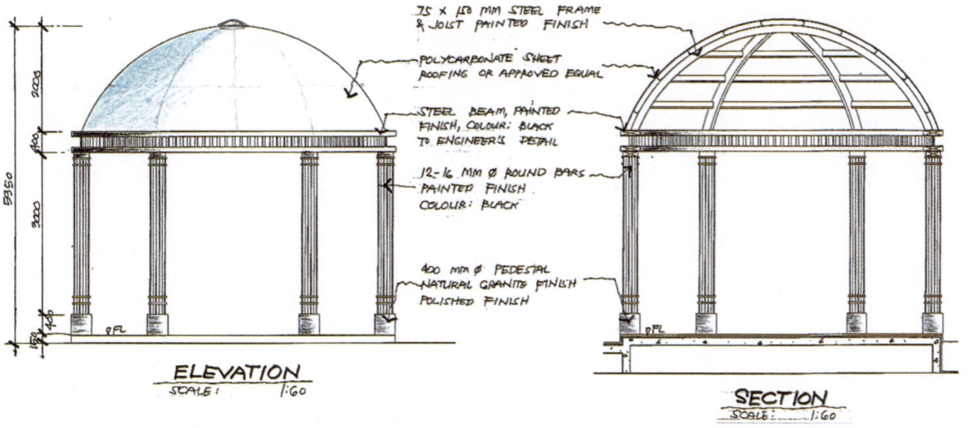
75 X 150 MM STEEL FRAME
& JOIST PAINTED FINISH
POLYCARBONATE SHEET
ROOFING OR APPROVED EQUAL
STEEL BEAM, PAINTED
FINISH, COLOUR: BLACK
TO ENGINEER'S DETAIL
12-16 MM ø ROUND BARS
PAINTED FINISH
COLOUR: BLACK
400 MM ø PEDESTAL
NATURAL GRANITE FINISH
POLISHED FINISH
5350
2000
400
3000
FFL
ELEVATION
SCALE: 1:60
SECTION
SCALE: 1:60

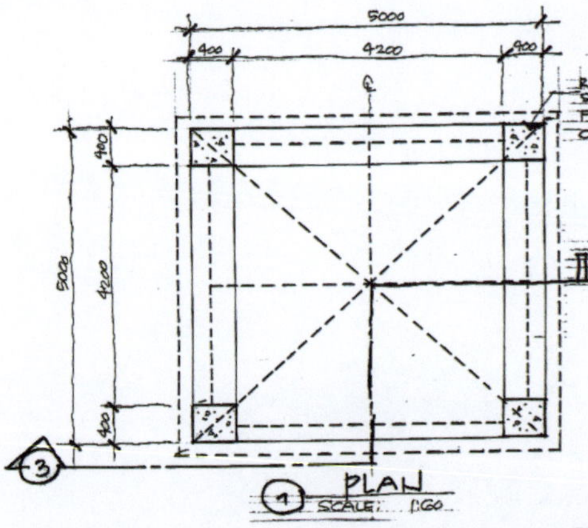
5000
400
4200
400
R.C. COLUM ON SPRAY GRANITE FINISH COLOUR.
1 PLAN
SCALE: 1:60

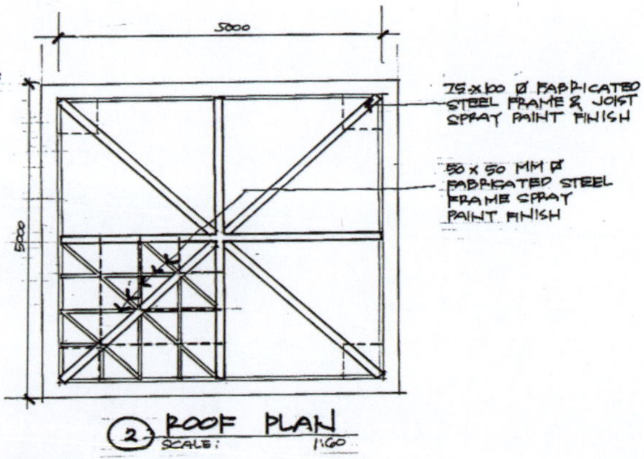
5000
75 x 100 Ø FABRICATED STEEL FRAME & JOIST SPRAY PAINT FINISH
50 x 50 MM Ø FABRICATED STEEL FRAME SPRAY PAINT FINISH
2 ROOF PLAN
SCALE: 1:60

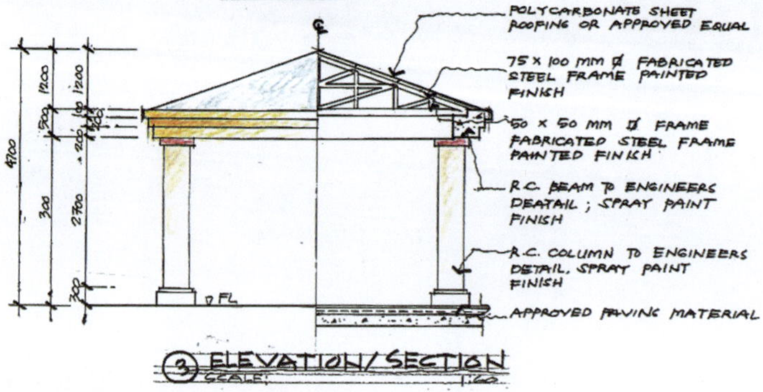
POLYCARBONATE SHEET ROOFING OR APPROVED EQUAL
75 x 100 mm Ø FABRICATED STEEL FRAME PAINTED FINISH
50 x 50 mm Ø FRAME FABRICATED STEEL FRAME PAINTED FINISH
R.C. BEAM TO ENGINEERS DEATAIL ; SPRAY PAINT FINISH
R.C. COLUMN TO ENGINEERS DETAIL, SPRAY PAINT FINISH
APPROVED PAVING MATERIAL
FL
3 ELEVATION/SECTION
SCALE: 1:60

Front Lawn
前向草坡
Privacy Berm
隐避护道
Pathway
行人小径
Security Berm
安全护道
Pool Deck
泳池平台
Bridge
小桥
Pool Bar Kiosk
泳池吧小食部
Island
小岛
Tables / Umbrella
桌 / 伞
Wood Deck
木廊平台
Pavilion
凉亭
Buffer Planting
种植围边
Stream
河流
Clubhouse
会所

比例 1:100

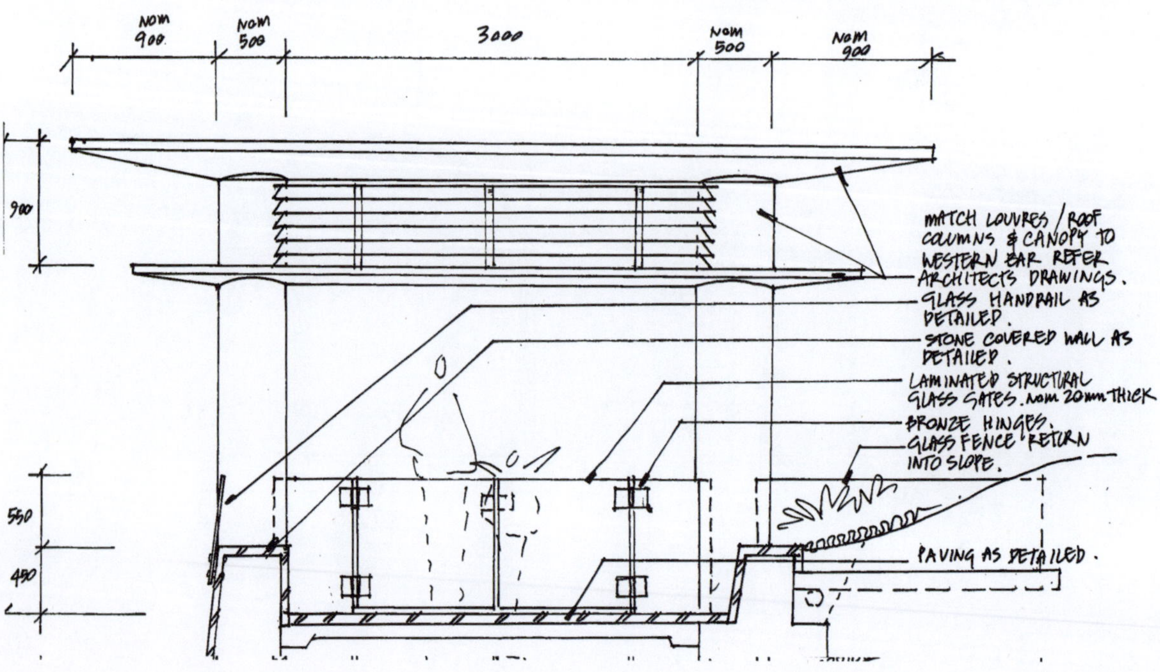
NOM 900
NOM 500
3000
NOM 500
NOM 900
900
550
450
MATCH LOUVRES / ROOF COLUMNS & CANOPY TO WESTERN BAR REFER ARCHITECTS DRAWINGS.
GLASS HANDRAIL AS DETAILED.
STONE COVERED WALL AS DETAILED.
LAMINATED STRUCTURAL GLASS GATES. NOM 20mm THICK
BRONZE HINGES.
GLASS FENCE RETURN INTO SLOPE.
PAVING AS DETAILED.

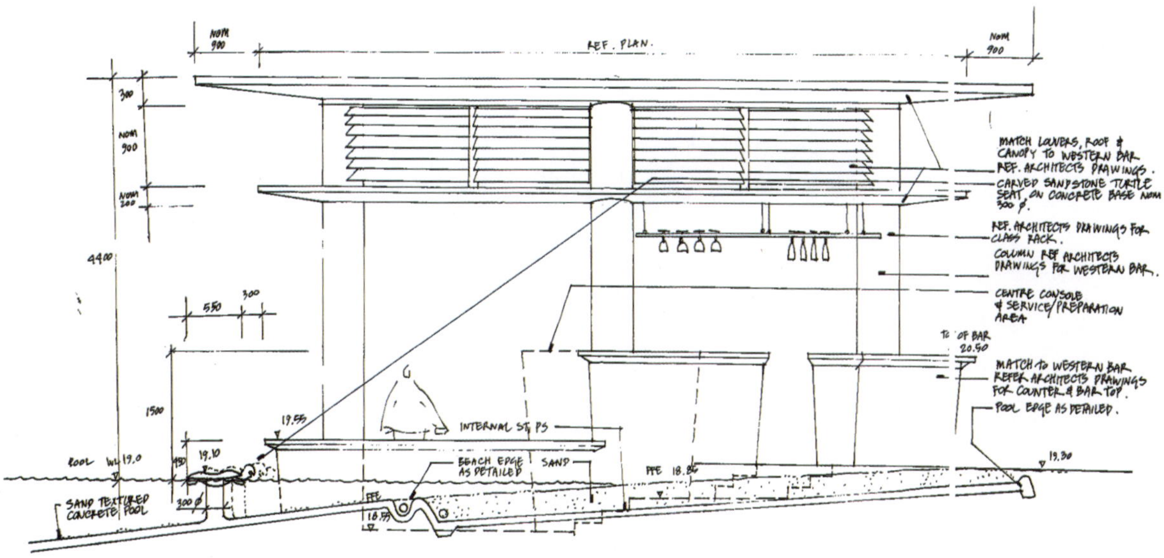
REF. PLAN.
MATCH LOUVERS, ROOF & CANOPY TO WESTERN BAR REF. ARCHITECTS DRAWINGS.
CARVED SANDSTONE TURTLE SEAT, ON CONCRETE BASE NOM 300 ø.
REF. ARCHITECTS DRAWINGS FOR GLASS RACK.
COLUMN REF ARCHITECTS DRAWINGS FOR WESTERN BAR.
CENTRE CONSOLE & SERVICE/PREPARATION AREA
MATCH TO WESTERN BAR REFER ARCHITECTS DRAWINGS FOR COUNTER & BAR TOP.
POOL EDGE AS DETAILED.
INTERNAL ST. PS
BEACH EDGE AS DETAILED
SAND
SAND TEXTURED CONCRETE POOL
4400
1500

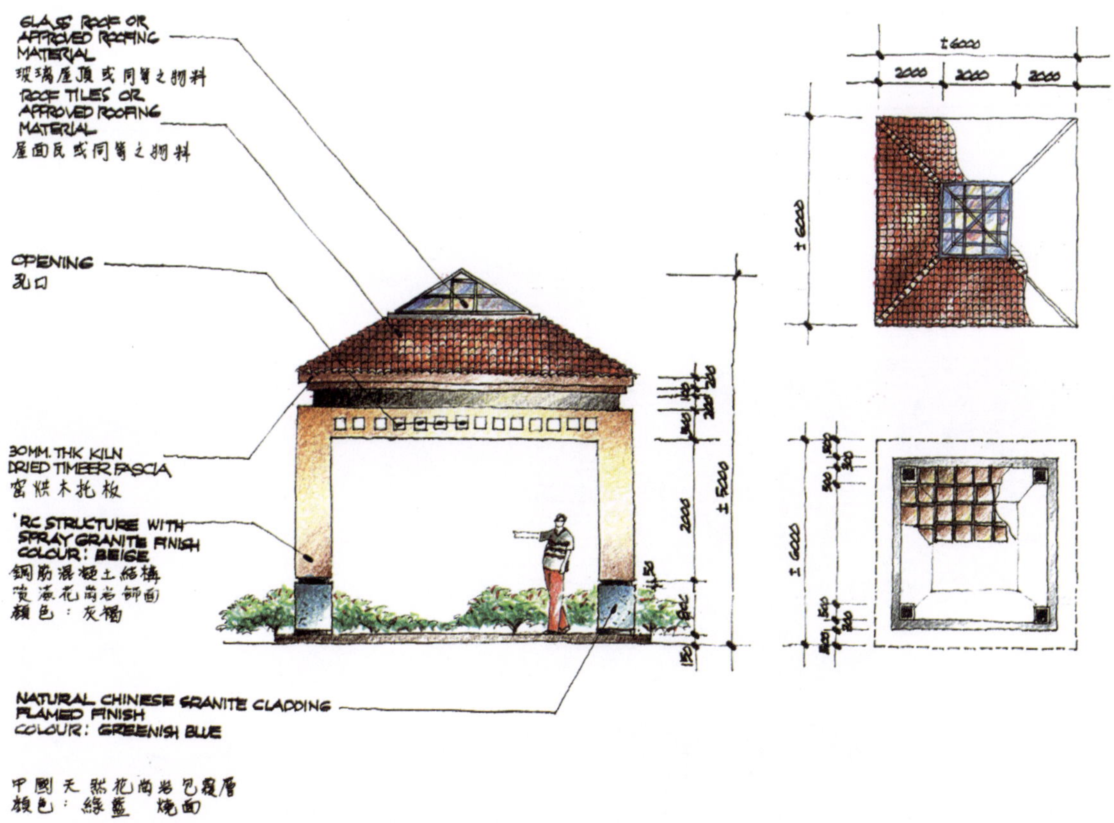
GLASS ROOF OR APPROVED ROOFING MATERIAL
玻璃屋頂或同等之物料
ROOF TILES OR APPROVED ROOFING MATERIAL
屋面瓦或同等之物料
OPENING
孔口
30MM. THK KILN DRIED TIMEER FASCIA
窑烘木托板
RC STRUCTURE WITH SPRAY GRANITE FINISH COLOUR: BEIGE
鋼筋混凝土結構
噴漆花崗岩飾面
顏色：灰褐
NATURAL CHINESE GRANITE CLADDING FLAMED FINISH COLOUR: GREENISH BLUE
中國天然花崗岩包覆層
顏色：綠藍 燒面
±6000
2000
±5000

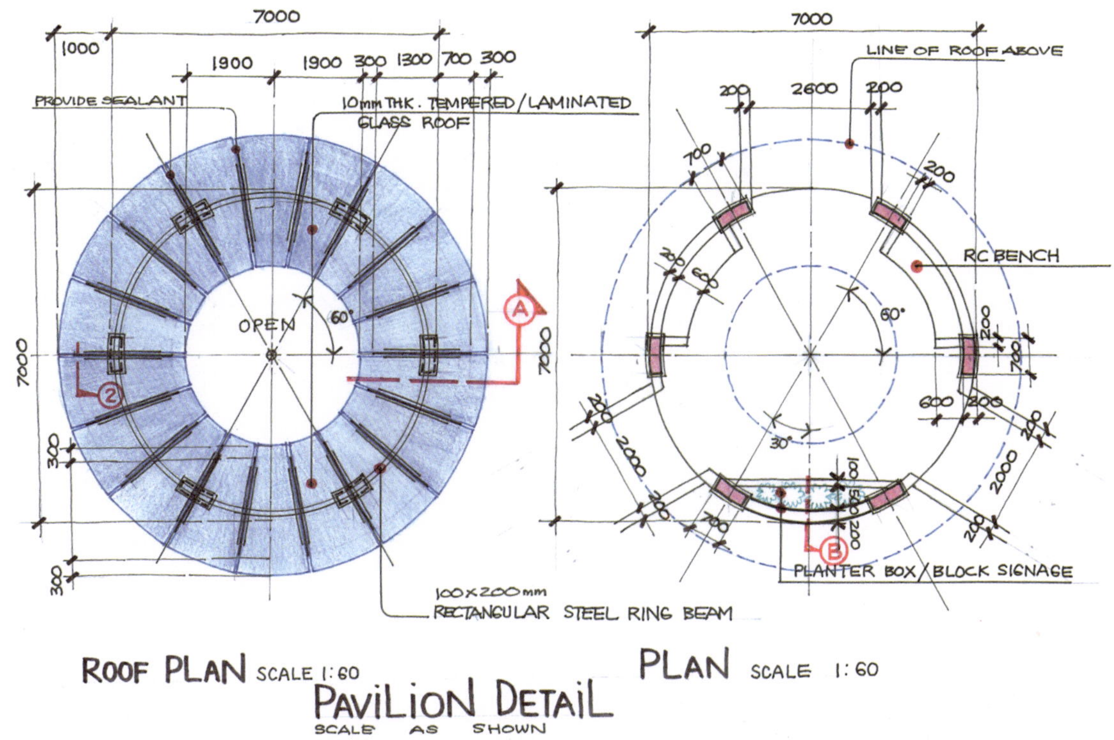
7000
1000
1900
1900 300 1300 700 300
PROVIDE SEALANT
10mm THK. TEMPERED/LAMINATED GLASS ROOF
OPEN
60°
7000
300
300
100x200mm RECTANGULAR STEEL RING BEAM
ROOF PLAN SCALE 1:60
LINE OF ROOF ABOVE
200 2600 200
700
200
RC BENCH
60°
600
200
700
600 200
2000
30°
100
200
PLANTER BOX/BLOCK SIGNAGE
PLAN SCALE 1:60
PAVILION DETAIL
SCALE AS SHOWN

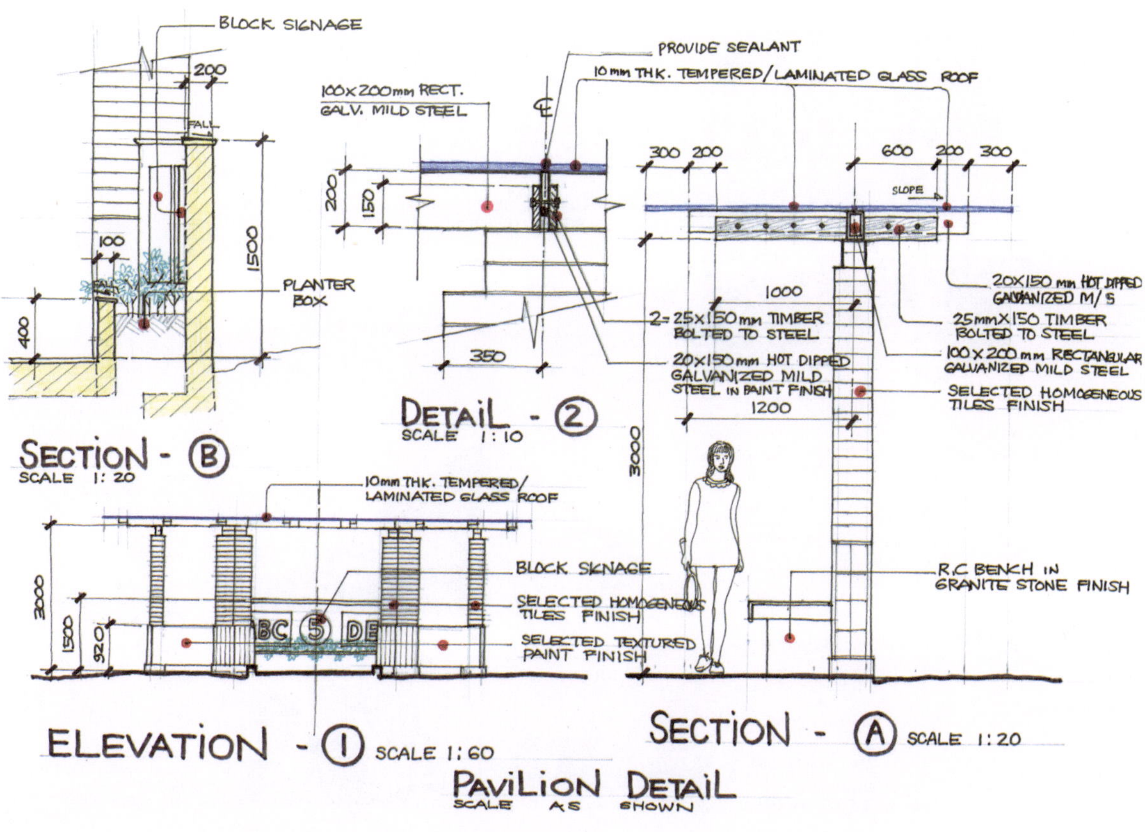
BLOCK SIGNAGE
200
FALL
100
1500
PLANTER BOX
400
SECTION - B
SCALE 1:20
PROVIDE SEALANT
10mm THK. TEMPERED/LAMINATED GLASS ROOF
100x200mm RECT. GALV. MILD STEEL
200
150
350
2-25x150mm TIMBER BOLTED TO STEEL
20x150mm HOT DIPPED GALVANIZED MILD STEEL IN PAINT FINISH
DETAIL - 2
SCALE 1:10
300 200
600 200 300
SLOPE
1000
1200
3000
20X150 mm HOT DIPPED GALVANIZED M/S
25mmX150 TIMBER BOLTED TO STEEL
100 X 200 mm RECTANGULAR GALVANIZED MILD STEEL
SELECTED HOMOGENEOUS TILES FINISH
R.C BENCH IN GRANITE STONE FINISH
10mm THK. TEMPERED/ LAMINATED GLASS ROOF
BLOCK SIGNAGE
SELECTED HOMOGENEOUS TILES FINISH
SELECTED TEXTURED PAINT FINISH
3000
1500
320
ELEVATION - 1 SCALE 1:60
SECTION - A SCALE 1:20
PAVILION DETAIL
SCALE AS SHOWN

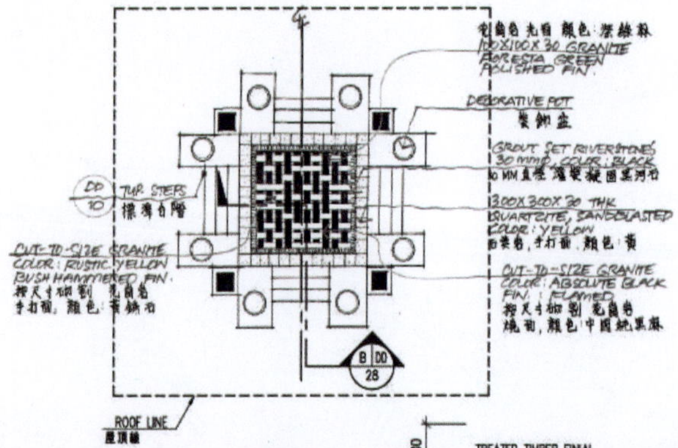

平面图
A PLAN
SCALE 1:50

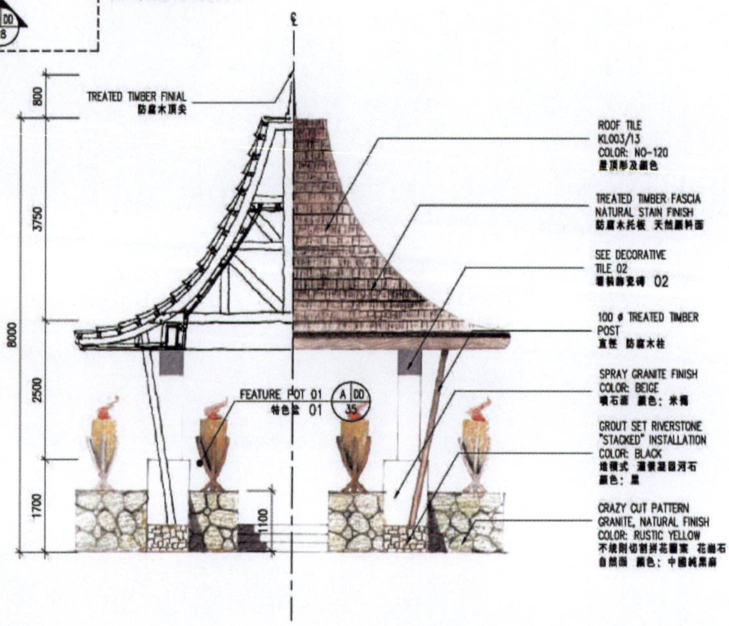

立面图/剖面图
B SECTION/ELEVATION
SCALE 1:60

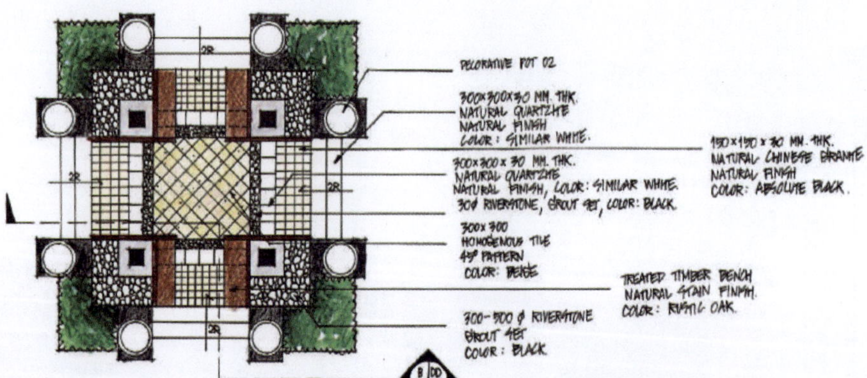

A PLAN
SCALE 1:60

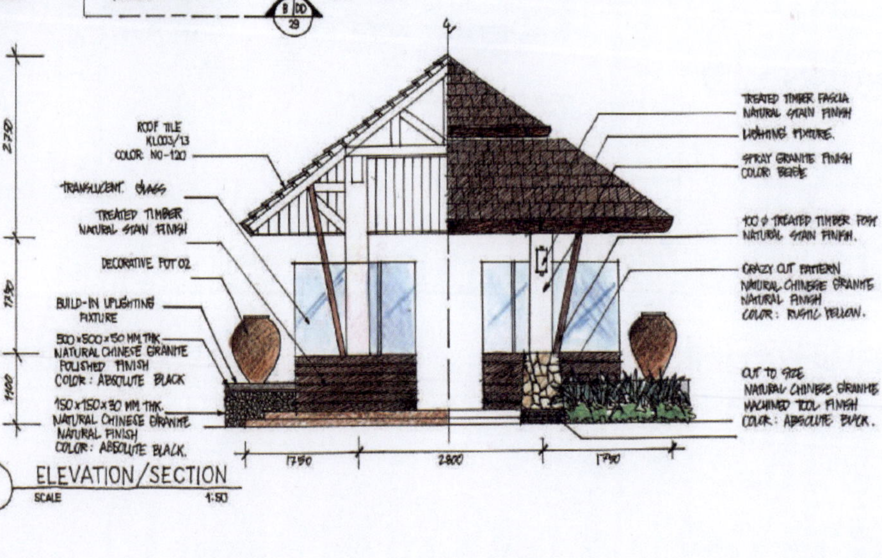

B ELEVATION/SECTION
SCALE 1:50

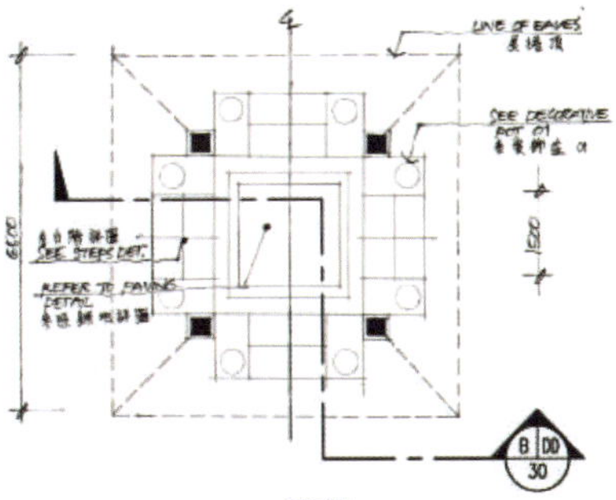

平面圖
A PLAN
SCALE 1:100

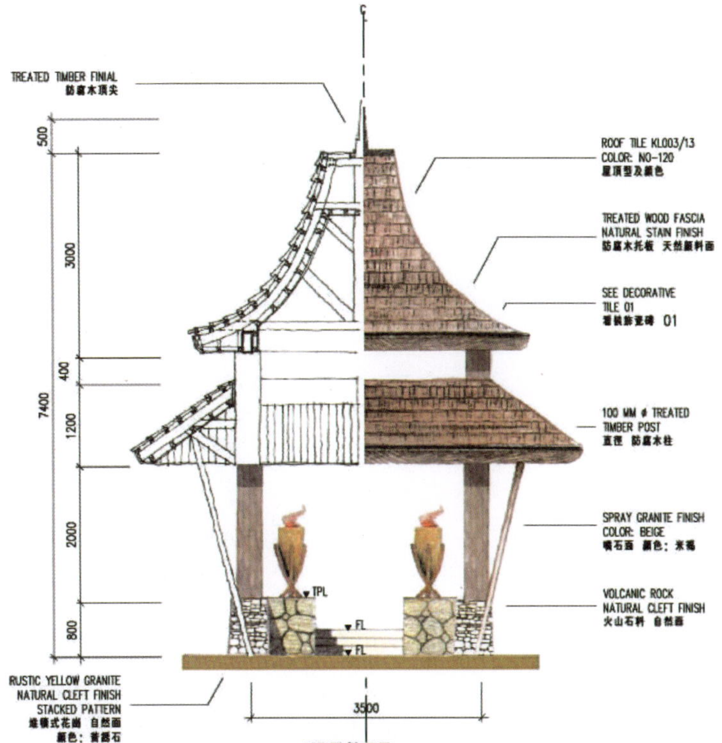

剖面圖/立面圖
B SECTION/ELEVATION
SCALE 1:50

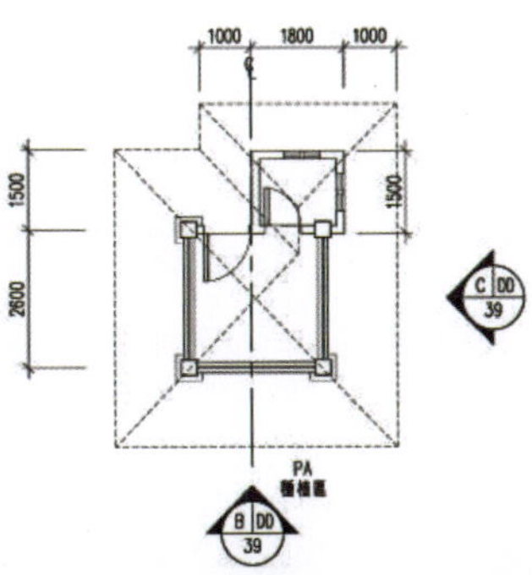

平面圖
A PLAN
SCALE 1:50

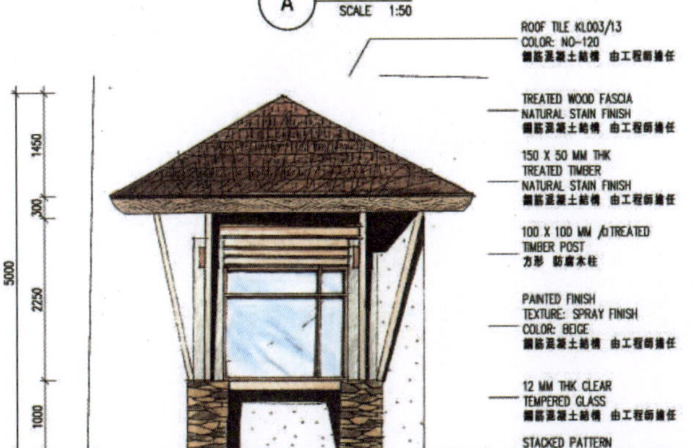

立面圖
B ELEVATION
SCALE 1:50

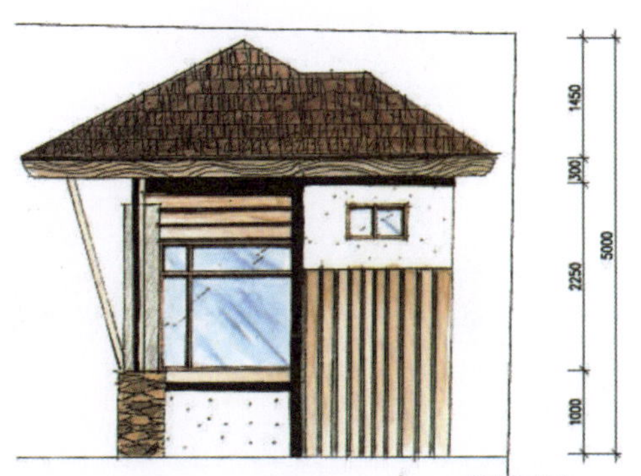

立面圖
C ELEVATION
SCALE 1:50

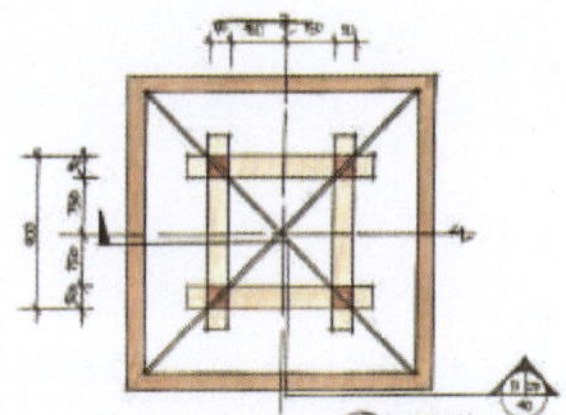

(A) PLAN
SCALE 1:10

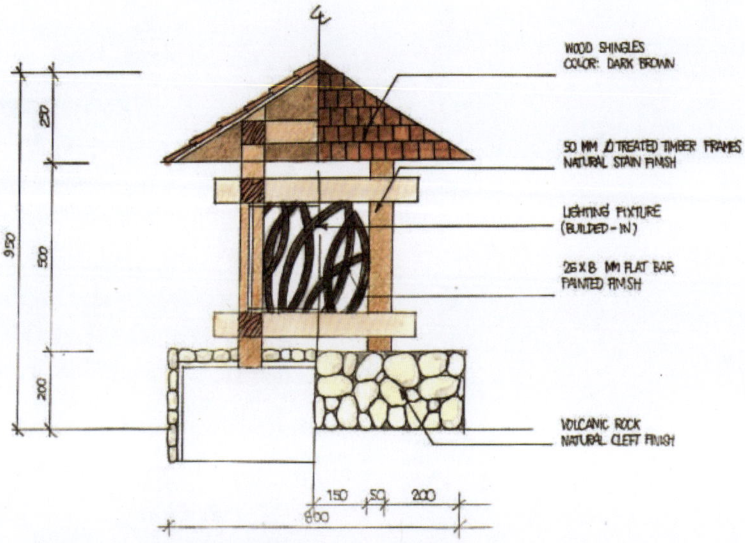

(B) SECTION/ELEVATION
SCALE 1:10

(A) ELEVATION
SCALE 1:50

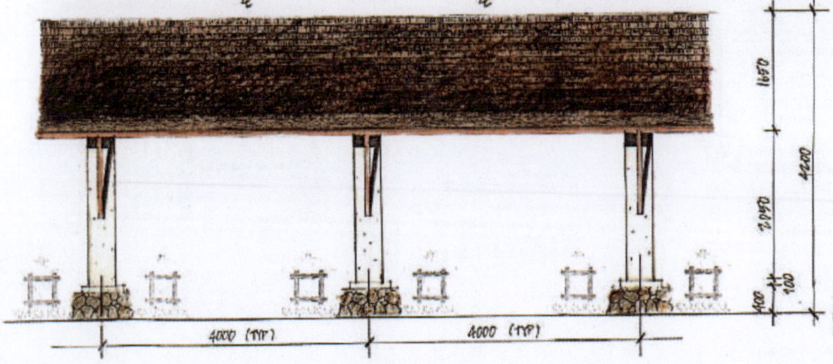

(B) ELEVATION
SCALE 1:50

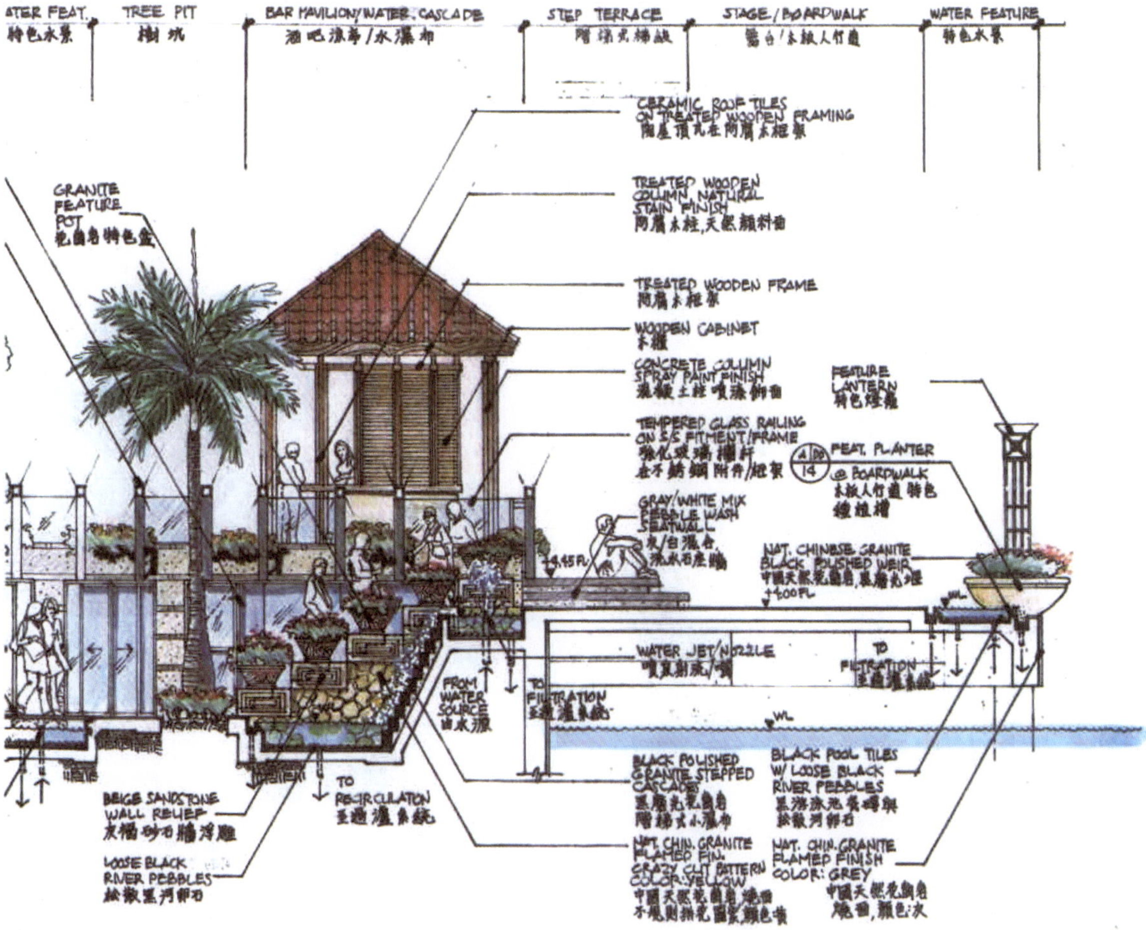
WATER FEAT.
特色水景
TREE PIT
树池
BAR PAVILION/WATER CASCADE
酒吧凉亭/水瀑布
STEP TERRACE
阶梯式梯级
STAGE/BOARDWALK
舞台/木板人行道
WATER FEATURE
特色水景
CERAMIC ROOF TILES ON TREATED WOODEN FRAMING
陶瓦屋顶瓦在防腐木框架
GRANITE FEATURE POT
花岗岩特色盆
TREATED WOODEN COLUMN NATURAL STAIN FINISH
防腐木柱,天然颜料面
TREATED WOODEN FRAME
防腐木框架
WOODEN CABINET
木柜
CONCRETE COLUMN SPRAY PAINT FINISH
混凝土柱喷涂饰面
TEMPERED GLASS RAILING ON S/S FITMENT/FRAME
钢化玻璃栏杆
在不锈钢附件/框架
FEATURE LANTERN
特色灯笼
FEAT. PLANTER @ BOARDWALK
GRAY/WHITE MIX PEBBLE WASH SEATWALL
NAT. CHINESE GRANITE BLACK POLISHED WEIR
WATER JET/NOZZLE
TO FILTRATION
FROM WATER SOURCE
由水源
WL
BLACK POLISHED GRANITE STEPPED CASCADE
BLACK POOL TILES W/ LOOSE BLACK RIVER PEBBLES
BEIGE SANDSTONE WALL RELIEF
TO RECIRCULATION
LOOSE BLACK RIVER PEBBLES
NAT. CHIN. GRANITE FLAMED FIN. CRAZY CUT PATTERN COLOR: YELLOW
NAT. CHIN. GRANITE FLAMED FINISH COLOR: GREY

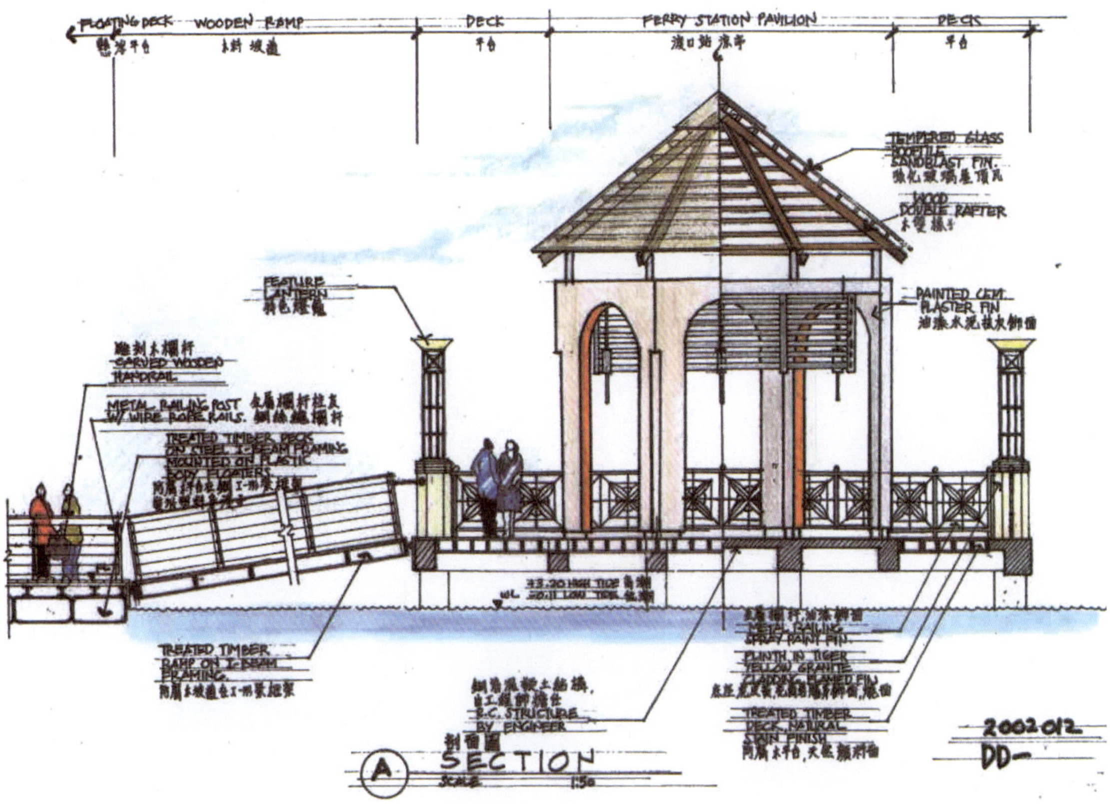
FLOATING DECK
WOODEN RAMP
DECK
平台
FERRY STATION PAVILION
渡口站凉亭
DECK
平台
TEMPERED GLASS SANDBLAST FIN.
钢化玻璃屋顶瓦
WOOD DOUBLE RAFTER
FEATURE LANTERN
特色灯笼
PAINTED CEM. PLASTER FIN.
油漆水泥抹灰饰面
雕刻木栏杆
CARVED WOODEN HANDRAIL
METAL RAILING POST W/ WIRE ROPE RAILS.
TREATED TIMBER DECK ON STEEL I-BEAM FRAMING MOUNTED ON PLASTIC BODY FLOATERS
TREATED TIMBER RAMP ON I-BEAM FRAMING
R.C. STRUCTURE BY ENGINEER
METAL RAILING
PLINTH IN TIGER YELLOW GRANITE
TREATED TIMBER DECK NATURAL STAIN FINISH
剖面图
A SECTION
SCALE 1:50
2002.012
DD

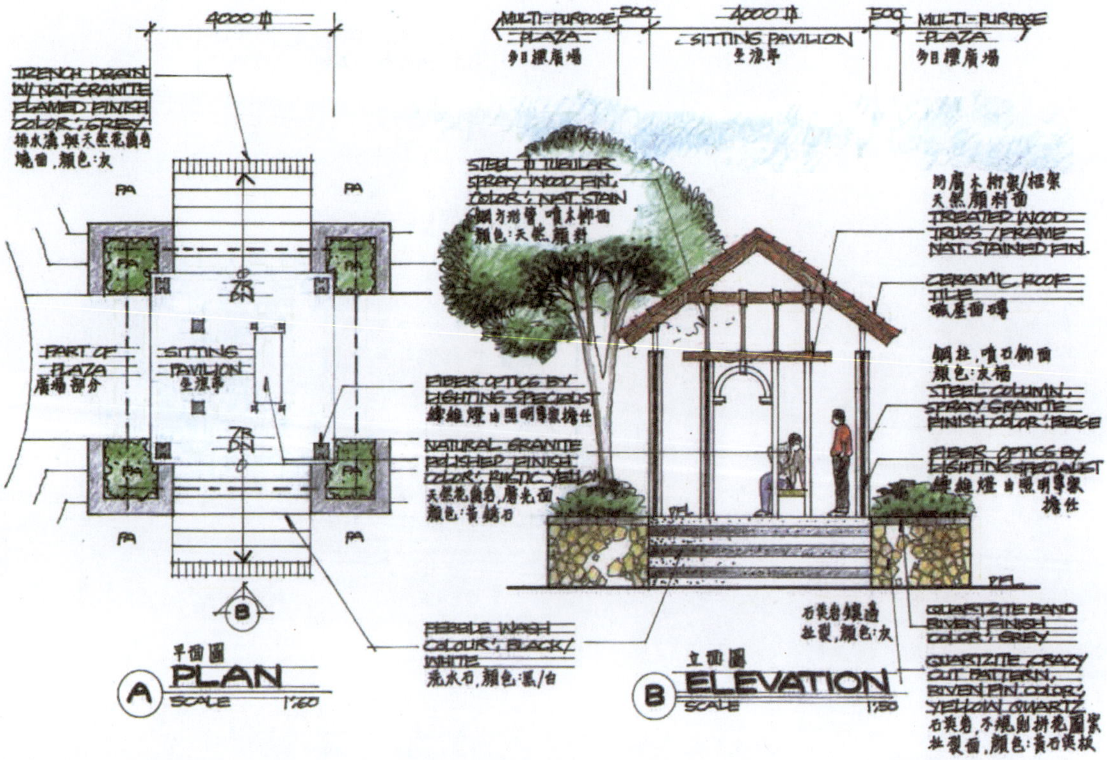
4000 ⊕
TRENCH DRAIN W/ NAT. GRANITE FLAMED FINISH COLOR: GREY
排水溝與天然花崗岩燒面,顏色:灰
PA
PART OF PLAZA
廣場部分
SITTING PAVILION
坐涼亭
7R DN
FIBER OPTICS BY LIGHTING SPECIALIST
纖維燈由照明專家擔任
NATURAL GRANITE POLISHED FINISH COLOR: RUSTIC YELLOW
天然花崗岩,磨光面
顏色:黃銹石
PEBBLE WASH COLOUR: BLACK/WHITE
洗水石,顏色:黑/白
平面圖
A PLAN
SCALE 1:60
MULTI-PURPOSE PLAZA
多目標廣場
500
4000 ⊕
SITTING PAVILION
坐涼亭
STEEL TUBULAR SPRAY WOOD FIN. COLOR: NAT. STAIN
鋼方形管,噴木紋面
顏色:天然顏料
防腐木桁架/框架
天然顏料面
TREATED WOOD TRUSS/FRAME NAT. STAINED FIN.
CERAMIC ROOF TILE
磁屋面磚
鋼柱,噴石紋面
顏色:灰褐
STEEL COLUMN, SPRAY GRANITE FINISH COLOR: BEIGE
FIBER OPTICS BY LIGHTING SPECIALIST
纖維燈由照明專家擔任
FFL
石英岩鑲邊
拉裂,顏色:灰
QUARTZITE BAND RIVEN FINISH COLOR: GREY
QUARTZITE CRAZY CUT PATTERN, RIVEN FIN. COLOR: YELLOW QUARTZ
石英岩,不規則拼花圖案
拉裂面,顏色:黃石英板
立面圖
B ELEVATION
SCALE 1:50

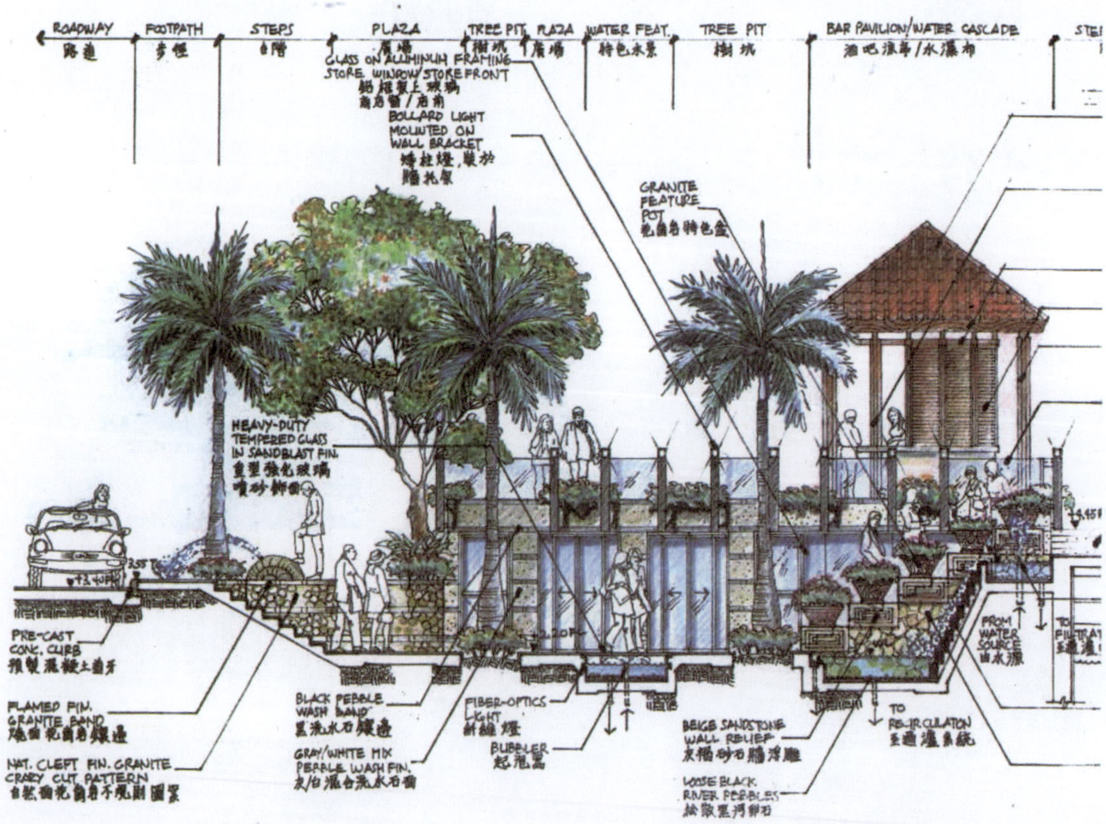
ROADWAY
路道
FOOTPATH
步徑
STEPS
台階
PLAZA
廣場
TREE PIT
樹坑
PLAZA
廣場
WATER FEAT.
特色水景
TREE PIT
樹坑
BAR PAVILION/WATER CASCADE
酒吧涼亭/水瀑布
GLASS ON ALUMINUM FRAMING STORE WINDOW/STOREFRONT
鋁框架上玻璃
商店窗/店面
BOLLARD LIGHT MOUNTED ON WALL BRACKET
矮柱燈,裝於牆托架
GRANITE FEATURE POT
花崗岩特色盆
HEAVY-DUTY TEMPERED GLASS IN SANDBLAST FIN.
重型強化玻璃
噴砂飾面
PRE-CAST CONC. CURB
預製混凝土路牙
FLAMED FIN. GRANITE BAND
燒面花崗岩鑲邊
NAT. CLEFT FIN. GRANITE CRAZY CUT PATTERN
自然面花崗岩不規則圖案
BLACK PEBBLE WASH BAND
黑洗水石鑲邊
GRAY/WHITE MIX PEBBLE WASH FIN.
灰/白混合洗水石面
FIBER-OPTICS LIGHT
纖維燈
BUBBLER
起泡器
BEIGE SANDSTONE WALL RELIEF
灰褐砂石牆浮雕
LOOSE BLACK RIVER PEBBLES
鬆散黑河卵石
TO RECIRCULATION
至過濾系統
FROM WATER SOURCE
由水源

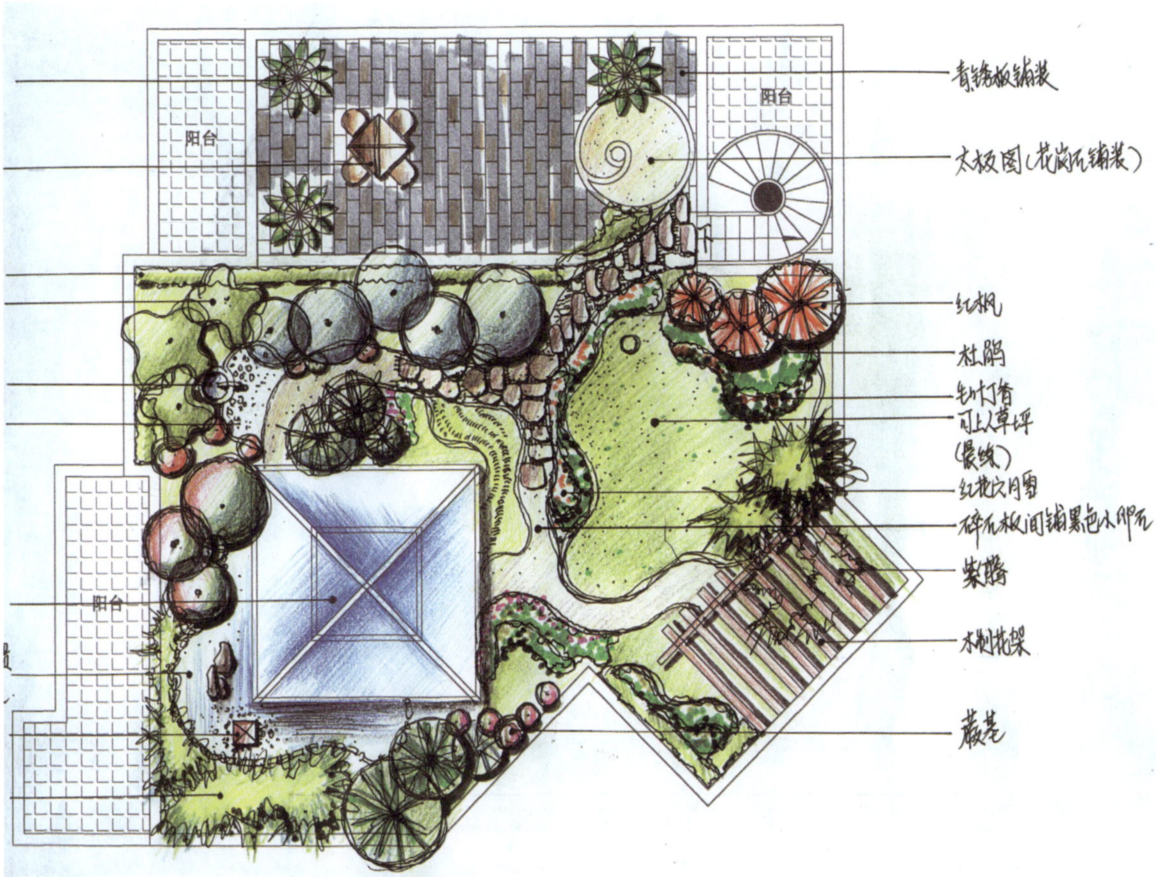
阳台
阳台
阳台
太极图（花岗石铺装）
红枫
杜鹃
可上人草坪
红花六月雪
碎石板间铺黑色小卵石
紫藤
木制花架

PAVILION PLAN
SCALE 1:100
凉亭平面

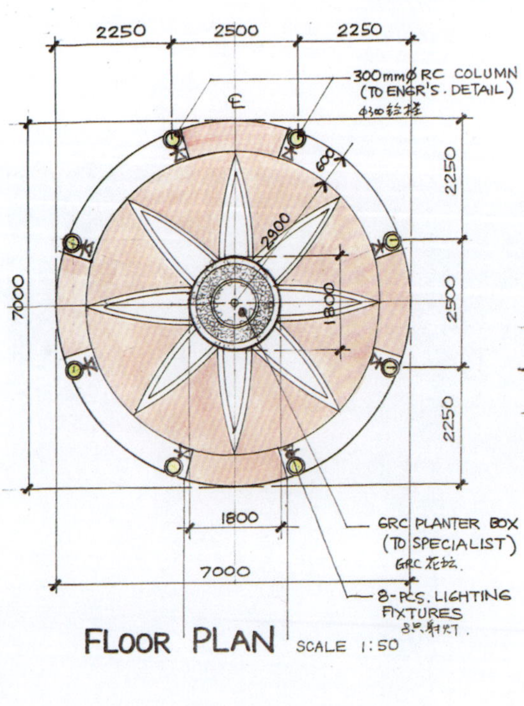

FLOOR PLAN SCALE 1:50

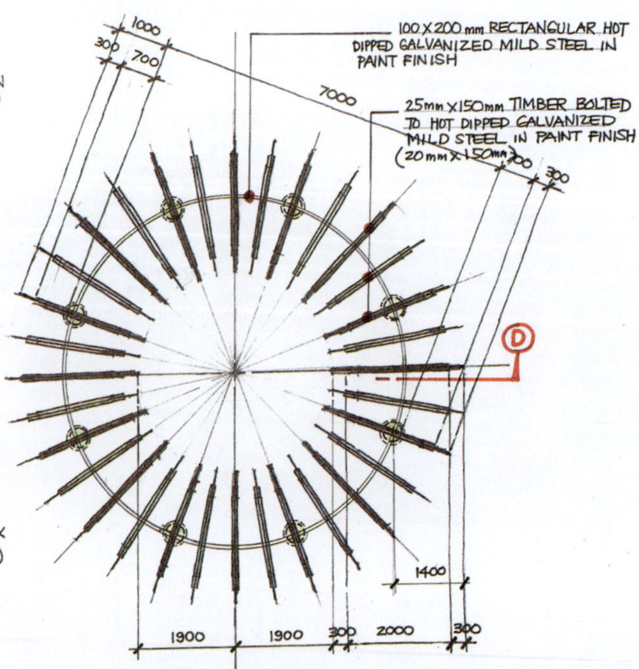

ROOF PLAN SCALE 1:50

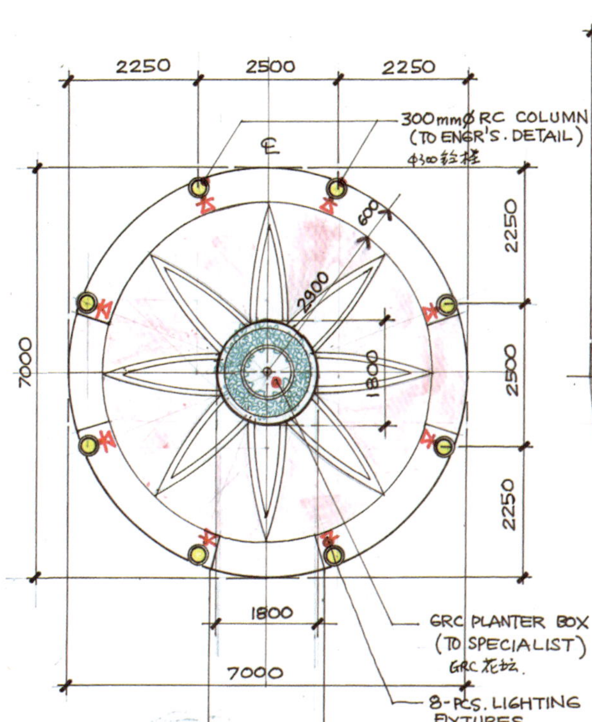

FLOOR PLAN SCALE 1:50

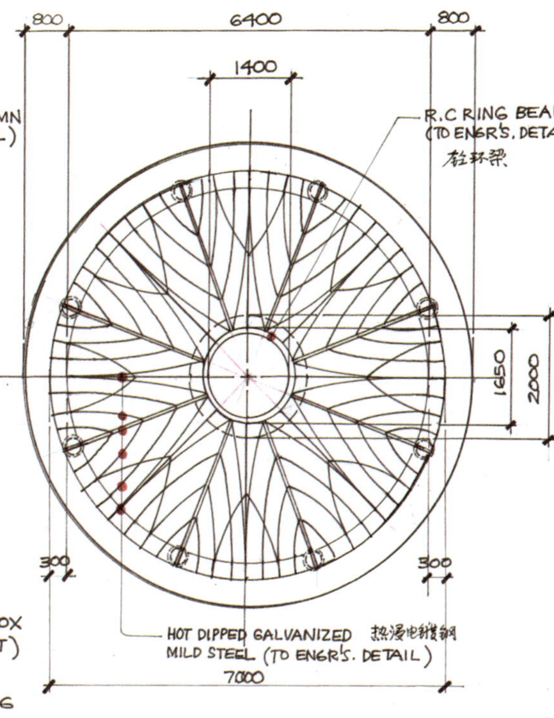

ROOF PLAN SCALE 1:50

屋顶平面

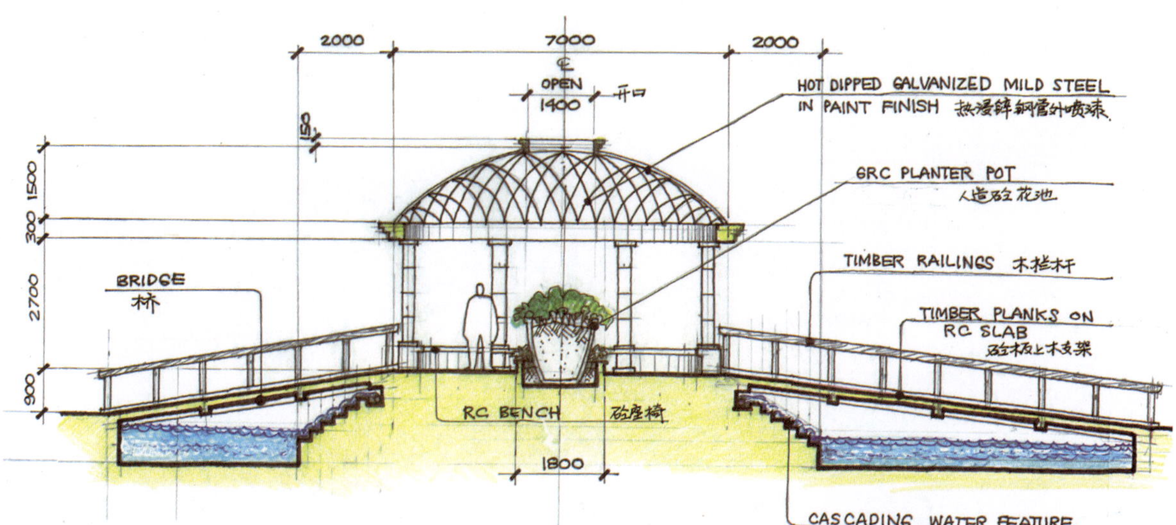

PAVILION SECTION - (A)
SCALE 1:60
凉亭剖面

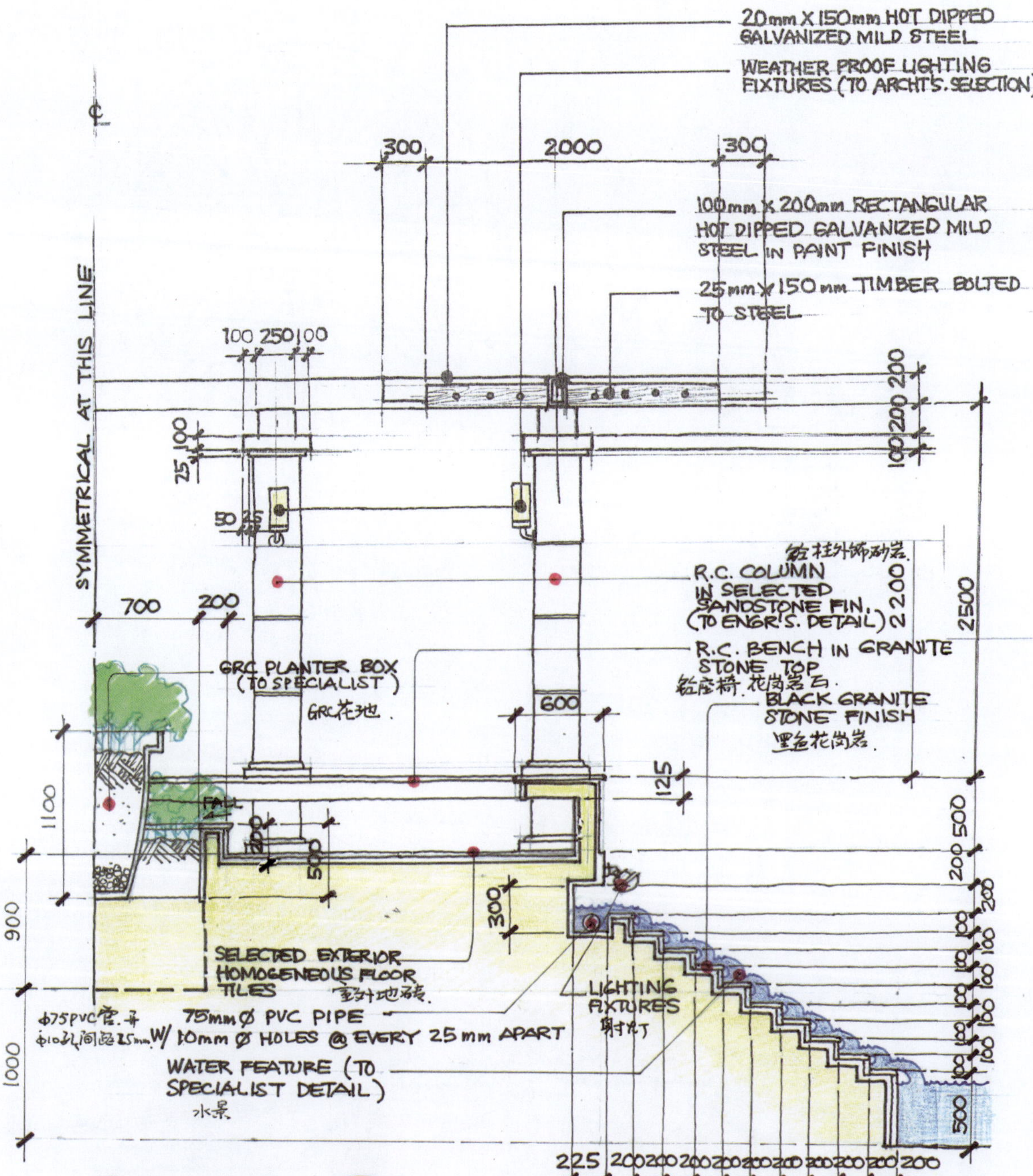

SECTION - Ⓑ
SCALE 1: 25

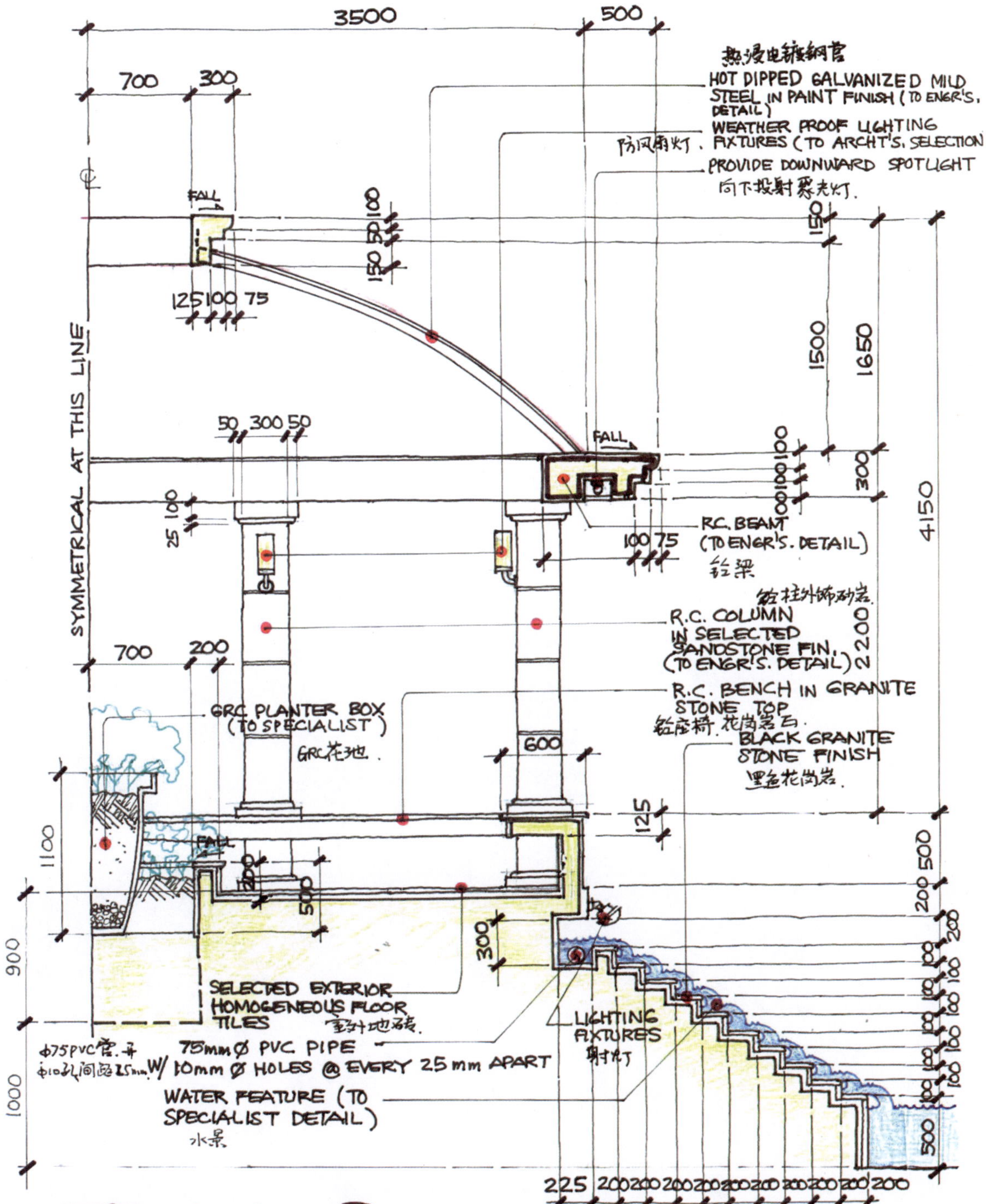

SECTION - Ⓑ
SCALE 1: 25

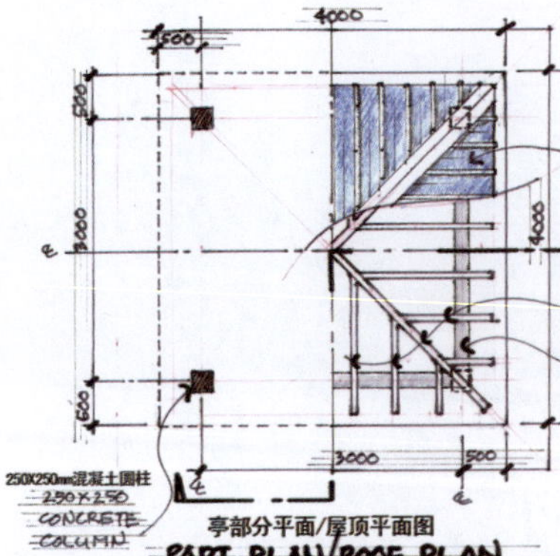

亭部分平面/屋顶平面图

PART PLAN/ROOF PLAN

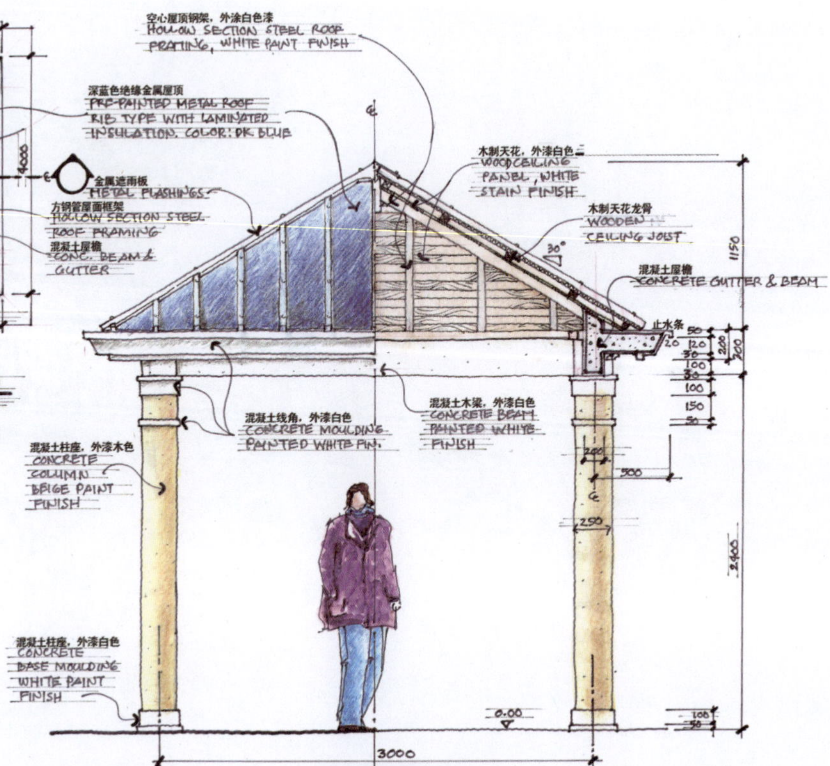

亭子立面/剖面图

ELEVATION/SECTION

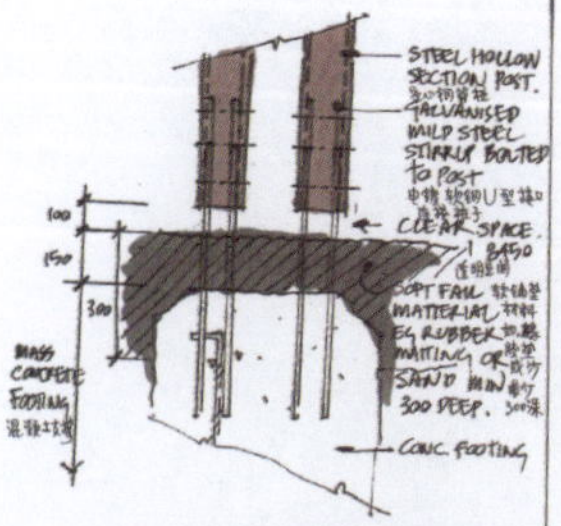

POST FOOTING DETAIL 1:10

桩脚详细图 1:10

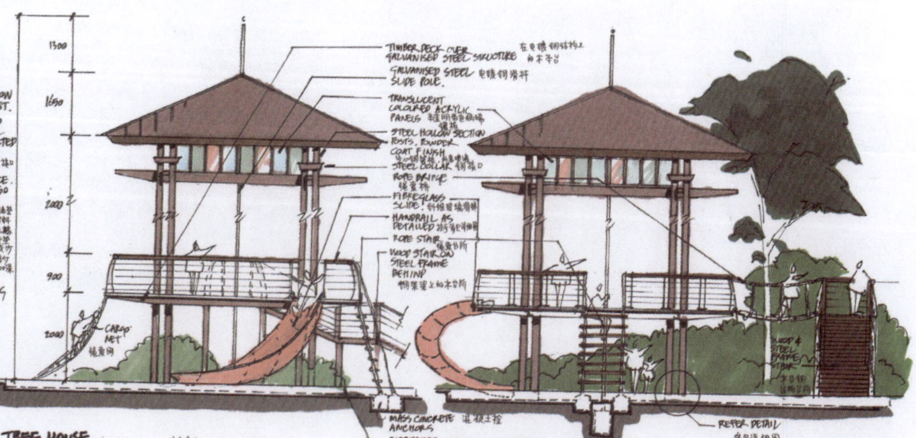

TREE HOUSE END ELEVATION 1:50

树房子 尾端立面图 1:50

TREE HOUSE ELEVATION. 1:50

树房子 立面图 1:50

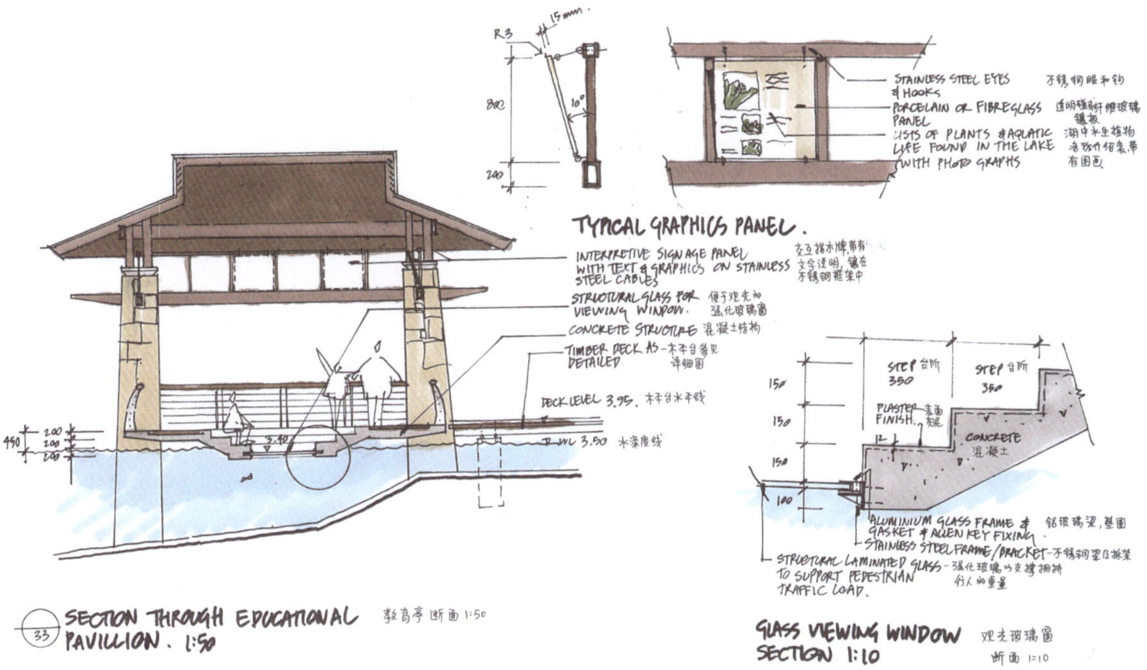
R3
15mm.
800
200
10°
STAINLESS STEEL EYES & HOOKS 不锈钢眼和钓
PORCELAIN OR FIBREGLASS PANEL 透明磁或纤维玻璃镶板
LISTS OF PLANTS & AQUATIC LIFE FOUND IN THE LAKE WITH PHOTO GRAPHS 湖中水生植物名称介绍表,带有图画
TYPICAL GRAPHICS PANEL.
INTERPRETIVE SIGNAGE PANEL WITH TEXT & GRAPHICS ON STAINLESS STEEL CABLES 交互指示牌,带有文字说明,镶在不锈钢框架中
STRUCTURAL GLASS FOR VIEWING WINDOW. 便于观光的强化玻璃窗
CONCRETE STRUCTURE 混凝土结构
TIMBER DECK AS DETAILED -木平台参见详细图
DECK LEVEL 3.95. 木平台水平线
WL 3.50 水深度线
450
200
200
200
3.40
SECTION THROUGH EDUCATIONAL PAVILLION. 1:50 教育亭断面 1:50
33
STEP 台阶 350
STEP 台阶 350
150
150
150
100
PLASTER FINISH. 表面粉刷
12
CONCRETE 混凝土
ALUMINIUM GLASS FRAME & GASKET & ALLEN KEY FIXING. 铝玻璃梁,垫圈
STAINLESS STEEL FRAME/BRACKET-不锈钢梁及抵架
STRUCTURAL LAMINATED GLASS TO SUPPORT PEDESTRIAN TRAFFIC LOAD. -强化玻璃以支撑拥挤行人的重量
GLASS VIEWING WINDOW SECTION 1:10 观光玻璃窗断面 1:10

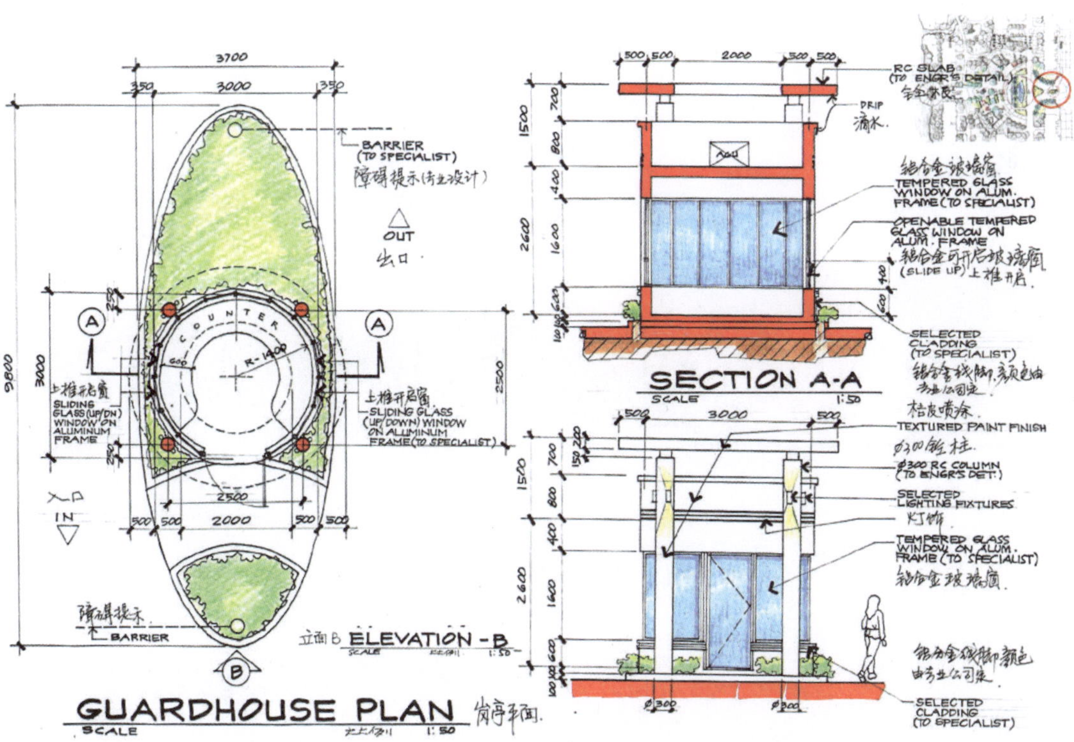
GUARDHOUSE PLAN 岗亭平面
SCALE 1:50
BARRIER (TO SPECIALIST)
障碍提示(专业设计)
OUT
出口
IN
入口
COUNTER
上推开启窗
SLIDING GLASS (UP/DN) WINDOW ON ALUMINUM FRAME
SLIDING GLASS (UP/DOWN) WINDOW ON ALUMINUM FRAME (TO SPECIALIST)
障碍提示
BARRIER
立面B ELEVATION-B
SCALE 1:50
SECTION A-A
SCALE 1:50
RC SLAB (TO ENGR'S DETAIL)
钢筋混凝土
DRIP
滴水
铝合金玻璃窗
TEMPERED GLASS WINDOW ON ALUM. FRAME (TO SPECIALIST)
OPENABLE TEMPERED GLASS WINDOW ON ALUM. FRAME
铝合金可开启玻璃窗 (SLIDE UP) 上推开启
SELECTED CLADDING (TO SPECIALIST)
TEXTURED PAINT FINISH
ø300 RC COLUMN (TO ENGR'S DET.)
SELECTED LIGHTING FIXTURES
灯饰
TEMPERED GLASS WINDOW ON ALUM. FRAME (TO SPECIALIST)
铝合金玻璃窗
SELECTED CLADDING (TO SPECIALIST)

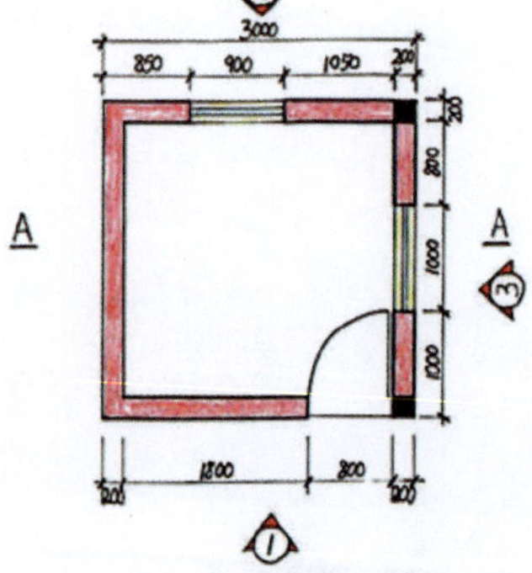

保安亭平面图 1:50

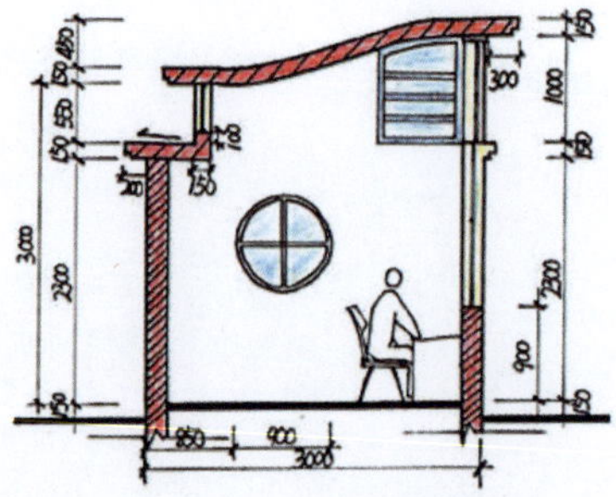

A-A 剖面 1:50

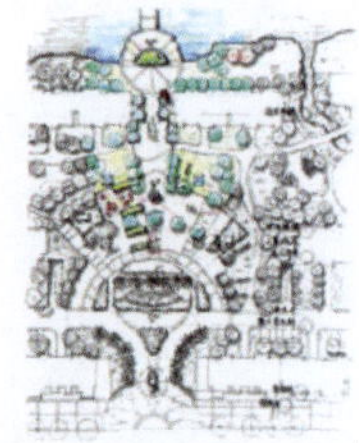

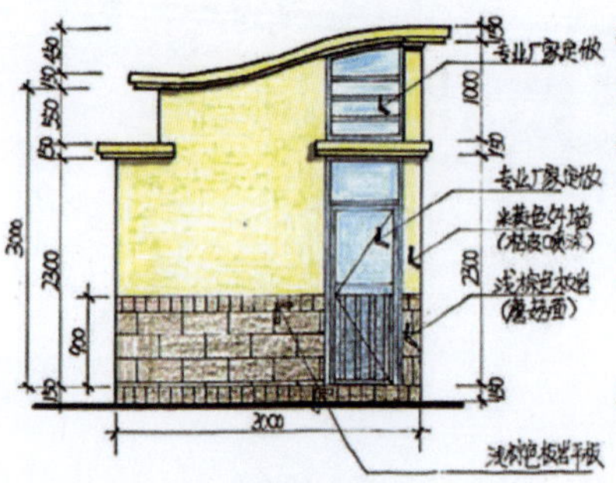

立面图 ① 1:50

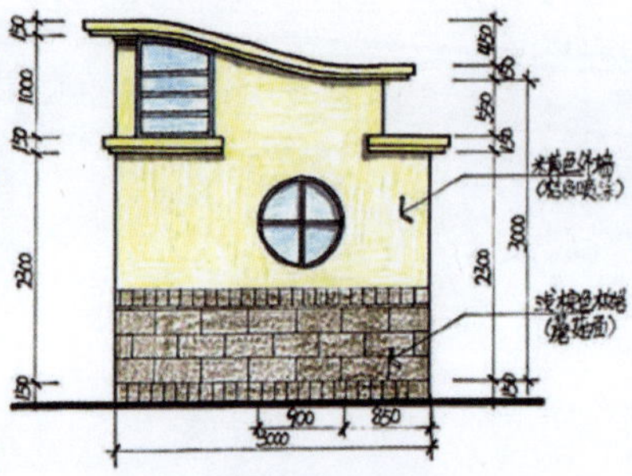

立面图 ② 1:50

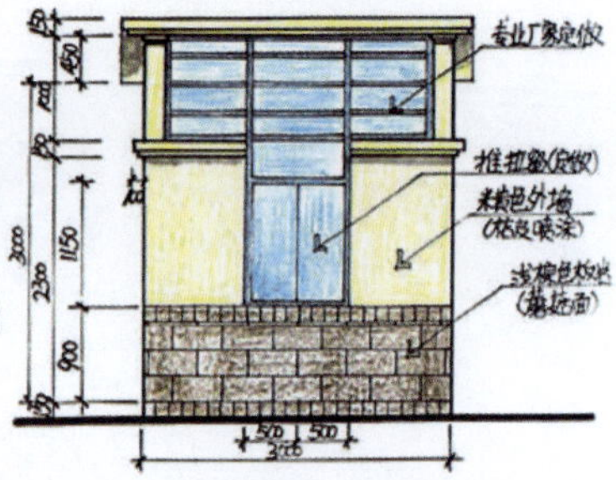

立面图 ③ 1:50

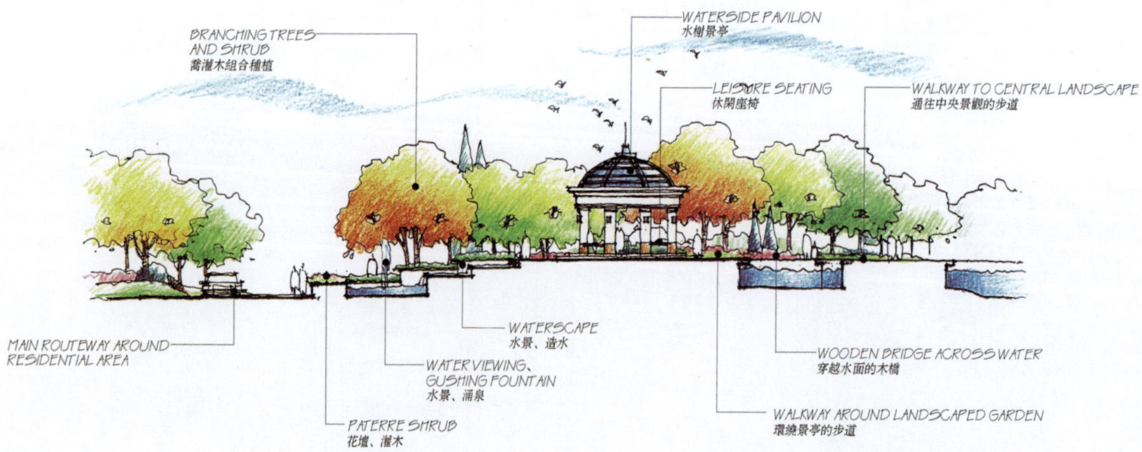

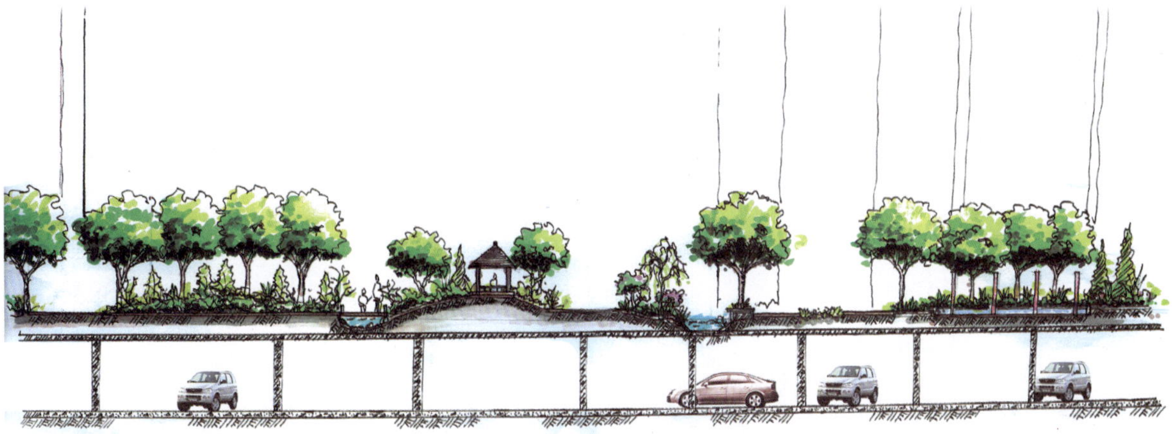

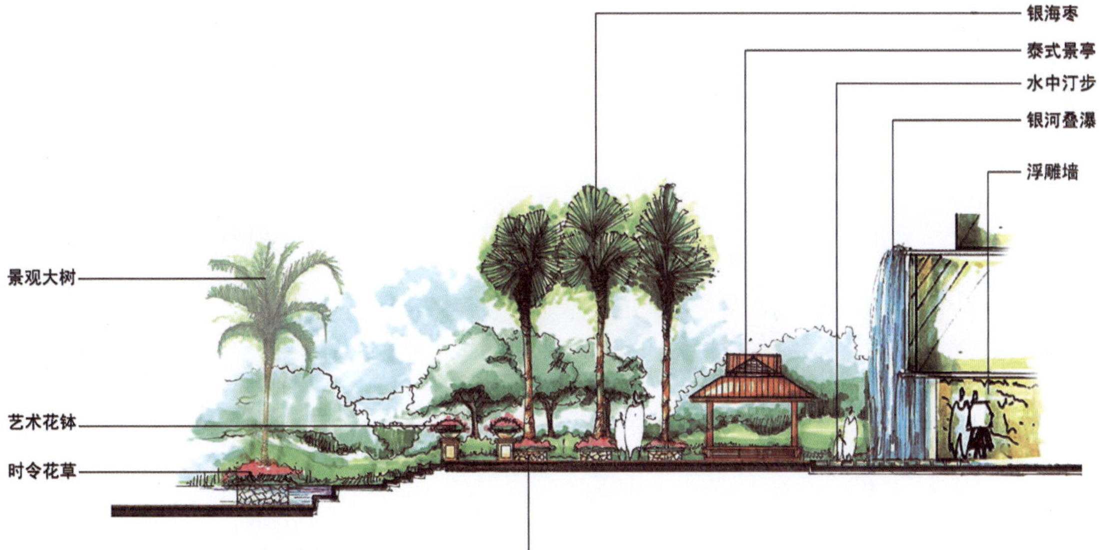
银海枣
泰式景亭
水中汀步
银河叠瀑
浮雕墙
景观大树
艺术花钵
时令花草
特色花坛

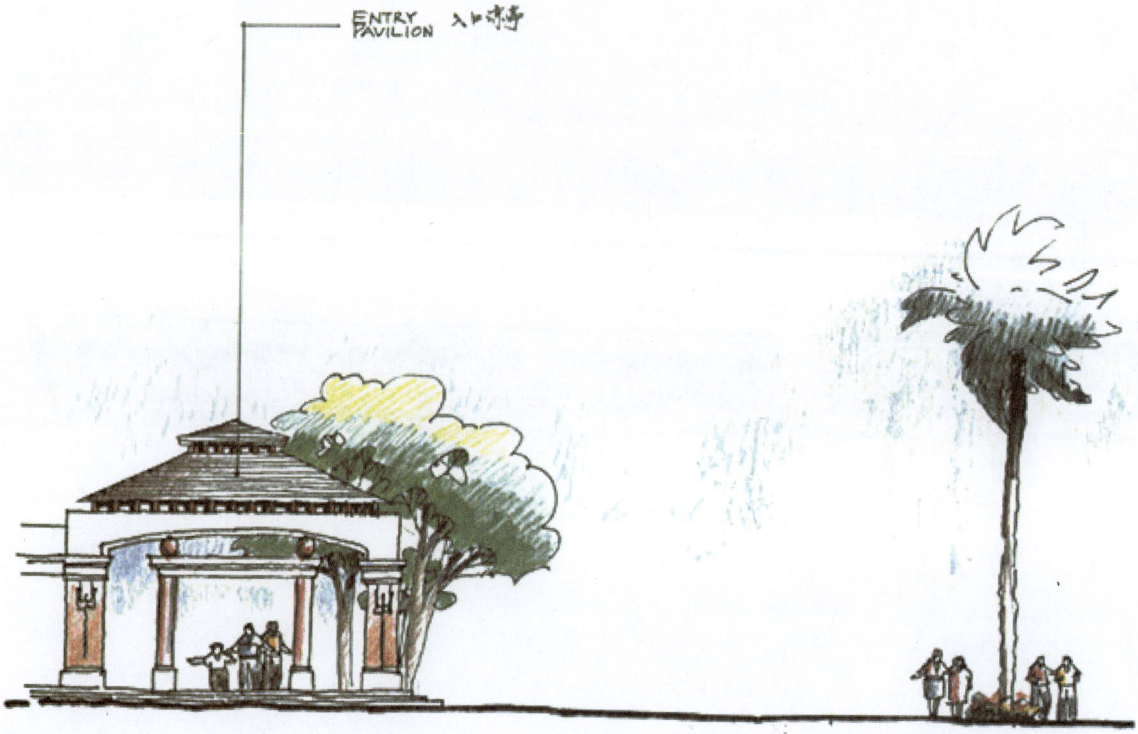
ENTRY
PAVILION
入口凉亭

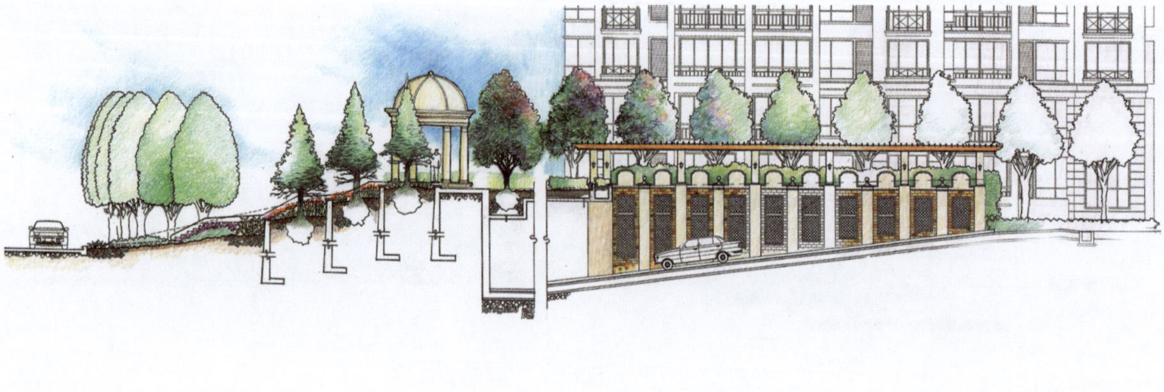

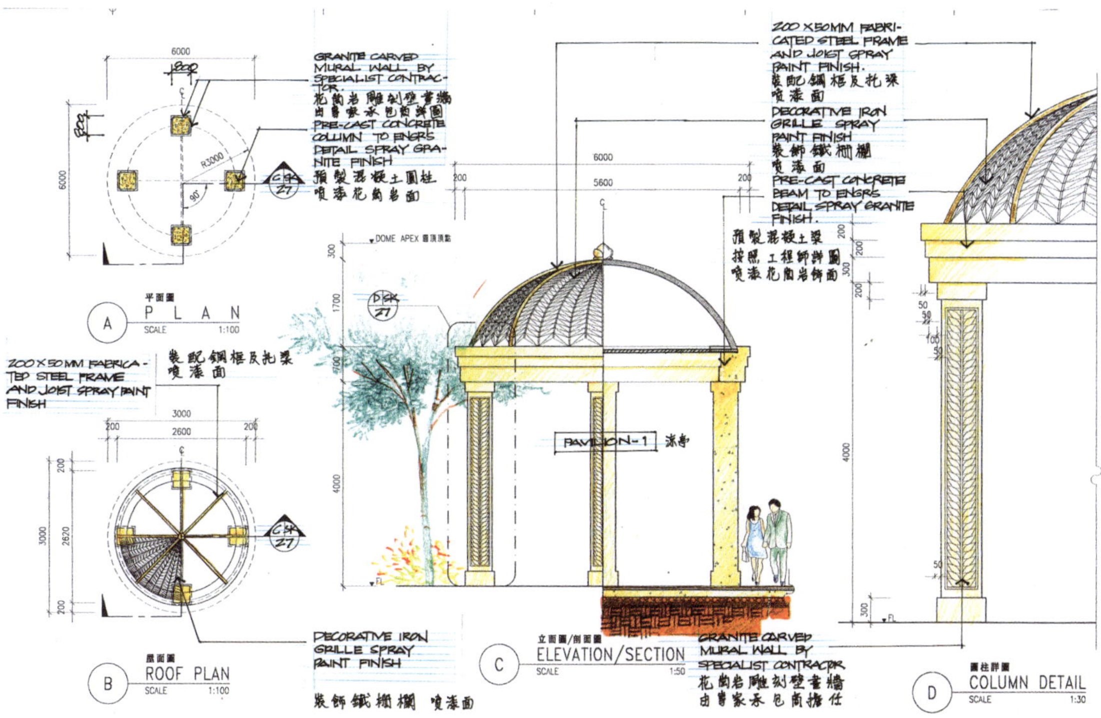
GRANITE CARVED MURAL WALL BY SPECIALIST CONTRACTOR.
PRE-CAST CONCRETE COLUMN TO ENGRS DETAIL SPRAY GRANITE FINISH
200×50MM FABRICATED STEEL FRAME AND JOIST SPRAY PAINT FINISH.
裝配鋼框及托梁噴漆面
DECORATIVE IRON GRILLE SPRAY PAINT FINISH
裝飾鐵柵欄噴漆面
PRE-CAST CONCRETE BEAM TO ENGRS DETAIL SPRAY GRANITE FINISH.
DOME APEX
PAVILION-1
A PLAN SCALE 1:100
200×50MM FABRICATED STEEL FRAME AND JOIST SPRAY PAINT FINISH
裝配鋼框及托梁噴漆面
B ROOF PLAN SCALE 1:100
DECORATIVE IRON GRILLE SPRAY PAINT FINISH
裝飾鐵柵欄 噴漆面
C ELEVATION/SECTION SCALE 1:50
GRANITE CARVED MURAL WALL BY SPECIALIST CONTRACPR
花崗岩雕刻壁畫牆 由專家承包商擔任
D COLUMN DETAIL SCALE 1:30

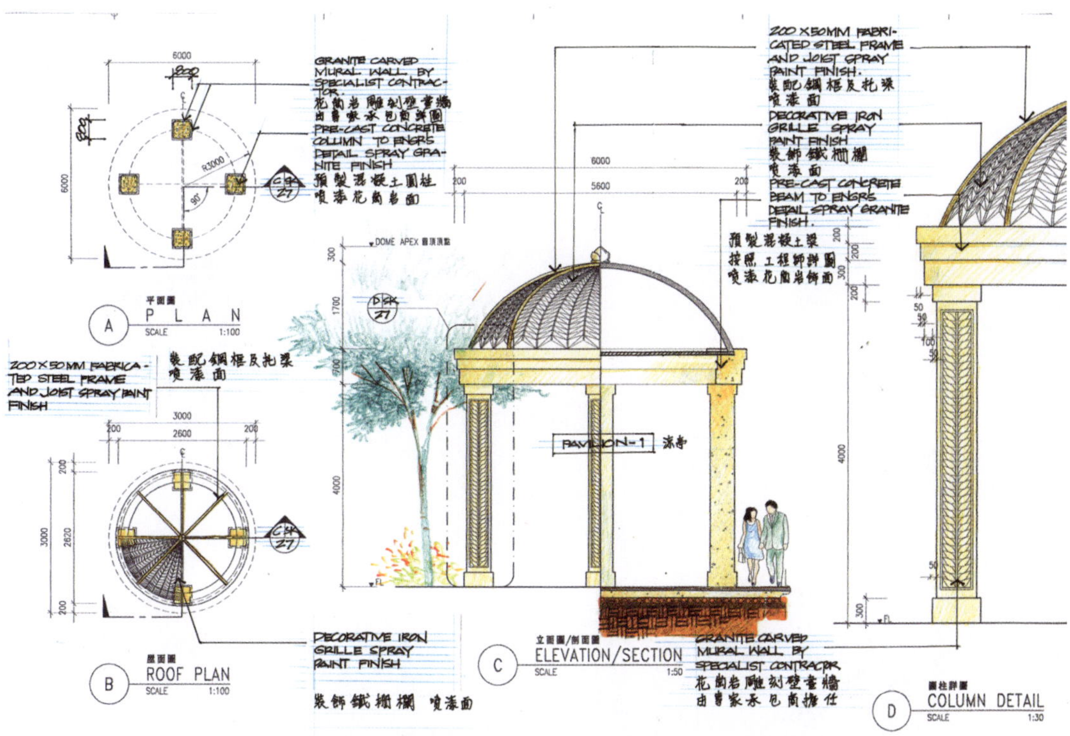
GRANITE CARVED MURAL WALL BY SPECIALIST CONTRACTOR.
PRE-CAST CONCRETE COLUMN TO ENGRS DETAIL SPRAY GRANITE FINISH
200×50MM FABRICATED STEEL FRAME AND JOIST SPRAY PAINT FINISH.
裝配鋼框及托梁噴漆面
DECORATIVE IRON GRILLE SPRAY PAINT FINISH
裝飾鐵柵欄噴漆面
PRE-CAST CONCRETE BEAM TO ENGRS DETAIL SPRAY GRANITE FINISH.
DOME APEX
PAVILION-1
A PLAN SCALE 1:100
200×50MM FABRICATED STEEL FRAME AND JOIST SPRAY PAINT FINISH
裝配鋼框及托梁噴漆面
B ROOF PLAN SCALE 1:100
DECORATIVE IRON GRILLE SPRAY PAINT FINISH
裝飾鐵柵欄 噴漆面
C ELEVATION/SECTION SCALE 1:50
GRANITE CARVED MURAL WALL BY SPECIALIST CONTRACPR
花崗岩雕刻壁畫牆 由專家承包商擔任
D COLUMN DETAIL SCALE 1:30

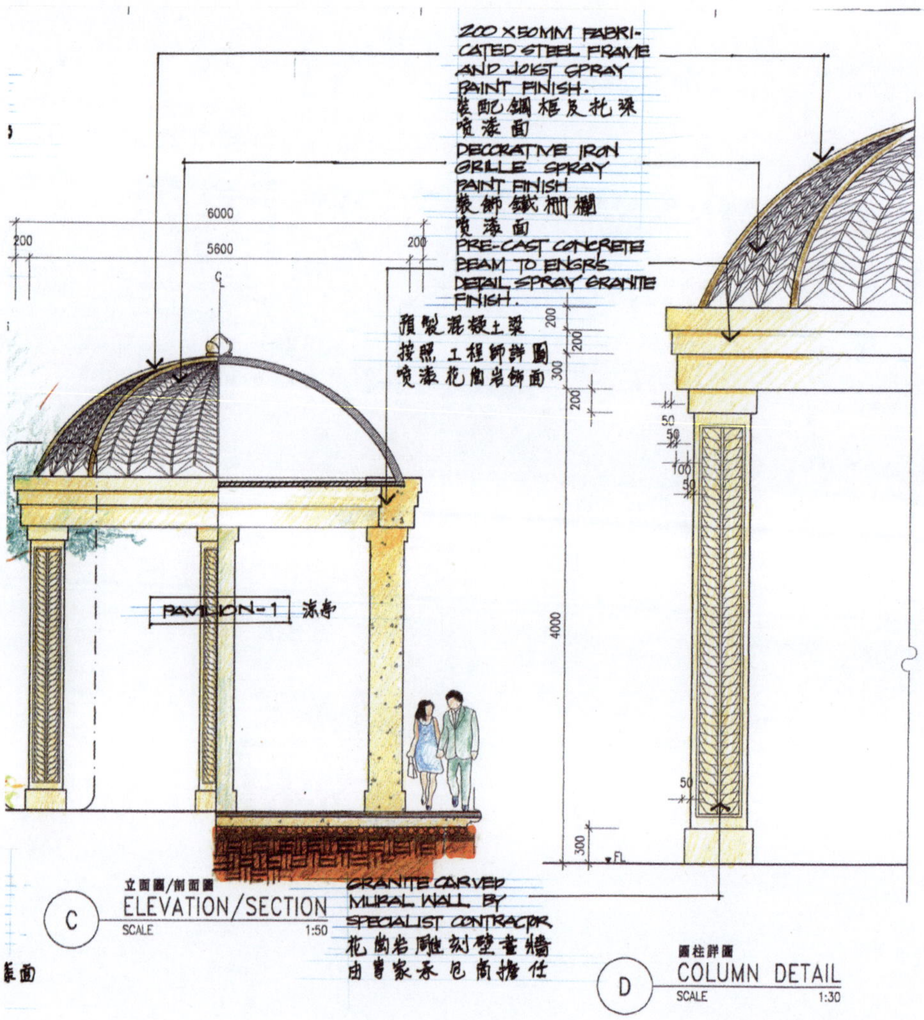

200 X 50MM FABRICATED STEEL FRAME AND JOIST SPRAY PAINT FINISH.
裝配鋼框及托梁噴漆面
DECORATIVE IRON GRILLE SPRAY PAINT FINISH
裝飾鐵柵欄噴漆面
PRE-CAST CONCRETE BEAM TO ENGRS DETAIL SPRAY GRANITE FINISH.
預製混凝土梁按照工程師詳圖噴漆花崗岩飾面
6000
5600
200
200
PAVILION-1 涼亭
GRANITE CARVED MURAL WALL BY SPECIALIST CONTRACTOR
花崗岩雕刻壁畫牆由專家承包商擔任
立面圖/剖面圖
C ELEVATION/SECTION
SCALE 1:50
圓柱詳圖
D COLUMN DETAIL
SCALE 1:30
4000
300
FL

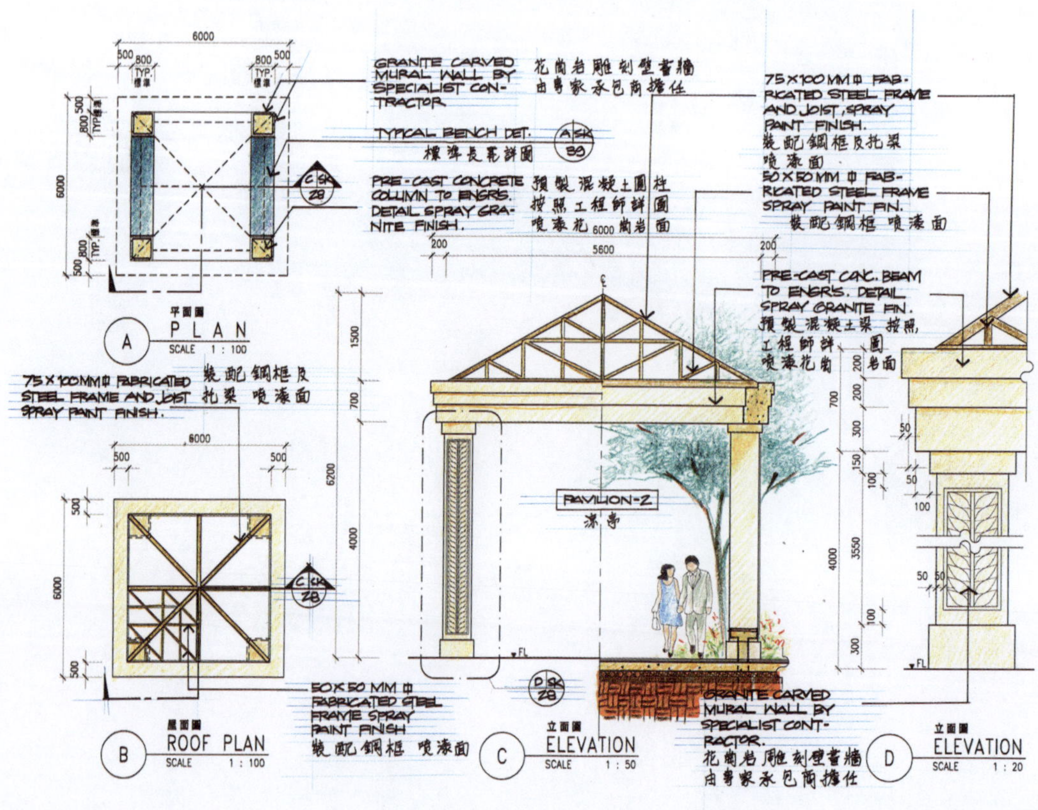

6000
500 800 TYP. 標準
GRANITE CARVED MURAL WALL BY SPECIALIST CONTRACTOR
花崗岩雕刻壁畫牆由專家承包商擔任
TYPICAL BENCH DET.
標準長凳詳圖
PRE-CAST CONCRETE COLUMN TO ENGRS. DETAIL SPRAY GRANITE FINISH.
預製混凝土圓柱按照工程師詳圖噴漆花崗岩面
75 X 100 MM Φ FABRICATED STEEL FRAME AND JOIST, SPRAY PAINT FINISH.
裝配鋼框及托梁噴漆面
50 X 50 MM Φ FABRICATED STEEL FRAME SPRAY PAINT FIN.
裝配鋼框噴漆面
PRE-CAST CONC. BEAM TO ENGRS. DETAIL SPRAY GRANITE FIN.
預製混凝土梁按照工程師詳圖噴漆花崗岩面
平面圖
A PLAN
SCALE 1 : 100
75 X 100MM Φ FABRICATED STEEL FRAME AND JOIST SPRAY PAINT FINISH.
裝配鋼框及托梁噴漆面
5600
PAVILION-2 涼亭
50 X 50 MM Φ FABRICATED STEEL FRAME SPRAY PAINT FINISH
裝配鋼框噴漆面
GRANITE CARVED MURAL WALL BY SPECIALIST CONTRACTOR.
花崗岩雕刻壁畫牆由專家承包商擔任
屋面圖
B ROOF PLAN
SCALE 1 : 100
立面圖
C ELEVATION
SCALE 1 : 50
立面圖
D ELEVATION
SCALE 1 : 20

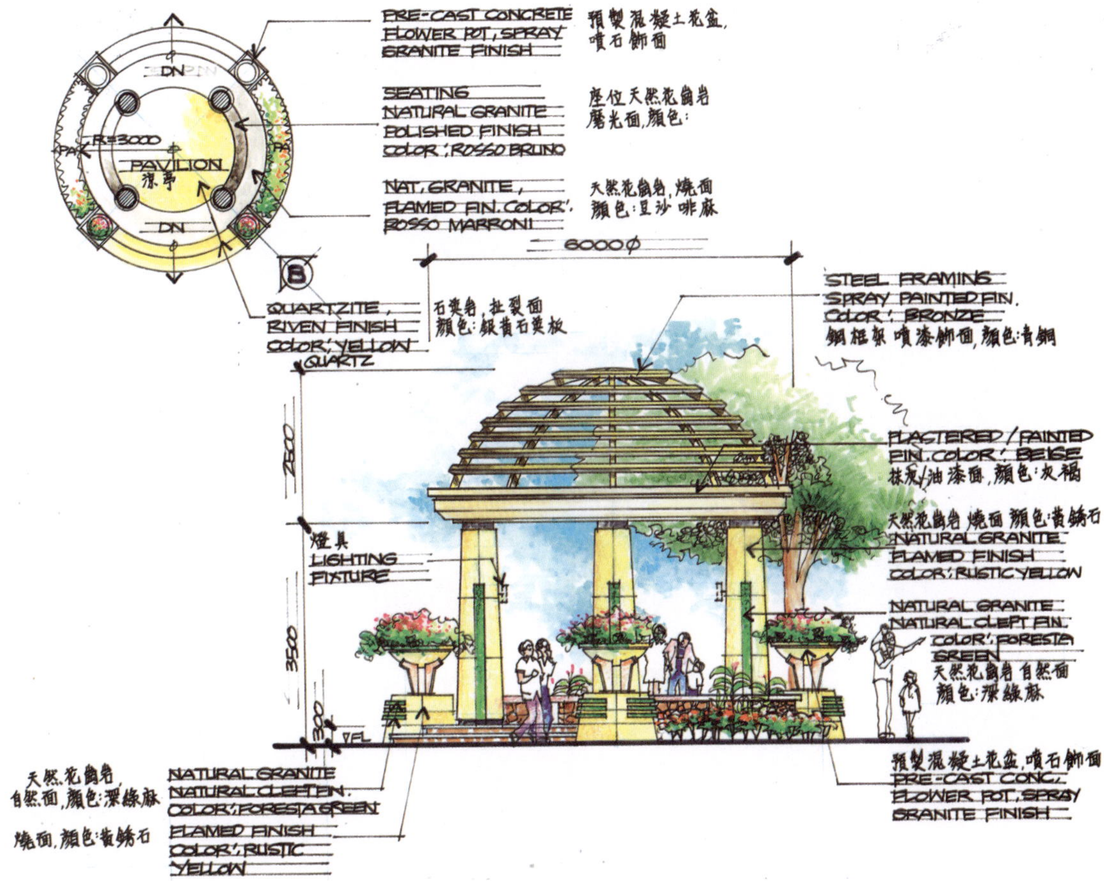

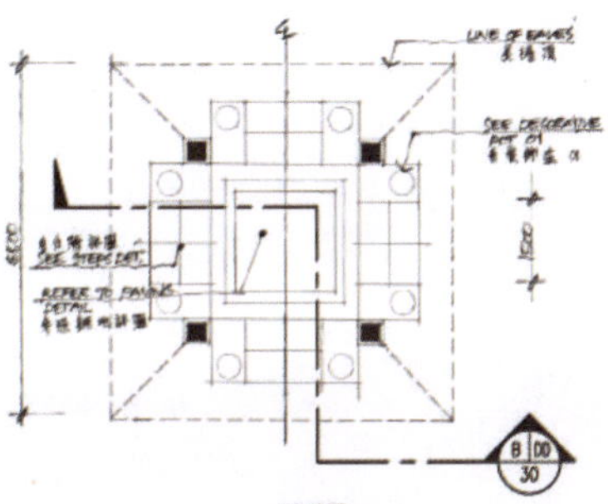

平面图
A PLAN
SCALE 1:100

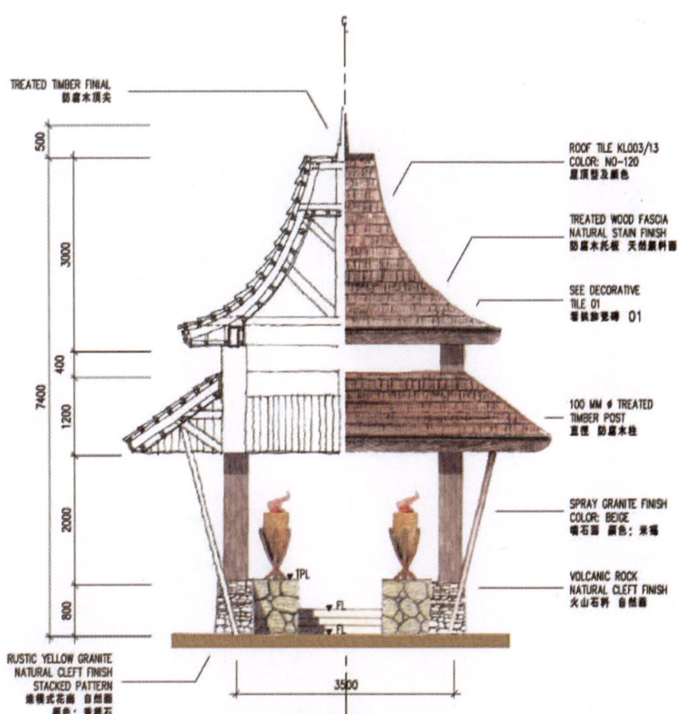

剖面图/立面图
B SECTION/ELEVATION
SCALE 1:50

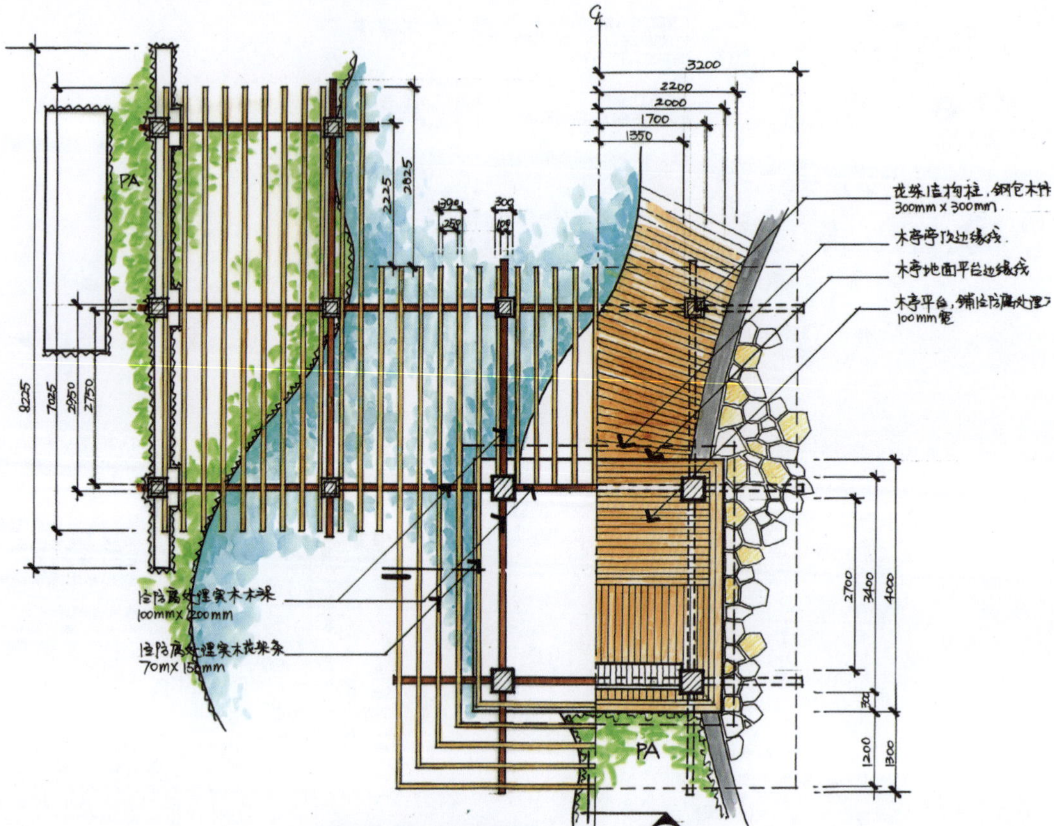

A 花架平面/木亭平面图
SCALE 1:50MTS

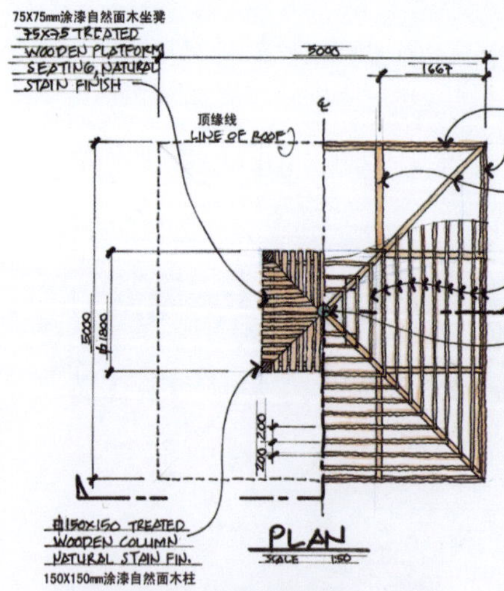

PLAN
SCALE 1:50

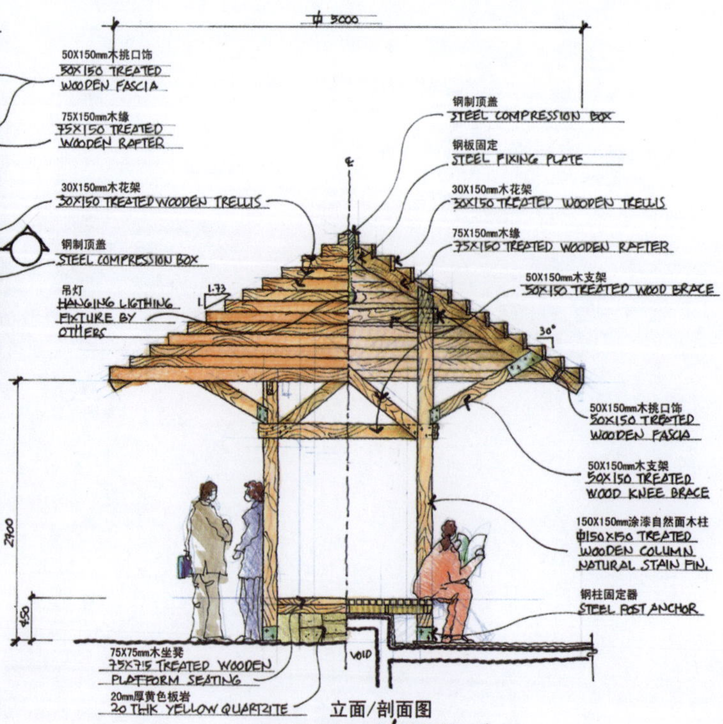

休息亭大样图
FEATURE GAZEBO DETAIL
SCALE AS SHOWN

立面/剖面图
ELEVATION/SECTION
SCALE 1:30

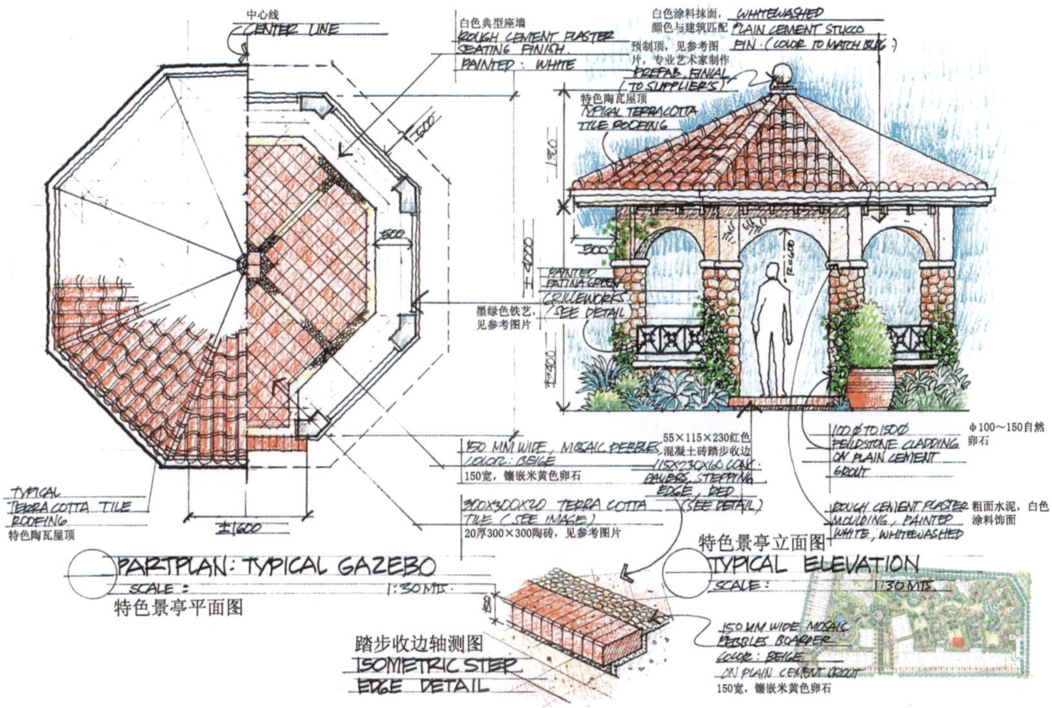
中心线
CENTER LINE
白色典型座墙
ROUGH CEMENT PLASTER SEATING FINISH. PAINTED : WHITE
白色涂料抹面，颜色与建筑匹配
WHITEWASHED PLAIN CEMENT STUCCO FIN : (COLOR TO MATCH BLDG)
预制顶，见参考图片，专业艺术家制作
PREFAB FINIAL (TO SUPPLIER'S)
特色陶瓦屋顶
TYPICAL TERRACOTTA TILE ROOFING
墨绿色铁艺，见参考图片
PAINTED PATINA GREEN GRILLEWORKS (SEE DETAIL)
150 MM WIDE, MOSAIC PEBBLES COLOR : BEIGE
150宽，镶嵌米黄色卵石
55×115×230红色混凝土砖踏步收边
115X230X60 CONC PAVERS, STEPPING EDGE, RED (SEE DETAIL)
300X300X20 TERRA COTTA TILE (SEE IMAGE)
20厚300×300陶砖，见参考图片
100 Ø TO 150 Ø FIELDSTONE CLADDING ON PLAIN CEMENT GROUT
φ100～150自然卵石
ROUGH CEMENT PLASTER MOULDING, PAINTED WHITE, WHITEWASHED
粗面水泥，白色涂料饰面
TYPICAL TERRA COTTA TILE ROOFING
特色陶瓦屋顶
±1600
PARTPLAN : TYPICAL GAZEBO
SCALE : 1:30 MTS
特色景亭平面图
特色景亭立面图
TYPICAL ELEVATION
SCALE : 1:30 MTS
踏步收边轴测图
ISOMETRIC STEP EDGE DETAIL
150 MM WIDE MOSAIC PEBBLES BOARDER COLOR : BEIGE ON PLAIN CEMENT GROUT
150宽，镶嵌米黄色卵石

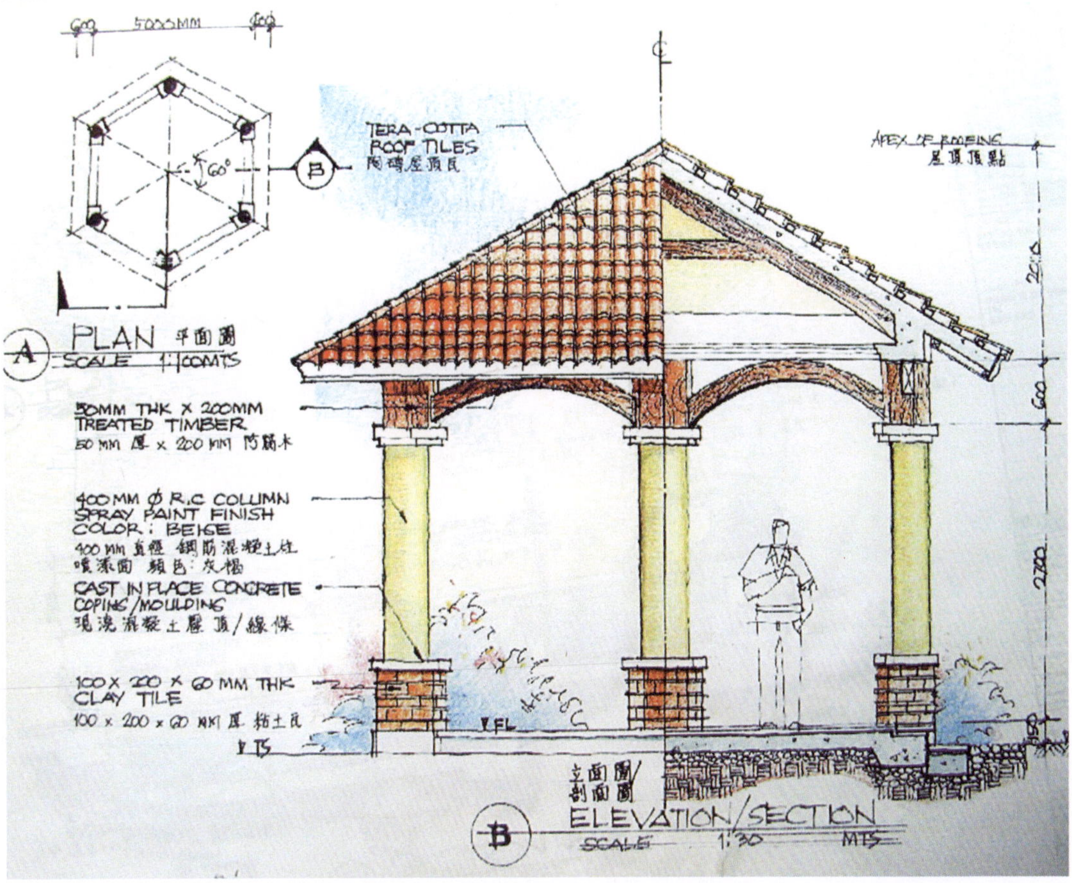
5000MM
60°
A PLAN 平面图 SCALE 1:100MTS
TERA-COTTA ROOF TILES
陶砖屋顶瓦
APEX OF ROOFING
屋顶顶点
50MM THK X 200MM TREATED TIMBER
50 MM 厚 x 200 MM 防腐木
400MM Ø R.C COLUMN SPRAY PAINT FINISH COLOR : BEIGE
400 MM 直径 钢筋混凝土柱 喷漆面 颜色：灰褐
CAST IN PLACE CONCRETE COPING/MOULDING
现浇混凝土压顶/线条
100 X 200 X 60 MM THK CLAY TILE
100 x 200 x 60 MM 厚 粘土瓦
FL
立面图/剖面图
B ELEVATION/SECTION SCALE 1:30 MTS

灌木丛示意性图片

亭子示意图片

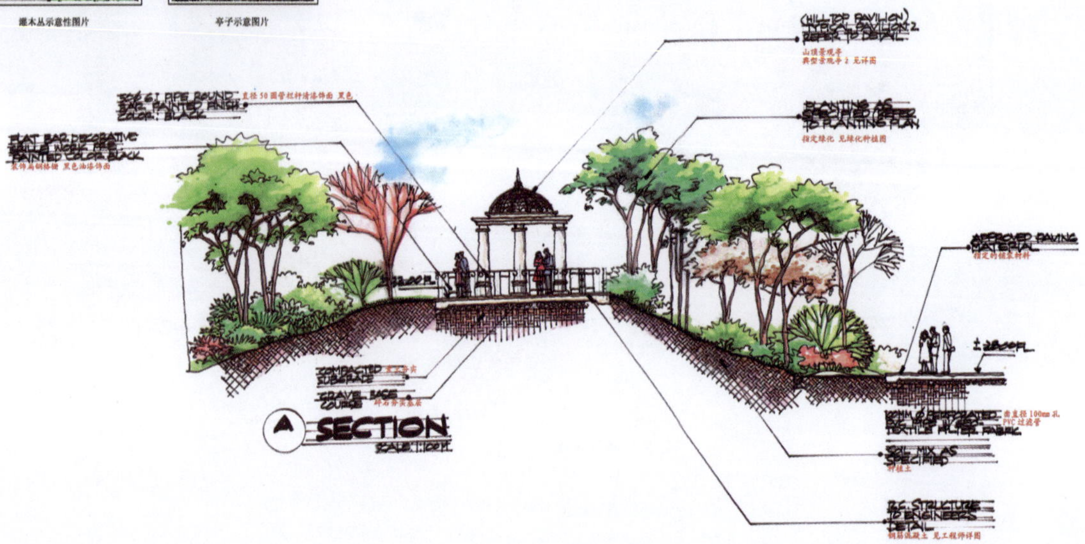

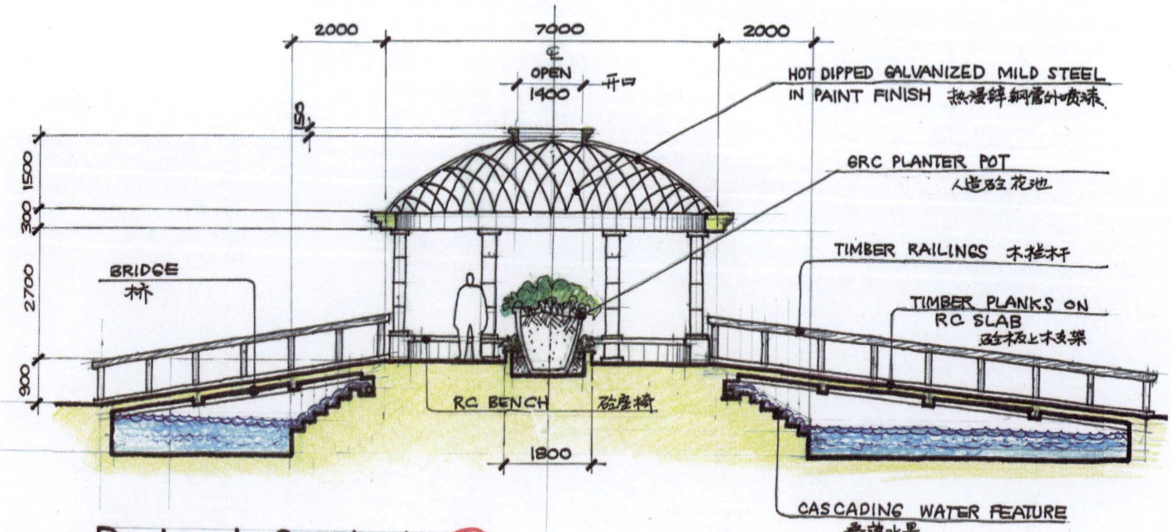

PAVILION SECTION -A
SCALE 1:60
凉亭剖面